趣味数学及编程拓展

（第2版）　杨克昌　著

清华大学出版社

北 京

内 容 简 介

本书开创趣味数学与程序设计的交汇融合。书中精选并提出各类趣味数学问题,包括神奇整数探求、素数世家风采、数式精彩纷呈、方程经典汇趣、精巧求解剖析、多彩数列欣赏、最优探索展示、数形结合出彩、智能游戏探秘和数阵天地大观等,富有趣味性和吸引力。本书题型广泛,趣美并茂,雅俗共赏,深入浅出。

对精选与提出的趣题在开拓计算思维基础上精巧求解,通过程序设计在广度与深度上拓展,并展示程序运行结果,全方位提升原有问题趣与美的品位,促进趣味数学的深入发展;著名经典与新颖独创并存,巧妙探求与编程拓展同在。书中所有程序都给出完整 C 语言代码及其运行示例,且均在 VC++ 6.0 环境下编译通过。

本书适合大学、中学在校学生阅读,也可供程序设计基础不同的广大数学爱好者学习参考。

图书在版编目(CIP)数据

趣味数学及编程拓展/杨克昌著. —2 版. —北京:清华大学出版社,2021.5
ISBN 978-7-302-57077-6

Ⅰ.①趣… Ⅱ.①杨… Ⅲ.①数学—青少年读物 ②程序设计—青少年读物 Ⅳ.①O1-49 ②TP311.1-49

中国版本图书馆 CIP 数据核字(2020)第 251131 号

责任编辑:白立军 杨 帆
封面设计:杨玉兰
责任校对:李建庄
责任印制:杨 艳

出版发行:清华大学出版社
　　　　　网　　　址:http://www.tup.com.cn,http://www.wqbook.com
　　　　　地　　　址:北京清华大学学研大厦 A 座　　　　　邮　　编:100084
　　　　　社 总 机:010-62770175　　　　　邮　　购:010-83470235
　　　　　投稿与读者服务:010-62776969,c-service@tup.tsinghua.edu.cn
　　　　　质量反馈:010-62772015,zhiliang@tup.tsinghua.edu.cn
　　　　　课件下载:http://www.tup.com.cn,010-83470236
印 刷 者:北京富博印刷有限公司
装 订 者:北京市密云县京文制本装订厂
经　　销:全国新华书店
开　　本:185mm×260mm　　印　　张:29.25　　字　　数:676 千字
版　　次:2019 年 1 月第 1 版　2021 年 5 月第 2 版　　印　　次:2021 年 5 月第 1 次印刷
定　　价:98.00 元

产品编号:088018-01

数学是映射科技进步的宏伟殿堂，趣味数学则是其中一座充满趣与美的雅室。

计算机是现代科技发展的里程碑，程序设计则是一把开启成功之门的金钥匙。

2002 年在北京的国际数学家大会（ICM）期间，91 岁高龄的数学大师陈省身先生为少年儿童题词，写下了"数学好玩"4 个大字。英国数学家罗素说过："数学，不但拥有真理，而且也具有至高的美，是一种冷而严肃的美。"

当你走进趣味数学这座雅室，你就会在亲身体验"数学好玩"的同时，领悟数学的"趣"，感受数学的"美"：逻辑美与形式美、自然美与变幻美、对称美与非对称美、和谐美与奇异美，美不胜收！让你在趣的感悟与美的陶醉之下，萌发溶入数学趣的梦想，涌动发掘数学美的冲动。

趣味数学好玩，程序设计有趣，这两个深受当代青少年朋友喜爱和追捧的热点的交汇融合，是信息时代的必然，是学科相辅相成的典范，更是读者期盼的水到渠成。

处于信息社会的今天，趣味数学须与时俱进，适应时代潮流不断向纵深发展，不断充实新的养料、注入新鲜血液，原地踏步就会丧失生机与活力。计算机的广泛普及与程序设计的全面推广，为趣味数学带来拓展与勃发的春天。同时，趣味数学也为程序设计应用提供了广阔而生动的舞台。

爱因斯坦曾经说过："兴趣是最好的老师，它可激发人的创造热情、好奇心和求知欲。"趣味数学蕴含"趣"与"美"，编程拓展突出"广"与"深"，把原有趣味数学问题的趣与美拓展到更广阔的境界与更深入的层次，以培养与提升我们的创新意识与开拓能力。

程序设计作为开发利器，对数学猜想实施编程验证无可厚非。但仅仅停留在验证阶段却远远不够，有必要发挥这一利器的潜能，开发与光大趣味数学的趣与美，并试图探测与发掘新的数学瑰宝。

事实上，很多著名数学经典都是由一些简单案例经引申、拓展与提炼而成的。可以说，任何复杂系统都可以追溯到一个简单的原型，而许多浅显问题都可以拓展并融入更为广阔深奥的境界。

书中构造形趣独特的卡普雷卡数 $3025 = (30+25)^2$ 引人注目，通过编程从广度上拓展至多位，从深度上拓展至多段和与多次幂（下式是 15 位 6 段 5 次幂式）：

$$346531411903049 = (346 + 53 + 141 + 190 + 30 + 49)^5$$

如果说人工推出的 4 对数字的挑剔数列 2 3 4 2 1 3 1 4 并不显山露水，那么请欣赏 $n = 12$ 时的挑剔数列：

1 2 1 3 2 11 9 3 10 4 12 8 5 7 4 6 9 11 5 10 8 7 6 12

数列中每对 k（1～12）数中间相隔 k 个数，其优美而奇特的精妙配置深深打动我们，彰显出数学序列的形式美与奇异美。

人工打造的对称乘积式 $36 \times 84 = 48 \times 63$ 体现出朴素的对称美，如果因其数字较少且运算过于单调而不够隆重与精彩，那么请看：

$$4 \hat{\ } 5 - 81 \times 72 \div 3 + 906 = 609 + 3 \div 27 \times 18 - 5 \hat{\ } 4$$

数式等号两边对称分布 10 个数字，对称嵌入含乘方（^）的五则运算，等式左、右两边从数字到运算符完全对称，精妙绝伦！

以上寥寥数例，充分说明在趣味数学与时俱进向纵深发展的进程中，程序设计拓展不可或缺。

本书精选并提出的趣味数学问题，包括神奇整数探求、精巧数式发掘、多彩数列汇集、几何优化展示、数形结合欣赏、新颖数阵构建、智力游戏揭秘等，著名经典与新颖独创并存，巧妙探求与编程拓展同在，题型广泛，趣美并茂，雅俗共赏，深入浅出。为方便阅读，本书把相关或相近的内容整合为一章，每章围绕一个中心主题展开，各节具有相对独立性。全书共 10 章，各章的内容简介如下。

第 1 章为神奇整数探求。数学是从整数起步的，该章将与诸位一道领略数学殿堂上神奇整数的风韵：有与本身构成数字息息相关的水仙花数、兰德尔数、优美倍和数与优美倍积数、数字同奇偶的平方数与优美平方数等；也有数学家们长期研究过的勾股数、长方体数、6 个正整数问题、完全数与 p-完全数；更有构形独特的卡普雷卡数、雅趣守形数与精妙的逐位整除数等，琳琅满目，蔚为壮观；最后压轴的六六大顺数，经逻辑推理层层揭开它的神秘面纱，进而发掘其奇妙的"插 9"特性，无疑是神奇整数中的闪光点。

第 2 章为素数世家风采。素数是整数中探讨难度较大、研究内容最多的一类奇特整数，推介试商判别法与厄拉多塞筛法是搜索素数的基础。素数世家中有颇具结构美的对称素数、素数变形金刚、逆序素数对、素数等差数列等亮丽"新秀"，更有数学家们提出并研究过的梅森尼数、费马数、孪生素数对、欧拉表达式与勒让德表达式、哥德巴赫猜想等显赫"大腕"。展现素集线的"乌兰现象"描绘了素数集聚的神秘色彩，两个有趣的连续合数集增添了素数分布的奇特风韵。素数世家，无愧于"上帝用来描写宇宙的文字"之美誉。

第 3 章为数式精彩纷呈。该章在整数素因数分解式的基础上，探索涉及分数的埃及分数式与桥本分数式，探讨涉及整数的优美和式、平方式、变序数和式与变序倍积式等。在探求隐序四则运算式与优美综合运算式中，展现数字与运算符的美妙结合。重点发掘从乘积运算、四则运算到综合运算的系列对称运算式，让我们观察、欣赏、赞叹、领悟数学式的对称美、和谐美与奇异美！最后压轴的分段和幂式，则是对卡普雷卡数广度的开拓与深层的发掘。数式精彩！精彩纷呈！

第 4 章为方程经典汇趣。该章汇集韩信点兵、百鸡问题及羊犬鸡兔问题等古典趣算，并探讨牛顿"牛吃草问题"、$n!$ 结尾多少个 0 等外国有趣经典。集中探求具有特色的不定方程、不等式等一般数学推理较难处理的难点，其中，和与积的整数部分展示了数学探索与编程拓展的有机融合。通过猴子分桃与水手分椰子的妙思巧解，首次把这两个著名趣题联系起来，并统一编程拓展。最后的亮点无疑是应用连分数高精度求解佩尔方程，摆平自然界对人类智商的刁难与挑战。

第 5 章为精巧求解剖析。精巧求解，包括高精度计算，是最具吸引力的热点，也是让人望而却步的难点。从互积和与嵌套根式和的巧算、同码数整除与求和规律探索，到建模统计与分类统计、游戏中的素数概率计算等，突出一个"巧"字。深入探求最小 0-1 串积、指定多码串积与尾数前移问题，突显一个"精"字。拓展梅齐里亚克砝码问题与错位排列的伯努利装错信封问题，精巧并存，耐人寻味。飘逸于数学殿堂的两个"幽灵"e 和 π，凝聚数学的精华，彰显编程的卓越。

第 6 章为多彩数列欣赏。数列、序列（包括数环）是趣味数学的精彩环节。该章汇聚相亲数对与相亲数环、斐波那契序列与卢卡斯序列、德布鲁金环序列等有影响的著名序列；新推构思独创的精彩双飞燕、优美数序列、等幂和多元组、指积序列、双码 2 部数序列与连写数序列等，妙趣横生。拓展有着 ACM 背景的"2 部数积"为枚举难点的突破留下思索的空间。最后压轴的挑剔数列的设计与展现无疑是数列的亮点，其高超的结构美与独特的奇异美让人赞叹不已！

第 7 章为最优探索展示。最优设计与最值探求往往是实际应用案例的目标，是最具挑战思维与创新精神的课题。该章汇聚有插入运算符的最值、整数分解中积的最值、条件最值与无理函数的最值等最值探求典型案例；有探求矩阵迷宫与三角迷宫最短通道、展现序列子段与矩阵子形之的最优操作；有智能甲虫安全点、构建最大容器、优化供水网与创新"铁人三项"等几何最优设计；重点拓展泊松分酒和杜登尼省刻度尺等形象生动的优化典范。最优探索有国际经典，也有新颖独创，颇具启发性与示范性。

第 8 章为数形结合出彩。数在形中，数构成形，数形结合，可使图增色，形添彩。该章汇集在三角形、立方体等几何图形上填数、爱因斯坦做过的填数题及构建等边和积三角形等优美图案；平凡数字经精巧构思排列呈现出各种生动的数码金字塔、数码中空菱形、横竖折对称、斜折对称方阵与旋转方阵等，最生动、最优雅地展现数形结合之美。通过"数形结合巧求最值"展现数形结合在简化最值求解上的应用，探求素数和环与数码串珠等具有理论意义与应用价值的实际案例，令人回味无穷。

第 9 章为智能游戏探秘。猜想探索与游戏揭秘是最具吸引力的热点，也是检测与提高探索能力的考点。该章汇聚库拉兹问题、多位黑洞探索、等距整数平方数及欧拉做过的题、单数码方幂数等数字趣题；同时在约瑟夫报数出圈基础上推出新颖的横排左、右报数出列，在硬币行正、反倒面基础上推出有智能、有深度的硬币矩阵整行列翻转等；探讨汉诺塔游戏、巴什游戏、威索夫游戏与移动 8 数码游戏等有难度的游戏宝典。通过这些具有开创性与智能性的猜想与游戏案例，激励开拓计算思维，提升创新意识。

第 10 章为数阵天地大观。数阵包括矩阵、方阵以及三角阵等，形式广泛，内容翻新。该章探讨杨辉三角与莱布尼茨三角这两个中外著名的三角数阵，并建立两者之间的内在联系。探索影响深远的高斯皇后问题、皇后全控棋盘、最长马步路径、马步遍历与马步型哈密顿圈，再现棋盘上的风云故事及其恢宏演绎。幻方是古今中外雅俗共赏的数学奇葩，从千古洛书开始，探讨 n 阶幻方、素数幻方以及积幻方的巧妙构建，并首次把对角正交拉丁方纳入幻方范畴，突显幻方的博大精深。

本书突出以下特色。

（1）开创探索趣味数学与程序设计交汇融合。

开创趣味数学与程序设计的交汇融合，探索传统文明与现代科技的紧密结合。应用程序设计把趣味数学问题在广度与深度上拓展，全方位提升原有问题趣与美的品位，促进趣味数学的深入发展，焕发趣味数学的绚丽青春。

（2）注重趣味性与吸引力，精选趣味数学问题。

精选并提出趣味数学问题注重趣味性与吸引力，立足整数基础，广泛涉及数对、数式、数列、数阵、数形与数游，既有引导入门的基础题，也有复杂高超的综合题；既有名扬世界的著名经典，也有构思精巧的新颖独创，雅俗共赏，深入浅出。

（3）注重编程算法引导与设计技巧综合运用。

拓展程序采用功能丰富、应用面广的 C 语言编程设计。考虑到读者程序设计基础不一，算法以基本枚举与递推为主，注重编程算法思路引导，注重分解、整合、转换、求精等技巧的综合运用。程序给出完整代码并详细注释，有利于程序的阅读、修改、变通与调试。

（4）展示程序的运行结果，突显趣与美的拓展。

每一趣味数学问题在思路开拓与精巧求解之后，从广度与深度上展开编程拓展。展示程序运行结果，突显数学问题趣与美的拓展，使读者通过欣赏与比较，加深对拓展的理解，有利于激励开拓计算思维、开启益智训练、开展数学娱乐的兴趣。

本书得到孙明保教授、刘永年教授、周持中教授、严权锋教授的大力支持，并得到湖南理工学院同行及清华大学出版社编辑们的热情帮助，在此一并表示感谢！

本书适合大学、中学在校学生阅读，也可供程序设计基础不同的广大数学爱好者与奥数竞赛参与者学习参考。开卷有益，我相信您总能从书中找到自己的兴趣点而有所收益，总能从自己兴趣点的引申与拓展中得到启迪。

趣味数学与程序设计的融合是一个系统工程，本书仅仅为这一工程的起步探索抛砖引玉。因所涉范围太广，书中疏漏之处在所难免，恳请读者批评指正。

杨克昌

2021 年 1 月于岳阳南湖

神奇整数探求

人类最先接触到的数就是从掰自己手指计数开始的正整数。

我国古人认为,世间万物均由天地交感而成,形成了"道生一,一生二,二生三,三生天地,天地生阴阳,阴阳生万物"的进化观。

一去二三里,烟村四五家。亭台六七座,八九十枝花。这首宋代《山村咏怀》诗,短短20个字中巧妙而优雅地嵌入10个数字,脍炙人口,赏心悦目。

在数千年使用正整数的过程中,我们的先人从不同的角度发掘出整数的许多优美特性,发现了许多神奇有趣的整数。有与本身构成数字息息相关的水仙花数、兰德尔数、优美倍和数与优美倍积数;有数学家研究过的勾股数、长方体数、完全数与 p-完全数;有形趣独特的卡普雷卡数、雅趣守形数与精妙的逐位整除数;等等。其中,六六大顺数及其奇妙的"插 9"特性,无疑是神奇整数中的亮点。

本章就从探求这些整数开始,与诸位一道领略数学殿堂之上神奇整数的风采。

1.1 水仙花数与兰德尔数

兰德尔(Randle)数又称自方幂数,是一类涉及自身数字特点的整数。

本节从探求最简单的 3 位水仙花数开始,进而编程探索一般 $n(3\sim8)$ 位兰德尔数。

1.1.1 水仙花数

一个 3 位整数如果等于它的 3 个数字的立方和,那么该 3 位数称为水仙花数。

【问题】 有多少个水仙花数?试探求水仙花数。

【思考】 从最小数字开始,逐个数字实验探求。

设水仙花数为 abc(a 为百位数字,b 为十位数字,c 为个位数字),满足

$$100a + 10b + c = a^3 + b^3 + c^3 \quad (a,b,c \text{ 为整数}, 1 \leqslant a \leqslant 9, 0 \leqslant b \leqslant 9, 0 \leqslant c \leqslant 9)$$

这是一个三元三次不定方程,因涉及 3 个立方项,简单处理并不现实,拟采用逐位实验探求。

由水仙花数的定义可知,它的 3 个数字中至少有一个数字在 5 以上,否则其 3 个数字的立方和不足 3 位。

先列出一个数字 x 的立方(见表 1-1)以备调用。

表 1-1　一个数字 x 的立方

x	0	1	2	3	4	5	6	7	8	9
x^3	0	1	8	27	64	125	216	343	512	729

1. 试取最小数字为 0

由表 1-1 可知，第 2 个数字的立方不含数字 0，即第 2 个数字必须大于 0。

（1）第 2 个数字试取 1，第 3 个数字为 x，x^3+1 的结果中须含数字 0，1 与 x，显然 x 不存在。

（2）第 2 个数字试取 2，$2^3=8$，第 3 个数字为 x，x^3+8 的结果中须含数字 0，2 与 x。试取 $x=8$，$512+8=520$，含数字 0，2，但不含数字 8，也不符合要求。

（3）第 2 个数字试取 3，$3^3=27$，第 3 个数字为 x，x^3+27 的结果中须含数字 0，3 与 x。试取 $x=7$，$343+27=370$，含有数字 0，3 与 7，因而得到第 1 个解 **370**。继续第 3 个数字取 $x=8,9$，不满足要求。

（4）第 2 个数字试取 4，$4^3=64$，第 3 个数字为 x，x^3+64 的结果中须含数字 0，4 与 x。试取 $x=7$，$343+64=407$，含数字 0，4 与 7，因而得到第 2 个解 **407**。继续第 3 个数字取 $x=8,9$，不满足要求。

（5）第 2 个数字试取 5，6，7…均无满足要求的 3 位整数。

2. 试取最小数字为 1

由表 1-1 可知，第 2 个数字必须大于 1。

（1）第 2 个数字试取 2，$2^3=8$，第 3 个数字为 x，x^3+9 的结果中须含数字 1，2 与 x。试取 $x=8$，$512+9=521$，含数字 1，2，但不含数字 8，不符合要求。

（2）第 2 个数字试取 3，$3^3=27$，第 3 个数字为 x，x^3+28 的结果中须含数字 1，3 与 x。试取 $x=5$，$125+28=153$，含数字 1，3 与 5，因而得到第 3 个解 **153**。继续试取 $x=6$，$216+28=244$，不符合要求。继续试取 $x=7$，$343+28=371$，含数字 1，3 与 7，因而得到第 4 个解 **371**。

（3）第 2 个数字试取 4，5，6…均无满足要求的 3 位整数。

以此类推，试验最小数字为 2，3，4…均无满足要求的 3 位数。

综合以上实验探求，得到 4 个水仙花数：370，407，153，371。

以上探求水仙花数的方法就是数学实验，由小到大选择各数字逐位试验、调整，探求满足不定方程的解。

顺便指出，数学实验是一种非常重要的数学方法，可培养与加强探索能力的提升。

1.1.2　兰德尔数

兰德尔数：一个 n(n≥3) 位正整数如果等于它的 n 个数字的 n 次幂之和，那么该数称为 n 位兰德尔数，又称自方幂数。

当 n=3 时称为水仙花数，当 n=4 时称为四叶玫瑰花数，当 n=5 时称为五角星数，当 n=6 时称为六合数，当 n=7 时称为北斗七星数，当 n=8 时称为八仙数，等等。

试编程搜索 n(3≤n≤8)位兰德尔数。

1. 探求设计要点

为求 n 次幂方便,相关变量设置为 double 型。

(1) 循环枚举与分离数字。

建立 n(3~8)循环枚举位数。

计算最小的 n 位整数 t 后,建立 y(t+1~10t-1)循环枚举 n 位整数。

应用求余函数 fmod(y,10)与取整函数 floor(y/10)分离整数 y 的 n 个数字 k。

(2) 求和与检测。

数字 k 的 n 次幂即为 pow(k,n),通过"s+=pow(k,n);"求得 n 个数字的 n 次幂之和 s。

通过 y==s 即可检测 y 是否为 n 位兰德尔数。

通过检测后即可输出 n 位兰德尔数,并用变量 m 统计其个数。

2. 兰德尔数程序设计

```
//搜索 n(3~8)位兰德尔数
#include <stdio.h>
#include <math.h>
void main()
{ int m,n,i; double f,k,s,t,y;
  printf(" 位数 n       n 位兰德尔数      个数及名称\n");
  for(n=3;n<=8;n++)
  { printf("  n=%d  ",n);
    m=0;t=1;
    for(i=1;i<=n-1;i++) t=t*10;
    for(y=t+1;y<=t*10-1;y++)              //枚举 n 位整数
    { f=y;
      for(s=0,i=1;i<=n;i++)              //循环分离 y 的 n 个数字 k
      { k=fmod(f,10);s+=pow(k,n);
        f=floor(f/10);                  //求 y 的 n 个数字的 n 次幂之和 s
      }
      if(y==s)                          //检测满足条件则统计并输出
      { m++; printf("  %.0f",y); }
    }
    printf("  共%d 个",m);
    if(n==3) printf("水仙花数 \n");
    else if(n==4) printf("四叶玫瑰花数 \n");
    else if(n==5) printf("五角星数 \n");
    else if(n==6) printf("六合数 \n");
    else if(n==7) printf("北斗七星数 \n");
    else  printf("八仙数 \n");
  }
}
```

3. 程序运行示例与变通

位数 n	n 位兰德尔数	个数及名称
n = 3	153 370 371 407	共 4 个水仙花数
n = 4	1634 8208 9474	共 3 个四叶玫瑰花数
n = 5	54748 92727 93084	共 3 个五角星数
n = 6	548834	共 1 个六合数
n = 7	1741725 4210818 9800817 9926315	共 4 个北斗七星数
n = 8	24678050 24678051 88593477	共 3 个八仙数

前面应用逐位试验的数学实验探求 3 位水仙花数并不简捷,当 n≥4 时,因涉及构成数字的 n 次方,用同样的推理探求 n 位兰德尔数并不现实。

以上程序快捷地求出了 6 种兰德尔数,说明了编程探索与拓展的优越性,进一步说明在趣味数学发展与深入的进程中,程序设计手段不可或缺。

变通:可把以上枚举循环语句 for(n=3;n<=8,n++)改变为从键盘输入整数 n 语句,即可探求某一个 n(n≥9)位正整数的 n 位兰德尔数。

当 n≥9 时,程序搜索 n 位兰德尔数的时间随 n 的增加变得越来越长。

1.2 倍和数与倍积数

本节介绍涉及自身数字构成的另一类新颖整数:优美倍和数与倍积数。

这类整数的"优美"是指其组成数字不重复,"和"是指组成该数的各数字之和,"积"是指组成该数的各数字之积。

1.2.1 优美倍和数

【定义】 由 n 个互不相同的数字(可含数字 0)组成的 n 位整数 x 若是其 n 个数字之和 s 的整数 m 倍,即

$$x = ms$$

则称整数 x 为 n 位优美倍和数,整数 m 为对应的倍数。

例如,上面求得的水仙花数 407 的 3 个数字之和为 11,407 = 37×11,407 就是一个 3 位优美倍和数,37 为对应的倍数。

【问题 1】 探求 3 位优美倍和数的倍数 m 的最大值。

【思考】 以 m 的表达式为依据,逐个数字试验探求。

设 3 位优美倍和数 x 的 3 个互不相同数字为 a,b,c,即 $x = 100a + 10b + c$,$s = a + b + c$,则

$$m = \frac{100a + 10b + c}{a + b + c} = \frac{9(11a + b)}{a + b + c} + 1 \tag{1-2-1}$$

由表达式看,分母中 a,b,c 是平等的,但分子就不一样了,相差很大。

基本思路:求取倍数 m 最大时,通常取 $a > b > c$,当然以 x 能被 s 整除为前提。若 x 不能被 s 整除,则通常在较小的数字 b,c 中局部调整。

据式(1-2-1),要使 m 最大,在 x 能被 s 整除的前提下,取 c 尽可能小,不妨取 $c=0$,则

$$m = \frac{90a}{a+b} + 10 \qquad (1\text{-}2\text{-}2)$$

据式(1-2-2),对任何 a 取值,要使 m 最大,b 尽可能取最小,不妨取 $b=1$,即有

$$m = \frac{90a}{a+1} + 10 = 100 - \frac{90}{a+1} \qquad (1\text{-}2\text{-}3)$$

据式(1-2-3),要使 m 最大,a 可取最大 9,此时 $m=91$。

若取 $0 < c \leqslant 9$,可知 $m < 91$。

因而得:倍数 m 最大的 3 位优美倍和数为 910,其相应的最大倍数为 91。

【**问题2**】　探求 3 位优美倍和数的倍数 m 的最小值。

【**思考**】　同样以 m 的表达式为依据,逐个数字试验探求。

为求取倍数 m 的最小值,通常取 $a < b < c$,同样以 x 能被 s 整除为前提。若 x 不能被 s 整除,则在数字 b,c 中局部调整。

据式(1-2-1),取 $a=1$,即有

$$m = \frac{100 + 10b + c}{1 + b + c} = \frac{9(10-c)}{b+c+1} + 10 \qquad (1\text{-}2\text{-}4)$$

由式(1-2-4)可知,要使 m 最小,c 尽可能取最大,因而 c 从 9 开始递减取值。

若取 $c=9$,则 $m = \dfrac{9}{b+10} + 10$,无论 b 取何值,m 非整数,不符合要求。

若取 $c=8$,则 $m = \dfrac{18}{b+9} + 10$,要使 m 为整数,取 $b=9$,得 $m=11$;或取 $b=0$,得 $m=12$。

因而可得:$a=1$ 时,取 $x=198$ 得 $m=11$ 为最小。

据式(1-2-1),取 $a=2$,即有

$$m = \frac{200 + 10b + c}{2 + b + c} = \frac{9(20-c)}{b+c+2} + 10 \qquad (1\text{-}2\text{-}5)$$

由式(1-2-5)可知,要使 m 最小,c 尽可能取最大,因而 c 从 9 开始递减取值。

若取 $c=9$,则 $m = \dfrac{99}{b+11} + 10$,要使 m 为整数,取 $b=0$,得 $m=19$,显然大于 11。

若取 $c=8$,则 $m = \dfrac{9 \times 12}{b+10} + 10$,要使 m 为整数,取 $b=2$(与 a 相同,舍去)或 $b=8$(与 c 相同,舍去)。

若取 $c=7$,则 $m = \dfrac{9 \times 13}{b+9} + 10$,要使 m 为整数,取 $b=4$,得 $m=19$,显然大于 11。

以此 a 逐一递增取值,得 m 均大于 11。

因而得:倍数 m 最小的 3 位优美倍和数为 198,其相应的最小倍数为 11。

【**编程拓展**】　探求 n 位优美倍和数及其倍数 m 的最大值与最小值。

输入正整数 $n(2 \leqslant n \leqslant 9)$,统计 n 位优美倍和数的个数,求出倍数 m 的最大值与最小值,并输出倍数 m 最大与最小时对应的 n 位优美倍和数。

1. 设计要点

（1）枚举与分离数字。首先通过循环求出 n 位没有重复数字的最小与最大整数 a，b，设置 x(a～b)循环枚举 n 位整数；其次对每个 n 位整数 x 应用整除（/）与取余（%）操作，分离 x 的 n 个数字 k；最后通过求和"s+=k;"得到 x 的 n 个数字和 s。

（2）统计与判别。对每一整数应用 f 数组"f[k]++;"统计数字 k 的频数，以便排除各数字 k 存在相等的情形；判别 x 能否被 s 整除，若 x 能被 s 整除，则产生一个 n 位优美倍和数 x 及其倍数 m＝x/s，用变量 i 统计优美倍和数的个数。

（3）比较求最值。通过比较求取倍数 m 的最大值 max 与最小值 min，并分别记录 m 最大、最小时的 x 与 s 的值，为输出 m 最大与最小时的优美倍和数提供数据。

2. 探求程序设计

```c
//探求 n 位优美倍和数
#include <stdio.h>
void main()
{ int k,n,t,f[10];
  long a,b,i,m,r,s,s1,s2,x,x1,x2,max,min;
  printf("  请输入位数 n(2≤n≤9): "); scanf("%d",&n);
  a=10;b=98;i=0;max=0;min=10000000;
  for(k=3;k<=n;k++)
  { a=a*10+k-1;b=b*10+10-k; }        //a,b 为 m 位数字不同的最小数与最大数
  for(x=a;x<=b;x++)                  //枚举[a,b]中的每个整数
  { r=x;s=0;
    for(k=0;k<=9;k++) f[k]=0;
    while(r>0)                       //分解 x 的各数字并分别累计
    { k=r%10;f[k]++;s+=k;r=r/10; }
    for(t=0,k=0;k<=9;k++)
    if(f[k]>1) {t=1;break;}          //测试整数 x 是否有重复数字
    if(t==0 && x%s==0)
    { i++;m=x/s;                     //统计 n 位优美倍和数的个数，求倍数 m
      if(m>max) { max=m;x2=x;s2=s; } //比较求取 m 的最大值并记录
      if(m<min) { min=m;x1=x;s1=s; } //比较求取 m 的最小值并记录
    }
  }
  printf("  %d 位优美倍和数共%ld 个。\n",n,i);
  printf("  倍数 m 最大为%ld:%ld=%ld×%d\n",max,x2,max,s2);
  printf("  倍数 m 最小为%ld:%ld=%ld×%d\n",min,x1,min,s1);
}
```

3. 程序运行示例与变通

```
请输入位数 n(2≤n≤9): 4
4 位优美倍和数共 645 个。
倍数 m 最大为 760:9120=760×12
倍数 m 最小为 61:1098=61×18
```

如果输入 n＝3，即可得 3 位优美倍和数的个数及它们的倍数的最大值与最小值。

当 n 比较大时，例如 n＝8,9，程序的运行相应变慢。建议通过输入不同整数 n 值运行程序，具体感受枚举时间的差异。

变通：把组成数字排除 0，保留 n 个数字互不相同，即组成 n 位整数的 n 个数字限定为互不相同的正数。

在以上搜索程序中测试整数 x 是否有重复数字时还需测试 n 个数字是否含 0，即把程序中的测试条件进行以下改变：f[k]＞1 改为 f[k]＞1 ‖ f[0]＞0。这一变通，可得 n 位不含 0 的优美倍和数的相应结果。例如，当 n＝4 时，程序运行结果如下。

```
请输入位数 n(2≤n≤9)：4
4 位优美倍和数共 322 个。
倍数 m 最大为 534:9612=534×18
倍数 m 最小为 71:1278=71×18
```

1.2.2 优美倍积数

【定义】 由 n 个互不相同的非零数字组成的 n 位整数 x 若是其 n 个数字之积 t 的整数 m 倍，即

$$x＝mt$$

则称整数 x 为 n 位优美倍积数，整数 m 为对应的倍数。

例如，3276 的 4 个数字之积为 252，3276＝13×252，3276 就是一个 4 位优美倍积数，13 为对应的倍数。

输入正整数 $n(2≤n≤9)$，探求 n 位优美倍积数的个数，以及 n 位优美倍积数的倍数 m 的最大值与最小值，并输出倍数 m 最大与最小时对应的 n 位优美倍积数。

对于某些 n，若没有相应的 n 位优美倍积数，则予以指出。

1. 设计要点

（1）枚举与分离。首先求出 n 位没有重复非零数字的最小与最大整数 a,b，设置 x(a～b)循环枚举 n 位整数；其次对每个 n 位整数 x 应用整除(/)与取余(%)操作，分离 x 的 n 个数字 k；最后通过求积"t＊＝k;"得到 x 的 n 个数字之积 t。

（2）统计与判别。对每一整数应用 f 数组"f[k]＋＋;"统计数字 k 的频数，以便排除各数字 k 存在相等(f[k]＞1)的情形；判别 x 能否被 t 整除：若 x 能被 t 整除，则产生一个 n 位优美倍积数 x 及其倍数 m＝x/t，用变量 i 统计优美倍积数个数。

（3）比较求最值。通过比较求取倍数 m 的最大值 max 与最小值 min，并分别记录 m 最大、最小时的 x 与 t 的值，为输出 m 最大与最小时的优美倍积数提供数据。

2. 探求程序设计

```
//探求 n 位优美倍积数
#include <stdio.h>
void main()
{   int k,n,d,f[10];
```

```
long a,b,i,m,r,t,t1,t2,x,x1,x2,max,min;
printf("  请输入位数 n(2≤n≤9): "); scanf("%d",&n);
a=1;b=9;i=0;max=0;min=10000000;
for(k=2;k<=n;k++)
{ a=a*10+k;b=b*10+10-k; }              //a,b 为 m 位符合要求的最小数与最大数
for(x=a;x<=b;x++)                       //枚举 [a,b] 中的每个整数
{  r=x;t=1;
   for(k=0;k<=9;k++) f[k]=0;
   while(r>0)                           //分解 x 的各数字并求积
   { k=r%10;f[k]++;t*=k;r=r/10; }
   for(d=0,k=0;k<=9;k++)
   if(f[k]>1 || f[0]>0) {d=1;break;}    //测试整数 x 是否有重复数字或含 0
   if(d==0 && x%t==0)
   {  i++;m=x/t;                        //统计 n 位优美倍积数的个数,计算倍数 m
      if(m>max) { max=m;x2=x;t2=t; }    //比较求取 m 的最大值并记录
      if(m<min) { min=m;x1=x;t1=t; }    //比较求取 m 的最小值并记录
   }
}
if(i>0)
{  printf("  %d 位优美倍积数共%ld 个。\n",n,i);
   printf("  倍数 m 最大为%ld:%ld=%ld×%ld\n",max,x2,max,t2);
   printf("  倍数 m 最小为%ld:%ld=%ld×%ld\n",min,x1,min,t1);
}
else printf("  无%d 位优美倍积数\n",n);
}
```

3. 程序运行示例与说明

```
请输入位数 n(2≤n≤9): 5
5 位优美倍积数共 9 个。
倍数 m 最大为 167:64128=167×384
倍数 m 最小为 19: 12768=19×672
```

修改程序,输出指定 n 位所有优美倍积数。

这里引申出一个新的问题:对于指定的位数 n,是否存在 n 位优美倍和同时倍积的整数?

4. 引申探求 n 位优美倍和积数

【定义】　如果 n 位整数 x 是优美倍和数,也是优美倍积数,则称 x 为 n 位优美倍和积数。

例如,3 位整数 216,其数字之和为 9,216＝24×9;同时其数字之积为 12,216＝18×12;可见 216 就是一个 3 位优美倍和积数。

试修改以上程序,搜索并输出指定 n 位所有优美倍和积数。

修改:

(1) 增加统计数字和变量 s,以及数字和的倍数 j。

(2) 求数字积时,同时求数字和:"t＊＝k;s＋＝k;"(s 需要先清零)。

（3）判别数字积的倍数，同时判别数字和的倍数："(x％t＝＝0 && x％s＝＝0)"。

（4）计算数字积的倍数，同时计算数字和的倍数："m＝x/t;j＝x/s;"。

（5）修改输出语句，并删除有关最大与最小操作。

例如，指定 n＝5 时，程序运行结果如下。

```
请输入位数 n(2≤n≤9)：5
1：12768＝532×24，12768＝19×672
2：13248＝736×18，13248＝69×192
3：13824＝768×18，13824＝72×192
4：18432＝1024×18，18432＝96×192
5：61824＝2944×21，61824＝161×384
5 位优美倍和积数共 5 个。
```

显然，以上输出的 5 个 5 位优美倍和积数是上面 9 个 5 位优美倍积数的一个子集。其中，第 2，3，4 个优美倍和积数都是由 1，2，3，4，8 通过不同排列组成的 5 位数，以后将其称为"变序数"。

1.3 平方数汇趣

一个整数的 2 次幂称为平方数（又称完全平方数）。例如，$36＝6^2$，$121＝11^2$ 等都是平方数。本节探讨平方数的几个有趣的问题。

1.3.1 "1 和 2"的平方数

国外文献中有标题"1 和 2"的趣题给出了一类平方数的独特构成。本节在给出简单求解基础上适当拓展。

【问题】 "1 和 2"操作为什么是平方数？

连续写偶数个 1，再连续写位数为其一半的 2，然后两数相减，所得的差是一个平方数。

例如，$11－2＝9＝3^2$；$1111－22＝1089＝33^2$……

你能说明这是为什么吗？

【探求】 设 2 的位数为 $k(k>0)$，则 1 的位数为 $2k$。

同时，记连续 k 个 1 的值为 m，记连续 $2k$ 个 1 的值为 c，记连续 k 个 2 的值为 b，显然 $b＝2m$，记其差为 $d＝c－b$。

把 c 分为前后两段，每段 k 个 1，显然低段即为 m，高段为 $m×10^k$，而 $10^k＝9m＋1$，有

$$c＝m×10^k＋m＝m(10^k＋1)＝m[(9m＋1)＋1]＝9m^2＋2m$$
$$d＝c－b＝(9m^2＋2m)－2m＝9m^2＝(3m)^2$$

即所写两数之差为整数 $3m$ 的平方，这里 m 为连续写 k 个 1 的值。

例如，$k＝2$ 时，$1111－22＝(9×11^2＋2×11)－2×11＝9×11^2＝33^2$。

再如，$k＝3$ 时，$111111－222＝(9×111^2＋2×111)－2×111＝9×111^2＝333^2$。

【编程拓展】 "a 和 2a"操作是平方数吗？

（1）设计要点。

拓展"连续写偶数个 1，再连续写位数为其一半的 2"：连续写偶数个 a，再连续写位数为其一半的 2a。

为确保 2a 为一个数字，要求键盘输入 a 为 1，2，3，4。

建立位数循环 i（1≤i≤7），即最多生成 2i＝14 位。

循环中根据 a 生成 b，c，并求其差。

连续写偶数个 a：

c＝c＊100＋a＊10＋a；

再连续写位数为其一半的 2a：

b＝b＊10＋2＊a；

判断其差 d＝c－b 是否为平方数，若是，则输出平方式。

（2）拓展程序设计。

```
//拓展"a 和 2a"的平方数
#include <stdio.h>
#include <math.h>
void main()
{   double a,b,c,d,e; int i,n=0;
    for(a=1;a<=4;a++)                          //设置单数码 a 循环
    {  printf("  a=%.0f 时:\n",a);
        for(b=c=0,i=1;i<=7;i++)
        {  b=b*10+2*a;c=c*100+a*10+a;          //由 a 生成 b,c
           d=c-b; e=floor(pow(d,0.5));
           if(d==e*e)                          //检验是否是平方数
           {  printf("  %2d 位%.0f: %.0f-%.0f=%.0f^2 \n",2*i,a,c,b,e);
               if(i==7) n++;
           }
        }
    }
    printf("  共以上%d 个 a 能构成平方数。\n",n);
}
```

（3）拓展程序运行结果。

```
a=1 时:                                  a=4 时:
2 位 1: 11-2=3^2                          2 位 4: 44-8=6^2
4 位 1: 1111-22=33^2                      4 位 4: 4444-88=66^2
6 位 1: 111111-222=333^2                  6 位 4: 444444-888=666^2
8 位 1: 11111111-2222=3333^2              8 位 4: 44444444-8888=6666^2
10 位 1: 1111111111-22222=33333^2         10 位 4: 4444444444-88888=66666^2
12 位 1: 111111111111-222222=333333^2     12 位 4: 444444444444-888888=666666^2
14 位 1: 11111111111111-2222222=3333333^2 14 位 4: 44444444444444-8888888=6666666^2
a=2 时:                                   共以上 2 个 a 能构成平方数。
a=3 时:
```

由程序运行可知,"1 和 2"可得单数码平方数,同时"4 和 8"也可得单数码平方数。而当 a＝2 或 3 时,没有单数码平方数输出。

程序只设计到 14 位,实际上问题对位数没有限制。

1.3.2　数字同奇偶平方数

你见过各位数字都是偶数的平方数吗？或者你见过各位数字都是奇数的平方数吗？

给出以下 5 个数：

$$1448,56\ 163,127\ 452,15\ 773\ 579,242\ 888\ 426$$

简单判断其中哪些平方数错了,并说明理由。

同学们各抒己见：

平方数的个位数字不可能为 2,3,7,8,因而前 3 个不是平方数。

第 4 个数各位数字为奇数,第 5 个数各位数字为偶数,是否是平方数,意见不一。

那么,组成数字同奇偶的整数可能是平方数吗？

【命题 1】　不存在各位数字全为奇数的多位平方数（这里所说的多位平方数,是指 2 位或 2 位以上平方数）。

【证明】　设 $d＝a^2$,a 为正整数,d 为 a 的平方数。

若 a 为偶数,则 d 为偶数,其个位数字不为奇数。

若 a 为奇数,下面证明 d 的十位数字不为奇数。

不妨设 $a＝10k+m$,这时 k 为非负整数,m 为一位奇数。则

$$d=(10k+m)^2=100k^2+20km+m^2=10(10k^2+2km)+m^2 \qquad (1\text{-}3\text{-}1)$$

若 $k＝0$,则一位奇数 m 的平方为 $1^2＝1,3^2＝9,5^2＝25,7^2＝49,9^2＝81$,其中,后 3 个平方数为 2 位数,其十位数字均为偶数。

若 $k＞0$,则据式(1-3-1)知平方数 d 的十位数字为 $10k^2+2km$ 与 m^2 的十位数字之和的个位数字,注意到 $10k^2+2km$ 为偶数,m^2 的十位数字为偶数,其和为偶数,即平方数 d 的十位数字为偶数。

因而证得：一个平方数如果至少有两位,其各位数字不可能全为奇数。

【命题 2】　不存在各位数字都是偶数且其个位数字为 6 的多位平方数。

【证明】　假设 $d＝a^2$,d 的各位数字均为偶数,其个位数字为 6。

因为 d 的个位数字为 6,则 a 的个位数字只能为 6 或 4。

(1) 设 $a＝10k+6$,这时 k 为非负整数,则

$$d=(10k+6)^2=100k^2+120k+36=10(10k^2+12k+3)+6 \qquad (1\text{-}3\text{-}2)$$

据式(1-3-2)知平方数 d 的十位数字为奇数 $10k^2+12k+3$ 的个位数字,显然为奇数,与各位数字均为偶数矛盾。

(2) 设 $a＝10k+4$,这时 k 为非负整数,则

$$d=(10k+4)^2=100k^2+80k+16=10(10k^2+8k+1)+6 \qquad (1\text{-}3\text{-}3)$$

据式(1-3-3)知平方数 d 的十位数字为奇数 $10k^2+8k+1$ 的个位数字,显然为奇数,与各位数字均为偶数矛盾。

因而证得：一个多位平方数的各位数字都是偶数，其个位数字不为 6。

注意到数字 2 与 8 不为平方数的尾数字，因而得：如果一个多位平方数的各位数字都是偶数，其个位数字只能为 0 与 4。

【编程拓展】 搜索全为偶数数字组成且末位非零的 n 位平方数。

（1）设计要点。

设 $d=a^2$，d 的各位数字均为偶数，则 $(10a)^2=100d$ 即为在 d 的尾部添加两个 0，显然各位数字也符合要求。为了消除这种衍生状态，约定整数 a 的个位数字不为 0。

计算最小的 n 位数 $10^{(n-1)}$ 开平方取整数 b，最大的 n 位数 $(10^n)-1$ 开平方取整数 c，以 b+1，c 作为循环的初值与终值设置 a 枚举循环。

计算 n 位平方数"d=a*a;"，通过求余（%）与整除（/）分离 d（w=d）的每位数字 k，若其中某个数字 k 为奇数（k%2>0），则标注 t=1 返回。

若 t=0，说明平方数 d 中没有奇数数字，符合全偶数要求，则输出全为偶数数字的 n 位平方数 d，并用变量 e 统计个数。

（2）程序设计。

```
//全为偶数数字与末位非零的 n 位平方数
#include <math.h>
#include <stdio.h>
void main()
{   int e,k,m,n; long a,b,c,d,t,w;
    printf("  请确定位数 n(n≤9):"); scanf("%d",&n);
    e=0;t=1;
    for(k=1;k<=n-1;k++) t=t*10;
    b=(long)sqrt(t);c=(long)sqrt(10*t-1);
    for(a=b+1;a<=c;a++)
    {   if(a%10==0) continue;
        d=a*a;w=d;t=0;                    //确保 d 为平方数
        while(w>0)                        //分离 d 的 n 个数字并统计频数
        {   k=w%10;w=w/10;
            if(k%2>0){t=1;break;}
        }
        if(t==0)
        {   printf("  %2d:",++e);          //统计个数并逐个输出
            printf(" %ld=%ld^2",d,a);
            if(e%3==0) printf("\n");
        }
    }
    printf("\n  共以上%d个。\n",e);
}
```

（3）程序运行示例与说明。

```
请确定位数 n(n≤9):7
     1: 2022084=1422^2    2: 2226064=1492^2    3: 2244004=1498^2
     4: 2862864=1692^2    5: 4008004=2002^2    6: 4088484=2022^2
     7: 4804864=2192^2    8: 4848804=2202^2    9: 6240004=2498^2
    10: 6260004=2502^2   11: 6646084=2578^2   12: 8020224=2832^2
    13: 8282884=2878^2   14: 8868484=2978^2
共以上 14 个。
```

我们注意到,搜索并输出的 7 位平方数各位数字全部为偶数,且其个位数字全部为
4。因为个位排除了 0,平方数的个位不可能为 2,8,上面证明了各位数字全部为偶数的平
方数的个位数不能为数字 6,所以结尾为清一色的 4。

1.3.3　优美平方数

不含重复数字的完全平方数称为优美平方数。

试在 0,1,2,…,9 这 10 个数字中指定排除 m 个数字,从其余 10－m 个数字中选 n
个,组成没有重复数字的 n 位优美平方数。

从键盘输入指定位数 n 及指定排除数字个数 m(m＋n≤10),并依次输入 m 个排除
数字,输出所有满足以上要求的平方数(如果无须排除数字,则输入 m＝0)。

1. 设计要点

从键盘输入指定位数 n,指定排除数字个数 m,若 m＋n＞10 则返回。

（1）枚举与分离。

把从键盘输入指定排除的 m 个数字存储到数组 g[k](k=1～m)。

计算最小的 n 位数 $10^{(n-1)}$ 开平方取整数 b,最大的 n 位数 $(10^n)-1$ 开平方取整
数 c,以 b＋1,c 作为循环的初值与终值设置 a 枚举循环。

计算 d＝a＊a,显然 d 为 n 位平方数。

通过求余(%)与整除(/)分离 d 的每位数字 k,并用"f[k]＋＋;"统计数字 k 的频数。

（2）判别与输出。

若 f[k]＞1(k=0～9),说明数字 k 重复,标记 t＝1。

用变量 s 统计 f[g[k]](k=1～m)之和,若 s＞0,说明平方数中含指定排除数字。

经以上测试,若 t＝0 且 s＝0,说明平方数 d 中既没有重复数字,也没有指定排除数
字,符合搜索要求,则逐个输出,并用变量 e 统计个数。

2. 程序设计

```
//不含指定数字组成的 n 位优美平方数
#include <math.h>
#include <stdio.h>
void main()
{   int e,k,m,n,s,f[10],g[10];
    long a,b,c,d,t,t1,t2,w;
```

```
printf("  请确定位数 n(n≤10):"); scanf("%d",&n);
printf("  请确定不含指定数字个数 m(m+n≤10):"); scanf("%d",&m);
if(n+m>10)
{ printf("  不含指定数字个数与位数已超过 10!\n"); return; }
for(k=1;k<=m;k++)
{  printf("  请确定不含指定数字第%d个:",k);
   scanf("%d",&g[k]);
}
e=0;t=1;
for(k=1;k<=n-1;k++) t=t*10;
b=(long)sqrt(t);c=(long)sqrt(10*t-1);
for(a=b;a<=c;a++)
{  d=a*a; w=d;                          //确保 d 为平方数
   for(k=0;k<=9;k++) f[k]=0;
   while(w>0)                           //分离 n 个数字并统计频数
   { k=w%10;f[k]++;w=w/10; }
   for(t=0,k=0;k<=9;k++)
     if(f[k]>1) t=1;                    //t=1,即平方数中有重复数字
   for(s=0,k=1;k<=m;k++)
     s=s+f[g[k]];                       //s>0,即平方数中含有指定排除数字
   if(t==0 && s==0)
   {  printf("  %2d:",++e);             //统计个数并逐个输出
      printf(" %ld=%ld^2",d,a);
      if(e%3==0) printf("\n");
   }
}
if(e>0)  printf("\n  共可组成以上%d个%d位优美平方数。\n",e,n);
else  printf("\n  不存在满足要求的平方数。\n");
}
```

3. 程序运行示例与说明

```
请确定位数 n(n≤10):7
请确定不含指定数字个数 m(m+n≤10):3
请确定不含指定数字第 1 个:2
请确定不含指定数字第 2 个:3
请确定不含指定数字第 3 个:9
   1: 1048576=1024^2   2: 1056784=1028^2   3: 1085764=1042^2
   4: 5740816=2396^2   5: 5764801=2401^2   6: 6754801=2599^2
   7: 7845601=2801^2
共可组成以上 7 个 7 位优美平方数。
```

以上 7 个 7 位优美平方数是排除数字 2,3,9 之后所剩 7 个数字全排列数的一个子集。

如果排除 5 个偶数数字,可验证不存在 5 位或 5 位以下全由奇数数字组成的平方数。

运行程序时如果输入 n=10,m=0（即不排除任何数字），则输出 10 个由数字 0~9

组成的 10 位优美平方数。

```
请确定位数 n(n≤10):10
请确定不含指定数字个数 m(m+n≤10):0
   1: 1026753849=32043^2   2: 1042385796=32286^2   3: 1098524736=33144^2
   4: 1237069584=35172^2   5: 1248703569=35337^2   6: 1278563049=35757^2
   7: 1285437609=35853^2   8: 1382054976=37176^2
共可组成以上 8 个 10 位优美平方数。
```

运行程序,如果输入 n=9,m=1,输入排除数字 0,则输出 30 个由数字 1~9 组成的 9 位优美平方数。

1.4 勾股数与长方体数

勾股数是最早引起人们兴趣的数学现象,在很久远的年代世界各地都先后有探讨与研究过勾股数的记载。

长方体数是勾股数的三维推广。本节在探索勾股数设计求解基础上,探讨长方体数及其相关的“6 个正整数问题”。

1.4.1 勾股数

【背景】 勾广三,股修四,弦隅五。

埃及最早发现 3,4,5 是一组勾股数。公元前的巴比伦人就知道 119,120,169 是一个直角三角形的三边长。

我国早期的《周髀算经》谈到“勾广三,股修四,弦隅五”,就是指边长为 3,4,5 的直角三角形,即 $3^2+4^2=5^2$。

我国著名数学家华罗庚教授在他生前写的文章中说:“……如果我们宇宙航船到了一个星球上,那儿也有如我们人类一样高级的生物存在。那么用什么东西作为我们之间的媒介?带幅画去吧,那边风景特殊,不了解;带一段录音去吧,也不能沟通。我看最好带两个图形去,一个‘数’,一个‘数形关系’(勾股定理)。”

“数形关系”即勾股定理,勾股数 3,4,5 的数形关系如图 1-1 所示。

古代数学家刘徽在《九章算术》中记录了 $5^2+12^2=13^2$,$8^2+15^2=17^2$,$7^2+24^2=25^2$,$20^2+21^2=29^2$ 等多组勾股数的记载。

古希腊数学家毕达哥拉斯得到一个关于勾股弦数的公式,当 n 为奇数时,n,$\dfrac{n^2-1}{2}$,$\dfrac{n^2+1}{2}$ 构成勾股弦数

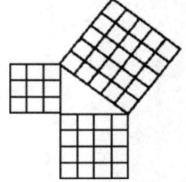

图 1-1 3,4,5 的数形关系

$$n^2+\left(\frac{n^2-1}{2}\right)^2=\left(\frac{n^2+1}{2}\right)^2 \Leftrightarrow 4n^2+(n^2-1)^2=(n^2+1)^2$$

通常把满足三元二次方程式

$$x^2 + y^2 = z^2 \qquad\qquad (1\text{-}4\text{-}1)$$

的正整数解 x, y, z 称为一组勾股数,又称毕达哥拉斯三元数组。该方程式称为"商高方程"或"毕达哥拉斯方程"。

注意到勾股数 3,4,5 之积为 60,考察其他勾股数之积也能被 60 整除,猜想勾股数之积是否都为 60 的倍数?

【命题 1】 若正整数 x, y, z 是一组满足式(1-4-1)的勾股数,则其积 xyz 必被 60 整除。

【证明】 只要证明满足式(1-4-1)的 x, y, z 中有一个是 3 的倍数,有一个是 4 的倍数,有一个是 5 的倍数,则必有 xyz 是 60 的倍数,即 $xyz = 0 \pmod{60}$。

(1) x, y, z 中必有一个是 3 的倍数。

假设 x, y, z 都不是 3 的倍数,注意到

$$(3k \pm 1)^2 = 3(3k^2 \pm 2k) + 1 = 1 \pmod 3$$

因而式(1-4-1)左边为 $2 \pmod 3$,而式(1-4-1)右边为 $1 \pmod 3$,矛盾。

(2) x, y, z 中必有一个是 4 的倍数。

假设 x, y, z 都不是 4 的倍数,注意到

$$(4k \pm 1)^2 = 8(2k^2 \pm k) + 1 = 1 \pmod 8$$
$$(4k + 2)^2 = 8(2k^2 + 2k) + 4 = 4 \pmod 8$$

因而式(1-4-1)左边为 $0, 2, 5 \pmod 8$,而式(1-4-1)右边为 $1, 4 \pmod 8$,矛盾。

(3) x, y, z 中必有一个是 5 的倍数。

假设 x, y, z 都不是 5 的倍数,注意到

$$(5k \pm 1)^2 = 5(5k^2 \pm 2k) + 1 = 1 \pmod 5$$
$$(5k \pm 2)^2 = 5(5k^2 \pm 4k) + 4 = 4 \pmod 5$$

因而式(1-4-1)左边为 $0, 2, 3 \pmod 5$,而式(1-4-1)右边为 $1, 4 \pmod 5$,矛盾。

综上即得满足式(1-4-1)的勾股数 x, y, z 之积 xyz 必是 60 的倍数,证毕。

【编程拓展】 探求并输出指定区间[a,b]内的所有勾股数组。

从键盘输入整数 a,b(a<b),寻求满足式(1-4-1)的整数 x,y,z(a≤x<y<z≤b)。

(1) 设计要点。

设指定区间为[a,b],设置二重循环在指定区间内枚举 x,y(x<y),应用勾股数的定义式计算"d=x*x+y*y;z=sqrt(d);"。

若 z≤b 且 zz=d,则输出 x,y,z 这一组满足式(1-4-1)的勾股数解。

(2) 程序设计。

```
//探求指定区间内勾股数组
#include <stdio.h>
#include <math.h>
void main()
{  int a,b,n; long x,y,z,d;
   printf("   请确定区间[a,b]的上下限 a,b: ");
```

```
    scanf("%d,%d",&a,&b);
    printf("  区间[%d,%d]中的勾股数组如下: \n",a,b);
    n=0;
    for(x=a;x<=b-2;x++)
    for(y=x+1;y<=b-1;y++)
    {   d=x*x+y*y; z=sqrt(d);            //z为x,y的平方和开平方
      if(z<=b && z*z==d)                 //满足勾股数条件时输出
        printf("  %d: %ld^2+%ld^2=%ld^2 \n",++n,x,y,z);
    }
    printf("  共%d组勾股数。\n",n);
}
```

（3）程序运行示例与变通。

```
请确定区间[a,b]的上下限a,b: 1350,2019
区间[1350,2019]中的勾股数组如下:
  1: 1357^2+1476^2=2005^2
  2: 1360^2+1428^2=1972^2
  3: 1380^2+1449^2=2001^2
  4: 1392^2+1394^2=1970^2
共4组勾股数。
```

由勾股数(3,4,5),(20,21,29)构成的直角三角形的两直角边为连续整数。是否可变通以上程序,求取指定区间内两直角边为连续整数的勾股三角形？

变通:求勾股数中y＝x＋1的子集。

删除y循环,同时在循环体中添加"y＝x＋1;"给变量y赋值。

运行变通程序,结果如下。

```
请确定区间[a,b]的上下限a,b: 3,1000
区间[3,1000]中的连续直角边勾股数组如下:
  1: 3^2+4^2=5^2            2: 20^2+21^2=29^2
  3: 119^2+120^2=169^2      4: 696^2+697^2=985^2
共4组勾股数。
```

以上所得4组勾股数中,前两个数为连续整数。

【费马大定理】　在三元二次方程式(1-4-1)的基础上把指数拓展至 $n \geqslant 3$,即得

$$x^n + y^n = z^n \tag{1-4-2}$$

以上三元 n 次方程在 $n \geqslant 3$ 时不存在正整数解。

大约1637年,法国业余数学家费马(Fermat)在阅读丢番图(Diophantus)的《算术》拉丁文译本时,在讨论不定方程式(1-4-2)的那页书空白处写道:"将一个立方数分成两个立方数之和,或一个4次幂分成两个4次幂之和,或者一般地将一个高于二次的幂分成两个同次幂之和,这是不可能的。关于此,我确信已发现了一种美妙的证法,可惜这里空白的地方太小,写不下。"

费马当时是否真的想出了这一命题的证明,这是一个无法判定的千古之谜,也给后世

数学家们留下了一道令人难堪的"作业"。

费马大定理是史上最精彩的一个数学谜题。证明费马大定理的过程是一部数学史诗。

费马大定理起源于 300 多年前，挑战人类 3 个世纪，多次震惊全世界，耗尽人类众多最杰出大脑的精力，也让千千万万业余者痴迷。

费马大定理被提出后，经历多人猜想辩证，最终在 1995 年被英国数学家怀尔斯（Andrew Wiles）彻底证明。2016 年 3 月 15 日，挪威自然科学与文学院宣布将 2016 年阿贝尔奖（Abel Prize）授予怀尔斯，表彰他令人震惊的费马大定理证明。

【欧拉猜想】 把三元二次方程式(1-4-1)拓展到多元，数学大师欧拉曾有过一个猜想：对于 $n>2$，一个 n 次幂要表示成 n 次幂之和，至少需要 n 个加数。

对于欧拉的这一猜想，有人用计算机举出以下反例：
$$27^5 + 84^5 + 110^5 + 133^5 = 144^5 \tag{1-4-3}$$

智者千虑必有一失，看来数学天才也有出错的时候。

【问题】 在 5 个连续整数中两个较大数的平方和等于其余 3 个数的平方和，试求这 5 个连续整数。

【思考】 设 5 个连续整数正中间的整数为 m，两个较大整数即为 $m+1,m+2$，比 m 小的两个整数则为 $m-1,m-2$，于是有方程式
$$(m-2)^2 + (m-1)^2 + m^2 = (m+1)^2 + (m+2)^2$$

化简得
$$m^2 - 12m = m(m-12) = 0$$

因而得 $m=12$，即有连续 5 个整数的平方和公式
$$10^2 + 11^2 + 12^2 = 13^2 + 14^2 \tag{1-4-4}$$

沿着连续整数推广到任意 $2n+1$ 个连续整数，有以下命题。

【命题 2】 设 n 为正整数，若 $m=2n(n+1)$，则有
$$\sum_{k=0}^{n}(m-k)^2 = \sum_{k=1}^{n}(m+k)^2 \tag{1-4-5}$$

式(1-4-5)的文字表述：对于任意正整数 n，若 $2n+1$ 个连续整数正中间的整数为 $m=2n(n+1)$，则较大的 n 个整数的平方和与较小的 $n+1$ 个整数的平方和相等。

【证明】 式(1-4-5)两边展开，整理得
$$m^2 - 4m\sum_{k=1}^{n}k = 0 \tag{1-4-6}$$

式(1-4-6)化简得
$$m^2 - 2n(n+1)m = m[m-2n(n+1)] = 0$$

立得
$$m = 2n(n+1) \tag{1-4-7}$$

因而命题 2 成立。

显然，式(1-4-4)是式(1-4-5)取 $n=2$ 的特例。

据式(1-4-5)，取 n 为正整数，可得相应的连续 $2n+1$ 项的等式。

例如，取 $n=3$，得 $m=24$，于是对于 7 个连续整数 $[21,27]$，有

$$21^2 + 22^2 + 23^2 + 24^2 = 25^2 + 26^2 + 27^2 \qquad (1\text{-}4\text{-}8)$$

再如，取 $n=31$，得 $m=1984$，于是对于 63 个连续整数[1953,2015]，有

$$1953^2 + 1954^2 + \cdots + 1984^2 = 1985^2 + 1986^2 + \cdots + 2015^2 \qquad (1\text{-}4\text{-}9)$$

特别指出，据式(1-4-5)，取 $n=1$，由式(1-4-7)可得 $m=4$，于是对于 3 个连续整数 3，4，5，有式 $3^2 + 4^2 = 5^2$，这就是前面论及的最早勾股数组。因而可以说式(1-4-5)从连续项方面把这一勾股数组从 3 项扩展到了 $2n+1$ 项。

1.4.2 长方体数

从式(1-4-1)的三元勾股数拓展到四元的长方体数，从二维的勾股三角形拓展到三维的长方体，是自然的引申与拓展。

如果长方体的棱长 x,y,z 和长方体对角线长 w 都是正整数，那么把它们称为一组长方体数。显然，长方体数是勾股数的推广。

探求指定区间 $[a,b]$ 内的长方体数组，即正整数 x,y,z,w 满足

$$x^2 + y^2 + z^2 = w^2 \qquad (1\text{-}4\text{-}10)$$

其中，$a \leqslant x \leqslant y \leqslant z < w \leqslant b$。

输入区间 $[a,b]$（$1 \leqslant a < b < 10000$），输出区间内的长方体数组 (x,y,z,w)。

1. 设计要点

如何求解式(1-4-10)这一涉及 4 个变量 x,y,z,w 的二次不定方程？

为尽可能减少无效循环，根据 $a \leqslant x \leqslant y \leqslant z < w \leqslant b$ 的约定，设置合适的循环参量。

注意到 $x^2 \leqslant b^2/3$，据 $x \leqslant y \leqslant z$，设置

x: a～sqrt(b * b/3)

y: x～sqrt((b * b − x * x)/2)

z: y～sqrt(b * b − x * x − y * y)

据以上 x,y,z 的取值直接计算 w，若区间内存在整数 w 满足 x * x + y * y + z * z = w * w，则找出一组满足条件式的整数 x,y,z,w。

若输入的区间[a,b]范围比较小，可能不存在长方体数，为避免此时输出出错，设置统计解的变量 k。若 k=0，此时无解，则做必要的无解说明。

2. 程序设计

```
//探求指定区间内的长方体数
#include <stdio.h>
#include <math.h>
void main()
{  long a,b,d,k,x,y,z,w;
   printf(" 请输入区间 [a,b]的上下限 a,b: "); scanf("%ld,%ld",&a,&b);
   k=0;
   for(x=a;x<=sqrt(b * b/3);x++)            //设置枚举三重循环
   for(y=x;y<=sqrt((b * b-x * x)/2);y++)
   for(z=y;z<=sqrt(b * b-x * x-y * y);z++)
```

```
{ d=x*x+y*y+z*z;
  w=(long)sqrt(d);                    //w为x,y,z的平方和开平方
  if(w<=b && w*w==d)                  //满足条件时输出一组解
    printf("  %ld: %ld,%ld,%ld,%ld \n",++k,x,y,z,w);
}
if(k>0)
  printf("  在指定区间[%ld,%ld]中共有以上%ld组长方体数。\n",a,b,k);
else  printf("  在指定范围内没有长方体数!\n");
}
```

3. 程序运行示例与说明

```
请输入区间[a,b]的上下限 a,b: 1140,2019
  1: 1141,1148,1156,1989
  2: 1144,1144,1157,1989
  3: 1162,1166,1169,2019
在指定区间[1140,2019]中共有以上 3 组长方体数。
```

由长方体数的定义，可知长方体数中 x,y 可能相等（如第二组解），同样 y,z 也可能相等。

如果要求长方体数中的 3 边互不相等，即 x<y<z，只需在设置枚举循环时，设置 y 循环从初值 y=x+1 开始，设置 z 循环从初值 z=y+1 开始即可。

1.4.3 6 个正整数问题

加德纳(Gardner)是美国著名的科普专栏作家，他在 1970 年的《科学美国人》杂志上提出一个一般问题：在一个长方体中，从一顶点出发的 3 条棱长、3 个面的对角线长以及体对角线长这 7 条线段中，能否同时出现 6 个正整数？

加德纳提出的 6 个正整数是以下 3 个不同问题的综合形式。

(1) 体对角线长是无理数，其余 6 条线段长是正整数。

(2) 一条棱长是无理数，其余是正整数。

(3) 一个面的对角线长是无理数，其余是正整数。

关于问题(1)，早在 1719 年，哈尔克(P. Halcke)已经发现，若长方体的棱长为 117,44,240，则其面对角线的长度分别为 267,244,125。

问题(2)也是有解的。例如，取长方体的棱长为 $a=124,b=957,c^2=13\,852\,800$，那么各个面对角线的长度是 965,3724,3843；体对角线的长度是 3845。除去 c 是无理数外，其余 6 个数都是正整数。

数学家欧拉已经得到过问题(3)的一些解。

棱长是(104,153,672)，体对角线长是 697，两个面对角线长是 185,680；

棱长是(117,520,756)，体对角线长是 925，两个面对角线长是 533,765。

下面编程探讨在指定区间 $[a,b]$ 内搜寻 6 个整数，其中 3 个整数是长方体的长、宽、高，另 3 个整数是该长方体的 6 个面的对角线长。

1. 设计要点

注意到矩形两边相等时其对角线长是非整数,即得 6 个数中不可能有相等的整数。

设长方体的长、宽、高分别为整数 $x,y,z(x<y<z)$,相对应面的对角线长分别为 $e1$,$e2$,$e3$。

要使其各面对角线长 $e1,e2,e3$ 都是整数,则 x,y,z 这 3 个数中每两个数的平方和都应是平方数 $d1,d2,d3$。也就是说,x,y,z 中每两个数都应是一组勾股数组的勾股数。

设置 $x,y,z(a\leqslant x<y<z\leqslant b)$ 三重循环。

注意到 $x^2<b^2/2$,设置

x:$a\sim sqrt(b*b/2)$

据 $x<y<z$,设置

y:$x+1\sim sqrt(b*b-x*x)$

z:$y+1\sim sqrt(b*b-x*x)$

计算 x,y 的平方和赋给 $d1$,$d1$ 再开方取整赋给 $e1$,即 $d1=x*x+y*y$,$e1=(long)$ $(sqrt(d1))$,若 $d1==e1*e1$,说明以 x,y 为边长的面的对角线长 $e1$ 为整数。

同样,判别以 x,z 为边长与以 y,z 为边长的面的对角线长是否为整数。

当这 3 个判别同时满足时,输出一组"6 个整数"的解。

2. 求长方体数 6 个整数程序设计

```
//探求长方体的 6 个整数
#include <math.h>
#include <stdio.h>
void main()
{  long a,b,x,y,z,e1,e2,e3,d1,d2,d3,n=0;
   printf("  请输入区间[a,b]的上下限 a,b: "); scanf("%ld,%ld",&a,&b);
   for(x=a;x<sqrt(b*b/2);x++)                    //设三棱长 x<y<z,循环判别
   {  for(y=x+1;y<=sqrt(b*b-x*x);y++)
      {  d1=x*x+y*y; e1=(long)sqrt(d1);
         if(d1==e1*e1 && e1<b)
         {  for(z=y+1;z<=sqrt(b*b-x*x);z++)
            {  d2=x*x+z*z; e2=(long)sqrt(d2);
               d3=y*y+z*z; e3=(long)sqrt(d3);
               if(d2==e2*e2 && d3==e3*e3 && e2<b && e3<=b)
               {  n++;printf("  NO%ld: ",n);            //输出长方体三棱长
                  printf("%ld,%ld,%ld\n",x,y,z);
                  printf("  各面对角线长:");
                  printf(" L(%ld,%ld)=%ld",x,y,e1);       //注明三面对角线长
                  printf(" L(%ld,%ld)=%ld",x,z,e2);
                  printf(" L(%ld,%ld)=%ld\n",y,z,e3);
                  break;
               }
            }
         }
```

```
                }
            }
        }
    }
```

3. 程序运行示例与说明

请输入区间[a,b]的上下限 a,b: 1000,2019
NO1: 1008,1100,1155
各面对角线长：L(1008,1100)=1492, L(1008,1155)=1533,L(1100,1155)=1595
NO2: 1200,1260,1375
各面对角线长：L(1200,1260)=1740, L(1200,1375)=1825,L(1260,1375)=1865

以上输出了指定区间内两组长方体数的 6 个整数，即不同 3 边长与不同 3 面的对角线长的整数。

4. 优美长方体

如果有一个长方体，它的所有棱长、所有面对角线长和体对角线长都是正整数，就称它为优美长方体（Perfect Cuboid）。

是否存在优美长方体？这是一个著名的难题，至今还没有结论。

一个非常自然的想法，是在以上"6 个正整数"设计解答的基础上继续探索"7 个正整数"。现有的探索还没有确切的结果，无法断言是否存在优美长方体。

1.5　完全数与 p-完全数

完全数是数学家们研究最多也是最热的一类整数，其中是否存在奇完全数还是尚无答案、留有悬念的问题。

本节在探索完全数的基础上，引入因数比的概念，进一步引申与探索因数比为大于 1 的正整数 p 的 p-完全数。

1.5.1　完全数

若正整数 n 的所有小于 n 的正因数之和等于 n 本身，则称数 n 为完全数，又称完美数。例如，6 的小于 6 的正因数为 1,2,3，而 6＝1＋2＋3，则 6 是一个完全数。

试探求指定区间[x,y]中的完全数。

1. 设计要点

对指定区间[x,y]中的每个整数 a 实施枚举判别。根据完全数的定义，为了判别整数 a 是否是完全数，用试商判别法找出 a 的所有小于 a 的因数 k。

注意到 1 是任何整数的因数，先把因数 1 定下来，即因数和 s 赋初值 1。

注意到整数 a 若为非平方数，它的大于 1 小于 a 的因数成对出现，其中较小的因数要小于 a 的平方根 sqrt(a)。因此，在赋值 b＝sqrt(a)后，因数 k 的循环枚举可设置为 2～b，大大减少了 k 的循环次数，缩减程序的运行时间。

若整数 a 恰为整数 b 的平方,则此时 b 为 a 的一个因数而不是一对因数,注意到因数 b 加了两次,应把多加一次的 b 从 s 中减去。

结束循环后,如果 a==s,则整数 a 即为完全数。特别指出,若整数 a 既是完全数又是奇数,则找到了"奇完全数",这是一个令人鼓舞的发现,做特别说明。

为了检验找到的完全数并输出其各个因数,对找到的完全数 a 实施 2~a/2 逐个检验是否为因数,输出该因数并求和 s0。如果 a==s0,即应用该因数分解法通过验证无误,则输出"(已通过验证。)"。

2. 程序设计

```
//探求指定区间内的完全数
#include <stdio.h>
#include <math.h>
void main()
{ int k;long a,b,s,s0,x,y;
    printf("  请输入整数 x,y:"); scanf("%ld,%ld",&x,&y);
    printf("  区间[%ld,%ld]中的完全数:\n",x,y);
    for(a=x;a<=y;a++)
    { s0=s=1;b=sqrt(a);
        for(k=2;k<=b;k++)                    //试商寻求 a 的因数 k
        if(a%k==0) s=s+k+a/k;                //因数 k 与 a/k 求和
        if(a==b*b) s=s-b;                    //如果 a=b^2,去掉一个重复因数 b
        if(a==s)
        { if(a%2>0) printf("  找到奇完全数!");
            printf("  %ld=1",a);            //打印 a 的因数和式
            for(k=2;k<=a/2;k++)              //按另一种方法分解因数并求和 s0
                if(a%k==0) {printf("+%d",k); s0=s0+k;}
                if(a==s0)  printf(" (已通过验证。)");
            printf("\n");
        }
    }
}
```

3. 程序运行示例与说明

```
请输入整数 x,y:1,1000
  区间[1,1000]中的完全数:
  6=1+2+3  (已通过验证。)
  28=1+2+4+7+14  (已通过验证。)
  496=1+2+4+8+16+31+62+124+248  (已通过验证。)
请输入整数 x,y:33000000,34000000
  区间[33000000,34000000]中的完全数:
  33550336=1+2+4+8+16+32+64+128+256+512+1024+2048+4096+8191+16382+32764+65528
          +131056+262112+524224+1048448+2096896+4193792+8387584+16775168
  (已通过验证。)
```

程序对区间内的所有整数实施分解检验,没有发现奇完全数。至今为止,寻找到的完全数都是偶完全数。

本程序应用两种不同的方法分解因数求和验证,并输出找到的完全数的各个因数,这是程序的特色。

是否存在奇完全数,目前既不能证明,也不能否定,还有待数学家进一步的研究探讨。

1.5.2　p-完全数

设正整数 a 的小于其本身的因数之和为 s,定义比值

$$p(a)=s/a$$

为整数 a 的因数比。

事实上,完全数是因数比为 1 的整数。例如,$p(6)=1$,6 为完全数。

若整数的因数比为某一大于 1 的整数 p,则称该整数为 p-完全数。

例如,$p(120)=2$,则 120 为 2-完全数;$p(32\ 760)=3$,则 32 760 为 3-完全数。

试搜索指定区间 $[x,y]$ 中的完全数与 p-完全数。若区间中没有完全数与 p-完全数,探求并输出区间中哪一整数的因数比最接近某一正整数。

1. 设计要点

为扩大整数的范围,相关变量设置为 double 型。

为了求整数 a 的真因数和 s,设置 k(2~sqrt(a))循环枚举,如果 k 是 a 的因数,则 a/k 也是 a 的因数,通过迭代 s=s+k+a/k;求取 a 的因数和 s。

同样,如果 a==b*b,显然 k=b,a/k=b,此时 k=a/k。而因数 b 只有一个,所以此时必须从和 s 中减去一个 b,这样避免重复计算的处理是必要的。

设置 min 存储因数比与正整数差值的最小值。通过计算 s,t=s/a 及与正整数 d 的最小差距 c=t-d(c≥0);若 c=0,此时的因数比 t 为正整数,通过数组 p,q 存储 a 及其因数比;若 c>0,说明其因数比 t 为非正整数,则通过与 min 比较,记录其因数和 s1 与因数比 t1,求取因数比最接近的正整数 d1。

2. 程序设计

```
//探求指定区间内的完全数与p-完全数
#include <stdio.h>
#include <math.h>
void main()
{  double a,a1,b,c,d,d1,k,s,s1,t,t1,x,y,p[10],q[10],min;
   int j,m=0;
   min=1.0;
   printf("  请输入区间x,y: "); scanf("%lf,%lf",&x,&y);
   for(a=x;a<=y;a++)                        //枚举区间内的所有整数 a
   {  s=1;b=floor(sqrt(a));
      for(k=2;k<=b;k++)                     //试商寻求 a 的因数 k
      if(fmod(a,k)==0) s=s+k+a/k;           //因数 k 与 a/k 求和
```

```
    if(a==b*b) s=s-b;                              //如果 a=b^2,去掉重复因数 b
    t=s/a; d=floor(t);c=t-d;
    if(c==0) { m++;p[m]=a;q[m]=t; }
    else if(c>0.5) { c=1-c;d=d+1;}                 //c 为因数比 t 最接近正整数 d 的差值
    if(t>0.5 && c<min)
       { min=c;a1=a;s1=s;t1=t;d1=d; }              //比较求因数比最接近的正整数
    }
    if(m>0)
       for(j=1;j<=m;j++)                           //逐一输出完全数与 p-完全数
          printf("   p(%.0f)=%.0f ",p[j],q[j]);
    else
       printf("   %.0f 的因数和为%.0f,因数比%.4f 最接近正整数%.0f。\n",a1,s1,t1,d1);
    }
```

3. 程序运行示例与说明

```
请输入区间 x,y: 100,40000
    p(120)=2       p(496)=1
    p(672)=2       p(8128)=1
    p(30240)=3     p(32760)=3
请输入区间 x,y: 10000,20000
    16384 的因数和为 16383,因数比 0.9999 最接近正整数 1。
```

在区间[100,40000]中搜索到 p＝1,2,3 的 p-完全数各两个。

在区间[10000,20000]中没有 p-完全数,则输出其因数比最接近的整数 16384。

程序还可探求到因数比为 4 的 4-完全数如下。

```
请输入区间 x,y: 518666803000,518666804000
    p(518666803200)=4
```

是否存在 5-完全数或 6-完全数? 笔者猜想存在 p-完全数的整数 p 是无限的,只是当
p＞4 时的 p-完全数会更加庞大,其探求过程也更为复杂。

1.6   卡普雷卡数

相传在我国近邻印度,某铁路线上的一块写着 3025(km)的里程碑被雷击而一分为
二:30,25。某天,数学家卡普雷卡(Kaprekar)路过那里,他发现 3025 这个数因雷击而突
显"个性",即有 3025 ＝(30＋25)^2。

此后,卡普雷卡专门收集这种神奇的"怪数"。现称这样具有"分 2 段和的平方"特性
的整数为卡普雷卡数。

【问题】   在 4 位整数中寻求与(30＋25)^2＝3025 类似的卡普雷卡数。

【探求】   保留低 2 位为 25,探求 4 位数。

设 x 是 2 位整数,则

$$(x+25)^2 = 100x + 25$$

整理并分解，有

$$(x-30)(x-20) = 0$$

因而得 $x = 30, x = 20$，即在 4 位整数中除 3025 外，卡普雷卡数还有 2025，即 $(20+25)^2 = 2025$。

【编程拓展】 从 4 位拓展到偶数位。

探索偶数 n 位卡普雷卡数：偶数 n 位整数分为前后两个 n/2 位整数，该数等于所分两个数和的平方。

输入偶数 $n(4 \leqslant n \leqslant 14)$，输出所有 n 位卡普雷卡数。

1. 设计要点

注意到位数 n 可能超过 10 位，相关变量设置为双精度实型。

（1）设置枚举循环。

设 n 位平方数 $a = b*b$，求出 b 的最小值 c 与最大值 d。

为缩减循环次数，设置 $b(c \sim d)$ 循环，循环中 $a = b*b$ 即为 n 位平方数。

（2）实施分段。

设置分段特征量 $w = 10^{n/2}$，对平方数 a 应用取整 $x = floor(a/w)$ 与求余 $y = fmod(a, w)$，计算 a 分段的前后两个 n/2 位整数 x, y。

（3）分段和判别。

如果后一段首位为零，则导致整数 y 不足 n/2 位，为此需加上条件 $y \geqslant w/10$。

若满足条件 $b == x+y$ && $y \geqslant w/10$，则找到 n 位卡普雷卡数 a，进行打印输出。

2. 程序设计

```
//搜索偶数 n 位卡普雷卡数
#include <stdio.h>
#include <math.h>
void main()
{  double a,b,m,w,x,y; int k,n,s; long c,d;
   printf("  请输入偶数 n(n<=14): "); scanf("%d",&n);
   if(n%2>0)
   { printf("  请输入偶数!\n"); return;}
   s=0;
   for(m=1,k=2;k<=n;k++) m*=10;
   for(w=1,k=1;k<=n/2;k++) w*=10;
   c=(long)pow(m,0.5);
   d=(long)pow(10*m-1,0.5);            //求出枚举循环的起点与终点
   for(b=c+1;b<=d;b++)
   {  a=b*b;
      x=floor(a/w); y=fmod(a,w);       //n 位平方数 a 分为前后数 x,y
      if(b==x+y && y>=w/10)            //分段和条件检验
        printf("  %d:%.0f=(%.0f+%.0f)^2  \n",++s,a,x,y);
   }
```

```
    if(s>0)  printf("  共有以上%d个%d位卡普雷卡数。\n",s,n);
    else  printf("  不存在%d位卡普雷卡数。\n",n);
}
```

3. 程序运行示例与说明

```
请输入偶数 n(n<=14): 14
    1:19753082469136=(1975308+2469136)^2
    2:24284602499481=(2428460+2499481)^2
    3:25725782499481=(2572578+2499481)^2
    4:30864202469136=(3086420+2469136)^2
共有以上 4 个 14 位卡普雷卡数。
```

以上所得 4 个 14 位卡普雷卡数所分的前后两段都是 7 位整数。

如果分段和条件检测中省略 $y \geqslant w/10$，则出现 $87841600588225=(8784160+588225)^2$，显然这一增解所分第 2 段的首位是 0，造成两段位数之和不等于 n 位。

当 n=6 时，只有唯一一个 6 位卡普雷卡数：$494209=(494+209)^2$。

当 n=8 时，有 $60481729=(6048+1729)^2$ 等 4 个 8 位卡普雷卡数。

对于位数 n 为奇数，或分解为多段，或幂指数为大于 2 的整数，是否存在类似卡普雷卡数，将在第 3 章中探讨。

1.7　雅趣守形数

本节探讨守形数，其特性表现在其平方数的尾部。

【定义】　若正整数 n 是它平方数的尾部，则称 n 为守形数，又称同构数。

例如，6 是其平方数 36 的尾部，25 是其平方数 625 的尾部，6 与 25 都是守形数。

首先利用守形数的特性简单求解 3 位守形数，在此基础上编程拓展求指定区间内的守形数，并进一步探求多位守形数。

1.7.1　探索区间守形数

求解一个简单的守形数问题。

【问题】　共有多少个 3 位守形数？

【思考】　从个位开始向高位逐位探求。

（1）除了 5 与 6 外，1 能否构成守形数的尾部？

回答是否定的。事实上，$1^2=1$，1 是 1 的平方，而不是其平方数的尾部。

设 2 位整数 $a=10k+1$（即 a 的十位数字是 $k>0$），只要证 a^2 的十位数字不为 k 即可。

$$a^2=(10k+1)^2=10(10k^2+2k)+1$$

可见，a^2 的十位数字是 $2k$ 的个位数字，无论 $k>0$ 为何数字，$2k$ 的个位数字都不可能为数字 k。

（2）任意 n 位守形数必为 n-1 位守形数。

要求 3 位守形数,可先求出所有 2 位守形数。

① 设 $a = 10k + 5$ 为个位数字为 5,十位数字为 $k(k > 0)$ 的 2 位整数,则

$$a^2 = (10k + 5)^2 = 100(k^2 + k) + 25$$

显然 a^2 的最低 2 位为 25,其十位数字为 2。

即要使 a 为守形数,只有 $k = 2$,即 $a = 25$ 这一个解。

② 设 $a = 10k + 6$ 为个位数字为 6,十位数字为 $k(k > 0)$ 的 2 位整数,则

$$a^2 = (10k + 6)^2 = 100(k^2 + k) + 10(2k + 3) + 6$$

显然 a^2 的十位数字为 $(2k + 3)$ 的个位数字,即 $(2k + 3) \% 10$。

由 $(2k + 3) \% 10 = k$,推得有 $k = 7$,即 $a = 76$ 这一个解。

(3) 在 2 位守形数基础上配置首位。

① 设 $a = 100k + 25$,即低 2 位为守形数 25,百位数字为 $k(k > 0)$ 的 3 位整数,则

$$a^2 = (100k + 25)^2 = 1000(10k^2 + 5k) + 625$$

显然 a^2 的最低 3 位为 625,其百位数字为 6。

即 a 为个位数字是 5 的 3 位守形数,百位数字 $k = 6$,即 $a = 625$ 这一个解。

② 设 $a = 100k + 76$,即低 2 位为守形数 76,百位数字为 $k(k > 0)$ 的 3 位整数,则

$$a^2 = (100k + 76)^2 = 1000(10k^2 + 15k + 5) + 100(2k + 7) + 76$$

显然 a^2 的百位数字为 $(2k + 7)$ 的个位数字,即 $(2k + 7) \% 10$。

由 $(2k + 7) \% 10 = k$,推得有 $k = 3$,即 $a = 376$ 这一个解。

(4) 综合以上可知共两个 3 位守形数:

$376^2 = 141376$

$625^2 = 390625$

以此可求出 4 位、5 位守形数。

【编程拓展】 试探求指定区间 $[x, y]$ 中的所有守形数。

(1) 设计要点。

为了扩大探求范围,变量类型设置为 double 型。

对指定范围 $[x, y]$ 中的每个整数 a(约定 a > 1),求出其平方数 s;计算 a 的位数 k,同时计算 $b = 10^k$,a 的平方 s 的尾部 c = fmod(s, b);比较整数 a 与其平方数的尾部 c,若 a = c 则输出守形数。

(2) 程序设计。

```
//探求区间 [x,y]中的所有守形数
#include <stdio.h>
#include <math.h>
void main()
{  double a,b,c,k,s,x,y; int n=0;
   printf("   请输入区间上下限整数 x,y:");
   scanf("%lf,%lf",&x,&y);
   for(a=x;a<=y;a++)
   {  s=a*a; b=1;k=a;                          //计算 a 的平方数 s
      while(k>0)
```

```
    { b=b*10;k=floor(k/10); }
    c=fmod(s,b);                              //c为a的平方数 s 的尾部
    if(a==c)
        printf("  %d: %.0f^2=%.0f \n",++n,a,s);
    }
    printf("  区间[%.0f,%.0f]中,共以上%d个守形数。\n ",x,y,n);
}
```

（3）程序运行示例与说明。

```
请输入区间上下限整数 x,y:100,1000000
    1: 376^2=141376
    2: 625^2=390625
    3: 9376^2=87909376
    4: 90625^2=8212890625
    5: 109376^2=11963109376
    6: 890625^2=793212890625
区间[100,1000000]中,共以上 6 个守形数。
```

以上结果可见,没有 5 结尾的 4 位守形数,也没有 6 结尾的 5 位守形数,实际上是因为其最高位为 0 而没有显示。

由输出的第 2 个解与第 4 个解比较可知,0625 即为 5 结尾的 4 位守形数,因其高位为 0,自然不输出。

同样,由输出的第 3 个解与第 5 个解比较可知,09376 即为 6 结尾的 5 位守形数,因其高位为 0 而没有输出。

1.7.2 展现多位守形数

以上设计搜索到 2 个 3 位守形数、1 个 4 位守形数、1 个 5 位守形数、2 个 6 位守形数。守形数的个位数字为 5 或 6。

试探索一般 n 位守形数。

1. 设计要点

为了求更多位数的守形数,可应用守形数的性质:

一个 m 位守形数的尾部 k($1 \leq k \leq m-1$)位数也是一个高位可能为 0 的守形数。

事实上,a 是一个 m 位数,a 的平方数的尾部 k 位仅由 a 的尾部 k 位决定,而与 a 的其他位无关。

实施易知 1 位守形数有 5,6,则 2 位守形数的个位数字只可能是 5,6 这两个数字。根据这一思路,可应用递推求解。

设置数组 a[k]存储守形数的第 k 位:守形数的个位数字 a[1]选取 d(5~6),a[k](k>1)选取 j(0~9)。同时,设置 b 数组存储计算平方的中间值,设置 c 数组存储计算守形数的平方值,应用"竖式乘模拟"计算平方数。

通过比较若有 a[i]=c[i]($i=1,2,\cdots,k$)成立,则 k 位守形数确立,继续递推下一位,直至 n 位确定并打印输出。

2. 程序设计

```
//探求指定 n 位之内的守形数
#include <stdio.h>
void main()
{  int n,d,k,j,i,t,m,w,z,u,v,a[500],b[500],c[500];
   printf("  请输入指定位数 n:");scanf("%d",&n);
   for(d=5;d<=6;d++)
   {  printf("  %d 结尾的守形数:\n",d);
      for(k=1;k<=499;k++) { a[k]=0;b[k]=0;c[k]=0; }
      a[1]=d;                              //给守形数个位数赋值
      for(k=2;k<=n;k++)
      {  for(j=0;j<=9;j++)
         {  a[k]=j;v=0;                    //探索守形数的第 k 位 a(k)选数字 j
            for(i=1;i<=k;i++) c[i]=0;
            for(i=1;i<=k;i++)
            {  for(z=0,t=1;t<=k;t++)
               {  u=a[i]*a[t]+z;z=u/10;
                  b[i+t-1]=u%10;           //计算中间结果存于 b 数组
               }
               for(w=0,m=i;m<=k;m++)
               {  u=c[m]+b[m]+w;           //计算平方存于 c 数组
                  w=u/10;c[m]=u%10;
               }
            }
            for(i=1;i<=k;i++)
              if(a[i]!=c[i]) v=1;          //出现不同数字时继续,a[k]选下一个数字
            if(v==0) break;
         }
         if(v==0 && a[k]!=0)               //输出 k 位守形数结果
         {  printf("  %2d 位: ",k);
            for(j=k;j>=1;j--) printf("%d",a[j]);
            printf("\n");
         }
      }
   }
}
```

3. 程序运行示例与变通

请输入指定位数 n:20
　　5 结尾的守形数:
　　2 位: 25
　　3 位: 625
　　5 位: 90625
　　6 位: 890625
　　7 位: 2890625
　　8 位: 12890625

6 结尾的守形数:
　　2 位: 76
　　3 位: 376
　　4 位: 9376

9位：212890625	6位：109376
10位：8212890625	7位：7109376
11位：18212890625	8位：87109376
12位：918212890625	9位：787109376
13位：9918212890625	10位：1787109376
14位：59918212890625	11位：81787109376
15位：259918212890625	14位：400081787109376
16位：6259918212890625	15位：7400081787109376
17位：56259918212890625	16位：37400081787109376
18位：256259918212890625	17位：437400081787109376
19位：2256259918212890625	18位：7437400081787109376
20位：92256259918212890625	19位：77437400081787109376

注意到以上结果中"5结尾的守形数"中没有4位守形数，"6结尾的守形数"中没有 5，12，13 与 20 位守形数，只是其最高位为 0 而已（由其高一位结果可看出）。

变通：试把守形数的尾数从 5，6 扩展到 0～9，即改变尾数 d 循环，由 for(d=5;d<=6;d++)变为 for(d=0;d<=9;d++)。变通后运行程序，可知除 5，6 结尾外，其他数字结尾没有守形数。

1.8 逐位整除数

逐位整除数是一类精妙有趣的整数。

定义 n 位逐位整除数：从高位开始，高 1 位能被 1 整除（显然），高 2 位能被 2 整除，高 3 位能被 3 整除，以此类推，直至整个 n 位数能被 n 整除。

例如，102456 就是一个 6 位逐位整除数，因 102456 能被 6 整除，高 5 位即 10245 能被 5 整除，高 4 位即 1024 能被 4 整除，高 3 位即 102 能被 3 整除，高 2 位即 10 能被 2 整除。

【问题1】 以 6 位逐位整除数 102456 为前缀的 12 位逐位整除数有多少个？

【思考】 从第 7 位开始，向高位逐位续位。

逐位续位是根据"逐位整除"的定义依次确定第 7 位数字，再确定第 8，9…位，直到第 12 位止。

由 1024560%7=5（即 1024560 除以 7 余 5），第 7 位可取 2 或 9，确保 7 位数被 7 整除。

(1) 第 7 位数字取 2 续位。

由 10245620%8=4，第 8 位只能取 4，才能确保 8 位数被 8 整除；

由 102456240%9=6，第 9 位只能取 3，才能确保 9 位数被 9 整除；

要确保 10 位数被 10 整除，第 10 位数字只能取 0；

由 10245624300%11=10，第 11 位只能取 1，才能确保 11 位数被 11 整除；

由 102456243010%12=10，第 12 位只能取 2，才能确保 12 位数被 12 整除。

由此，确定第 7 位数字取 2 时，可得 12 位逐位整除数 102456243012。

(2) 第 7 位数字取 9 续位。

由 10245690%8=2，第 8 位只能取 6，才能确保 8 位数被 8 整除；

由 102456960%9=6，第 9 位只能取 3，才能确保 9 位数被 9 整除；

要确保 10 位数被 10 整除,第 10 位数字只能取 0;

由 10245696300%11＝4,第 11 位只能取 7,才能确保 11 位数被 11 整除;

由 102456963070%12＝10,第 12 位只能取 2,才能确保 12 位数被 12 整除。

由此,确定第 7 位数字取 9 时,可得 12 位逐位整除数 102456963072。

(3) 综上得到,以 102456 为前缀的 12 位逐位整除数有两个:102456243012, 102456963072。

【问题 2】 以前缀为 102456 的逐位整除数最多有多少位?

【探求】 以前面两个 12 位逐位整除数为基础,从第 13 位开始,向高位逐位续位。

前缀为 102456 的 12 位逐位整除数有以上两个,从这两个数出发逐位续位,探求能最多续到哪一位。

(1) 从 102456243012 开始续位。

由 1024562430120%13＝8,第 13 位只能取 5,即 1024562430125 为 13 位逐位整除数;

由 10245624301250%14＝2,第 14 位取 0～9,都不能被 14 整除。

从 102456243012 开始续位,最多为 13 位,即 1024562430125。

(2) 从 102456963072 开始续位。

由 1024569630720%13＝12,第 13 位只能取 1,即 1024569630721 为 13 位逐位整除数;

由 10245696307210%14＝0,第 14 位只能取 0,即 10245696307210 为 14 位逐位整除数;

由 102456963072100%15＝10,第 15 位只能取 5,即 102456963072105 为 15 位逐位整除数;

由 1024569630721050%16＝10,第 16 位只能取 6,即 1024569630721056 为 16 位逐位整除数;

由 10245696307210560%17＝7,第 17 取 0～9,都不能被 17 整除,到上面 16 位止步。

从 102456963072 开始续位,最多为 16 位,即 1024569630721056。

(3) 综上可得,前缀为 102456 的逐位整除数最多为 16 位,即 1024569630721056。

通过以上求解,以 102456 为前缀的 12 位逐位整除数有两个,不带任何前缀的 12 位逐位整除数有多少个?

同时,以 102456 为前缀的逐位整除数最多达 16 位,不带任何前缀的逐位整除数最多有多少位?

这些应用程序设计解决是适宜的。

【编程拓展】 存在 n 位逐位整除数的整数 n 是否有最大值?

对于指定的正整数 n,搜索共有多少个不同的 n 位逐位整除数。在此基础上探索,存在 n 位逐位整除数的整数 n 是否有最大值。

试探索指定的 n 位逐位整除数,且限制指定的第 e 位只能取指定数字 f,输出所有满足限位要求的 n 位逐位整除数。

1. 递推设计要点

根据逐位整除数的递推特性,也可以应用递推设计求解逐位整除数。

注意到逐位整除数的构造特点:n 位逐位整除数的高 n−1 位是一个 n−1 位逐位整除数。因而可在每个 n−1 位逐位整除数后加一个数字 j(0～9),得到一个 n 位数。测试该 n 位数如果能被 n 整除,则得到一个 n 位逐位整除数。

递推基础为 n=1 位,显然有 g=9 个 1 位数 j(1～9)。

注意到逐位整除数的位数可能比较大,为了递推方便,设置两个二维数组:

a(i,d)为 k−1 位的第 i 个逐位整除数的从高位开始第 d(1～n−1)位数字。

b(m,d)为递推得到 k 位的第 m 个逐位整除数的从高位开始第 d(1～n)位数字。

完成从 k−1 位推出 k 位之后,需把 m 赋值给 g,把 b 数组赋值给 a 数组,为下一步递推做准备。

最后输出递推得到的 n 位逐位整除数的个数 g 及所有 n 位逐位整除数。

如果 e>0,即有限位要求,只有当第 e 位数字为数字 f 即满足条件 a[i][e]==f 时才输出限位解,并用变量 s 统计限位解的个数。

当递增至 n 位没有得到 n 位逐位整除数时(g=0),输出"无解!"后结束。

2. 递推程序设计

```
//探求 n 位限位逐位整除数
#include <stdio.h>
void main()
{   int d,e,f,g,i,j,k,m,n,s,r, a[3000][30],b[3000][30];
    printf("  请输入逐位整除数的位数 n:");   scanf("%d",&n);
    printf("  限制某位取值,请输入位数 e(e<n):");
    scanf("%d",&e);                          //若无须限制,则输入 0
    if(e>0)
    {  printf("  请输入该位限取数字 f:"); scanf("%d",&f); }
    g=9;s=0;                                 //递推基础:1 位时赋初值
    for(j=1;j<=g;j++) a[j][1]=j;
    for(k=2;k<=n;k++)                        //递推位数 k 从 2 开始递增
    {  m=0;
       for(i=1;i<=g;i++)                     //枚举 g 个 k-1 位逐位整除数
       for(j=0;j<=9;j++)                     //k 位数的个位数字为 j
       {  a[i][k]=j;
          for(r=0,d=1;d<=k;d++)              //检测 k 位数除 k 的余数 r
          { r=r*10+a[i][d]; r=r%k; }
          if(r==0)
          {  m++;
             for(d=1;d<=k;d++)
               b[m][d]=a[i][d];              //满足条件的 k 位数赋值给 b 数组
          }
       }
```

```
    g=m;                                    //递推得 g 个 k 位逐位整除数
    for(i=1;i<=g;i++)
    for(d=1;d<=k;d++)
      a[i][d]=b[i][d];                      //g 个 b 数组向 a 数组赋值,准备下步递推
  }
  if(g>0)                                   //输出 n 位的个数及每个数
  {  for(i=1;i<=g;i++)
    {  if(e==0)                             //无限位要求时输出解
      {  printf("  %d: ",i);
        for(d=1;d<=n;d++) printf("%d",a[i][d]);
        printf("\n");
      }
      else if(a[i][e]==f)                   //有限位要求时输出解
      {  s++;printf("  %d: ",s);
        for(d=1;d<=n;d++) printf("%d",a[i][d]);
        printf("\n");
      }
    }
    if(e>0 && s>0) printf("  %d 位限位逐位整除数共以上%d 个。\n",n,s);
    else if(e==0) printf("  %d 位逐位整除数共以上%d 个。\n",n,g);
    else if(e>0 && s==0) printf("  无限制位数解!\n");
  }
  else  { printf("  无解!\n");return;}
}
```

3. 程序运行示例与说明

```
请输入逐位整除数的位数 n:24
限制某位取值,请输入位数 e(e<n):6
请输入该位限取数字 f:2
  1:360852885036840078603672
  2:402852168072900828009216
24 位限位逐位整除数共以上 2 个。
```

事实上,不带限位条件的 24 位逐位整除数有 3 个,而增添了限位,则只有上述两个满足限位"第 6 位为数字 2"的要求。

也可以不带限位运行程序,运行结果如下。

```
请输入逐位整除数的位数 n:25
限制某位取值,请输入位数 e(e<n):0
  1:360852885036840078603672.5
25 位逐位整除数共以上 1 个。
```

这就是不带限位搜索 25 位的输出,唯一的一个 25 位逐位整除数,实际上就是在上面第一个 24 位逐位整除数后加上一个数字 5 而成,而其他 24 位逐位整除数后加上任意一

个数字后所得的 25 位数都不能被 25 整除。

运行程序,输入 n＝26,显示"无解!"。也就是说,在唯一 25 位逐位整除数后加上任意一个数字后所得的 26 位数都不能被 26 整除,因而得知逐位整除数的最多位数是 25。

注意到本案例 n 不可能大于 25,在此范围内以上设计能快速求得相应的解。

变通:修改程序,求解 n 位逐位整除数的个数 f(n)的最大值。

1.9 神秘的六六大顺数

有一个非常奇特的 6 位整数 m,它由不同的 6 个数字组成;m 的 2 倍也是由这 6 个数字组成;m 的 3 倍也是由这 6 个数字组成;以至 m 的 4,5,6 倍也都是由这 6 个数字组成。因而,这一奇特整数被披上许多神秘的色彩,说是某一寺庙留传下来的,甚至说是在埃及金字塔发现的。

鉴于这一整数是 6 位数,又有其 2～6 倍整数由同样数字组成的特性,不妨称为"六六大顺数"。

本节应用逐位推理探求神奇的"六六大顺数",并经拓展得到该数的令人惊奇的"插9"特性。

1.9.1 推理揭开神秘面纱

【问题】 推理探求神秘的"六六大顺数"。

【探求】 应用"排除法"推理,逐位确定。

显然,所探求的 6 位数的 6 个数字互不相同,且不可能有数字 0。

设所求的 6 位整数 m 为 abcdef(每一字母代表一个非零数字)。

下面通过"排除法"推理,层层揭开其神秘的面纱。

(1) 显然首位数字 $a＝1$,否则 m 的 5 倍、6 倍超过 6 位数。

(2) 试用排除法确定个位数字 f。

注意到 m 的个位数字 $f(\neq 1)$分别乘 2～6 的积的个位数字,应为 m 中除个位数字 f 外的其余 5 个数字 a,b,c,d,e。

① 数字 f 不能为偶数,否则乘 2～6 的积的个位数字均为偶数,不含1。

② $f \neq 3$,因 3 乘 2～6 的积的个位数字分别为 6,9,2,5,8,也不含1。

③ $f \neq 5$,因 5 乘 2～6 的积的个位数字出现 0。

④ $f \neq 9$,因 9 乘 2～6 的积的个位数字分别为 8,7,6,5,4,也不含1。

因而确定 6 位整数 m 的个位数字 $f＝7$。

(3) 确定组成 m 的 6 个数字。

个位数字 $f＝7$ 分别乘 2～6 的积,其位数字分别为 4,1,8,5,2,因而这 5 个数字另加上个位数字 7 构成 m 的 6 个数字。

整数 m 的 6 个数字从小到大排列为 1,2,4,5,7,8。

m 乘 2 所得积的首数字即最高位数字为 2;

m 乘 3 所得积的首数字即最高位数字为 4;

m 乘 4 所得积的首数字即最高位数字为 5;

m 乘 5 所得积的首数字即最高位数字为 7;

m 乘 6 所得积的首数字即最高位数字为 8。

(4) 确定 m 的数字分布。

上面已确定 m 为 $1bcde7$,其中数字 b,c,d,e 将在 $2,4,5,8$ 中逐步确定。

① 首先确定 $b=4$。

若 b 为 $5,8$,将导致 m 乘 2 积的首数字大于 2,矛盾;

若 b 为 2,则 m 乘 3 积的首数字小于 4,导致矛盾。

因而唯有 $b=4$,即有 $m=14cde7$。

② 其次确定 $c=2$。

若 c 为 5,m 只有 145287 与 145827 两种可能。

因 $145287 \times 2 = 290574$,出现 0;$145827 \times 2 = 291654$,出现数字 9,均导致矛盾。

若 c 为 8,m 只有 148257 与 148527 两种可能。

因 $148257 \times 2 = 296514$,出现数字 9;$148527 \times 2 = 297054$,出现 0,均导致矛盾。

因而唯有 $c=2$,即有 $m=142de7$。

③ 最后确定 $d=8,e=5$。

由 $142587 \times 3 = 427761$,出现数字重复导致矛盾。

因而,神奇 6 位数的神秘面纱揭开:$m=142857$。

(5) 验证(此步不可省略)。

由 $m=142857$,验证 m 的 2～6 倍均由组成 m 的 6 个数字组成。

$142857 \times 2 = 285714$ $\quad$ $142857 \times 3 = 428571$

$142857 \times 4 = 571428$ $\quad$ $142857 \times 5 = 714285$

$142857 \times 6 = 857142$

验证通过。太神奇了!

更神奇的是 $142857 \times 7 = 999999$。

(6) 奇妙的循环小数。

分数 1/7～6/7 都是循环节(以[ ]界定)为 6 位的循环小数,如下所示。

$1/7 = 0.[1\ 4\ 2\ 8\ 5\ 7]$

$2/7 = 0.[2\ 8\ 5\ 7\ 1\ 4]$

$3/7 = 0.[4\ 2\ 8\ 5\ 7\ 1]$

$4/7 = 0.[5\ 7\ 1\ 4\ 2\ 8]$

$5/7 = 0.[7\ 1\ 4\ 2\ 8\ 5]$

$6/7 = 0.[8\ 5\ 7\ 1\ 4\ 2]$

欣赏以上 6 个分数的结果,是自然,还是巧合?

1.9.2　奇妙的"插 9"特性

【编程拓展】　试搜索一般的 w(1<w<10)位整数 m,它由不同的 w 个数字组成,同时整数 m 的 k(2～w,k≤6)倍整数都是 m 的变序数(即 m 的组成数字通过不同排列所得整数)。

输入位数 w,搜索所有满足以上倍数特性的整数 m。

1. 设计要点

根据输入的位数 w,确定其倍数的最大值 p：p＝w;当 w＞6 时 p＝6。

同时,通过自乘得最小的 w 位整数 t,建立 m(t～(10t−1)/p)循环枚举 w 位整数。

为了方便判别整数 m 的组成数字与其 k(2～p)倍整数 n 的组成数字相同,设置 f,h 两个数组,f 数组统计 m 组成数字的频数,h 数组统计 m 的倍数 n 组成数字的频数,如果这两个数组出现某数字频数不同或存在重复数字,即满足以下条件

$$f[j]!=h[j] \ || \ f[j]>1 \quad (j=0,1,\cdots,9)$$

则退出返回。否则,输出满足题意的整数 m 与其各倍数 n。

2. 程序设计

```
//搜索 w 位数 m,其 p 倍整数都是 m 的变序数
#include <stdio.h>
void main()
{   int b,c,j,k,p,w,f[10],h[10]; long m,n,d,t;
    printf("  请输入位数 w(1<w<10)：");scanf("%d",&w);
    p=w;
    if(w>6) p=6;                          //倍数 p 最多为 6
    for(t=1,k=1;k<=w-1;k++) t=t*10;       //计算最小的 w 位整数 t
    for(m=t;m<(10*t-1)/p;m++)             //建立循环枚举 w 位数
    {   d=m;
        for(j=0;j<=9;j++) f[j]=0;
        for(j=1;j<=w;j++)
        {c=d%10;f[c]++;d=d/10;}           //统计 m 各数字的频数
        for(k=2;k<=p;k++)
        {   n=m*k;d=n;                     //计算 m 的 2～p 倍数 n
            for(j=0;j<=9;j++) h[j]=0;
            for(j=1;j<=w;j++)
            {c=d%10;h[c]++;d=d/10;}       //统计 n 各数字的频数
            for(b=0,j=0;j<=9;j++)
            if(f[j]!=h[j]|| f[j]>1)       //比较 n 与 m 的各数字频数是否相同
            {b=1;k=p;break;}
        }
        if(b>0) continue;
        printf("  找到%d 位数%ld,其 2～%d 倍分别为\n",w,m,p);
        for(j=2;j<=p;j++)                  //输出 m 的 2～p 倍数
        {   printf("  %ld×%d=%ld",m,j,j*m);
            if((j-1)%2==0) printf("\n");
        }
        printf("\n");
    }
}
```

3. 程序运行示例与说明

```
请输入位数 w(1<w<10)：7
找到 7 位数 1428570，其 2～6 倍分别为
    1428570×2=2857140   1428570×3=4285710
    1428570×4=5714280   1428570×5=7142850
    1428570×6=8571420
找到 7 位数 1429857，其 2～6 倍分别为
    1429857×2=2859714   1429857×3=4289571
    1429857×4=5719428   1429857×5=7149285
    1429857×6=8579142
```

若输入 w＝6，则输出"六六大顺数"142857 及其 2～6 倍的变序数式。

以上 w＝7 的第一个输出结果是平凡的，实际上是"六六大顺数"的尾部加 0。

运行程序，输入 w＝2～5，没有相应的输出，说明当 w<6 时，不存在 w 位整数 m，其 k(2～w)倍积的组成数字与 m 的组成数字相同。

4. 发现"插 9"特性

以上运行程序输入 w＝7 的第二个输出结果，实际上是在 w＝6 的结果即"六六大顺数"142857 的正中"插 9"所得，这给出非常明确的启迪。

（1）"插 9"特性与条件。

事实上，9 乘以 k(2～9)所得积分别为 18,27,36,45,54,63,72,81，这些积有个共同的规律：十位数字与个位数字之和为 9。

"插 9"特性：如果乘积式中乘数的某一位的进位数与相应乘 9 的进位数相同，则此处可插入 9，相应的积也插入 9，等式仍然成立。

这里，能"插 9"的条件为"乘积式中乘数的某一位的进位数与相应乘 9 的进位数相同"。因为乘 9 的十位数字与个位数字之和为 9，两进位数相同，势必乘 9 的个位数字与原进位数字之和为 9（即为积的"插 9"），而仍保持原进位数不变，不改变随后的乘积。

（2）剖析"插 9"实例。

下面通过实例进一步说明。例如，在 142857×3=428571 这一乘积式中，能否"插 9"？何处可"插 9"？

不妨从个位开始，一一检验实施。注意到 9×3＝27，进位数为 2。

① 个位 7×3＝21，进位数为 2，与 9×3 的进位数相同，可"插 9"，得 1428597×3＝4285791（此时 9×3＝27 中的 7 与原进位数 2 相加为 9，进位数仍为 2）。

② 低 2 位 57×3＝171，进位数为 1，与 9×3 的进位数不同，不可"插 9"。

③ 低 3 位 857×3＝2571，进位数为 2，与 9×3 的进位数相同，可"插 9"，得 1429857×3＝4289571（此时 9×3＝27 中的 7 与原进位数 2 相加为 9，进位数仍为 2）。

④ 低 4 位、低 5 位乘 3 的进位数非 2，不可"插 9"。

（3）在 142857 的正中"插 9"延伸。

对于 k＝2～6，857×k 的进位数分别为 1,2,3,4,5；对应的 9×k 的进位数分别为 1,2,3,4,5，即对每个 k＝2～6，857×k 的进位数与 9×k 的进位数相同，因而在整数 142857

的正中"插9"后,其 k(2～6)倍积恰为原积的正中"插9",具体如下。

142857×2＝285714	1429857×2＝2859714
142857×3＝428571	1429857×3＝4289571
142857×4＝571428 ─＞	1429857×4＝5719428
142857×5＝714285	1429857×5＝7149285
142857×6＝857142	1429857×6＝8579142

可见,拓展程序输出的第二个结果,实际上就是在"六六大顺数"142857 的正中"插9"所得。

顺便指出,在 142857×3＝428571 乘积式中的"十位"可插入 9,但对于 k＝2～6 中除 3 之外的其他 4 个倍数 k,不符合在"十位"插入 9 的条件。

(4)"插9"特性的多次重复。

神奇的是,这一奇异"插9"特性还可多次重复,即在 142857 的正中插入若干 9 后,其 k(2～6)倍积为原积的正中插入若干 9,具体如下。

在 142857 的正中插 99	在 142857 的正中插若干 9
14299857×2＝28599714	1429…9857×2＝2859…9714
14299857×3＝42899571	1429…9857×3＝4289…9571
14299857×4＝57199428	1429…9857×4＝5719…9428
14299857×5＝71499285	1429…9857×5＝7149…9285
14299857×6＝85799142	1429…9857×6＝8579…9142

这样一来,可列举一个 10 位正整数 m,或更多的 30 位正整数 m(须允许数字重复),分别乘以 k(2～6)所得积的数字组成与 m 的数字组成相同。

这一神奇的"插9"特性,在第 3 章的"逆序倍积式"中还会出现。

第 2 章

素数世家风采

素数是上帝用来描写宇宙的文字(伽利略语)。

素数,常称为质数,是不能被 1 与其本身以外的其他整数整除的正整数。列举前 10 个素数为 $2,3,5,7,11,13,17,19,23,29$,其中 2 为唯一的偶素数。

与此相对应,一个整数如果能被除 1 与其本身以外的整数整除,则该整数称为合数,又称复合数。例如,15 能被除 1 与 15 以外的整数 3 整除,15 就是一个合数。

特别地,数 1 作为正整数的单位,既不属于素数,也不属于合数。

素数作为一类特殊的整数,是数论中探讨难度较大的一类整数。素数有无限多个,构成一个蕴含许多"未知"的庞大而神秘的世家。

本章在具体介绍素数搜索的常用试商判别法与厄拉多塞筛法的基础上,探讨这一世家中显赫的梅森尼数、孪生素数对、欧拉素数表达式、勒让德素数表达式及哥德巴赫猜想等显赫大腕;同时,探求构形独特的对称素数、金蝉素数、超级素数、逆序素数对与素数等差数列等亮丽新秀。展现素集线的"乌兰现象"描绘了素数集聚的神秘色彩,两个有趣的连续合数集增添了素数分布的奇特风韵。

有关素数幻方等则放在第 10 章中论述。

2.1 素数搜索

在进行素数搜索前,有必要清楚素数有多少个,是有限个还是无穷多个。

对于这一问题,2000 多年前的欧几里得给出了以下明确的回答。

【命题】 素数有无穷多个。

【证明】 下面用反证法证明。

假设素数只有有限的 n 个,不妨设为 $p_1,p_2,\cdots,p_n$。

考察整数 $p=p_1p_2\cdots p_n+1$,无非以下两种可能。

(1) 整数 p 是合数。

如果整数 p 是合数,则 p 能被某一素数 q 整除。

若素数 q 是 n 个素数 $p_1,p_2,\cdots,p_n$ 中的一个,则 $p_1p_2\cdots p_n$ 能被 q 整除,又 $p=p_1p_2\cdots p_n+1$ 能被 q 整除,因而 1 能被 q 整除,这显然是不可能的。

若素数 q 是 n 个素数 $p_1,p_2,\cdots,p_n$ 以外的一个,则与假设矛盾。

(2) 整数 p 是素数。

显然素数 $p=p_1p_2\cdots p_n+1$ 大于 $p_1,p_2,\cdots,p_n$ 中的任何一个,是一个新的素数,与

假设矛盾。

因而得证素数有无穷多个。

探讨素数,首先必须清楚哪些正整数是素数,哪些正整数不是素数。

搜索素数的常用方法有试商判别法与厄拉多塞筛法两种。这两种方法各具特色,本节具体探讨应用这两种方法搜索素数。

2.1.1 试商判别法

试商判别法是依据素数的定义来实施的。

试应用试商判别法求出指定 n 位所有素数,并统计 n 位素数的个数。

1. 设计要点

应用试商判别法来判别奇数 k(只有唯一偶素数 2,不做试商判别)是否是素数,只要逐一用奇数 j(取 $3,5,\cdots,\sqrt{k}$)去试商。

若存在某个 j 能整除 k,说明 k 能被 1 与 k 本身以外的整数 j 整除,k 不是素数。

若上述范围内的所有奇数 j 都不能整除 k,则 k 为素数。

注意:有些程序把试商奇数 j 的取值上限定为 $k/2$ 或 $k-1$,这也是可行的,但并不是可取的,这样无疑会增加许多试商的无效循环。

理论上说,如果 k 存在一个大于 $\sqrt{k}$ 且小于 k 的因数,则必存在一个与之对应的小于 $\sqrt{k}$ 且大于 1 的因数,因而从判别功能来说,取到 $\sqrt{k}$ 已足够了。

判别 j 整除 k,在 C 程序中常用表达式"k%j==0"来实现。

2. 应用试商判别法求 n 位素数程序设计

```
//试商判别法探求指定 n 位素数
#include<stdio.h>
#include<math.h>
void main()
{  long c,j,k; int m,n,t;
   printf("  请指定位数 n(n>1): "); scanf("%d",&n);
   for(c=1,k=1;k<=n-1;k++)
      c=c*10;                          //c 为最小 n 位数
   m=0;
   for(k=c+1;k<=c*10-1;k+=2)           //枚举 n 位所有奇数
   {  for(t=0,j=3;j<=sqrt(k);j+=2)
        if(k%j==0) {t=1;break;}        //实施试商
      if(t==0)                         //标志量 t=0 时 i 为素数
      {  printf("  %ld", k);
         if(++m%10==0) printf("\n");   //输出并统计素数的个数 m
      }
   }
   printf("\n  共%d个%d位素数。\n",m,n);
}
```

3. 程序运行示例与说明

```
请指定位数 n(n>1)：4
1009   1013   1019   1021   1031   1033   1039   1049   1051   1061
1063   1069   1087   1091   1093   1097   1103   1109   1117   1123
...
9883   9887   9901   9907   9923   9929   9931   9941   9949   9967
9973
共 1061 个 4 位素数。
```

从搜索结果可以看出，最小的 4 位素数为 1009，最大的 4 位素数为 9973，共有 1061 个 4 位素数。

试商判别法简单直观，设计容易实现，因此常为程序设计者所采用。

2.1.2 厄拉多塞筛法

搜索素数，除了试商判别法之外，还有历史更为悠久、效率更高的厄拉多塞筛法。本节简单介绍厄拉多塞筛法及其在搜索素数上的应用。

1. 厄拉多塞筛法简介

求素数的筛法是公元前 3 世纪的厄拉多塞（Eratosthenes）提出来的：对于一个整数 k，只要知道不超过 $\sqrt{k}$ 的所有素数 p，划去所有 p 的倍数 $2p,3p\cdots$ 剩下的整数就是不超过 k 的全部素数。

【问题】 试应用厄拉多塞筛法求区间 $[100,200]$ 中的素数。

【探求】 分以下 4 步求解。

（1）首先求出不超过 $\sqrt{200}$ 的所有奇素数 $3,5,7,11,13$，共 5 个。

（2）列出区间 $[100,200]$ 中的所有奇数，共 50 个。

（3）在所列 50 个奇数中，分别划去 3 的倍数、5 的倍数、7 的倍数、11 的倍数与 13 的倍数（见图 2-1，分别以不同划符标记）。

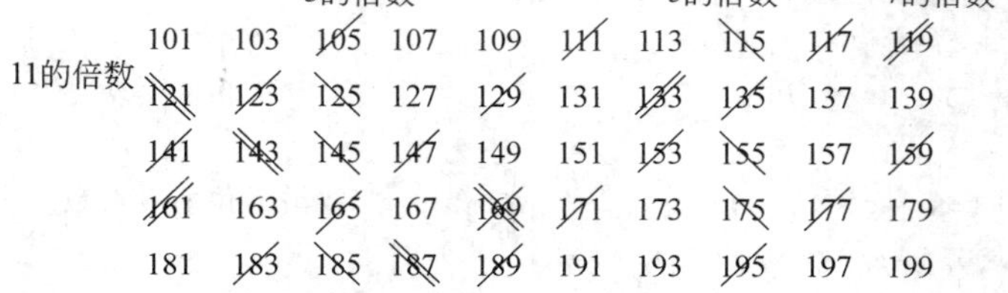

图 2-1 应用厄拉多塞筛法求素数划去操作图

（4）剩下没有划去的整数即为素数。

通过以上划去操作实施筛选，剩下以下整数为素数。

```
101   103   107   109   113   127   131   137   139   149
151   157   163   167   173   179   181   191   193   197
199
```

即得区间 $[100,200]$ 共有以上 21 个素数。

2. 应用筛法搜索素数设计要点

为扩大搜索范围,相应变量设置为 double 型。

(1) 实施划去操作。

应用筛法求素数,为了方便实施划去操作,应设置数组。

每一数组元素对应一个待判别的奇数,并赋初值 0。

如果该奇数为 p 的倍数,则应划去,于是对应元素加一个划去标记,例如给该元素赋一个负数 -1。最后,打印元素值不是 -1(即没有划去)的元素对应的奇数即所求素数。

在指定区间 $[c,d]$(约定 c 为奇数)中的所有奇数表示为 $j=c+2k\,(k=0,1,\cdots,e,$ $e=(d-c)/2)$。于是 $k=(j-c)/2$ 是奇数 j 在数组中的序号(下标)。如果 j 为奇数的倍数,则对应数组元素作划去标记,即 $a[(j-c)/2]=-1$。

(2) 放宽划去对象。

在实际应用筛法的搜索过程中,p 通常不一定取不超过 $\sqrt{k}$ 的素数,而是适当放宽取不超过 $\sqrt{k}$ 的奇数(从 3 开始)。这样做尽管多了一些重复划去操作,但省去了求不超过 $\sqrt{k}$ 的素数这一环节,程序实现要简便些。

根据 c 与奇数 i,确定"$g=2*(floor(c/(2*i)))+1$",使得 $g*i$ 接近区间下限 c,从而使划去的 $gi,(g+2)i\cdots$ 在 $[c,d]$ 中,这样可减少无效操作,提高对大区间的筛选效率。

最后,凡数组元素 $a[k]\neq-1$,则输出对应的奇数 $j=c+2*k$ 即为素数,并应用变量 n 统计该区间的素数个数。

3. 筛法求素数程序设计

```
//应用筛法求指定区间上的素数
#include <stdio.h>
#include <math.h>
void main()
{  long n,k; double c,d,e,g,i,j,a[80000];
   printf("  请输入区间[c,d]的c,d(c>2):");
   scanf("%lf,%lf",&c,&d);                    //在[c,d]中筛选素数
   if(fmod(c,2)==0) c++;
   e=(d-c)/2;i=1;
   while(i<=pow(d,0.5))
     {  i=i+2;g=2*(floor(c/(2*i)))+1;
        if(g*i>d) continue;
        if(g==1) g=3;
        j=i*g;
        while(j<=d)
        {  if(j>=c) a[long(floor((j-c)/2))]=-1; //筛去标记-1
           j=j+2*i;
        }
     }
```

```
for(n=0,k=0;k<=e;k++)
  if(a[k]!=-1)                                    //输出并统计素数
    { printf(" %.0f",c+2*k);
      if(++n%4==0) printf("\n");
    }
printf("\n 共%ld个素数。\n",n);
}
```

4. 程序运行示例与说明

```
请输入区间[c,d]的c,d(c>2):1480028120,1480028220
1480028129  1480028141  1480028153  1480028159
1480028171  1480028183  1480028189  1480028201
1480028213
共 9 个素数。
```

这 9 个连续素数（中间没有其他素数）在第 10 章中将会构建一个 3 阶素数幻方。

筛法在较大区间的搜索与较大整数的判别上效率比试商判别法更高一些，但设计上较难把握。

运行程序，输入区间[10000,99999]，快捷输出 99991 等共 8363 个 5 位素数。

2.2 梅森尼数与费马数

本节介绍两类构造形式特殊的素数——梅森尼数与费马数。这两类数的特型 $2^n \pm 1$ 引人注目。

1. 梅森尼数

【定义】 整数 $M_n = 2^n - 1$ 称为第 n 个梅森尼（Mersenne）数。

判别梅森尼数是否为素数，首先有以下命题。

【命题 1】 若 $M_n = 2^n - 1(n > 1)$ 为素数，则指数 n 为素数。

【证明】 假设 n 不是素数，令 $n = kd(1 < k, 1 < d)$，$2^d - 1 > 1$，显然 $2^d - 1$ 能整除 $2^n - 1$，即 $2^n - 1$ 为非素数。

由以上命题，要寻找梅森尼数为素数，只需在素数中寻找指数 n。

例如，$M_2 = 2^2 - 1 = 3, M_3 = 2^3 - 1 = 7$ 都是素数。

注意：以上命题的逆命题并不成立，即若 n 为素数，$M_n = 2^n - 1$ 不一定是素数。例如，$n = 11$ 时，$M_{11} = 2^{11} - 1 = 2047 = 23 \times 89$，$M_{11}$ 不是素数。

1722 年，双目失明的瑞士数学大师欧拉证明了 $2^{31} - 1 = 2147483647$ 是一个素数，堪称当时世界上"已知最大素数"的纪录。

【编程探求】 试求出指数 n<50 的所有梅森尼数。

（1）设计要点。

设置指数 n 循环（2～50），循环体中通过累乘 t=t*2，得 t=2^n。

根据梅森尼数的构造形式，对 m＝t－1 应用试商判别法实施素数判别。若 m 为素数,即为所寻求的梅森尼数,进行打印输出。

（2）求梅森尼数程序设计。

```
//求梅森尼数:2^n-1形的素数
#include <stdio.h>
#include <math.h>
void main()
{   double t,m; int j,x,s,n;
    s=0;t=2;
    for(n=2;n<=50;n++)
    {   t=t*2; m=t-1; x=0;                      //累乘量 t 为 2^n
        for(j=3;j<sqrt(m)+1;j+=2)                //试商判别法判别 m 是否为素数
          if(fmod(m,j)==0)
            { x=1;break;}
        if(x==0)                                  //输出所求得的素数
        {   s=s+1;
            printf("   2^%d-1=%.0f \n",n,m);
        }
    }
    printf("   指数 n 于[2,50]中的梅森尼数共有%d 个素数。",s);
}
```

（3）程序运行结果与讨论。

```
2^2-1=3
2^3-1=7
2^5-1=31
2^7-1=127
2^13-1=8191
2^17-1=131071
2^19-1=524287
2^31-1=2147483647
指数 n 于[2,50]中的梅森尼数共有 8 个素数。
```

顺便指出,若 2^n-1 为梅森尼素数,则 n 必为素数。以上程序的运行结果也可以验证这一点。若需求更大的梅森尼素数,指数 n 可限定为素数,以减少搜索量。

第 25 个梅森尼素数 M_{21701} 和第 26 个梅森尼素数 M_{23209} 是两名中学生于 20 世纪 70 年代发现的。

对于很大的素数 n,要判断 2^n-1 是否为素数,工作量很大,以上的枚举难以胜任,需要一些特殊的理论和方法。

1996 年,美国数学家及程序设计师乔治·沃特曼编制了一个梅森尼素数寻找程序,并把它放在网页上供数学家和数学爱好者免费使用,这就是著名的"因特网梅森尼素数大搜索"（GIMPS）项目。该项目采取网格计算方式,利用大量普通计算机的闲置时间来获得相当于超级计算机的运算能力。全球数万名志愿者参加该项目,并动用 20 多万台计算机联网进行大规模的分布式计算,以寻找新的梅森尼素数。

2006 年 12 月 4 日,美国中密苏里大学 Curtis Cooper 和 Steven Boone 领导的工作组打破了他们自己的纪录,发现了最新的第 44 个梅森尼素数 $2^{23582657}-1$,它是一个 9 808 358 位数。当前,梅森尼素数的纪录还在不断刷新。

2. 费马数

由梅森尼数 $M_n=2^n-1$ 的形式可联想,形如 2^m+1 的整数是否存在有规律性的素数?

【命题 2】 若 2^m+1 为素数,则 $m=2^n$。

【证明】 若指数 m 有一个大于 1 的奇数因子 k,令 $m=kd$,则

$$2^{kd}+1=(2^d)^k+1=(2^d+1)(2^{d(k-1)}-\cdots+1)$$

而 $1<2^d+1<2^{kd}+1$,故 2^m+1 为非素数。

由以上命题,定义整数 $F_n=2^{2^n}+1$ 称为费马数。前 5 个费马数如下。

当 $n=0$ 时,$2^{2^0}+1=3$ 是素数;

当 $n=1$ 时,$2^{2^1}+1=5$ 是素数;

当 $n=2$ 时,$2^{2^2}+1=17$ 是素数;

当 $n=3$ 时,$2^{2^3}+1=257$ 是素数;

当 $n=4$ 时,$2^{2^4}+1=65537$ 是素数。

据此,费马于 300 多年前提出一个猜测:形如 $2^{2^n}+1$ 的整数是素数。

直到费马逝世后,欧拉于 1732 年才推翻了费马的猜测,指出:当 $n=5$ 时,$2^{2^5}+1=4294967297=641\times6700417$,不是素数。后来又发现当 $n=6,7,\cdots$ 时,$2^{2^n}+1$ 都不是素数。

20 世纪 90 年代数百名研究人员利用联网的 1000 多台计算机运行 6 个星期,将 155 位的 F_9 分解为 7 位、49 位与 99 位的 3 个素数之积。此项成果曾被列为当时的十大科技成果之一。

当 $n\geqslant5$ 时,目前尚未发现形如 $2^{2^n}+1$ 的费马素数。

因此,有人推测,仅存在有限个费马素数。

2.3 有趣的对称素数

对称素数是素数集中的一个构形优美的子集,展现出素数的对称美。

对称素数:一个整数 m 的逆序数就是 m 本身,则称 m 为对称数。一个整数 m 如果是对称数又是素数,则称 m 为对称素数。

例如,101,131,929 等都是 3 位对称素数,9989899 是 7 位对称素数。这些对称素数顺读与逆读是相同的,因此有些资料称为回文素数。

1. 偶数位对称素数探讨

是否存在偶数位对称整数?回答不能一概而论,须区分其具体位数来回答。

【命题】 不存在位数为偶数且大于 2 位的对称素数。

【证明】 不妨设位数大于 2 的偶数位对称整数 $m=ab\cdots cddc\cdots ba$,数中两个数字 a

所在的位置序数为一奇一偶,两个数字 b 的位置序数也是一奇一偶……直到紧邻中心的两个数字 d 的位置序数还是一奇一偶。

显然 m 奇数位上的数字之和与偶数位上的数字之和相等,都等于 $a+b+\cdots+c+d$。

注意到 1 除以 11 余 1,10 除以 11 余 10,100 除以 11 余 1,1000 除以 11 余 10……即整数 $10n$ 除以 11,当 n 为奇数时,余数为 1;当 n 为偶数时,余数为 10。因此可得

(偶数位对称数 m 除以 11 的余数)=(各奇数位数字和)+(各偶数位数字和)×10

= (各偶数位数字和)×11+(各奇数位数字和−各偶数位数字和)

= (各偶数位数字和)×11

可见位数大于 2 的偶数位对称整数 m 为 11 的倍数,不可能为素数。

之所以加"位数大于 2"的约束,因为位数等于 2 的对称整数 11 为素数。也就是说,除了 11 这个唯一偶数位对称素数之外,不存在其他偶数位对称素数。

顺便指出,以上证明了一个更广泛的命题:任何一个整数能被 11 整除,当且仅当其奇数位上数字和与偶数位上数字和之差能被 11 整除。

根据这一命题,若某一大于 2 位的整数的奇数位上数字和与偶数位上数字和之差能被 11 整除,则该数不是素数。

2. 编程拓展

试统计指定奇数 $n(3 \leqslant n \leqslant 9)$ 位对称素数的个数,并输出其中最大的对称素数。

(1) 设计要点。

对于每个 n 位奇数 m 通过以下两道检测。

应用试商判别法检测整数 m 是否为素数,如果不是素数,则返回;如果 m 是素数,则分离整数 m 的 n 个数字存储于数组 h[j](j=1~n),若 j=1~n/2 中的某个 j 出现 h[j]!= h[n−j+1],整数 m 的数字非对称,则返回。

凡通过以上两道检测的则为 n 位对称素数,应用 s 统计个数,并记录其中的最大数。

(2) 程序设计。

```
//搜索指定 n 位对称素数
#include <stdio.h>
#include <math.h>
void main()
{   int a,b,c,i,j,n,s,h[10]; long m,max,d,t;
    printf("  请输入位数 n(3≤n≤9): ");scanf("%d",&n);
    if(n%2==0) { printf("  请输入奇数! "); return;}
    s=0;t=1;a=n/2;
    for(j=1;j<=n-1;j++) t=t*10;                    //计算最小的 n 位整数 t
    for(m=t+1;m<=(10*t-1);m=m+2)                    //枚举所有的 n 位奇数
    {   if(m%5==0) continue;
        d=m;b=0;
        for(j=0;j<=9;j++) h[j]=0;
        for(j=1;j<=n;j++)                           //分解 m 的 n 个数字
          { c=d%10;h[j]=c;d=d/10;}
```

```
    for(j=1;j<=n/2;j++)
      if(h[j]!=h[n-j+1]){ b=1;break; }
    if(b==0)                                      //b=0时 m 为对称数
       { for(a=0,i=2;i<=sqrt(m);i++)
           if(m%i==0) { a=1;break; }
         if(a==0) { s++; max=m; }               //a=0时 m 为对称素数,s统计
       }
    }
  printf("  %d 位对称素数共有%d 个。\n",n,s);
  if(s>0) printf("  其中最大的对称素数为:%ld\n",max);
}
```

（3）程序运行示例与变通。

> 请输入位数 n(3≤n≤9)：7
> 7 位对称素数共有 668 个。
> 其中最大的对称素数为:9989899

变通：如果要显示其中所有对称素数,程序如何修改?

如果要输出 n 位对称素数中最大的 3 个素数,程序如何修改?

2.4 素数变形金刚

本节探讨构形上能经受指定系列变形的两类素数变形金刚——金蝉素数与超级素数。这两类素数是素数世家中的优美子集。

2.4.1 金蝉素数

某古寺的一块石碑上依稀刻有一些神秘的自然数。

专家研究发现：这些数是由 1,3,5,7,9 这 5 个奇数字排列组成的 5 位素数,且同时去掉它的最高位与最低位数字后的 3 位数还是素数,同时去掉它的高两位与低两位数字后的 1 位数还是素数。因此,人们把这些神秘的素数称为金蝉素数,即金蝉脱壳之后仍为金蝉。

试求出石碑上的金蝉素数。

1. 设计要点

本题求解的金蝉素数是一种极为罕见的素数,实际上是 5 位素数的一个子集。

设置 5 位数 k 循环,对每个 k,进行以下判别。

（1）分离 k 的 5 个数字,检查 5 个数字中是否存在偶数字与相同数字。

（2）分离的 5 个数字正中的数字是否为 1 与 9(奇数字中 1,9 为非素数)。

（3）应用求余运算对 5 位数 d(d=k;)实施脱壳成为 3 位数,应用试商判别法判定 5 位数 d 及其脱壳的 3 位数 d 是否为素数。

设置标志量 t,t 赋初值 t=0。每一步检查若未通过,则 t=1。

最后若 t＝0,则打印输出 k 即为金蝉素数。

2. 金蝉素数程序设计

```
//搜索 5 位金蝉素数
#include <stdio.h>
#include <math.h>
void main()
{   long b,k,d,t,i,j,m,a[6];
    printf("  5 位金蝉素数:\n");
    for(m=0,k=13579;k<=97531;k+=2)
    {   d=k;t=0;i=0;a[i]=0;
        while(d>0)                          //分解 k 的 5 个数字
          {a[++i]=d%10;d=d/10;}
        for(t=0,j=1;j<=4;j++)
        for(i=j+1;i<=5;i++)
          if(a[j]%2==0 || a[j]==a[i] || a[5]%2==0)
            {t=1;j=4;break;}                //排除 k 中存在相同数字或偶数字
        if(t==1 || a[3]==9 ||a[3]==1)
          continue;                         //排除中间数字为 1 或 9
        d=k;b=10000;
        for(i=1;i<=2;i++)
        {   for(t=0,j=3;j<=sqrt(d);j+=2)
            if(d%j==0) {t=1;i=3;break;}      //试商判别法判别 k 是否为素数
          if(t==1) continue;
          d=d%b;d=d/10;                      //d 为去首尾 1 位脱壳后的整数
        }
        if(t==0) { m++;printf("  %ld",k); }  //输出金蝉素数并统计
    }
    printf("\n  共以上%d 个。\n",m);
}
```

3. 程序运行结果与说明

```
5 位金蝉素数:
13597   53791   79531   91573   95713
共以上 5 个。
```

这 5 个金蝉素数中的 5 个奇数数字没有重复,且经一次、二次脱壳后仍是素数。
例如,13597 为素数,一次脱壳后得 359 为素数,二次脱壳后为 5 仍是素数。
顺便指出,在这 5 个金蝉素数中,13597 与 79531 是互逆的金蝉素数。

2.4.2　超级素数

定义 m(m＞1)位超级素数如下。
(1) m 位超级素数本身为素数。

（2）从高位开始，去掉 1 位后为 m−1 位素数；去掉 2 位后为 m−2 位素数；以此类推，去掉 m−1 位后为 1 位素数。

例如，137 是一个 3 位超级素数，因 137 是一个 3 位素数；一次变形去高 1 位得 37 是一个 2 位素数，二次变形去高 2 位得 7 是一个 1 位素数。

而素数 107 不是超级素数，因去高 1 位得 7 不是一个 2 位素数。

输入整数 m(1<m≤16)，统计 m 位超级素数的个数，并输出其中最大的超级素数。

应用效率较高的递推算法设计求解。

1. 递推设计要点

根据超级素数的定义，m 位超级素数去掉高位数字后是 m−1 位超级素数。一般地，k(k=2,3,…,m) 位超级素数去掉高位数字后是 k−1 位超级素数。

那么，在已求得 g 个 k−1 位超级素数 a[i](i=1,2,…,g) 时，在 a[i] 的高位加上一个数字 j(j=1,2,…,9)，得到 9g 个 k 位候选数 $f=j*e[k]+a[i]$($e[k]=10^{k-1}$)，只要对这 9g 个 k 位候选数检测即可。这就是从 k−1 递推到 k 的递推关系。

注意到 m(m>1) 位超级素数的个位数字必然是 3 或 7，则得递推的初始（边界）条件为 a[1]=3,a[2]=7,g=2；个位数字 5 虽然是素数，但加任何高位数字后就不是素数，因而不予考虑。

2. 递推程序设计

```
//探求指定 m 位超级素数
#include <stdio.h>
#include <math.h>
void main()
{  int g,i,j,k,m,t,s;
   double d,f,a[20000],b[20000],e[20];
   int p(double f);
   printf("  请确定位数 m(1<m<16): "); scanf("%d",&m);
   g=2;s=0;a[1]=3;a[2]=7;e[1]=1;                //递推的初始条件
   for(k=2;k<=m;k++)
   {  e[k]=e[k-1]*10;t=0;
      for(j=1;j<=9;j++)
      for(i=1;i<=g;i++)
       {  f=j*e[k]+a[i];                        //产生 9*g 个候选数 f
          if(p(f)==1)
          {  t++;b[t]=f;
             if(k==m) {s++;d=f;}                //统计并记录最大超级素数
          }
       }
      g=t;
      for(i=1;i<=g;i++) a[i]=b[i];              //g 个 k 位 b[i] 赋值给 a[i]
   }
   printf("  共%d个%d位超级素数。\n",s,m);
```

```
    printf("  其中最大数为%.0f。\n",d);
}
int p(double k)
{   int h,z;double j;long t;
    z=0; t=(int)pow(k,0.5);
    for(h=0,j=3;j<=t;j+=2)
        if(fmod(k,j)==0) { h=1;break;}
    if(h==0) z=1;                        //k为素数返回1,否则返回0
    return z;
}
```

3. 程序运行示例与说明

```
请确定位数 m(1<m<16): 9
共 545 个 9 位超级素数。
其中最大数为 999962683。
```

应用递推设计探求 k 位超级素数时,只需检测 9g(k−1) 个(其中 g(k−1) 为 k−1 位超级素数的个数),由于 g(k−1) 数量不大,因而程序简便快捷。

例如,当 m=5 时,应用递推设计调用 p(k) 函数次数仅 9×(2+11+39+99)=1359,比枚举 5 位奇数的数量小得多。

输入的位数 m 可大于 9,最多可达 15 位,但程序运行时间会变得比较长。

2.5　素数对

本节探讨素数世家中两类素数对:经典的孪生素数对与新颖的逆序素数对。

2.5.1　孪生素数对

相差为 2 的两个素数称为孪生素数对,简称孪生素数。例如,3 与 5 是一对孪生素数,41 与 43 也是一对孪生素数。

1. 孪生素数对是否无限的探讨

素数有无穷多个,孪生素数对是有限还是无穷?

古希腊数学家欧几里得曾猜想,存在无穷多对素数,它们只相差 2,例如,3 和 5,5 和 7,2003663613×2195000−1 和 2003663613×2195000+1,等等。

在 1900 年由数学家希尔伯特在国际数学家大会的报告上第 8 个问题中提出,可以这样描述:存在无穷多个素数 p,使得 $p+2$ 是素数。

这就是著名的孪生素数猜想,它与黎曼猜想、哥德巴赫猜想一样,让众多数论学者与数学爱好者为之着迷。

据《自然》(Nature)杂志网站报道,来自美国新罕布什尔大学的华人数学家张益唐证明,存在无穷多个差小于 7000 万的素数对,从而在解决孪生素数猜想这一终极数论问题的道路上前进了一大步。

尽管从 2 到 7000 万是一段很大的距离，《自然》的报道还是称其为一个"重要的里程碑"。正如美国圣何塞州立大学数论教授 Dan Goldston 所言："从 7000 万到 2 的距离（指猜想中尚未完成的工作）相比于从无穷到 7000 万的距离（指张益唐的工作）来说是微不足道的。"

到目前为止，这个常数已经从 7000 万降到了 246，越来越接近孪生素数猜想的范围。如果这一常数改进到 2，就相当于证明了孪生素数猜想成立。

目前已知最大的孪生素数共有 388 342 位数，通过分布式计算的 Sophie Germain 素数搜索项目于 2016 年 9 月 14 日发现孪生素数 $2996863034895 \times 2^{1290000} \pm 1$。

2. 编程探求指定区间上的孪生素数对

（1）设计要点。

为扩大适应范围，相关变量采用双精度型。

应用试商判别法指定区间内的所有素数依次存储到 a 数组。检查 a 数组中若相邻元素之差为 2（对应的这两个素数相差为 2），即为一对孪生素数。

（2）程序设计。

```c
//探求指定区间上的孪生素数对
#include <stdio.h>
#include <math.h>
void main()
{   int t,m,n=0; double c,d,i,j,a[5000];
    printf("  请输入区间 [c,d](c>2):"); scanf("%lf,%lf",&c,&d);
    if(fmod(c,2)==0) c++;                    //确保起点 c 为奇数
    for(m=0,i=c;i<=d;i+=2)
       {   for(t=0,j=3;j<=pow(i,0.5);j+=2)   //试商判别法判别素数
           if(fmod(i,j)==0) {t=1;break;}
           if(t==0) a[++m]=i;                //第 m 个素数 i 赋值给 a 数组
       }
    for(t=1;t<m;t++)
       if(a[t+1]-a[t]==2)                    //相邻素数相差为 2 即输出
       {   printf("(%.0f,%.0f)   ",a[t],a[t+1]);
           n++;
       }
    if(n>0) printf("\n  区间[%.0f,%.0f]上共%d 对孪生素数对。\n",c,d,n);
    else   printf("\n  区间[%.0f,%.0f]上不存在孪生素数对。\n",c,d,n);
}
```

（3）程序运行示例与说明。

```
请输入区间 [c,d](c>2)：2000,2100
    (2027,2029)   (2081,2083)   (2087,2089)
区间[2001,2100]上共 3 对孪生素数对。
```

也可以应用效率更高的厄拉多塞筛法探求孪生素数对，有兴趣的读者不妨在以上应用厄拉多塞筛法搜索素数程序的基础上做变通实现。

2.5.2　逆序素数对

逆序素数对是构造特点更为有趣的素数对。

逆序数对：由两个互为逆序数的不同整数组成的数对。例如，15 与 51 是 2 位逆序数对，107 与 701 是 3 位逆序数对。

逆序素数对：如果逆序数对的两个整数都是素数，则称为逆序素数对（有些资料又称回文素数对）。

注意到至少 2 位才能形成逆序，因此从最简单的搜索 2 位逆序素数对开始讨论。

【问题】　共有多少组 2 位逆序素数对？

【探求】　先应用前面的搜索法求出所有 21 个 2 位素数如下。

$$11 \quad 13 \quad 17 \quad 19 \quad \underline{23} \quad \underline{29} \quad 31 \quad 37 \quad \underline{41} \quad \underline{43}$$
$$\underline{47} \quad \underline{53} \quad \underline{59} \quad \underline{61} \quad \underline{67} \quad 71 \quad 73 \quad 79 \quad \underline{83} \quad \underline{89}$$
$$97$$

考虑到"逆序"，凡首位即十位数字为偶数或为 5 的（标注下画线），其逆序非素数。因而可精简到只查十位数字为 1,3,7,9 的素数。

从第一个素数开始，凡没有标注下画线的素数，逐个配对构建。

13 与 31 为第 1 对 2 位逆序素数对；

17 与 71 为第 2 对 2 位逆序素数对；

37 与 73 为第 3 对 2 位逆序素数对；

79 与 97 为第 4 对 2 位逆序素数对。

共有以上 4 组 2 位逆序素数对。

进一步，共有多少 3 位逆序素数对？在区间[100,2019]中共有多少逆序素数对？

【编程拓展】　探求指定区间[x,y]中的所有逆序素数对。

输入正整数 x,y(x<y)，试统计并输出区间[x,y]中的所有逆序素数对（为避免重复，约定逆序素数对的较小素数在前，较大素数在后）。

1. 编程设计要点

（1）试商判别法搜索素数。

应用试商判别法搜索指定区间[x,y]中的所有素数（设共 k 个）存储在 p 数组，p[j]是这 k 个素数的升序排列的第 j 个(1≤j≤k)。

同时，为判别方便，把与区间起点 x 相距为 m−x 的素数 m 标注 q[m−x]=1。

（2）产生逆序数。

对于素数 d=p[j]，设置条件循环（设初值 r=0），应用取整与取余运算在分离 d 的各个数字 c 的同时，求得其逆序数

```
while(d>0) { c=d%10;r=r*10+c;d=d/10;}
```

则得素数 p[j]的逆序数 r。

（3）筛选与输出。

设 p[j]与其逆序数 r 构成逆序素数对(p[j],r)，根据约定 p[j]<r。

若素数 p[j]的逆序数 r 为非素数(q[r−x]!＝1)，或 r≤p[j]，有违约定，返回。
否则，输出逆序素数对(p[j]，r)，并应用变量 s 统计逆序素数对的对数。

2. 程序设计

```
//搜索逆序素数对
#include <stdio.h>
#include <math.h>
void main()
{  long d,i,j,k,m,r,s,x,y,p[30000]; int c,t,q[40000];
   printf("   请输入区间下限和上限 x,y(x<y): ");scanf("%ld,%ld",&x,&y);
   k=s=0;r=x;
   if(x%2==0) x=x+1;
   for(j=0;j<40000;j++) q[j]=0;
   for(m=x;m<=y;m=m+2)                          //枚举[x,y]中所有奇数 m
   {  if(m%5==0) continue;
      for(t=0,i=3;i<=sqrt(m);i=i+2)
        if(m%i==0) { t=1;break;}
      if(t==0)                                  //第 k 个素数 m 赋给 p[k]
        { k++;p[k]=m;q[m-x]=1;}                 //与 x 相距 m-x 为素数，标注 q 数组
   }
   for(j=1;j<=k-1;j++)
   {  d=p[j];r=0;
      while(d>0)
      { c=d%10;r=r*10+c;d=d/10;}                //r 为素数 p[j]的逆序数
      if(q[r-x]!=1 || r<=p[j]) continue;        //逆序数非素数或不比本身大，返回
      s++; printf("  %3ld: %ld,%ld ",s,p[j],r);
      if(s%4==0) printf("\n");
   }
   printf("\n   [%ld,%ld]中逆序素数对共有%ld 对。\n",x,y,s);
}
```

3. 程序运行示例与变通

```
请输入区间下限和上限 x,y(x<y):100,999
  1: 107,701       2: 113,311       3: 149,941       4: 157,751
  5: 167,761       6: 179,971       7: 199,991       8: 337,733
  9: 347,743      10: 359,953      11: 389,983      12: 709,907
 13: 739,937      14: 769,967
[101,999]中逆序素数对共有 14 对。
```

顺便指出，网上有资料称 Card 经计算发现"有 13 对 3 位回文素数对"，这一结论明显少了一对，应更正为 14 对。

进一步，可输入区间[1001,9999]，探索到该区间 4 位逆序素数对共有 102 对。

程序设置搜索区间，使搜索范围更广。例如，可输入区间[100,2019]，探索到该区间

上逆序素数对共 23 对,其中 3 位的有 14 对,4 位的有 9 对。

程序中应用了 p 数组存储区间中的素数,注意区间中的素数个数 k 不能超过 p 数组的元素个数。

变通:把程序中筛选条件 q[r－x]!＝1 ‖ r＜＝p[j] 修改为 q[r－x]!＝1 ‖ r!＝p[j],意味着输出的素数 p[j] 的逆序数 r 就是其本身,此时素数 p[j] 即为对称素数。

2.6　素数表达式

著名的哥德巴赫猜想的 1＋1,实际上就是把偶数写成两个素数之和,无疑是素数表达式的简单形式。本节将编程在指定区间验证这一著名猜想。

同时,在素数世家中,有关产生素数的欧拉表达式与勒让德表达式曾在欧洲引起轰动。本节通过编程验证这两个著名素数表达式,并探索新的素数表达式。

2.6.1　哥德巴赫猜想

1. 背景简介

德国数学家哥德巴赫(Goldbach)在写给欧拉的信中提出了以下猜想:任何大于 2 的偶数都是两个素数之和。

两个多世纪过去了,这一猜想既无法证明,也没有被推翻。

如果把命题"任一充分大的偶数都可以表示为一个素因子不超过 a 个的数与另一个素因子不超过 b 个的数之和"记作 $a＋b$,则哥德巴赫猜想即为 1＋1。

摘录证明哥德巴赫猜想 $a＋b$ 的简要进程如下。

1920 年,挪威数学家布朗证明了 9＋9,离目标 1＋1 相距甚远。

1956 年,中国数学家王元证明了 3＋4 至 2＋3,离目标 1＋1 近了些许。

1962 年,中国数学家潘承洞证明了 1＋5,王元证明了 1＋4,首次出现了 1,离目标 1＋1 进一步拉近了。

1966 年,中国数学家陈景润证明了 1＋2,即"任一充分大的偶数都可以表示为一个素数与另一个素因子不超过 2 个的数之和",已经很接近目标 1＋1 了。

由以上进程可见,中国的数学家在哥德巴赫猜想的证明中做出了巨大的努力并取得了一系列举世瞩目的成果。

陈景润先生的 1＋2 结论发表已经过去 50 多年,至今还没有出现更进一步的结果。也就是说,此进程还停留在 1＋2,哥德巴赫猜想至今还是一个猜想。

试设计程序验证指定区间[c,d]中哥德巴赫猜想是否成立:

如果区间上的偶数能分解为两个素数之和,则输出该分解和式;

如果区间上某一偶数不能分解为两个素数之和,则输出该反例,推翻哥德巴赫猜想。

2. 验证设计要点

为了扩大验证哥德巴赫猜想的区间范围,把变量设置为双精度实型。

对于[c,d]中的所有偶数 i,分解为奇数 j 与 k＝i－j(j＝3,5,…,i/2)之和。用试商判

别法分别对奇数 j,k 是否为素数进行检验判别:

若 j 或 k 不是素数(标记 t＝1),则 j＋2,用一组新的奇数 j,k 再试;

若 j 与 k 都是素数(保持标记 t＝0),则偶数 i 找到分解式 i＝j＋k。

若某一偶数 i 枚举的所有奇数分解情形都不是两个素数,即已找到推翻了哥德巴赫猜想的反例,打印反例信息(作为完整的验证程序设计,这一步骤不能省,尽管其出现的可能性微乎其微)。

3. 验证哥德巴赫猜想程序设计

```
//双精度指定范围验证哥德巴赫猜想
#include <stdio.h>
#include <math.h>
void main()
{  double  c,d,i,j,k,x; int t;
   printf( "  请输入验证区间 c,d:"); scanf( "%lf,%lf",&c,&d);
   if(fmod(c,2)>0) c++;
   for(i=c;i<=d;i+=2)                        //枚举[c,d]中的偶数 i
   {  j=1;
      while(j<i/2)
      {  j=j+2; k=i-j;                       //把 i 分解为两奇数 j 与 k 之和
         for(t=0,x=3;x<=pow(j,0.5);x+=2)
           if(fmod(j,x)==0) {t=1;break;}     //试商检测 j 是否为素数
         if(t==1) continue;                  //若 j 不是素数则返回 j=j+2
         for(x=3;x<=pow(k,0.5);x+=2)
           if(fmod(k,x)==0) {t=1;break;}     //若 k 不是素数则 t=1
         if(t==0)                            //若 j 与 k 都是素数,则输出分解结果
         {  printf( "  %.0f=%.0f+%.0f  \n",i,j,k);
            break;                           //退出条件循环试下一个偶数 i
         }
      }
      if(t!=0)                               //若偶数 i 不能分解,则输出反例
      {  printf( "  找到反例:偶数%.0f 不能分解为两个素数之和!!",i);
         return;
      }
   }
   printf( "  哥德巴赫猜想在区间[%.0f,%.0f]中成立。\n",c,d);
}
```

4. 程序运行示例与说明

```
请输入验证区间 c,d:201820192020,201820192030
  201820192020=23+201820191997
  201820192022=3+201820192019
  201820192024=5+201820192019
  201820192026=7+201820192019
  201820192028=31+201820191997
  201820192030=11+201820192019
哥德巴赫猜想在区间[201820192020,201820192030]中成立。
```

验证仅仅只是验证,并不能代替哥德巴赫猜想的证明。

某一区间的验证只能说明哥德巴赫猜想在该区间成立,不能根据某一区间的验证断言哥德巴赫猜想成立。

但验证程序若找出某一不能分解的反例,只要一个反例就足可以推翻这一猜想。

2.6.2 欧拉表达式与勒让德表达式

素数的个数是无穷的,是否存在一个表达式,能表达出所有素数?

这当然是不可能的。那么,退一步,能否找到一个表达式,能表达出部分素数?

于是,一场漫无边际的寻找素数表达式的风潮盛行于整个欧洲数百年。

1. 素数表达式的背景

在寻找素数表达式的进程中,很多数学家积极参与其中,成果卓著,影响深远。有成功的,也有失败的。

(1) 欧拉表达式。

早在 1772 年,数学家欧拉发现,当 $x=0,1,\cdots,40$ 时,表达式 $y=x^2-x+41$ 的值都是素数。

欧拉这一表达式的推出,引发了关于素数多项式的深入探求。

(2) 勒让德表达式。

在欧拉表达式面世的 20 多年后,数学家勒让德于 1798 年发现,当 $x=0,1,\cdots,28$ 时,二次多项式 $y=2x^2+29$ 的值都是素数。

当然有理由质疑,这些表达式真有这么神奇吗?

下面,设计一个简单的程序,具体验证这两个素数表达式的结论。如果能找到一个反例推翻这些表达式,那也是大功一件。

2. 验证欧拉素数表达式与勒让德素数表达式设计要点

设二次三项式为 $y=ax^2+bx+c$,通过两个多项式项目 p 的选择,分别落实这两个多项式的 3 个参数 a,b,c 值。

(1) 欧拉表达式。

参数取 $a=1,b=-1,c=41$。

为了验证欧拉表达式 $y=x^2-x+41$,当 x 取值为 $0\sim40$ 时,计算 y 的值。为了通过试商判别法判别 y 是否是素数,设置 $k=2,3,\cdots,\sqrt{y}$ 的试商循环。

若 y 不能被 k 整除(保持 $t=0$),则说明 y 是素数,并标注"素数"。

若循环 $x(0\sim40)$ 中的所有 y 都为素数,则完成欧拉表达式验证。

否则,如果存在某一 y 能被 k 整除($t=1$),找到 y 为"非素"的反例,打印 y 的因数分解式 $y=k(y/k)$ 后退出,说明欧拉表达式不成立。

(2) 勒让德表达式。

参数取 $a=2,b=0,c=29$。

同样,验证勒让德表达式 $y=2x^2+29$,当 x 取值为 $0\sim28$ 时,y 的值是否都为素数。

若循环 $x(0\sim28)$ 中的所有 y 都为素数,则完成勒让德表达式验证。

如果存在某一 y 不是素数,则输出因数分解式,说明勒让德表达式不成立。

3. 验证素数表达式程序设计

```c
//验证欧拉表达式 y=x^2-x+41 与勒让德表达式 y=2x^2+29
#include <math.h>
#include <stdio.h>
void main()
{  int a,b,c,x,k,m,t,p; long y;
    m=0;
    printf("  请选择项(p=1欧拉,p=2勒让德)p: "); scanf("%d",&p);
    if(p==1){a=1;b=-1;c=41;}
    else {a=2;b=0;c=29;}                      //分别落实两项目各参数
    for(x=0;x<=c-1;x++)
      {  y=a*x*x+b*x+c;
         for(t=0,k=2;k<=sqrt(y);k++)          //试商判别法检验 y 是否为素数
           if(y%k==0) { t=1;break; }
         if(t==0)                             //t=0 时 y 为素数,输出
           {  printf("  x=%2d时,%4ld 为素数。",x,y);
              if(++m%3==0) printf("\n");       //控制每行输出 3 个数
           }
         else                                 //不为素数时输出反例
           { printf("  反例:x=%2d时,%4ld=%d*%d. ",x,y,k,y/k); return;}
      }
    printf("\n  已验证:当 x 取值在[0,%d], ",c-1);
    if(p==1) printf(" y=x^2-x+41 均为素数。\n");
    else  printf(" y=2x^2+29 均为素数。\n");
}
```

4. 程序运行结果与说明

```
请选择项(p=1欧拉,p=2勒让德)p: 1
  x=0 时,41 为素数。x=1 时,41 为素数。x=2 时,43 为素数。
  …
  x=39 时,1523 为素数。  x=40 时,1601 为素数。
  已验证:当 x 取值在[0,40],y=x^2-x+41 均为素数。
请选择项(p=1欧拉,p=2勒让德)p: 2
  x=0 时,29 为素数。x=1 时,31 为素数。x=2 时,37 为素数。
  …
  x=27 时,1487 为素数。  x=28 时,1597 为素数。
  已验证:当 x 取值在[0,28],y=2x^2+29 均为素数。
```

程序验证了当 $x=0,1,\cdots,40$ 时,欧拉表达式 $y=x^2-x+41$ 的值均为素数;也验证了当 $x=0,1,\cdots,28$ 时,勒让德表达式 $y=2x^2+29$ 的值均为素数。

既然是验证程序,那么其中输出"反例"的语句不能省略。

欧拉表达式与勒让德表达式的相继问世,在世界各地引发了关于素数表达式的广泛

探求。

其中,有资料介绍:"毕格尔发现二次式 $x^2-x+72491$ 对于 $x=1,2,\cdots,11000$ 都产生素数,这个纪录至今没人打破。"

这一结论可简单验证为假。

例如,取 $x=1$,二次式的值为 $72491=71\times1021$;

又如,取 $x=5$,二次式的值为 $72511=59\times1229$。

在华罗庚教授的《数学归纳法》(见《华罗庚科普著作选集》,上海教育出版社,110 页)上有"当 $n=1,2,\cdots,11000$ 时,式子 $n^2+n+72491$ 的值都是素数"。

这一结论也不成立,可能是笔误造成的。

设 $f(n)=n^2+n+72491$,则在 $n\leqslant10$ 范围内就有 5 个 $f(n)$ 不是素数:

$$f(4)=72511=59\times1229$$
$$f(5)=72521=47\times1543$$
$$f(8)=72563=149\times487$$
$$f(9)=72581=181\times401$$
$$f(10)=72601=79\times919$$

那么,是否还存在新的素数多项式?

2.6.3　创建素数表达式

1. 素数表达式定义与设计要点

定义二次三项式 $y=ax^2+bx+c$ 为素数表达式:当 $x=0,1,\cdots,c-1$ 时,函数 y 的值都是素数。

因此,如果二次三项式 $y=ax^2+bx+c$ 为素数表达式,则只有当 c 为素数,且 x 取值为 $[0,c-1]$ 时,所对应的 y 值全为素数。

在编程时,用变量统计某一表达式生成的素数个数,只有当素数个数为 c 时,才符合素数表达式定义。

素数表达式的探求与系数 a,b,c 密切相关。对于同样的参数 a,b,常数项 c 越大,表达式表达素数的个数就越多。因此,参数 c 可约定为奇数从大到小枚举,当找到并输出一个素数表达式后即退出 c 循环,避免探求较小 c 参数的表达式。

试在一定整数范围内枚举 a,b,c 的值(注意,系数 b 可为负整数,也可为 0),应用试商判别法,探求二次三项式 $y=ax^2+bx+c$ 型的素数表达式。

2. 程序设计

```
//构建二次三项素数表达式
# include <math.h>
# include <stdio.h>
void main()
{   int a,b,c,x,k,m,n,t; long y;
    n=0;
    printf("   生成以下二次三项素数表达式:\n");
```

```
for(a=1;a<=10;a++)
for(b=-5;b<=5;b++)
for(c=99;c>=9;c=c-2)
{  m=0;
   for(x=0;x<=c-1;x++)
     {  y=a*x*x+b*x+c;                      //计算二次三项式的值
        for(t=0,k=3;k<=sqrt(y);k++)
          if(y%k==0) { t=1;break; }
        if(t==0) m++;                       //试商判别,t=0时 y 为素数
        else break;                         //t=1 为非素数,返回
     }
   if(m==c)                                 //满足 x=0~c-1,y 都是素数
     {  printf("   %d: y=",++n);
        if(a==1) printf("x^2");
        else printf("%dx^2",a);             //输出二次项
        if(b==-1) printf("-x");
        else if(b<-1) printf("%dx",b);
        else if(b==1) printf("+x");         //输出一次项
        else if(b>1) printf("+%dx",b);
        printf("+%d   ",c);                 //输出常数项
        printf(" (当 x 取[0,%d]时,y 全为素数。)\n",c-1);
        break;
     }
}
}
```

3. 程序运行示例与说明

```
生成以下二次三项素数表达式:
1: y=x^2-x+41        (当 x 取[0,40]时,y 全为素数。)
2: y=2x^2-2x+19      (当 x 取[0,18]时,y 全为素数。)
3: y=2x^2+29         (当 x 取[0,28]时,y 全为素数。)
4: y=3x^2-3x+23      (当 x 取[0,22]时,y 全为素数。)
5: y=5x^2-5x+13      (当 x 取[0,12]时,y 全为素数。)
6: y=6x^2+17         (当 x 取[0,16]时,y 全为素数。)
7: y=10x^2+19        (当 x 取[0,18]时,y 全为素数。)
```

以上运行输出中的第 1 个是欧拉表达式,第 3 个是勒让德表达式,其他则是程序探索到的新的素数表达式。

遗憾的是,新的素数表达式所产生的素数个数并不比欧拉表达式或勒让德表达式所产生的多。

如果修改程序中 a,b,c 的循环参数,例如,把表达式中一次项系数 b 修改为 $[-10, 10]$,生成的素数表达式会相应增多。

2.7 素数等差数列

素数等差数列是素数世家中不可或缺的一员。探索素数等差数列是一项有趣而又艰辛的工作。

在小于 10 的素数中,显然有 3,5,7 组成的 3 项等差数列。

而在 30 以内的素数中,有 5,11,17,23,29 这 5 个素数组成公差为 6 的等差数列。

你知道在 1000 以内的素数中,成等差数列的素数最多有多少个吗?

在指定区间[x,y]中如果存在成等差数列的 n(n≥3)个素数,试求 n 的最大值,并输出一个最多项数的素数等差数列。

1. 设计要点

(1) 标注素数。

通过 m 循环枚举指定区间[x,y]中的奇数,应用试商判别法探求素数,设置 p 数组并通过"p[k]=m;"标注奇数 m 为区间内第 k 个素数。

同时,设置 q 数组并通过"q[m−x]=1;"标注与区间起始数 x 相距 m−x 的素数 m。

(2) 扫描等差数列。

设置 i(1~k−3)循环枚举等差数列首项 p[i];设置 j(4~m/2,递增 2)枚举等差数列的公差。通过这二重循环扫描项数为 s 的等差数列。

(3) 比较求取项数最大值。

项数 s 与 n 比较求得素数等差数列的项数最大值 n,并记录首项 p[r]与公差 d。

最后输出项数最大值为 n,首项为 p[r],公差为 d 的素数等差数列。

2. 搜索素数等差数列程序设计

```
//探索区间内最长素数等差数列
#include <stdio.h>
#include <math.h>
void main()
{ long c,d,i,j,m,r,s,x,y,p[30000]; int k,t,n,q[40000];
  printf("  请输入正整数 x,y(x<y): ");scanf("%ld,%ld",&x,&y);
  n=k=0;
  if(x%2==0) x=x+1;
  for(j=0;j<40000;j++) q[j]=0;
  for(m=x;m<=y;m=m+2)                        //枚举检测[x,y]中所有奇数 m
    { for(t=0,i=3;i<=sqrt(m);i=i+2)
        if(m%i==0) { t=1;break;}
      if(t==0)                               //区间中 p[k]=m 为第 k 个素数 m
        { k++;p[k]=m;q[m-x]=1;}              //与 x 相距 m-x 为素数,标注 q 数组
    }
  for(i=1;i<=k-3;i++)                        //数列首项为 p[i]
  for(j=4;j<=m/2;j=j+2)                      //数列公差为 j
```

```
    {  c=p[i];s=0;
       while(q[c-x]==1)                         //s统计等差数列的项数
         { c=c+j;s++; }
       if(s>n) { n=s;r=i;d=j; }                 //比较得最大项数 n
    }
    for(k=1;k<=n;k++)                            //输出最长素数等差数列
      printf(" %ld",p[r]+(k-1) * d);
    printf("\n  [%ld,%ld]中最长素数等差数列有%d项。\n",x,y,n);
}
```

3. 程序运行示例与说明

> 请输入正整数 x,y(x<y)：100,3000
>   199 409 619 829 1039 1249 1459 1669 1879 2089
>   [101,3000]中最长素数等差数列有 10 项。
> 请输入正整数 x,y(x<y)：1000,20000
>   2063 3323 4583 5843 7103 8363 9623 10883 12143
>   [1001,20000]中最长素数等差数列有 9 项。

两个数组 p,q 的设置，为扫描素数等差数列提供了方便。

如果指定区间内存在多个最长素数等差数列，那么这里输出的是其中最小的一个。

前面证明了素数有无限多个，孪生素数对也很可能无限多对。那么，素数等差数列的项数是否也可达无限多项？如果素数等差数列的项数不可能无限，那么素数等差数列的项数最多为多少项？

这些尚无确切的结论，还有待进一步研讨探索。笔者猜测，素数等差数列的项数不可能无限，甚至不会达到 3 位数。

2.8 素集"乌兰现象"

美国数学家乌兰教授(S. Ulam)在一次参加科学报告会时，为了消磨时间，在一张纸上把 1,2,3,…,100 按逆时针的方式排成一种方形螺旋线（简称方螺线），并标出了其中的全部素数。

他突然发现这些素数大都扎堆于一些斜线上。散会后，他在计算机上把 1～65000 的整数排成逆时针方螺线并打印出来。他发现这些素数仍然具有挤成一条直线的特性，这种现象在数学上称为"乌兰现象"。

后来，数学家们从"乌兰现象"中找到了素数的许多有趣性质。

2.8.1 方螺线中的素集线

设计程序，把整数序列 1,2,3,4,…,n×n 排列成 n 圈的方螺线数阵，1 置放在中心位置，以后各整数依次按逆时针方螺线位置排列。

为清楚显示，方螺线上的素数用括号标注。

1. 设计要点

对于指定方阵的阶数 n,设置 i 循环(i=1,2,3,…,n×n),在循环中应用试商判别法判别整数 i 是否为素数,并用 p 数组元素标注素数:p[i]=1,i 为素数;否则 p[i]=0。

数字方螺线是从正中间开始的。随整数 m 的逐步增加,位置呈逆时针方螺线展开。给方螺线的各位置确定 m 的值是设计的关键。

为此,建立存储整数 m 的坐标值的二维数组 a[x][y]。

对于输入的整数 n,计算 d=n/2,d 为 n 阶方螺线的圈数。方螺线的正中位置存储 1,即 a[d][d]=1,中心位置不属于任何圈。

在第 i(1~d)圈的四周分为右边、上边、左边与下边,相应分 4 步分别在条件循环中实施赋值操作。

(1) 右边向上增长,x 不变 y 递增 1,整数 m 递增 1,"a[x][y]=m;",直至 y=d+i 转向。

```
while(y<d+i) {m++;y++;a[x][y]=m;}
```

(2) 上边向左增长,y 不变 x 递减 1,整数 m 递增 1,"a[x][y]=m;",直至 x=d-i 转向。

```
while(x>d-i)   {m++;x--;a[x][y]=m;}
```

(3) 左边向下增长,x 不变 y 递减 1,整数 m 递增 1,"a[x][y]=m;",直至 y=d-i 转向。

```
while(y>d-i) {m++;y--;a[x][y]=m;}
```

(4) 下边向右增长,y 不变 x 递增 1,整数 m 递增 1,"a[x][y]=m;",直至 x=d+i 转向。

```
while(x<d+i) { m++;x++;a[x][y]=m;}
```

每圈 4 边赋值完成后,通过"x++;y=d-i;"过渡至下一圈的起点。

在二重循环中输出 a 数组元素,即打印出方螺线方阵。

显示输出时,利用 p 数组识别素数,同时用括号把素数括起来,以区别于其他整数。

2. 乌兰现象程序设计

```
//构建标出素数的方螺线方阵
#include <math.h>
#include <stdio.h>
void main()
{  int i,j,b,c,d,e,f,h,v,k,m,n,s,t,x,y,a[100][100],p[10000];
   printf("  构建 n 阶方阵,请确定 n: "); scanf("%d",&n);
   if(n%2==0) n--;
   for(i=0;i<=n*n;i++) p[i]=0;
   for(i=3;i<=n*n;i=i+2)
   {  t=1;b=(int)sqrt(i);
```

```
       for(k=3;k<=b;k=k+2)
         if(i%k==0) {t=0;break;}
       if(t==1) p[i]=1;                        //奇数 i 为素数时标记 p[i]=1
     }
     p[2]=1;d=n/2;x=y=d;m=1;a[d][d]=1;
     for(i=1;i<=d;i++)                          //从内到外第 i 圈赋值
     {  x++;y=d-i;
        while(y<d+i)
          {m++;y++;a[x][y]=m; }                 //第 i 圈从下至上赋值
        while(x>d-i)
          {m++;x--;a[x][y]=m; }                 //第 i 圈从右至左赋值
        while(y>d-i)
          {m++;y--;a[x][y]=m; }                 //第 i 圈从上至下赋值
        while(x<d+i)
          { m++;x++;a[x][y]=m; }                //第 i 圈从左至右赋值
     }
     printf("  %d 阶方螺线方阵:\n",n);
     for(y=n-1;y>=0;y--)
     {  for(x=0;x<=n-1;x++)                      //按方阵输出,素数标注括号
        {  b=a[x][y];
           if(p[b]==0 || b==1) printf(" %3d ",b);
           else if(p[b]==1 && b<10) printf(" (%d) ",b);
           else if(p[b]==1 && b<100 && b>=10) printf(" (%d)",b);
           else  printf("(%d)",b);
        }
        printf("\n");
     }
   }
```

3. 程序运行示例与说明

构建 n 阶方阵,请确定 n: 13
13 阶方螺线方阵:

```
     145   144   143   142   141   140  (139)  138  (137)  136   135   134   133
     146  (101)  100    99    98   (97)   96    95    94    93    92    91   132
     147   102    65    63    63    62   (61)   60   (59)   58    57    90  (131)
     148   103    66   (37)   36    35    34    33    32   (31)   56   (89)  130
    (149)  104   (67)   38   (17)   16    15    14   (13)   30    55    88   129
     150   105    68    39    18    (5)    4    (3)   12   (29)   54    87   128
    (151)  106    69    40   (19)    6     1    (2)  (11)   28   (53)   86  (127)
     152  (107)   70   (41)   20    (7)    8     9    10    27    52    85   126
     153   108   (71)   42    21    22   (23)   24    25    26    51    84   125
     154  (109)   72   (43)   44    45    46   (47)   48    49    50   (83)  124
     155   110   (73)   74    75    76    77    78   (79)   80    81    82   123
     156   111   112  (113)  114   115   116   117   118   119   120   121   122
    (157)  158   159   160   161   162  (163)  164   165   166  (167)  168   169
```

从以上输出可以清楚地看到素数沿斜线(只画出其中两条斜线)扎堆的乌兰现象。

这些"素集线"上除了大多数为素数1外,其他非素数如39,15,33,93,85,65等大多为两个素数之积,即陈景润研究哥德巴赫猜想所得1+2中的2,是比较"接近素数"的整数。

同时,从中还可看到另一有趣的现象:奇数的平方数1,9,25,49,81等在下部半条斜线上,而偶数的平方数4,16,36,64,100等则在上部半条斜线上。

2.8.2 回旋层叠另版乌兰

回旋层叠方阵是另一个生动体现素数沿斜线扎堆的有趣方阵,而且更为简单,可以说是另版乌兰。

回旋层叠方阵在坐标系第一象限(包括x轴与y轴)按以下规律展开:它从原点(0,0)运动到(0,1),然后按图2-2中箭头所示方向展开,即

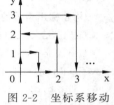

图2-2 坐标系移动漫步示意图

原点(0,0)→(0,1)→(1,1)→(1,0)→(2,0)→(2,1)→(2,2)→(1,2)→(0,2)…

行进路线上的每个点有一个整数m,坐标原点的m=0,以后每一步m递增1。

试构建n阶回旋层叠方阵,用括号标注方阵整数m中的素数。

1. n阶回旋层叠方阵设计要点

对于指定方阵的阶数n,同样应用试商判别整数i(1~d=(n+1)×(n+1))是否为素数,并用p数组元素标注素数:p[i]=1,i为素数;否则p[i]=0,i为非素数。

为叙述方便,把方阵分成n层,并称x=k或y=k的这一层为第k(1~n)层,该层的"折点"坐标为(k,k)。折点把每层分为水平段与垂直段。

同时,第k(1~n)层的两段的先后次序与k的奇偶有关。

奇数层:先水平段从左至右递增到"折点",再垂直段从上至下递增到x轴(y=0)。

偶数层:先垂直段从下至上递增到"折点",再水平段从右至左递增到y轴(x=0)。

设置i(1~n)循环,对第i层的两段中各点分别赋值。

(1) 若i%2>0,即在奇数层。

首先,通过y++过渡到奇数层。

奇数层是先水平向右;过折点后再垂直向下。

在水平段,y坐标为i不变,x坐标与m递增1;直至x=i即到折点为止。

```
while(x<i) {x++;m++;a[x][y]=m;}
```

在垂直段,x坐标为i不变,y坐标递减1,m递增1;直至y=0即到x轴为止。

```
while(y>0) {y--;m++;a[x][y]=m;}
```

(2) 若i%2=0,即在偶数层。

首先,通过x++过渡到偶数层。

偶数层是先垂直向上;过折点后再水平向左。

在垂直段, x 坐标为 i 不变, y 坐标与 m 递增 1; 直至 y＝i 即到折点为止。

```
while(y<i) {y++;m++;a[x][y]=m;}
```

在水平段, y 坐标为 i 不变, x 坐标递减 1, m 递增 1; 直至 x＝0 即到 y 轴为止。

```
while(x>0) {x--;m++;a[x][y]=m;}
```

同样, 在二重循环中输出 a 数组元素, 即打印出回旋层叠方阵。

显示输出时, 利用 p 数组识别素数, 用括号把素数括起来, 以区别于其他整数。

2. 程序设计

```
//构建标出素数的回旋层叠方阵
#include <stdio.h>
#include <math.h>
void main(void)
{  int b,d,i,k,m,n,s,t,x,y,p[10000],a[100][100];
   printf("  请输入方阵阶数 n (n<100)： ");scanf("%d",&n);
   d=(n+1) * (n+1);
   for(i=0;i<=d;i++) p[i]=0;
   for(i=3;i<=d;i=i+2)
   {  t=1;b=(int) sqrt(i);
      for(k=3;k<=b;k=k+2)
        if(i%k==0) {t=0;break;}
      if(t==1) p[i]=1;                      //奇数 i 为素数时标记 p[i]=1
   }
   p[2]=1;
   x=y=m=0;a[x][y]=m;                        //m 与数组 z 赋初值
   for(i=1;i<=n;i++)                         //分 k 层赋值
     if(i%2>0)                               //奇数层从左至右、由上而下
     {  y++;m++;a[x][y]=m;
        while(x<i) {x++;m++;a[x][y]=m;}
        while(y>0) {y--;m++;a[x][y]=m;}
     }
     else                                    //偶数层由下而上、从右至左
     {  x++;m++;a[x][y]=m;
        while(y<i) {y++;m++;a[x][y]=m;}
        while(x>0) {x--;m++;a[x][y]=m;}
     }
   for(y=n;y>=0;y--)                         //输出 n+1 阶方阵
   {  for(x=0;x<=n;x++)
      {  b=a[x][y];
         if(p[b]==0 || b==1) printf(" %3d ",b);
         else if(p[b]==1 && b<10) printf(" (%d) ",b);
         else if(p[b]==1 && b<100 && b>=10) printf(" (%d)",b);
```

```
        else printf("(%d)",b);              //打印时素数加括号以示区别
    }
    printf("\n");
    }
}
```

3. 程序运行示例与说明

请输入方阵阶数 n (n<100): 12

```
168  (167)  166   165   164  (163)  162   161   160   159   158  (157)  156
121   122   123   124   125   126  (127)  128   129   130  (131)  132   155
120   119   118   117   116   115   114  (113)  112   111   110   133   154
 81    82   (83)   84    85    86    87    88   (89)   90  (109)  134   153
 80   (79)   78    77    76    75    74   (73)   72    91   108   135   152
 49    50    51    52   (53)   54    55    56   (71)   92  (107)  136  (151)
 48   (47)   46    45    44   (43)   57    70    93   106  (137)  150
 25    26    27    28   (29)   30   (41)   58    69    95   104  (139)  148
 24   (23)   22    21    20   (31)   40   (59)   68    95   104  (139)  148
  9    10   (11)   12   (19)   32    39    60   (67)   96  (103)  140   147
  8    (7)    6   (13)   18    33    38   (61)   66   (97)  102   141   146
  1    (2)   (5)   14   (17)   34   (37)   62    65    98  (101)  142   145
  0    (3)    4    15    16    35    36    63    64    99   100   143   144
```

从以上输出可以清楚地看到另版乌兰：素数沿斜线扎堆（只画出其中两条），这些"素集线"，除了一部分为素数 1 之外，其他非素数如 57,91,77,25,35 等大多为两个素数之积，即比较"接近素数"的整数。

从中还可看到另一个有趣的现象：所有偶数也聚集于斜线上，真可谓"泾渭分明"。

同时，奇数的平方数 1,9,25,49,81 等均相间于纵向坐标轴上，而偶数的平方数 4, 16,36,64 等则相间于横向坐标轴上。

4. 富素斜线探索

考察以上输出中的 3—5—13—19… 这一素集线，开头 10 个点中 8 个是素数。另两个不是素数的点为 57=3×19,91=7×13，也是比较"接近素数"的整数。

同时，这一素集线的斜率为正，即斜线呈现递增态势，比方螺线分别向两头递增更为形象直观。

把这一素集线上的数表示成第 m 行的函数 $f(m)$，归纳得

$$\begin{cases} f(m)=m^2+m+1, & m \text{ 为奇数} \\ f(m)=m^2+m-1, & m \text{ 为偶数} \end{cases}$$

应用以上公式，可以非常方便地探求这一素集线上的 1+2 分布，有兴趣的读者可自行设计程序探索，此处从略。

2.9　连续合数集

正整数中，作为整数基本单位的 1 是形单影只的"孤家寡人"，而素数与合数则是两个"人丁兴旺"的大家族。第 1 章探讨的整数大多是合数，而本章集中探讨素数。

最后探讨两个有趣的连续合数集问题,这两个问题实际上与素数分布密切相关。

2.9.1　最小连续合数集

首先看一个简单的连续合数问题及其解答。

【问题】　写出 10 个连续合数区间。

【探求】　试用以下 3 种方式写出 10 个连续合数区间。

（1）利用阶乘。

$11!+k$ $(k=2\sim11)$,得 10 个连续合数区间 $[39916802,39916811]$。

因为 $11!$ 中有 $2,3,\cdots,11$,因此 $11!+k$ $(k=2,3,\cdots,11)$ 能被 k 整除,即都是合数。

（2）利用最初几个素数的乘积。

$2\times3\times5\times7\times11+k$ $(k=2\sim11)$,得 10 个连续合数区间 $[2312,2321]$。

因为乘积 $2\times3\times5\times7\times11$ 包含 5 个最小的素数,k 为偶数时有 2 因数,k 为奇数时有前面的素数因数,所以 $2\times3\times5\times7\times11+k$ $(k=2,3,5,7,11)$ 自然都是合数。

（3）利用相邻素数中的间距。

首先搜索前 30 个奇素数备查。

$$3\quad5\quad7\quad11\quad13\quad17\quad19\quad23\quad29\quad31\quad37\quad41\quad43\quad47\quad53$$
$$59\quad61\quad67\quad71\quad73\quad79\quad83\quad89\quad97\quad101\quad103\quad107\quad109\quad113\quad127$$

然后从小到大依次求相邻两个素数之差,若差大于 10,即可写出 10 个连续合数。

易得 113 之前的差均小于 10,而 $127-113=14>10$,则得 10 个连续合数为 $[114,123]$。

以上探求的 3 个写法中,第 2 个写法的 10 个连续合数区间比第 1 个写法的 10 个连续合数区间要小得多;第 3 个最小,无疑是最小的 10 个连续合数集。

进一步,如何求取最小的 n 个连续合数?

【编程拓展】　试探求最小的连续 n($n\leqslant200$)个合数(其中 n 是键盘输入的任意正整数)。

（1）编程设计要点。

求出区间 $[c,d]$ 中的所有素数(区间起始数 c 可由小到大递增),检验其中每相邻两个素数之差。若某相邻的两个素数 m,f 之差大于 n,即 $m-f>n$,则区间 $[f+1,f+n]$ 中的 n 个数为最小的连续 n 个合数。

应用试商判别法求指定区间 $[c,d]$(约定起始数 c=3,d=c+10000)中的所有素数。求出该区间内的一个素数 m,设前一个素数为 f,判别: 若 $m-f>n$,则输出结果 $[f+1,f+n]$ 后结束;否则,赋值 f=m,为求下一个素数做准备。

如果在区间 $[c,d]$ 中没有满足条件的解,则赋值 c=d+2,d=c+10000,继续试商下去,直到找出所要求的解。

（2）程序设计。

```
//探求最小的连续 n 个合数
#include <stdio.h>
#include <math.h>
```

```
void main()
{   long c,d,f,m,j; int t,n;
    printf("  求最小的 n 个连续合数,请输入 n(n≤200):");
    scanf("%d",&n);
    c=3;d=c+10000; f=3;
    while(1)
    {  for(m=c;m<=d;m+=2)
        {  for(t=0,j=3;j<=sqrt(m);j+=2)
            if(m%j==0) {t=1;break;}              //实施试商判别
          if(t==0 && m-f>n)                      //满足条件即行输出
            {  printf("  最小的%d 个连续合数区间为",n);
               printf("[%ld,%ld]。\n",f+1,f+n);
               return;
            }
          if(t==0) f=m;                          //每求出一个素数 m 后赋值给 f
        }
        if(m>d) { c=d+2;d=c+10000; }             //每一轮试商后改变 c,d 转下一轮
    }
}
```

（3）程序运行示例与说明。

> 求最小的 n 个连续合数,请输入 n(n≤200):100
> 最小的 100 个连续合数区间为[370262,370361]。

随着 n 的增加,最小的 n 个连续合数随之迅速变大,搜索也随之变得困难。例如,输入 n=200,搜索最小 200 个连续合数区间[20831324,20831523],所用时间就比较长。

2.9.2　一枝花世纪与清一色世纪

一个世纪的 100 个年号中常存在素数。例如,现在所处的 21 世纪的 100 个年号中存在 2003,2011 等 14 个素数。

那么,在 100 个年号中只有一个素数的世纪什么时候出现？是否存在 100 个年号中没有素数的世纪？

【定义】　把一个世纪的 100 个年号中只有一个素数的世纪称为单素一枝花世纪。把世纪的 100 个年号中不存在素数,即 100 个年号全为合数的世纪称为合数清一色世纪。

【探求】　试探索最早的 m 个一枝花世纪与最早的 m 个清一色世纪。这里正整数 m 从键盘输入。

1. 编程设计要点

设变量 b 统计清一色世纪个数,变量 c 统计一枝花世纪个数。

（1）设置循环。

要兼顾两项任务,设置条件循环的条件为 b<m || c<m。

也就是说,当 b=m 且 c=m 时(已达到目标)才结束循环。

　　探索 a 世纪，从 a＝1 开始递增 1 取值。设第 a 世纪的 50 个奇数年号（偶数年号无疑均为合数）为 n，显然有 $a×100-99≤n≤a×100-1$。

　　设置 $n(a×100-99\sim a×100-1)$ 循环，n 步长为 2，枚举 a 世纪奇数年号 n。

　　设置 $k(3\sim\sqrt{n})$ 试商循环，k 步长为 2，应用试商判别年号 n 是否为素数：若 n 为素数，则用变量 x 记录该素数年号；若 n 为合数，则用变量 s 统计这 50 个 n 年号中的合数的个数。

　　（2）判别与输出。

　　对于 a 世纪，若 s＝49，即 49 个奇数都为合数，找到 a 世纪为一枝花世纪，用＋＋b 统计一枝花世纪的个数，并打印输出第 b 个一枝花世纪为 a 世纪，同时输出其一枝花，即该世纪的唯一素数 x。

　　对于 a 世纪，若 s＝50，即 50 个奇数都为合数，找到 a 世纪为清一色世纪，用＋＋c 统计清一色世纪的个数，并打印输出第 c 个清一色世纪为 a 世纪，同时输出其年号范围。

　　当 b＝m 且 c＝m 时，已搜索到前 m 个清一色世纪与前 m 个一枝花世纪，退出循环结束。

2. 程序设计

```c
//探求最小 m 个一枝花世纪与清一色世纪
#include <stdio.h>
#include <math.h>
void main()
{ long a,n,k,x; int b,c,m,s,t;
  printf("  请确定搜索个数 m: "); scanf("%d",&m);
  a=1;b=c=0;
  while (b<m || c<m)
  { a++;s=0;                            //检验 a 世纪
    for(n=a*100-99;n<=a*100-1;n+=2)     //枚举 a 世纪奇数年号 n
    { t=0;
      for(k=3;k<=sqrt(n);k+=2)
        if(n%k==0) {t=1;break;}         //合数年号退出
        if(t==0) x=n;                   //记录素数年号
      s=s+t;                            //年号为合数时,t=1,s 增 1
    }
    if(b<m && s==49)                    //s=49 个奇数均为合数,即为一枝花世纪
    { printf("  第%d 个一枝花世纪:%ld 世纪,",++b,a);
      printf("  唯一素数年号为%ld。\n",x);
    }
    if(c<m && s==50)                    //s=50 个奇数均为合数,即为清一色世纪
    { printf("  第%d 个清一色世纪:%ld 世纪,",++c,a);
      printf("  年号[%ld,%ld]全为合数。\n",a*100-99,a*100);
    }
  }
}
```

3. 程序运行示例与分析

```
请确定搜索个数 m：3
第 1 个一枝花世纪：1560 世纪,唯一素数年号为 155921。
第 2 个一枝花世纪：2684 世纪,唯一素数年号为 268343。
第 3 个一枝花世纪：4134 世纪,唯一素数年号为 413353。
第 1 个清一色世纪：16719 世纪,年号[1671801,1671900]全为合数。
第 2 个清一色世纪：26379 世纪,年号[2637801,2637900]全为合数。
第 3 个清一色世纪：31174 世纪,年号[3117301,3117400]全为合数。
```

枚举设计三重循环,要求的 m 越大,a 递增取值也就越大,年号 n 也就相应越大。约定最大年号为 n 数量级,试商 k 循环频数为 $\sqrt{n}$,因而可知程序的时间复杂度为 $O(n\sqrt{n})$。

在实际检测时,对于 $m \leqslant 100$ 范围内的搜索是快捷的。

由搜索输出可知,最先出现的一枝花世纪为 1560 世纪,还要经历十多万年,可谓地久天长,遥遥无期！而清一色世纪更为遥远,最先出现的清一色世纪为 16719 世纪,还要经历一百多万年,更是海枯石烂,地老天荒！

第 **3** 章

数式精彩纷呈

数式是由数字、运算符与等号构成的等式。如果说单纯的数或略显单调,那么数式则丰满得多! 广阔得多! 有趣得多!

本章探求并发掘各类新颖奇妙的数式,与诸位一道领略数学殿堂上数式的风采。

在整数素因数分解式的基础上,探索涉及分数的埃及分数式与桥本分数式;探讨涉及整数的优美和式、平方式、变序数和式与倍积式;探求优美隐序四则运算式与含乘方 ^ 的综合运算式。

重点探索与发掘从乘积、四则运算到综合运算的系列对称运算式,感受奇特而优雅的对称美;最后分段和幂式,是对卡普雷卡数广度的拓展与深层次的发掘,回味无穷。

数式精彩,精彩数式!

数式精彩,有待我们去欣赏,欣赏数式精彩所集聚的数学美。

精彩数式,有待我们去发掘,发掘人类尚未开发的数式瑰宝。

3.1 素因数分解式

整数分解素因数(又称分解质因数)是整数分解中最基本的案例。

分解一个整数的素因数并不轻松,甚至是一项艰难繁复的工作。但分解素因数是趣味数学的基础,众多趣味数学问题的求解往往离不开整数的素因数分解。

当整数的素因数不太大时,整数的素因数分解并不棘手。例如,分解 2016,其分解的素因数可写成以下乘积式与指数式:

$2016 = 2 \times 2 \times 2 \times 2 \times 2 \times 3 \times 3 \times 7$

$2016 = 2^5 \times 3^2 \times 7$

当分解整数的素因数比较大时,素因数分解如何实施?

本节在寻求分解基础上,编程拓展按指数形式的分解设计,把分解的结果表示为素因数的指数式。

【问题】 对整数 $n = 201804$ 分解素因数,所分解的素因数按从小到大写为乘积式。

【思考】 从 $2,3$ 开始,通过试商逐个找出素因数。

(1) 分解思路。

首先求出小于或等于 $[\sqrt{n}]$(整数 n 开平方取整)的所有素数。

注意到 $[\sqrt{201804}] = 449$,小于或等于 449 的素数有 $2,3,5,7,\cdots,449$,共计 87 个,理

论上这 87 个素数都可能成为 201804 的素因数。

首先分解出 201804 的所有 2 因数,直到变为奇数;然后对余下奇数分解出 201804 的所有 3 因数;再对余下奇数依次分解所有 5 因数、7 因数……直到分解 449 因数。

(2) 按以上思路分解操作。

① 分解 201804 的 2 因数:201804/2＝100902,100902/2＝50451,可得 2 个 2 因数。

② 分解奇数 50451 的 3 因数:50451/3＝16817,16817 不能被 3 整除,可得 1 个 3 因数。

③ 对余下数 16817 通过试商 5,7,11,…,61 等,没有这些因数。

④ 对余下数 16817 通过试商分解 67 因数:16817/67＝251,可得 1 个 67 因数。

⑤ 判断 251 为素数,即 251 为素因数。

(3) 写出素因数分解式。

于是得到 201804 素因数分解式:

$$201804＝2×2×3×67×251$$

因 $[\sqrt{201804}]＝449$,原则上要试商小于或等于 449 的所有素数,可见试商分解的工作量是比较大的。本问题由于已得 251 为素因数,因此结束对 201804 的素因数分解。

【编程拓展】　对给定的正整数 n 分解素因数,表示为素因数从小到大顺序的指数形式。

如果被分解的整数本身是素数,则注明为素数。

1. 设计要点

为了扩展分解整数的范围,程序设计采用双精度型变量。

首先赋值“b＝n;”,分解操作只对 b 实施,以保持操作过程中整数 n 不变。

(1) 设置条件循环实施试商。

设置 k 条件循环($k=2,3,\cdots,\sqrt{n}$)实施试商,判别 k 是否为整数 n 的因数。

注意到整数 n 的最大因数可能为 $n/2$,用 $k(2\sim n/2)$ 试商是可行的,但并不是最简便的。事实上,用 $k(2\sim\sqrt{n})$ 试商可避免许多无效操作,其算法复杂度要低一些。

在 k 试商循环中,若 k 不能整除 b,说明数 k 不是 b 的因数,k 增 1 后继续试商。若 k 能整除 b,说明数 k 是 b 的因数,用“j++;”统计 k 因数的个数;同时 b 除以 k 的商赋给 b($b=floor(b/k)$)后继续用 k 试商(注意:可能有多个 k 因数),直至 k 不能整除 b,k 增 1 后继续试商。

按上述 k 从小至大试商确定的因数显然为素因数。

(2) 检测大因数或素数。

如果整数 n 存在大于 $\sqrt{n}$(即 pow(n,0.5))的因数(至多一个),在试商循环结束后的检测试商后的 b 值。

若 $b＝1$,素因数分解完成。

若 $b<n$,b 即为大于 $\sqrt{n}$ 的一个因数,即行输出。

若 $b＝n$,即整个试商后 b 的值没有任何缩减,仍为原待分解数 n,说明 n 是素数,做素数说明标记。

由此可见，对于某些难度较大的素因数分解问题，单凭人工推理计算是难以胜任的，在当今信息时代，必须考虑应用程序设计来解决。

（3）按指数形式输出。

在素因数指数形式中，首先按素因数从小到大排列；如果存在相同的素因数，要求写成指数的形式输出。

在程序设计输出时，通常把指数上标用^标注，如 2^3 输出为 2^3。

例如，分解 123456789，按素因数乘积形式为 $123456789 = 3 \times 3 \times 3607 \times 3803$，按素因数指数形式为 $123456789 = 3^2 \times 3607 \times 3803$。

为此，引入的变量 j 统计素因子的个数，$j=1$ 时不打印指数；$j>1$ 时需加打指数（^j）。这样要求程序设计进行必要的判别操作。

2. 素因数分解指数形式程序设计

```
//探求指定整数的素因数分解指数形式
#include <math.h>
#include <stdio.h>
void main()
{ double b,i,k,n; int j;
    printf("  请输入正整数 n:");scanf("%lf",&n);
    printf("  %.0f=",n);
    b=n;k=2;j=0;
    while(k<=pow(n,0.5))                    //枚举试商因数 k
      { if(fmod(b,k)==0)
          { b=floor(b/k);j++;continue; }    //k 为素因数需返回再试
        if(j>=1)
          { printf("%.0f",k);
            if(j>1) printf("^%d",j);        //打印素因数指数形式
            if(b>1) printf("×");
          }
        k++;j=0;
      }
    if(b>1 && b<n) printf("%.0f",b);        //输出大于 n 平方根的因数
    if(b==n) printf("(素数!)");             //b=n,表示 n 无素因数
    printf("\n");
}
```

3. 程序运行示例与说明

```
请输入正整数 n:518666803200
518666803200=2^11×3^3×5^2×7^2×13×19×31
```

运行程序的整数 518666803200 是第 1 章探讨的 4-完全数，这样大的数进行素因数分解，应用双精度型处理是适宜的，若按整型数据处理则并不可行。可见，编程也要依据问题的具体实际情况来定，并没有千篇一律的固定模式。

顺便提到,当整数的素因数比较大时,其分解是艰难的。如果一个中学生想用一道题为难一个数学家,只要选择两个比较大的素数 a,b,算出 $a \times b = c$,请他在不使用程序设计的前提下分解 c 的素因数即可。

3.2 埃及分数式

金字塔的故乡埃及也是数学的发源地之一。古埃及数系中,记数常采用分子为 1 的分数,称为"埃及分数"。

人们研究较多且颇感兴趣的问题:把一个给定的整数或分数转化为若干不相同的埃及分数之和。转化的方法可能有很多种。常把分解式中埃及分数的个数最少,或在个数相同时埃及分数中最大分母为最小的分解式称为最优分解式。

把给定整数或分数分解为埃及分数之和,也是一个烦琐艰辛的过程。

例如,对 5/121 的分解,为尽可能减少分解项数,数学家布累策在《数学游览》中给出了以下优化的三项分解式:

5/121 = 1/25 + 1/759 + 1/208725

同时布累策证明了 5/121 不可能分解为两个埃及分数之和。

从项数来说,上述三项分解式不可能再优化了。但对于最大分母,布累策的分解式不是最优的。我国两位青年数学爱好者于 1983 年发现以下 4 个分解式。

$$5/121 = 1/27 + 1/297 + 1/1089 \tag{3-2-1}$$
$$5/121 = 1/33 + 1/99 + 1/1089 \tag{3-2-2}$$
$$5/121 = 1/33 + 1/121 + 1/363 \tag{3-2-3}$$
$$5/121 = 1/33 + 1/91 + 1/33033 \tag{3-2-4}$$

这 4 个分解式都比布累策的结论要优。人们通常约定分解式中不得包含与待分解分数同分母的埃及分数。从这个意义上,显然应把分解式(3-2-3)排除在外。因此,现在所知把 5/121 分解为 3 个埃及分数的最小分母为 1089,即上述埃及分数分解式(3-2-1)和式(3-2-2)。

那么,分解 5/121 为 3 个埃及分数之和,其最大分母能否小于 1089 呢?可通过程序设计来探索拓展。

从简单地构建两个埃及分数分解式入手,先看一个分解埃及分数式的实例。

【问题】 试把分数 5/72 分解为分母分别是 $a,b(a<b<200)$ 的埃及分数式。

$$5/72 = 1/a + 1/b$$

【探求】 拟先确定分母的取值范围,再通过具体实验调试确定。

(1) 明确两个分母关系。

若已知一个分母 a,则另一个分母 b 为

$$b = 72a/(5a - 72)$$

通过计算 72/5,可确定最小分母 a 的取值范围为 $14 < a < 28$。

(2) 通过 a 取值求 b。

取 $a=15$,代入得 $b=360>200$,不符合要求。

取 $a=16$,代入得 $b=144<200$,符合要求,得埃及分数的两个分母为 16,144。

取 $a=17$,代入得 b 为非整数,不符合要求。

取 $a=18$,代入得 $b=72$,与原分母相同,不符合要求。

取 $a=17\sim23$,代入得 b 为非整数,不符合要求。

取 $a=24$,代入得 $b=36<200$,符合要求,得埃及分数的两个分母为 $24,36$。

取 $a=25\sim27$,代入得 b 为非整数,不符合要求。

(3) 写出埃及分数式。

因而,得到满足要求 $a,b(a<b<200)$ 的两个埃及分数式为

$5/72=1/16+1/144$

$5/72=1/24+1/36$

根据埃及分数中最大分母为最小的分解式为最优,显然后者要优于前者。

从以上具体构建可以看出,规定埃及分数中最大分母的上限直接关系到埃及分数式的构建。

若缩小上限,把范围 $a<b<200$ 缩小为 $a<b<100$,则上面第一个分解式不符合要求。

若扩大上限,把范围 $a<b<200$ 扩大为 $a<b<400$,则增加了分解式

$$5/72=1/15+1/360$$

【编程拓展】

对给定的分数 m/d 分解为 3 个埃及分数的分解式,其分母为 $a,b,c(a<b<c)$,最大分母不超过 z,输出所有埃及分数式。

(1) 设计要点。

通过三重循环实施枚举。

确定 a 循环的起始值 a1 与终止值 a2。

$1/a1=m/d-2/z$ a1=dz/(mz-2d)   (即把 b,c 放大为 z)

$3/a2=m/d$ a2=3d/m+1   (即把 b,c 缩减为 a)

b 循环起始取 a+1,终止取 z-1。

c 循环起始取 b+1,终止取 z。

为方便判别,把分数式 $m/d=1/a+1/b+1/c$ 转化为整数式

mabc=d(ab+bc+ca)

对于三重循环的每组 a,b,c,计算 x=mabc,y=d(ab+bc+ca):如果 x=y 且 b,c 不等于 d,即满足分解为 3 个埃及分数式的条件,则打印输出一个分解式。然后退出内循环,继续寻求。

(2) 构建埃及分数式程序设计。

```
//构建指定分数的 3 个埃及分数式和式
#include <stdio.h>
void main()
{ int a1,a2,a,b,c,d,m,n,z; long x,y;
    printf("  确定分数 m/d,请输入 m,d:"); scanf("%d,%d",&m,&d);
    printf("  请确定分母的上界:"); scanf("%d",&z);
    n=0;
```

```
a1=d*z/(m*z-2*d); a2=d*3/m+1;
for(a=a1;a<=a2;a++)                              //建立三重循环枚举
for(b=a+1;b<=z-1;b++)
for(c=b+1;c<=z;c++)
{   x=m*a*b*c; y=d*(a*b+b*c+c*a);                //计算x,y值
    if(x==y && b!=d && c!=d)                      //满足条件时输出分解式
      {   printf("  NO%d: %d/%d=1/%d",++n,m,d,a);
          printf("+1/%d+1/%d \n",b,c);
          break;
      }
}
printf("  共以上%d个分解式。\n",n);
}
```

（3）程序运行示例与说明。

```
确定分数 m/d,请输入 m,d: 5,121
请确定分母的上界：1100
   NO1: 5/121=1/27+1/297+1/1089
   NO2: 5/121=1/33+1/99+1/1089
   NO3: 5/121=1/45+1/55+1/1089
共以上 3 个分解式。
```

通过程序设计探索得到：分解 5/121 为 3 个埃及分数之和，最大分母最小为 1089，即不可能有比上述 3 个分解式更优的分解。

结果中的最后一个分解式是程序设计得到的新的最优分解式。

注意：确定分母的上界大小直接关系所分解的埃及分数式解。例如，以上对 5/121 的分解，若输入上界为 1000，则没有分解式；若输入上界为 3000，则存在 7 个分解式。

3.3　桥本分数式

数学家桥本吉彦教授于 1993 年在我国山东举行的中日美三国数学教育研讨会上向与会者提出以下填数趣题：把 1,2,…,9 这 9 个数字不重复填入下式的 9 个方格□中，使下面的分数式成立。

$$\frac{\square}{\square\square}+\frac{\square}{\square\square}=\frac{\square}{\square\square}$$

桥本吉彦教授当即给出了一个解答。

【问题】　试探求这一分数式填数趣题的填数结果。

【思考】　以某一简单分数式为基础，每个分数分子、分母同时扩大以寻求数字不重复。

可采用在某一简单分数和式的基础上，试验把每一分数的分子、分母同时扩大或缩小，以寻求在式中出现 1～9 这 9 个数字而不重复的目标。

（1）以简单分数式 1/14＋1/14＝1/7 为基础。

前一分数 1/14 的分子、分母同时扩大 4 倍得 4/56；

后一分数 1/14 的分子、分母同时扩大 7 倍得 7/98；

右边分数 1/7 的分子、分母同时扩大 3 倍得 3/21。

3 个分数实现数字 1～9 各出现一次不重复，因而得到一个解：4/56＋7/98＝3/21。

（2）以简单分数式 9/51＋8/51＝1/3 为基础。

前一分数 9/51 的分子、分母同时乘以 2/3 倍得 6/34；

后一分数 8/51 保持不变；

右边分数 1/3 的分子、分母同时扩大 9 倍得 9/27。

3 个分数实现数字 1～9 各出现一次不重复，因而又得到一个解：6/34＋8/51＝9/27。

采用以上方法试探，可省略对分数式相等的检测，减少计算量。但带有一定的盲目性，要想试探出所有解是困难的。

要求解桥本分数式的所有解，有必要借助程序设计进行全面搜索。

【编程拓展】

桥本分数式这一 9 数字填数趣题究竟有多少个不同的解（约定式左边两个分数中分子小的在前）？

同时，原题并没有要求 3 个分数为最简分数（即分子、分母没有大于 1 的公因数），如果要求式中 3 个分数都为最简分数，又有多少个不同的解？

1. 设计要点

设分数式为 b1/b2＋c1/c2＝d1/d2，注意到等式左边两个分数交换次序只算一个解答，因而约定 b1<c1。

（1）设置枚举循环。

对 6 个分数所涉及的六个整数设置六重循环枚举。其中，c1 从 b1＋1 开始取值，确保b1<c1。

（2）通过三重检测。

若分数式不成立，即 b1 * c2 * d2＋c1 * b2 * d2! ＝d1 * b2 * c2，则返回继续。

要求数字 1～9 在这 6 个变量中出现一次且只出现一次，分离出 9 个数字后用 f 数组统计各个数字的频数（如 f[3]＝2，即数字 3 出现两次），存在重复数字时返回。

（3）要求最简分数处理。

若在确定是否为最简分数时输入字符 y，即选择"要求 3 个分数为最简分数"，设置循环 j(2～9)，如果存在 j 为某一分数分子、分母的公因数，则返回。

2. 桥本分数式程序设计

```
//搜索是否最简分数的桥本分数式 b1/b2+c1/c2=d1/d2
#include <stdio.h>
void main()
{   int b1,b2,c1,c2,d1,d2,j,n,t,x,f[11]; char ch;
    printf("   如果要求各分数都为最简分数,请输入字符 y:");
    ch=getchar();
```

```
        n=0;
        for(b1=1;b1<=8;b1++)
        for(c1=b1+1;c1<=9;c1++)              //确保 c1>b1
        for(d1=1;d1<=9;d1++)
        for(b2=12;b2<=97;b2++)               //枚举 3 个分数的分子、分母
        for(c2=12;c2<=98;c2++)
        for(d2=12;d2<=98;d2++)
        {   if(b1*c2*d2+c1*b2*d2!=d1*b2*c2) continue;  //若分数式不成立则返回
            for(x=0;x<=9;x++) f[x]=0;
            f[b1]++;f[c1]++;f[d1]++;
            f[b2/10]++;f[b2%10]++;f[c2/10]++;
            f[c2%10]++;f[d2/10]++;f[d2%10]++;    //分离数字用 f 数组统计
            for(t=0,x=1;x<=9;x++)
              if(f[x]!=1) {t=1; break;}          //检验数字 1~9 是否有重复
            if(t==0 && ch=='y')                  //检验是否为 3 个最简分数
            {   for(j=2;j<=9;j++)
                  if(b1%j==0 && b2%j==0) {t=1;break;}
                  else if(c1%j==0 && c2%j==0) {t=1;break;}
                  else if(d1%j==0 && d2%j==0) {t=1;break;}
            }
            if(t==0)                             //输出一个填数解
            {   printf("%4d: %1d/%2d+%1d/%2d",++n,b1,b2,c1,c2);
                printf("=%1d/%2d  ",d1,d2);
                if(n%2==0) printf("\n");
            }
        }
        printf("\n   共以上%d个解。\n",n);
}
```

3. 程序运行结果与变通

若填数不要求 3 个分数为最简分数，程序运行结果如下。

```
如果要求各分数都为最简分数,请输入字符 y:n
  1: 1/78+4/39=6/52     2: 1/26+5/78=4/39
  3: 1/32+5/96=7/84     4: 1/32+7/96=5/48
  5: 1/96+7/48=5/32     6: 2/68+9/34=5/17
  7: 2/68+9/51=7/34     8: 4/56+7/98=3/21
  9: 5/26+9/78=4/13    10: 6/34+8/51=9/27
共以上 10 个解。
```

若填数要求 3 个分数为最简分数，则程序运行结果如下。

```
如果要求各分数都为最简分数,请输入字符 y:y
  1: 1/26+5/78=4/39     2: 1/32+7/96=5/48
  3: 1/96+7/48=5/32
共以上 3 个解。
```

程序能搜索不要求最简分数的桥本分数式,也能搜索附加条件"要求各分数都为最简分数"的分数式,这是程序设计的特色。

变通:把 0,1,2,…,9 这 10 个数字填入下式的 10 个方格中,要求:各数字不得重复;数字 0 不得填在各分数的分子或分母的首位。

$$\frac{\square}{\square\square}+\frac{\square}{\square\square\square}=\frac{\square}{\square\square}$$

这一分数式填数究竟共有多少个解?

3.4 优美和式与平方式

优美和式是一个创新填数趣题,其优美体现在所涉约定数字在和式中不重复,是和谐美的具体体现。

和式分为三项和式(左边两项求和)和引申的四项和式(左边三项求和)两类,益智训练,各具特色。

3.4.1 9 数字优美和式

因 9 数字优美和式涉及 1~9 这 9 个正整数,不涉及数字 0,变化较为简单。

把 1,2,…,9 这 9 个数字分别填入以下和式中的 9 个□中,要求 1~9 这 9 个数字在式中出现一次且只出现一次,使得和式成立。

$$\square\square\square + \square\square\square = \square\square\square \qquad (3\text{-}4\text{-}1)$$

【问题 1】 试求和式(3-4-1)中的和(即式右 3 位数)的最大值。

【思考】 从进位次数确定式右的数字和入手。

注意到 1~9 这 9 个数字之和为 45。

(1) 确定进位次数。

式左求和时每次进位,所进的 1 相当于 10,求和结果的数字和会减少 9。

例如,数式 218＋439＝657 中,式右的数字和为 18,式左的数字和为 27,式右比式左的数字和要小 9,就是求和运算的一次进位 8＋9＝17 造成的。

首先确定:和式(1)左边求和过程中有一次且只有一次进位。

事实上,若左边求和时没有进位,则式左的 6 个数字之和与式右的 3 个数字之和相等,即都为 9 个数字之和 45 的一半(非整数),矛盾。

若左边求和有 2 次进位,使数字和减小了 2×9＝18,因而式右的 3 个数字之和为 45－2×9＝27 的一半(非整数),矛盾。

若左边求和有 3 次进位,则式右作为求和结果必为 4 位数,矛盾。

可见,和式(1)左边求和过程中有一次且只有一次进位。

(2) 确定式右 3 位数的数字和。

和式左边求和有一次进位,因而和式右边的 3 个数字之和为(45－9)/2＝18。

(3) 探索最大值。

根据式右 3 位数的 3 个互不相同的数字之和为 18,其最大值的高位(即百位)数字尽可能大,选择填 9;十位数字也尽可能大,可填 8;相应个位数字为 1。

对于所填和 981,需寻找相应的数字 1~9 没有重复数字的和式(可能存在多个),例如和式 235+746=981。

因而得和式(3-4-1)右边和的最大值为 981。

【编程拓展】

和式(3-4-1)右边和的最小值为多大? 和式(3-4-1)共有多少种不同的填法? 以下应用程序设计探求这些问题。

为避免式左两个加数交换个位数字,或交换十位数字,或交换百位数字造成多种重复,约定式左两个加数的前一个 3 位数的各位数字分别小于后一个 3 位数的相应数字。

同时,为了便于观察右边和的最小值与最大值,约定右边的和按从小到大排列,且要求每个和值只输出一个和式。

1. 设计要点

设 3 个 3 位数为 a,b,c,和式为 $a+b=c$。

(1) 设置循环。

建立和数 c 循环(315~987),这里循环初值 315 是百位数为 3(因左边 a,b 都有较小的百位数字)且为 9 倍数的最小 3 位数;循环终值为没有重复数字的最大 3 位数 987;循环步长设为 9,以提高搜索效率。

同时建立加数 a 循环(123~$c/2$),因约定 $a<b$,因而循环终止值为 $c/2$。另一个加数显然为 $b=c-a$。

(2) 分离数字排除数字重复。

应用整除/与求余% 运算分解各数的各个数字。为了检测是否存在重复数字,设置 g 数组统计 a,b,c 所分解的 9 个数字的频数,应用二重循环实施比较,若存在重复数字,则标注 $t=1$ 返回。

(3) 条件输出。

在输出和式时为确保式左前一个 3 位数的各位数字分别小于后一个 3 位数的相应数字,在输出条件中增加条件限制

```
a/100<b/100 && a%10<b%10 && (a/10)%10<(b/10)%10
```

特别地,每输出一个和式,即行退出内循环,确保一个和值 c 只输出一个和式。

2. 程序设计

```
//探求 9 数字三项优美和式:□□□+□□□=□□□
#include <stdio.h>
void  main()
{  int a,b,c,d,t,m,n,x,g[10];
   n=0;
   for(c=315;c<=987;c+=9)                 //和 c 为 9 倍数
   for(a=123;a<c/2;a++)
   {  b=c-a;
```

```
for(x=0;x<=9;x++) g[x]=0;
d=a;g[d%10]++;g[d/100]++;m=(d/10)%10;g[m]++;  //分解并统计 9 个数字的频数
d=b; g[d%10]++;g[d/100]++;m=(d/10)%10;g[m]++;
d=c; g[d%10]++;g[d/100]++;m=(d/10)%10;g[m]++;
for(t=0,x=1;x<=9;x++)
    if(g[x]!=1) {t=1;break;}                    //检验数字 1~9 各出现一次
    if(t==0 && a/100<b/100 && a%10<b%10 && (a/10)%10<(b/10)%10)
    {  printf("%5d: %d+%d=%d",++n,a,b,c);       //统计并输出一个解
       if(n%3==0) printf("\n");
       a=c/2;break;                             //确保一个和值 c 只输出一个和式
    }
}
printf("\n  共以上%d个 9 数字三项和式。\n",n);
}
```

3. 程序运行结果与说明

```
1: 173+286=459    2: 173+295=468    3: 127+359=486
4: 127+368=495    5: 162+387=549    6: 128+439=567
...
28: 216+738=954   29: 215+748=963   30: 314+658=972
31: 235+746=981
共以上 31 个 9 数字三项和式。
```

以上运行结果输出 31 个优美和式，这 31 个和式靠人工推算可能很难完成。

同时看出，和式(3-4-1)右边和的最小值为 459，最大值为 981，与上面所解相同。

【引申】 把和式(3-4-1)左边的两项分解为三项，即为以下的四项和式。

$$\Box + \Box\Box + \Box\Box\Box = \Box\Box\Box \tag{3-4-2}$$

和式(3-4-2)涉及四项 $a+b+c=d$，在以上程序基础上，增加一重循环，各参数进行相应变通，具体修改自行完成。

优美和式(3-4-2)的解如下：

```
 1: 7+58+169=234    2: 6+58+179=243    3: 4+68+279=351
 4: 1+72+386=459    5: 1+72+395=468    6: 6+28+479=513
 7: 6+27+498=531    8: 1+82+493=576    9: 4+38+579=621
10: 1+43+685=729   11: 1+42+695=738   12: 2+53+764=819
13: 1+52+793=846
共以上 13 个 9 数字四项和式。
```

由以上运行结果输出的 13 个和式看出，和式(3-4-2)右边和的最大值为 846，最小值为 234。

3.4.2　10 数字优美和式

因 10 数字优美和式涉及 0～9 这 10 个数字，涉及数字 0，所以其变化较为复杂。

把 0,1,2,…,9 这 10 个数字分别填入以下和式中的 10 个□中,要求 0~9 这 10 个数字在式中出现一次且只出现一次(约定 0 不能在各个整数的首位),使得和式成立。

$$\square\square\square + \square\square\square = \square\square\square\square \qquad\qquad (3\text{-}4\text{-}3)$$

【问题 2】　试求和式(3-4-3)中和(即式右 4 位数)的最大值。

【思考】　从进位次数确定式右 4 位数的数字和入手。

(1) 确定式(3-4-3)右边 4 位数的数字和。

左边求和至少有一次进位(否则右边和不可能为 4 位)。

同时,左边求和过程中不会出现 2 次进位。假设出现 2 次进位,注意到每次进位数字和会减少 9,右边 4 位数的数字和为(45−2×9)/2,非整数,矛盾。

当左边求和有一次进位时,右边数字和为(45−9)/2=18。

当左边求和有 3 次进位时,右边数字和为(45−3×9)/2=9。

(2) 右边的 4 个数字中必有一个 0。

当右边数字和为 9,或为 18 时,数字 0 必出现在右边的 4 位数中。

(3) 右边数字和为 9 时探索最大值。

当右边数字和为 9 时,注意到右边 4 位数的高位只能为 1,还有一个数字 0,因而 4 个数字中的最大数字只可能为 6(假设最大数字为 7,造成两个数字 1 重复;假设最大数字为 8,造成两个数字 0 重复)。

设 4 个数字中的最大数字为 6,则 4 位数最大值可能为 1620,1602。

注意到最大值若为 1620,由于 0 出现在个位,左边没有适当数字匹配,不能成为和式。

设右边 4 位数最大值为 1602,存在相应的和式:743+859=1602。

结论:和式右边和的最大值为 1602。

【编程拓展】

和式(3-4-3)右边和的最小值为多大?和式(3-4-3)共有多少种不同的填法?以下借助程序设计探求这些问题。

为避免式中两个加数交换个位数字,或交换十位数字,或交换百位数字造成多种重复,约定这两个加数中前一个 3 位数的各位数字分别小于后一个 3 位数的相应数字。

同时,为了便于观察右边和的最小值与最大值,约定右边和按从小到大排列,且要求每个和值只输出一个和式。

(1) 设计要点。

设 3 个 3 位数为 a,b,c,即和式为 $a+b=c$。

建立和数 c 循环(1026~1987),这里 1026 是被 9 整除且没有重复数字的最小 4 位数,循环步长设为 9,以提高搜索效率。

同时建立加数 a 循环(102~$c/2$),这里 102 是没有重复数字的最小 3 位数,约定 $a<b$,因而循环终止值为 $c/2$。另一个加数显然为 $b=c-a$。

应用整除/与求余%运算分解各数的各个数字。为了检测是否存在重复数字,设置 g 数组统计 a,b,c 所分解的 10 个数字的频数,应用二重循环实施比较。

特别地,每输出一个和式,即行退出内循环,确保一个和值只输出一个和式。

（2）程序设计。

```
//探求 10 数字三项优美和式:□□□+□□□=□□□□
#include <stdio.h>
void main()
{ int a,b,c,d,t,m,n,x,g[10];
  n=0;
  for(c=1026;c<=1987;c+=9)                       //1026是能被9整除的最小4位数
  for(a=102;a<c/2;a++)
  { b=c-a;
    if(b>999) continue;
    for(x=0;x<=9;x++) g[x]=0;
    d=a;g[d%10]++;g[d/100]++;m=(d/10)%10;g[m]++;
    d=b;g[d%10]++;g[d/100]++;m=(d/10)%10;g[m]++;
    g[c/1000]++;d=c%1000;                        //统计式中各数字的频数
    g[d%10]++;g[d/100]++;m=(d/10)%10;g[m]++;
    for(t=0,x=0;x<=9;x++)
      if(g[x]!=1) {t=1;break;}                   //检验数字0~9各出现一次
    if(t==0)
    { printf("%4d: %d+%d=%d",++n,a,b,c);         //统计并输出一个解
      if(n%3==0) printf("\n");
      a=c;break;
    }
  }
  printf("\n   共以上%d个 10 数字三项和式。\n",n);
}
```

（3）程序运行结果与说明。

```
   1: 437+589=1026    2: 246+789=1035    3: 264+789=1053
   4: 473+589=1062    5: 324+765=1089    6: 342+756=1098
   7: 347+859=1206    8: 426+879=1305    9: 624+879=1503
10: 743+859=1602
共以上 10 个 10 数字三项和式。
```

由以上运行结果输出的 10 个优美和式看出,和式(3-4-3)右边和的最小值为 1026,最大值为 1602,与上面所解结论相同。

【引申】 把和式(3-4-3)左边的两项分解为三项,即为以下的四项和式。

$$□＋□□＋□□□＝□□□□ \qquad (3\text{-}4\text{-}4)$$

和式(3-4-4)涉及四项 $a+b+c=d$,在以上程序基础上,增加一重循环,各参数进行相应变通,具体修改自行完成。

优美和式(3-4-4)的解如下:

```
1: 3+45+978=1026
2: 2+46+987=1035
3: 2+64+987=1053
4: 3+74+985=1062
```
共以上 4 个 10 数字四项和式。

由以上运行结果输出的 4 个和式看出,和式(3-4-4)右边和的最大值为 1062,最小值为 1026。

3.4.3　优美平方式

优美平方式:如果数字 1～9 不重复填入式(3-4-5)的 9 个□中使等式成立,则该等式称为优美平方式。

$$\square\square\square\square\square\square = (\square\square\square)^2 \tag{3-4-5}$$

式(3-4-5)的左边为一个 6 位数,右边是一个 3 位数的平方。

编程构建所有优美平方式。

1. 设计要点

设置 f 数组存储式中各个数字的频数,便于比较是否存在重复数字。

(1) 枚举循环设置。

若整数 a 为 4 位,则 a^2 的位数达 7 位,超出范围。因而整数 a 只能为 3 位。

通过循环计算最小的 3 位整数 t,设置循环 a(t+1～10t-1)枚举 3 位整数。

计算 d=a*a,若 d 的位数不足 6 位,则 a 与 d 的位数之和小于 9,因而导致数字 1～9 填不下,则返回。

(2) 分离整数数字并统计频数。

应用求余与取整运算分离 a,d 的各个数字。

在数组元素 f[k](k:0～9)清零后,通过"f[k]++;"统计各数字的频数。

(3) 检测重复数字。

检测整数 a,d 的数字频数 f[k],若 f[k]≠1(k:1～9),则返回。

若 f[k]=1(k:1～9),满足优美要求,则输出平方式。

2. 程序设计

```c
//探求 9 数字优美平方式
#include <stdio.h>
void main()
{   int k,p,s,f[10]; long a,d,t,w;
    s=0;t=1;
    for(k=1;k<=2;k++) t=t*10;                    //t 为 3 位最小整数
    for(a=t+1;a<=t*10-1;a++)
    {   d=a*a; w=d;                              //确保 d 为平方数
        if(d<100000) continue;
        for(k=0;k<=9;k++) f[k]=0;
        while(w>0)                               //分离 d 的数字并统计频数
```

```
    { k=w%10;f[k]++;w=w/10; }
    w=a;
    while(w>0)                              //分离 a 的数字并统计频数
    { k=w%10;f[k]++;w=w/10; }
    for(p=0,k=1;k<=9;k++)
      if(f[k]!=1) p=1;                      //平方式中是否有重复数字
    if(p==0)
      printf("%d: %ld=%ld^2\n",++s,d,a);    //统计个数并输出平方式
  }
  if(s>0)  printf("  共以上%d个 9 数字优美平方式。\n",s);
  else  printf("\n  不存在满足要求的平方式。\n");
}
```

3. 程序运行示例与说明

```
1: 321489=567^2
2: 729316=854^2
共以上 2 个 9 数字优美平方式。
```

由以上运行结果可以看出，输出的 2 个优美平方式中的 9 个数字为 1～9 不重复出现。

能否加入数字 0 构建 10 数字优美平方式呢？回答是否定的。因为 3 位整数 a 的平方数最多为 6 位，若 a 增加为 4 位，则 $d=a^2$ 至少为 7 位，超出 10 位的数字范围。

3.5　优美综合运算式

本节创新构建隐序四则运算式及综合运算数学式，这是一个有趣也有难度的填数游戏。

各数学式称为"优美"，是指各个数字在式中不重复，是和谐美的具体体现。

3.5.1　隐序四则运算式

本节所论述的数式除了含四则运算与数字不重复外，还必须符合指定隐序。这一新增要求是新颖的，也是有趣的。

把 $0,1,2,\cdots,9$ 这 10 个数字不重复填入以下含加、减、乘、除（乘除运算优先于加减运算）的四则运算式中的 10 个□中，使等式成立。

$$\square\square\square+\square\square\div\square-\square\square\times\square=\square \qquad (3\text{-}5\text{-}1)$$

约定式（3-5-1）填数字时，1,0 不出现在式左边的 1 位数中，且数字 0 不能为整数首位。

同时，要求式中的 10 个不重复的数字须符合指定隐序，指定隐序由输入的整数决定。例如，如果指定隐序为 4 位数 2019，则该运算式中数字的隐含顺序：数字 2 须在 0 的左边，数字 0 须在 1 的左边，而数字 1 须在 9 的左边（这就是隐序的含意）。

例如,$267+80÷5-31×9=4$ 就是一个符合 2019 指定隐序的优美四则运算式。

输入指定隐序的整数,构建并输出所有符合指定隐序的优美四则运算式。

1. 设计要点

（1）数据结构。

以上四则运算式中的各数依次设置为变量 a,b,c,d,e,f,即四则运算式为

$$a+b/c-d*e=f$$

同时设置 3 个数组：g 数组统计式中共 6 个整数的 10 个数字的频数,便于判别重复数字;h 数组标记式中 10 个数字的位置,便于判别是否符合指定隐序;w 数组存储指定隐序,为判别是否符合指定隐序提供数据。

（2）设置枚举循环。

设置 a,c,d,e,f 循环,其中 c,e,f 都是 1 位数,f 循环 $0\sim9$ 取值,c,e 循环 $2\sim9$ 取值;数 a 为 3 位数,循环 $102\sim987$ 取值;数 d 为 2 位数,循环 $10\sim98$ 取值。

（3）计算整数 b。

把以上四则运算式变形为以下的乘积式是简便的。

$$b=(d*e+f-a)c$$

对每组 a,c,d,e,f,计算 b。这样处理,可省略 b 循环,省略 b 是否能被 c 整除,也省略等式是否成立的检测。

计算 b 后,检测 b 是否为 2 位数。若计算所得 b 非 2 位数,则返回。

（4）判别是否存在重复数字。

然后分别对 6 个整数进行数字分离,设置 g 数组对 6 个整数分离的共 10 个数字进行统计,g[x] 即为数字 x($0\sim9$) 的频数。同时,应用 h 数组标记式中 10 个数字的位置。

例如,g[3]=2,即为 2 个数字 3;h[5]=4,即数字 5 在数式中第 4 个位置上。

若某一 g[x]≠1,不满足 10 个数字都出现一次且只出现一次,标记 t=1。

若所有 g[x] 全为 1,满足 10 个数字都出现一次且只出现一次,保持标记 t=0,则优美四则运算式成立。

（5）判别是否符合指定隐序。

式中 10 个数字的分布必须符合指定顺序的要求,这既是重点,也是难点。

输入的指定隐序的整数 m 要求没有重复数字,位数不限(当然不能超过 10)。因此,首先分离隐序 m 的各个数字(设为 n 个数字),并从个位开始赋值给 w[1]～w[n]。

综合 h 与 w 数组来判别所得优美四则运算式的 10 个数字分布是否符合指定要求。

因指定隐序的整数 m 的 w[k] 在 w[k-1] 的前面,即 h[w[k]]<h[w[k-1]](k: 2～n)才是符合指定隐序。若出现在某个 k(2～n 中的一个)h[w[k]]>=h[w[k-1]](k: 2～n)不符合指定隐序,即返回试下一个数式。

2. 程序设计

```
//探求指定隐序的优美四则运算式:□□□+□□/□-□□×□=□
//式中 10 个不重复的数字须符合指定隐序
#include <stdio.h>
```

```
void main()
{   int a,b,c,d,e,f,k,t,m,n,x,y,z,g[11],h[11],w[11];
    printf("  请输入指定隐序数 m(数字互不相同): "); scanf("%d",&m);
    n=0;y=m;
    while(y>0)
      {x=y%10;w[++n]=x;y=y/10;}                       //分离 m 的数字赋值 w 顺序数组
    m=0;
    for(f=0;f<=9;f++)
    for(a=102;a<=987;a++)
    for(c=2;c<=9;c++)
    for(d=10;d<=98;d++)                               //循环实施枚举 a,c,d,e,f
    for(e=2;e<=9;e++)
    {   b=(d*e+f-a)*c;                                //计算变量 b 省去 b 循环
        if(b<10 || b>99)  continue;
        for(x=0;x<=9;x++) g[x]=0;
        g[c]++;g[e]++;g[f]++;                         //3 个 1 位数给 g,h 数组赋值
        h[c]=6;h[e]=9;h[f]=10;
        y=a;
        for(k=1;k<=3;k++)
          { x=y%10;g[x]++;h[x]=4-k;y=y/10;}          //分离 a 的 3 个数字给 g,h 数组统计
        g[b/10]++;h[b/10]=4;g[b%10]++;h[b%10]=5;
        g[d/10]++;h[d/10]=7;g[d%10]++;h[d%10]=8;     //分离 b,d 数字给 g,h 数组统计
        for(t=0,x=0;x<=9;x++)
          if(g[x]!=1) {t=1;break;}                    //检验数字 0~9 是否存在重复
        if(t==1) continue;
        for(t=0,k=n;k>=2;k--)
          if(h[w[k]]>=h[w[k-1]])    {t=1;break;}     //检验是否符合 w 数组指定隐序
        if(t==1) continue;
        printf("  %2d:%d+%d÷%d",++m,a,b,c);
        printf("-%d×%d=%d",d,e,f);
        if(m%2==0) printf("\n");                      //以每行 2 个输出符合要求数式
    }
    printf("  共以上%d 个符合指定隐序的优美四则运算式!\n",m);
}
```

3. 程序运行示例与说明

```
请输入指定隐序数 m(数字互不相同): 2019
   1:267+80÷5-31×9=4    2:204+18÷9-67×3=5
   3:207+18÷9-34×6=5    4:240+16÷8-79×3=5
   5:270+84÷6-31×9=5    6:720+45÷3-81×9=6
   7:250+81÷9-63×4=7    8:643+20÷5-71×9=8
   9:205+68÷4-71×3=9   10:208+56÷4-71×3=9
  11:237+80÷5-61×4=9   12:250+81÷3-67×4=9
共以上 12 个符合指定隐序的优美四则运算式!
```

从运行结果中清楚可见,每个式中的 10 个数字无重复,且其分布隐含指定 2019 顺序。式中含加、减、乘、除的四则运算,运算结果使等式成立。

若输入的指定隐序数 m 为 20195,则只有以上第 2,3,4,5 个解满足要求。

若输入的指定隐序数 m 为 20197,则只有以上第 2,7 个解满足要求。

这里特别强调,输入隐序数 m 时,不能含有重复数字,否则,程序难以进行测试。

3.5.2　综合运算式

【问题】　在以下数式(3-5-2)中已填有数字 0,4,6,把另 7 个数字 1,2,3,5,7,8,9 不重复填入以下含加、减、乘、除与乘方的综合运算式中的 7 个□中,使得该式成立。

$$4^6 + \square\square \div \square - \square\square\square \times \square = 0 \qquad\qquad (3\text{-}5\text{-}2)$$

约定数字 1 不出现在数式的 1 位数中。

【思考】　把式中乘积项设置在大于乘方数值附近探试。

式中 10 个数字已填有 3 个,是为了减少填数字的难度。

设式(3-5-2)中的 2 位数为 x。

注意到已有 $4^6 = 4096 = 512 \times 8$,因而拟把 □□□×□ 设置在大于 512×8 附近,分以下情形讨论。

(1) 取 $4^6 + \square\square \div \square - 512 \times 9 = 0$,则 □□÷□=512,不可能实现。

(2) 取 $4^6 + \square\square \div \square - 513 \times 8 = 0$,则 □□÷□=8,即 2 位数 x 为 8 的倍数。

$x = 16, 24, 32, 40, 48, 56, 64$ 与 80,分别导致数字 6,4,3,4,4,6,4,8 矛盾。

而对于 $x = 72$,有 $72 \div 9 = 8$,则可得综合运算式

$$4^6 + 72 \div 9 - 513 \times 8 = 0 \qquad\qquad (3\text{-}5\text{-}3)$$

即得对应式(3-5-2)的综合运算式(3-5-3)。

【编程拓展】　把 $0,1,2,\cdots,9$ 这 10 个数字不重复填入以下含加、减、乘、除与乘方的综合运算式中的 10 个□中,使得该式成立。

$$\square^\square + \square\square \div \square - \square\square\square \times \square = \square$$

约定数字 1,0 不出现在式左边的 1 位数中,且 0 不能为整数首位。试探索并输出所有综合运算式。

1. 设计要点

设综合运算式为

$$a\verb|^|b + z/c - d*e = f$$

把所有变量设置为整型,其中乘方 a^b 用 a 自乘 b 次实现。

(1) 设置枚举循环。

设置 a,b,c,d,e,f 循环,其中 a,b,c,e,f 都是 1 位数,f 循环为 0~9 取值,而 a,b,c,e 循环为 2~9 取值;数 d 为 3 位数,循环为 102~987。

(2) 计算数 z。

对每组 a,b,c,d,e,f,计算

$$z = (d*e + f - a\verb|^|b) * c$$

这样设计,可省略 z 循环,省略 z 是否能被 c 整除,省略等式是否成立的检测。

计算 z 后，检测 z 是否为 2 位数。若计算所得 z 非 2 位数，则返回。

（3）判别是否存在重复数字。

然后分别对 7 个整数进行数字分离，设置 g 数组对 7 个整数分离的共 10 个数字进行统计，g[x]即为数字 x(0~9)的频数。

若某一 g[x]不为 1，不满足 10 个数字都出现一次且只出现一次，标记 t=1。

若所有 g[x]全为 1，满足 10 个数字都出现一次且只出现一次，保持标记 t=0，则输出所得的优美综合运算式。

2. 程序设计

```
//探求完美综合运算式:□^□+□□/□-□□□＊□=□
//式左的1位数不能为0或1,式左的整数首位不能为0
#include <stdio.h>
void main()
{ int a,b,c,d,e,f,k,t,n,x,y,z,g[11];
  n=0;
  for(f=0;f<=9;f++)
  for(a=2;a<=9;a++)
  for(b=2;b<=9;b++)
  for(c=2;c<=9;c++)
  for(d=102;d<=987;d++)                      //各数实施枚举
  for(e=2;e<=9;e++)
    { for(t=1,k=1;k<=b;k++) t=t*a;           //计算乘方 a^b
      z=(d*e+f-t)*c;
      if(z<10 || z>98)  continue;            //计算 z,若 z 非 2 位数则返回
      for(x=0;x<=9;x++) g[x]=0;
      g[f]++;g[a]++;g[b]++;g[c]++;g[e]++;     //5个1位数给 g 数组赋值
      y=d;
      for(k=1;k<=3;k++)
        { x=y%10;g[x]++;y=y/10;}             //分离 d 的 3 个数字给 g 数组统计
      g[z/10]++;g[z%10]++;                    //分离 z 的 2 个数字给 g 数组统计
      for(t=0,x=0;x<=9;x++)
        if(g[x]!=1) {t=1;break;}             //检验数字 0~9 是否各出现一次
      if(t==0)                                //输出一个解
        { printf("  %2d:%d^%d+%d÷%d",++n,a,b,z,c);
          printf("-%d×%d=%d  ",d,e,f);
          if(n%2==0) printf("\n");
        }
    }
  printf("  共以上%d个完美综合运算式!\n",n);
}
```

3. 程序运行示例与变通

```
1:4^6+72÷9-513×8=0      2:5^4+78÷6-319×2=0
3:9^3+48÷6-105×7=2      4:9^3+64÷8-105×7=2
5:2^9+78÷6-130×4=5      6:9^3+64÷2-108×7=5
7:2^9+80÷5-174×3=6      8:5^4+18÷9-207×3=6
9:9^3+50÷2-187×4=6     10:5^4+96÷8-210×3=7
11:6^3+54÷9-107×2=8    12:8^3+64÷2-107×5=9
共以上 12 个完美综合运算式!
```

由以上运行结果看出,输出 12 个完美综合运算式,式中不重复含有 0～9 这 10 个数字,设置有加、减、乘、除与乘方五则运算,优雅地展示出数式之美。

以上设计中应用 a 自乘 b 次实现 a^b,这样处理是简便的。同时,应用 g 数组进行数字统计检验是否存在有重复数字,检测手段颇为新颖。

变通:把 0,1,2,…,9 这 10 个数字分别填入以下含加、减、乘、除与乘方的综合运算式中的 10 个□中(约定 0,1 要求同前),修改以上程序,使得下式成立。

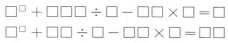

请问:上述综合运算式共有多少种不同的填入方法?

3.6　变序数和式

变序数是由同一组数字通过不同排列所得的位数相同的整数。

例如,由 1,0,2,2 这 4 个数字通过不同排列组成的 4 位整数 1022,1202,1220,2012,2021,2102,2120,2201,2210 都是变序数,也称同基因数。而 0122 实际上只是一个 3 位数,并不含 0,不属于上述诸数的变序数范畴。

本节探索构建涉及变序数的新颖数式——变序数和式。

例如,2385+2853=5238 就是一个 4 位变序数和式,式中 3 个 4 位数都是由数字 2,3,5,8 通过不同排列生成,是变序数关系。

先看一个简单的 3 位变序数和式填数题。

【问题】　在 1～9 这 9 个数字中选择 3 个不同的数字,把所选的 3 个数字以某种不同顺序分别填入以下和式中的 3 个 3 位数中,使和式成立。

$$□□□+□□□=□□□$$

也就是说,式中 3 个 3 位数的组成数字是相同的,只是排列顺序不同,这 3 个 3 位数是变序数关系。

共有多少个不同的 3 位变序数和式(约定式中第 1 个 3 位数小于第 2 个 3 位数)。

【思考】　从进位次数确定式右 3 位数的数字和入手。

因为和式中的 3 个 3 位数是由同样数字经不同排列组成的,所以式左的数字之和为式右的数字和的 2 倍。

(1) 确定进位次数与式右数字和。

式左求和时每次进位，所进的 1 相当于 10，求和结果的数字和会减少 9。

例如，数式 $18+39=57$ 中，式右的数字和为 12，式左的数字和为 21，式右比式左的数字和要小 9，就是求和运算的一次进位 $8+9=17$ 造成的。

若和式左边求和过程中有 1 次进位，则式右的数字和为 9。

若和式左边求和过程中有 2 次进位，则式右的数字和为 18。

若和式左边求和过程中有 3 次进位，则式右为 4 位数，显然不可能出现。

（2）确定 3 个数字。

① 若式右的数字和为 9，则 3 个数字只可能为以下 3 种情形：1，2，6；1，3，5；2，3，4。均不能组成和式。

② 若式右的数字和为 18，则 3 个数字只可能为以下 5 种情形：1，8，9；2，7，9；3，6，9；3，7，8；4，6，8。均不能组成和式。4，5，9 可组成和式 $459+495=954$。

因而得唯一的 3 位变序数和式：$459+495=954$。

【编程拓展】

【定义】 由 n 位变序数整数 u，v，s 组成的和式 $u+v=s$ 称为 n 位变序数和式。

例如，$1089+8019=9108$ 是一个 4 位变序数和式，$10728+17082=27810$ 是一个 5 位变序数和式。

为了避免交换 u，v 中的部分数据造成重复（如上 5 位式中 28 与 82 交换），约定一个和 s 只对应一个变序数和式。

同时，为了消除一个 n 位变序数和式中的 3 个数尾部同时加一个 0 后成为 n+1 位变序数和式的近亲衍生现象（例如，$10890+80190=91080$），要求变序数和式 $u+v=s$ 中，u，v 的个位数字不能同时为 0。

对于给定的整数 $n(2 \leqslant n \leqslant 9)$，搜索并输出所有 n 位变序数和式 $u+v=s$（约定 $u<v$）。

1. 设计要点

为便于比较和式中的 u，v，s 是否为变序数，设置数组 f，g，h 分别统计这 3 个整数中的数字频数。

（1）式中 3 个数都为 9 的倍数。

变序数和式 $u+v=s$ 中，式左求和必存在进位。

如果左边求和不存在进位，则右边 s 的个位数字等于左边 u，v 的个位数字之和；右边 s 的十位数字等于左边 u，v 的十位数字之和。显然与 u，v，s 是变序数相矛盾。

左边求和存在进位，每进一位其和的数字之和减少 9。而 u，v，s 是变序数，式左边的数字之和始终为右边数字和的 2 倍，因而如果存在变序数和式 $u+v=s$，和式中的数 u，v，s 的 n 个数字和必为 9 的倍数，即和式中的数 u，v，s 都为 9 的倍数。

（2）枚举循环设置。

通过循环先计算最小的 n 位整数 t，再设置 n 位数 s，u 的枚举循环。

注意到右边和 s 的高位至少为 2，且为 9 的倍数，设置

s：$2*t+7 \sim 10*t-1$

步长为 9（s+=9）。

注意到左边 u 为 9 的倍数且 $u<v$，设置

u：t+8～(s−1)/2

步长为 9(u+=9)。

显然 v=s−u。

根据要求,若 mod(u,10)=0,mod(v,10)=0,即 u,v 个位数字同时为 0 则返回。

这样设计循环,可以确保 u,v,s 都是 n 位整数,且成立等式 u+v=s,其中 u,v 的个位数字不同时为 0。

(3) 检测变序数。

对所得 3 个 n 位整数 u,v,s(分别赋值给 d1,d2,d3,以保分解数字时 u,v,s 不变),通过 n 次循环分离其 n 个数字 c,并分别用数组 f,g,h 统计数字 c 的频数。

在 j(0～9)循环中比较 3 数组的值,若 f[j]≠g[j] 或 f[j]≠h[j],说明 3 个整数 u,v,s 中至少存在一个数字不同,非变序数,返回。

(4) 输出变序数和式。

若所检测的 3 个整数 u,v,s 是变序数,则输出一个 n 位变序数和式 u+v=s,用 w 统计个数。同时退出 u 循环,以确保一个 s 值只输出一个和式。

注意到当 n>6 时变序数和式数目太大(例如,n=6 时达 9104 个 6 位变序数和式),因此约定只输出 10 个变序数和式(必要时可修改)。

2. 程序设计

```c
//搜索 n 位变序数和式
#include <stdio.h>
void main()
{   int b,c,j,k,n,f[10],g[10],h[10];
    long d1,d2,d3,t,u,v,s,w;
    printf("  请输入位数: ");scanf("%d",&n);
    w=0;
    for(t=1,k=1;k<=n-1;k++) t=t*10;        //计算最小的 n 位整数 t,高位为 1 余为 0
    for(s=2*t+7;s<=10*t-1;s+=9)            //循环枚举 n 位数 s,u
    for(u=t+8;u<=(s-1)/2;u+=9)             //s,u 循环初值与步长均定为 9
    {   v=s-u;
        if(u%10==0 && v%10==0 || u>v)
        continue;                          //消除近亲衍生现象
        d1=u;d2=v;d3=s;b=0;
        for(j=0;j<=9;j++) f[j]=g[j]=h[j]=0;
        for(j=1;j<n;j++)                   //分离并统计 u,v,s 的各个数字
        {   c=d1%10;f[c]++;d1=d1/10;
            c=d2%10;g[c]++;d2=d2/10;
            c=d3%10;h[c]++;d3=d3/10;
        }
        for(j=0;j<=9;j++)
          if(f[j]!=g[j] || f[j]!=h[j])
          { b=1;break; }                   //检验 u,v,s 是否变序数
        if(b==0)
          {   printf("  %3d: %ld+%ld=%ld",++w,u,v,s);
```

```
        if(w%3==0) printf("\n");
        if(n>6 && w==10) return;
        u=s;break;                              //对一个 s,输出一个和式即退出
      }
    }
    printf("  共有以上%ld个%d位变序数和式。\n",w,n);
}
```

3. 程序运行示例与说明

```
请输入位数：3
1: 459+495=954    共有以上 1 个 3 位变序数和式。
请输入位数：4
  1: 1269+1692=2961    2: 2439+2493=4932    3: 1503+3510=5013
  4: 2502+2520=5022    5: 1530+3501=5031    6: 2385+2853=5238
  7: 2538+3285=5823    8: 1476+4671=6147    9: 1746+4671=6417
 10: 1467+6147=7614   11: 1467+6174=7641   12: 2853+5382=8235
 13: 3285+5238=8523   14: 4095+4950=9045   15: 1089+8019=9108
 16: 1089+8091=9180   17: 4392+4932=9324   18: 4095+5409=9504
 19: 4599+4995=9594   20: 2691+6921=9612   21: 4698+4986=9684
 22: 4797+4977=9774   23: 4896+4968=9864   24: 4959+4995=9954
共有以上 24 个 4 位变序数和式。
```

考察以上的输出结果,唯一的 3 位变序数和式 $459+495=954$ 中含有由数字 $4,5,9$ 组成的最大数 954 与最小数 459,因而有 $954-459=495$。

在 24 个 4 位变序数和式中同时含有由数字组成最大数与最小数的唯有 $1467+6174=7641$,因而有 $7641-1467=6174$。

以上两个特例的差 495 与 6174 即为第 9 章要探讨的黑洞数。

有如上两个特例,通过移项变号,变序数和式可以转化为变序数差式。

事实上,变序数和式还可以突破"整数"的限制,即在变序数和式的 u,v,s 的相同位置加"小数点"后仍是变序数和式。

例如,在变序数和式 $459+495=954$ 中的相同位置加小数点得 $45.9+49.5=95.4$,$4.59+4.95=9.54$ 等,显然也为变序数和式。

当 n 比较大时(如 n≥6),搜索比较困难。降低算法的复杂度是一个艰难而有现实意义的课题。

3.7 逆序与变序倍积式

本节在构建新颖的逆序倍积式基础上,拓展构建奇妙的变序数倍积式。

3.7.1 逆序倍积式

首先看一个简单的逆序倍积式趣题。

若 a,b,c,d 代表 0~9 中的 4 个不同数字,由这 4 个不同数字组成的 4 位数 $abcd$ 及其逆序数 $dcba$ 满足

$$abcd \times 4 = dcba \tag{3-7-1}$$

这里,4 位数 $abcd$ 的 4 倍积是 $abcd$ 的逆序数 $dcba$,式(3-7-1)简称 4 倍逆序倍积式。

【问题 1】　试探求 4 倍逆序倍积式,即具体求出所有满足式(3-7-1)的各个数字。

【探求】　可根据等式的特性逐位调试求解。

(1) 首先确定数字 d,a。

显然 $1 \leqslant a \leqslant 2$(若 $a \geqslant 3$,则其 4 倍积为 5 位数,矛盾),同时有 $d \geqslant 4$。

注意到数字 a 为 $4 \times d$ 积的个位数字。

若 $d=4,6,7,9$,由 a 为 $4 \times d$ 积的个位数字,分别推得 $a>2$,矛盾。

若 $d=5$,推得 $a=0$,矛盾。

因而推得 $d=8,a=2$。

(2) 由 $2bc8 \times 4 = 8cb2$ 确定数字 b,c。

以上乘积式中的数字 b,c 显然应满足

$$\mod(4c+3,10)=b \tag{3-7-2}$$
$$4b+[(4c+3)/10]=c \text{(这里}[x]\text{表示}x\text{的整数部分)} \tag{3-7-3}$$

注意到 $4c+3$ 为奇数,由式(3-7-2)可知 b 为奇数。

由式(3-7-3),若 $b \geqslant 3$,则 $c \geqslant 12$,矛盾。

因而推得 $b=1,c=7$。

综上得唯一 4 倍逆序倍积式为

$$2178 \times 4 = 8712 \tag{3-7-4}$$

【问题 2】　拓展 4 位逆序倍积式到 $n(n>4)$ 位。

给定位数 $n(n>4)$,n 位整数 m(允许有重复数字)的 4 倍数是整数 m 的逆序数,试写出 n 位 4 倍逆序倍积式。

【思考】　从寻求"插 9"位置入手。

注意到 $78 \times 4 = 312$ 的进位数为 3,$9 \times 4 = 36$ 的进位数也为 3,两进位数相同,因而在乘积式 $2178 \times 4 = 8712$ 的 4 位数正中"插 9",可得 5 位 4 倍逆序倍积式为

$$21978 \times 4 = 87912 \tag{3-7-5}$$

因为 $78 \times 4 = (3)12$,$4 \times 9 + (3) = (3)9$(式中括号内的数字为进位数字),显然不影响积的低 2 位为 12,积正中出现 9,也不影响进位数 3,即不影响积的高 2 位为 87。

这一"插 9"特性可以复制,即在 4 倍逆序倍积式的 4 位数正中添加若干 9,可得相应多位 4 倍逆序倍积式(允许出现相同数字 9)。例如,有

$$219978 \times 4 = 879912 \tag{3-7-6}$$
$$219\cdots978 \times 4 = 879\cdots912 \tag{3-7-7}$$

结论:式(3-7-5)~式(3-7-7)即 $n(n>4)$ 位 4 倍逆序倍积式,式左边整数的高 2 位为 21,低 2 位为 78,中间插入 $n-4$ 个数字 9。

很有趣的是这里的位数 n 的上限没有限制。例如,当 $n=100$ 时,中间为 96 个数字 9。

【引申】 探求 9 倍逆序倍积式。

把式(3-7-1)中的倍数 4 改为 9,可构成以下新的逆序倍积式,即

$$abcd \times 9 = dcba \tag{3-7-8}$$

因为倍数为 9,显然 $a=1,d=9$。

同时,若 $b \geqslant 2$,则积变为 5 位数;若 $b=1$,与 a 相同。因此推得 $b=0,c=8$。式(3-7-8)的结果即为以下 9 倍逆序倍积式,即

$$1089 \times 9 = 9801 \tag{3-7-9}$$

同样,可在 9 倍逆序倍积式的 4 位数正中也可插 9,可得相应多位 9 倍逆序倍积式,即

$$10989 \times 9 = 98901 \tag{3-7-10}$$

$$109 \cdots 989 \times 9 = 989 \cdots 901 \tag{3-7-11}$$

思考:为什么只存在 4 倍与 9 倍逆序倍积式?

3.7.2 变序倍积式

注意到变序数是逆序数的拓展,因而可把逆序倍积式拓展为变序倍积式。

例如,2178 的逆序数是 8712,唯一;而 2178 的变序数(即由 2,1,7,8 经任意排列的整数)可为 2187,8721,7182 等,达 $4!=24$ 个之多。

变序数中允许有重复数字,如 112 的逆序数是 211,唯一;而 112 的变序数(即由 2 个 1 与 1 个 2 经任意排列的整数)可为 121,211,其中 121 为左、右对称。

【编程拓展】

【定义】 若 n 位整数 u 的 $k(2 \leqslant k \leqslant 9)$ 倍积 $s=uk$ 是 u 的变序数,则称数式 $uk=s$ 为一个 n 位变序倍积式。

例如,$1359 \times 7 = 9513$ 是一个 4 位变序倍积式,$10449 \times 9 = 94041$ 是一个 5 位变序倍积式。以上探讨的 4 倍与 9 倍逆序倍积式当然是变序倍积式的特例。

同时,为了避免出现类似 $13590 \times 7 = 95130$ 的"近亲衍生"现象,约定变序倍积式 $uk=s$ 中 u 的个位数字不为数字 0。

输入整数 $n(2 \leqslant n \leqslant 9)$,搜索并输出所有 n 位变序倍积式。

(1) 设计要点。

设置 f,h 数组存储式中 n 位整数 u,s 的各个数字的频数,便于比较是否为变序数。

若 $k \geqslant 10$,则积 $s=uk$ 比 u 多一位,不可能为变序数,显然倍数 k 满足 $1 < k < 10$。

应用循环求出最小 n 位整数 t,在此基础上设置 $k(2 \sim 9)$ 与 $u(t \sim (10t-1)/k)$ 二重循环,确保 u 与倍积 $s=uk$ 均为 n 位整数。

若 u 的个位数字为 0,则返回。

分离 u,s,并用 f,h 数组统计其数字频数,检测 u,s 是否由同样的数字组成。若检测到 u,s 为变序数关系,即 u,s 的组成数字完全相同,则输出 n 位变序倍积式,并应用变量 w 统计其个数。

(2) 程序设计。

```
//搜索 n 位变序倍积式
#include <stdio.h>
```

```
void main()
{   int b,c,j,k,n,f[10],h[10];
    long d1,d3,t,s,u,w=0;
    printf("   请输入位数：");scanf("%d",&n);
    for(t=1,k=1;k<=n-1;k++) t=t*10;              //计算最小的 n 位整数 t
    for(k=2;k<=9;k++)
    for(u=t;u<=(10*t-1)/k;u++)                   //枚举 n 位加数 u
    {   if(u%10==0) continue;                    //消除衍生现象
        s=u*k;d1=u;d3=s;b=0;
        for(j=0;j<=9;j++) f[j]=h[j]=0;
        for(j=1;j<=n;j++)                        //分离并统计 u,s 的各个数字
        {   c=d1%10;f[c]++;d1=d1/10;
            c=d3%10;h[c]++;d3=d3/10;
        }
        for(j=0;j<=9;j++)                        //检验积 u,s 是否为变序数
          if(f[j]!=h[j])   {b=1;break;}
        if(b==0)
        {   printf("   %3d: %ld×%d=%ld",++w,u,k,s);
            if(w%2==0) printf("\n");
        }
    }
    printf("\n   共有以上%ld个%d位变序倍积式。\n",w,n);
}
```

（3）程序运行示例与说明。

```
请输入位数：4
    1: 1035×3=3105      2: 2475×3=7425
    3: 1782×4=7128      4: 2178×4=8712
    5: 1386×6=8316      6: 1359×7=9513
    7: 1089×9=9801
共有以上 7 个 4 位变序倍积式。
```

运行程序发现,不存在 3 位变序倍积式。

以上输出的第 4 个与第 7 个变序倍积式即前面探讨的逆序倍积式,可见逆序倍积式是变序倍积式的特例。

```
请输入位数：5
    1: 10035×3=30105      2: 12375×3=37125
    3: 14247×3=42741      4: 14724×3=44172
    ...
    39: 10449×9=94041     40: 10899×9=98091
    41: 10989×9=98901
共有以上 41 个 5 位变序倍积式。
```

以上输出的最后一个解 $10989 \times 9 = 98901$ 是 4 位解 $1089 \times 9 = 9801$ 实施"插 9"所得，同样第 24 个解 $21978 \times 4 = 87912$ 是 4 位解 $2178 \times 4 = 8712$ 实施"插 9"所得。

放宽到变序，"插 9"的位置可以更为灵活，只要满足"插 9"的条件即可。例如，在 4 位逆序倍积式 $1089 \times 9 = 9801$ 的十位数处实施"插 9"（可知满足"插 9"条件），可得以上输出中第 40 个 5 位变序倍积式 $10899 \times 9 = 98091$。

3.8　对称运算式

对称运算式是含有指定运算且等号左、右两边的数字与运算符完全对称的数学等式。

构建对称运算式是程序设计一项新颖而有趣的课题，可以揭示出人工推理所无法实现的数学对称美。

本节在人工打造"2＋2 位对称乘积式"基础上，从广度拓展构建"$m+n$ 位对称乘积式"，然后从深度拓展到含有加、减、乘、除四则运算的"对称四则运算式"，最后拓展至含有乘方的"对称综合运算式"。

这一拓展链用以下的数式链表述更为清晰。

$12 \times 63 = 36 \times 21$　（2＋2 位对称乘积式原型，可简单推出）

$\Rightarrow 6509 \times 381472 = 274183 \times 9056$　（广度拓展至 $m+n$ 位对称乘积式）

$\Rightarrow 102 + 69 \times 8 \div 3 - 47 = 74 - 3 \div 8 \times 96 + 201$　（深度拓展至对称四则运算式）

$\Rightarrow 4^5 - 81 \times 72 \div 3 + 906 = 609 + 3 \div 27 \times 18 - 5^4$　（深度拓展至对称综合运算式）

3.8.1　对称乘积式

首先构建简单的 2＋2 位对称乘积式，再编程逐步引向深入。

若互不相同的 4 个数字 a, b, c, d 组成 4 个 2 位数（其中 ab 是十位数字为 a，个位数字为 b 的 2 位数简写，下同），满足等式

$$ab \times cd = dc \times ba \qquad (3\text{-}8\text{-}1)$$

该式称为 2＋2 位对称乘积式。

【问题】　对称乘积式(3-8-1)共有多少个（约定 2 位数 ab 是式中 4 个 2 位数中最小的）？

【探求】　关键在于找出式中 4 个数字之间的关系。

由 2 位数 ab 是式(3-8-1)中 4 个 2 位数中最小的，即得数字 a 是式中 4 个数字中最小的。

将简写的式(3-8-1)写为运算式即为

$$(10a + b)(10c + d) = (10b + a)(10d + c) \qquad (3\text{-}8\text{-}2)$$

化简得

$$a \times c = b \times d \qquad (3\text{-}8\text{-}3)$$

记 $a \times c = b \times d = t$，注意到式(3-8-3)中 4 个数字互不相同，即整数 t 可分解为 4 个 1 位因数（如果 t 为 1 位数，则因数也包括 1 与 t），因而 t 可取 6, 8, 12, 18, 24 共 5 种情形。

（1）取 $t=6$。

由式（3-8-3）可知 $a=1,c=6$，因为 b,d 没有规定大小，则 $b=2,d=3$ 或 $b=3,d=2$。

以上两组取值可构建两个对称乘积式：$12\times63=36\times21$；$13\times62=26\times31$。

（2）取 $t=8$。

由式（3-8-3）可知 $a=1,c=8$，因为 b,d 没有规定大小，则 $b=2,d=4$ 或 $b=4,d=2$。

以上两组取值可构建两个对称乘积式：$12\times84=48\times21$；$14\times82=28\times41$。

（3）取 $t=12$。

由式（3-8-3）可知 $a=2,c=6$，因为 b,d 没有规定大小，则 $b=3,d=4$ 或 $b=4,d=3$。

以上两组取值可构建两个对称乘积式：$23\times64=46\times32$；$24\times63=36\times42$。

（4）取 $t=18$。

由式（3-8-3）可知 $a=2,c=9$，因为 b,d 没有规定大小，则 $b=3,d=6$ 或 $b=6,d=3$。

以上两组取值可构建两个对称乘积式：$23\times96=69\times32$；$26\times93=39\times62$。

（5）取 $t=24$。

由式（3-8-3）可知 $a=3,c=8$，因为 b,d 没有规定大小，则 $b=4,d=6$ 或 $b=6,d=4$。

以上两组取值可构建以下两个对称乘积式：$34\times86=68\times43$；$36\times84=48\times63$。

因而得到满足式（3-8-1）的 2＋2 位对称乘积式共以上 10 个。

【编程拓展】　把对称乘积式从 2＋2 位拓展到 m＋n 位。

把以下含乘运算的等式

$$a\times b=b1\times a1 \tag{3-8-4}$$

称为 m＋n 位对称乘积式，其中 a 是一个指定 m 位整数，b 是一个指定 n 位整数，且 a，b 的 m＋n 个数字中没有重复数字；式右边 a1 是 a 的逆序数，b1 是 b 的逆序数。

输入正整数 m，n（$2\le m\le n,m+n\le10$），探求并输出所有 m＋n 位对称乘积式（为不至重复，约定整数 a 是数式中 4 个整数中的最小整数）。

例如，式（3-8-5）是一个 4＋6 位对称乘积式。

$$6509\times381472=274183\times9056 \tag{3-8-5}$$

式两边不重复含有 0～9 这 10 个数字，且式两边的所有数字与运算符号都是关于等号对称。这是对"2＋2 位对称乘积式"广度的拓展，突显了数学的对称美。

作为等式，两边的运算结果当然相同。优美的 4＋6 位对称乘积式（3-8-5）是如何被发现的？靠人工推算是困难的，借助程序设计是合适的选择。

1. 设计要点

注意到 $4\times3=3\times4$ 是平凡情形下的对称乘积式，这里要求 $2\le m\le n$；而在十进制中只有 10 个数字，自然有 $m+n\le10$ 的限制。

为便于比较是否存在重复数字，设置 h 数组存储式中的 m＋n 个数字。

（1）设置枚举循环。

根据输入的整数 m，n 通过循环相乘求得最小的 m 位整数 t1 与最小的 n 位整数 t2，分别以 t1，t2 作为枚举整数 a，b 循环的初始值。

通过取整与求余运算分离出 a 的 m 个数字存放到 h 数组的 h[1]～h[m]，并利用这些分离数字计算出 a 的逆序数 a1。

同样，分离出 b 的 n 个数字存放到 h 数组的 h[m+1]~h[m+n]，并计算出 b 的逆序数 b1。

（2）条件检测。

根据题意，若 a * b!＝a1 * b1 或 a 不是式中 4 个整数中的最小整数，则直接返回试下一组。

否则，应用 i,j 二重循环比较分离的 m+n 个数字是否有相同数字：若存在相同数字，则标注 t=1，直接返回试下一组；若不存在相同数字，还需要判别 a 是否是式中 4 个整数中的最小者。

（3）确保式中整数 a 最小。

为确保 a 是式中 4 个整数中最小者，需要进行以下检测。

当 m<n 时，满足 h[m]<h[1]（a 的高位数字要小于个位数字，即 a<a1）；当 m＝n 时，满足 h[m]<h[1] 且 h[m]<h[m+n] 且 h[m]<h[m+1]，以确保 a<a1 且 a<b 且 a<b1，即 a 是式中 4 个整数中最小者。

（4）输出 m+n 位对称乘积式。

通过以上检测，打印输出 m+n 位对称乘积式，并用变量 s 统计解的个数。

若 s＝0，输出"没有找到相应对称乘积式"。

2. 程序设计

```
//搜索 m+n 位对称乘积式
#include <stdio.h>
void main()
{ long a,b,a1,b1,g,t1,t2; int i,j,k1,k2,m,n,s,t,h[11];
  printf("   确定 m+n 位，请输入 m,n(m<=n)："); scanf("%d,%d",&m,&n);
  if(m==1 || n==1 || m>n || m+n>10)
    { printf("   请重新输入 m,n!");return; }
  s=0;
  for(t1=1,j=1;j<=m-1;j++) t1 *=10;
  for(t2=1,j=1;j<=n-1;j++) t2 *=10;
  for(a=t1+1;a<=t1 * 10-1;a++)
  for(b=t2+1;b<=t2 * 10-1;b++)
  { if(a%10==0 || b%10==0) continue;        //a,b 个位为零时返回
    g=a;a1=0;k1=0;
    while(g>0)                              //分解 a 的 m 个数字，生成 a 的逆序数 a1
      { k1++;h[k1]=g%10;g=g/10;a1=a1 * 10+h[k1];}
    g=b;k2=k1;b1=0;
    while(g>0)                              //分解 b 的 n 个数字，生成 b 的逆序数 b1
      { k2++;h[k2]=g%10;g=g/10;b1=b1 * 10+h[k2];}
    if(h[m]>h[1] ||(m==n && (h[m]>h[m+n] || h[m]>h[m+1])))
      continue;                            //a 非最小时返回
    if(a * b!=a1 * b1) continue;            //积式不成立时返回
```

```
for(t=0,i=1;i<=m+n-1;i++)
for(j=i+1;j<=m+n;j++)                //检测存在相同数字时 t=1
   if(h[i]==h[j]) { t=1;break; }
 if(t==0)
  {  printf("  %2d: %ld×%ld=%ld×%ld  ",++s,a,b,b1,a1);
     if(s%2==0)  printf("\n");
  }
}
if(s==0) printf("  没有找到相应对称乘积式。\n");
else printf("  搜索到以上%d个相应对称乘积式。\n",s);
}
```

3. 程序运行示例与分析

确定 m+n 位,请输入 m,n(m<=n): 4,5
　1: 1572×86394=49368×2751　　2: 3516×48972=27984×6153
　3: 3809×65472=27456×9083　　4: 4608×27951=15972×8064
搜索到以上 4 个相应对称乘积式。

运行程序输入 2,2,即得前面推得的 10 个 2+2 位对称乘积式。

因十进制有 10 个数字,输入的对数 m+n 可以等于 10,只是搜索速度比较慢。例如,输入 m＝4,n＝6,需花数分钟搜索,可得上述介绍的唯一 4+6 位对称乘积式(3-8-4)。

3.8.2　对称四则运算式

【定义】　把含加(＋)、减(－)、乘(×)、除(÷)四则运算的等式

$$a+b\times c\div d-e=e1-d\div c\times b1+a1 \tag{3-8-6}$$

称为 m＋n＋p＋2 位对称四则运算式,其中 c,d 是两个大于 1 的 1 位正整数,a 是一个 m 位整数,b 是一个 n 位整数,e 是一个 p 位整数,且 a,b,c,d,e 的共 m＋n＋p＋2 个数字中没有重复数字;式右边 a1,b1,e1 分别是 a,b,e 的逆序数。

例如式(3-8-7)就是一个 3＋2＋2＋2 位(共 9 位)的对称四则运算式。

$$102＋69\times8\div3－47＝74－3\div8\times96＋201 \tag{3-8-7}$$

输入正整数 m,n,p($1\leqslant m\leqslant8,1\leqslant n\leqslant8,1\leqslant p\leqslant8,1\leqslant m+n+p\leqslant8$),探求并输出所有指定的 m＋n＋p＋2 位对称四则运算式。

1. 设计要点

四则运算对称式中,按通常"先乘除,后加减"的运算规则进行运算。

注意到当 c≠d 时,式中 c÷d 与 d÷c 中至少有一个不是整数,会直接影响等式成立。为此,设计时巧妙地把乘(×)运算与除(÷)运算相连,则 d÷c×b1⇔b1×d÷c,因而式左的 b×c÷d 与式右的 d÷c×b1 有可能都为整数。

为便于比较是否存在重复数字,设置 h 数组存储式中的 m＋n＋p＋2 个数字。

(1) 设置枚举循环,分离数字并计算逆序数。

根据输入的整数 m,n,p 通过相乘求得最小的 m 位整数 t1、最小的 n 位整数 t2、最小的 p 位整数 t3,分别以 t1,t2,t3 作为枚举 a,b,e 循环的初始值。

同时建立枚举 1 位正整数的 c,d 循环,并赋值 h[1]=c;h[2]=d。

通过取整与求余运算分离出 a 的 m 个数字存放到 h 数组的 h[3]～h[m+2],并利用分离数字计算出 a 的逆序数 a1。

分离出 b 的 n 个数字存放到 h 数组的 h[m+3]～h[m+n+2],并利用分离数字计算出 b 的逆序数 b1。

同样,分离出 e 的 p 个数字存放到 h 数组的 h[m+n+3]～h[m+n+p+2],并利用分离数字计算出 e 的逆序数 e1。

(2) 条件检测。

若 a%10=0,或 b%10=0,或 e%10=0,导致逆序数位数变少,直接返回试下一组。

为方便计算,检测 b*c 是否为 d 的倍数,及 d*b1 是否为 c 的倍数,只要有一个不是,则直接返回试下一组;否则计算变量 bcd=b*c/d,变量 dbc=d*b1/c。

应用 i,j 二重循环比较分离的 m+n+p+2 个数字(先已赋值给 h 数组),确定是否存在相同数字:若存在相同数字,则标注 t=1,不打印;若不存在相同数字,还需要检测是否交换重复。

(3) 避免交换重复。

例如,102+69×8÷3−47=74−3÷8×96+201 是一个 3+2+2+2 位四则运算对称式。

把其中的 69×8÷3 与 3÷8×96 交换得 102+96×3÷8−47=74−8÷3×69+201 认为是同一对称式。

对于以上二式,把 47 与 74 交换又可得两个对称式。这些因交换而得的对称式可以认为是同一对称式。为了避免这些因交换而造成的重复,增加条件检测:若 b>b1 或 e>e1,则返回,以确保对称式中 b<b1 且 e<e1。

(4) 输出 m+n+p+2 位对称四则运算式。

打印输出,并用变量 s 统计解的个数。

最后,若 s=0 则输出"没有找到要求的四则运算对称式。"

2. 程序设计

```
//搜索对称四则运算式 a+b×c÷d-e=e1-d÷c×b1+a1
//其中整数 a 为 m 位,b 为 n 位,e 为 p 位
#include <stdio.h>
void main()
{ long a,b,e,c1,d1,e1,g,a1,b1,t1,t2,t3,bcd,dbc;
  int c,d,i,j,k,k1,k2,k3,t,m,n,p,s,h[11];
  printf("  请输入 m,n,p(m+n+p<9): "); scanf("%d,%d,%d",&m,&n,&p);
  s=0;
  for(t1=1,j=1;j<=m-1;j++) t1=t1*10;           //计算最小 m 位整数 t1
  for(t2=1,j=1;j<=n-1;j++) t2=t2*10;           //计算最小 n 位整数 t2
```

```
    for(t3=1,j=1;j<=p-1;j++) t3=t3*10;          //计算最小 p 位整数 t3
    for(a=t1+1;a<=t1*10-1;a++)
    for(b=t2+1;b<=t2*10-1;b++)
    for(e=t3+1;e<=t3*10-1;e++)
    for(c=2;c<=9;c++)                            //设置五重枚举实施枚举
    for(d=2;d<=9;d++)
    { if(a%10==0 || b%10==0 || e%10==0) continue;  //筛除个位为 0 的 a,b,e
      g=a;a1=0;h[1]=c;h[2]=d;k1=2;
      while(g>0)                                 //分解 a 数字,a1 为 a 逆序数
        { k1++;h[k1]=g%10;g=g/10;a1=a1*10+h[k1]; }
      k2=k1;g=b;b1=0;
      while(g>0)                                 //分解 b 数字,b1 为 b 逆序数
        { k2++;h[k2]=g%10;g=g/10;b1=b1*10+h[k2]; }
      k3=k2;g=e;e1=0;
      while(g>0)                                 //分解 e 数字,e1 为 e 逆序数
        {k3++;h[k3]=g%10;g=g/10;e1=e1*10+h[k3];}
      if(b>b1 || e>e1) continue;                 //确保 b<b1 且 e<e1
      if((b*c)%d>0 || (d*b1)%c>0) continue;      //确保 bcd 与 dbc 为整数
      bcd=b*c/d; dbc=d*b1/c;
      if(a+bcd-e!=e1-dbc+a1) continue;           //检验是否满足等式
      for(t=0,i=1;i<=m+n+p+1;i++)
      for(j=i+1;j<=m+n+p+2;j++)                  //检验是否存在重复数字
        if(h[i]==h[j]) { t=1;break; }
      if(t==0)                                    //满足条件时输出数式
        { printf("  %3d: %ld+%ld×%d÷%d-%ld",++s,a,b,c,d,e);
          printf("=%ld-%d÷%d×%ld+%ld \n",e1,d,c,b1,a1);
        }
    }
    if(s==0) printf("  没有找到要求的四则运算对称式。\n");
    else  printf("  共以上%d个%d+%d+%d+2 位四则运算对称式。\n",s,m,n,p);
}
```

3. 程序运行示例与说明

```
请输入 m,n,p(m+n+p<9): 3,3,2
  1: 108+275×6÷3-49=94-3÷6×572+801
共以上 1 个 3+3+2+2 位四则运算对称式。
```

以上示例搜索输出 3＋3＋2＋2 位(共 10 位)四则运算对称式,10 个数字和加、减、乘、除四则运算符完全对称地分布于等号两边,显示出计算机程序设计的功能与神奇。

当搜索式的位数较大时,程序运行时间稍长些。

3.8.3　对称综合运算式

进一步,拓展构建含乘方运算的对称综合运算式。

【定义】 把含乘方($\wedge$)、加（＋）、减（－）、乘（×）、除（÷）5 个运算的等式

$$a\wedge b - c \times d \div e + f = f1 + e \div d1 \times c1 - b\wedge a \tag{3-8-8}$$

称为 $m+n+p+3$ 位对称综合运算式，其中约定 a,b,e 是 3 个大于 1 的 1 位正整数，c 是一个 m 位整数，d 是一个 n 位整数，f 是一个 p 位整数，且 a,b,c,d,e,f 的 $m+n+p+3$ 个数字中没有重复数字；式右边 $c1,d1,f1$ 分别是 c,d,f 的逆序数。

例如，式(3-8-9)就是一个 $2+1+3+3$ 位（共 9 位）对称综合运算式。

$$3\wedge 4 - 75 \times 6 \div 2 + 908 = 809 + 2 \div 6 \times 57 - 4\wedge 3 \tag{3-8-9}$$

输入正整数 $m,n,p(1 \leqslant m, 1 \leqslant n, 1 \leqslant p, m+n+p \leqslant 7)$，搜索输出所有符合要求的 $m+n+p+3$ 位对称综合运算式。

1. 设计要点

运算式中含有乘方与加、减、乘、除共 5 种运算，优先执行乘方，然后按通常"先乘除，后加减"的运算规则进行运算。

为便于比较是否存在重复数字，设置 h 数组存储式中的 $m+n+p+3$ 个数字。

（1）设置枚举循环，分离数字并计算逆序数。

根据输入的整数 m,n,p 通过相乘求得最小的 m 位整数 t1、最小的 n 位整数 t2、最小的 p 位整数 t3，分别以 t1,t2,t3 作为枚举 c,d,f 循环的初始值。

同时建立枚举 1 位正整数的 a,b,e 循环，并赋值：$h[1]=a; h[2]=b; h[3]=e$。

通过取整与求余运算分离出 c 的 m 个数字存放到 h 数组的 $h[4]\sim h[m+3]$，并利用分离数字计算出 c 的逆序数 c1。

分离出 d 的 n 个数字存放到 h 数组的 $h[m+4]\sim h[m+n+3]$，并利用分离数字计算出 d 的逆序数 d1。

同样，分离出 f 的 p 个数字存放到 h 数组的 $h[m+n+4]\sim h[m+n+p+3]$，并利用分离数字计算出 f 的逆序数 f1。

（2）条件检测。

若 $c\%10=0$，或 $d\%10=0$，或 $f\%10=0$，因造成逆序数不对称，直接返回试下一组。

为方便乘方计算，应用循环相乘计算：$ab=a\wedge b; ba=b\wedge a$。

同时，在 $(c*d)\%e=0$ 且 $(e*c1)\%d1=0$ 时，计算 $cde=(c*d)/e; ecd=(e*c1)/d1$。

若 $ab-cde+f!=f1+ecd-ba$，直接返回试下一组。

否则，应用 i,j 二重循环比较分离的 $m+n+p+3$ 个数字是否有相同数字：若存在相同数字，则标注 $t=1$，返回。

（3）输出 $m+n+p+3$ 位对称综合运算式。

若全通过以上各项，则打印输出，并用变量 s 统计解的个数。

最后，若 $s=0$ 则输出"没有找到所要求的对称综合运算式。"

2. 程序设计

```
//搜索对称综合运算式 a^b-c×d÷e+f=f1+e÷d1×c1-b^a
//其中整数 c 为 m 位,d 为 n 位,f 为 p 位
#include <stdio.h>
```

```
void main()
{  long c,d,f,c1,d1,f1,g,ab,ba,t1,t2,t3,cde,ecd;
   int a,b,e,i,j,k,k1,k2,k3,t,m,n,p,s,h[11];
   printf("  请输入 m,n,p(m+n+p≤7): "); scanf("%d,%d,%d",&m,&n,&p);
   s=0;t1=t2=t3=1;
   for(j=1;j<=m-1;j++) t1=t1*10;                //计算最小 m 位整数 t1
   for(j=1;j<=n-1;j++) t2=t2*10;                //计算最小 n 位整数 t2
   for(j=1;j<=p-1;j++) t3=t3*10;                //计算最小 p 位整数 t3
   for(a=2;a<=8;a++)
   for(b=a+1;b<=9;b++)                          //确保 a<b
   for(e=2;e<=9;e++)
   for(c=t1+1;c<=10*t1-1;c++)
   for(d=t2+1;d<=10*t2-1;d++)                   //设置六重枚举
   for(f=t3+1;f<=10*t3-1;f++)
   {  if(c%10==0 || d%10==0 || f%10==0) continue;//筛除个位为 0 的 c,d,f
      h[1]=a;h[2]=b;h[3]=e;
      g=c;c1=0;k1=3;
      for(j=1;j<=m;j++)                         //分解 c 的 m 个数字,c1 为 c 逆序数
        { k1++;h[k1]=g%10;g=g/10;c1=c1*10+h[k1]; }
      g=d;d1=0; k2=k1;
      for(j=1;j<=n;j++)                         //分解 d 的 n 个数字,d1 为 d 逆序数
        { k2++;h[k2]=g%10;g=g/10;d1=d1*10+h[k2]; }
      g=f;f1=0; k3=k2;
      for(j=1;j<=p;j++)                         //分解 f 的 p 个数字,f1 为 f 逆序数
        { k3++;h[k3]=g%10;g=g/10;f1=f1*10+h[k3]; }
      for(ab=1,j=1;j<=b;j++) ab=ab*a;          //计算 ab=a^b
      for(ba=1,j=1;j<=a;j++) ba=ba*b;          //计算 ba=b^a
        if((c*d)%e>0 || (e*c1)%d1>0)  continue; //确保 cde 与 ecd 为整数
      cde=(c*d)/e; ecd=(e*c1)/d1;
      if(ab-cde+f!=f1+ecd-ba) continue;        //检验等式是否成立
      for(t=0,i=1;i<=m+n+p+2;i++)
      for(j=i+1;j<=m+n+p+3;j++)                //检验 m+n+p+3 个数字是否存在
                                               //重复数字
        if(h[i]==h[j]) { t=1;break; }
      if(t==0)                                 //满足条件时输出数式
      {  printf("  %d: %d^%d-%ld×%ld÷%d+%ld",++s,a,b,c,d,e,f);
         printf("=%ld+%d÷%ld×%ld-%d^%d \n",f1,e,d1,c1,b,a);
      }
   }
   if(s==0) printf("  没有找到所要求的对称综合运算式。\n");
   else  printf("  共以上%d个%d+%d+%d+3 位对称综合运算式。\n",s,m,n,p);
}
```

3. 程序运行示例与说明

```
请输入 m,n,p(m+n+p≤7)：2,2,3
1：4^5-81×72÷3+906=609+3÷27×18-5^4
共以上 1 个 2+2+3+3 位对称综合运算式。
```

这就是前言中提到的对称综合运算式：数式等号两边对称分布 10 个数字、对称嵌入五则(含乘方^)运算，等式左、右两边完全对称，真是精妙绝伦！

3.9 分段和幂式

任何复杂系统都可以追溯到一个初始的原型，而任何简单的问题都可以拓展到较为理想的境界。

第 1 章介绍的卡普雷卡数就是一个简单的案例，本章将对这一原型进行全方位的深入拓展，推出外观优雅、内容丰富的分段和幂式。

3.9.1 卡普雷卡平方式

第 1 章探讨了卡普雷卡数 3025，写成数式更能说明其实质：

$$3025 = (30 + 25)^2 \tag{3-9-1}$$

式(3-9-1)的整数是 4 位，在第 1 章已拓展到偶数位。对于 5 位、7 位等奇数位是否也有类似的 2 段和平方式呢？

把一个 n 位正整数 a 分为前后两段(两段的位数不要求相等，两段所生成的两个正整数的位数之和要求等于 n)，若分段的两个正整数之和的平方等于 a，则可把整数 a 写为 2 段和平方式，称为卡普雷卡平方式。例如，

$$88209 = (88 + 209)^2 \tag{3-9-2}$$

式(3-9-2)中的 5 位数 88209 就是一个把自身分为 2 段 88 与 209 的和的平方，该式即为卡普雷卡平方式。

显然，第 1 章的偶数位卡普雷卡数是卡普雷卡平方式的特例。

输入位数 n(3≤n≤15)，搜索并输出所有 n 位卡普雷卡平方式。

1. 设计要点

注意到 n 位数比较大，n 位数及其相关数据设置为双精度 double 型。

(1) 设置枚举循环。

设 n 位整数 $a = b * b$，首先求出 b 的取值范围[c,d]，设置枚举 b(c~d)循环，循环中计算的 $a = b * b$ 即为 n 位平方数。

(2) 实施分 2 段。

把一个 n 位数分为前后 2 段有 n-1 种分法：设置分段操作的 k(1~n-1)循环，循环中模拟分段的变量 w 从 w=1 开始，通过自乘 10 可分别得 w=10,100,…,$10^{(n-1)}$。应用取整"x=floor(a/w);"与取余"y=fmod(a,w);"等操作把整数 a 分为前后两个整数 x,y。

（3）分段和条件检验。

在分段操作的 $k(1\sim n-1)$ 循环中，每分段得两个整数 x,y，检验若 $b=x+y$，则满足分段和平方条件。

注意到如果后段的首位可能为 0，两个正整数 x,y 的位数之和可能小于 n，这是不允许的。因而在分段和条件检验中，除了检验 $b=x+y$ 外，还需加上条件 $y>w/10$。满足 $y>w/10$ 这一条件，可确保后段整数 y 的首位不为 0。

2. 程序设计

```c
//搜索 n 位卡普雷卡平方式
#include <stdio.h>
#include <math.h>
void main()
{   double a,b,m,w,x,y; long c,d; int k,n,s=0;
    printf("  请输入正整数 n(3≤n≤15): "); scanf("%d",&n);
    for(m=1,k=2;k<=n;k++) m*=10;
    c=(long)pow(m,0.5);d=(long)pow(10*m-1,0.5);
    for(b=c+1;b<=d;b++)
    {   a=b*b;w=1;                          //a 为 n 位平方数
        for(k=1;k<=n-1;k++)
          {  w*=10; x=floor(a/w);           //n 位平方数 a 分为前后 2 段 x,y
             y=fmod(a,w);
             if(b==x+y && y>w/10)           //确保 b=x+y 且 x,y 的位数和为 n
               printf("  %d: %.0f=(%.0f+%.0f)^2  \n",++s,a,x,y);
          }
    }
    if(s>0)  printf("  共以上%d个%d位卡普雷卡平方式。\n",s,n);
    else  printf("  没有%d位卡普雷卡平方式。\n",n);
}
```

3. 程序运行示例与说明

```
请输入正整数 n(3≤n≤16): 7
  1: 4941729=(494+1729)^2
  2: 7441984=(744+1984)^2
共以上 2 个 7 位卡普雷卡平方式。
请输入正整数 n(3≤n≤16): 15
  1: 186086811780496=(1860868+11780496)^2
  2: 275246813838096=(2752468+13838096)^2
  3: 371449415558529=(3714494+15558529)^2
  4: 390974415863329=(3909744+15863329)^2
  5: 612685018625625=(6126850+18625625)^2
  6: 637690018875625=(6376900+18875625)^2
  7: 953832821345856=(9538328+21345856)^2
共以上 7 个 15 位卡普雷卡平方式。
```

运行程序搜索得：2 个 7 位卡普雷卡平方式，所分 2 段的位数之和均为 7 位；7 个 15 位卡普雷卡平方式，所分 2 段的位数之和均为 15 位。

运行程序可知，当位数 n 为奇数时，所分两段位数一般只相差 1（如 n＝9 时，一段为 4 位，另一段为 5 位）；当 n 为偶数时，所分 2 段位数相等（如 n＝8 时，2 段都为 4 位）。

3.9.2 拓展分段和幂式

【定义】 把一个 n 位正整数 a 按原数字顺序分为 r 段，要求所分各段的首位数字不为 0。若分段的 r 个正整数 b1，b2，…，br 之和的 m 次幂等于 a 本身，即有

$$a = (b1 + b2 + \cdots + br)^m \tag{3-9-3}$$

则称其为 n 位 r 段和 m 次幂式，简称分段和幂式。

这里的分段操作，是对整数 a 按原有数字顺序分为若干段，要求每段首不带 0，以确保所分段的位数和为整数 a 的位数 n。

例如，寻求一个 14 位整数，等于把它分成 6 段和的 5 次幂，有

$$10896201253125 = (108 + 96 + 20 + 125 + 31 + 25)^5 \tag{3-9-4}$$

式（3-9-4）即为 14 位 6 段和 5 次幂式。

分段和幂式是一类新颖有趣的数式，所涉范围广泛，内容非常丰富。事实上，第 1 章的卡普雷卡数及上面的卡普雷卡平方式，都是分段和幂式的原型。

注意到分段需要应用到分位组合，因而搜索分段和幂式也是组合的应用案例。

输入位数 n（3≤n≤15）、段数 r（r＜n）与幂指数 m（m≤r），搜索并输出所有 n 位 r 段和 m 次幂式。

1. 设计要点

（1）数据结构设置。

为适当扩大位数 n，把整数 a 及其相关变量设置为双精度 double 型。

设置数组 t(k)（k＝0，1，…，r）存储分段位置；数组 p(k)（k＝1，…，r）存储被分段的 r 个整数。

（2）设置枚举循环。

设 a 为 b 的 m 次幂，由 a 为 n 位整数可求取 b 的起始数 c 与终止数 d。

设置枚举 b(c～d) 循环，循环内的 a＝pow(b，m) 即为 b 的 m 次幂。

（3）回溯探求分段位组合。

注意到 r 段对应 r−1 个分段位置，在 n 个数字之间共有 n−1 个分段位置，应用回溯法在这 n−1 个位置中选取 r−1 个分段位置 t(i) 的组合。

为实现从 1～n−1 这 n−1 个数中每次取 r−1 个数的组合，i 从 1 开始取值，t(1) 从 1 开始取值。约定 t(k) 按升序排列，即 1≤t(1)＜t(2)＜…＜t(r−1)≤n−1。

注意到 t(i) 后有 r−i−1 个大于 t(i) 的元素，其中最大取值为 n−1，显然 t(i) 最多取 n−r+i，即 t(i) 回溯的条件为 t(i)＝n−r+i。

当 i＜r−1 时，i 增 1，t(i) 从 t(i−1)+1 开始取值，直至 i＝r−1 时完成一组 r−1 个位置的组合选定，随后即可根据这 r−1 个位置计算分割的 r 个整数。

当 t(i)＝n−r+i 时，实施 i＝i−1 回溯，直至 i＝0 时结束插入乘号位置选择。

（4）计算分割的整数并求和。

设置分割特征变量 w，$w=pow(10,t(k)-t(k-1))(k=1\sim r$，约定 $t(0)=0$）。

在经"$u=a;$"（以确保操作中整数 a 不变）赋值后，应用求余函数 $p(k)=fmod(u,w)$ 与取整函数 $u=floor(u/w)$ 计算位于 $t(k-1)$ 与 $t(k)$ 之间的数字组成的整数 $p(k)$。

在分段操作的循环中，每组分段得正整数 $p(k)(k=1,2,\cdots,r)$ 并求其和 s。

（5）分段和条件检验。

注意：最后一个 u 即最前一个分段数，必须要加到和中。

检验若 $b=s+u$，则满足分 r 段和幂条件。

如果分段中的某段首位为零，则所分 r 个整数的位数之和要小于 n，这是不允许的。因而在条件中加上 $p[k]<floor(w/10)$，确保各段的首位数字不为 0，从而确保各段位数之和与原数的位数 n 相同。

引入变量 $f=1$，循环中若分段有 $p[k]<floor(w/10)$，或出现和 $s>=b$，则 $f=0$ 后退出，该分段组合放弃。

因此，在条件检验中，除了检验 $b=s+u$ 外，还需加上条件 f，以排除段首为零的情形。

若搜索到一个 n 位 r 段和 m 次幂并输出后，即用"$i=0;break;$"退出该幂数的其他分段，约定一个幂只要求一种分段即可。

2. 程序设计

```
//搜索 n 位 r 段和 m 次幂式
#include <stdio.h>
#include <math.h>
void main()
{  double a,b,e,s,u,w,p[16]; int f,i,k,m,n,r,x,t[16]; long c,d;
   printf("  请输入位数 n(3<=n<=15): "); scanf("%d",&n);
   printf("  请输入段数 r(r<=n):"); scanf("%d",&r);
   printf("  请输入幂指数 m(m<=r): "); scanf("%d",&m);
   for(e=1,k=2;k<=n;k++)
     e*=10;                                    //e 为最小的 n 位数
   c=(long)pow(e,1.0/m);d=(long)pow(e*10-1,1.0/m);
   x=0;
   for(b=c+1;b<=d;b++)
   {  a=pow(b,m); i=1;t[1]=1;t[0]=0;           //a 为 n 位 m 次幂
      while(1)
        {  if(i==r-1)
         {  u=a;s=0;f=1;
            for(k=1;k<=r-1;k++)
              {  w=pow(10,t[k]-t[k-1]);
                 p[k]=fmod(u,w);u=floor(u/w);
                 s=s+p[k];                      //计算 r 段之和
                 if(p[k]<floor(w/10) || s>=b)   //确保段首不为 0
                   { f=0; break; }              //分段出现 0,放弃
              }
```

```
        if(f && s+u==b)                          //分 r 段和条件检验
        {   printf("  %2d: %.0f=(%.0f",++x,a,u);
            for(k=r-1;k>=1;k--)                   //输出一个解
                printf("+%.0f",p[k]);
            printf(")^ %d\n",m);
            i=0;break;                            //一个幂只要求一种分段
        }
    }
    else { i++; t[i]=t[i-1]+1; continue;}
    while(t[i]==n-r+i) i--;                       //调整、回溯或终止
    if(i>0) t[i]++;
    else break;
    }
}
if(x>0) printf("  共以上%d个%d位%d段和%d次幂式。\n",x,n,r,m);
else printf("  没有%d位%d段和%d次幂式。\n",n,r,m);
}
```

3. 程序运行示例与分析

```
请输入位数 n(3<=n<=15): 15
请输入段数 r(r<=n):6
请输入幂指数 m(m<=r) : 5
 1: 346531411903049=(346+53+141+190+30+49) ^ 5
共以上 1 个 15 位 6 段和 5 次幂式。
```

运行程序,若输入 n=15,r=5,m=4,则搜索并输出 14 个 15 位 5 段和 4 次幂式。

程序枚举 b 的频数为 $10^{n/m}$,分段的运算数为 n^2,因而程序的时间复杂度为 $O(n^2 10^{n/m})$,在 n 不超过 15 时还是较为快捷的。

程序有 n,r,m 共 3 个参量输入,可见程序的功能范围非常广泛。

4. 概括与变通

概括:本节从简单的卡普雷卡数步步深入,其拓展轨迹可用数式清晰展示,具体如下。

$(30+25)^2=3025$　　(简单原型)

$\Rightarrow 493817284=(4938+17284)^2$　　(广度拓展至 n 位)

$\Rightarrow 918330048=(91+833+48)^3$　　(深度拓展至 n 位 3 段 3 次幂式)

$\Rightarrow 346531411903049=(346+53+141+190+30+49)^5$　　(深度拓展至 n 位 r 段 m 次幂式)

如果把 n 位整数分成 r 段,则插入的 r-1 个运算符号由以上的全为加号实施以下改变:保留第一个符号为加号,其余加号都改为乘号,将得 n 位 r 段综合和 m 次幂式。

为了实现 n 位 r 段综合和 m 次幂式,对以上程序进行局部修改。

(1)"s=0; s=s+p[k];"改为"s=1; s=s*p[k];"。

（2）输出部分相应修改如下：

```
printf("  %.0f=(%.0f+",a,u);                    //保留第 1 段后的加号
for(k=r;k>=2;k--)
   printf("%.0f×",p[k]);                        //其余 r-2 个改为乘号
printf("%.0f)^ %d\n",p[1],m);
```

以上局部修改后即可搜索到 n 位 r 段综合和 m 次幂式。

例如,得到有趣的 12 位 5 段综合和 2 次幂式

$$216463145536 = (21646 + 31 \times 45 \times 53 \times 6)^2$$

其中的 5 段综合和为 $21646 + 31 \times 45 \times 53 \times 6$,是在保持左边 12 位数各数字顺序不变前提下,把 12 位数分为 5 段,前两段中插入一个加号,后面各段间插入乘号的综合运算结果的 2 次幂式。

第 4 章

方程经典汇趣

解方程(不等式)是数学的基本课题之一,许多实际应用问题的求解往往归结为解某一方程(不等式)或方程组来完成。

本章汇聚韩信点兵、百鸡问题、羊犬鸡兔问题、牛顿"牛吃草问题"、$n!$ 结尾有多少个 0 等古今中外喜闻乐见的趣算经典;探求双和不定方程组与和积不定方程组、和与积的整数部分;探索佩尔方程、调和数列不等式、代数和不等式的求解;首次把出自名家的"猴子分桃"与"水手分椰子"这两个著名趣题联系起来,并统一编程拓展;最后的亮点无疑是"应用连分数高精求解佩尔方程",摆平自然界对人类智慧的挑战。

本章生动地体现了数学推理与编程拓展相辅相成的交汇融合。

4.1 韩信点兵

在中国数学史上,广泛流传着"韩信点兵"的故事。

韩信是汉高祖刘邦手下的大将,他英勇善战,智谋超群,为汉朝建立了卓越功勋。据说韩信的数学水平也非常高超,他在点兵的时候,为了知道有多少个兵,同时又能保守军事机密,便让士兵排队报数:按从 1~5 报数,记下最末一个士兵报的数为 1;再按从 1~6 报数,记下最末一个士兵报的数为 5;再按 1~7 报数,记下最末一个士兵报的数为 4;最后按 1~11 报数,最末一个士兵报的数为 10。

【问题】 韩信的排队中至少有多少个兵?

【探求】 设兵数为正整数 x,则 x 满足下述的不定方程组。

$$x = 5y + 1, \qquad \mathrm{mod}(x, 5) = 1;$$
$$x = 6z + 5, \qquad \mathrm{mod}(x, 6) = 5;$$
$$x = 7u + 4, \qquad \mathrm{mod}(x, 7) = 4;$$
$$x = 11v + 10, \qquad \mathrm{mod}(x, 11) = 10;$$

其中,y, z, u, v 都为正整数。试求满足以上不定方程组的最小正整数 x。

变量 x 从某个整数开始递增 1 取值,每个取值检查是否满足以上 4 个方程。这样实施当然可行,但不必要。事实上枚举次数可联系问题的具体实际大大缩减。

(1)变量 x 的取值公式。

由以上第 2,4 两方程知 $x+1$ 为 11 的倍数,也为 6 的倍数。而 11 与 6 互素,因而 $x+1$ 必为 66 的倍数。

于是取 $x=65+66k$（$k=1,2\cdots$），对每个 k，只要判别满足 $\mathrm{mod}(x,5)=1$ 与 $\mathrm{mod}(x,7)=4$ 这两个方程即可。

（2）对 $\mathrm{mod}(x,5)=1$ 与 $\mathrm{mod}(x,7)=4$ 的判别。

事实上，由 $x=65+66k=(65+65k)+k$ 可知，式中括号内为 5 的倍数。要求 $\mathrm{mod}(x,5)=1$，只要求 $\mathrm{mod}(k,5)=1$ 即可，也就是说只要取 $k=5m+1$（$m=1,2\cdots$）即可确保 $\mathrm{mod}(x,5)=1$。

同时，由 $x=65+66k=(63+63k)+3k+2$，式中括号内为 7 的倍数，要求 $\mathrm{mod}(x,7)=4$，只要求 $\mathrm{mod}(3k+2,7)=4$ 即可。

以 $k=5m+1$ 代入 $3k+2$ 可得 $3k+2=3(5m+1)+2=(14m+7)+m-2$。

上式括号内为 7 的倍数，要求 $\mathrm{mod}(3k+2,7)=4 \Leftrightarrow \mathrm{mod}(m-2,7)=4$。

显然，取 $m=6$，即 $k=31$ 时，得 $x=65+31\times66=2111$。

结论：$x=2111$，这就是韩信点兵至少有的人数。

顺便指出，韩信的排队中至少有 2111 个兵，事实上还有其他许多整数满足以上 4 个方程。例如，按上面所述，取 $m=13$，则 $k=66$，算得 $x=4421$ 也满足以上报数要求。

【编程拓展】 把报数遍数一般化为报 n 遍数：第 i 遍从 1～p(i) 报数时，最末一个士兵报数为r(i)，这里 i=1,2,…,n。

从键盘输入 n 及各个 p(i) 与 r(i)，计算并输出满足这报 n 遍数的 3 个最少人数。

1. 编程设计要点

首先，从键盘确定报 n 遍数，n 为正整数。

（1）设置循环检测。

对于第 i 遍报数 p(i)，最末一个士兵报数为 r(i)，设计 i（1～n－1）循环输入 p(i)，r(i)。

设变量 x 为探求人数，m 为探求最少人数的个数。建立条件循环 m<3 && x< 1e17，即当探求最少人数小于 3 个且人数不足 1e17 个（人为限制上限）时继续探求。

（2）设置处理循环。

取初值 x=p(n)+r(n)，设置处理循环 i（1～n－1）：在 i 循环中如果出现
$$\mathrm{fmod}(x,p[i])! = r[i]$$
即不满足第 i 个报数数据，则退出让变量增值 x=x+p(n)，再进入循环测试，直到满足循环中的所有 n－1 个报数要求，则输出满足全部 n 个报数要求的最少人数 x。

（3）报数中的归零。

特别指出，如果在报数中出现 r(i)=p(i)，这在报数过程中是可能的。

例如，r(i)=p(i)=10，即在 1～10 报数时，最末一个士兵报 10，显然此时人数为 p(i)=10 的整数倍，r(i)应为零。

因而，当输入数据中若出现 r(i)=p(i)时，统一归零为 r(i)=0。

2. 程序设计

```
//韩信点兵:每轮报数,按 1~p 报数,最末一个士兵报数为 r
#include <stdio.h>
```

```
#include <math.h>
void main()
{   int i,m,n,t; double x,p[100],r[100];
    printf("  报数 n 轮, 请输入 n:"); scanf("%d",&n);
    for(i=1;i<=n;i++)
        {  printf("  第 %ld 轮, 请输入 p,r:",i);
           scanf("%lf,%lf",&p[i],&r[i]);              //输入 n 轮报数的数据
           if(r[i]==p[i]) r[i]=0;
        }
    m=0;x=p[n]+r[n];                                  //循环外赋初值
    while(m<3  &&  x<1e17)
        {  t=0;x=x+p[n];                              //人数 x 为若干 p[n]加 r[n]
           for(i=1;i<=n-1;i++)
              if(fmod(x,p[i])!=r[i]) { t=1;break; }   //检测 x 满足其他 n-1 轮报数
           if(t==0)
              printf("  第%d少人数为%.0f 个。\n",++m,x);
        }
}
```

3. 程序运行示例与讨论

```
报数 n 轮, 请输入 n: 7
第 1 轮, 请输入 p,r: 5,3
第 2 轮, 请输入 p,r: 7,5
第 3 轮, 请输入 p,r: 8,6
第 4 轮, 请输入 p,r: 9,7
第 5 轮, 请输入 p,r: 11,11
第 6 轮, 请输入 p,r: 13,13
第 7 轮, 请输入 p,r: 17,17
第 1 少人数为 1307878 个。
第 2 少人数为 7433998 个。
第 3 少人数为 13560118 个。
```

满足上述不定方程组的正整数解有无穷多组,程序输出的只是满足条件的最小 3 个正整数解。

如果输入前面韩信点兵数据,则输出的 3 个最少人数分别为 2111 个,4421 个,6731 个。

4.2 古代趣算

我国古代数学家研究了很多涉及社会生活各方面的有趣计算问题,其求解通常归结为解不定方程组或多元线性方程组。

本节论述其中在世界上最有影响的百鸡问题与羊犬鸡兔问题,前者为解不定方程组的代表,后者则是解多元线性方程组的范例。

4.2.1　百鸡问题

公元前 5 世纪,我国古代数学家张丘建在《张丘建算经》一书中记载有一个有趣的数学问题。

今有鸡翁一,值钱五;鸡母一,值钱三;鸡雏三,值钱一。用百钱买鸡百只,问鸡翁、鸡母、鸡雏各几何?

这就是百鸡问题。百鸡问题是数学史上一个有名的问题,影响很大。

其他各国也有类似问题流传。例如,印度算书和阿拉伯学者艾布•卡米勒的著作中有百钱买百禽的问题,与《张丘建算经》中的百鸡问题大同小异。

到了清代,研究百鸡术的人渐多,1815 年骆腾凤使用大衍求一术解决了百鸡问题。在此前后明曰醇推广了百鸡问题,作《百鸡术衍》,从此百鸡问题和百鸡术广为人知。

百鸡问题的表述:用 100 个钱买 100 只鸡,其中公鸡 5 个钱 1 只,母鸡 3 个钱 1 只,小鸡 1 个钱 3 只。

【问题】　问公鸡、母鸡与小鸡各买了多少只?

【求解】　设公鸡、母鸡、小鸡数量分别为 x,y,z,依题意列出如下方程。

$$x+y+z=100 \tag{4-2-1}$$
$$5x+3y+z/3=100 \tag{4-2-2}$$

以上两个一次方程三个未知数,称为三元一次不定方程组。下面采用加减消元法求解这个三元一次不定方程组的非负整数解。式(4-2-2)×3−式(4-2-1),消去 z 得

$$14x+8y=200$$

整理即

$$7x+4y=100$$

解得

$$y=(100-7x)/4 \tag{4-2-3}$$

要使 y 为非负整数,经试验可知: x 分别取 0,4,8,12; y 依次得 25,18,11,4;代入式(4-2-1)分别得 z 为 75,78,81,84。因而得原三元一次不定方程组的 4 组非负整数解为

$$\begin{cases} x=0 \\ y=25 \\ z=75 \end{cases} \begin{cases} x=4 \\ y=18 \\ z=78 \end{cases} \begin{cases} x=8 \\ y=11 \\ z=81 \end{cases} \begin{cases} x=12 \\ y=4 \\ z=84 \end{cases}$$

以上 4 组解给出了公鸡、母鸡与小鸡各买只数的 4 组答案。

【编程拓展】　对小鸡价格实施差异化处理。

注意到公鸡与母鸡基本定形,价格稳定在公鸡 5 个钱 1 只,母鸡 3 个钱 1 只。而小鸡差异较大,因而小鸡价格变化明显。

拓展百鸡问题表述:

用 100 个钱买 100 只鸡,其中公鸡 5 个钱 1 只,母鸡 3 个钱 1 只,小鸡 1 个钱 d 只。整数 d 从键盘输入确定。问公鸡、母鸡与小鸡各买了多少只?

(1)编程设计要点。

设公鸡、母鸡、小鸡数量分别为 x,y,z,依题意列出方程组如下。

$$\begin{cases} x+y+z=100 \\ 5x+3y+z/d=100 \end{cases}$$

设计程序求解这个三元一次不定方程组的非负整数解,其中正整数 d 从键盘输入。

建立 $x(0\sim100/5)$,$y(0\sim100-x)$ 循环,计算 $z=100-x-y$(确保 $x+y+z=100$)。

判别:$z\geqslant0$ 且 $\mathrm{mod}(z,d)=0$ 且 $5x+3y+z/d=100$。

对满足以上条件的解打印输出。

(2)程序设计。

```
//拓展百鸡问题
#include <stdio.h>
void main()
{   long d,x,y,z,n;
    printf("  d只小鸡1个钱,请确定d:"); scanf("%ld",&d);
    n=0;
    for(x=0;x<=100/5;x++)
    for(y=0;y<=100-x;y++)
      {   z=100-x-y;                             //确保 x+y+z=100
        if(z>=0 && z%d==0 && 5*x+3*y+z/d==100)
          {   printf("  %ld: x=%2d,y=%2d,z=%2d \n",++n,x,y,z);
              break;                             //满足条件时输出解
          }
      }
    if(n>0)  printf("  共以上%ld组解。\n",n);
    else  printf("  此百鸡问题无解。\n");
}
```

(3)程序运行结果与说明。

```
d只小鸡1个钱,请确定d:9
  1:   x=4, y=24, z=72
  2:   x=17, y=2, z=81
共以上 2 组解。
```

以上运行输入 $d=9$,即 1 个钱 9 只小鸡,有以上两组解。

若输入 $d=3$,则输出以上求解的 4 组解。

若要求 3 种鸡每种鸡都有,只要修改以上程序中的循环起始点从 1 开始即可。

与百鸡问题相类似的还有我国民间流传的百鱼百斤趣题:

百条鲜鱼一百斤,大的每条重十斤;

中号一条一斤重,正好上席待贵宾;

小的每条重一两,自己食用不嫌轻。

大中小号各多少,才是百鱼一百斤?

修改以上程序求解百鱼百斤趣题。(注:古代一斤为 16 两)

4.2.2 羊犬鸡兔问题

我国古代《九章算术》中的羊犬鸡兔问题表述如下：

5 只羊、4 只犬、3 只鸡与 2 只兔共值 1496 个钱；

4 只羊、2 只犬、6 只鸡与 3 只兔共值 1175 个钱；

3 只羊、1 只犬、7 只鸡与 5 只兔共值 958 个钱；

2 只羊、3 只犬、5 只鸡与 1 只兔共值 861 个钱。

求每只羊、犬、鸡、兔各值多少个钱（整数）？

该题出自《九章算术》的方程章，该书给出的解法方程术，又称直除法，与现代代数中的加减消元法基本一致，比西方早了 1400 多年。

以下应用枚举编程求解羊犬鸡兔问题是简便的，充分考虑到所求 4 个价格均为正整数的特点。

1. 编程设计要点

设一只羊价格为 x，一只犬价格为 y，一只鸡价格为 z，一只兔价格为 u，根据题意可得四元一次方程组如下。

$$\begin{cases} 5x+4y+3z+2u=1496 \\ 4x+2y+6z+3u=1175 \\ 3x+y+7z+5u=958 \\ 2x+3y+5z+u=861 \end{cases}$$

在正整数范围内（约定 x,y,z,u 为正整数）解方程组，可以应用枚举判定完成求解。

设置 x,y,z,u 循环，对每组 x,y,z,u 值判别是否同时满足 4 个方程。

注意到第 3 个方程中变量 y 的系数为 1，设计中可精简一个循环，选取其中 x,z,u 这 3 个变量设置循环。

x：1～958/3（以第 3 个方程为依据，价格至少为 1，不可能为 0）

z：1～(958−3 * x)/7（以第 3 个方程为依据）

u：1～(958−3 * x−7 * z)/5（以第 3 个方程为依据）

在循环中，对每组 x,z,u，计算"y=958−3 * x−7 * z−5 * u;"（确保第 3 个方程满足）。

若所算出的 y 为正，且同时满足方程组的另外 3 个方程，则输出一组解。

这样设计处理是适宜的，可减少循环枚举次数。

2. 程序设计

```
//枚举探求羊犬鸡兔价格
#include <stdio.h>
void main()
{   int x,y,z,u;
    printf("  求解四元一次方程组的正整数解:\n");
    printf("  5x+4y+3z+2u=1496\n");
    printf("  4x+2y+6z+3u=1175\n");
    printf("  3x+y+7z+5u=958\n");
```

```
        printf("   2x+3y+5z+u=861\n");
        for(x=1;x<=958/3;x++)                        //改进 x,z,u 循环终值以减少循环次数
        for(z=1;z<=(958-3*x)/7;z++)
        for(u=1;u<=(958-3*x-7*z)/5;u++)
          {  y=958-3*x-7*z-5*u;                       //取 y 满足一个方程
             if(y<0) break;                            //判别另三个方程同时满足
             if(5*x+4*y+3*z+2*u==1496 && 4*x+2*y+6*z+3*u==1175 && 2*x+3*y
             +5*z+u==861)
               {  printf("   方程组的正整数解为\n");
                  printf("   x=%d,y=%d,z=%d,u=%d.\n",x,y,z,u);
               }
          }
      }
```

3. 程序运行结果与说明

```
求解四元一次方程组的正整数解：
   5x+4y+3z+2u=1496
   4x+2y+6z+3u=1175
   3x+y+7z+5u=958
   2x+3y+5z+u=861
方程组的正整数解为
x=177,y=121,z=23,u=29。
```

由程序运行结果即得羊犬鸡兔问题的答案：羊价格为 177 个钱/只，犬价格为 121 个钱/只，鸡价格为 23 个钱/只，兔价格为 29 个钱/只。

注意：编程的前提是 x,y,z,u 为正整数，即只有在正整数范围内才能应用上述设计求解。如果各变量为实数，涉及实数的方程组不可能通过以上枚举设计求解。

程序找到一个满足 4 个方程的整数解，输出解后并没有返回。就是说如果问题存在有多组解，程序会一一找到并输出。从结果看，问题只有唯一的一组解。

4.3   国外趣算

外国数学史中也有很多趣算问题，其中许多问题与我国古代的趣算相同或相近。

这里试举与我国古代趣算不同的两例：一个是解多元方程组的"牛吃草问题"；另一个是国外最早涉及的阶乘计算问题。

4.3.1   牛顿"牛吃草问题"

英国的著名科学家牛顿（Newton）曾提出过有趣的"牛吃草问题"，很有启发性。

有一牧场，已知养牛 27 头，6 天把草吃尽；养牛 23 头，9 天把草吃尽。牧场上的草是不断生长的。

【问题】   如果养牛 21 头，多少天把草吃尽？

【求解】　牧场的草由原有草量与每天生长的草量两部分组成。

不妨设一头牛一天所吃牧草为 1,牧场原有草量为 x,每天新长草量为 y,21 头牛 z 天把草吃尽。

根据题意得如下方程:

$$x+6y=27\times 6 \tag{4-3-1}$$
$$x+9y=23\times 9 \tag{4-3-2}$$
$$x+zy=21z \tag{4-3-3}$$

式(4-3-2)—式(4-3-1)有

$$3y=45$$

解得

$$y=15$$

代入式(4-3-1)解得

$$x=72$$

以 x,y 的值代入式(4-3-3)有

$$72+15z=21z$$

解得

$$z=12$$

即得结果:21 头牛 12 天把草吃尽。

如果 15 头牛无论多少天都不能把草吃尽,因为 15 头牛每天所吃草量恰等于牧场一天新长草量($y=15$),牧场原有草量不会减少。

【编程拓展】　拓展为随机产生数据的探求游戏。

把牛顿“牛吃草问题”中的 5 个整数由系统随机产生,由游戏者提供答案,主持给出评判,如果参赛者答案错误,则给出正确解答。

(1)程序设计。

```
//测试拓展牛吃草问题及其解
#include <stdio.h>
#include <stdlib.h>
#include <time.h>
void main()
{ int a,b,c,e,k,t,x,y,z;
  t=time(0)%1000;srand(t);              //随机数发生器初始化
  for(k=1;k<=3;k++)                     //测试 3 次
  { printf("  随机提出牛吃草问题: \n");
    a=rand()%4+6;
    if(a%2>0) a=a+1;                    //确保 a 为偶数
    b=a+rand()%7+4; c=a+b+4;
    printf("  有一牧场,已知养牛%d头,%d天把草吃尽。",3*b+c,a);
    printf("养牛%d头,%d天把草吃尽。\n",3*a+c,b);
    printf("  问:如果养%d头,多少天把草吃尽?\n",c+6);
    printf("  某参赛者给出答案: ");
```

```
        scanf("%d",&e);                                    //等待参赛者输入答案
        if(e==a*b/2) printf("  参赛者解答正确!\n ");
        else                                               //评判,如果不正确则给出解答
      {  printf("  解答错误!请看以下参考解答。\n ");
         printf("  解:不妨设一头牛一天所吃牧草为1,牧场原有草量为x,");
         printf("  每天新长草量为y,设%d头牛z天把草吃尽。\n",c+6);
         printf("  得方程组:\n");                            //列出方程组
         printf("  (1)    x+%d*y=%d*%d\n",a,3*b+c,a);
         printf("  (2)    x+%d*y=%d*%d\n",b,3*a+c,b);
         printf("  (3)    x+z*y=%d*z\n",c+6);
         printf("  (2)-(1)得:%d*y=%d\n",b-a,(b-a)*c);
         printf("  解得:          y=%d\n",c);               //逐步求解
         printf("  代入(1)解得:x=%d\n",3*a*b);
         printf("  代入(3)解得:z=%d\n",a*b/2);
         printf("  答案:如果养%d头,%d天把草吃尽。\n",c+6,a*b/2);
      }
   }
}
```

（2）程序运行示例。

随机提出牛吃草问题:
有一牧场,已知养牛70头,10天把草吃尽;养牛58头,14天把草吃尽。
问:如果养34头,多少天把草吃尽?
某参赛者给出答案:66
解答错误!请看以下参考解答。
解:不妨设一头牛一天所吃牧草为1,牧场原有草量为x,每天新长草量为y,设34头牛z天把草吃尽。
得方程组:
(1)   x+10*y=70*10
(2)   x+14*y=58*14
(3)   x+z*y=34*z
(2)-(1)得:4*y=112
解得: y=28
代入(1)解得: x=420
代入(3)解得: z=70
答案:如果养34头,70天把草吃尽。

【变通】 "牛吃草问题"的另一个版本。

3头牛在2个星期中吃完2亩草地上的草,2头牛在4个星期中吃完2亩草地上的草,问多少头牛在6个星期中吃完6亩草地上的草?

假设牛未吃草时,草是一样高,且草的生长速度是不变的。

（1）思考与求解。

设 n 头牛在6个星期中吃完6亩草地上的草。

该问题的关键在于每头牛每星期吃的草量 v 是一样的,设牛开始吃草时每亩草量 x,每亩草每星期生长量为 y,则得方程式如下。

$$3 \times 2v = 2x + 2 \times 2y \qquad (4\text{-}3\text{-}4)$$
$$2 \times 4v = 2x + 2 \times 4y \qquad (4\text{-}3\text{-}5)$$
$$n \times 6v = 6x + 6 \times 6y \qquad (4\text{-}3\text{-}6)$$

以上 3 个方程有 4 个未知数 n, v, x, y，称为不定方程组，需求 n 的正整数解。

式(4-3-4)与式(4-3-5)两边同除以 y 得

$$6(v/y) = 2(x/y) + 4$$
$$8(v/y) = 2(x/y) + 8$$

以上两式消去 x/y，化简有

$$v/y = 2, \quad x/y = 4$$

即得 $v = 2y$，$x = 4y$，代入式(4-3-6)有

$$n \times 12y = 60y \qquad (4\text{-}3\text{-}7)$$

解得

$$n = 5$$

答案：5 头牛在 6 个星期中吃完 6 亩草地上的草。

（2）问题变通。

【变通 1】　4 头牛在多少个星期中吃完 6 亩草地上的草？

【求解】　设 4 头牛在 m 个星期中吃完 6 亩草地上的草。式(4-3-4)式(4-3-5)不变，式(4-3-6)改写为

$$4 \times mv = 6(x + my) \qquad (4\text{-}3\text{-}8)$$

以 $v = 2y$，$x = 4y$ 代入式(4-3-8)解得 $m = 12$，因而得：4 头牛在 12 个星期中吃完 6 亩草地上的草。

【变通 2】　最多多少头牛在 6 亩草地上可以一直有草吃？

【求解】　如果牛群所吃的草量超过草地的生长量，则不管原有草量 x 有多大，都会在一定时间内把草吃尽。要达到牛群在草地上一直有草吃，则牛群所吃的草量必须与草的生长量持平或低于草的生长量。

由 $v/y = 2$，得 $v = 2y$，即每头牛每星期吃的草量 v 是 2 亩草地每星期生长量，也就是说 3 头牛每星期吃的草量是 6 亩草地每星期生长量。可知 3 头牛所吃的草量与 6 亩草地的生长量持平。因而得：最多 3 头牛在 6 亩草地上可以一直有草吃。

4.3.2　100! 结尾多少个 0

涉及阶乘运算的问题最先出自国外。本节将从一个简单的具体阶乘问题求解开始，然后逐步展开。

【问题 1】　试确定 100! 的结尾有几个 0。

【思考】　转换为统计 5 因数的个数。

一个整数的结尾有多少个 0，就包含了多少个因数 10。

因 $10 = 2 \times 5$，注意到在 100! 中因数 2 的个数多于因数 5 的个数，显然 100! 的结尾 0 的个数等于 100! 中因数 5 的个数。

在 100! 中，含有 20 个能被 5 整除的数，其中还有 4 个 25 的倍数 25, 50, 75, 100，即

100! 中因数 5 的个数为 20＋4＝24。

所以 ,100! 的结尾有 24 个 0。

【编程拓展】 试编程求解以下两个问题。

对于指定的正整数 n ,试确定阶乘 $n!＝1×2×3×\cdots×n$ 的结尾 0 的个数。

对于指定的正整数 m ,试确定 $k!$ 的结尾至少有 m 个 0 的整数 k 的最小值。

1. 设计要点

（1）探求 $n!$ 结尾 0 的个数。

注意到 $n!$ 结尾 0 是 $n!$ 中各相乘数 $2,3,\cdots,n$ 中 2 的因子与 5 的因子相乘所得,一个 2 的因子与一个 5 的因子得一个尾部 0。

显然, $n!$ 中各个相乘数 $2,3,\cdots,n$ 中 2 的因子数远多于 5 的因子数,因而 $n!$ 尾部零的个数完全由 $n!$ 中各个相乘数 $2,3,\cdots,n$ 中的 5 因子个数决定。

设 $n!$ 中各个相乘数 $2,3,\cdots,n$ 中 5 的因子个数为 s ,显然有

$$s=\left[\frac{n}{5}\right]+\left[\frac{n}{5^2}\right]+\cdots+\left[\frac{n}{5^m}\right] \qquad (4\text{-}3\text{-}9)$$

其中, $[x]$ 为不大于 x 的最大正整数,正整数 m 满足 $5^m \leqslant n < 5^{m+1}$。

这里统计 s 只需设计一个简单的条件循环即可实现。

（2）探求 $k!$ 的结尾至少有 m 个 0 的整数 k 的最小值。

注意到 $k!$ 的结尾 0 的个数取决于 $k!$ 中 5 因数的个数。同时, $k!$ 结尾 0 的个数随着 k 的增长而增加,且在 k 增长过程中只当 k 为 5 的倍数时 0 的个数才增加。也就是说, $k!$ 的结尾有至少 m 个 0 的整数 k 的最小值为 5 的倍数。

当 k 增长为 5 的倍数时,若此时整数 k 含有 j 个 5 因数,则 $k!$ 的结尾 0 的个数增加 j 个。

为确定 $k!$ 的结尾有至少 m 个 0,设变量 d 统计 $k!$ 结尾 0 的个数。设置条件循环,当 $d<m$ 时循环,若 $d \geqslant m$ 时则脱离循环。

循环前初值:"k=5;d=1;"(即 5! 有一个 0)。

循环中:

```
k=k+5;                          //只当 k 为 5 的倍数时 0 的个数才增加
i=k;j=0;                        //避免在试商时改变 k
while(i%5==0) {j++;i=i/5;}      //统计整数 k 中 5 因数 j 个
d=d+j;                          //k! 的 0 个数增加 j 个
```

循环结束,说明此时 $d \geqslant m$,输出 $k!$ 结尾至少有 m 个 0 的最小值为 k。

2. 程序设计

```
//探求 n!结尾 0 的个数及至少 m 个 0 的 k 最小值
#include <stdio.h>
void main()
{  long  d,i,j,k,m,n,s,t;
   printf("  请输入正整数 n,m: ");  scanf("%ld,%ld",&n,&m);
   s=0;t=1;
```

```
    while(t<=n)
      {t=t*5;s=s+n/t;}                        //统计 n!中 5 因子个数
    printf("  %ld! 结尾共有%ld个 0。\n",n,s);    //输出结果
    k=5;d=1;                                   //k,d 赋初值
    while(d<m)
      { k=k+5;i=k;j=0;                         //k 按步长 5 增长
        while(i%5==0)                          //测试 k 的 5 因子个数
          {j++;i=i/5;}
        d=d+j;                                 //k!的 0 个数增加 j 个
      }
    printf("  k! 结尾至少%ld个 0 的 k 最小值为%ld。\n",m,k);
}
```

3. 程序运行示例与说明

请输入正整数 n,m: 2019,1000
2019! 结尾共有 502 个 0。
k! 结尾至少 1000 个 0 的 k 最小值为 4005。

应用统计 5 因子设计求 n!结尾 0 的个数,大大扩展了 n 的范围。

例如,输入 n 为 20192020,得到 20192020! 结尾共有 5048001 个 0。

探求 k! 结尾至少有 m 个 0,应用在 k 增长过程中只当 k 为 5 的倍数时 0 的个数才增加,简化了设计过程。

探讨一般阶乘 n! 中结尾 0 的个数估计是有趣的。

为叙述方便,记阶乘 n! 中结尾 0 的个数为 $h(n)$。

【问题 2】 试回答关于 $h(n)$ 的以下两个问题。

(1) n 增长无限,$h(n)$ 的增长是否无限?

(2) 在 $h(n)$ 的增长过程中,是否会有 $h(n) > n$ 的情形出现?

【求解】 事实上,由式(4-3-9)可知

$$\frac{h(n)}{n} = \frac{1}{5} + \frac{1}{5^2} + \frac{1}{5^3} + \cdots \tag{4-3-10}$$

当 n 无限增长时,由以上无穷递缩等比数列,有极限

$$\lim_{n \to \infty} \left(\frac{h(n)}{n} \right) = \frac{1}{4} \tag{4-3-11}$$

根据式(4-3-11)可知,$h(n)$ 随 n 的无限增长而无限增长;但不会出现 $h(n) > n$ 的情形,确切地说,$h(n)$ 不会超过 n 的 1/4。

4.4 加减得 1 游戏

为了增添数学的趣味性与娱乐性,不妨以游戏的形式提出问题。

游戏主持人给出两个整数,参与游戏者对这两个整数通过简单的加减运算,使最终答案等于 1。经最少加减运算次数得到 1 者为胜。

主持人给出 16,9,至少加减运算多少次能得到 1?

甲、乙两游戏者的答案分别如下。

甲经 10 次加减运算得到 1：$16+16+16+16-9-9-9-9-9-9-9=1$。

乙经 13 次加减运算得到 1：$9+9+9+9+9+9+9+9+9-16-16-16-16-16=1$。

显然,甲的运算次数少而获胜。

【问题】 主持人现给出两个整数 37,72,至少加减运算多少次能得到 1?

【求解】 设 x,y 为正整数,满足

$$37x-72y=\pm 1 \tag{4-4-1}$$

求满足不定方程式(4-4-1)的正整数 x,y,并求取 $x+y$ 的最小值(即至少经过 $x+y-1$ 次加减运算得 1)。

(1) 由式(4-4-1)右边取+号得

$$x=\frac{72y+1}{37}=2y-\frac{2y-1}{37} \tag{4-4-2}$$

要使 x 为正整数,则 $2y-1$ 能被 37 整除。

设 $y=37k+z$,这里 k 为非负整数,$z=0,1,2,\cdots,36$;即要求 $2y-1=74k+2z-1$ 能被 37 整除。

逐一试验知,当 $z=19$ 时,$2y-1=74k+37$ 能被 37 整除,代入式(4-4-2)得

$$\begin{cases}x=72k+37\\y=37k+19\end{cases} \tag{4-4-3}$$

据式(4-4-3),取 $k=0$,得 $x=37,y=19$,满足式(4-4-1),即

$$37\times 37-72\times 19=1 \tag{4-4-4}$$

可知经 $x+y-1=37+19-1=55$ 次加减运算得 1(37 个 37 减去 19 个 72 得 1)。

(2) 由式(4-4-1)右边取-号得

$$x=\frac{72y-1}{37}=2y-\frac{2y+1}{37} \tag{4-4-5}$$

要使 x 为整数,则 $2y+1$ 能被 37 整除。

设 $y=37k+z$,这里 k 为非负整数,$z=0,1,2,\cdots,36$;即要求 $2y+1=74k+2z+1$ 能被 37 整除。

逐一试验知,当 $z=18$ 时,$2y+1=74k+37$ 能被 37 整除,代入式(4-4-5)得

$$\begin{cases}x=72k+35\\y=37k+18\end{cases} \tag{4-4-6}$$

据式(4-4-6),取 $k=0$,得 $x=35,y=18$,满足式(4-4-1),即

$$37\times 35-72\times 18=-1 \tag{4-4-7}$$

可知经 $x+y-1=35+18-1=52$ 次加减运算得 1(18 个 72 减去 35 个 37 得 1)。

(3) 比较得出结论。

由于 52<55,因而得结论：经最少 52 次加减运算(18 个 72 减去 35 个 37 得 1)得 1。

【编程拓展】 输入两个不同的正整数 a,b(1<b<a),输出得到 1 的最少运算次数及

运算式。如果无法得到 1,则予以说明。

1. 编程设计要点

(1) 归结为解不定方程。

要求最少加减运算次数,则对同一个数(a 或 b)不可能又加又减,即简单的加减运算为 x 个 a 相加,再减去 y 个 b;或 y 个 b 相加,再减去 x 个 a。

可知,该游戏实际上是求已知的正整数 a,b 的二元一次不定方程

$$ax - by = \pm 1 \qquad (4\text{-}4\text{-}8)$$

的正整数解 x,y 之和 x+y 的最小值,游戏的最少加减次数 n=x+y−1。

(2) 对输入数 a,b 的筛选。

如果 a,b 不互素,即 a,b 存在大于 1 的公因数,上述二元一次不定方程无解。

因为如果 a,b 存在大于 1 的公因数 t,则无论 x,y 如何取值,方程左边的值为 t 的倍数或者为 0,不可能为 ±1。例如,若 a,b 都为偶数时,方程的左边为偶数,不可能为 ±1。因此检测 a,b 是否存在大于 1 的公因数是必要的。如果 a,b 存在大于 1 的公因数,则输出"不可能得到 1"后退出。

(3) 循环设置。

设置 x1 递增 1 循环,计算 d=x1 * a,判别:若整数 d−1 能被 b 整除,y1=(d−1)/b,则经 x1+y1−1 次运算得到 1,退出循环输出结果后结束;否则,x1 增 1 后再试。

同时设置 x2 递增 1 循环,计算 d=x2 * a,判别:若整数 d+1 能被 b 整除,y2=(d+1)/b,则经 x2+y2−1 次运算得到 1,退出循环输出结果后结束;否则,x2 增 1 后再试。

(4) 比较最小值。

比较 x1+y1 与 x2+y2,取较小者即得最少加减次数。

为避免解太大而失去游戏趣味性,有必要添加一强行结束条件,例如,搜索到 x1 及 x2 都大于或等于 1000000 还未出现解,即行退出。

2. 程序设计

```
//拓展两个整数加减得 1 的最少运算次数
#include <stdio.h>
void main()
{  long a,b,c,d,t,x,x1,x2,y1,y2;
   printf("  请输入整数 a,b: "); scanf("%ld,%ld",&a,&b);
   c=(a>b?b:a);
   for(t=2;t<=c;t++)
     if(a%t==0 && b%t==0)                 //a,b 存在大于 1 的公因数 t
       { printf("  不可能得到 1\n");return;}
   x1=0;
   while(x1<1000000)
     {  x1++; d=x1 * a;
        if((d-1)%b==0) {y1=(d-1)/b; break;}         //满足加减结果为 1
     }
   x2=0;
```

```
while(x2<1000000)
   {  x2++; d=x2 * a;
      if((d+1)%b==0) {y2=(d+1)/b; break;}              //满足加减结果为1
   }
if(x1>=1000000 && x2>=1000000)
   { printf("    未找到得1运算!\n");return; }
if(x1+y1<x2+y2)
   {  printf("   %ld×%ld-%ld×%ld=1\n", a,x1,b,y1);
       printf("   %ld个%ld中为+,%ld个%ld前为-,",x1,a,y1,b);
      printf("至少%ld次运算得1。\n",x1+y1-1);
   }
else
{  printf("   %ld×%ld-%ld×%ld=1成立。\n",b,y2,a,x2);
    printf("   %ld个%ld中为+,%ld个%ld前为-,",y2,b,x2,a);
   printf("至少%ld次运算得1。\n",x2+y2-1);
}
}
```

3. 程序运行示例与说明

请输入整数 a,b：2019,623
　 2019×54-623×175=1
54 个 2019 中为+,175 个 623 前为-, 至少 228 次运算得 1。

程序中 x 从 1 递增，比较了式（4-4-8）右边为 1 或 −1 这两种情形，因而所得是最小值。

4.5　多元不定方程组

本节探求两个有趣的三元不定方程组：双和不定方程组与和积不定方程组。

前者"双和"表现为三元的和相等且倒数和也相等；后者"和积"表现为三元的和相等且积也相等。

4.5.1　双和不定方程组

首先求解一个涉及和与倒数和的三元不定方程组。

【问题 1】　设 x,y,z 为正整数,满足方程组

$$\begin{cases} x+y+z=90 \\ \dfrac{1}{x}+\dfrac{1}{y}+\dfrac{1}{z}=\dfrac{1}{6} \end{cases} \tag{4-5-1}$$

试求 x,y,z（约定 $x<y<z$）。

【探求】　第 2 个方程为 3 个分数之和为 1/6,就从 1/6 打开缺口。

注意到 6 的因数有 1,2,3,选择其中两个进行调整探求。

(1) 选择因数 2,3。

由分数式 $\frac{1}{2}+\frac{1}{3}+\frac{1}{6}=1$，两边同时除以 6，使式右边为 1/6，得 $\frac{1}{12}+\frac{1}{18}+\frac{1}{36}=\frac{1}{6}$。

由于 12＋18＋36＝66<90，不符合第一个方程。

(2) 选择因数 1,2。

由分数式 $\frac{1}{1}+\frac{1}{2}+\frac{1}{6}=\frac{10}{6}$，两边同时除以 10，使式右边为 1/6，得 $\frac{1}{10}+\frac{1}{20}+\frac{1}{60}=\frac{1}{6}$。

由于 10＋20＋60＝90，符合要求，因而得一组解(10,20,60)。

(3) 选择因数 1,3。

由分数式 $\frac{1}{1}+\frac{1}{3}+\frac{1}{6}=\frac{9}{6}$，两边同时除以 9，使式右边为 1/6，得 $\frac{1}{9}+\frac{1}{27}+\frac{1}{54}=\frac{1}{6}$。

由于 9＋27＋54＝90，符合要求，因而得另一组解(9,27,54)。

综上，得不定方程组(4-5-1)以下两组解：

$$\begin{cases} x=10 \\ y=20 \\ z=60 \end{cases} \quad 与 \quad \begin{cases} x=9 \\ y=27 \\ z=54 \end{cases}$$

【编程拓展】 已知 n 是一个正整数($n \le 100$)，求解基于 n 的不定方程组(4-5-2)。

$$\begin{cases} a+b+c=d+e+f=n \\ \dfrac{1}{a}+\dfrac{1}{b}+\dfrac{1}{c}=\dfrac{1}{d}+\dfrac{1}{e}+\dfrac{1}{f} \end{cases} \qquad (4\text{-}5\text{-}2)$$

例如，对于 $n=26$，存在基于 26 的不定方程组(4-5-2)的解(4,10,12),(5,6,15)。

4＋10＋12＝5＋6＋15＝26

1/4＋1/10＋1/12＝1/5＋1/6＋1/15＝13/30

从键盘输入正整数 n，求出方程组(4-5-2)的所有正整数解(约定 $a<b<c,d<e<f,a<d$)。

若对某些 n 没有解，则输出"无解!"。

1. 设计要点

注意到 6 个不同正整数之和至少为 21，即整数 $n \ge 11$。

(1) 设置枚举循环。

设置 a,b 与 d,e 枚举循环。注意到 $a+b+c=n$，且 $a<b<c$，因而 a,b 循环取值如下。

a：1～$(n-3)/3$；因 b 比 a 至少大 1，c 比 a 至少大 2，a 的值最多为 $(n-3)/3$。

b：$a+1$～$(n-a-1)/2$；因 c 比 b 至少大 1，b 的值最多为 $(n-a-1)/2$。

$c=n-a-b$，以确保 $a+b+c=n$。

设置 d,e 循环基本同上，注意到 $e>d>a$，因而 d 的起点为 $a+1$，e 的起点为 $d+1$。

(2) 转换倒数和相等。

把比较倒数和相等 1/a＋1/b＋1/c＝1/d＋1/e＋1/f 转换为比较整式

$$def(bc+ca+ab)=abc(ef+fd+de) \qquad (4\text{-}5\text{-}3)$$

若等式不成立，即倒数和不相等，则返回。

（3）省略相同整数的检测。

注意到两个三元组中若部分相同、部分不同，不可能有和相等且倒数和也相等。

事实上，已有 $a<d<e$，若 $b=e$ 且 $c=f$，与 $a+b+c=d+e+f$ 矛盾。

若只有一组相等，不妨设 $c=f$，则 $a+b=d+e$，$1/a+1/b=1/d+1/e \Leftrightarrow ab=de$。

由 $a<d<e$，设 $d=a+x(x>0)$，由 $a+b=d+e$，则有 $b=e+x$。

由 $ab=de$，则有 $x(a-e)=0$，导致 $x=0$ 或 $a=e$，矛盾。

因而由满足式(4-5-2)及 $a<d<e$，可排除以上6个正整数中存在相等的可能。

（4）输出结果。

若比较条件式(4-5-3)成立，打印输出和为 n 的双和三元2组，并用 s 统计解的个数。

为清楚计，计算三元2组倒数和的分子与分母，约去其最大公约数后输出其倒数和。

2. 双和三元 2 组程序设计

```
//探求基于 n 的双和三元 2 组
#include <stdio.h>
void main()
{  int a,b,c,d,e,f,s,n; long  g,h,k;
   printf("  请输入整数 n: "); scanf("%d",&n);
   s=0;
   for(a=1;a<=(n-3)/3;a++)                //设置四重枚举循环
   for(b=a+1;b<=(n-a-1)/2;b++)
   for(d=a+1;d<=(n-3)/3;d++)
   for(e=d+1;e<=(n-d-1)/2;e++)
     {  c=n-a-b; f=n-d-e;                 //确保两组和等于 n
        if(a*b*c*(e*f+f*d+d*e)!=d*e*f*(b*c+c*a+a*b))
            continue;                     //确保倒数和相等
        g=a*b+b*c+c*a;h=a*b*c;
        for(k=g;k>=1;k--)
          if(g%k==0 && h%k==0) break;
        g=g/k;h=h/k;                      //计算其最简倒数和
        printf("  %d: (%3d,%3d,%3d),",++s,a,b,c);
        printf(" (%3d,%3d,%3d); 倒数和为%ld/%ld. \n",d,e,f,g,h);
     }
   if(s>0) printf("  共以上%d组解!\n",s);
   else printf("  无解!\n");
}
```

3. 程序运行示例与说明

```
请输入整数 n: 98
1: (  2, 36, 60), ( 3,  5, 90); 倒数和为 49/90。
2: (  7, 28, 63), ( 8, 18, 72); 倒数和为 7/36。
3: (  7, 35, 56), ( 8, 20, 70); 倒数和为 53/280。
4: ( 10, 33, 55), ( 12, 20, 66); 倒数和为 49/330。
共以上 4 组解!
```

输入 n＝26，即得唯一一个双和三元 2 组如上。输入任何小于 26 的整数 n 均无解。可见基于 n 的不定方程组(4-5-2)有解的 n 最小值为 n＝26。

4.5.2　和积不定方程组

首先求解一个涉及和与积的三元不定方程组，然后编程拓展和积不定方程组。

【问题 2】　设 x,y,z 为正整数，满足方程组

$$\begin{cases} x + y + z = 100 \\ xyz = 28080 \end{cases} \tag{4-5-4}$$

试求 x,y,z（约定 $x < y < z$）。

【探求】　因 28080 是 3 个整数的乘积，首先对 28080 实施素因数分解。

$$28080 = 2 \times 2 \times 2 \times 2 \times 3 \times 3 \times 3 \times 5 \times 13$$

调整以上 9 个素因数的顺序，并选择其中 3 个乘号改为加号，变为 3 个数乘积相加，选择的标准是使 3 个整数之和为 100。

注意到 3 个整数之和为 100，则 3 个整数中只能 1 个是偶数，或 3 个全为偶数。因而 4 个 2 因子或全调整到 1 个整数，或分配到 3 个整数中。

（1）调整为 1 个偶数。

$$2 \times 2 \times 2 \times 2 + 3 \times 13 + 3 \times 3 \times 5 = 16 + 39 + 45 = 100$$

（2）调整为 3 个偶数。

$$2 \times 3 \times 3 + 2 \times 3 \times 5 + 2 \times 2 \times 13 = 18 + 30 + 52 = 100$$
$$2 \times 2 \times 5 + 2 \times 13 + 2 \times 3 \times 3 \times 3 = 20 + 26 + 54 = 100$$

即得不定方程组(4-5-4)有 3 组解：$(16,39,45)$，$(18,30,52)$，$(20,26,54)$。

【编程拓展】

已知 n 是给定正整数，求解基于 n 的不定方程组(4-5-5)的正整数解。

$$\begin{cases} a + b + c = d + e + f = g + h + i = n \\ abc = def = ghi \end{cases} \tag{4-5-5}$$

从键盘输入正整数 $n(n \leq 150)$，试求出方程组(4-5-5)的所有正整数解（为不至重复，约定 $a < b < c, d < e < f, g < h < i, a < d$）。

若对某些 n 没有解，则输出"无解！"。

1. 设计要点

注意到 9 个不同正整数之和至少为 45，因而可知正整数 $n > 14$。

（1）设置枚举循环。

注意到 $a + b + c = n$，且 $a < b < c$，因而 a,b 循环取值如下。

a：$1 \sim (n-3)/3$；因 b 比 a 至少大 1，c 比 a 至少大 2，即 a 至多为 $(n-3)/3$。

b：$a+1 \sim (n-a-1)/2$；因 c 比 b 至少大 1，即 b 至多为 $(n-a-1)/2$。

$c = n - a - b$，以确保 $a < b < c$ 且 $a + b + c = n$。

设置 d,e 循环与 g,h 循环基本同上，只是注意到 $d > a$，因而 d 的起点为 $a+1$；$g > d$，因而 g 的起点为 $d+1$。

（2）检测和积相等。

在设置的枚举循环中，确保了 3 个三元组和相等。

若 $abc=def=ghi$，即积也相等，满足和积相等条件，搜索到基于 n 的一组和积三元 3 组，用 s 统计组数。

（3）省略相同整数的检测。

注意到两个和相等的三元组中，若等号两边有部分数相同，部分数不同，不可能有积相等（证略）。因而可省略排除以上 9 个正整数中是否存在相同整数的检测，即在检测积相等时已排除出现整数相同的可能。

2. 和积三元 3 组程序设计

```c
//探求基于 n 的和积三元 3 组
#include <stdio.h>
void main()
{  int a,b,c,d,e,f,g,h,i,j,s,n; long t;
   printf("  请输入整数 n: "); scanf("%d",&n);
   s=0;
   for(a=1;a<=(n-3)/3;a++)                      //设置枚举循环
   for(b=a+1;b<=(n-a-1)/2;b++)
   for(d=a+1;d<=(n-3)/3;d++)
   for(e=d+1;e<=(n-d-1)/2;e++)
   for(g=d+1;g<=(n-3)/3;g++)
   for(h=g+1;h<=(n-g-1)/2;h++)
   {  c=n-a-b; f=n-d-e; i=n-g-h; t=a*b*c;       //确保 3 个数为正，3 组和等于 n
      if(d*e*f==t && g*h*i==t)                  //确保积相等
      {  printf("  %d: %3d %3d %3d; ",++s,a,b,c);
         printf("%3d %3d %3d; ",d,e,f);
         printf("%3d %3d %3d;   (%ld)\n",g,h,i,t);
      }
   }
   if(s>0) printf("  共以上%d组解!\n",s);
   else printf("  无解!\n");
}
```

3. 程序运行示例与说明

```
请输入整数 n: 150
1:  8  65  77;  11  35 104;  14  26 110;  (40040)
2: 20  64  66;  22  48  80;  30  32  88;  (84480)
3: 34  56  60;  35  51  64;  40  42  68;  (114240)
共以上 3 组解!
```

若输入 $n=100$，则输出前面探求结论的 3 个解。

运行程序，探索存在基于 n 的和积三元 3 组的整数 n 至少为多大。

4.6　解不等式

某些涉及整数的不等式求解用通常推理的方法是无法完成的,这就为应用程序设计解这些不等式提供了空间。

本节探索求解有代表性的"调和数列不等式"与"代数和不等式",开启应用程序设计解决通常推理所无法完成的不等式求解的先河。

4.6.1　调和数列不等式

在求解调和数列不等式之前,先了解两个有趣的发散和。

1. 调和级数的发散性证明

由调和数列各元素相加所得的和为调和级数, $s = \sum_{n=1}^{\infty} \dfrac{1}{n}$ 在级数中扮演着重要的角色,它通常作为判断另一个级数发散的标准,许多级数的证明都与它有关。因此,对调和级数的敛散性的研究是非常重要的。

【命题 1】　调和级数 $s = \sum_{n=1}^{\infty} \dfrac{1}{n}$ 是发散的。

【证明 1】　中世纪后期的数学家 Oresme 在 1360 年就证明了调和级数是发散的。其证明过程如下。

$s = 1 + 1/2 + 1/3 + 1/4 + 1/5 + 1/6 + 1/7 + 1/8 + \cdots$

$= 1 + 1/2 + (1/3 + 1/4) + (1/5 + 1/6 + 1/7 + 1/8) + (1/9 + 1/10 + \cdots + 1/16) + \cdots$

$> 1 + 1/2 + (1/4 + 1/4) + (1/8 + 1/8 + 1/8 + 1/8) + (1/16 + 1/16 + \cdots + 1/16) + \cdots$

$= 1 + 1/2 + 1/2 + 1/2 + \cdots$

注意:这样的 $1/2$ 有无穷多个,所以 s 趋向无穷大,从而证得调和级数是发散的。

【证明 2】　应用以下的反证法证明调和级数发散也颇有特色。

假设调和级数 $\sum_{n=1}^{\infty} \dfrac{1}{n}$ 收敛于 s ,可知

$$s = \sum_{n=1}^{n} \frac{1}{n} = 1 + \frac{1}{2} + \frac{1}{3} + \frac{1}{4} + \cdots + \frac{1}{2n-1} + \frac{1}{2n} + \cdots$$

$$= 1 + \frac{1}{2} + \left(\frac{1}{3} + \frac{1}{4} \right) + \cdots + \left(\frac{1}{2n-1} + \frac{1}{2n} \right) + \cdots$$

$$\geqslant 1 + \frac{1}{2} + \left(\frac{1}{4} + \frac{1}{4} \right) + \cdots + \left(\frac{1}{2n} + \frac{1}{2n} \right) + \cdots$$

$$= \frac{1}{2} + \left(1 + \frac{1}{2} + \cdots + \frac{1}{n} + \cdots \right)$$

$$= \frac{1}{2} + s$$

因而有 $s \geqslant \dfrac{1}{2} + s$,矛盾,所以假设不成立,即调和级数必发散。

顺便指出，欧拉在 1734 年利用 Newton 的成果，首先获得了调和级数有限多项和的值。结果是

$$1+1/2+1/3+1/4+\cdots+1/n=\ln(n+1)+r(r 为常量) \quad (4\text{-}6\text{-}1)$$

这里 r 约为 0.5772156649，这个数字就是后来的欧拉常数。

由以上欧拉等式，因 $\ln(n+1)$ 是发散的，可知调和级数是发散的。

调和级数的分母为所有正整数，事实上，分母为正整数的某些子集的分数之和也可能发散。例如，有以下更有趣的命题。

【命题 2】 分母的高位是 9 的分数之和是发散的。

【证明】 首先探讨高位是 9 的 k 位整数的个数。

当 $k=1$ 时，只有一个，即整数 9；

当 $k=2$ 时，高位是 9 的 2 位整数有 10 个，即 $90,91,\cdots,99$；

当 $k=3$ 时，高位是 9 的 3 位整数有 100 个，即 $900,901,\cdots,999$；

……

一般地，高位是 9 的 k 位整数有 10^{k-1} 个：$9\times10^{k-1}\sim10^k-1$。

因而，分母为所有高位是 9 的分数之和：

$$s=\frac{1}{9}+\underbrace{\frac{1}{90}+\frac{1}{91}+\cdots+\frac{1}{99}}_{10项}+\cdots+\underbrace{\frac{1}{9\times10^{k-1}}+\cdots+\frac{1}{10^k-1}}_{10^{k-1}项}+\cdots$$

$$>\frac{1}{10}+\frac{1}{10}+\cdots+\frac{1}{10}+\cdots=\sum_1^\infty\frac{1}{10}$$

即证得所有分母的高位是 9 的分数之和发散。

当然，把上述命题中的数字 9 换成数字 8 或其他非零数字，命题也成立。

2. 解调和数列不等式

对指定的正数 $x,y(2<x<y)$，试求满足调和数列不等式（4-6-2）的正整数 n。

$$x<1+\frac{1}{2}+\frac{1}{3}+\cdots+\frac{1}{n}<y \quad (4\text{-}6\text{-}2)$$

输入正整数 x,y，输出正整数 n 的取值范围。

（1）设计要点。

设和变量为 s，在 $s\leqslant x$ 的条件循环中，n 从 1 开始递增 1，对每个 n 求和 $s=s+1/n$，直至出现 $s>x$ 退出循环，赋值 $c=n$，所得整数 c 即为解区间的下限。

继续在 $s<y$ 的条件循环中，n 继续递增 1，对每个 n 求和 $s=s+1/n$，直至出现 $s\geqslant y$ 退出循环，赋值 $d=n-1$，所得整数 d 即为解区间的上限。

打印输出不等式的解区间 $[c,d]$。

（2）程序设计。

```
//求解调和数列不等式
#include <stdio.h>
void main()
{  long c,d,n; double x,y,s,s1,s2,s3,s4;
```

```
printf("  请输入正数 x,y(2<x<y)： ");scanf("%lf,%lf",&x,&y);
n=0;s=0;
while(s<=x)                          //循环求和探索 n 的下确界 c
  s=s+1.0/(++n);
c=n;s2=s;s1=s2-1.0/n;                //记录 c 及其前一整数的和值
do
  s=s+1.0/(++n);                     //循环求和探索 n 的上限 d
while(s<y);
d=n-1;s3=s-1.0/n;s4=s;              //记录 d 及其后一整数的和值
printf("  满足不等式的解为%ld≤n≤%ld \n",c,d);
printf("  注:n=%ld 时 s=%2.8f;n=%ld 时 s=%2.8f\n",c-1,s1,c,s2);
printf("  n=%ld 时 s=%2.8f;n=%ld 时 s=%2.8f\n",d,s3,d+1,s4);
}
```

（3）程序运行示例与说明。

```
请输入正数 x,y(2<x<y)： 10,15
满足不等式的解为 12367≤n≤1835420
注:n=12366 时 s=9.99996215;n=12367 时 s=10.00004301
n=1835420 时 s=14.99999983;n=1835421 时 s=15.00000038
```

程序中记录并输出了 n 取上下限附近时和 s 的值,是为了说明结论的精准性。

尽管调和级数的和可达无限大,但输入的正数 x,y 不能太大。对于 $x=10,n$ 达 5 位数;$y=15,n$ 达 7 位数,可见 n 随 x 或 y 的增大而迅速增大。

4.6.2 代数和不等式

试解下列关于正整数 n 的代数和不等式

$$1+\frac{1}{\sqrt{2}}-\frac{1}{\sqrt{3}}+\frac{1}{\sqrt{4}}+\frac{1}{\sqrt{5}}-\frac{1}{\sqrt{6}}+\cdots\pm\frac{1}{\sqrt{n}}>d \tag{4-6-3}$$

（表达式中符号为两个加号后一个减号）

从键盘输入正数 $d(d>1)$,输出正整数 n 的值。

1. 设计要点

（1）寻求区间解。

设置条件循环,从第 2 项开始每 3 项（＋,－,＋）一起求和。

赋初值 n=1,s=1,通过循环求和：

```
s=s+1.0/sqrt(n+1)-1.0/sqrt(n+2)+1.0/sqrt(n+3);
```

当代数和 s>=d 时,退出循环。

所求大于 d 的和 s 即为 s(n+3),易知后面的 s(n+4),s(n+5)…全都大于 s(n+3),因而得一个区间解 $[n+3,\infty]$,并注明大于 d 的和 s(n+3)。

（2）注意探求离散解。

离散解只可能在减项的前一项。不易证明离散解的个数,因而设置循环检测。

设置条件循环(条件 m<=n-2,以确保离散解在区间解之前),从第3项开始每3项(-,+,+)一起求和。

赋初值 m=2,s=3/2,通过循环求和:

```
s=s-1.0/sqrt(m+1)+1.0/sqrt(m+2)+1.0/sqrt(m+3);
```

若代数和 s>=d,则这里所得到的大于 d 的和 s 即为 s(m+3),因而得一个离散解 n=m+3,并注明大于 d 的和 s(m+3)。

2. 程序设计

```c
//解涉及根号的代数和不等式
#include <stdio.h>
#include <math.h>
void main()
{ double d,m,n,s,t;
  printf(" 请输入正数 d(d>1):");  scanf("%lf",&d);
  n=1;s=1;
  while(1)
    { s=s+1.0/sqrt(n+1)-1.0/sqrt(n+2)+1.0/sqrt(n+3);
      if(s>=d) break;
      n=n+3;                              //每3项一组求和
    }
  printf(" 区间解:n≥%.0f ",n+3);         //打印区间解 [n+3,∞]
  printf(" 注:s(%.0f)=%.8f\n",n+3,s);
  m=2;s=1+1.0/sqrt(2);
  while(m<=n-2)
    { s=s-1.0/sqrt(m+1)+1.0/sqrt(m+2)+1.0/sqrt(m+3);
      if(s>=d)
        { printf(" 离散解:n=%.0f ",m+3);     //打印离散解
          printf(" 注:s(%.0f)=%.8f\n",m+3,s);
        }
      m=m+3;                              //每3项一组求和
    }
}
```

3. 程序运行示例与说明

```
请输入正整数 d(d>1):100
区间解:n≥22399   注:s(22399)=100.00233432
离散解:n=22397   注:s(22397)=100.00233447
```

如果遗漏离散解,将导致求解不等式解的不完整。

随着 d 的增加,解值 n 会迅速增长而变得非常大,甚至超出相应变量的范围或计算机的计算范围,这时就不可能得到不等式的正确解。

变通:把不等式中"二正一负"的规律改变为"三正一负",程序应如何修改?试求出

修改后的不等式大于 5 的解。

4.7 和与积的整数部分

解不等式与解方程紧密关联,有时候处理不等式的技巧要求更强。

本节求解两例涉及平方根和、平方根倒数和及分数连乘积的不等式,用于确定涉及平方根和、平方根倒数和及分数连乘积的整数部分,并实施编程拓展至一般情形。

4.7.1 平方根的两个和

本节先解决具体涉及正整数的平方根和与平方根倒数和的整数部分,然后统一编程拓展解决一般区间 $[c,d]$ 上整数的平方根和与平方根倒数和的整数部分。

【问题 1】 试求涉及平方根和

$$s_1 = 1 + \sqrt{2} + \sqrt{3} + \cdots + \sqrt{900} \tag{4-7-1}$$

的整数部分 $[s_1]$。

【思考】 根据第 13 届普特南数学竞赛给出的涉及前 n 个正整数的平方根和不等式

$$\frac{2}{3} n\sqrt{n} < 1 + \sqrt{2} + \sqrt{3} + \cdots + \sqrt{n} < \frac{4n+3}{6}\sqrt{n} \tag{4-7-2}$$

以 $n = 900$ 代入式(4-7-2)化简可得

$$18000 < 1 + \sqrt{2} + \sqrt{3} + \cdots + \sqrt{900} < 18015$$

因为不等式(4-7-2)精度不够,上下限相差 15,无法求出 $[s_1]$。

看来要求出 $[s_1]$,可以从加强关于 s_1 的不等式的精度入手。如果不等式的精度能使 s_1 的上下限都处于某两个相邻整数之间,则 $[s_1]$ 可求。

【命题 1】 对任意正整数 n 有不等式

$$\frac{2n+\sqrt{2}}{3}\sqrt{n} - \frac{\sqrt{2}-1}{3} \leqslant \sum_{k=1}^{n} \sqrt{k} \leqslant \frac{4n+3}{6}\sqrt{n} - \frac{1}{6} \tag{4-7-3}$$

【证明】 用数学归纳法证。

当 $n=1$ 时,式(4-7-3)显然等号成立。

假设当 $n=k(k\geqslant1)$ 时命题成立,当 $n=k+1$ 时,要证式(4-7-3)左端下限不等式成立,只要证

$$\frac{2(k+1)+\sqrt{2}}{3}\sqrt{k+1} \leqslant \frac{2k+\sqrt{2}}{3}\sqrt{k} + \sqrt{k+1}$$

化简即

$$(2k-1+\sqrt{2})\sqrt{k+1} \leqslant (2k+\sqrt{2})\sqrt{k}$$
$$\Leftrightarrow (2k-1+\sqrt{2})^2(k+1) \leqslant (2k+\sqrt{2})^2 k$$
$$\Leftrightarrow 3 - 2\sqrt{2} \leqslant (3-2\sqrt{2})k$$

因 $3 > 2\sqrt{2}$,$k \geqslant 1$,上式显然成立,即式(4-7-3)左端下限不等式成立。

当 $n=k+1$ 时,要证式(4-7-3)右端上限不等式成立,只要证

$$\frac{4k+3}{6}\sqrt{k}+\sqrt{k+1}<\frac{4(k+1)+3}{6}\sqrt{k+1}$$

化简即

$$(4k+3)\sqrt{k}<(4k+1)\sqrt{k+1}$$

$$\Leftrightarrow 16k^3+24k^2+9k<16k^3+24k^2+9k+1$$

上式显然成立，即式(4-7-3)右端上限不等式成立。

因而不等式(4-7-3)得证。

【求解】 式(4-7-3)取 $n=900$，有

$$18000+\frac{29\sqrt{2}+1}{3}<s_1<18015-\frac{1}{6}<18015$$

注意到

$$\frac{29\sqrt{2}+1}{3}>14\Leftrightarrow 29\sqrt{2}>41\Leftrightarrow 1682>1681$$

因而得

$$18014<s_1<18015 \tag{4-7-4}$$

于是得 $[s_1]=18014$。

由这一问题求解可见，不等式(4-7-3)的精度高于式(4-7-2)。

能依据不等式(4-7-3)求得前 900 个正整数的平方根和的整数部分，难能可贵。如果更进一步求前 2019 个正整数平方根和的整数部分，不等式(4-7-3)也无能为力，可借助程序设计求解。

【问题 2】 试求以下涉及平方根倒数和

$$s_2=1+\frac{1}{\sqrt{2}}+\frac{1}{\sqrt{3}}+\cdots+\frac{1}{\sqrt{2019}} \tag{4-7-5}$$

的整数部分 $[s_2]$。

【思考】 据美国新数学丛书《几何不等式》给出的涉及正整数 n 的不等式

$$2\sqrt{n+1}-2\sqrt{n}<\frac{1}{\sqrt{n}}<2\sqrt{n}-2\sqrt{n-1} \tag{4-7-6}$$

可得

$$2\sqrt{n+1}-2<\sum_{k=1}^{n}\frac{1}{\sqrt{k}}<2\sqrt{n}-1 \tag{4-7-7}$$

因为式(4-7-7)的精度不够，取 $n=2019$ 时，所得 s_2 的上下限相差较大，所以无法求出 $[s_2]$。

从加强关于正整数的平方根倒数和的不等式精度入手。如果不等式精度能使 s_2 的上下限都处于某两个相邻整数之间，则 $[s_2]$ 可求。

【命题 2】 对任意正整数 n 的平方根倒数有不等式

$$2\sqrt{n+\frac{9}{16}}-2\sqrt{n-\frac{7}{16}}\leqslant\frac{1}{\sqrt{n}}<2\sqrt{n+\frac{1}{2}}-2\sqrt{n-\frac{1}{2}} \tag{4-7-8}$$

【证明】 式(4-7-8)右端不等式即

$$\frac{1}{\sqrt{n}} < 2\sqrt{n+\frac{1}{2}} - 2\sqrt{n-\frac{1}{2}} \Leftrightarrow \frac{1}{\sqrt{n}} < \frac{2}{\sqrt{n+\frac{1}{2}} + \sqrt{n-\frac{1}{2}}}$$

$$\Leftrightarrow \left(\sqrt{n+\frac{1}{2}} + \sqrt{n-\frac{1}{2}}\right)^2 < 4n \Leftrightarrow \sqrt{n^2 - \frac{1}{4}} < n$$

显然成立。

式(4-7-8)左端不等式即

$$2\sqrt{n+\frac{9}{16}} - 2\sqrt{n-\frac{7}{16}} \leqslant \frac{1}{\sqrt{n}} \Leftrightarrow \frac{1}{\sqrt{n}} \geqslant \frac{2}{\sqrt{n+\frac{9}{16}} + \sqrt{n-\frac{7}{16}}}$$

$$\Leftrightarrow \left(\sqrt{n+\frac{9}{16}} + \sqrt{n-\frac{7}{16}}\right)^2 \geqslant 4n \Leftrightarrow n \geqslant 1$$

显然成立。不等式(4-7-8)得证。

式(4-7-8)取 n 为 $1,2,\cdots,n$，求和相消，得平方根倒数和不等式

$$2\sqrt{n+\frac{9}{16}} - \frac{3}{2} \leqslant \sum_{k=1}^{n} \frac{1}{\sqrt{k}} < 2\sqrt{n+\frac{1}{2}} - \sqrt{2} \qquad (4\text{-}7\text{-}9)$$

【求解】　式(4-7-9)取 $n=2019$，注意到

$$88 < 2\sqrt{2019+\frac{9}{16}} - \frac{3}{2} < 2\sqrt{2019+\frac{1}{2}} - \sqrt{2} < 89$$

因而得 s_2 的整数部分 $[s_2]=88$。

能依据不等式(4-7-9)求得前 2019 个正整数的平方根倒数和的整数部分，说明式(4-7-9)的精度比较高。

【编程拓展】　一般地，试求区间 $[c,d]$ 上整数的平方根和 s_1 与平方根倒数和 s_2

$$s_1 = \sqrt{c} + \sqrt{c+1} + \cdots + \sqrt{d} \qquad (4\text{-}7\text{-}10)$$

$$s_2 = \frac{1}{\sqrt{c}} + \frac{1}{\sqrt{c+1}} + \cdots + \frac{1}{\sqrt{d}} \qquad (4\text{-}7\text{-}11)$$

的整数部分 $[s_1]$，$[s_2]$。

(1) 设计要点。

设置区间 $[c,d]$ 的条件循环，通过累加求正整数 $k(c\sim d)$ 的平方根和 s_1，同时求正整数 $k(c\sim d)$ 的平方根倒数和 s_2（s_1 与 s_2 均设置为双精度变量）。

最后输出 s_1，s_2 的整数部分。

(2) 程序设计。

```
//探求区间上平方根和与平方根倒数和的整数部分
#include <math.h>
#include <stdio.h>
void main()
{  int c,d,k; double s1,s2;
   printf("   请指定区间[c,d]的正整数 c,d: ");
```

```
    scanf("%d,%d",&c,&d);
    k=c-1;s1=s2=0;                        //k,s1,s2 赋初值
    while(k<d)                            //区间[c,d]上循环求和
      {  k++;
         s1=s1+sqrt(k);                   //累加求平方根和 s1
         s2=s2+1/sqrt(k);                 //累加求平方根倒数和 s2
      }
    printf("  区间中平方根和的整数部分[s1]=%.0f。\n", floor(s1));
    printf("  区间中平方根倒数和的整数部分[s2]=%.0f。\n", floor(s2));
}
```

（3）程序运行示例与说明。

```
请指定区间[c,d]的正整数 c,d: 1000,2019
区间中平方根和的整数部分[s1]=39436。
区间中平方根倒数和的整数部分[s2]=26。
```

如果输入 $c=1$，即得前面的 d 个正整数的平方根和及平方根倒数和的整数部分。以上程序把范围从 $1\sim n$ 拓展到一般区间 $[c,d]$，应用更为灵活方便。

上面据不等式(4-7-2)推出 $n=900$ 时的整数部分，这只是一个个例，并非对所有小于 900 的 n 都能推出；而运行以上拓展程序求指定整数的平方根和的整数部分都能畅通无误。

4.7.2 分数连乘积

探求分数连乘积的整数部分，另有一番乐趣。

【问题 3】 试求分数连乘积

$$T=\frac{2\times4\times\cdots\times1200}{1\times3\times\cdots\times1199} \tag{4-7-12}$$

的整数部分 $[T]$。

【思考】 建立相应的不等式作为求解依据。

根据 N.D.卡扎里诺夫的《几何不等式》（北京大学出版社，1986）所给出的不等式

$$\sqrt{3n+1}<\frac{2\times4\times\cdots\times(2n)}{1\times3\times\cdots\times(2n-1)}<\sqrt{4n+1} \tag{4-7-13}$$

因为该不等式的上下限的差距太大，所以不能求取 T 的整数部分。

对于 T 给出的分数连乘积，有更为精细的一般不等式。

【命题 3】 对正整数 n，有不等式

$$\frac{4n+2}{3}\sqrt{\frac{7}{4n+3}}\leqslant\frac{2\times4\times\cdots\times(2n)}{1\times3\times\cdots\times(2n-1)}\leqslant2\sqrt{\frac{4n+1}{5}} \tag{4-7-14}$$

当且仅当 $n=1$ 时，式(4-7-14)等号成立。

【证明】 用数学归纳法证。

当 $n=1$ 时显然等号成立。

假设 n 时不等式(4-7-14)成立,下面证 $n+1$ 时式(4-7-14)也成立。

证当 $n+1$ 时式(4-7-14)左端不等式成立,只要证

$$\frac{4(n+1)+2}{3} \cdot \sqrt{\frac{7}{4(n+1)+3}} < \frac{4n+2}{3} \cdot \sqrt{\frac{7}{4n+3}} \cdot \frac{2(n+1)}{2n+1}$$

化简即

$$\frac{4n+6}{3} \cdot \sqrt{\frac{7}{4n+7}} < \frac{4n+2}{3} \cdot \sqrt{\frac{7}{4n+3}} \cdot \frac{2n+2}{2n+1} \Leftrightarrow \sqrt{\frac{4n+3}{4n+7}} < \frac{2n+2}{2n+3}$$

$$\Leftrightarrow \frac{4n+3}{4n+7} < \frac{4n^2+8n+4}{4n^2+12n+9} \Leftrightarrow (4n+3)(4n^2+12n+9) < (4n+7)(4n^2+8n+4)$$

$$\Leftrightarrow 27 < 28$$

显然成立,即式(4-7-14)左端不等式成立。

证当 $n+1$ 时式(4-7-14)右端不等式成立,只要证

$$2\sqrt{\frac{4n+1}{5} \cdot \frac{2(n+1)}{2n+1}} < 2\sqrt{\frac{4(n+1)+1}{5}}$$

化简即

$$2\sqrt{\frac{4n+1}{5} \cdot \frac{2n+2}{2n+1}} < 2\sqrt{\frac{4n+5}{5}} \Leftrightarrow (2n+2)\sqrt{4n+1} < (2n+1)\sqrt{4n+5}$$

$$\Leftrightarrow (4n^2+8n+4)(4n+1) < (4n^2+4n+1)(4n+5) \Leftrightarrow 4 < 5$$

显然成立,即式(4-7-14)右端不等式成立。

因而不等式(4-7-14)得证。

【求解】 不等式(4-7-14)取 $n=600$,注意到

$$43 < \frac{4 \times 600+2}{3} \sqrt{\frac{7}{4 \times 600+3}}, \quad 2\sqrt{\frac{4 \times 600+1}{5}} < 44$$

即式(4-7-12)给出的连乘积 T 的整数部分为 $[T]=43$。

【编程拓展】 对于给定的区间 $[c,d]$,探求分数连乘积

$$T(c,d) = \frac{(2c)(2c+2)\cdots(2d)}{(2c-1)(2c+1)\cdots(2d-1)} \tag{4-7-15}$$

以上分数连乘积式中,分子全为偶数,分母全为奇数,各个分子比相应分母多1。

试求 $T(c,d)$ 的整数部分 $[T(c,d)]$。

(1) 设计要点。

设置条件循环控制 k 取指定区间 $[c,d]$ 上的整数,对每个 k,把 $2k/(2k-1)$ 累乘到双精度变量 t 中。

最后输出 t 的整数部分 floor(t)。

(2) 程序设计。

```
//探求区间上分数连乘积的整数部分
#include <math.h>
#include <stdio.h>
void main()
```

```
{  int c,d,k; double t;
   printf("   请指定区间[c,d]的正整数c,d: ");
   scanf("%d,%d",&c,&d);
   k=c-1;t=1;                          //k,s赋初值
   while(k<d)                          //区间[c,d]上循环求和
     {  k++;
        t=t*(2*k)/(2*k-1);            //累乘求分数连乘积t
     }
   printf("   区间上分数乘积的整数部分[T]=%.0f。\n", floor(t));
}
```

(3) 程序运行示例与说明。

请指定区间[c,d]的正整数c,d: 1,2019
区间上分数连乘积的整数部分[T]=79。

如果输入 $c=1, d=600$，即可得到前面求解的分数乘积的整数部分。

4.8 猴子分桃与水手分椰子

本节论述的"猴子分桃"与"水手分椰子"这两个著名趣题,都涉及"分",而且分的形式基本相同。

为避免把这两个问题相混,本节剖析两者的联系及其区别,并统一编程拓展。

4.8.1 猴子分桃

1979年,诺贝尔奖获得者李政道教授到中国科技大学讲学,他给少年班的同学出了这样一道算术题:

有5只猴子在海边发现一堆桃子,决定第二天来平分。第二天清晨,第1只猴子最早来到,它左分右分分不开,就朝海里扔了1个桃子,恰好可以分成5份,它拿上自己的一份走了。第2,3,4,5只猴子也遇到同样的问题,采用了同样的方法,都是扔掉1个桃子后,恰好可以分成5份。

【问题1】 问这堆桃子至少有多少个。

据说当时没有一个同学能当场做出答案。怎么解?

【递推求解】 设原有桃子 x 个,最后剩下 y 个。

第1只猴子连拿带扔为 $\frac{x-1}{5}+1=\frac{x+4}{5}$,剩下 $x-\frac{x+4}{5}=\frac{4}{5}(x+4)-4$。

第2只猴子连拿带扔为 $\frac{\frac{4}{5}(x+4)-4-1}{5}+1=\frac{4(x+4)}{5^2}$,剩下 $\frac{4}{5}(x+4)-4-\frac{4}{5^2}(x+4)=\frac{4^2}{5^2}(x+4)-4$。

第3只猴子又从剩下的桃中扔掉1个,拿去4/5。

以此类推,第 5 只又从剩下的桃中扔掉 1 个,拿去 4/5,得剩下桃数为

$$y = \frac{4^5}{5^5}(x+4) - 4$$

要使 y 为整数,$x+4$ 至少为 $5^5 = 3125$,因而得 x 至少为 3121 个,此时 $y = 4^5 - 4 = 1020$。

【妙思巧解】　如果借 4 个桃子,恰好每次都能平分成 5 份。

设开始有 x 个桃子借了 4 个后就是 $x+4$ 个桃子。每次就余下前次对应的 4/5,借了 4 个桃子后等第 5 只猴子来过后,应该余下的桃子是 $(4/5)^5(x+4)$ 个,$x+4$ 必须是 5 的 5 次方的倍数。

注意到 $5^5 = 3125$,即 $x+4$ 至少是 3125,即 x 至少是 3121。

此时余下的桃子是 1024 个,但借了的 4 个要还回去,实际余下的是 1020 个。

一道经典难题就轻松解决了,我们学习数学就是去享受思考的乐趣。

下面拓展到一般的 n 猴分桃问题。

1. n 猴分桃问题

有 n 只猴子在海边发现一堆桃子,决定第二天来平分。第二天清晨,第 1 只猴子最早来到,它左分右分分不开,就朝海里扔了 1 个桃子,恰好可以分成 n 份,它拿上自己的一份走了。第 $2,3,\cdots,n$ 只猴子也遇到同样的问题,采用了同样的方法,都是扔掉 1 个桃子后,恰好可以分成 n 等份。

输入猴子数 $n(1<n<9)$,输出这堆桃子至少有多少个,并逐次输出分桃数量。

2. 编程设计要点

设置 y 数组,$y(k)(k=1,2,\cdots,n+1)$ 为第 k 个猴所面临的桃子数,其中 $y(n+1)$ 为一个整数。要求这堆桃子至少有多少个,即求 $y(1)$ 至少为多大。

(1) 建立递推关系。

建立相邻 y 数组元素之间的递推关系是编程的关键所在。

第 i 个猴面临 $y(i)$ 个桃,扔掉一个后变为 $y(i)-1$,分为 n 等份后拿去一份,余下 $n-1$ 份即为下一个猴面临的桃数 $y(i+1)$,即

$$y(i+1) = \frac{n-1}{n}(y(i)-1) \tag{4-8-1}$$

这就是 y 数组的递推关系,由 $y(i)$ 即可推出 $y(i+1)$,即 $y(1) \to y(2) \to \cdots \to y(n) \to y(n+1)$。

注意:最后推出 $y(n+1)$,这里只要 $y(n+1)$ 为整数即可。

问题是这里的 $y(1)$ 所求的原有桃数,即 $y(1)$ 并不知道,可令 $y(1)$ 取某个初值,按式(4-8-1)若不可连续推出 n 个整数,则 $y(1)$ 增 1 后再试,直到可连续推出 n 个整数 $y(2),y(3),\cdots,y(n),y(n+1)$,则 $y(1)$ 为所求的原有最少桃数。

按式(4-8-1)递推从第 1 只猴开始,这是自然的。因为 $y(1)$ 比 $y(2)$ 大,$y(2)$ 比 $y(3)$ 大,按式(4-8-1)递推是由大推小实施。

以下编程按式(4-8-1)递推展开。

(2) 建立循环。

建立 $i(1\sim n+1)$ 循环,在循环中若 $y(i)$ 不为整数,则中止递推,$y(1)$ 重新增值后再

行递推,直到所有 n 个 $y(i)$ $(i＝n+1,\cdots,2)$ 都为整数,得 $y(1)$ 即为所求的原有最少桃数,退出循环。

设 $y(1)$ 取初值 k,注意到 $y(1)-1$ 必须被 n 整除,因而 k 初值可取 $n+1$,并取步长为 n,可提高探索效益。

(3) 输出结果。

为了使输出的结果更清晰也更有说服力,除了输出 $y(1)$ 即原有桃子数外,还循环输出每只猴子所面临的桃数及其所藏的桃数。

3. 程序设计

```
//拓展 n 猴分桃递推设计
#include <math.h>
#include <stdio.h>
void main()
{   int i,n; double k,x,y[11];
    printf("请输入猴子数 n(1<n<9): ");  scanf("%d",&n);
    i=0;k=n+1;y[1]=k;
    while(i<n)
      {  i++;
         y[i+1]=(y[i]-1)/n*(n-1);          //递推求后一只猴子分桃时的桃数
         if(y[i+1]!=floor(y[i+1]))
           { k=k+n; y[1]=k;i=0; }          //确保 k-1 为 n 整除
      }
    printf("原有桃子数至少为%.0f 个。\n",y[1]);
    for(i=1;i<=n;i++)
      {  printf("第%2d 只猴面临桃数:%.0f=%d * %.0f+1 个,",i,y[i],n,y[i+1]/(n-1));
         printf(" 拿走%.0f 个。\n",y[i+1]/(n-1));
      }
    printf("最后余下桃子数为%.0f 个。\n",y[n+1]);
}
```

4. 程序运行示例与说明

```
请输入猴子数 n(1<n<9): 5
原有桃子数至少为 3121 个。
第 1 只猴面临桃数:3121=5 * 624+1 个,拿走 624 个。
第 2 只猴面临桃数:2496=5 * 499+1 个,拿走 499 个。
第 3 只猴面临桃数:1996=5 * 399+1 个,拿走 399 个。
第 4 只猴面临桃数:1596=5 * 319+1 个,拿走 319 个。
第 5 只猴面临桃数:1276=5 * 255+1 个,拿走 255 个。
最后余下桃子数为 1020 个。
```

这就是原题 5 猴分桃的答案。

以上"5 猴分桃"的前身是曾流行美国的"5 水手分椰子",或者说"5 猴分桃"可能是由"5 水手分椰子"简化而来。

4.8.2　水手分椰子

"5 水手分椰子"这一个趣题见趣题大师 M.加德纳最早发表在《科学的美国人》1958年第 4 期上的《数学游戏》一文。该题在美国《星期六晚邮报》上介绍后更广为流传。

为便于比较,把"5 水手分椰子"问题表述如下:

5 个水手来到一个岛上,采了一堆椰子后,因为疲劳都睡着了。一段时间后,第 1 个水手醒来,悄悄地将椰子等分成 5 份,多出一个椰子,便给了旁边的猴子,然后自己藏起一份,再将剩下的椰子重新合在一起,继续睡觉。不久,第 2 个水手醒来,同样将椰子等分成 5 份,恰好也多出一个,也给了猴子。然后自己也藏起一份,再将剩下的椰子重新合在一起。以后每个水手都如此分了一次并都藏起一份,也恰好都把多出的一个椰子给了猴子。第二天,5 个水手醒来,发现椰子少了许多,心照不宣,便把剩下的椰子分成 5 份,恰好又多出一个,给了猴子。

【问题 2】　问原来这堆椰子至少有多少个。

"5 猴分桃"与"5 水手分椰子"的区别在于:"5 猴分桃"对 5 猴按特定规则分后所余下的桃数并未作要求,只要是整数就行。"5 水手分椰子"则要求 5 水手按特定规则分后所余下个数还要通过如上规则再分一次,因而要求更高,分的次数要多一次,导致所得数额也更大些。

也许会认为,"5 水手分椰子"比"5 猴分桃"多分一次,只要运行上述拓展程序时输入 $n=6$ 就行了。实际情况没有这么简单,输入 $n=6$ 是分了 6 次,但每次都是分为 6 份多一个,与 5 水手分椰子每次只分为 5 份多一个完全不同。

【妙思巧解】　如果借 4 个椰子,恰好每次都能平分成 5 份。

设开始有 x 个椰子,借了 4 个后就是 $x+4$ 个椰子。每次就余下前次对应的 4/5,借了 4 个椰子并等 5 个水手分别分过后,一起醒过又分一次后应该余下的椰子是 $(4/5)^6$ $(x+4)$ 个,$x+4$ 必须是 5 的 6 次方的倍数。

注意到 $5^6=15625$,即 $x+4$ 至少是 15625,x 至少是 15621。

【统一拓展】　联系分桃子与分椰子两趣题统一拓展。

注意到分桃子与分椰子的分法相同,只是所分的次数存在有一次差异,因此把这两个问题一并处理,做类型 d 选择。

$d=0$:水手分椰子。

$d=1$:猴分桃子。

除主体数确定为一般 $n(2\sim8)$,即 n 个水手或 n 只猴外,对每次分时多余数拓展为每次分时多 $m(0<m<n)$ 个。

1. 设计要点

设置 y 数组,$y(k)(k=1,2,\cdots,n+1)$ 为第 k 次分时所面临的椰桃数,其中 $y(n+1)$ 为一个整数。要求这堆椰桃至少有多少个,即求 $y(1)$ 至少为多大。

(1)建立递推关系。

建立相邻 y 数组元素之间的递推关系是编程的关键所在。

第 i 只猴面临 $y(i)$ 个椰桃,扔掉 m 个后变为 $y(i)-m$,分为 n 等份后拿去一份,余下

$n-1$ 份即为下一只猴面临的椰桃数 $y(i+1)$，即

$$y(i+1)=\frac{n-1}{n}(y(i)-m) \tag{4-8-2}$$

这就是 y 数组的递推关系，由 $y(i)$ 即可推出 $y(i+1)$。

试把式(4-8-2)变形为

$$y(i)=\frac{n}{n-1}\cdot y(i+1)+m \tag{4-8-3}$$

由 $y(i+1)$ 推出 $y(i)$，即 $y(n+1)\to y(n)\to\cdots\to y(d)$。

按式(4-8-3)递推，由后往前推，可能不习惯。因为 $y(n+1)$ 比 $y(n)$ 小，$y(n)$ 比 $y(n-1)$ 小，即递推是由小推大，递推效益比由大推小要高。

水手分椰子时，$d=0$，推至 $y(0)$ 即为原有至少椰子数。

猴子分桃子时，$d=1$，推至 $y(1)$ 即为原有至少桃子数。

显然，水手分椰子比猴子分桃子多分一次，符合题目的要求。

具体递推：可令 $y(n+1)$ 取某个初值，按式(4-8-3)若不可连续推至 $y(d)$，则 $y(n+1)$ 增值后再试，直到可连续推出整数 $y(n),\cdots,y(d)$，则 $y(d)$ 为所求。

以下按式(4-8-3)编程递推求 $y(d)$。

(2) 建立循环。

建立 $i(n+1\sim d)$ 循环，在循环中若 $y(i)$ 不为整数，则中止递推，$y(n+1)$ 重新增值后再行递推，直到所有 $y(i)(i=n,\cdots,d)$ 都为整数，得 $y(d)$ 即为所求的原有最少个数，退出循环。

设 $y(n+1)$ 取初值 k，注意到 $y(n+1)$ 必须被 $n-1$ 整除，因而 k 初值可取 $n-1$，并取步长为 $n-1$，可提高探索效益。

(3) 输出结果。

为了使输出的结果更清晰也更有说服力，除了输出 $y(d)$，即原有数外，还循环输出每轮所面临数及其所藏数。

注意到这两个问题综合拓展，输出时个别不同语句分别进行输出。

2. 程序设计

```
//拓展分桃与分椰子综合编程
#include <math.h>
#include <stdio.h>
void main()
{   int d,i,j,m,n; double k,x,y[11];
    printf("  请确定类型 d(水手分椰子 0,猴分桃 1): ");  scanf("%d",&d);
    printf("  请输入分的主体数 n(1<n<9): ");   scanf("%d",&n);
    printf("  请输入每次分时所抛数 m(0<m<n): "); scanf("%d",&m);
    i=n+1; k=n-1; y[n+1]=k;
    while(i>d)
      {   i--; y[i]=y[i+1]*n/(n-1)+m;      //递推求前一只猴分桃时的桃数
          if(y[i]!=floor(y[i]))
```

```
            {  k=k+n-1;                        //确保每次递推时 k 能被 n-1 整除
               y[n+1]=k;i=n+1;
            }
         }
      printf("  所求原有数至少为%.0f 个.\n",y[d]);
      for(j=0,i=d;i<=n;i++)
      {  j++;
         if(d==0 && i==n)
         {  printf("  最后一起分时有椰子数:%.0f=%d*%.0f+%d 个,",y[i],n,y[i+1]/(n
            -1),m);
            printf("  每人得%.0f 个。\n",y[i+1]/(n-1));
         }
         else
         {  printf("  第%2d 个分时面临数:%.0f=%d*%.0f+%d 个,",j,y[i],n,y[i+1]/(n
            -1),m);
            printf("  藏%.0f 个。\n",y[i+1]/(n-1));
         }
      }
      if(d==1)  printf("  最后余下的桃子数为%.0f 个。\n",y[n+1]);
}
```

3. 程序运行示例与说明

```
请确定类型 d(水手分椰子 0,猴分桃 1)：0
请输入分的主体数 n(1<n<9)：5
请输入每次分时所抛数 m(0<m<n)：1
所求原有数至少为 15621 个。
第 1 个分时面临数:15621=5*3124+1 个，藏 3124 个。
第 2 个分时面临数:12496=5*2499+1 个，藏 2499 个。
第 3 个分时面临数: 9996=5*1999+1 个，藏 1999 个。
第 4 个分时面临数: 7996=5*1599+1 个，藏 1599 个。
第 5 个分时面临数: 6396=5*1279+1 个，藏 1279 个。
最后一起分时有椰子数: 5116=5*1023+1 个，每人得 1023 个。
```

若输入 $d=1,n=5,m=1$，即输出 5 猴分桃的结果。有兴趣的读者不妨就不同的类型 d，不同的主体数 n 与不同的多余数 m 运行程序，感受拓展程序的功能与所及的范围。

如果较大的数据一时还难理解，还可以从 $n=2,3$ 这些较小的主体数运行。例如，运行 $d=1,n=3,m=1$ 的结果如下，分析逐次所分个数就比较清楚了。

```
请确定类型 d(水手分椰子 0,猴分桃 1)：1
请输入分的主体数 n(1<n<9)：3
请输入每次分时所抛数 m(0<m<n)：1
所求原有数至少为 25 个。
第 1 个分时面临数:25=3*8+1 个，藏 8 个。
第 2 个分时面临数:16=3*5+1 个，藏 5 个。
第 3 个分时面临数:10=3*3+1 个，藏 3 个。
最后余下的桃子数为 6 个。
```

4.9 解佩尔方程

佩尔（Pell）方程是关于整数 x, y 的二次不定方程，表述为

$$x^2 - ny^2 = 1 \quad （其中，n 为非平方正整数）\tag{4-9-1}$$

相传最早求解这一不定方程的是印度数学家婆什伽罗。这方程传到欧洲后，欧洲人称为佩尔方程，这实际上是数学家欧拉的误会引起的。实际上佩尔并未解过这一方程，倒是费马解过，因此有人把这一方程称为费马方程。

当 $x = 1$ 或 $x = -1, y = 0$ 时，显然满足方程（4-9-1）。常把 x, y 中有一个为零的解称为平凡解，我们要求佩尔方程的非平凡解。

佩尔方程的非平凡解很多，这里只要求出它的最小解，即 x, y 为满足方程的最小正数解，又称基本解。求出了基本解，其他解可由基本解推出。

对于有些非平方正整数 n，尽管是求最小解，其数值也大得惊人。例如，当 $n = 991$ 时，佩尔方程的基本解达 30 位。著名的阿基米德"牛问题"的求解，包含 8 个未知数，可转化为求解以下的佩尔方程：

$$x^2 - 4729494y^2 = 1\tag{4-9-2}$$

其基本解超过 40 位。

这么大的数值，如何精准求得？其基本解具体为多少？可以说这是自然界对人类智能的一个挑战。

由此可见，佩尔方程的求解是有趣的，其计算也是烦琐的。

4.9.1 枚举试探求解

17 世纪曾有一位印度数学家说过，要是有人能在一年时间内求出 $x^2 - 92y^2 = 1$ 的非平凡解，他就算得上一名真正的数学家。

【问题】 试求解佩尔方程

$$x^2 - 92y^2 = 1\tag{4-9-3}$$

【探求】 对于如何解佩尔方程（4-9-1）的有理数解，有一印度数学家给出了以下方法。

任取整数 x_1, y_1, x_2, y_2，令

$$x_1^2 - ny_1^2 = b_1$$
$$x_2^2 - ny_2^2 = b_2$$

两式相乘有

$$(x_1^2 - ny_1^2)(x_2^2 - ny_2^2) = b_1b_2$$

左边变形得

$$(ny_1y_2 + x_1x_2)^2 - n(x_1y_2 + x_2y_1)^2 = b_1b_2$$

令 $x_1 = x_2, y_1 = y_2$，此时必有 $b_1 = b_2$，则上式简化为

$$\left(\frac{ny_1^2 + x_1^2}{b_1}\right)^2 - n\left(\frac{2x_1y_1}{b_1}\right)^2 = 1$$

因此得

$$x = \frac{ny_1^2 + x_1^2}{b_1}, y = \frac{2x_1 y_1}{b_1} \tag{4-9-4}$$

这样,就得到佩尔方程(4-9-1)的上述有理数解。

例如,对于 $n=92$,取 $x_1=20, y_1=2$,则有 $20^2 - 92 \times 2^2 = 32$,显然 $b_1 = 32$。代入式(4-9-4)即得方程(4-9-3)的有理数解

$$x = 24, y = \frac{5}{2} \tag{4-9-5}$$

整数属于有理数,只要选择 x_1, y_1 适当,按上述方法也有可能求出佩尔方程的整数解。

试把有理数解式(4-9-5)代入方程(4-9-3)有

$$24^2 - 92 \times \left(\frac{5}{2}\right)^2 = 1$$

上式两边同乘以 4 得

$$48^2 - 92 \times 5^2 = 4 \tag{4-9-6}$$

由式(4-9-6),相当于取 $x_1=48, y_1=5, b_1=4$,代入式(4-9-4)即得

$$x = \frac{ny_1^2 + x_1^2}{b_1} = \frac{92 \times 5^2 + 48^2}{4} = 1151$$

$$y = \frac{2x_1 y_1}{b_1} = \frac{2 \times 48 \times 5}{4} = 120$$

以 $x=1151, y=120$ 代入方程(4-9-3)成立,即佩尔方程(4-9-3)的解。

退一步说,就是采用尝试法令 $y=2,3\cdots$,逐一验证 $92y^2 + 1$ 是否为一个整数 x 的平方来求解,当然比上述求解要繁复,但也不至于需要一年时间。

【编程拓展】　下面应用编程探求佩尔方程(4-9-1)的基本解。

1. 设计要点

尝试令 $y=2,3\cdots$,逐一验证 $ny^2 + 1$ 是否为一个整数 x 的平方。若尝试到某一整数 y 使得 $ny^2 + 1$ 为一个整数 x 的平方,所得到的 x,y 就是该佩尔方程的基本解。

(1) 设置 y 递增 1 枚举循环。

为了提高求解方程的范围,数据结构设置为双精度型。

设置 y 从 1 开始递增 1 取值,对于每个 y 值,计算 a=n * y * y 后判别。

若 a+1 为某一整数 x 的平方,则(x,y)即为所求佩尔方程的基本解。

若 a+1 不是平方数,则 y 增 1 后再试,直到找到解为止。

应用以上枚举探求,如果解的位数不太大,总可以求出相应的基本解。

(2) 设置一个枚举上限。

如果基本解太大,应用枚举无法找到基本解,此时可约定一个枚举上限。

例如,可把 y<1e7 作为循环条件,当 y>=1e7 时结束循环,输出"未求出该方程的基本解!"而结束。

这里要注意,枚举上限不可设置太大,例如,当设置为 1e8 或 1e9 时,可能使 a=n * y * y 超出双精度范围而出错。

2. 程序设计

```
//简单试探求解佩尔方程
#include <math.h>
#include <stdio.h>
void main()
{   double a,m,n,x,y;
    printf("  解佩尔方程: x^2-ny^2=1。\n");
    printf("  请输入非平方整数 n: "); scanf("%lf",&n);
    m=floor(sqrt(n+1));
    if(m*m==n)
      { printf("  n 为平方数,方程无正整数解!\n"); return; }
    y=1;
    while(y<1e7)
    {   y++;                              //设置 y 从 1 开始递增 1 枚举
        a=n*y*y;x=floor(sqrt(a+1));
        if(x*x==a+1)                      //检测是否满足方程
          {  printf("  方程 x^2-%.0fy^2=1 的基本解为\n",n);
             printf("  x=%.0f, y=%.0f\n",x,y);
             return;
          }
    }
    if(y>=1e7)
      printf("  未求出该方程的基本解!");
}
```

3. 程序运行示例与说明

```
解佩尔方程: x^2-ny^2=1。
请输入非平方整数 n: 73
方程 x^2-73y^2=1 的基本解为
x=2281249, y=267000
```

如果设置为整型或长整型,方程的求解范围比设置为双精度型要小。例如 n=73 时,设置整型或长整型就不可能求出相应方程的解。可见,数据结构的设置对程序的应用范围有着直接的影响。

以上设计是递增枚举,枚举复杂度与输入的 n 没有直接关系,完全取决于满足方程的 y 的数量。解的 y 值小,枚举的次数就少;解的 y 值大,枚举的次数就多。

对某些 n,相应佩尔方程解的位数太大,枚举求解无法完成,可进一步考虑应用连分数实施高精度求解。

4.9.2 应用连分数高精求解

试求解佩尔方程

$$x^2 - 991y^2 = 1 \qquad\qquad (4\text{-}9\text{-}7)$$

以上佩尔方程的基本解非常大,以至超出计算机的有效数字范围,用上述枚举探求已无能为力,而应用连分数可以大大扩展求佩尔方程的范围。

应用连分数求解佩尔方程是数学家布龙克尔首先提出的,而数学家拉格朗日给出了更为完备的论述。

1. 连分数的表示

（1）分数的连分数。

所谓连分数,即如果数 r 对正整数 $a_1, a_2, \cdots, a_m$ 有以下表达式：

数 $r = a_1 + 1/a_2$,则 r 的连分数展式为 $r = [a_1, a_2]$；

数 $r = a_1 + 1/(a_2 + 1/a_3)$,则 r 的连分数展式为 $r = [a_1, a_2, a_3]$；

例如,$7/2 = 3 + 1/2 = [3, 2]$,$11/4 = 2 + 1/(1 + 1/3) = [2, 1, 3]$,等等。

把数 r 转换为连分数常用辗转相除法。

（2）无理数的连分数。

数学家拉格朗日证明：一个二次无理数的连分数展式,从某项后是循环的。

例如,一个非完全平方整数 n 的平方根的连分数展式可表为

$$\sqrt{n} = [a_1; a_2, \cdots, a_m, 2a_1]$$

这里循环从 a_2 开始到 $2a_1$ 这一项为止（a_2 前的分号标明循环节的开始）。

（3）渐近分数与基本解。

如果项数 m 为偶数,则对应连分数的第 m 个渐近分数 p_m/q_m,佩尔方程的基本解为 $x = p_m, y = q_m$。

如果项数 m 为奇数,则对应连分数展式须向后移一个循环节,即移到 a_m 第二次出现,此时的第 $2m$ 个渐近分数 p_{2m}/q_{2m},佩尔方程的基本解为 $x = p_{2m}, y = q_{2m}$。

根据输入的非平方整数 n,先行求 $\sqrt{n}$ 的连分数展式,然后再求相应的第 m 个（当 m 为偶数时）或第 $2m$ 个分数（当 m 为奇数时）,写出相应的基本解。

例如,求解佩尔方程 $x^2 - 14y^2 = 1$ 时,先求得 $\sqrt{14} = [3; 1, 2, 1, 6]$,$m = 4$,$p_4/q_4 = 15/4$,于是有 $x = 15, y = 4$。

若求解佩尔方程 $x^2 - 13y^2 = 1$,先求得 $\sqrt{13} = [3; 1, 1, 1, 1, 6]$,$m = 5$,$p_{10}/q_{10} = 649/180$,于是有 $x = 649, y = 180$。

在算出 $\sqrt{n}$ 的连分数后,采用倒推计算渐近分数 p_m/q_m（或 p_{2m}/q_{2m}）。

2. 求 $\sqrt{n}$ 的连分数展式的递推算法

要把无理数 $\sqrt{n}$ 转化为连分数,如果取它的前若干位近似值来做辗转相除,考虑到不可忽略的误差,有时是行不通的。

（1）改进的辗转相除法。

这时采用改进的辗转相除法,可避免对 $\sqrt{n}$ 的具体数值计算,递推求出 $\sqrt{n}$ 的连分数展式中的每一项 $a(i)$。

初始条件：

```
i=h=1;u=a(1)=sqrt(n);
```

进入循环：

```
t=n-u*u;
a(++i)=(sqrt(n)+u) * h/t;
h=t/h; u=a(i) * h-u;
```

（2）计算连分数示例。

例如，若 $n=2019$，按以上操作推导 $\sqrt{2019}$ 的连分数如下。

$a(1)=\text{sqrt}(2019)=44,h=1,u=a(1)=44,t=2019-44\times44=83;$

$a(2)=(44+44)\times1/83=1,h=83/1=83,u=1\times83-44=39,t=2019-39\times39=498;$

$a(3)=(44+39)\times83/498=13,h=498/83=6,u=13\times6-39=39,t=2019-39\times39=498;$

$a(4)=(44+39)\times6/498=1,h=498/6=83,u=1\times83-39=44,t=2019-44\times44=83;$

$a(5)=(44+44)83/83=88。$

由于 $a(5)=2\times a(1)$，结束操作。

因而得到 $\sqrt{2019}$ 的连分数为 $[44;1,13,1,88]$。

3. 渐近分数的高精度算法

为了准确计算佩尔方程的基本解，根据所得连分数展式 $[a_1,a_2,\cdots,a_m,2a_1]$，必须确定高精度计算渐近分数 p_m/q_m（或 p_{2m}/q_{2m}）的算法。

（1）数组设置。

计算的数值可能非常大，用常规运算，因计算有效数字的约束或数值溢出会造成计算欠准。为此，引入两个整型数组 $x(100),y(100)$（即预置解最多100位，必要时可增）来作为数值计算的数位处理。

设置 $x(1)$ 存储 x 的个位数字，$x(2)$ 存储 x 的第二位数字……；y 数组同样，以此类推。

（2）高精度计算渐近分数。

我们依据连分数的定义从后向前具体递推求出 $\sqrt{n}$ 的第 b 个渐近分数（当 m 为偶数，$b=m$；当 m 为奇数，$b=2m$）。

对于 $a(i)+y/x$，算出 $w=x*a(i)+y$。然后，x 作为下一轮递推的 y，w 作为下一轮递推的 x，继续（引入 t 作为交换 x,y 操作的中间变量）。

对 $\sqrt{n}$ 的连分数展式中的每项 $a(i)$，上述运算都必须从低位到高位逐位进行，同时要注意实施进位操作，为此引入进位数 h（显然，h 的初始值为0）。

在计算 x 的第 j 位 $x(j)(j=1,2,\cdots,100)$ 时，计算与进位操作如下。

$w=x(j)*a(i)+y(j)+h;$　　（h 为前一位计算时给出的进位数）

$h=w/10;$　　（w 从第2位起的数作为本位计算的进位数）

$x(j)=w-h*10;$ （w 的个位数作为 x 乘 $a(i)$ 之后积的本位数）

（3）输出方程的解。

因预设位数为 $j=100$，在输出方程的解 x,y 时，注意去掉 x,y 的高位 0。

```
while(x[j]==0) j--;jx=j;
while(y[j]==0) j--;jy=j;
```

去除 x,y 的 100 位中的高位 0 后，从 jx 位开始输出 x 的各位数字，从 jy 位开始输出 y 的各位数字。

4. 连分数法求解程序设计

```
//应用连分数解佩尔方程
#include <math.h>
#include <stdio.h>
void main()
{  int i,b,j,k,jx,jy; long n,m,w,h,t,u;
   static int a[100],x[100],y[100];
   printf("  请输入非平方正整数 n: ");scanf("%ld",&n);
   m=(long)sqrt(n);
   if(n==m*m) return;                        //排除 n 为完全平方数
   i=1;a[1]=(int)sqrt(n);u=a[1];h=1;         //计算根号 n 的连分数
   printf("  sqrt(%ld)=[%d;",n,a[1]);
   while(1)
      {  t=n-u*u;a[++i]=((int)sqrt(n)+u)*h/t;
         h=t/h;u=a[i]*h-u;
         if(a[i]==2*a[1]) break;             //结束求连分数,退出循环
         printf("%d,",a[i]);
      }
   printf("%d]\n",2*a[1]);
   for(m=i,j=2;j<=(m-1)/2;j++)               //检验√n连分数的对称性
      if(a[j]!=a[m-j+1]) return;
   y[1]=1;x[1]=a[m-1];b=m-1;
   if(m%2==0)                                //当 i 为偶数时推下一循环
      {  for(j=m+1;j<=2*m-2;j++)
            a[j]=a[j-m+1];
         x[1]=a[2*m-2];b=2*m-2;
      }
   for(k=b;k>=2;k--)                         //从低位到高位倒推计算基本解
   for(h=0,j=1;j<=100;j++)
      {  t=x[j];w=x[j]*a[k-1]+y[j]+h;
         h=w/10;x[j]=w-h*10;y[j]=t;
      }
   printf("  佩尔方程 x^2-%ldy^2=1 的基本解为\n",n);
   j=100; while(x[j]==0) j--;jx=j;           //去掉高位零输出基本解
```

```
    printf("  x=");
    for(i=jx;i>=1;i--) printf("%d",x[i]);
    printf("(共%d位)\n",j);
    j=100; while(y[j]==0) j--;jy=j;
    printf("  y=");
    for(i=jy;i>=1;i--) printf("%d",y[i]);
    printf(" (共%d位)\n",j);
}
```

5. 程序运行示例

```
请输入非平方正整数 n: 991
sqrt(991)=[31;2,12,10,2,2,2,1,1,2,6,1,1,1,1,3,1,8,4,1,2,1,2,3,1,4,1,20,6,4,31,
          4,6,20,1,4,1,3,2,1,2,1,4,8,1,3,1,1,1,1,6,2,1,1,2,2,2,10,12,2,62]
佩尔方程 x^2-991y^2=1 的基本解为
x=379516400906811930638014896080 (共 30 位)
y=12055735790331359447442538767 (共 29 位)
```

程序应用改进的递推算法算出 $\sqrt{n}$ 的连分数，并在解出方程的解之前输出 $\sqrt{n}$ 的连分数表示。从输出的 sqrt(991) 的连分数可以得出，除尾项 62 是其首项 31 的 2 倍外，连分数的其他项关于正中项 31 对称。

当 $n=991$ 时，佩尔方程(4-9-7)的解多达到 30 位整数。

```
请输入非平方正整数 n: 4729494
sqrt(4729494)=[2174;1,2,1,5,2,25,3,1,1,1,1,1,1,15,1,2,16,1,2,1,1,8,6,1,21,1,
          1,3,1,1,2,2,6,1,1,5,1,17,1,1,47,3,1,1,6,1,1,3,47,1,1,17,1,5,1,1,6,2,2,1,1,
          1,3,1,1,21,1,6,8,1,1,2,1,16,2,1,15,1,1,1,1,1,3,25,2,5,1,2,1,4348]
佩尔方程 x^2-4729494y^2=1 的基本解为
  x=109931986673282973497986623282143354390108049 (共 45 位)
  y=50549485234315033074477819735540408986340 (共 41 位)
```

这就是阿基米德"牛问题"的佩尔方程(4-7-2)的精准解，多达 40 多位。

探求这么大规模数据的精确解，是自然界留给考验人类智慧的一道刁钻的测试题。以上应用并改进"连分数"算法设计，解决了探求佩尔方程的高精解，顺利通过了这一测试难题。

这一应用连分数求解佩尔方程的设计说明程序设计离不开数学专业知识的支撑。

第 5 章

精巧求解剖析

精巧求解,包括高精度计算,是最具吸引力的亮点,也是让人望而却步的难点。

本章从互积和与嵌套根式和的巧算、同码数的整除及同码数求和规律的探索,到建模统计、分类统计、游戏中的素数概率求解,突出一个"巧"字。同时,从探索最小 0-1 串积到指定多码串积与尾数前移问题等,突显一个"精"字。

探讨并拓展著名的梅齐里亚克砝码问题与伯努利装错信封的排列问题,是"巧"与"精"结合的典范。飘逸于数学殿堂的两个"幽灵"e 和 π,凝聚着数学的精华,彰显出编程的卓越。

5.1 和与积巧算

本节探讨简单的互积和与嵌套根式和,不存在难点,但求解技巧颇具启发性。

5.1.1 互积和

探求已知整数组的互积和是涉及和与积的常规题,有较强的技巧性,常常作为数学奥赛的培训题或测试题。

有 9 个整数:$-3,-2,-1,0,1,2,4,8,16$,对这 9 个整数求任意 2 个数之积,任意 3 个数之积,……,直至所有 9 个数之积。把所有这些积之和称为这些整数的互积和。

【问题】 试求这 9 个整数的互积和 m。

【分类求解】 互积和分类是简化求解的关键。

可忽略 0,因凡含有 0 的积结果均为 0,对最后结果没有影响。

注意到所有正数和为 31,分以下 5 类情形考虑。

(1) 所有正数互积和,设为 s_1(不含单个正数)。

(2) 所有负数互积和:$s_2 = 2+3+6-6 = 5$。

(3) 含 1 个负数的互积和:$s_3 = (-1-2-3)(s_1+31) = -6s_1 - 6 \times 31$。

(4) 含 2 个负数的互积和:$s_4 = 11 \times (s_1+31) = 11s_1 + 11 \times 31$。

(5) 含 3 个负数的互积和:$s_5 = -6 \times (s_1+31) = -6s_1 - 6 \times 31$。

以上 5 项求和,巧妙消去其中尚未算出的 s_1,得到互积和 m。

$$m = s_1 + s_2 + s_3 + s_4 + s_5 = 5 - 31 = -26$$

【妙思巧解】 巧妙构造多项式化互积为多项式积。

记 8 个非零整数为 $a_1, a_2, \cdots, a_8$,构造多项式

$$f(x) = (x + a_1)(x + a_2)\cdots(x + a_8) = x^8 + p_1x^7 + p_2x^6 + \cdots + p_7x + p_8$$

$$(5\text{-}1\text{-}1)$$

其中，p_1 为 8 个数之和 25；p_2 为任意 2 个数积之和；p_3 为任意 3 个数积之和；……；p_8 为所有 8 个数之积。显然，所求互积和 $m = p_2 + p_3 \cdots + p_8$。

令 $x = 1$，由式(5-1-1)左边知 $f(1) = 0$(因有一整数为 -1)；同时，由式(5-1-1)右边有 $f(1) = 1 + p_1 + p_2 + \cdots + p_8 = 1 + 25 + m$，因而所求结果为 $m = p_2 + p_3 + \cdots + p_8 = -26$。

给出的整数中有 -1，即得和 $f(1) = 0$，这是减少计算量的关键所在。

即使给出的 8 个整数中没有 -1，计算式(5-1-1)左边的 8 个数之积也远比计算"互积"简单。

【概括】 以上两个求解都颇具启发性。如果按"互积"的定义，具体实施每 2 个数求积，每 3 个数求积，……，这一思路并不可行。而分类的思想和建多项式的思想，就是化解"互积"这一难点的巧妙突破点。

如果对于指定的一般 n 个整数，如何求取其互积和？

【编程拓展】 拓展至一般情形，探求 n 个整数的互积和。

对给出的 n 个整数，计算任意 2 个数之积，任意 3 个数之积，……，直到所有 n 个数之积。定义所有这些积之和为这 n 个整数的互积和 m。

从键盘输入 n 个整数，探求并输出这 n 个整数的互积和 m。

(1) 设计要点。

按上述巧妙构造多项式，化互积为多项式积。

设置存储 n 个整数的 a 数组，从键盘输入的 n 个整数存储在 $a[1], a[2], \cdots, a[n]$。同时构造关于这 n 个整数的 n 次多项式

$$y(x) = (x + a_1)(x + a_2)\cdots(x + a_n) = x^n + p_1x^{n-1} + p_2x^{n-2} + \cdots + p_{n-1}x + p_n$$

$$(5\text{-}1\text{-}2)$$

其中，p_1 为 n 数之和；p_2 为任意 2 个数积之和；……；p_{n-1} 为任意 $n-1$ 个数积之和；p_n 为所有 n 个数之积。显然，$m = p_2 + \cdots + p_n$。

令 $x = 1$，按式(5-1-2)左边通过循环求积，可简单得出 $y(1)$；按式(5-1-2)右边有 $y(1) = 1 + p_1 + p_2 + \cdots + p_{n-1} + p_n$；同时在循环中求出 n 个整数之和 p_1，显然所求互积和为

$$m = y(1) - p_1 - 1 \tag{5-1-3}$$

循环结束，即按式(5-1-3)输出所求 n 个整数的互积和 m。

(2) 程序设计。

```
//求 n 个整数的互积和 m
#include <stdio.h>
void main()
{  long  k,m,n,s,y,a[100];
   printf("  请确定整数的个数 n:");scanf("%ld",&n);
   s=0;y=1;
```

```
    for(k=1;k<=n;k++)                                //逐个输入 n 个整数
    {  printf("  请输入第%ld个整数:",k);
       scanf("%ld",&a[k]);
       s+=a[k]; y*=(1+a[k]);                         //计算整数和 s 及 f(1)
    }
    m=y-1-s;                                          //计算互积和 m
    printf("  输入的%ld个整数为%ld",n,a[1]);
    for(k=2;k<=n;k++)                                 //集中输出 n 个整数
      printf(", %ld",a[k]);
    printf("\n  以上%ld个整数的互积和 m=%ld。\n",n,m);   //输出结果
}
```

（3）程序运行示例与说明。

请确定整数的个数 n:8
输入的 8 个整数为-5，-3，-2，3，5，8，10，13
以上 8 个整数的互积和 m=-266142。

运行程序时，输入 n 个整数的先后顺序对互积和结果没有影响。

以上程序把求互积（若干积）转化为求一个积，是简化复杂运算的技巧所在。

同时，程序设置在输入循环中输入与计算（和与积）同步进行，输入循环结束，计算也随之完成。

如果运行程序，输入 9 个整数 $-3,-2,-1,0,1,2,4,8,16$，即可得到互积和为 -26，其中的整数 -1 是一个简化因子。

即使没有 -1 这一简化整数，以上程序实现把"互积"难点转化为在循环中求一个积，也非常精巧。

5.1.2　嵌套根式和

试求以下两个嵌套根式和

$$s_1=\sqrt{1+\sqrt{2+\sqrt{3+\cdots+\sqrt{n}}}} \tag{5-1-4}$$

$$s_2=\sqrt{5+\sqrt{3+\sqrt{5+\sqrt{3+\cdots+\sqrt{5+\sqrt{3}}}}}} \quad （式中有 n 个 5 与 n 个 3）\tag{5-1-5}$$

输入正整数 n，输出根式和 s_1 与 s_2（精确到小数点后 8 位）。

1. 设计要点

对于给定的正整数 n，在 s_1 中涉及 n 层开方，而 s_2 涉及 $2n$ 层开方，新颖少见。

根式和式(5-1-4)与式(5-1-5)存在根号嵌套，处理根号嵌套这一难点是设计的关键。

按通常由起点 1 到终点 n 设置循环，不便于处理根号嵌套这一难点。但若反过来逆向设置循环，解决根号嵌套就顺理成章。

（1）实现 s_1 求和。

设置 $a(n-1\sim1)$ 循环枚举整数 a，循环外赋初值"s1=n;"，循环内求累加和。

```
s1=a+sqrt(s1);
```

赋值表达式中的 sqrt(s1)，即可实现 s_1 的根号嵌套。

当 $a = n-1$ 时，"s1=(n−1)+sqrt(n)；"实现最内 1 层根号。

当 $a = n-2$ 时，"s1=(n−2)+sqrt((n−1)+sqrt(n))；"实现最内 2 层根号。

……

当 $a = 1$ 时，s_1 实现式(5-1-4)除最外层之外的其他所有 $n-1$ 层根号。

最后一层根号在输出结果时完成。

（2）实现 s_2 求和。

同样设置 $a(n-1\sim1)$ 循环，循环外赋初值"s2=5+sqrt(3)；"，循环 $n-1$ 次。

```
s2=5+sqrt(3+sqrt(s2));
```

赋值表达式中的 sqrt(s2)即可实现 s_2 的根号嵌套。

当 $a = n-1$ 时，"s2=5+sqrt(3+sqrt(5+sqrt(3)))；"实现最内 3 层根号。

当 $a = n-2$ 时，"s2=5+sqrt(3+sqrt(5+sqrt(3+sqrt(5+sqrt(3)))))；"实现最内 5 层根号。

……

当 $a = 1$ 时，s_2 实现式(5-1-5)除最外层之外的其他所有 $2n-1$ 层根号。

最后一层根号在输出结果时完成。

2. 程序设计

```c
//探求两个根式和
#include <stdio.h>
#include <math.h>
void main()
{  double a,n,s1,s2;
   printf("  请输入正整数 n(n>1)： "); scanf("%lf",&n);
   s1=n;s2=5+sqrt(3);
   for(a=n-1;a>=1;a--)                        //枚举 n-1~1 的整数 a
     {  s1=a+sqrt(s1);
        s2=5+sqrt(3+sqrt(s2));
     }
   printf("  s1=%.8f\n",sqrt(s1));            //最后的和 s1 与 s2 需开平方
   printf("  s2=%.8f\n",sqrt(s2));
}
```

3. 程序运行示例与变通

```
请输入正整数 n(n>1)： 100
  s1=1.75793276
  s2=2.71870969
```

在所设置的 a 循环中，应用"s1＝a＋sqrt(s1)；"及"s2＝5＋sqrt(3＋sqrt(s2))；"是实

现根号嵌套的技巧所在。

变通：容易修改以上程序，探求区间[c,d]中的根式和

$$s_1=\sqrt{c+\sqrt{(c+1)+\sqrt{(c+2)+\cdots+\sqrt{d}}}}\qquad(5\text{-}1\text{-}6)$$

$$s_2=\sqrt{c+\sqrt{(c+1)+\sqrt{c+\sqrt{(c+2)+\cdots+\sqrt{c+\sqrt{d}}}}}}\qquad(5\text{-}1\text{-}7)$$

输入区间上下限正整数 $c,d(c<d)$，输出根式和 s_1 与 s_2。

5.2　同码数汇趣

由同一个数码组成的数称为同码数。

例如，555,0.7777 都是同码数，前者是同码整数，而后者则是同码小数。

如果说优美数要求数字不重复体现和谐美，那么同码数强调数码相同则是奇异美的象征。本节探讨同码数整除问题，探求同码整数与同码小数之和。从同码整数之和与同码小数之和可发现一些有趣的规律与特点。

5.2.1　同码数整除

先看一个简单的同码数整除问题。

【命题】　存在正整数 $n\leqslant2019$，使得 n 个 1 组成的同码整数 m 能被 2019 整除。

【证明】　根据余数的抽屉原理来证。

分别由 $n=1\sim2019$ 个由 1 组成的同码整数除以 2019，其余数 r 不外乎 0，1，$\cdots$，2018。

如果存在某一 n 值，n 个 1 组成的同码数除以 2019，余数 $r=0$，则命题成立。

假设分别由 $n=1\sim2019$ 个由 1 组成的同码整数除以 2019，余数中不存在 0，这 2019 个余数 r 不外乎 1，2，$\cdots$，2018。根据抽屉原理，2019 个余数中必存在至少两个余数是相同的。

不妨设 $1\leqslant n_1<n_2\leqslant2019$，由 n_1 个 1 组成的同码整数 m_1 与由 n_2 个 1 组成的同码整数 m_2，这两个同码数除以 2019 的余数相同。于是其差 $m=m_2-m_1$ 能被 2019 整除，注意到

$$m=m_2-m_1=\overset{n_2-n_1}{\overbrace{11\cdots1}}\overset{n_1}{\overbrace{00\cdots0}}=\overset{n_2-n_1}{\overbrace{11\cdots1}}\times\overset{n_1}{\overbrace{100\cdots0}}\qquad(5\text{-}2\text{-}1)$$

整数 m 是两个同码整数之积，后者只有 2 与 5 因数，不能被 2019 整除，只有前者被 2019 整除。注意到 $1\leqslant n_2-n_1<2019$，即存在 n_2-n_1 个 1 组成的同码整数能被 2019 整除，与假设矛盾。

因而证得存在正整数 $n\leqslant2019$，使得 n 个 1 组成的同码整数 m 能被 2019 整除。

【问题】　至少需要多少个 1 组成的同码整数 m 才能被 2019 整除。

【求解】　试实施竖式除法实验探求。

探求由 1 组成的同码整数 m，至少需要多少个 1 才能被 2019 整除，可实施竖式除法，如图 5-1 所示。

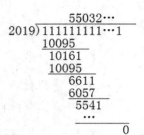

图 5-1　实施竖式除法示意图

只要有一定的耐心与时间,总可以把竖式除法做下去,找到最小的整数 n,使得 n 个 1 组成的同码数 m 能被 2019 整除。

可以肯定,除法不可能无限制地进行下去,因为有 $n \leqslant$ 2019。至于 n 至少为多大,则必须要等以图 5-1 所示的试商结果出炉。

【编程探求】　探求同码数能被 p 整除。

给定正整数 p(约定整数 p 为个位数字不是 5 的奇数),探求最小的正整数 n,使得 n 个 1 组成的同码数能被 p 整除。

为什么要约定整数 p 为个位数字不是 5 的奇数呢?因为偶数的积只能是偶数,个位数字为 5 的奇数的乘积个位数字只能是 0 或 5,都不可能为 1。

(1)竖式除法模拟设计要点。

设整数竖式除法每次试商的被除数为 a,除数为 p(即给定正整数),每次试商余数为 c。

以余数 $c \neq 0$ 作为条件设置条件循环,循环外赋初值:"c=1;n=1;"或"c=11;n=2;"等。

被除数 a=c*10+1,试商余数 c=a%p。每商一位,设置统计 1 的个数的变量 n 增加 1。

若余数 c=0,结束循环,输出结果。

否则,继续下一轮试商,直到 c=0 为止。

(2)程序设计。

```
//探求整数至少多少个 1 能被指定整数 p 整除
#include <stdio.h>
void main()
{   int a,c,p,n;
    printf("  请输入整数 p: "); scanf("%d",&p);
    if(p%2==0 || p%10==5)
      { printf("  不存在同码数整除%d。",p); return; }
    n=1; c=1;                                    //确定初始值 n,c
    while(c!=0)
      { a=c*10+1; c=a%p; n++; }                  //实施除乘竖式计算模拟

    printf("  至少需%d个 1 的整数才能被%d 整除。\n",n,p);
}
```

(3)程序运行示例与说明。

请输入整数 p: 2019
至少需 672 个 1 的整数才能被 2019 整除。

输出结果是至少需 672 个 1 的整数才能被 2019 整除,靠人工实施竖式除法,想得出这一结果还是比较繁复的。

这还不算,试试"至少需多少个 1 的整数才能被 2017 整除",就更能切身体会到人工计算与程序计算的效益差别。

5.2.2　同码数求和

本节探索 n 个同码数求和,包括同码整数求和与同码小数求和。设和式

$$s(d,n) = d + dd + ddd + \cdots + dd\cdots d(n 个 d) \tag{5-2-2}$$

$$f(d,n) = 0.d + 0.dd + 0.ddd + \cdots + 0.dd\cdots d(小数点后 n 个 d) \tag{5-2-3}$$

式(5-2-2)为 n 个同数码 d 整数之和,和式中第 k 项有 k 个数字 d($d = 1, 2, \cdots, 9$)。

例如,$s(3,5) = 3 + 33 + 333 + 3333 + 33333$。

式(5-2-3)为 n 项同数码 d 小数之和,其中第 k 项小数点后有连续 k 个数字 d($d = 1, 2, \cdots, 9$)。

例如,$f(7,4) = 0.7 + 0.77 + 0.777 + 0.7777$。

【问题 1】　试求同码整数和 $s(3,30)$。

【求解】　引入中间量 $s(9,30)$ 用以简化求和。

引入中间量 $s(9,30)$ 是有趣的,因为 $s(9,30)$ 与 $s(3,30)$ 直接相关,而 $s(9,30)$ 可以直接算出。事实上,由

$$s(3,30) = s(9,30)/9 \times 3 = s(9,30)/3 \tag{5-2-4}$$

而　　$s(9,30) = 9 + 99 + \cdots + 99\cdots 9$

$$= (10-1) + (100-1) + \cdots + (10^{30}-1)$$

$$= 11\cdots 10 - 30 = 11\cdots 1080 \text{（最后数中 28 个 1）}$$

$$s(3,30) = 11\cdots 1080/3 \text{（被除数中 28 个 1）}$$

注意到 1111/3 = 370,余数 1;1080/3 = 360,因而得

$$s(3,30) = \underbrace{370\cdots 370}_{9 个 370}360 \tag{5-2-5}$$

有趣的是,以上 $s(3,30)$ 的结果式(5-2-5)中出现 9 个 370 重复节,耐人寻味。

【问题 2】　试求同码小数和 $f(6,30)$。

【求解】　引入中间量 $f(9,30)$ 用以简化求和。

同样引入中间量 $f(9,30)$,因为 $f(9,30)$ 与 $f(6,30)$ 直接相关,而且 $f(9,30)$ 可以直接算出。由

$$f(6,30) = f(9,30)/9 \times 6 = f(9,30) \times 2/3 \tag{5-2-6}$$

而

$$f(9,30) = 0.9 + 0.99 + \cdots + 0.99\cdots 9 = 30 - 0.11\cdots 1 \text{（后项小数共连续 30 个 1）}$$

则

$$f(6,30) = (30 - 0.111\cdots 1) \times 2/3 = (60 - 0.222\cdots 2)/3$$

因而

$$f(6,30) = 59.77\cdots 78/3 = 19 + 2.77\cdots 78/3 \text{（其中后项小数有连续 29 个 7）}$$

注意到 2777/3 = 925,余数为 2;而 2778/3 = 926,因而得

$$f(6,30) = 19.\underbrace{925\cdots925}_{9\,\uparrow\,925}926$$

同样耐人寻味的是，$f(6,30)$ 的结果中出现 9 个重复节 925。

【编程拓展】 探求同码整数和 $s(d,n)$ 与同码小数和 $f(d,n)$。

输入整数 $d(1 \leqslant d \leqslant 9)$，及整数 $n(1 < n \leqslant 100)$，输出 $s(d,n)$ 与 $f(d,n)$。

1. 设计要点

设置 s 数组存储和 $s(d,n)$，s[1] 存储个位数字，s[2] 存储十位数字，以此类推。

设置 f 数组存储和 $f(d,n)$，f[0] 存储小数和的整数部分，f[1] 存储小数点后第 1 位，f[2] 存储小数点后第 2 位，……，f[n] 存储小数点后第 n 位。

（1）整数求和。

整数和式中共有 n 位数求和，第 i 个数有 i 位（$i=1,2,\cdots,n$），每位数字为 d。

设置 $i(1\sim n)$ 循环，循环 n 次，实施 n 个数相加：$i=1$ 时，个位有 n 个 d 相加，其值为 $n*d$；$i=2$ 时，十位有 $n-1$ 个 d 相加，其值为 $(n-1)*d$；一般第 i 位，有 $n-i+1$ 个 d 相加，其值为 $(n-i+1)*d$。

完成相加后，还需从个位开始，逐位实施进位（$j=1\sim n-1$）：

s[j+1]=s[j+1]+s[j]/10;s[j]=s[j]%10;

整数输出当然是从高位开始，逐位向低位输出。

（2）小数求和。

同样设置 $i(1\sim n)$ 循环，循环 n 次，实施 n 个数相加：$i=1$ 时，小数点后第 1 位有 n 个 d 相加，其值为 $n*d$；$i=2$ 时，小数点后第 2 位有 $n-1$ 个 d 相加，其值为 $(n-1)*d$；一般小数点后第 i 位，有 $n-i+1$ 个 d 相加，其值为 $(n-i+1)*d$。

以上相加就在一个循环中实现。完成 n 个相加后，还需从小数点后第 n 位开始，逐位实施进位（$j=n\sim 1$）：

f[j-1]=f[j-1]+f[j]/10;f[j]=f[j]%10;

最后得到的 f[0] 即为小数和的整数部分，其值可能为 1 位，也可能为多位。

小数和输出，最先输出整数部分 f[0] 加带小数点，然后从小数点第 1 位开始，逐位输出到小数点后第 n 位。

2. 同码数求和程序设计

```
//求整数和 s(d,n)=d+dd+ddd+…+dd…d(n 个 d)
//求小数和 f(d,n)=0.d+0.dd+0.ddd+…+0.dd…d(n 个 d)
#include <stdio.h>
void main()
{  int d,i,j,n,s[5000],f[5000];
   printf("   请输入整数 d,n: ");  scanf("%d,%d",&d,&n);
   for(j=0;j<=n;j++) s[j]=f[j]=0;
   for(i=1;i<=n;i++)
     s[i]=f[i]=(n-i+1)*d;                         //第 i 位共 n+1-i 个 d 之和
```

```
for(j=1;j<=n-1;j++)                         //加完 n 个整数后统一进位
   { s[j+1]=s[j+1]+s[j]/10;s[j]=s[j]%10;}
printf("  s(%d,%d)=",d,n);
for(j=n;j>=1;j--)                           //从高位开始逐位输出和 s(d,n)
   printf("%d",s[j]);
for(j=n;j>=1;j--)                           //加完 n 个小数后统一进位
   { f[j-1]=f[j-1]+f[j]/10;f[j]=f[j]%10;}
printf("\n  f(%d,%d)=%d.",d,n,f[0]);
for(j=1;j<=n;j++)                           //从小数点后第一位开始逐位输出和
   printf("%d",f[j]);
printf(" \n");
}
```

3. 程序运行示例与说明

```
请输入整数 d,n: 7,30
s(7,30)=864197530864197530864197530840
f(7,30)=23.246913580246913580246913580247
```

从上述整数求和结果看,864197530 这一"重复节"在和中重复 3 次,只有最后 3 位 840 不属于重复节。

从上述小数求和结果看,小数点后除了尾部 3 位 247 之外,其余是 246913580 这一"重复节",重复 3 次。

同码数求和结果中的"重复节"与循环小数的"循环节"有类似之处,不同的是重复节往往在前面,而循环节通常在后面。

5.3　统计的智慧

本节探讨巧妙建模、三角网格与交通方格网 3 个有代表性的统计案例,其统计思路与方法颇为新颖。

5.3.1　巧妙建模

本案例探求一个线性不定方程的解有多少组,应用建模简化了统计过程。

【问题】　对于不定方程 $x+y+z=15$,试统计:

(1) x,y,z 为非负整数解的组数;

(2) x,y,z 为正整数解的组数;

(3) x,y,z 满足 $x\geqslant-3,y\geqslant2,z\geqslant5$ 的整数解的组数。

【建模巧解】　拟建立投球统计模型,转化为组合计算。

(1) 把问题转化为 15 个相同的小球投放到 3 个分别标有 x,y,z 标签的盒子中的不同的投放种数。然后,把 3 个盒子"抽象"为并排设置的 2 块隔板,这 2 块隔板划分的 3 个区域相当于 3 个盒子,即 x,y,z 变量。于是把 15 个小球与这 2 块隔板进行排列,每种不同的排列对应一种投球结果,即对应不定方程 $x+y+z=15$ 的一组解。排列种数等于 $15+2$ 个位置中挑选出 2 块隔板位置的组合数 $C(15+2,2)$。因而 x,y,z 为非负整数解的组数为 $C(17,2)=136$。

（2）若 x,y,z 为正整数,相当于每个盒子至少要投放一个小球,不妨每个盒子先放一个小球。然后 $15-3=12$ 个小球与 2 块隔板进行排列,共有组数即为组合数 $C(12+2,2)$。因而 x,y,z 为正整数解的组数为 $C(14,2)=91$。

（3）若 x,y,z 满足 $x \geqslant -3,y \geqslant 2,z \geqslant 5$,令 $a=x+3,b=y-2,c=z-5$,则由 $x+y+z=15$ 得 $a+b+c=11 (a,b,c \geqslant 0)$,由上可知这一方程的非负整数解组数为组合数 $C(11+2,2)$。因而 x,y,z 满足 $x \geqslant -3,y \geqslant 2,z \geqslant 5$ 的整数解的组数为 $C(13,2)=78$。

【编程拓展】

对于给定的正整数和 s,对于 3 个变量 x,y,z 的不定方程 $x+y+z=s$,试统计 x,y,z 取自区间 $[c,d]$（$0 \leqslant c < d,3c \leqslant s$）整数解的组数。

（1）设计要点。

建立 x,y,z 循环枚举区间 $[c,d]$ 上的所有整数,如果满足条件 $x+y+z=s$ 即输出方程的解并用 n 实施统计。

注意到 3 个变量 x,y,z 没有大小约定,因而循环区间都是 $[c,d]$。

（2）程序设计。

```
//不定方程 x+y+z=s 求解与统计
#include <stdio.h>
#include <math.h>
void main()
{ int c,d,n,s,x,y,z;
  printf("  请确定各变量起点 c 与终点 d:"); scanf("%d,%d",&c,&d);
  printf("  请确定和 s(3c<s<3d)： "); scanf("%d",&s);
  n=0;
  for(x=c;x<=d;x++)                              //设置三重循环枚举 x,y,z
  for(y=c;y<=d;y++)
  for(z=c;z<=d;z++)
  if(x+y+z==s)                                   //满足条件时统计并输出解
  { n++;
     printf("  x=%d,y=%d,z=%d",x,y,z);
     if(n%3==0)  printf("\n");
  }
  printf("\n   共%d组解。\n",n);
}
```

（3）程序运行示例与说明。

请确定各变量起点 c 与终点 d：5，9
请确定和 s（3c＜s＜3d）：20

x＝5，y＝6，z＝9	x＝5，y＝7，z＝8	x＝5，y＝8，z＝7
x＝5，y＝9，z＝6	x＝6，y＝5，z＝9	x＝6，y＝6，z＝8
x＝6，y＝7，z＝7	x＝6，y＝8，z＝6	x＝6，y＝9，z＝5
x＝7，y＝5，z＝8	x＝7，y＝6，z＝7	x＝7，y＝7，z＝6
x＝7，y＝8，z＝5	x＝8，y＝5，z＝7	x＝8，y＝6，z＝6
x＝8，y＝7，z＝5	x＝9，y＝5，z＝6	x＝9，y＝6，z＝5

共 18 组解。

当输入 c＝0，d＝15，s＝15，即为上面建模所解 x＋y＋z＝15 的 136 个非负整数解。

当输入 c＝1，d＝15，s＝15，即为上面建模所解 x＋y＋z＝15 的 91 个正整数解。

区间[c，d]的起始整数 c 也可以取负整数。

请修改程序，求 x，y，z 满足 $x \geqslant -3$，$y \geqslant 2$，$z \geqslant 5$ 的不定方程 x＋y＋z＝15 的整数解。

5.3.2 三角网格统计

把一个正三角形的三边分成 n 等份，分别与各边平行连接各分点，得 n-三角网格。例如 $n＝6$ 时，6-三角网格如图 5-2 所示。

【问题】 对指定正整数 n，n-三角网格中所有不同三角形（大小不同或方位不同）的个数为 s，试确定 $s(n)$ 表达式。

【分类统计】 把所有统计对象分为"正立"与"倒立"两类。

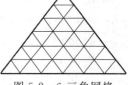

图 5-2 6-三角网格

设三角形的水平边为底，顶角在上称为"正立"，顶角在下称为"倒立"。所有不同三角形分为"正立"与"倒立"两类分别统计。

（1）统计正立三角形的个数 s_1。

正立三角形从大到小统计：边长为 n 的三角形 1 个；边长为 $n-1$ 的三角形 1＋2 个；……；边长为 1 的三角形 1＋2＋…＋n 个。

以上 n 个求和，得正立三角形的个数

$$s_1 = 1 + (1+2) + (1+2+3) + \cdots + (1+2+\cdots+n)$$
$$= n + 2(n-1) + 3(n-2) + \cdots + (n-1)[n-(n-2)] + n[n-(n-1)]$$
$$= (1+2+\cdots+n)n - [1 \times 2 + 2 \times 3 + \cdots + (n-1)n]$$

由 $1 \times 2 + 2 \times 3 + \cdots + (n-1)n$
$$= (1 + 2^2 + \cdots + n^2) - (1 + 2 + \cdots + n)$$
$$= n(n+1)(2n+1)/6 - n(n+1)/2 = n(n^2-1)/3$$

因而
$$s_1 = n^2(n+1)/2 - n(n^2-1)/3$$

即
$$s_1 = n(n+1)(n+2)/6 \tag{5-3-1}$$

（2）统计倒立三角形的个数 s_2。

倒立三角形从小到大统计：边长为 1 的三角形 1＋2＋…＋$(n-1)$ 个；边长为 2 的三角形 1＋2＋…＋$(n-3)$ 个……

以下分别就 n 为奇数与偶数两种情形求和。

① 当 n 为偶数时,不妨设 $n=2m$。

边长为 m 的三角形 1 个；

边长为 $m-1(n\geqslant4)$ 的三角形 $1+2+3$ 个；

边长为 $m-2(n\geqslant6)$ 的三角形 $1+2+3+4+5$ 个；

……

$s_2=1+(1+2+3)+\cdots+(1+2+\cdots+(2m-1))$

$=1+(3\times4)/2+\cdots+2m(2m-1)/2=1+2\times3+3\times5+\cdots+m(2m-1)$

$=2(1+2^2+3^2+\cdots+m^2)-(1+2+\cdots+m)=m(m+1)(2m+1)/3-m(m+1)/2$

$=m(m+1)(4m-1)/6$

转换为 n 表达式为

$$s_2=n(n+2)(2n-1)/24 \qquad (5\text{-}3\text{-}2)$$

② 当 n 为奇数时,不妨设 $n=2m+1$。

边长为 $m(n\geqslant3)$ 的三角形 $1+2$ 个；

边长为 $m-1(n\geqslant5)$ 的三角形 $1+2+3+4$ 个；

边长为 $m-2(n\geqslant7)$ 的三角形 $1+2+3+4+5+6$ 个；

……

$s_2=(1+2)+(1+2+3+4)+\cdots+(1+2+\cdots+2m)$

$=1\times3+2\times5+\cdots+m(2m+1)$

$=2(1+2^2+3^2+\cdots+m^2)+(1+2+\cdots+m)$

$=m(m+1)(2m+1)/3+m(m+1)/2$

$=m(m+1)(4m+5)/6$

转换为 n 表达式为

$$s_2=(n-1)(n+1)(2n+3)/24 \qquad (5\text{-}3\text{-}3)$$

（3）不同三角形总个数 $s=s_1+s_2$。

当 n 为偶数时

$$s=n(n+1)(n+2)/6+n(n+2)(2n-1)/24$$

即

$$s=n(n+2)(2n+1)/8 \qquad (5\text{-}3\text{-}4)$$

当 n 为奇数时

$$s=n(n+1)(n+2)/6+(n-1)(n+1)(2n+3)/24$$

即

$$s=(n+1)(2n^2+3n-1)/8 \qquad (5\text{-}3\text{-}5)$$

式(5-3-4)和式(5-3-5)就是所求 n-三角网格的三角形数 $s(n)$ 的表达式。

【编程拓展】 对指定正整数 n,试求 n-三角网格中所有不同三角形(大小不同或方位不同)的个数,以及所有这些三角形的面积之和(约定网格中最小的单位三角形的面积为1)。

输入整数 $n(1<n\leqslant100)$,输出 n-三角网格中不同三角形的个数,及所有这些三角形的面积之和。

1. 设计要点

（1）设 n-三角网格中所含单位三角形数为 $p(n)$，显然从最上层开始的第 1 层为 1 个，第 2 层为 3 个，……，底层为 $2n-1$ 个。因而有

$$p(n)=1+3+\cdots+(2n-1)$$

一般地，设 k-三角网格中所含单位三角形数为 $p(k)$，则

$$p(k)=1+3+\cdots+(2k-1)\quad(k=1,2,3,\cdots,n)$$

计算出 $p(1),p(2),\cdots,p(n)$，为后续计算面积和时调用。

（2）统计三角形数与面积和时，分为"正立"与"倒立"两类分别统计求和。

设正立三角形的个数为 s_1，其面积之和为 ss_1。

正立三角形从大到小统计。

边长为 n 的三角形 1 个，其面积为 $p(n)$；

边长为 $n-1$ 的三角形 $1+2$ 个，每个面积为 $p(n-1)$；

……

边长为 1 的三角形 $1+2+\cdots+n$ 个，每个面积为 $p(1)$。

$$s_1=1+(1+2)+(1+2+3)+\cdots+(1+2+\cdots+n)$$

$$ss_1=p(n)+(1+2)p(n-1)+\cdots+(1+2+\cdots+n)p(1)$$

（3）设倒立三角形的个数为 s_2，其面积之和为 ss_2。

倒立三角形从小到大统计。

边长为 1 的三角形 $1+2+\cdots+(n-1)$ 个，每个面积为 $p(1)$；

边长为 2 的三角形 $1+2+\cdots+(n-3)$ 个，每个面积为 $p(2)$；

……

当 n 为偶数时，边长为 $n/2$ 的三角形 1 个，每个面积为 $p(n/2)$。

$$s_2=1+(1+2+3)+\cdots+[1+2+\cdots+(n-1)]$$

$$ss_2=p(n/2)+(1+2+3)p(n/2-1)+\cdots+[1+2+\cdots+(n-1)]p(1)$$

当 n 为奇数时，边长为 $(n-1)/2$ 的三角形 $1+2$ 个，每个面积为 $p((n-1)/2)$。

$$s_2=(1+2)+(1+2+3+4)+\cdots+[1+2+\cdots+(n-1)]$$

$$ss_2=(1+2)p((n-1)/2)+(1+2+3+4)p((n-1)/2)+\cdots+[1+2+\cdots+(n-1)]p(1)$$

（4）检验与输出。

所求 n-三角网格中不同三角形的统计个数为 s_1+s_2，所有这些三角形的面积之和（即所含单位三角形的个数之和）为 ss_1+ss_2。

程序的统计个数是否与统计式(5-3-4)、式(5-3-5)相符？

可以在程序中进行检验：统计结果 s_1+s_2 与式(5-3-4)、式(5-3-5)比较，若相符，则输出统计结果 s_1+s_2,ss_1+ss_2。若不相符，说明公式与程序至少有一方出错，检查出错原因。

2. 程序设计

//n-三角网格中的不同三角形个数及面积之和

```
#include <stdio.h>
void main()
{   int k,m,n,u,p[1000]; long d,t,t1,t2,s1,s2,ss1,ss2;
    printf("   请输入正整数 n(1<n≤100): "); scanf("%d",&n);
    for(t=0,k=1;k<=n;k++)
      {t=t+(2*k-1);p[k]=t;}
    if(n%2>0) d=(n+1)*(2*n*n+3*n-1)/8;
    else d=n*(n+2)*(2*n+1)/8;                    //d为三角形个数理论公式
    t1=t2=s1=s2=ss1=ss2=0;
    for(k=1;k<=n;k++)                            //求正立三角形个数及其面积之和
      {   t1=t1+k; s1=s1+t1;
          ss1=ss1+t1*p[n+1-k];
      }
    m=(n%2==0?1:2);
    for(k=m;k<=n-1;k=k+2)                        //求倒立三角形个数及其面积之和
      {   t2=t2+(k-1)+k;u=(n+1-k)/2;
          s2=s2+t2;ss2=ss2+t2*p[u];
      }
    if(s1+s2==d)                                 //检验结果 s1+s2 是否与公式相同
    {   printf("   三角网格中共有三角形个数为%ld \n",s1+s2);
        printf("   三角网格中所有三角形面积之和为%ld \n",ss1+ss2);
    }
}
```

3. 程序支行示例与说明

请输入正整数 n(1<n≤100): 100
    三角网格中共有三角形个数为 256275
    三角网格中所有三角形面积之和为 201941895

程序设置的检验功能,循环统计的结果与式(5-3-4)、式(5-3-5)相同时,才进行输出。

本题求解难点在于统计倒立三角形时,需分奇数与偶数两种情形分别总结规律并实施求和。

另外,p 数组的建立大大简化了求三角形面积之和的计算。

5.3.3 交通方格网

某市的交通网是典型的矩形方格网,如图 5-3 所示,起点在左下角标注为 $(0,0)$,终点在右上角标注为 (m,n),示意横向有 m 个方格,纵向有 n 个方格。

【问题】 从起点 $(0,0)$ 到终点 (m,n) 共有多少条不同的最短路线?(最短路线是不走回头路的路线,即路线中各段只能从左至右、从下至上。)

【思考】 转化为组合数以简化统计。

从起点 $(0,0)$ 到终点 (m,n) 的每条最短路线共 $m+n$ 段,其中横向 m 段,纵向 n 段。每条不同路线对应从 $m+n$ 段中取 m 段(以放置横向段),相当于从 $m+n$ 个元素中取 m

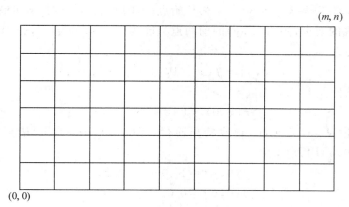

图 5-3 某市交通方格图

个元素的组合数。

因而不同最短路线条数为

$$C_{m+n}^m = \frac{n+1}{1} \cdot \frac{n+2}{2} \cdot \cdots \cdot \frac{n+m}{m} \tag{5-3-6}$$

【编程拓展】

某城区的方格交通网如图 5-4 所示,城区有 A 段从$(5,2)$至$(6,2)$与 B 段从$(0,3)$至$(0,4)$两条打×路段正在维护,禁止通行;同时有十字路口$(3,3)$正在提质改造,所有需经该路口的横向与纵向车辆不能通行。

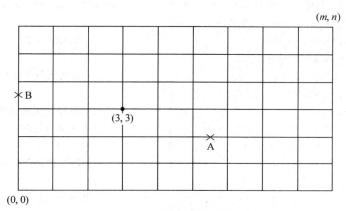

图 5-4 交通网格示意图

试统计从始点$(0,0)$到终点(m,n)的不同最短路线(路线中各段只能从左至右、从下至上)的条数。

输入正整数 $m,n(m<20,n<20)$,输出从始点$(0,0)$到终点(m,n)的最短路线的条数。

1. 递推设计要点

今设置了诸多障碍,可应用递推设计求解。

设 $f(x,y)(0<x\leqslant m,0<y\leqslant n)$ 为从始点 $(0,0)$ 到点 (x,y) 的不同最短路线的条数。注意到最短路线的要求，到点 (x,y) 的前两点只能为 $(x-1,y)$ 与 $(x,y-1)$，因而有

（1）递推关系。

$$f(x,y)=f(x-1,y)+f(x,y-1) \qquad (5\text{-}3\text{-}7)$$

（2）边界条件。

$$f(x,0)=1\ (0<x\leqslant m)$$

注意到 B 段从 $(0,3)$ 至 $(0,4)$ 段禁止通行，即 $(0,4),\cdots,(0,n)$ 诸点均不能经过，则 $f(0,4),\cdots,f(0,n)$ 均为 0，有

$$f(0,y)=1\ (0<y\leqslant 3)$$
$$f(0,y)=0\ (3<y\leqslant n)$$

（3）障碍处理。

城区的十字路口 $(3,3)$ 不能通行，可令 $f(3,3)=0$。

A 段从 $(5,2)$ 至 $(6,2)$ 段禁止通行，则对 $f(6,2)$ 的赋值只有 $f(6,1)$，即 $f(6,2)=f(6,1)$，设置 x,y 二重循环实施递推，注意边界与障碍处进行特殊处理即可。

2. 递推程序设计

```
//带障碍的方格交通网路线递推设计
#include <stdio.h>
void main()
{  int m,n,x,y; long f[30][30];
   printf("  请输入正整数 m,n(m<20,n<20): "); scanf("%d,%d",&m,&n);
   for(x=1;x<=m;x++) f[x][0]=1;
   for(y=1;y<=n;y++)                         //确定边界条件
     if(y<=3) f[0][y]=1;
     else   f[0][y]=0;                       //B段初始条件处理
   for(x=1;x<=m;x++)
   for(y=1;y<=n;y++)                         //二重循环实施递推
     if(x==3 && y==3) f[x][y]=0;             //十字路口处理
     else if(x==6 && y==2)
       f[x][y]=f[x][y-1];                    //A段维护路段处理
     else
       f[x][y]=f[x-1][y]+f[x][y-1];          //其他点递推
   printf("  最短路线条数为%ld \n",f[m][n]);
}
```

3. 程序运行示例与说明

```
请输入正整数 m,n(m<20,n<20): 13,16
最短路线条数为 37340415
```

本问题的难点在于网格中的障碍处理。3 类障碍分别设计，进行不同的处理，其中"维修段"B 段需在初始条件中赋值处理，而 A 段处理只影响 $f(6,3)$ 一个点的赋值。

5.4 游戏中的素数概率

本节探讨几个有趣的抽牌概率计算,其中摇骰子是常见的,抽单色的数字牌也比较简单,而抽多花色扑克组成的数字牌涉及编码的转换,其设计稍显复杂,但更具吸引力。

凡涉及概率计算,必须统计事件的总体数与满足指定条件事件个数,这是概率计算的基础。

5.4.1 从摇骰子到抽数牌

首先看一个熟悉的摇骰子(俗称色子)的简单趣题,然后拓展到抽数牌。

娱乐时常有摇双骰子的习惯,一个骰子有 6 个面,面上分别标刻有 $1\sim6$ 个点。两个骰子点数之和 m 为区间 $[2,12]$ 中的某个正整数。

【问题】 摇双骰出现两个骰点数之和 m 为素数的概率有多大(精确到小数点后 3 位)?

【探求】 每个骰子上有 $1\sim6$ 个点,摇双骰出现的总体数为 $6\times6=36$。

点数之和 m 为素数的种数如下。

当 $m=2$(唯一偶素数)时,双骰点数为 $(1,1)$,只 1 种;

当 $m=3$ 时,双骰点数为 $(1,2;2,1)$,共 2 种;

当 $m=5$ 时,双骰点数为 $(1,4;2,3;3,2;4,1)$,共 4 种;

当 $m=7$ 时,双骰点数为 $(1,6;2,5;3,4;4,3;5,2;6,1)$,共 6 种;

当 $m=11$ 时,双骰点数为 $(5,6;6,5)$,共 2 种;

统计出现以上 5 个素数的种数,共 15 种。

因而得摇双骰点数和为素数的概率为 $15/36=0.417$。

在摇双骰点数和为素数中,最有可能出现的素数为 7,其概率为 $6/15=0.4$。

【编程拓展】 抽数牌之和为素数的概率。

有 n 张数字牌,数字牌上分别标有整数 $1,2,3,\cdots,n$。

在这 n 张数字牌中抽取 2 张,探求 2 张牌上的整数之和为素数的概率。

在这 n 张数字牌中抽取 3 张,探求 3 张牌上的整数之和为素数的概率。

输入牌的张数 n(约定 $10<n<1000$),分别计算以上抽取 2 张与抽取 3 张这两种抽牌整数之和为素数的概率,并分别指出出现概率最高的素数(精确到小数点后 3 位)。

1. 设计要点

抽数牌与摇双骰不同:摇双骰可以出现两个点相同的局面,因 n 张数字牌上的数字为 $1\sim n$ 不重复,所以抽数字牌时不管是抽取 2 张还是 3 张,都不可能出现相同数字的情形。

注意到任 2 张牌整数之和不小于 3,可以排除唯一偶素数 2。

(1) 试商判别法判别素数。

判别一个大于 1 的奇数 i 是否为素数,最简单的是根据素数的定义应用试商判别法完成,即用奇数 $j(3\sim sqrt(i))$ 进行试商判别。

为方便素数检测,设置数组 q[i],对 $3n$ 以内的整数 i 通过试商判别法给 q[i] 赋值:若

i 为素数则 q[i]=1;否则 q[i]=0。

(2) 枚举循环设计。

注意到任取 2 张牌即所得 2 个数不能相同,因而设置的 i,j 二重枚举循环的取值范围分别为 i(1～n−1),j(i+1～n)。

注意到任取 3 张牌即所得 3 个数不能相同,因而设置的 i,j,k 三重枚举循环,其中 i,j 循环同上,k 循环的取值范围为 k(1～i−1)(k≤i−1)。

这样的枚举循环设置,确保每不同的 2 张一组抽取与每不同的 3 张一组抽取,既无遗漏,也无重复。这一点很重要,如果枚举循环设置不精准,出现遗漏或重复,将直接导致统计结果错误。

设 s_2 为从 n 张中取 2 张的总数,s_3 为从 n 张中取 3 张的总数,显然有

$$s_2 = C_n^2 = \frac{n(n-1)}{2} \tag{5-4-1}$$

$$s_3 = C_n^3 = \frac{n(n-1)(n-2)}{6} \tag{5-4-2}$$

在循环中通过"w2++;"统计所有抽取 2 张的不同抽牌次数,并在 q[i+j]=1 即 i+j 为素数时,通过"m2++;"统计和为素数的抽取次数,通过"p2[i+j]++;"统计素数 i+j 出现的次数。

同样,在循环中通过"w3++;"统计所有抽取 3 张的不同抽牌次数,并在 q[i+j+k]=1 即 i+j+k 为素数时通过"m3++;"统计和为素数的抽取次数,通过"p3[i+j+k]++;"统计素数 i+j+k 出现的次数。

(3) 比较出现概率最高的素数。

在抽取 2 张的 w2 次不同抽牌次数中有 m2 次其和为素数,而在 m2 次和为素数中,素数 j 出现 p2[j](j: 3～2n)次,设置比较循环求出 p2[j]的最大值 max2,并通过"k2=j;"记录出现次数最多的素数。

在抽取 3 张的 w3 次不同抽牌次数中有 m3 次其和为素数,而在 m3 次和为素数中,素数 j 出现 p3[j](j: 7～3n)次,设置比较循环求出 p3[j]的最大值 max3,并通过"k3=j;"记录出现次数最多的素数。

以上两个比较循环可在循环 j(3～3n)中实现。

(4) 计算概率。

检验程序统计的实际次数 w2 与 w3 是否分别与数式(5-4-1)、式(5-4-2)给出的理论次数 s2,s3 相等。若 w2≠s2,或者 w3≠s3,说明循环统计出错,不输出,直接退出程序。

只有当 w2=s2 且 w3=s3 时,才输出两个概率值 m2/w2 与 m3/w3;同时输出出现概率最高的素数 k2 与 k3,及其相应的概率值 max2/m2 与 max3/m3。

2. 程序设计

```
//探求 n 张数字牌中抽取 2,3 张牌和为素数的概率
#include <stdio.h>
#include <math.h>
void main()
```

```
{  int i,j,k,n,t,z,k2,k3,q[3000];
   long m2,s2,w2,m3,s3,w3,max2,max3,p2[3000],p3[3000];
   printf("   请输入牌的张数 n(10<n<1000):");scanf("%d",&n);
   for(i=1;i<=3*n;i++) { p2[i]=0;p3[i]=0;q[i]=0; }
   for(i=3;i<=3*n;i=i+2)
      {  t=1;z=(int)sqrt(i);
         for(j=3;j<=z;j=j+2)
            if(i%j==0) {t=0;break;}
         if(t==1) q[i]=1;                            //奇数 i 为素数时标记 q[i]=1
      }
   m2=w2=m3=w3=max2=max3=0;
   for(i=1;i<=n-1;i++)                               //二重与三重循环枚举抽牌
   for(j=i+1;j<=n;j++)
      {  w2++;                                       //统计 2 张抽牌总次数 w2
         if(q[i+j]==1){ m2++;p2[i+j]++; }            //统计和为素数的频数 m2 与 p2
         for(k=1;k<=i-1;k++)
            {  if(k>=i) continue;
               w3++;                                 //统计 3 张抽牌总次数 w3
               if(q[i+j+k]==1)
                 { m3++;p3[i+j+k]++; }               //统计和为素数的频数 m3 与 p3
            }
      }
   s2=n*(n-1)/2;s3=n*(n-1)*(n-2)/6;
   if(w3!=s3 || w2!=s2)                              //检验抽牌总次数是否与理论值相符
      { printf("   统计出现问题!"); return;}
   for(j=3;j<=3*n;j++)
      {  if(p2[j]>max2){ max2=p2[j];k2=j; }
         if(p3[j]>max3){ max3=p3[j];k3=j; }
      }
   printf("   在%d张牌中抽取 2 张的不同抽牌次数为%ld次,和为素数的抽牌次数为%ld次。
\n",n,w2,m2);
   printf("   2 张和为素数的概率为%.3f\n",(double)m2/w2);
   printf("   和为素数的%ld 次中素数%d 的次数最多为%ld 次,",m2,k2,max2);
   printf("其出现概率为%.3f\n",(double)max2/m2);
   printf("   在%d张牌中抽取 3 张的不同抽牌次数为%ld次,和为素数的抽牌次数为%ld次。
\n",n,w3,m3);
   printf("   3 张和为素数的概率为%.3f\n",(double)m3/w3);
   printf("   和为素数的%ld 次中素数%d 的次数最多为%ld 次,",m3,k3,max3);
   printf("其出现概率为%.3f\n",(double)max3/m3);
}
```

3. 程序运行示例与说明

请输入牌的张数 n(10<n<1000):100
　　在 100 张牌中抽取 2 张的不同抽牌次数为 4950 次,和为素数的抽牌次数为 1044 次。
　　2 张和为素数的概率为 0.211
　　和为素数的 1044 次中素数 101 的次数最多为 50 次,其出现概率为 0.048
　　在 100 张牌中抽取 3 张的不同抽牌次数为 161700 次,和为素数的抽牌次数为 30791 次。
　　3 张和为素数的概率为 0.190
　　和为素数的 30791 次中素数 151 的次数最多为 1225 次,其出现概率为 0.040

　　由以上运行结果可知,在 n=100 时,抽取 2 张出现素数的概率略高于抽取 3 张出现素数的概率。

　　在一个程序中通过二重循环枚举实现 2 张抽牌,同时通过三重循环枚举实现 3 张抽牌是可行的,也是可靠的。

　　程序设置有检验功能,只有统计正确时才输出结果。由 s2 与 w2 及 s3 与 w3 是否相等的检测可知枚举既无重复,也无遗漏。

　　如果出现概率最大的素数可能有多个,如何修改程序,输出所有最可能出现的素数?

5.4.2　抽扑克牌

　　玩扑克牌是最流行的娱乐活动。扑克牌除大小王之外有红心、方片、草花、黑桃 4 种花色,每种花色有 A,2,…,10,J,Q,K(约定 A 为数码 1;J,Q,K 分别为数码 11,12,13),即每种花色各有 13 个数码。

　　试在扑克牌每一花色的数码靠前的 n(2≤n≤13)张牌(即每种花色的数码为 1,2,…,n)组成的 4n 张牌中抽取 2 张,2 张牌上的数码之和为素数的概率记为 p2(n);抽取 3 张,3 张牌上的数码之和为素数的概率记为 p3(n)。

　　输入 n,计算并输出 p2(n)与 p3(n)(精确到小数点后 3 位)。

1. 设计要点

　　在扑克牌的 4 种花色牌中抽取要比前面单一数字牌抽取复杂,涉及牌上的原数码与抽取编码之间的转换。

　　(1) 抽取编号。

　　为实现在 4n 张牌中每不同的 2 张或 3 张都能抽到,对 4n 张牌进行抽取编号:任取一种花色其 n 张牌按顺序抽取编号为 1~n(此时抽取编号与牌上数码相同);第 2 种花色的 n 张牌按顺序抽取编号为 n+1~2n(即数码为 1 的编号为 n+1,数码为 2 的编号为 n+2,以此类推);第 3 种花色的 n 张牌按顺序抽取编号为 2n+1~3n;第 4 种花色的 n 张牌按顺序抽取编号为 3n+1~4n。

　　(2) 设置素数检测数组。

　　为方便素数检测,设置数组 q[i],对 4n 以内的整数 i 通过试商判别法为 q[i]赋值:若 i 为素数则 q[i]=1;否则 q[i]=0。

　　(3) 枚举循环设计。

　　为实现在 4n 张牌中任取 2 张牌,设置的 i,j 二重枚举循环,其取值范围分别为 i(1~

$4n-1$),$j(i+1\sim 4n)$。

为实现在 $4n$ 张牌中任取 3 张牌,设置的 k,i,j 三重枚举循环,其中 i,j 循环同前,而最小的 k 循环取值范围为 k$(1\sim i-1)$$(k\leqslant i-1)$。

这样的枚举循环设置,确保每不同的 2 张一组抽取,既无遗漏,也无重复;同时也确保每不同的 3 张一组抽取,既无遗漏,也无重复。

(4)抽取次数的总数。

设 s_2 为从 $4n$ 张中抽取 2 张的总数,s_3 为从 $4n$ 张中抽取 3 张的总数,显然有

$$s_2 = C_{4n}^2 = 2n(4n-1) \tag{5-4-3}$$

$$s_3 = C_{4n}^3 = \frac{4n(4n-1)(2n-1)}{3} \tag{5-4-4}$$

在 i,j 二重枚举循环内通过"w2++;"统计所有不同的抽取次数;在 i,j,k 三重枚举循环内通过"w3++;"统计所有不同的抽取次数。

循环结束后,比较 w2 与 s2,同时比较 w3 与 s3。若出现 w2≠s2 或 w3≠s3,说明循环统计出错,不输出直接退出程序。

(5)恢复牌上的原数码。

以上循环中的 i,j,k 是抽取编号,把这些抽取编号转换为扑克牌的原数码(设置为 i1,j1,k1)是必要的,也是设计的关键所在。

若 i>n:i1=i%n;此时若 i1=0,则 i1=n。

例如,若 n=13 时,抽取编号 i=21,根据抽取编号的设置可知该牌的原数码是 21%13,该牌的原数码为 8。

若 n=13 时,抽取编号 i=39,根据抽取编号的设置可知该牌的原数码应是 13,而求余运算 39%13=0,因此把 0 转换为 13 是必要的。

抽取编号 j,k 的转换与上类似。

(6)判别与计算。

应用 q[i1+j1]=1 判定抽取的 2 张牌的数字之和为素数,并通过"m2+=q[i1+j1];"统计所要求的和为素数的抽取次数;同时,应用 q[i1+j1+k1]=1 判定抽取的 3 张牌的数字之和为素数,并通过"m3+=q[i1+j1+k1];"统计所要求的和为素数的抽取次数。

检验程序统计的实际次数 w2 与 w3 是否分别与数式(5-4-3)、式(5-4-4)给出的理论次数 s2,s3 相等。若 w2≠s2,或者 w3≠s3,说明循环统计出错,不输出,直接退出程序。

只有当 w2=s2 且 w3=s3 时,才输出两个概率值 p2=m2/w2 与 p3=m3/w3。

2. 程序设计

```
//扑克 4 色,每色 n 张,抽取 2,3 张牌和为素数的概率
#include <stdio.h>
#include <math.h>
void main()
{   int i,j,k,i1,j1,k1,n,t,z,q[4000];long m2,s2,w2,m3,s3,w3; double p2,p3;
    printf("    请输入每色牌的张数 n(2<=n<=13): ");scanf("%d",&n);
```

```
for(i=1;i<=4*n;i++) q[i]=0;
for(i=3;i<=4*n;i=i+2)
  {  t=1;z=(int)sqrt(i);
     for(j=3;j<=z;j=j+2)
       if(i%j==0) {t=0;break;}
     if(t==1) q[i]=1;                           //i 为素数时标记 q[i]=1
  }
m2=w2=m3=w3=0;
for(i=1;i<=4*n-1;i++)                           //三重循环枚举抽取 3 张牌
for(j=i+1;j<=4*n;j++)
  {  w2++; i1=i%n; j1=j%n;
     if(i1==0) i1=n;                            //恢复扑克上的原数码 i1,j1
     if(j1==0) j1=n;
     m2+=q[i1+j1];                              //统计和为素数的数目 m2
     for(k=1;k<=i-1;k++)
     {  if(k>=i) continue;
        w3++; k1=k%n;                           //恢复扑克上的原数码 k1
        if(k1==0) k1=n;
        m3+=q[i1+j1+k1];                        //统计和为素数的数目
     }
  }
s2=2*n*(4*n-1);s3=4*n*(4*n-1)*(2*n-1)/3;   //s2,s3 为抽取理论总数
if(s2!=w2 || s3!=w3){ printf("  统计出现问题!"); return;}
p2=(double)m2/w2;
printf("  扑克 4 色每色%d 张牌中抽取 2 张的不同抽取次数为%ld 次,\n",n,w2);
printf("    其中和为素数的取法%ld 次;和为素数的概率为%.3f\n",m2,p2);
p3=(double)m3/w3;
printf("  扑克 4 色每色%d 张牌中抽取 3 张的不同抽取次数为%ld 次,\n",n,w3);
printf("    其中和为素数的取法%ld 次;和为素数的概率为%.3f\n",m3,p3);
}
```

3. 程序运行示例与说明

请输入每色牌的张数 n(2<=n<=13)：13
扑克 4 色每色 13 张牌中抽取 2 张的不同抽取次数为 1326 次,
  其中和为素数的取法 448 次;和为素数的概率为 0.338
扑克 4 色每色 13 张牌中抽取 3 张的不同抽取次数为 22100 次,
  其中和为素数的取法 6068 次;和为素数的概率为 0.275

以上程序设计的重点(也是难点)是把抽取编号 i,j,k 转换为牌的原数码 i1,j1,k1,这也是该设计的灵巧之处。

事实上,程序中的参数 n 可以突破扑克每色 13 张的规定,也就是说参数 n 可不受 13 的限制。

5.5 梅齐里亚克砝码问题

一个商人有一个 40 磅(1 磅＝0.454 千克)重的砝码,由于跌落在地而碎成 4 块。后来,称得每块碎块的质量都是整数,而可以用这 4 块砝码碎块在天平上称 1~40 磅的任意整数磅重物。问这 4 块砝码碎块各重多少?

此题出自法国数学家梅齐里亚克(Meziriac)之手,他在 1624 年解答了这个问题。此题后来拓展成数学中一类"称重问题",引起人们广泛关注。

注意到天平的两个秤盘可区别为砝码盘与称量盘,砝码盘放砝码,称量盘除放重物外还可附加砝码。这类两个盘都能放砝码的天平称为双码盘天平,以上梅齐里亚克求解问题的求解条件就是双码盘天平。

另一类天平称为单码盘天平,规定只能在砝码盘放砝码,而称重盘只能放物品不能放砝码。单码盘称重较双码盘称重要简单,我们就从单码盘称重开始,然后探讨较复杂的双码盘称重问题。

5.5.1 单砝码盘称重

为了保持问题的连贯性,仍以原题形式提出问题。

【问题 1】 探求单码盘 5 块砝码重 31 磅。

一个商人有一个 31 磅重的砝码,由于跌落在地而碎成 5 块。后来,称得每块碎块的质量都是整数,而且可以用这 5 块砝码碎块在单码盘天平上称 1~31 磅的任意整数磅重物。问这 5 块砝码碎块各重多少?

【求解】 设 5 块砝码碎块分别重 a_1, a_2, a_2, a_4, a_5,并设 $a_1 \leqslant a_2 \leqslant a_3 \leqslant a_4 \leqslant a_5$。

显然,取 $a_1 = 1$(单位略),这是必然的,否则不能称重 1。

(1) 确定 $n = 2$ 时砝码。

为了使 $n = 2$ 时,即 2 个砝码 a_1, a_2 能称最多种整数质量,a_2 应取多少?

为了能称量 2,a_2 可取 1,也可取 2。这两者比较,显然取 $a_2 = 2$ 可称量质量 2,还可与 a_1 一起称量 3,即能称最多 3 种整数质量。

(2) 确定 $n = 3$ 时砝码。

在 $a_1 = 1, a_2 = 2$ 的基础上,如何确定 a_3 才能称最多种整数质量?

质量 3 以内的整数质量均可通过 a_1, a_2 实现。接下来为了能称量 4,a_3 可取 2,可取 3,也可取 4。

当 a_3 取 4 时,因 a_1, a_2 可称 1~3 的任意质量,联合 $a_3 = 4$,可实现 4~7 的任意整数质量的称量。

(3) 确定 $n = 4$ 时砝码。

在 $a_1 = 1, a_2 = 2, a_3 = 4$ 的基础上,如何确定 a_4 才能称最多种整数质量?

质量 7 以内的整数质量均可通过 a_1, a_2, a_3 实现。接下来为了能称量 8,a_4 可取 5,可取 6,……,也可取 8。

因 a_1, a_2, a_3 可称 1~7 的任意质量,联合 $a_4 = 8$,可实现 8~15 的任意整数质量的

（4）确定 $n=5$ 时砝码。

在 $a_1=1,a_2=2,a_3=4,a_4=8$ 的基础上，如何确定 a_5 才能称最多种整数质量？

质量 15 以内的整数质量均可通过 a_1,a_2,a_3,a_4 实现。接下来为了能称量 $16\sim31,a_5$ 可取 16。

当 a_5 取 16 时，因 a_1,a_2,a_3,a_4 可称 $1\sim15$ 的任意质量，联合 $a_5=16$，可实现 $16\sim31$ 的任意整数质量的称量。

结论：当 5 块砝码碎片质量分别为 1,2,4,8,16 时，可在单码盘天平上实现称 $1\sim31$ 磅的任意整数磅重物。

【推广】 当 n 块砝码质量分别为 $1,2,2^2,\cdots,2^{n-1}$ 时，
$$m=1+2+2^2+\cdots+2^{n-1}=2^n-1 \tag{5-5-1}$$
可在单码盘天平上实现称 $1\sim m$ 的任意整数质量。

【编程拓展】

一人要用整数 m 克材料制作 n 个砝码，可以用这 n 个砝码在单码盘天平上称 $1\sim m$ 克的任意整数克质量。

已知整数 m，为实现在单码盘天平上称量指定重整数 $t(1<t<m)$ 的物品，求砝码个数 n 至少为多大？这 n 个砝码各重多少？

输入整数 m 及指定整数质量 $t(m\leqslant1000,t\leqslant m)$，输出砝码至少个数 n 及这 n 个砝码的质量，并输出在天平上称量 t 的砝码配置方案。

例如，当 $m=100$ 时需要制作多少个砝码？各个砝码质量多少？用这些砝码称量 $t=80$，如何在单码盘天平上配置砝码？

这些都需在程序中予以解决。

1. 编程设计要点

（1）数据结构。

设置 3 个数组：a 数组存储各个砝码质量，如 a[4]=8，即第 4 个砝码重 8（单位略）；s 数组存储前各个砝码质量之和，如 s[3]=7，即前 3 个砝码质量之和为 7；p 数组存储砝码盘中砝码配置。在 p 数组存储砝码配置，一个数字代表一个砝码编号，给定最多 10 个砝码，因而限制整数 m 最多为 $2^{10}-1$。

（2）砝码个数与各砝码质量。

由式（5-5-1）知 $m=2^n-1$ 时需 n 个砝码，即 $m=2^n$ 需 n+1 个砝码。因而一般地对 m 整数单位，需 $\log_2 m+1$ 个砝码。

各砝码质量：以 2 的幂确定前 n 个砝码质量，最后一个砝码用 m 剩余量确定。
$$a[1]=1,a[2]=2,a[3]=4,\cdots,a[n]=2^n,a[n+1]=m-s[n]$$
$$s[1]=1,s[2]=3,s[3]=7,\cdots,s[n]=2^{n+1}-1,s[n+1]=m$$

应用以上确定的砝码组可在单码盘天平上实现称量 $1\sim m$ 的任意整数 t 质量。

（3）砝码盘的砝码配置。

配置实现称重整数 $t(1\sim m)$ 的砝码是实现称重的关键。

设 p 数组存储砝码盘中砝码配置，所存储的砝码只用其编号作为 1 位数（约定编号 10

简化为 1 位数 0)存在这个数组元素中。

例如,p[26]=245(指第 2,4,5 个砝码),即 a[2]+a[4]+a[5]=2+8+16=26,因而可称量 t=26 的物品。

如何为 p 数组元素赋值? p 数组元素之间有何规律可循?

首先,"p[a[k]]=k%10;"(k=1,2,…,n)。因为砝码盘中配置第 k 个砝码,即可称量重 a[k]的物品。

其次,"p[a[k]+j]=p[j]*10+k%10;"(j=1,2,…,s[k−1]),即在 p[j]基础上,在砝码盘加入第 k 个砝码 a[k],则可称质量为 a[k]+j。

因 j=1,2,…,s[k−1],则 a[k]~a[k]+j 全覆盖 s[k−1]+1~s[k]。

最后一个砝码为 a[n],因为 a[n]范围较大,为了避免超范围或重复赋值,赋值加了条件限制是必需的。所加的条件为

```
k==n && (a[n]+j>m || a[n]+j<=s[n-1])
```

前者 a[n]+j>m 是避免超范围,大于 m 的无须称量。后者 a[n]+j<=s[n−1]是避免重复赋值,因[a[n−1],s[n−1]]范围内的 p 数组元素已赋值,重复赋值可能造成称量失据。

(4) 称量 t 的砝码配置。

称量整数 t 时,p[t]已有赋值,但 p[t]是各砝码代号组成的整数,需分离出各个代号,然后还原为砝码质量。加入 t 在称量盘(为便于区别,t 整数放在括号内),写成称量的等式。

例如,当 m=100,t=80,由 p[80]=12467(指第 1,2,4,6,7 个砝码),还原为砝码质量:37+32+8+2+1。

输出单码盘天平上的称量式为 37+32+8+2+1=(80)。

2. 程序设计

```c
//拓展单码盘称重砝码问题
#include <stdio.h>
#include <math.h>
void main()
{   int b,d,e,j,k,m,n,t,a[11],s[11]; long c,p[1001];
    printf("   请输入单码总重整数 m(1<m<=1000): "); scanf("%d",&m);
    printf("   请输入称重整数 t(1<t<=m): "); scanf("%d",&t);
    d=e=s[1]=a[1]=1;n=log(m)/log(2)+1;
    printf("   %d 至少制%d 个砝码,质量依次为 1",m,n);
    for(k=2;k<=n-1;k++)
    {   d=d*2;a[k]=d; e=e+a[k];               //以 2 的幂确定前几个砝码的质量
        s[k]=e; printf(", %d",a[k]);
    }
    a[n]=m-s[n-1];s[n]=m;                      //最后一个砝码用 m 剩余量确定
    printf(", %d。\n",a[n]);
    if(n==10) a[0]=a[10];                      //第 10 个砝码编号简化为一个数字 0
    p[1]=1;
```

```
for(k=2;k<=n;k++)
{  p[a[k]]=k%10;                        //二重循环产生 p 数组
   for(j=1;j<=s[k-1];j++)
   { if(k==n && (a[n]+j>m || a[n]+j<s[n-1])) continue;
     p[a[k]+j]=p[j] * 10+k%10;          //在 p 数字中一砝码编号占一位
   }
}
printf("   称量质量%d:",t);
c=p[t];                                 //p 为砝码编号,还原各砝码质量
while(c>=10)
{  b=c%10;
   if(b==0) b=10;
   printf("%d+",a[b]);                  //依次输出砝码盘中各砝码质量
   c=c/10;
}
printf("%d = (%d)。\n ",a[c],t);
```

3. 程序运行示例与说明

请输入单码总重整数 m (1<m<=1000): 1000
请输入称重整数 t(1<t=<m): 900
1000 至少制 10 个砝码,质量依次为 1,2,4,8,16,32,64,128,256,489。
称量质量 900:489+256+128+16+8+2+1 =(900)。

设计的难点在于给 p 数组赋值,最后把 p 数组还原为称重质量 t 所需的单码盘称重砝码组合。对于某些质量 t 可能存在多个解,这里输出的只是其中一个解。

5.5.2 双砝码盘称重

回到梅齐里亚克求解的砝码问题,先探讨 $m=40$ 的具体问题,然后实施编程拓展。

【问题2】 探求双码盘 4 块砝码重 40 磅。

一个商人有一个 40 磅重的砝码,由于跌落在地而碎成 4 块。后来,称得每块碎块的质量都是整数,而可以用这 4 块砝码碎块在双码盘天平(以下简称天平)上称 1～40 磅的任意整数磅重物。问这 4 块砝码碎块各重多少?

【求解】 设 4 块砝码碎块分别重 a_1,a_2,a_3,a_4,并设 $a_1\leq a_2\leq a_3\leq a_4$。

(1)确定 $n=2$ 时砝码 a_1,a_2。

为了使 $n=2$ 时,即 2 个砝码 a_1,a_2(约定 $a_1<a_2$)能称最多种整数质量,a_1,a_2 应分别取多少?

显然,取 $a_1=1$(单位略),这是必然的。

为了能称量 2,a_2 可取 2,也可取 3。当取 $a_2=3$ 时称量 2,只要把 $a_2=3$ 放在砝码盘,把重物与 a_1 放在称量盘即可实现。

这两者比较,显然取 $a_2=3$ 还可称量质量 3,4,即能称最多 4 种整数质量。

因而确定 $a_1=1,a_2=3$。

（2）确定 $n=3$ 时砝码 a_3。

在 $a_1=1,a_2=3$ 的基础上,如何确定 a_3 才能称最多种整数质量?

质量 4 以内的整数质量均可通过 a_1,a_2 实现。接下来为了能称量 5,a_3 可取 5,可取 6,……,也可取 9。

当 a_3 取 9 时称质量 5,只要把 $a_3=9$ 放在砝码盘,把重 5 的物品与 a_1+a_2 放在称量盘即可实现。

而且取 $a_3=9$ 时,因 a_1,a_2 可称 1～4 的任意质量,联合 $a_3=9$,可实现 5～8 与 10～13 的任意整数质量的称量。

例如,要称量 $m=11$ 重物,注意到 $m=11$ 与 $a_3=9$ 相差 2,而 a_1 与 a_2 相差 2,因而把 a_3+a_2 放在砝码盘,把 $m+a_1$ 放在称量盘(此时两盘都是 12)即可实现。

因而确定 $a_3=9$。

（3）确定 $n=4$ 时砝码 a_4。

在 $a_1=1,a_2=3,a_3=9$ 的基础上,类推 $a_4=27$。

取 $a_4=27$ 时,因 a_1,a_2,a_3 可称 1～13 的任意质量,联合 $a_4=27$,可实现 14～26 与 28～40 的任意整数质量的称量。

例如,要称量 $m=20$ 重物,注意到 $m=20$ 与 $a_4=27$ 相差 7,而前面砝码 a_2 与 a_1+a_3 相差 7,因而把 a_4+a_2 放在砝码盘,把 $m+a_1+a_3$ 放在称量盘(此时两盘都是 30)即可实现。

结论:当 4 块砝码碎片质量分别为 1,3,9,27 时,可在天平上实现称 1～40 的任意整数重物。

【推广】　当 n 块砝码重量分别为 $1,3,3^2,\cdots,3^{n-1}$ 时,

$$m=1+3+3^2+\cdots+3^{n-1}=\frac{3^n-1}{2} \tag{5-5-2}$$

可在天平上实现称 1～m 的任意整数质量。

【编程拓展】

一人要用整数 m 克材料制作 n 个砝码,可以用这 n 个砝码在双码盘天平上称 1～m 克的任意整数克质量。

已知整数 m,为实现在双码盘天平上称量指定重整数 t(1<t<m)的物品,求砝码个数 n 至少为多少? 这 n 个砝码各重多少?

输入整数 m 及指定整数质量 t(m≤9000,t≤m),输出整数 n 及这 n 个砝码质量,并输出在天平上称量 t 的砝码配置方案。

例如,当 m=9000 时需要制作多少个砝码? 各个砝码质量多少? 用这些砝码称量 t=2019,如何在天平上配置砝码?

这些都需在程序中予以解决。

1. 编程设计要点

（1）数据结构。

设置 4 个数组:a 数组存储各个砝码质量,如 a[3]=9;即第 3 个砝码重 9(单位略);s

数组存储前面各砝码质量之和,如 s[4]＝40,即前 4 个砝码质量之和为 40,p 数组存储砝码盘中砝码配置;q 数组存储称量盘中砝码配置。

注意到 p,q 数组存储砝码配置,一个数字代表一个砝码编号,给定最多 9 个砝码,因而由式(5-5-2)限制整数 m 最多为 $(3^9-1)/2＝9841$。

（2）砝码个数与各砝码质量。

由式(5-5-2)知 $m＝(3^n-1)/2$ 时需 n 个砝码,即 $m＝(3^n+1)/2$ 时需 n＋1 个砝码,因而一般地对 m 整数单位,需 $\log_3^{2m-1}+1$ 个砝码。

各砝码质量:以 3 的幂确定前 n 个砝码质量,最后一个砝码用 m 剩余量确定。

$$a[1]＝1,a[2]＝3,a[3]＝9,\cdots,a[n]＝3^{n-1},a[n+1]＝m-s[n],$$
$$s[1]＝1,s[2]＝4,s[3]＝13,\cdots,s[n]＝(3^n-1)/2,s[n+1]＝m$$

应用以上确定的砝码组可在单码盘天平上实现称量 1～m 的任意整数 t 质量。

（3）两个盘的砝码配置。

配置实现称重整数 t(1～m)的两盘砝码是重点,也是难点。

① 设置 p,q 数组。

设 p 数组存储砝码盘中砝码配置,q 数组存储称量盘中砝码配置,所存储的砝码只用其编号作为一位数存在这两个数组元素中。

例如,p[80]＝245(指第 2,4,5 个砝码),q[80]＝13(指第 1,3 个砝码),这两组砝码质量相差为 80,因而可称量 t＝80:a[2]＋a[4]＋a[5]＝a[1]＋a[3]＋80 的物品。

如何为 p,q 数组元素赋值? p,q 数组元素之间有哪些规律可循?

首先,“p[a[k]]＝k;q[a[k]]＝0;”(k＝1,2,…,n)。因为砝码盘中配置第 k 个砝码,称量盘中不配置砝码,即其差为 a[k],所以可称量重 a[k]的物品。

② p,q 数组赋值。

归纳 a[k]分别与 s[k-1],s[k]的距离如下。

s[2]＝4,a[3]＝9,s[3]＝13;可知 a[3]与 s[2]＋1,s[3]均相差 4(即 s[2])。

s[3]＝13,a[4]＝27,s[4]＝40;可知 a[4]与 s[3]＋1,s[4]均相差 13(即 s[3])。

……

因而,a[k]±j(k＝2,3,…,n-1;j＝1,2,…,s[k-1])可全覆盖区间[2,s[k]]。于是有“p[a[k]＋j]＝p[j] * 10＋k;q[a[k]＋j]＝q[j];”(j＝1,2,…,s[k-1])。注意到 p[j]比 q[j]大 j,即在 p[j]与 q[j]的基础上,在砝码盘加入第 k 个砝码 a[k],称量盘维持不变,则可称质量为 a[k]＋j。

同时,“p[a[k]-j]＝q[j] * 10＋k;q[a[k]-j]＝p[j];”(j＝1,2,…,s[k-1])。在砝码盘加入第 k 个砝码 a[k],把 p[j]配置称量盘,把 q[j]配置砝码盘,注意到 p[j]比 q[j]大 j,则可称质量为 a[k]-j。

以上赋值 p[2]～p[s[n-1]]即覆盖了区间[2,s[n-1]]。

③ 最后一个砝码 a[n]处理。

最后一个砝码 a[n]的取值由输入的总量 m 决定,其范围为 $[1,3^{n-1}]$,相差非常大。为此,按 a[n]的大小分以下两种情形处理。

• 若 a[n]＞s[n-1],按上述常规处理。

同样实施对 p[a[n]±j] 赋值。为了避免超范围赋值与重复赋值,加了条件限制:若 a[n]+j>m,不赋值,以避免超范围赋值;若 a[n]-j<=s[n-1],不赋值,以避免重复赋值。

• 若 a[n]<=s[n-1],需实施特殊处理。

此时 a[n]<=s[n-1],需解决 i[s[n-1]+1,m] 区间内的 p[i],q[i] 的赋值,以完成对称重 i 的砝码配置。

通过循环实施对 p[a[n]+j] 赋值实现:

```
for(j=s[n-1]-a[n]+1;j<=m-a[n];j++)
  { p[a[n]+j]=p[j] * 10+n;q[a[n]+j]=q[j]; }
```

这样,完成处于 [s[n-1]+1,m] 区间内的称重砝码配置。

(4) 称量 t 的砝码实现。

称量整数 t 时,p[t] 与 q[t] 均已有赋值,但 p[t] 与 q[t] 都是各砝码代号组成的整数,需分离出各个砝码代号,然后还原为砝码质量。加入 t 在称量盘(为便于区别,t 整数放在括号内),写成称量的等式。

例如,运行 m=100,t=80,构建 5 个砝码:1,3,9,27,60。

由 p[80]=245(指第 2,4,5 个砝码),还原为砝码质量:3+27+60。

由 q[80]=13(指第 1,3 个砝码),还原为砝码质量:1+9。

输出称量等式为 60+27+3=9+1+(80)。

因为通过求余分离 p,q 砝码组合,输出称量等式时顺序从后开始,不影响等式成立。

2. 程序设计

```
//拓展双码盘称重砝码问题
#include <stdio.h>
#include <math.h>
void main()
{  int b,d,e,j,k,m,n,t,a[10],s[10]; long c,p[9001],q[9001];
   printf("   请输入双码总重整数 m(1<m<=9000): "); scanf("%d",&m);
   printf("   请输入称重整数 t(1<t=<m): "); scanf("%d",&t);
   n=(int)(log(2 * m-1)/log(3)+1);              //据 m 计算砝码个数 n
   d=e=s[1]=a[1]=1;
   printf("   重 %d 至少制 %d 个砝码,质量依次为 1",m,n);
   for(k=2;k<=n-1;k++)
   {  d=d * 3;e=e+d; a[k]=d;                     //以 3 的幂确定前 n-1 个砝码质量
      s[k]=e; printf(", %d",a[k]);
   }
   a[n]=m-s[n-1];s[n]=m;                         //最后一个砝码用 m 剩余量确定
   printf(", %d。\n",a[n]);
   p[0]=q[0]=0;p[1]=1;q[1]=0;
   for(k=2;k<=n;k++)
```

```
        if(a[k]>s[k-1])
        {  p[a[k]]=k;q[a[k]]=0;                    //二重循环产生p,q砝码数组
           for(j=1;j<=s[k-1];j++)
           {  if(k<n || a[n]+j<=m)                  //两个数组之差p[d]-q[d]=d
              { p[a[k]+j]=p[j] * 10+k;q[a[k]+j]=q[j];}
             if(k==n && a[n]-j<=s[n-1]) continue;
              p[a[k]-j]=q[j] * 10+k;q[a[k]-j]=p[j];
           }
        }
     if(a[n]<=s[n-1])
     for(j=s[n-1]-a[n]+1;j<=m-a[n];j++)
       { p[a[n]+j]=p[j] * 10+n;q[a[n]+j]=q[j];}
     printf("  称量质量%d:",t);
     c=p[t];                                        //p为砝码盘中砝码,还原各砝码质量
     while(c>=10)
       { b=c%10; printf("%d+",a[b]);c=c/10; }
     printf("%d =",a[c]);
     c=q[t];                                        //q为称量盘中砝码,还原各砝码质量
     while(c>0)
       { b=c%10; printf("%d+",a[b]);c=c/10; }
     printf("(%d)。\n",t);
}
```

3. 程序运行示例与说明

请输入双码总重整数 m(1<m<=9000)：9000
请输入称重整数 t(1<t=<m)：2019
重 9000 至少制 9 个砝码,质量依次为 1,3,9,27,81,243,729,2187,5720。
称量质量 2019:2187+81+3 =243+9+(2019)。

以上双码盘称重的编程技巧主要体现在通过用砝码编号给 p,q 数组的赋值,输出时还原为砝码质量,进而输出称重配置式。

最多 9 个砝码可覆盖到 9000,已经很大了。若要进一步扩大质量范围,可增加到 10 个砝码,把第 10 个砝码的编号用 0 代替也是可行的。注意,0 编号只能放置在后面,如果放置在前面,会导致整数的首位 0 消失。

5.6 0-1 串积与多码串积

5.2 节探讨了积的构成元素为 1 的整除设计。

本节进一步探索有趣的 0-1 串积,并引申至任意指定 n 码串积。

5.6.1 探求 0-1 串积

对于给定的正整数 b,探求最小的正整数 $a(a>1)$,使得 a,b 之积全为数字 0 与 1 组

成的 0-1 串积。

例如,对于给出 $b=107$,找到整数 $a=934673$,其最小 0-1 串积为 100010011。

【问题】 对于 $b=73$,试寻找最小的整数 a,使得 $a×b$ 为 0-1 串积。

【求解】 试逐位探索确定 a 的各位数字。

(1) 确定 a 的个位数字。

假设最小的整数 a 的个位数字为 0,此时 $a×b$ 为 0-1 串。则去掉 a 的个位数字 0 后其积仍是 0-1 串。可见个位数字为 0 的 a 非最小,与假设矛盾。因此可知使得 $a×b$ 为 0-1 串的最小的整数 a 的个位数字非零。

注意到 $3×7$,其个位数字为 1;而 $3×7$ 外的其他数字,其个位数字不为 1。可知使得 $a×b$ 为 0-1 串的最小的整数 a 的个位数字为 7。

(2) 逐个试验 a 的十位数字。

假设 a 为 2 位数,其十位数字 $1,2,…,9$,逐一与个位数字 7 组合,试验可知积 $a×b$ 中含有除 0,1 外的其他数字,即积非 0-1 串。可知 a 不是 2 位数。

(3) 逐个试验 a 的百位数字。

假设 a 为 3 位数,其百位数字最小取 1,而其十位数字取 $0,1,2,…,9$。

当十位数字取 0,1,2 时,即 $a=107,117,127$ 时,积 $a×73$ 分别为 7811,8541,9271,含有除 0,1 外的其他数字,即积非 0-1 串。

当十位数字为 3 时,即 $a=137$ 时,积 $a×b=137×73=10001$,满足 0-1 串积要求。

结论:对于 $b=73$,找到最小的整数 137,使得 $137×73=10001$ 为 0-1 串积。也就是说,所得 10001 是含有 73 因数的最小 0-1 串。

【编程拓展】

1. 存在解的讨论

探求 0-1 串积问题相对 5.2 节的积全为 1 的问题要复杂一些。有时也把积全为 1 视作 0-1 串积的特例。

对于输入的任一正整数 b,分解出 b 的 2 因子与 5 因子后,b 的余因数为个位数字不为 5 的奇数 b_1。

根据前面介绍,总可以搜索出整数 a_1,使得 $a_1×b_1$ 全为 1 组成;另外,对于分解出来的 2 因子与 5 因子,总有整数使其乘积串结尾为 00…0。

因而对任意正整数 b,总存在 0-1 串积。

2. 探求 0-1 串积设计要点

(1) 设置数组。

设置 3 个一维数组:数组 d 存储整数 k 转换为二进制数的各位数字 0 或 1,d[1] 为个位数字;数组 c 存储整数中各位 1 分别除以整数 b 的余数,其中 c[i] 为从个位开始第 i 位 1 除以 b 的余数;数组 a 存储 d 从高位开始除以整数 b 的商的各位数字。

(2) 余数计算、求和与判别。

① 注意到 0-1 串积为十进制数,应用求余运算可分别求得个位 1,十位 1……分别除以已给 b 的余数,存放在 c 数组中:c(1) 为 1,c(2) 为 10 除以 b 的余数,c(3) 为 100 除以 b

的余数……

② 要从小到大搜索 0-1 串积，不重复也不遗漏，从中找出最小的能被 b 整除的 0-1 串积。为此，设置 k 从 0 开始递增，把 k 转化为二进制数，就得到所需要的这些 0-1 串积。不过，这时每个串积不再被看作二进制数，而是十进制数。

③ 在某一 k 转化为二进制数的过程中，每转化一位 d(i)(0 或 1)，求出该位除以 b 的余数 d(i)*c(i)(如果 d(i)=0，余数为 0;d(i)=1，余数为 c(i))。同时通过 s 累加求和得 k 转化的整个二进制数除以 b 的余数 s。

④ 判别余数 s 是否被 b 整除：若 s%b=0，即找到所求最小的 0-1 串积。

（3）模拟整数除法另求一个乘数。

所得 0-1 串积 d 数组从高位开始除以 b 的商存储在 a 数组，实施整数除法运算：

```
x=e*10+d[j];                     //e为上轮余数，x为被除数
a[j]=x/b;                        //a为d从高位开始除以b的商
e=x%b;                           //e为试商余数
```

去掉 a 数组的高位 0 后，输出 a 即为所寻求的最小乘数。

最后从高位开始打印 d 数组，即为所求的最小 0-1 串积。

3. 探求 0-1 串积程序设计

```
//探求最小0-1串积程序设计
#include <stdio.h>
void main()
{  int b,e,i,j,t,x,a[2000],c[2000],d[2000]; long k,s;
   printf("  请给出整数b:"); scanf("%d",&b);
   c[1]=1;
   for(i=2;i<200;i++)
     c[i]=10*c[i-1]%b;              //c[i]为右边第i位1除以b的余数
   k=0;
   while(1)
     {  k++;j=k;i=0;s=0;
        while(j>0)
          {  d[++i]=j%2; s+=d[i]*c[i];
             j=j/2; s=s%b;          //k除2取余转化为d数组
          }
        if(s%b==0)                  //判断0-1串积是否被b整除
          {  for(e=0,j=i;j>=1;j--)
               {  x=e*10+d[j];
                  a[j]=x/b; e=x%b;  //d从高位开始除以b,商为a
               }
             j=i;
             while(a[j]==0) j--;    //去掉a数组的高位0
             printf("  探索得整数a:");
             for(t=j;t>=1;t--)
```

```
        printf("%d",a[t]);              //逐位输出 a 即为寻找的乘数
     printf("\n  %d的最小 0-1 串积为",b);
     for(t=i;t>=1;t--)
        printf("%d",d[t]);              //逐位输出 d 即为 0-1 串积
     printf("\n");
     break;
        }
     }
}
```

4. 程序运行示例与说明

> 请给出整数 b:2018
> 探索得整数 a:49603573395
> 2018 的最小 0-1 串积为 100100011111110

以上设计判断整除是通过统计余数为 0 来实现的,扩展了应用范围。

这里的运行示例中,a 达 11 位数,如果通过枚举整数 a 来探求,可知工作量非常大。而通过枚举串积来探求,枚举量只有 5 位数,工作量相对要小得多。

若得到的结果全为 1 组成,则可看成 0-1 串积的特例。

5.6.2 指定多码串积

从键盘输入指定两个数码 v,u(约定 0≤v<u≤9),对指定的正整数 b,试探求最小的正整数 a(a>1),使 a,b 之积全由数字 v 与 u 组成。

例如,指定两个数码 3,8,给出 b=2017,探求到最小的整数 a=41317964,其积为由数字 3,8 组成的串积 83338333388。

显然,指定 2 码串积是前面的 0-1 串积的拓展。

一般地,对于指定的正整数 b,同时指定正整数 n(1<n<9),并从键盘输入指定 n 个数码 f(i)(约定 0≤f(i)≤9),探求最小的正整数 a(a>1),输出 a,b 之积全为指定数码 f(i)组成。

如果对 b 不存在指定 n 个数码串积,请予指出。

例如,指定 3 数码 0,3,6,给出 b=2018,找到最小的正整数 a=3122202,其积为由数字 0,3,6 组成的最小串积 6300603636。

显然,指定 n 码串积是前面指定 0-1 串积的拓展。

1. 算法设计要点

还是应用求余数判别指定 n 码串积。

数据结构设置同前,增加存储 n 个指定数码的数组 f(i)(i=0,1,…,n−1)。

(1) 是否存在 n 码串积解的讨论。

若 n 个数码均为奇数,而 b 为偶数,显然无解。

若 n 数码的个位数字均不为 0 或 5,而 b 的个位数字为 5,显然也无解。

注意到存在解的必要条件:给定整数 b 的个位数字 b%10 与所寻求 a 的个位数字

（不外乎 0～9）之积的个位数字，必须是 n 个指定数码 f(i) 之一。

因而设置 i(0～9) 循环，检测：若 b%10 与 i(0～9) 之积的个位数字为 f(i)（i＝0，1，…，n−1），可能有解；若 b%10 与 i(0～9) 之积的个位数字不为 f(i)（i＝0，1，…，n−1），肯定无解。

在以上检测基础上，同时设置第二道检测：若当探求循环次数 k 达到 10000000（此时乘积已相当大，必要时可调整）还未寻找到相应的解，则显示"所求 n 码串积可能不存在"后退出。

（2）除 n 取余。

对应指定的 n 个数码 f(i) 依次从键盘输入（约定 0≤f(0)＜f(1)＜…＜f(n−1)≤9）。

应用整数除 n 取余，所得 n 个余数为 d[i]（i＝0，1，…，n−1）。

指定对应关系 f[d[i]]。

当 d[i]＝0 时，对应数码 f[0]；

当 d[i]＝1 时，对应数码 f[1]；

……

当 d[i]＝n−1 时，对应数码 f[n−1]。

在求 d[i] 循环中，每得到一个 d[i] 后，用 f[a[i]] * c[i] 代换 d[i] * c[i]。

在求 a 数组循环中，用"x＝e * 10+f[d[i]]；"代换"x＝e * 10+d[j]；"。

在输出串积循环中，用 f[d[t]] 代换 d[t]。

通过以上代换，把求解 0-1 串积改造为求解 n 码串积。

2. 指定 n 码串积程序设计

```
//探求最小指定 n 码串积程序设计
#include <stdio.h>
void main()
{ int b,e,i, n,u, s,t,x,a[1000],c[1000],d[1000],f[10]; long j,k;
  printf("   请输入正整数 b:"); scanf("%d",&b);
  printf("   请输入正整数 n(n<9):"); scanf("%d",&n);
  printf("   请从小到大输入%d个数码:\n",n);
  for(i=0;i<=n-1;i++)
    { printf("   输入第%d个数码:",i+1); scanf("%d",&f[i]); }
  for(t=0,i=0;i<=9;i++)
  for(j=0;j<=n-1;j++)
    if((i * (b%10))%10==f[j]) { t=1;break; }
  if(t==0)                              //排除明显无解情形
    { printf("   所求%d码串积不存在!\n",n); return; }
  c[1]=1;
  for(i=2;i<1000;i++)
    c[i]=10 * c[i-1]%b;                 //c[i]为右边第 i 位 1 除以 b 的余数
  k=0;
  while(1)
```

```
{   k++;j=k;i=0;s=0;
    if(k>1e30)                          //指出可能无解情形
      { printf("  所求%d码串积可能不存在!\n",n); return; }
    while(j>0)
      {   i++;d[i]=j%n;s=s+c[i]*f[d[i]];
          j=j/n; s=s%b;                 //除 n 取余法转化为 n 进制统计余数
      }
    if(s%b==0)                          //检测 n 串积是否整除 b
      {   for(e=0,j=i;j>=1;j--)
          {   x=e*10+f[d[j]];
              a[j]=x/b; e=x%b;          //从高位开始试商寻求 a
          }
          j=i;
          while(a[j]==0) j--;           //去掉 a 数组的高位 0
          printf("   探索得最小整数 a:");
          for(t=j;t>=1;t--)
            printf("%d",a[t]);          //输出所得整数 a
          printf("\n   乘积 a×b 的%d码串积为:",n);
          for(t=i;t>=1;t--)
            printf("%d",f[d[t]]);       //输出 a×b 的 n 串积
          printf("\n");break;
      }
  }
}
```

3. 程序运行示例与说明

```
请输入正整数 b:2019
请输入正整数 n(n<9):3
请从小到大输入 3 个数码:1  4  7
探索得最小整数 a:203639
乘积 a×b 的 3 码串积为 411147141
```

如果得到的结果全由某一数码或指定数码中的某些数码所组成,可看成指定 n 码串积的一个特例。

事实上,指定数码越多,因选择的范围越大,一般所探索到的整数 a 就较小。

5.7　精妙的尾数前移

《数学通报》曾发表过以下新颖的计算趣题。

整数 n 的尾数是 9,把尾数 9 移到其前面(成为最高位)后所得的数为原整数 n 的 3 倍,原整数 n 至少为多大?

这一趣题开启了"尾数前移"趣味计算的先河。

第4届国际中学生数学竞赛也有以下较为简单的尾数前移计算趣题。

【问题】 求性质如下的最小自然数 n：用十进制表示时，它的最后一位数字是6。将这个数字6移到其余数字的最前面，所得的新数是原数的4倍。

【探求】 尝试应用实施竖式除法与竖式乘法两种方法求解。

（1）实施竖式除法。

① 开始时被除数为6（即前移的尾数字），除数为4（即前移后的倍数）。

② 每试商所得的商（一个数字）即作为被除数的下一个数字。如图 5-5(a) 所示，商的第一个数字1移作被除数的第2个数字（见图 5-5(a) 中的斜线），商的第2个数字5移作被除数的第3个数字，以此类推。

③ 除法结束的条件：所得的商为6，即原整数 n 的尾数；同时试商的余数为0。

（2）实施竖式乘法。

① 开始时所求整数 n 的个位数字为6（即尾数字），另一个乘数为4（即倍数）。

② 每试乘所得的积的个位数字作为 n 的高一位数字。如图 5-5(b) 中箭头所示，积的个位数字4移作 n 的十位数字，积的十位数字8移作 n 的百位数字，……，以此类推。

③ 乘法结束的条件：所得的积只为一个数字（即没有进位），且这个数字为6，即原整数 n 的尾数。

答案：$n = 153846$。这就是第4届国际中学生数学竞赛尾数前移趣题的答案。

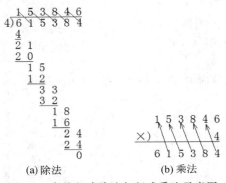

(a)除法   (b)乘法

图 5-5 实施竖式除法与竖式乘法示意图

【编程拓展】

以上尾数前移问题的尾数为1位，事实上可把前移的尾数拓展为多位。

整数 n 的尾数 q（可为多位）移到 n 的前面所得的数为 n 的 p 倍，记为 $n(q,p)$。这里正整数 p 不大于前移尾数 q 的首位。

对于指定的尾数 q 与倍数 p，求解 $n(q,p)$。

1. 模拟设计要点

试应用模拟竖式除法设计探求。

设置 d,e 数组，存储所求 n 及指定尾数 q 的各位数字。

尾数前移为 n 的 p 倍，即前移后的整数能被 p 整除，以此实施模拟竖式除探求整数 n 的各位数。

（1）应用逐位求余求得尾数 q 的位数 k 及各位数字 $d[j]$（$j = k, \cdots, 1$）。

（2）对 q 的 k 位实施模拟竖式除法，求得 n 的前 k 位。

（3）设计模拟竖式除法循环，求出 n 的第 $i+k$ 位（$i = 1,2\cdots$）。

循环条件为 $c! = 0 \,||\, b! = q$，这里 c 为试商的余数，b 为 $d[i+1], d[i+2], \cdots, d[i+k]$ 这 k 个数字组成的整数。

当试商余数 c 为0，且最后的 k 位数字组成的整数 b 等于尾数 q 时，终止探索，输出 d

数组的共 i＋k 位，即所求的 n。

2. 程序设计

```
//模拟除竖式求解多位尾数前移
#include<stdio.h>
void main()
{  int a,b,c,i,j,k,p,q,x,d[10000],e[10000];
   printf("   请输入尾数(可多位)q,倍数 p:"); scanf("%d,%d",&q,&p);
   k=0;x=q;
   while(x>0)
     { k++;d[k]=x%10;x=x/10; }              //求尾数 q 的位数 k 及各位数字
   if(d[k]<p)
     { printf("   问题无解!"); return; }
   printf("   n(%d,%d)=",q,p);
   for(j=1;j<=k;j++) e[j]=d[k+1-j];
   for(c=0,j=1;j<=k;j++)
     { a=c*10+e[j];d[j]=a/p;c=a%p; }        //d[j]为所求 n 的第 j 位数字
   i=b=0;
   while(c!=0 || b!=q)                      //试商循环,c=0 且 b=q 时结束
     {  i++; a=c*10+d[i];
        d[i+k]=a/p;c=a%p;                   //模拟整数竖式除法计算
        for(b=0,j=1;j<=k;j++)
          b=b*10+d[i+j];                    //b 为所求 n 的后 k 位数
     }
   for(j=1;j<=i+k;j++)
      printf("%d",d[j]);                    //输出所求 n 及其位数
   printf("\n 共有%d位。\n",i+k);
}
```

3. 程序运行示例与说明

请输入尾数(可多位)q,倍数 p:9,3
　　n(9,3)=3103448275862068965517241379
　　共有 28 位。
请输入尾数(可多位)q,倍数 p:31,2
　　n(31,2)=1557788944723618090452261306532663316582914572 8643
　　　　　216080402010050251256281407035175879396984924 6231
　　共有 99 位。

　　以上所得 n(9,3)即为《数学通报》上所提问题的答案,把 n(9,3)的尾数 9 前移,所得整数即为 n(9,3)的 3 倍。

　　所得 n(31,2)达 99 位,还可得 n(2019,2)达 408 位数。以上所求的数为高精度数,应用模拟竖式除法得到快捷解决,显出程序设计的优势。

　　注意：多位尾数包含 1 位在内,即多位尾数前移程序同样可求解 1 位尾数前移问题。

5.8　伯努利装错信封问题

著名的伯努利装错信封问题,实际是一类错位特殊的排列问题。因此,在探讨实现伯努利装错信封问题之前,有必要论述基本排列与组合的实现。

从 n 个不同元素中任取 m 个(约定 $1 < m \leqslant n$),按任意一种次序排成一列,称为排列,其排列种数记为 $A(n,m)$。

从 n 个不同元素中任取 m 个(约定 $1 \leqslant m < n$)成一组,称为组合,其组合种数记为 $C(n,m)$。

$A(n,m)$ 与 $C(n,m)$ 的计算公式分别为

$$A(n,m) = n(n-1)\cdots(n-m+1) \tag{5-8-1}$$

$$C(n,m) = \frac{n!}{m!\ (n-m)!} = \frac{n}{1} \cdot \frac{n-1}{2} \cdot \cdots \cdot \frac{n-m+1}{m} \tag{5-8-2}$$

5.8.1　实现排列组合

所谓实现基本排列,就是要把 $A(n,m)$ 的每一排列具体展现出来。而实现基本组合,就是要把 $C(n,m)$ 的每一组合具体展现出来。可以以大写字母展现,也可以改用数字来展现。

1. 设计要点

在一个程序中实现排列或组合,必须通过项目选择 p 来确认:约定选择 p=1 为实现排列,选择 p=2 为实现组合。

(1)应用回溯法设计实现排列。

设置一维 a 数组,a(i)在 1~n 中取值,出现数字相同时返回。

变量 i 从 1 开始递增取值,当 i<m 时,还未取 m 个数,i 增 1 后 a(i)=1 继续;当 i=m 时,输出一个 A(n,m)的排列,并设置变量 s 统计 A(n,m)排列的个数。

当 a(i)<n 时,a(i)增 1 继续;当 a(i)=n 时,回溯或调整,直到 i=0 时结束。

(2)修改条件实现组合。

注意到组合与元素的顺序无关,约定组合中的元素按升序排序。实际上,从 n 个中取 m 个的组合是从 n 个中取 m 个排列的一个子集,这个子集中的每个排列中的数字按升序排序。

因而,把以上程序中"出现相同元素时返回的条件 a[j]==a[i]修改为 a[j]>=a[i],即可实现从 n 个不同元素取 m 个(约定 1<m<n)组合。

(3)验证与输出。

实现排列组合后,验证程序统计个数 s 与理论值 s1(p=1 时)与 s2(p=2 时)是否相等,若出现不等,说明程序统计出错,输出"出错信息"。只有当实际统计个数 s 与理论值相符时,才输出"经过验证"说明。

如果输出语句为 printf("%d",a[j]),则按数字形式输出。

把输出语句"printf("%d",a[j]);"改为"printf("%c",a[j]+64);",排列(或组合)输

出由前 n 个正整数改变为前 n 个大写英文字母输出。

2. 程序设计

```
//实现排列 A(n,m)与组合 C(n,m)
#include <stdio.h>
void main()
{  int n,m,i,j,p,t,a[30]; long s,s1,s2;
   printf("  请选择实现项目 p, 1 排列;2 组合:");
   scanf("%d",&p);
   printf("  请输入正整数 n,m(1<m<=n<10):");
   scanf("%d,%d",&n,&m);
   if(p==1) printf("  实现排列 A(%d,%d):\n",n,m);
   else  printf("  实现组合 C(%d,%d):\n",n,m);
   s=0;s1=s2=1;
   for(j=1;j<=m;j++)                          //计算 A(n,m),C(n,m)
     {s1=s1 * (n-j+1);s2=s2 * (n-j+1)/j; }
   i=1;a[i]=1;
   while(1)
     {  t=1;
        for(j=1;j<i;j++)
          if(p==1 && a[j]==a[i] || p==2 && a[j]>=a[i])   //控制元素返回条件
            { t=0;break;}
        if(t && i==m)
          {  for(j=1;j<=m;j++)
               printf("%c",a[j]+64);                //以大写字母输出
             printf("  ");
             if(++s%5==0) printf("\n");              //控制每行输出 5 个
          }
        if(t && i<m) { i++;a[i]=1;continue;}
        while(a[i]==n) i--;                          //调整或回溯
        if(i>0) a[i]++;
        else break;
     }
   if(p==1 && s!=s1 || p==2 && s!=s2)                //检验统计数 s 与理论数是否相同
     { printf("\n  实现排列组合出错!\n"); return;}
   else
     printf("\n  经过验证,共以上%ld个。\n",s);
}
```

3. 程序运行示例与说明

```
请选择实现项目 p, 1 排列;2 组合:1      请选择实现项目 p, 1 排列;2 组合:2
请输入正整数 n,m(1<m<=n<10): 6,3       请输入正整数 n,m(1<m<=n<10): 6,3
实现排列 A(6,3):                        实现组合 C(6,3):
  ABC  ABD  ABE  ABF  ACB               ABC  ABD  ABE  ABF  ACD
  ACD  ACE  ACF  ADB  ADC               ACE  ACF  ADE  ADF  AEF
  ...                                   BCD  BCE  BCF  BDE  BDF
  FDE  FEA  FEB  FEC  FED               BEF  CDE  CDF  CEF  DEF
经过验证,共以上 120 个。                 经过验证,共以上 20 个。
```

以上程序,把实现排列与实现组合一并设计求解,是可行的,也是简明的。以上是按大写字母输出,可以考虑用数字输出,也可改用小写字母输出。

程序设计有验证功能,如果程序实现的排列个数与式(5-8-1)的排列理论值不同,或程序实现的组合个数与式(5-8-2)的理论组合值不同,则输出"实现排列组合出错!"。

5.8.2　全错位排列

本节探讨"伯努利装错信封"这一著名组合数学问题,并通过程序设计予以拓展。

【问题背景】

伯努利装错信封问题的一般表述:某人写了 n 封信,并且写了这 n 封信对应的 n 个信封。把所有的信笺都装错了信封的情况共有多少种?

这是组合数学中有名的全错位排列问题。著名数学家伯努利(Bernoulli)曾最先考虑此题。后来,数学家欧拉对此题产生了兴趣,称此题是"组合理论的一个妙题",独立地解出了此题。

为叙述方便,把某一元素在自己相应位置(如 2 在第 2 个位置)称为在自然位;某一元素不在自己相应位置称为错位。

事实上,n 个不同元素的所有全排列分为 3 类。

(1)所有元素都在自然位,实际上只有一个排列。例如,当 $n=5$ 时,即 12345。

(2)所有元素全错位。当 $n=5$ 时,如 24513 等,没有任何元素在自然位。

(3)部分元素在自然位,部分元素错位。当 $n=5$ 时,如 21354。

装错信封问题求解实际上求 n 个元素全排列中的"全错位排列"这一子集。

当 $n=2$ 时显然只有一个解:21(2 不在第 2 个位置且 1 不在第 1 个位置)。

当 $n=3$ 时,有 231 和 312 两个解。解析 231 这一全错位排列解,2 错位在第 1 位,相当于第 2 封信笺装入第 1 个信封;3 错位在第 2 位,相当于第 3 封信笺装入第 2 个信封;1 错位在第 3 位,相当于第 1 封信笺装入第 3 个信封。

曾有一道国际数学奥林匹克试题,是伯努利装错信封问题 $n=6$ 的特例:某人给 6 个朋友每人写了一封信,同时写了这 6 个朋友地址的信封。有多少种投放信笺的方法,使每封信与信封上的收信人都不相符?

【问题】　试找出 n 个元素全错位排列个数 $f(n)$ 的递推公式。

【分析】　应用逻辑推理探求。

(1)考虑第 n 号元素的错排位置,有 $n-1$ 种可能(即不能排在第 n 位)。

假设第 n 号元素排在第 $i(i=1,2,\cdots,n-1)$ 位。

(2)考虑第 i 号元素排入方案,有以下两种方案。

① 第 i 号元素排在第 n 位。剩下的问题就是由第 $1,2,\cdots,i-1,i+1,\cdots,n-1$ 共 $n-2$ 个元素和 $n-2$ 个位置组成的"全错位排列"问题,为 $f(n-2)$ 个。

② 第 i 号元素不排在第 n 号位置。这时把第 i 号位抽走,把第 n 号位号码覆盖,贴上 i 号,问题化为由 $1,2,\cdots,n-1$ 个元素和 $n-1$ 个位置的"全错位排列"问题,共 $f(n-1)$ 个。

综上所述,得递推公式

$$f(n)=(n-1)[f(n-1)+f(n-2)] \tag{5-8-3}$$

初始条件：$f(2)=1,f(3)=2$。

从初始条件出发，应用递推式(5-8-3)即可顺利推出：

$f(4)=3[f(3)+f(2)]=3(2+1)=9$

$f(5)=4[f(4)+f(3)]=4(9+2)=44$

$f(6)=5[f(5)+f(4)]=5(44+9)=265$

$f(7)=6[f(6)+f(5)]=6(265+44)=1854$

$f(8)=7[f(7)+f(6)]=7(1854+265)=14833$

当 $n=6$ 时，$f(6)=265$，这就是上述国际数学奥林匹克试题的答案。

上述国际数学奥林匹克试题并不要求具体展现全错位排列，如何具体展示出所有 $f(6)=265$ 个全错位排列？

【编程拓展】

一般地，在实现排列程序设计中加上"限制取位"的条件即可实现全错位排列。

（1）设计要点

设置一维 a 数组，a(i)在 1~n 中取值，出现数字相同 a(j)=a(i)或某元素 j 处于自然位 j=a(j)时返回(j=1,2,…,n-1)。

当 i<n 时，还未取 n 个数，i 增 1 后 a(i)=1 继续；

当 i=n 且最后一个元素不在自然位 a(n)!=n 时，输出一个错位排列，并设置变量 s 统计错位排列的个数。

当 a(i)<n 时，a(i)增 1 继续；

当 a(i)=n 时，回溯或调整，直到 i=1 且 a(1)=n 时结束。

（2）程序设计

```c
//伯努利装错信封问题程序设计
#include <stdio.h>
void main()
{   int n,i,j,t,a[30]; long f[10],s=0;
    printf(" 请输入正整数 n(n<10):"); scanf("%d",&n);
    f[2]=1;f[3]=2;
    for(j=4;j<=n;j++)
      f[j]=(j-1) * (f[j-1]+f[j-2]);         //计算全错位排列和数 f[n]
    i=1;a[i]=1;
    while(1)
      {  for(t=1,j=1;j<i;j++)
           if(a[j]==a[i] || a[j]==j)          //出现相同元素或元素在自然位时返回
             {t=0;break;}
         if(t && i==n && a[n]!=n)              //加上最后一元素错位限制
         {  printf("  ");
            for(j=1;j<=n;j++)
              printf("%d",a[j]);
            if(++s%5==0) printf("\n");
```

```
        }
      if(t && i<n)
        { i++;a[i]=1; continue; }
      while(a[i]==n) i--;                    //调整或回溯
      if(i>0) a[i]++;
      else break;
    }
  if(s==f[n])
    printf("\n  经过检验共有以上%ld个全错位排列。\n",s);
  else  printf("\n  未通过检验,全错位排列个数出错。\n",s);
}
```

（3）程序运行示例与说明。

```
请输入正整数 n(n<10):6
  214365  214563  214635  215364  215634
  215643  216345  216534  216543  231564
  ...
  654132  654213  654231  654312  654321
经过检验共有以上 265 个全错位排列。
```

以上输出 265 种全错位排列：1 不在第 1 位，且 2 不在第 2 位，……，且 6 不在第 6 位，也是上面所提数学竞赛题的全部解。

程序自带检验功能，回溯设计中实际统计全错位排列个数为 s，经递推得到的全错位排列理论个数为 f[n]，如果 s==f[n] 即通过检验，否则输出"出错"提示。

输入 $n=9$，程序可具体展示出 $f(9)=133496$ 种 9 位全错位排列。

全错位排列是装错信封问题的数学模型，而装错信封问题是全错位排列的一个通俗表述。

全错位排列还有一个"戴错帽"的通俗表述：有 n 个朋友参加宴会，他们把帽子挂在一起。宴会后每人戴了一顶帽子回家，他们的妻子发现他们戴了别人的帽子。问 n 个朋友都不戴自己的帽子的戴法共有多少种？

5.9 两个"幽灵"e 和 π

数学大师欧拉于 1748 年首创公式

$$e^{i\pi} + 1 = 0 \tag{5-9-1}$$

式(5-9-1)简洁优美，内涵丰富。其中自然对数底的名字 e 就来源于欧拉的姓名。

理查德·费曼称这个公式为"数学最奇妙的公式"，是数学界最令人着迷的公式之一，它将数学里最重要的几个常数联系到了一起：两个超越数，即自然对数的底 e，圆周率 π；两个单位，即虚数单位 i 和自然数的单位 1；以及数学里的常数 0。因此，有数学家评价它是"上帝创造的公式，我们只能看它而不能理解它"。

事实上，把圆周率 π 和自然对数的底 e 这两个基本常数联系在一起还有以下斯特林公式的变形。

$$\lim_{n \to \infty} \frac{e^n n!}{n^n \cdot \sqrt{n}} = \sqrt{2\pi} \tag{5-9-2}$$

在自然对数的底 e 与圆周率 π 所展现的无限不循环小数中,会出现种种想象不到的奇异情景,因此有人把它们比喻成两个"幽灵"。

本节高精探求这两个"幽灵"。

5.9.1　自然对数的底 e

自然对数的底 e 是"自然律"的一种量的表达,在科学技术中用得非常多。以常数 e 为底数的对数是最简的,用它是最"自然"的,所以叫"自然对数"。

1. 自然对数的底 e 的由来

自然对数的底 e 由以下的重要极限定义。

$$\lim_{n \to \infty} \left(1 + \frac{1}{n}\right)^n = e \tag{5-9-3}$$

式中,e 是一个无限不循环小数,其值约等于 2.718281828459…。它是一个超越数。

人们在研究一些实际问题,如物体的冷却、细胞的繁殖、放射性元素的衰变时,都要研究函数 $(1 + 1/x)^x$ 当 x 趋近无穷时的极限。正是这种从无限变化中获得的有限,从两个相反方向发展(当 x 趋向正无穷大时,上式的极限等于 $e = 2.71828\cdots$;当 x 趋向负无穷大时,上式的结果也等于 $e = 2.71828\cdots$)得来的共同形式,充分体现了宇宙的形成、发展及衰亡的最本质的东西。

"自然律"是 e 及由 e 经过一定变换和复合的形式,e 是"自然律"的精髓。

"自然律"是形式因与动力因的统一,是事物的形象显现,也是具象和抽象的共同表达。有限的生命植根于无限的自然之中,生命的脉搏无不按照宇宙的旋律自觉地调整着运动和节奏,有机的和无机的,内在的和外在的,社会的和自然的,都统一在一起。

"自然律"永远具有不能穷尽的美学内涵,因为它象征着广袤深邃的大自然。正因为如此,它才吸引并且值得人们进行不懈的探索,从而显示人类不断进化的本质力量。

试设计程序计算自然对数的底 e,精确到小数点后指定的 x 位,并在 x 位小数中探求是否会出现某些指定的奇异整数。

2. 算法设计

(1)选择计算公式。

计算自然对数的底 e 的公式

$$e^x = 1 + x + \frac{x^2}{2!} + \cdots + \frac{x^n}{n!} + \cdots = \sum_{n=0}^{n} \frac{x^n}{n!} \tag{5-9-4}$$

取 $x = 1$,有

$$e = 1 + 1 + \frac{1}{2!} + \cdots + \frac{1}{n!} + \cdots = 1 + 1 + \frac{1}{2}\left[1 + \frac{1}{3}\left(1 + \cdots + \frac{1}{n}\right) + \cdots\right] \tag{5-9-5}$$

本问题选用式(5-9-5)计算 e。

（2）确定计算项数。

依据输入的计算位数 x 确定所要加的项数 n。显然，若 n 太小，不能保证计算所需的精度；若 n 太大，会导致过多的无效计算。

记式(5-9-5)中分式第 n 项之后的所有余项之和为 R_n，由

$$R_n = \frac{1}{(n+1)!} + \frac{1}{(n+2)!} + \frac{1}{(n+3)!} + \cdots \leqslant \frac{1}{2 \times n!} + \frac{1}{2^2 \times n!} + \frac{1}{2^3 \times n!} + \cdots$$

$$= \frac{1}{n!}\left(\frac{1}{2} + \frac{1}{2^2} + \frac{1}{2^3} + \cdots\right) < \frac{1}{n!} \tag{5-9-6}$$

要精确到 x 位，只要 $10^x < n!$ 即可，两边取常用对数，即只要使

$$\lg 2 + \lg 3 + \cdots + \lg n > x \tag{5-9-7}$$

于是可设置对数累加实现计算到 x 位所需的项数 n。为确保准确，算法可设置计算位数超过 x 位（例如，$x+5$ 位），只打印输出 x 位。

（3）模拟竖式除法。

设置 a 数组，下标预设 6000，必要时可增加。计算的整数值存放在 $a(0)$，小数点后第 i 位存放在 $a(i)(i=1,2,\cdots)$ 中。

依据式(5-9-5)，应用竖式除法模拟进行计算。

数组除以 n，加上 1；再除以 $n-1$，加上 1……。这些数组操作设置在 $j\ (j=n,n-1,\cdots,2)$ 循环中实施。

按公式实施竖式除法操作：被除数为 c（初始值 $c=1$）；除数 d 分别取 $n,n-1,\cdots,2$；商仍存放在数组元素（$a(i)=c/d$）；余数（$c\%d$）乘 10 加在后一数组元素 $a(i+1)$ 上，作为后一位的被除数。

按数组元素从高位到低位顺序输出。因计算位数较多，为方便查对，每行控制打印 50 位，每 10 位空一格。

注意：在输出结果时，整数部分 $a(0)$ 需加 1。

在输出的 x 位小数中，如果相连的 3 个数字恰等于所要寻求的 3 位整数 y，则记录其位置，并输出重复出现指定 3 位整数 y 的这些位置。

3. 自然对数底 e 的程序设计

```
//高精度计算自然对数的底 e 及搜索指定 3 位数
#include <math.h>
#include <stdio.h>
void main()
{   double s; int c,i,j,d,k,m,n,x,y,a[6000];
    printf("  请输入精确位数 x:"); scanf("%d",&x);
    printf("  请输入搜索 3 位数 y:"); scanf("%d",&y);
    for(s=0,n=2;n<=6000;n++)                    //累加确定计算的项数 n
      {   s=s+log10(n);
          if (s>x+5) break;
      }
    for(i=0;i<=x+5;i++) a[i]=0;
```

```
for(c=1,j=n;j>=2;j--)                        //按公式分步计算
  { d=j;
    for(i=0;i<=x+4;i++)                      //各位实施除 j
      { a[i]=c/d; c=(c%d) * 10+a[i+1]; }
    a[x+5]=c/d; a[0]=a[0]+1;c=a[0];
  }
printf("\n      e=%d.",a[0]+1);              //逐位输出计算结果
for(k=10,i=1;i<=x;i++)
  { printf("%d",a[i]);k++;
    if (k%10==0) printf(" ");
    if (k%50==0) printf("\n");
  }
printf("\n  在上述%d位小数中出现%d的位置:",x,y);
for(m=0,i=1;i<=x-2;i++)                       //逐位搜索 3 位 y
  if(a[i] * 100+a[i+1] * 10+a[i+2]==y)
    printf("\n   第%d处:起始位为%d.",++m,i);
if(m==0) printf("未出现。\n");
}
```

4. 程序运行示例与说明

```
请输入精确位数 x：1000
请输入搜索 3 位数 y：999
      e=2.7182818284 5904523536 0287471352 6624977572
4709369995 9574966967 6277240766 3035354759 4571382178
...
1038375051 0115747704 1718986106 8739696552 1267154688
9570350354
在上述 1000 位小数中出现 999 的位置：
第 1 处:起始位为 47。
第 2 处:起始位为 514。
```

上述输出，在 1000 位之内出现了 2 处 999。

扩大位数搜索，是否会搜索到 9999？如果继续扩大，谁也不能否定在 e 的小数中会出现连排 10 个 9，或连排 20 个 9，因为其小数位是无限的。

5.9.2 圆周率 π

下面探讨历史更为悠久的圆周率 π。

与前面的自然对数的底 e 一样，圆周率 π 也是无限不循环小数，是超越数，是数学上的另一个"幽灵"。

1. 涉及圆周率计算的背景

关于圆周率 π 的计算，历史非常久远，史料相当丰富。

首先，阿基米德于公元前就得到圆周率 $\pi \approx 3.14$，阿波罗尼奥斯与我国古代的刘徽进一步取得 $\pi \approx 3.1416$。

然后，我国古代数学家祖冲之最先把圆周率计算到 3.1415926，领先世界 1000 多年。

其后，德国数学家鲁特尔夫把 π 计算到小数点后第 35 位；荷兰人格林贝尔格应用割圆术求得 π 到小数点后第 39 位；日本数学家建部贤弘把 π 计算到小数点后第 41 位；英格兰人夏普应用公式求得 π 到小数点后第 71 位；等等。

应用计算机计算圆周率 π 曾有过计算到数千万位以上的报道，主要是通过 π 的计算宣示其大型计算机的运算速度。

试计算圆周率 π，精确到小数点后指定的 x 位。并在 x 位小数中寻求指定的 4 位整数（例如，2019 等）是否会出现及出现的次数与位置。

2. 建立数学模型

（1）选择计算公式。

计算圆周率 π 的公式很多，选取收敛速度快且容易操作的计算公式是设计的首要一环。选用以下公式进行计算。

$$\frac{\pi}{2} = 1 + \frac{1}{3} + \frac{1\times2}{3\times5} + \frac{1\times2\times3}{3\times5\times7} + \cdots + \frac{1\times2\times\cdots\times n}{3\times5\times\cdots\times(2n+1)}$$

$$= 1 + \frac{1}{3}\times\left(1 + \frac{2}{5}\times\left(1 + \cdots + \frac{n-1}{2n-1}\times\left(1 + \frac{n}{2n+1}\right)\cdots\right)\right) \quad (5\text{-}9\text{-}8)$$

（2）确定计算项数。

首先，要依据输入的计算位数 x 确定所要加的项数 n。显然，若 n 太小，不能保证计算所需的精度；若 n 太大，会导致过多的无效计算。

记第 n 项 $a_n = \dfrac{1\times2\times\cdots\times n}{3\times5\times\cdots\times(2n+1)}$ 之后的所有余项之和为 R_n，有

$$R_n = a_n\cdot\frac{n+1}{2n+3} + a_n\cdot\frac{n+1}{2n+3}\cdot\frac{n+2}{2n+5} + a_n\cdot\frac{n+1}{2n+3}\cdot\frac{n+2}{2n+5}\cdot\frac{n+3}{2n+7} + \cdots$$

$$< a_n\frac{1}{2} + a_n\frac{1}{2^2} + a_n\frac{1}{2^3} + \cdots < a_n \quad (5\text{-}9\text{-}9)$$

只要选取 n，满足 $a_n < \dfrac{1}{10^{x+1}}$ 即可，即只要使

$$\lg3 + \lg\frac{5}{2} + \cdots + \lg\frac{2n+1}{n} > x+1 \quad (5\text{-}9\text{-}10)$$

于是可设置对数累加实现计算到 x 位所需的项数 n。为确保准确，算法可设置计算位数超过 x 位（例如，$x+5$ 位），计算完成后只打印输出 x 位。

3. 竖式乘除模拟设计要点

设置 a 数组，下标根据计算位数预设 6000，必要时可增加。计算的整数值存放在 $a(0)$，小数点后第 i 位存放在 $a(i)$ 中（$i=1,2,\cdots$）。

依据式（5-9-8），应用竖式除法模拟计算。

（1）竖式除法模拟。

数组除以 $2n+1$，乘以 n，加上 1；再除以 $2n-1$，乘以 $n-1$，加上 1……这些数组操作设置在 $j(j=n,n-1,\cdots,1)$ 循环中实施。

按式(5-9-8)实施竖式除模拟操作：被除数为 c，除数 d 分别取 $2n+1,2n-1,\cdots,3$；商仍存放在各数组元素 $(a(i)=c/d)$；余数 $(c\%d)$ 乘 10 加在后一数组元素 $a(i+1)$ 上，作为后一位的被除数。

(2) 竖式乘模拟。

按式(5-9-8)实施竖式乘法模拟操作：乘数 j 分别取 $n,n-1,\cdots,1$；乘积要注意进位，设进位数为 b，则对计算的积 $a(i)=a(i)*j+b$，取其十位以上数作为进位数 $b=a(i)/10$，取其个位数仍存放在原数组元素 $a(i)=a(i)\%10$。

(3) 输出结果并实施指定检测。

循环实施竖式除法模拟完成后，按数组元素从高位到低位顺序输出。

因计算位数较多，为方便查对，除了第一行为 40 位外，其余各行控制打印 50 位，每 10 位空一格。

输出指定的 x 位完成之后，从小数点第 $i(i:1\sim x-3)$ 位开始，搜索出现连续 4 个数字为指定 4 位整数 y 的位置 i，并用 m 统计出现的次数。

4. 圆周率 π 的高精度计算程序设计

```
//高精度计算圆周率π程序设计及搜索指定4位数
#include <math.h>
#include <stdio.h>
void main()
{   double s; int b,c,d,i,j,k,m,n,x,y,a[6000];
    printf("  请输入精确位数 x:"); scanf("%d",&x);
    printf("  请输入搜索4位数 y:"); scanf("%d",&y);
    for(s=0,n=1;n<=6000;n++)                    //累加确定计算的项数 n
      {  s=s+log10((2*n+1)/n);
         if (s>x+5) break;
      }
    for(i=0;i<=x+5;i++) a[i]=0;
    for(c=1,j=n;j>=1;j--)                       //按公式分步计算
      {  d=2*j+1;
         for(i=0;i<=x+4;i++)                    //各位实施除以 2j+1
           { a[i]=c/d; c=(c%d)*10+a[i+1]; }
         a[x+5]=c/d;
         for(b=0,i=x+5;i>=0;i--)                //各位实施乘 j
         {  a[i]=a[i]*j+b;
            b=a[i]/10;a[i]=a[i]%10;
         }
         a[0]=a[0]+1;c=a[0];                    //整数位加 1
      }
    for(b=0,i=x+5;i>=0;i--)                     //按公式各位乘 2
    {  a[i]=a[i]*2+b;
       b=a[i]/10;a[i]=a[i]%10;
    }
```

```
printf("      pi=%d.",a[0]);                //逐位输出计算结果
for(k=10,i=1;i<=x;i++)
   {  printf("%d",a[i]);k++;
      if (k%10==0) printf(" ");
      if (k%50==0) printf("\n");
   }
printf("\n  在上述%d位小数中出现%d的位置:",x,y);
for(m=0,i=1;i<=x-3;i++)                     //逐位搜索4位数y
  if(a[i]*1000+a[i+1]*100+a[i+2]*10+a[i+3]==y)
    printf("\n  第%d处:起始位为%d。",++m,i);
if(m==0) printf("未出现。\n");
}
```

5. 程序运行示例与说明

```
请输入精确位数 x:1000
请输入搜索 4 位数 y:2019
         pi=3.1415926535 8979323846 2643383279 5028841971
6939937510 5820974944 5923078164 0628620899 8628034825
3421170679 8214808651 3282306647 0938446095 5058223172
...
9375195778 1857780532 1712268066 1300192787 6611195909
2164201989
在上述 1000 位小数中出现 2019 的位置:
第 1 处:起始位为 244。
第 2 处:起始位为 702。
第 3 处:起始位为 995。
```

1761 年,兰伯特(Lambert)证明了 π 是无理数。1882 年,林德曼(Lindemann)证明了 π 是超越数。圆周率 π 是一个无理数、超越数,也是一个永恒的"谜"。

围绕 π 的计算及 π 的小数数字排列中出现的种种"奇异",古今中外众多数学精英做出了艰苦卓绝的努力,硕果累累,令人赞叹!

计算机的出现加速了 π 的研究进程,同时 π 的研究过程中产生的许多新方法及其"副产品",极大地丰富了当今的数学宝库。

第6章

多彩数列欣赏

数列(序列,包括环序列)是"数"的延伸与扩展。

本章汇聚相亲数对与相亲数环、斐波那契序列与卢卡斯序列、等幂和 n 元组,以及德布鲁金环序列等国际上有影响的序列经典;同时介绍独创的指积序列、优美数序列、双码 2 部数序列与连写数序列等新颖有趣的数列,展示出数列的广博与精彩。

有着 ACM 背景的"2 部数积",给枚举难点的突破留下思索空间。

最后压轴的"挑剔数列"的设计与展现无疑是数列的亮点,其高超的结构美与独特的奇异美让人回味无穷。

6.1　相亲数对与相亲数环

数学大师毕达哥拉斯早年发现,220 与 284 两个数之间存在着奇妙的联系。

220 的真因数之和为 $1+2+4+5+10+11+20+22+44+55+110=284$

284 的真因数之和为 $1+2+4+71+142=220$

毕达哥拉斯把这样的数对 a,b 称为相亲数对(又称亲和数): a 的真因数(小于本身的因数)之为 b,而 b 的真因数之和为 a。

相亲数对的直接扩展是相亲数环:呈连环套形式的多个相亲数构成相亲数环。

例如, a 的真因数之和为 b, b 的真因数之和为 c, c 的真因数之和为 d, d 的真因数之和为 a,则 a,b,c,d 称为一个 4 节相亲数环。

数学界对探寻相亲数对与多节相亲数环的热情持续不减。

6.1.1　多位相亲数对

试探寻 n(2~5)位的所有相亲数对。

1. 设计要点

设置 n(2~5)循环枚举位数,对每个 n 设置 i 循环枚举每个 n 位整数。

对指定 n 位的每个整数 i 应用试商实施枚举判别。根据相亲数对的定义,用试商判别法找出整数 i 的所有小于 i 的真因数 j,并求出真因数的和 s。

然后用同样的方法找出整数 s 的真因数之和 s1。

如果有 s1=i,则整数 i 与 s 为相亲数对。

为减少试商循环次数,注意到数 i 若为非平方数,它的大于 1 小于 i 的因数成对出现,每对中的较小因数要小于 i 的平方根。

这样试商 j 循环只要从 2 取到 i 的平方根 t＝sqrt(i)，可大大减少试商循环次数，缩减程序的运行时间。

若数 i 恰为整数 t 的平方，此时 t 为 i 的一个因数而不是一对，因而在和 s 中减去多加的因数 t，这是必要的。

找到相亲数对，统计对数并打印输出。

2. 求相亲数对程序设计

```
//探求 n(2~5)位相亲数对
#include <stdio.h>
#include <math.h>
void main()
{   int m,n; long d,i,j,s,t,s1;
    for(n=2;n<=5;n++)
    {   printf("  n=%d位:\n",n); m=0;
        for(d=1,j=1;j<=n-1;j++)
          d=d*10;                          //d为最小 n 位整数
        for(i=d+1;i<=10*d-1;i++)
        {   s=1; t=(long)sqrt(i);
            for(j=2;j<=t;j++)
              if(i%j==0) s=s+j+i/j;
            if(i==t*t) s-=t;               //求 i 的真因数之和 s
            if(i<s)                        //规定 i<s,避免重复
            {   s1=1;t=(long)sqrt(s);
                for(j=2;j<=t;j++)
                  if(s%j==0) s1=s1+j+s/j;
                if(s==t*t) s1-=t;          //求 s 的真因数之和 s1
                if(s1==i)                  //条件判别
                {   printf("  %d: %ld,%ld",++m,i,s);
                    if(m%2==0) printf("\n");
                }
            }
        }
        if(m>0)  printf("  %d 位相亲数对共以上%d 对。\n",n,m);
        else  printf("  未搜索到%d 位相亲数对。\n",n);
    }
}
```

3. 程序运行结果

```
n=2 位:
未搜索到 2 位相亲数对。
n=3 位:
  1: 220,284   3位相亲数对共以上 1 对。
```

```
n=4 位：
    1: 1184,1210    2: 2620,2924
    3: 5020,5564    4: 6232,6368
4 位相亲数对共以上 4 对。
n=5 位：
    1: 10744,10856    2: 12285,14595
    3: 17296,18416    4: 63020,76084
    5: 66928,66992    6: 67095,71145
    7: 69615,87633    8: 79750,88730
5 位相亲数对共以上 8 对。
```

运行程序，当 n=3 时只有毕达哥拉斯发现的唯一 3 位相亲数对(220,284)。

当时人们认为只有这一对相亲数对，一直延续了 2000 多年，直到 1636 年皮勒才发现并公布了以第 2 组相亲数对(17296,18416)，即以上运行输出 n=5 时的第 3 个解。

数学家欧拉在 1750 年一口气公布了 60 对相亲数对。然而，其中 4 位相亲数对(1184,1210)被数学家们遗漏了，是一个 16 岁的青年巴格尼于 1866 年发现的，令人惊讶。

4. 相亲数公式

杰出的阿拉伯数学家本·科拉建立了一个有名的相亲数公式。

设 $a=3\times2^n-1, b=3\times2^{n-1}-1, c=9\times2^{2n-1}-1, n$ 是大于 1 的整数。如果 a,b,c 全为素数，则 $2^n\times ab$ 与 $2^n\times c$ 是一对相亲数。

例如，$n=2$ 时，$a=11, b=5, c=71$ 都是素数，则 $2^n\times ab=220, 2^n\times c=284$ 是一对 3 位相亲数。

又如，$n=4$ 时，$a=47, b=23, c=1151$ 都是素数，则 $2^n\times ab=17296, 2^n\times c=18416$ 是一对 5 位相亲数。

6.1.2 多节相亲数环

多节相亲数环是指 $n(n>2)$ 个整数满足以下关系：a_1 的真因数之和为 a_2，a_2 的真因数之和为 a_3，……，最后 a_n 的真因数之和为 a_1。这样 n 个整数 $a_1,a_2,a_3,\cdots,a_n$ 形成一个 n 节相亲数环。

1. 设计要点

设置数组 s：$s(0)$ 即为递增枚举循环中选取的整数 i（i 从 11 开始递增取值），其真因数之和存储到 $s(1)$；$s(1)$ 真因数之和存储到 $s(2)$……

一般地，通过 k 循环实现把 $s(k-1)$ 的真因数之和存储到 $s(k)$（k 为 1～n）。

判别：若 $s(n)\neq s(0)$，则试下一个 i。直至 $s(n)=s(0)$ 时，找到相亲数的 n 个环数，则打印输出后退出。

若整数 i 增至约定的上限值 1000000000 还未搜索到 n 节相亲数环，即行退出。

2. 求 n 节相亲数环程序设计

```
//探求 n 节相亲数环
#include <math.h>
```

```
#include <stdio.h>
void main()
{  int c,k,n; long i,j,t,s[100];
   printf("   探求 n 节相亲数环,请输入 n:"); scanf("%d",&n);
   i=10;
   while(1)
     {  i++;s[0]=i; s[n]=i+1;                      //初始化 s[0]!=s[n]
        for(c=0,k=1;k<=n;k++)
        {  s[k]=1;t=(int)sqrt(s[k-1]);
           for(j=2;j<=t;j++)                       //求 s[k-1]的因数之和
             if(s[k-1]%j==0)
               s[k]=s[k]+j+s[k-1]/j;
           if(s[k-1]==t*t) s[k]-=t;
           for(j=0;j<=k-1;j++)
             if(s[k]==s[j]) {c=1;break;}
           if(c==1) break;
        }
        if(s[0]==s[n])                             //满足 n 环首尾相等,输出解
        {  printf("   搜索到%d 节相亲数环: ",n);
           for(k=0;k<=n-1;k++)
             printf("  %ld",s[k]);
           printf("\n");
           return;
        }
        if(i>1000000000)
        {  printf("   尚未搜索到%d 节相亲数环!\n");
           return;
        }
     }
}
```

3. 程序运行示例

```
探求 n 节相亲数环,请输入 n:4
搜索到 4 节相亲数环:  1264460  1547860  1727636  1305184
探求 n 节相亲数环,请输入 n:5
搜索到 5 节相亲数环:  12496  14288  15472  14536  14264
```

程序探索到一个指定的 n 节相亲数环并输出后即行退出。因此,对于 n=2,即搜索 2 节相亲数环,找到相亲数对(220,284)后,即退出。

当输入 n=3 时,尚没有找到 9 位以内的 3 节相亲数环,但并不意味 3 节相亲数环不存在,只能说明可能存在的 3 节相亲数环的数量规模比较大。

如果需具体给出相亲数环中每个数的真因数,程序应如何修改?

6.2 斐波那契序列

斐波那契(Fibonacci)序列是由"兔子生崽"这一有趣数模引入的一个著名的递推数列,其应用非常广泛,国际上已有许多关于斐波那契序列的专著与学术期刊。周持中教授等在哈尔滨工业大学出版的学术专著《Fibonacci-Lucas 序列及其应用》中发布了斐波那契序列研究的多项最新成果。

6.2.1 探求 F/L 序列

中世纪意大利数学家斐波那契是文艺复兴前夕杰出的数学家之一,他在其所著的《算盘书》中提出"兔子生崽"的有趣数模:假设兔子出生后两个月就能生小兔,且每月一次,每次不多不少恰好一对(一雌一雄)。若开始时有初生的小兔一对,问一年后共有多少对兔子。

由以上兔子繁衍问题所形成的斐波那契序列,是数学史上的杰作之一。

斐波那契序列(简称 F 序列)定义为

$$\begin{cases} F_1 = F_2 = 1 \\ F_n = F_{n-1} + F_{n-2} \quad (n>2) \end{cases} \tag{6-2-1}$$

同时,卢卡斯(Lucas)序列是与斐波那契序列有着相同递推关系的另一个著名的序列。卢卡斯序列(简称 L 序列)定义为

$$\begin{cases} L_1 = 1, L_2 = 3 \\ L_n = L_{n-1} + L_{n-2} \quad (n>2) \end{cases} \tag{6-2-2}$$

试求解斐波那契序列或卢卡斯序列的第 n 项与前 n 项之和(n 从键盘输入)。

1. 递推设计要点

递推关系已明确,只需设计循环实施递推即可。

(1) 两序列一并处理。

注意到 F 序列与 L 序列的递推关系相同,可一并处理这两个序列。

设置一维数组 $f(n)$,序列的递推关系为

$$f(k) = f(k-1) + f(k-2) \quad (k \geqslant 3)$$

注意到 F 与 L 两个序列初始值不同,在输入整数 p 选择序列($p=1$ 时为 F 序列,$p=2$ 时为 L 序列)后,初始条件可统一为 $f(1)=1, f(2)=2p-1$。

(2) 设置循环实施递推。

设置 $k(3 \sim n)$ 循环,循环前赋上述初值。

从已知前 2 项这一初始条件出发,在循环中实现递推,逐步推出第 3 项,第 4 项,……,以至推出指定的第 n 项。

为实现求和,在 k 循环外给和变量 s 赋初值 $s=f(1)+f(2)$;在 k 循环内,每计算一项 $f(k)$,即累加到和变量 s 中:$s=s+f(k)$。

(3) 分别输出结果。

按前面输入 p 值所选序列,分别输出两序列的递推结果:$p=1$ 时注明为 F 序列;$p=2$ 时注明为 L 序列。

2. 递推程序设计

```
//探求斐波那契序列与卢卡斯序列递推程序设计
#include <stdio.h>
void main()
{   int k,n,p; double s,f[70];
    printf("请选择 1 为斐波那契序列;2 为卢卡斯序列 :");
    scanf("%d",&p);                              //选定序列项目
    printf("求序列的第 n 项与前 n 项和,请输入 n:"); scanf("%d",&n);
    if(p<1 || p>2)
      { printf("输入的 p 出现偏差!\n");return;}
    f[1]=1;f[2]=2*p-1;
    s=f[1]+f[2];                                 //数组元素与和变量赋初值
    for(k=3;k<=n;k++)
      {   f[k]=f[k-1]+f[k-2];                    //实施递推
          s+=f[k];                               //实施求和
      }
    if(p==1) printf("  F 序列");                  //分选择项输出结果
    else printf("  L 序列");
    printf("第%d 项为%.0f,",n,f[n]);
    printf("前%d 项之和为%.0f \n",n,s);
}
```

3. 运行程序示例与说明

```
请选择 1 为斐波那契序列;2 为卢卡斯序列 :1
求序列的第 n 项与前 n 项和,请输入 n:60
  F 序列第 60 项为 1548008755920,前 60 项之和为 4052739537880
请选择 1 为斐波那契序列;2 为卢卡斯序列 :2
求序列的第 n 项与前 n 项和,请输入 n:50
  L 序列第 50 项为 28143753123,前 50 项之和为 73681302244
```

利用相同的递推关系,在一个程序中处理这两个相关的序列是可行的。

递推设计在一重循环中完成,显然算法时间复杂度为 $O(n)$。

6.2.2   条件素数序列

设正整数 m,n 满足条件

$$(n^2 - mn - m^2)^2 = 1, \quad m \leq n \leq k \tag{6-2-3}$$

对于指定正整数 k,若整数 $m+n$ 为素数则输出该素数,并统计其个数。

例如,若 $k=2$ 时,$m=n=1$ 满足条件,$1+1=2$ 为素数;同时 $m=1,n=2$ 满足条件,$1+2=3$ 为素数。因而当 $k=2$ 时有以上两个解。

编程输入正整数 $k(1 \leq k \leq 100000000000000)$,探求满足式(6-2-3)并使 $m+n$ 为素数的整数 m,n,输出素数 $m+n$。

1. 设计要点

这是一个条件序列的判别问题,可采用以下方法求解。

(1) 在 $1\sim k$ 的范围内设置二重循环枚举 m,n,凡满足条件式的,应用试商判别法判别 $m+n$ 是否为素数。

这种求解方法简便易行,但当 k 较大时,枚举范围太大致使求解难以实现。

(2) 从题目中的条件式入手,寻求 m,n 的构成规律,从而简化求解操作。

显然,$m=1,n=1$ 满足题中的条件式。同时注意到

$$(n^2-mn-m^2)^2=[(m+n)^2-n(m+n)-n^2]^2 \tag{6-2-4}$$

由式(6-2-4)可知,若 m,n 满足这一条件式,则 $n,(m+n)$ 也满足上式。反之,若 $n,(m+n)$ 满足上式,则 m,n 也满足前一条件式。因而满足条件式的 m,n 按递增顺序排成一个最大项小于指定正整数 k 的斐波那契序列,即在斐波那契序列中找出不大于指定正整数 k 的素数项。

从 $m=1,n=1$ 开始求斐波那契序列,其中不大于指定数 k 的两项 m,n,其对应的和 $t=m+n$ 应用试商判别法求素数。若 t 为素数则输出,并用 s 统计个数。

2. 程序设计

```c
//应用斐波那契序列探求 m+n 为素数
#include <stdio.h>
#include <math.h>
void main()
{  double b,k,m,n,t; int c,s,j;
   printf("  请输入正整数 k: ");scanf("%lf",&k);
   printf("  m+n 为以下素数: \n");
   m=n=1;s=0;
   while(1)
   {  t=m+n;
      if(n>k) break;
      b=floor(sqrt(t));c=0;
      for(j=3;j<=b;j=j+2)
        if(fmod(t,j)==0)                    //试商判别和 t 是否为素数
          { c=1;break; }
      if(c==0 && fmod(t,2)>0 || t==2)
        { s++;printf("  %.0f",t); }
      m=n;n=t;                              //迭代为求下一个 t 做准备
   }
   printf("\n  共有以上%d 个素数。\n",s);
}
```

3. 程序运行示例

```
  请输入正整数 k: 1000000000000
  m+n 为以下素数:
   2  3  5  13  89  233  1597  28657  514229  433494437  2971215073
  共有以上 11 个素数。
```

如果据式(6-2-3)具体从小到大枚举计算每组 m,n 进行判别,工作量很大。以上设计巧妙应用斐波那契序列,大大简化了问题求解。

6.3 递推趣谈

上面介绍的斐波那契数列只有一个递推关系: $f(k)=f(k-1)+f(k-2)$,从已知的初始条件 $f(1),f(2)$ 出发,根据递推关系依次递推出 $f(3),f(4),\cdots$,以至最后推出所要求的 $f(n)$。

有些实际问题的递推关系要复杂得多,有两个甚至多个递推关系,其递推设计自然要设置多重循环来处理。

6.3.1 精彩双飞燕

设集合 M 定义如下。

(1) $1\in M$。

(2) $x\in M\Rightarrow 2x+1\in M,3x+1\in M$。

(3) 再无其他的数属于 M。

把集合 M 中元素按升序排序,试求出该序列指定的第 n 项。并求解序列中哪项与指定整数 s 相差最小。

1. 递推设计要点

该题有 $2x+1,3x+1$ 两个递推关系,有如两只飞燕引领序列飞向高端,所以称之为双飞燕。

(1) 实施递推。

设置数组 m(k) 存储 M 元素从小到大排列序列的第 k 项,显然 m(1)=1,这是递推的初始条件。

同时设置两个队列:

$2\times m(p2)+1$, p2=1,2,3,$\cdots$

$3\times m(p3)+1$, p3=1,2,3,$\cdots$

这里用 p2 表示 $2x+1$ 这一队列的下标,用 p3 表示 $3x+1$ 这一队列的下标。

两个队列的下标就是该队列的排头。排头就是队列中尚未选入 m 的最小下标,通过比较选数值较小者送入数组 m 中。

若 $2*m(p2)<3*m(p3)$,则 m(i)=$2*m(p2)+1$,下标 p2 增1;

若 $2*m(p2)>3*m(p3)$,则 m(i)=$3*m(p3)+1$,下标 p3 增1;

若 $2*m(p2)=3*m(p3)$,则 m(i)=$3*m(p3)+1$,下标 p2 与 p3 同时增1。

(2) 兼顾两个任务。

程序要完成两个任务,若项数 n 太小则不能完成与指定数 s 比较差距的任务,因此在条件循环中设置条件 k<n‖m[k]<s+50 兼顾完成两个任务:前者由 k++递增,确保递推至 m[n];后者递推至所递推的项在数值上超过 s+50,确保完成与指定数 s 的比较。这里 s+50 是一个大于指定数 s 的约定数,因与 s 相差最小的项可能处于大于 s

的区域。

2. 递推程序设计

```
//双飞燕序列第 n 项及与指定数 s 相距最小的项
#include <stdio.h>
#include <math.h>
void main()
{  long p2,p3,i,k,n,s,t,m1,min,m[10000];
   printf("  请输入项数 n:"); scanf("%d",&n);
   printf("  请指定整数 s:"); scanf("%d",&s);
   p2=1;p3=1;m[1]=1;min=100;k=1;
   while(k<n || m[k]<s+50)
     {  k++;
        if(2*m[p2]<3*m[p3])                    //通过比较确定给 m[k]赋值
          { m[k]=2*m[p2]+1;p2++; }
        else
          {  m[k]=3*m[p3]+1;
             if(2*m[p2]==3*m[p3]) p2++;        //为避免重复项,此句不能省
             p3++;
          }
        t=s-m[k];
        if(abs(t)<min) { min=abs(t);i=k; }
     }
   printf("  m(%ld)=%ld。\n",n,m[n]);
   printf("  m(%ld)=%ld,与%ld 相差最小为%ld。\n",i,m[i],s,min);
}
```

3. 程序运行示例与说明

```
请输入项数 n:2019
请指定整数 s:12345
m(2019)=19858。
m(1340)=12351,与 12345 相差最小为 6。
```

说明:事实上,这两个队列完全有可能出现相等,因此设计有相等判别行

```
if(2*m[p2]==3*m[p3]) p2++;
```

设计中若忽略了两队列相等情形的判别处理,必然导致数组 m 中出现一些重复项(例如,出现两项 31 等),这与集合元素的互异性相违,必将导致所求的第 n 项出错。

6.3.2 等幂和 n 元组

【定义】 把 $2n(n \geqslant 3)$ 个不同的正整数组成两组,每组 n 个数。如果两组的各个数之和相等,且两组的各个数从 2 次幂之和、3 次幂之和以至到 $n-1$ 次幂之和均相等,则这两个数组称为等幂和 n 元组。

例如，$(1,6,8)$ 与 $(2,4,9)$ 由 6 个没有重复的整数组成，具有以下两个相等特性。

1 次幂和相等：$1+6+8=2+4+9=15$。

2 次幂和相等：$1^2+6^2+8^2=2^2+4^2+9^2=101$。

因而 $(1,6,8)$ 与 $(2,4,9)$ 为等幂和 3 元组。

例如，$(1,7,8,14)$ 与 $(2,4,11,13)$ 由 8 个没有重复的整数组成，具有以下 3 个相等特性。

1 次幂和相等：$1+7+8+14=2+4+11+13=30$。

2 次幂和相等：$1^2+7^2+8^2+14^2=2^2+4^2+11^2+13^2=310$。

3 次幂和相等：$1^3+7^3+8^3+14^3=2^3+4^3+11^3+13^3=3600$。

因而 $(1,7,8,14)$ 与 $(2,4,11,13)$ 为等幂和四元组。

这些奇特的等幂和数组是如何得到的呢？

本节介绍涉及两个数组等幂和的两个递推式，并以此构建出等幂和三元组与四元组，最后拓展至等幂和五元组与六元组。

1. 两个数组的等幂和递推式

涉及等幂和有以下递推关系。

【命题】 设 a 数组 $(a_1,a_2,\cdots,a_n)$ 与 b 数组 $(b_1,b_2,\cdots,b_n)$ 的 1 次幂和相等，2 次幂和相等，……，直至 $k-1$ 次幂和也相等，则对指定整数 m 有以下的递推式。

(1) 当 k 为奇数时

$$a_1^k+a_2^k+\cdots+a_n^k+(m-a_1)^k+(m-a_2)^k+\cdots+(m-a_n)^k$$
$$=b_1^k+b_2^k+\cdots+b_n^k+(m-b_1)^k+(m-b_2)^k+\cdots+(m-b_n)^k \qquad (6\text{-}3\text{-}1)$$

(2) 当 k 为偶数时

$$a_1^k+a_2^k+\cdots+a_n^k+(m-b_1)^k+(m-b_2)^k+\cdots+(m-b_n)^k$$
$$=b_1^k+b_2^k+\cdots+b_n^k+(m-a_1)^k+(m-a_2)^k+\cdots+(m-a_n)^k \qquad (6\text{-}3\text{-}2)$$

【证明】 应用二项式定理展开相消。

当 k 为奇数时，式(6-3-1)两边展开：左边 $a_1^k+a_2^k+\cdots+a_n^k$ 相消，右边 $b_1^k+b_2^k+\cdots+b_n^k$ 相消。因两个数组的 1 次幂和相等，2 次幂和相等，……，直至 $k-1$ 次幂和也相等，因而式(6-3-1)两边相等。

当 k 为偶数时，式(6-3-2)两边展开：左边 $a_1^k+a_2^k+\cdots+a_n^k$ 与右边 $a_1^k+a_2^k+\cdots+a_n^k$ 相消，左边 $b_1^k+b_2^k+\cdots+b_n^k$ 与右边 $b_1^k+b_2^k+\cdots+b_n^k$ 相消。因两个数组的 1 次幂和相等，2 次幂和相等，……，直至 $k-1$ 次幂和也相等，因而式(6-3-2)两边相等。

递推式(6-3-1)、式(6-3-2)得证。

因两个 n 元数组的 1 次幂和相等，2 次幂和相等，……，直至 $k-1$ 次幂和也相等，由以上证明可得式(6-3-1)、式(6-3-2)两边的 $2n$ 元数组的 1 次幂和相等，2 次幂和相等，……，直至 k 次幂和也相等。

2. 两个数组的等幂和递推式的应用

为了说明递推式(6-3-1)、式(6-3-2)的应用，下面列举几个简单的构建案例。

【问题 1】 应用递推式(6-3-1)、式(6-3-2)，确定 1 个简单的 2 元组，选择合适的参量

m,构建 1 位数的等幂和三元组。

【求解】 分以下 4 种情形探讨。

（1）从 $1+4=2+3$ 出发构建等幂和三元组。

据式(6-3-2)，选择 $m=8$，有

$$1^2+4^2+(8-2)^2+(8-3)^2=2^2+3^2+(8-1)^2+(8-4)^2$$

化简得

$$1^2+4^2+6^2+5^2=2^2+3^2+7^2+4^2$$

两边消去相同项，整理有 $1^2+5^2+6^2=2^2+3^2+7^2$，注意到 $1+5+6=2+3+7$，因而得等幂和三元组 $(1,5,6)(2,3,7)$。

（2）从 $1+6=2+5$ 出发构建等幂和三元组。

据式(6-3-2)，选择 $m=10$，有

$$1^2+6^2+(10-2)^2+(10-5)^2=2^2+5^2+(10-1)^2+(10-6)^2$$

化简得

$$1^2+6^2+8^2+5^2=2^2+5^2+9^2+4^2$$

两边消去相同项，整理有 $1^2+6^2+8^2=2^2+4^2+9^2$，注意到 $1+6+8=2+4+9$，因而得等幂和三元组 $(1,6,8)(2,4,9)$。

（3）从 $2+6=3+5$ 出发构建等幂和三元组。

据式(6-3-2)，选择 $m=10$，有

$$2^2+6^2+(10-3)^2+(10-5)^2=3^2+5^2+(10-2)^2+(10-6)^2$$

化简得

$$2^2+6^2+7^2+5^2=3^2+5^2+8^2+4^2$$

两边消去相同项，整理有 $2^2+6^2+7^2=3^2+4^2+8^2$，注意到 $2+6+7=3+4+8$，因而得等幂和三元组 $(2,6,7)(3,4,8)$。

（4）从 $3+7=4+6$ 出发构建等幂和三元组。

据式(6-3-2)，选择 $m=12$，有

$$3^2+7^2+(12-4)^2+(12-6)^2=4^2+6^2+(12-3)^2+(12-7)^2$$

化简得

$$3^2+7^2+8^2+6^2=4^2+6^2+9^2+5^2$$

两边消去相同项，整理有 $3^2+7^2+8^2=4^2+5^2+9^2$，注意到 $3+7+8=4+5+9$，因而得等幂和 3 元组 $(3,7,8)(4,5,9)$。

【奇妙组合】 奇迹从组合中产生。

应用以上递推式(6-3-1)、式(6-3-2)，构建了数组元素均为 1 位数的等幂和三元数组。

$(1,5,6;2,3,7)$　　$s_1=12$；$s_2=62$　（s_1 为三元和，s_2 为三元平方和，下同）

$(1,6,8;2,4,9)$　　$s_1=15$；$s_2=101$

$(2,6,7;3,4,8)$　　$s_1=15$；$s_2=89$

$(3,7,8;4,5,9)$　　$s_1=18$；$s_2=122$

（1）从上往下组合。

可把这 4 组解按从上到下巧妙组合为 6 个"4 位数"构成神秘金蝉三元数组。

(1123,5667,6878;2234,3445,7989)

神秘金蝉三元数组具有和相等且平方和也相等的特性。

$1123+5667+6878=2234+3445+7989=13668$

$1123^2+5667^2+6878^2=2234^2+3445^2+7989^2=80682902$

且具有以下多个脱壳性质。

同时从高位去除 1,2 个数字,或同时从低位去除 1,2 个数字,或同时去除最高位与最低位,这 5 种脱壳情形分别如下。

(123,667,878;234,445,989)　　($s_1=1668, s_2=1230902$)

(23,67,78;34,45,89)　　($s_1=168, s_2=11102$)

(112,566,687;223,344,798)　　($s_1=1365, s_2=804869$)

(11,56,68;22,34,79)　　($s_1=135, s_2=7881$)

(12,66,87;23,44,98)　　($s_1=165, s_2=12069$)

经脱壳而得的以上数组,均具有和相等(s_1)且平方和也相等(s_2)的特性,简直太奇妙了!

(2) 从下往上组合。

还有更为奇妙的,把上述 4 组 1 位数的等幂和三元数组按从下往上组合为 6 个"4 位数"构成三元数组。

(3211,7665,8786;4322,5443,9897)

以上两个三元数组同样妙不可言,该数组具有和相等($s_1=19662$),同时平方和也相等($s_2=146256542$)的特性。至于这两个三元数组是否也具有上述 5 种脱壳情形呢,请自己动手验算。

【问题 2】　以等幂和三元组(1,5,6;2,3,7)为基础构建等幂和四元组。

【求解】　据递推式(6-3-1)构建。

关键是要选择合适的参量 m,经过消元成为等幂和四元组。

(1) 不妨选择参数 $m=9$。

从等幂和三元组(1,5,6)(2,3,7)出发,据式(6-3-1)有
$$1^3+5^3+6^3+(9-6)^3+(9-5)^3+(9-1)^3$$
$$=2^3+3^3+7^3+(9-7)^3+(9-3)^3+(9-2)^3$$

显然式右存在两项 2,两项 7,无法相消。

(2) 选择参数 $m=10,11,12$。

同样存在无法相消,即无法构建等幂和四元组。

(3) 选择参数 $m=13$,有
$$1^3+5^3+6^3+(13-6)^3+(13-5)^3+(13-1)^3$$
$$=2^3+3^3+7^3+(13-7)^3+(13-3)^3+(13-2)^3$$

化简得
$$1^3+5^3+6^3+7^3+8^3+12^3=2^3+3^3+7^3+6^3+10^3+11^3$$

两边消去相同的 6,7 两项,整理有
$$1^3+5^3+8^3+12^3=2^3+3^3+10^3+11^3 \qquad (s_3=2366)$$

且注意到

$$1^2 + 5^2 + 8^2 + 12^2 = 2^2 + 3^2 + 10^2 + 11^2 \qquad (s_2 = 234)$$

$$1 + 5 + 8 + 12 = 2 + 3 + 10 + 11 \qquad (s_1 = 26)$$

因而得等幂和四元组 $(1,5,8,12)(2,3,10,11)$。

【问题 3】 以等幂和四元组 $(1,5,8,12)(2,3,10,11)$ 为基础构建等幂和五元组。

【求解】 调整选择 $m = 20$ 构建。

由等幂和四元组 $(1,5,8,12)(2,3,10,11)$ 出发,据式(6-3-2),调整选择 $m = 20$,有

$$1^4 + 5^4 + 8^4 + 12^4 + (20-2)^4 + (20-3)^4 + (20-10)^4 + (20-11)^4$$

$$= 2^4 + 3^4 + 10^4 + 11^4 + (20-1)^4 + (20-5)^4 + (20-8)^4 + (20-12)^4$$

化简得

$$1^4 + 5^4 + 8^4 + 12^4 + 18^4 + 17^4 + 10^4 + 9^4$$

$$= 2^4 + 3^4 + 10^4 + 11^4 + 19^4 + 15^4 + 12^4 + 8^4$$

两边消去相同的 $8,10,12$ 共 3 项,整理有

$$1^4 + 5^4 + 9^4 + 17^4 + 18^4 = 2^4 + 3^4 + 11^4 + 15^4 + 19^4 \quad (s_4 = 195684)$$

注意到

$$1^3 + 5^3 + 9^3 + 17^3 + 18^3 = 2^3 + 3^3 + 11^3 + 15^3 + 19^3 \quad (s_3 = 11600)$$

$$1^2 + 5^2 + 9^2 + 17^2 + 18^2 = 2^2 + 3^2 + 11^2 + 15^2 + 19^2 \quad (s_2 = 720)$$

$$1 + 5 + 9 + 17 + 18 = 2 + 3 + 11 + 15 + 19 \quad (s_1 = 50)$$

因而得等幂和五元组 $(1,5,9,17,18;2,3,11,15,19)$。

【问题 4】 以等幂和五元组 $(1,5,9,17,18;2,3,11,15,19)$ 为基础构建等幂和六元组。

【求解】 调整选择 $m = 24$ 构建。

由等幂和五元组 $(1,5,9,17,18;2,3,11,15,19)$ 出发,据式(6-3-1),调整选择 $m = 24$,有

$$1^5 + 5^5 + 9^5 + 17^5 + 18^5 + (24-18)^5 + (24-17)^5 + (24-9)^5 + (24-5)^5 + (24-1)^5$$

$$= 2^5 + 3^5 + 11^5 + 15^5 + 19^5 + (24-19)^5 + (24-15)^5 + (24-11)^5$$

$$+ (24-3)^5 + (24-2)^5$$

化简得

$$1^5 + 5^5 + 9^5 + 17^5 + 18^5 + 6^5 + 7^5 + 15^5 + 19^5 + 23^5$$

$$= 2^5 + 3^5 + 11^5 + 15^5 + 19^5 + 5^5 + 9^5 + 13^5 + 21^5 + 22^5$$

两边消去相同的 $5,9,15,19$ 共 4 项,整理有

$$1^5 + 6^5 + 7^5 + 17^5 + 18^5 + 23^5 = 2^5 + 3^5 + 11^5 + 13^5 + 21^5 + 22^5 \quad (s_5 = 9770352)$$

注意到

$$1^4 + 6^4 + 7^4 + 17^4 + 18^4 + 23^4 = 2^4 + 3^4 + 11^4 + 13^4 + 21^4 + 22^4 \quad (s_4 = 472036)$$

$$1^3 + 6^3 + 7^3 + 17^3 + 18^3 + 23^3 = 2^3 + 3^3 + 11^3 + 13^3 + 21^3 + 22^3 \quad (s_3 = 23472)$$

$$1^2 + 6^2 + 7^2 + 17^2 + 18^2 + 23^2 = 2^2 + 3^2 + 11^2 + 13^2 + 21^2 + 22^2 \quad (s_2 = 1228)$$

$$1 + 6 + 7 + 17 + 18 + 23 = 2 + 3 + 11 + 13 + 21 + 22 \qquad (s_1 = 72)$$

因而得等幂和六元组 $(1,6,7,17,18,23)(2,3,11,13,21,22)$。

以上构建难点在于调整选择合适的 m 值：要求选择的 m 代入式(6-3-1)或式(6-3-2)后，等式两边出现若干相同项，消去这些相同项后恰有 n 元，相同项多了或少了都不合适。

注意：并不是任意等幂和 $n-1$ 元组都存在合适的 m 参数拓展得等幂和 n 元组。

【编程拓展】 试在指定区间 $[1,e]$ 中取最小组元，探求等幂和 n 元组。

应用两个数组递推性质，先选取互不相同的正整数 $a1,a2,b1,b2$，约定最小整数为 $a1 \leq e$(其中上限 e 从键盘确定)，使得 $a1+a2=b1+b2$。

然后取 $k=2$，通过由小到大取值逐个试验确定整数 m，代入偶数递推式后使等式的两边出现一个相同项。消去该项后则得到两个三元数组 $(a1,a2,a3)$ 与 $(b1,b2,b3)$，其和相等，平方和也相等。

接着对于 $k=3$，又通过取值试验确定整数 m，代入奇数递推式后使等式两边出现两个相同项。消去后则得到两个四元数组 $(a1,a2,a3,a4)$ 与 $(b1,b2,b3,b4)$，它们的和、平方和、立方和都相等。

以此类推，探求等幂和 n 元组。

对求出的等幂和 n 元组验证两个数组的 $k(1\sim n-1)$ 次幂和是否相等。若全部相等，通过验证后输出。

带验证的程序设计语句较多，从略。

程序运行可得多个等幂和 n 元组，例如：

```
输入每组数的个数 n(2<n<7):6
输入组中最小数上限:5
第 1 组 6 个数为 3,8,9,19,20,25
第 2 组 6 个数为 4,5,13,15,23,24
    1 次方和都是 84
    2 次方和都是 1540
    3 次方和都是 31752
    4 次方和都是 691684
    5 次方和都是 15533784
第 1 组 6 个数为 3,4,12,14,22,23
第 2 组 6 个数为 2,7,8,18,19,24
    1 次方和都是 78
    2 次方和都是 1378
    3 次方和都是 27378
    4 次方和都是 573586
    5 次方和都是 12377898
……
```

6.4 指积序列

指积序列包括双指积序列与多指积序列，其难点在于"积"的处理，如何突破指与积的交叉是探求的关键。

6.4.1 双指积序列

先了解一个不涉及"积"的简单双指序列。

【问题】 设 x,y 为非负整数,试计算集合

$$M=\{2^x,3^y \mid x \geqslant 0, y \geqslant 0\} \tag{6-4-1}$$

中不超过 1000 的元素的个数,及其由小到大排列的第 13 项。

【求解】 为比较方便,以表格(见表 6-1)的形式构建该双指序列。

表 6-1　构建 2-3 双指序列

2^x	1	2		4	8		16		32	64		128		256	512	
3^y	1		3			9		27			81		243			729
序列项	1	2	3	4	8	9	16	27	32	64	81	128	243	256	512	729
项序号	1	2	3	4	5	6	7	8	9	10	11	12	13	14	15	16

表格的第 1 行为指数 2^x;第 2 行为指数 3^y,每行按指数递增,不超过指定的 1000;第 3 行为所求的双指序列项,其值为上两行同列比较的较小者(作为序列的一项),同列比较的较大者未进入序列,则顺延至同行的下一列继续参与比较;第 4 行为项序号。

由表 6-1 可见,集合 M 不超过 1000 的元素共 16 个,由小到大排列的第 13 项为 243。

以下应用编程拓展,构建双指积序列。

1. 构建双指积序列

设 x,y 为非负整数,试计算集合

$$M=\{2^x \times 3^y \mid x \geqslant 0, y \geqslant 0\} \tag{6-4-2}$$

的元素处于指定区间 $[c,d]$ 中的个数,并求处于 $[c,d]$ 中的元素从小到大排序的第 m 项。

输入区间数 c,d 及序号 m,输出集合处于 $[c,d]$ 中元素的个数及其升序序列的第 m 项。

2. 认识双指积序列

双指积序列的复杂体现在一个"积"字上,双指积序列项既可以是双指的某一指,也可以是双指的积。

以上双指积序列的前 8 项为 $1,2,3,4(2^2),6(2\times3),8(2^3),9(3^2),12(2^2\times3)$,其中第 5 项 6 与第 8 项 12 均为双指的积组成。

探讨双指积,可以从枚举设计入手,也可以应用递推设计求解。下面应用有启发性的有针对性枚举编程。

为了增强针对性,试先行分别构造 2 与 3 的指数序列,通过双重循环产生双指积数 a,对检测满足条件 $c \leqslant a \leqslant d$ 的项,经排序确定双指积序列的第 m 项。

3. 有针对性枚举要点

(1) 数据结构与构造单指。

设置 f 数组,存储集合 M 中处于指定区间 $[c,d]$ 中的元素。

设置 t2 数组存储 2^x:t2[0] 为 2^0,t2[1] 为 2^1,……,t2[p2-1] 为 2^{p2-1}($2^{p2} > d$)。

设置 t3 数组存储 3^y：t3[0]为 3^0，t3[1]为 3^1，……，t3[p3$-$1]为 3^{p3-1}（$3^{p3}>d$）。

（2）构造双指积。

设置 i,j 二重循环（i：0～p2$-$1；j：0～p3$-$1），构造 t=t2[i] * t3[j]，其中当 i=j=0 时，t=1 即为集合的首项 1；当 i=0 且 j>0 时，t 即为 3 的指数序列；当 j=0 且 i>0 时，t 即为 2 的指数序列；当 i>0 且 j>0 时，t 为 2 与 3 的双指积序列。

（3）构造指积项。

若 t<c 或 t>d，超出指定区间范围，不对 f 数组赋值；若 t≥c 且 t≤d，t 处于指定区间 [c,d]，则对 f 数组赋值"f[++k]=t；"。

通过以上按指数有针对性枚举，求出集合 M 中处于指定区间[c,d]中的所有 k 个元素。

（4）实施排序。

对这 k 个元素进行排序，以求得从小到大排序的第 m 项。

注意到集合 M 中处于指定区间[c,d]中的元素个数 k 的数量远少于 n，采用简明的"逐项比较"排序法是可行的。

实施排序中，从小到大排序到第 m 项即可，没有必要对所有 k 个元素排序。

直接输出排序所得到的从小到大序列的第 m 项。

4. 构造双指积序列程序设计

```
//有针对性枚举探求双指积序列程序设计
#include <stdio.h>
void main()
{  int i,j,k,m,p2,p3;   double c,d,h,n,t,t2[100],t3[100],f[10000];
   printf("  请指定区间 c,d:");  scanf("%lf,%lf",&c,&d);
   printf("  请指定项数 m:");scanf("%d",&m);
   t=1;p2=0;
   while(t<=d)                                      //构建 2 指数数组
     {t=t * 2;t2[++p2]=t;}
   t=1;p3=0;
   while(t<=d)                                      //构建 3 指数数组
     {t=t * 3;t3[++p3]=t;}
   t2[0]=t3[0]=1;k=0;
   for(i=0;i<=p2-1;i++)
   for(j=0;j<=p3-1;j++)
     {  t=t2[i] * t3[j];                            //计算指积项 t
        if(t>=c && t<=d) f[++k]=t;                  //t 处于区间时则赋值
     }
   printf("  集合中[%.0f,%.0f]中的整数有%d个。\n",c,d,k);
   if(m<=k)
     {  for(i=1;i<=m;i++)                           //逐项比较排序到第 m 项
        for(j=i+1;j<=k;j++)
          if(f[i]>f[j]) { h=f[i];f[i]=f[j];f[j]=h; }
```

```
        printf(" 区间中从小到大排序的第%d项为%.0f\n",m,f[m]);
    }
    else  printf(" 所输入的m大于序列的项数!\n");
}
```

5. 程序运行示例与说明

请指定区间c,d:1,1000000000000
请指定项数m:500
集合中[1,1000000000000]中的整数有534个。
区间中从小到大排序的第500项为391378894848

尽管指定的 n 比较大,但有针对性枚举运行简洁,是因为集合中的元素个数数量级较低,具体估计个数低于 $\sqrt[4]{n}$(其中 n 为区间 $[c,d]$ 中的整数个数)。算法紧密依赖其个数,尽管实施排序,程序运行快捷。

6.4.2 多指积序列

把以上的双指积拓展到多指积问题是有趣的,也是可行的。现以 3 指积为例展示多指积问题的设计求解。

设 x,y,z 为非负整数,互质的正整数 q_1,q_2,q_3(约定 $1 < q_1 < q_2 < q_3$)为 3 指底数,试计算集合

$$M = \{q_1^x q_2^y q_3^z \mid x \geqslant 0, y \geqslant 0, z \geqslant 0\} \tag{6-4-3}$$

的元素在指定区间 $[c,d]$ 中的个数,把该区间中的元素从小到大排序,输出其中指定的第 m 项,具体给出该项的带指数的指积表达式。

在双指积基础上拓展到 3 指积,增加显示指定项带指数的指积表达式。考虑到递推规律的复杂性,采用有针对性枚举构造 3 指积设计求解。

1. 有针对性枚举构造指积要点

(1)数据结构。

设置一维数组 q[i] 存储 3 个指底数(要求彼此互质);一维数组 p[i] 存储 3 个指数;一维数组 w[i] 存储第 m 项的 3 个指数;一维数组 f[i] 存储序列的各项。

设置二维数组 t[i][j] 存储 q[i]^j。

(2)构造各单指数。

设置 j 循环构建 3 指数 t[j][p[j]]=q[j]^p[j](j=1,2,3),为构建指积项提供依据。

```
for(j=1;j<=3;j++)
{   y=1;p[j]=0;
    while(y<=d)
      { y=y*q[j];p[j]++;t[j][p[j]]=y; }
}
```

注意,初始条件为

```
t[1][0]=t[2][0]=t[3][0]=1;
```

```
t[1][1]=q[1];t[2][1]=q[2];t[3][1]=q[3];
t[1][p[1]]>d;t[2][p[2]]>d;t[3][p[3]]>d;
```

（3）构造指积项。

设置 i,j,u 三重循环（i: 0～p[1]－1; j: 0～p[2]－1; u: 0～p[3]－1）。

构造 y=t[1][i] * t[2][j] * t[3][u]：当 i=j=u=0 时，t=1 即为集合的首项 1；当 i，j，u 中有两个为 0 时，t 为单指；当 i，j，u 中有一个为 0 时，t 为双指积；当 i，j，u 全大于 0 时，t 为 3 指积。

若 t<c 或 t>d，t 超出区间范围，不对 f 数组赋值；若 c≤t≤d，t 对 f 数组赋值"f[++k]=t;"。

（4）实施排序。

通过以上按指数有针对性枚举，求出集合 M 在区间[c,d]中的所有 k 个元素。

对这 k 个元素进行排序，以求得从小到大排序的第 m 项。

注意到集合 M 在区间[c,d]中的元素个数 k 数量不多，采用较为简明的"逐项比较"排序法是可行的。

实施排序中，从小到大排序到第 m 项即可，没有必要对所有 k 个元素排序。

（5）规范输出。

当排序得到序列的第 m 项 y＝f[m]后，按规范的指积带指数形式输出。

① 指数为 0 时不输出，指数为 1 时只输出底数，指数大于 1 时才输出指数。

② 中间插入乘号（＊），有一个乘号、两个乘号与没有乘号等多种可能情形，要满足所有这些情形的输出需要。

2. 按指积有针对性枚举程序设计

```
//探求 3 指积有针对性枚举程序设计
#include <stdio.h>
#include <math.h>
void main()
{   int i,j,u,k,m,p[4],q[4],w[4]; double c,d,h,n,y,t[4][100],f[10000];
    printf("  请输入 3 个互素整数为 3 个指底数。\n");
    for(i=1;i<=3;i++)
      { printf("  输入第%d个指底数:",i); scanf("%d",&q[i]); }
    printf(" 请指定区间 c,d:"); scanf("%lf,%lf",&c,&d);
    printf(" 请指定排序号 m:"); scanf("%d",&m);
    for(j=1;j<=3;j++) t[j][0]=1;
    for(j=1;j<=3;j++)
    {   y=1;p[j]=0;
        while(y<=d)                              //这里 t[j][p[j]]=q[j]^p[j]
          { y=y*q[j];p[j]++;t[j][p[j]]=y; }
    }
    k=0;
    for(i=0;i<=p[1]-1;i++)                        //三重循环筛选满足条件的数
    for(j=0;j<=p[2]-1;j++)
    for(u=0;u<=p[3]-1;u++)
```

```
        {  y=t[1][i] * t[2][j] * t[3][u];
           if(y>=c && y<=d) f[++k]=y;                    //区间内的元素赋值给数组元素
        }
    printf("  集合在区间[%.0f,%.0f]中的整数有%d个。\n",c,d,k);
    if(m<=k)
    {  for(i=1;i<=m;i++)                                 //逐项比较排序到第 m 项
       for(j=i+1;j<=k;j++)
         if(f[i]>f[j]) { h=f[i];f[i]=f[j];f[j]=h; }
       y=f[m];
       for(j=1;j<=3;j++)
         {  w[j]=0;
            while(fmod(y,q[j])==0)
              { w[j]++;y=y/q[j]; }                       //计算第 m 项各幂指数
         }
       printf("  其中从小到大排序的第%d项为%.0f=",m,f[m]);
       for(j=1;j<=3;j++)                                 //输出幂积式
         {  if(w[j]==1) printf("%d",q[j]);
            if(w[j]>1) printf("%d^%d",q[j],w[j]);
            if(j<3 && w[j]>0 && w[j+1]+w[3]>0) printf("×");
         }
       printf("\n");
    }
    else  printf("  所输入的 m 大于区间中数的个数!\n");
}
```

3. 程序运行示例与分析

```
请输入 3 个互素整数为 3 个指底数。
 输入第 1 个指底数:2
 输入第 2 个指底数:3
 输入第 3 个指底数:5
 请指定区间 c,d:100000000,1000000000000
 请指定排序号 m:2019
 集合在区间[100000000,1000000000000]中的整数有 2325 个。
 其中从小到大排序的第 2019 项为 408146688000=2^11×3^13×5^3
```

以上程序的功能拓展:首先,扩展到了 3 指积;其次,增加了区间的选择与限制;最后,把找到的项表示成直观的指数形式。

算法的时间复杂度与所涉区间相关。当范围上限 n 充分大时,如果按项数 k 估值 $\sqrt[4]{n}$,该算法的时间复杂度为 $O(\sqrt{n})$。

6.5 优美数序列

优美数是指没有重复数字的整数。本节先求解一个由特定数字组成的优美数序列,然后探求一般 n 位优美数序列。

6.5.1 特定优美数序列

先看一个由指定数字组成优美数序列的简单实例。

【问题】 特定优美数序列项探求。

由数字 1,2,3,4,5,6,7 组成的没有重复数字的 7 位数共有 7!＝5040 个,其中最小的为 1234567,最大的为 7654321。

(1) 将所有这 5040 个 7 位数从小到大排序,第 2019 个数为_____。

(2) 将所有这 5040 个 7 位数从大到小排序,第 2019 个数为_____。

【求解】 应用从小到大逐位统计求解(1),然后根据"对偶"写出(2)。

(1) 从高位开始统计从小到大的 7 位数。

1 开头,2 开头的各 6!＝720 个,共 1440 个;31,32,34,35 开头的各 5!＝120 个,共 480 个;361,362,364,365 开头的数各 4!＝24 个,共 96 个,以上 3 项共 2016 个。则下一个即第 2017 个数为 3671245;再下一个即第 2018 个数为 3671254;再下一个即第 2019 个数为 3671425。

(2) 把排序由"从小到大"改为"从大到小",把以上探求过程中所有数字改为其对偶数字(1 对 7;2 对 6;……)。

因而,所求的这 5040 个 7 位数从大到小排序的第 2019 个数,即为从小到大排序的第 2019 个数 3671425 的对偶数 5217463。

答案:将所有这 5040 个 7 位数从小到大排序,第 2019 个数为 3671425。

将所有这 5040 个 7 位数从大到小排序,第 2019 个数为 5217463。

【编程拓展】

由数字 $1,2,\cdots,n$ $(2 \leqslant n \leqslant 9)$ 组成的没有重复数字的 n 位整数称为特定 n 位优美数,共计有 $n!$ 个。

(1) 将所有这 $n!$ 个 n 位数从小到大排序,求第 m 个数。

(2) 将所有这 $n!$ 个 n 位数从大到小排序,求第 m 个数。

1. 编程设计要点

(1) 建立枚举循环。

通过循环计算求得最小 n 位优美数 a 与最大 n 位优美数 b。同时,为方便实现对偶,计算 n 位整数 c,c 的每位数字为 $n+1$。

例如,当 $n=6$ 时,$a=123456$,$b=654321$,$c=777777$。

建立搜索循环 $x(a \sim b)$,对每个 x,用求余(%)与取整(/)分离 x 的 n 个数字 k,并应用 f 数组统计数字 k 的频数(即 $f[k]$ 为数字 k 的个数)。

(2) 重复数字检测。

如果 $f[k] \neq 1(k=1,2,\cdots,n)$,说明数字 k 重复($f[k]>1$)或缺失($f[k]=0$),即整数 x 不是特定 n 位优美数,退出试下一个 x。

否则,$f[k]=1(k=1,2,\cdots,n)$,说明整数 x 是特定 n 位优美数,通过 s++ 统计个数。

当 $s=m$ 时,即 x 为从小到大排序的第 m 个特定 n 位优美数,输出该数。

同时,输出 x 的对偶数 $c-x$ 即从大到小排序的第 m 个 n 位优美数。

2. 程序设计

```
//探求最大数字为 n 的优美数序列
#include <stdio.h>
void main()
{  int k,n,t,f[10];
   long a,b,c,i,m,r,s,x;
   printf("  请输入最大数字 n(2≤n≤9): "); scanf("%d",&n);
   printf("  请输入排列序数 m: "); scanf("%ld",&m);
   a=1;b=n;c=n+1;s=0;
   for(k=2;k<=n;k++)
     { a=a*10+k;b=b*10+n-k+1;c=c*10+n+1; } //a,b 为 n 位符合要求的最大与最小数
   for(x=a;x<=b;x++)                        //枚举 [a,b] 中的每个整数
   {  r=x;
      for(k=0;k<=9;k++) f[k]=0;
      while(r>0)                            //分解 x 的各数字并分别累计
        { k=r%10;f[k]++;r=r/10; }
      for(t=0,k=1;k<=n;k++)
        if(f[k]!=1) {t=1;break;}            //测试整数 x 是否符合要求
      if(t==0)
      {  if(++s==m)                         //从小到大统计 n 位优美数个数
         {  printf("  最大数字为%d的优美数升序第%ld个数为%ld。\n",n,m,x);
            printf("  最大数字为%d的优美数降序第%ld个数为%ld。\n",n,m,c-x);
            return;
         }
      }
   }
   if(s<m)  printf("  最大为%d的优美数共%ld个,不足 m=%ld个。\n",n,s,m);
}
```

3. 程序运行示例与说明

请输入最大数字 n(2≤n≤9): 9
请输入排列序数 m: 2019
最大数字为 9 的优美数升序第 2019 个数为 125893647。
最大数字为 9 的优美数降序第 2019 个数为 985217463。

以上程序所构建的优美数序列是不涉及数字 0 的,即全由不超过指定数字 n 的正整数组成。

运行程序,若输入 $n=7, m=2019$,即得前面求解结果。

6.5.2 指定位优美数序列

本节探讨一般意义上的指定 n 位优美数序列,这里所指 n 位数是由数字 0~9 组成的

n 位数。

定义十进制中没有重复数字的正整数称为优美数，指定优美数按升序排列所得序列为指定优美数序列。

试求指定 n 位优美数的个数，并求出 n 位优美数序列的第 m 项。

输入正整数 $n(2 \leqslant n \leqslant 10)$，$m(2 \leqslant m)$，输出 n 位优美数的个数；同时输出 n 位优美数序列的第 m 项（若 m 大于 n 位优美数的个数，则输出提示信息）。

1. 设计要点

（1）计算 n 位优美数的个数。

显然 n 位优美数的最高位可在 $1,2,\cdots,9$ 中取一个数字。

除最高位外，其余 $n-1$ 位可在 $0 \sim 9$ 中与最高位不同的其余 9 个数字中选 $n-1$ 个，即为排列数 $A(9,n-1)$，存储在数组元素 a[n-1] 中。

除高 2 位外，其余 $n-2$ 位可在 $0 \sim 9$ 中与高 2 位不同的其余 8 个数字中选 $n-2$ 个，即为排列数 $A(8,n-2)$，存储在数组元素 a[n-2] 中。

……

个位数字可在 $0 \sim 9$ 中与高 n-1 位不同的 $11-n$ 个数字中选 1 个，即为排列数 $A(11-n,1)$，存储在数组元素 a[1] 中。

显然 n 位优美数的个数为 $9 * a[n-1]$。

（2）由 a 数组元素确定优美数序列的第 m 项的各个数字。

根据整数 m 中含 $c=m/a[n-1]$ 个 a[n-1] 确定最高位数字为 $c+1$，$m=m \% a[n-1]$ 为确定下一位数字做准备。

然后根据 m 中含 $c=m/a[n-2]$ 个 a[n-2] 确定次高位的数字为 c，$m=m \% a[n-2]$ 为确定下一位数字做准备。

一般地，根据 m 中含 $c=m/a[j]$ 个 a[j] 确定从高位开始的第 j 位数字：

c=m/a[j];m=m%a[j];(j=n-1,n-2,…,0)

或

c=(int)floor(m/a[j]);m=fmod(m,a[j]);

为方便计算，引入 a[0]=1，选择尚未选取的第 c 个为最低位数字。

（3）设置 b 数组，为避免重复选取数字提供便利。

首先 $b[i]=1;(i=0,1,\cdots,9)$。若已选取 i 作为某位，则 b[i]=0；这样以后加 b[i] 和不增长，即在下一位数字选取时不可能选取 i，避免了重复数字，这是优美数的要求。

（4）特殊处理。

因最高位数字不能从 0 开始，则设置变量 d：开始时 d=1，以后均为 d=0。

2. 程序设计

```
//求 n 位优美数序列程序设计
#include <stdio.h>
#include <math.h>
```

```
void main()
{   int c,d,i,j,k,n,s,b[10]; double m,t,a[10];
    printf(" 请输入 n,m: ");scanf("%d,%lf",&n,&m);
    for(k=0;k<=9;k++) b[k]=1;
    for(t=1,j=1;j<=n-1;j++)
      {t=t*(10+j-n);a[j]=t;}
    printf(" %d 位优美数序列共%.0f 项。\n",n,9*a[n-1]);
    if(m>9*a[n-1])
      { printf(" m超过总项数!\n");return;}
    else  printf(" 序列第%.0f 项为 ",m);
    a[0]=1;d=1;
    for(j=n-1;j>=0;j--)
    {   c=(int)floor(m/a[j])+d;m=fmod(m,a[j]);
        if(m==0 && j>0) {c--;m=a[j];}
        s=0;i=-1;
        if(j>0)
          {  while(s<=c){i++;s+=b[i];}
             printf("%d",i);b[i]=0;d=0;
          }
        else
          {  while(s<c) {i++;s+=b[i];}
             printf("%d.\n",i);
          }
    }
}
```

3. 程序运行示例与说明

请输入 n,m: 5,2019
  5 位优美数序列共 27216 项。
  序列第 2019 项为 17025。

注意：这里的 n 位优美数包含数字 0。

这里所得的第 2019 项可靠吗？17025 是如何得来的？

注意到 $n=5$，$a[4]=A(9,4)=3024$，$m=2019<3024$，则其最高位只能为 1，$m=2019$；而 $a[3]=A(8,3)=336$，$c=2019/336=6$，则其次高位为 7，$m=2019-6\times336=3$；因而得第 2019 项是 17 开头的第 3 个数：17023，17024，17025。

当 n 比较大时，应用上述设计求解比一般枚举要简明快捷得多。

6.6 2部数序列

新颖的 2 部数是一类构形独特的整数，是对由一个数字组成的单码数的扩充。

本节首先探索双码 2 部数序列，在此基础上探求有 ACM 背景的 2 部数积问题。

6.6.1　双码 2 部数序列

【双码 2 部数定义】　由两个不同数码组成，每个数码多于 1 位时相连而不分开的正整数称为双码 2 部数。其中，处于高位相连数字称为高部，处于低位相连数字称为低部。

例如，330 是一个 3 位双码 2 部数：高位数字为 3，高位位数为 2；低位数字为 0，低位位数为 1。而 333 只有 1 个数码，4407 有 3 个数码，4474 的数码 4 呈分开状态，都不是双码 2 部数。

注意：双码 2 部数强调了双码，排除了单码数。

【问题】　试问 10 位双码 2 部数共多少个？探求 10 位双码 2 部数升序序列的第 100 项。

【求解】　注意到双码 2 部数的高位数字从 1 开始，一直取到数字 9。

以下按 10 位双码 2 部数高位递增取值实施。

（1）高位数字为 1。

数字 1 后：9 个 0；9 个 2；……；9 个 9；共计 9 个。

数字 11 后：8 个 0；8 个 2；……；8 个 9；共计 9 个。

……

数字 11…1(9 个 1)后：1 个 0；1 个 2；……；1 个 9；共计 9 个。

综上，高位数字为 1 的 10 位双码 2 部数共 9×9＝81 个。

（2）高位数字为 2～9。

同理，高位数字为 2 的 10 位双码 2 部数有 9×9＝81 个。

高位数字为 3 的 10 位双码 2 部数有 9×9＝81 个。

……

高位数字为 9 的 10 位双码 2 部数有 9×9＝81 个。

综上（1）（2）得，10 位双码 2 部数共 9×81＝729 个。

（3）探求 10 位双码 2 部数升序序列的第 100 项。

高位数字为 2 的双码 2 部数显然大于 81 个高位数字为 1 的双码 2 部数；而高位数字为 3 的双码 2 部数显然大于 81 个高位数字为 2 的双码 2 部数；可以确定 10 位双码 2 部数升序序列的第 100 项即为高位数字为 2 的 10 位双码 2 部数升序序列的第 19 项。

以下按递增列举探求高位数字为 2 的 10 位双码 2 部数升序序列的第 19 项。

数字 2 后：9 个 0；9 个 1；共计 2 个。

数字 22 后：8 个 0；8 个 1；共计 2 个。

……

数字 22…2(8 个 2)后：2 个 0；2 个 1；共计 2 个。

数字 22…2(9 个 2)后：1 个 0；1 个 1；1 个 3；共计 3 个。

以上共 8×2＋3＝19 个。

因而得高位数字为 2 的 10 位双码 2 部数升序序列的第 19 项为 9 个 2 后 1 个 3。

综上得，10 位双码 2 部数升序序列的第 100 项为 2222222223，或简写为 2(9)3(1)。

【编程拓展】

在所有双码 2 部数中,10 是最小的。

试求一般双码 2 部数从小到大排序序列的第 m 项。

输入正整数 m(2<m<10000),输出双码 2 部数升序序列的第 m 项,并在输出第 m 项之前输出各位双码 2 部数的个数。

1. 递增枚举要点

设置 n 标记双码 2 部数的位数,变量 p 标记双码 2 部数升序序列的项数。

同时,用 a(1≤a≤9)存储高位数字,la(1≤la≤n−1)存储高位位数;用 b(0≤b≤9)存储低位数字,lb(lb>0)存储低位位数。显然有 n=la+lb。

(1)突破升序枚举难点。

搜索的起点:n=2;p=1;a=1;b=0;la=1;lb=1。

为了确保从小到大枚举双码 2 部数,要注意枚举循环的先后次序。

首先,位数 n 确定之后,高位数字 a 须从小到大,范围为 1～9。

当 a 确定后,高位位数 la 简单地从小到大或从大到小都不能确保双码 2 部数从小到大递增,需配合 b 分以下 3 个步骤完成,这也是枚举升序 2 部数的难点所在。

为便于理解,以 n=4,a=4 的递增进程实施标注。

① la 增长(1～n−2)段,lb=n−la,b 递增(0～a−1)取值。

4000　4111　4222　4333　(la=1,lb=3,b:0～3)

4400　4411　4422　4433　(la=2,lb=2,b:0～3)

② la 与 lb 取定值段,la=n−1,lb=1,b 递增(0～9)取值(当 b=a 时跳过)。

4440　4441　4442　4443　4445　4446　4447　4448　4449

(la=3,lb=1,b:0～9,其中 b=4 时跳过)

③ la 减小(n−2～1)段,lb=n−la,b 递增(a+1～9)取值。

4455　4466　4477　4488　4499　(la=2,lb=2,b:5～9)

4555　4666　4777　4888　4999　(la=1,lb=3,b:5～9)

以上 3 个步骤中每个步骤中都是递增的,且 3 个步骤衔接中没有重复与遗漏,从而可确保 n 位的双码 2 部数从小到大递增,没有重复与遗漏。

精简关于 a,la 与 b 的循环,转化为关于 b 与 la 的条件判断,根据条件判断结果进行 a,b 的增值与 la 的增减操作。

(2)比较与输出。

在项数 p 增长过程中,若出现 p=m 时,即找到所求项,用 a0,la0 与 b0 进行标记并退出循环后输出所标记的双码 2 部数。

同时应用变量 p0 存储 n 位之前的双码 2 部数的个数,当在搜索过程中当某位数 n 搜索完成时,输出 p−p0 即为 n 位双码 2 部数的个数。

2. 程序设计

```
//探求双码 2 部数升序序列的第 m 项
#include <stdio.h>
```

```
void main()
{   long a,b,a0,b0,i,j,m,n,p,p0,la,la0;
    printf("   请输入整数 m: ");   scanf("%ld",&m);
    n=1;p=p0=0;
    while(1)
    {   n++;p++;a=1;b=0;la=1;                    //默认 n 位 2 部数第 1 个为 1 后 n-1 个 0
        if(p==m) {a0=a;b0=b;la0=la;break;}
        while(la<n-1 || a<9 || b<8)
        {   p++;
            if(b==9)                             //此时 b 不能增 1,有以下两种选择
                if(la==1){a++; b=0;}             //① a 增 1 后,b 从 0 开始
                else {la--; b=a+1;}              //② a 段长增 1 后,b 从 a+1 开始
            else if(b!=a-1) b++;                 //a 与 la 不变,b 增 1
            else if(la!=n-1){la++;b=0;}          //a 段长增 1 后,b 从 0 开始
            else if(b<8) b+=2;                   //b 增 2 跳过 a=b 情形,确保双码
            if(p==m) {a0=a;b0=b;la0=la;break;}
        }
        if(p==m) break;
        printf("   %ld(%ld)",n,p-p0);
        p0=p;
    }
    printf("\n   双码 2 部数升序序列的第%ld 个为",m);
    if(n>15)                                     //位数超过 15 位时简约输出
        {   printf(" %d(%d)",a0,la0);
            printf(",%d(%d)",b0,n-la0);
        }
    else                                         //位数小于或等于 15 时如实输出
        {   for(j=1;j<=la0;j++)  printf("%d",a0);
            for(j=1;j<=n-la0;j++)  printf("%d",b0);
        }
    printf("\n   (该项为%ld 位双码 2 部数序列中第%ld 项。)\n", n,p-p0);
}
```

3. 程序运行示例与说明

```
请输入整数 m:2019
2(81)   3(162)   4(243)   5(324)   6(405)   7(486)
双码 2 部数升序序列的第 2019 个为 62222222
   (该项为 8 位双码 2 部数序列中第 318 项。)
```

可知 2 位双码 2 部数共有 81 个,3 位双码 2 部数共有 162 个,其他各位双码 2 部数的个数请见上面输出。

双码 2 部数升序列的第 2019 项有 8 位:高位 1 个 6,低位 7 个 2,在 8 位双码 2 部数序列中排第 318 项。

运行程序,输入 m＝9102,得双码 2 部数升序序列的第 9102 个为 5(12)1(4),即 12 个 5 后 4 个 1,相当于 16 位双码 2 部数序列中第 597 项。

枚举循环次数随 m 增加,其位数 n 增大,因而程序运行时间相应变长。

双码 2 部数的递增枚举是比较复杂的,也容易出错。这一设计提醒人们不要轻视枚举,枚举设计可以解决一些较为复杂的搜索案例。

6.6.2　探求 2 部数积

定义形如 a⋯ab⋯b 的数叫作 2 部数(bipartite number),例如 1222,333999999,50, 8888,1 等都是。给出一个整数 x,求出 x 的最小倍数 n＝kx(k>1),使得 n 是 2 部数。

输入正整数 x,输出最小 2 部数积。

这是第 30 届 ACM(国际大学生程序设计竞赛)的一道程序设计竞赛试题。

1. 递增枚举设计要点

对 2 部数 a⋯ab⋯b,称数码 a 组成的为高部,数码 b 组成的为低部。作为 2 部数的特例,低部可为空,即单码数(例如 8888)作为特例包含在 2 部数中,是出于减少对"最小 2 部数积"受阻的考虑。

若 x 本身为 2 部数,约定所求的 2 部数积要大于 x 本身。

(1) 当 x 不大于 50 时简单处理。

注意到所有 2 位数为 2 部数,若 $2x \geq 10$,则 2x 即为所求的 2 部数积。

若 $2x < 10$,则增加倍数 t,使 $tx \geq 10$ 即可。

(2) 模拟竖式除法运算定义余数函数。

设 la 位高部 a 与 lb 位低位 b 的 2 部数除以整数 x 的余数为 r,余数初始值 r＝0,从高位开始模拟竖式除法运算逐位试商,经二重循环

```
for(j=1;j<=la;j++) r=(10*r+a)%x;
for(j=1;j<=lb;j++) r=(10*r+b)%x;
```

即可算出余数 r,并赋值给余数函数 br(x,a,la,b,lb)。

(3) 从小到大枚举 2 部数。

在算出整数 x 的位数为 h 与其最高位数字为 t 的基础上,搜索的初始值定为 a＝2*t,位数 le＝h。如果 2*t 为 2 位数,则 a＝1,le＝h+1。

设 2 部数为 a⋯ab⋯b($1 \leq a \leq 9, 0 \leq b \leq 9$),其高位数字 a 有 la 位,低位数字 b 有 lb 位,显然有 la+lb＝le　($1 \leq la \leq le$,当 la＝le 时,a＝b,即二部的数字相同)。

为了确保从小到大枚举 2 部数,要注意枚举循环的先后次序。

一般地,为了确保从小到大枚举 2 部数,要注意枚举循环的先后次序。

① 2 部数的总位数 le＝la+lb 须从小到大,le 起点是 x 的位数 h。

② 在总位数 le 一定时,高位数字 a 须从小到大,范围为 1～9。

③ 当 le 与 a 确定后,高位位数 la 从小到大或从大到小都不能确保 2 部数从小到大变化,需配合 b 分以下 3 个步骤完成。

la 增长(1～le−2)段,lb＝le−la,b 递增(0～a−1)取值。

la 与 lb 取定值段，la＝le－1，lb＝1，b 递增（0～9）取值。

la 减小（le－2～1）段，lb＝le－la，b 递增（a＋1～9）取值。

以上 3 个步骤中每个步骤中都是递增的，且 3 个步骤衔接中没有重复与遗漏，从而可确保 la 位的 2 部数从小到大递增，没有重复与遗漏。

精简关于 a，la 与 b 的循环，转化为关于 b 与 la 的条件判断，根据条件判断结果进行 a，b 的增值与 la 的增减操作。

其中 a，b 的增值是保持递增枚举的需要，而 la 的增减同样是保持递增枚举的需要。

（4）检测与输出。

检测：若 br(x,a,la,b,lb)＝0，则输出所得 2 部数。

注意到最高位数 a＞t，即使 le 与 x 的位数 h 相同，所得 2 部数积大于 x。

应用模拟除法运算计算乘 x 的另一个乘数并逐位输出，然后输出 2 部数积。

当所得 2 部数积位数比较多时（例如 x＝210，其最小 2 部数积位数多达 34 位），改进为 a(la)，b(lb) 的简约形式输出更为清晰。

2. 程序设计

```
//探求 2 部数积枚举设计
#include <stdio.h>
long br(long x,int a,int la,int b,int lb);
void main()
{ long t,x;  int a,b,c,d,h,i,j,le,la,lb;
   printf("  请输入整数 x:"); scanf("%ld",&x);
   if(x<=50)
   { t=2;while(t*x<10) t++;
     printf("  %ld的最小2部数积为n=%ld \n",x,t*x);
     return;
   }
   t=x;h=1;
   while(t>9) {t=t/10;h++;}              //整数 x 位数为 h,最高位数字为 t
   t=2*t;le=h;
   if(t>9) { le=le+1;t=1;}
   while(1)
   { a=t;la=1;b=0;
     while(la<le-1 || a<9 || b<9)
     { if(b==9)                          //此时 b 不能增 1
         if(la==1){a++; b=0;}            //a 增 1 后,b 从 0 开始
         else {la--; b=a+1;}             //a 段长增 1 后,b 从 a+1 开始
       else if(b!=a-1) b++;
       else if(la!=le-1){la++;b=0;}      //a 段长增 1 后,b 从 0 开始
       else if(b<=8) b++;
       lb=le-la;
       if(br(x,a,la,b,lb)==0)
       {  printf("  %ld×",x);
```

228

```
       for(c=a*111,i=4;i<=le;i++)      //当la<4时可改为c=a,i=2
       {  if(i<=la)d=c*10+a;
          else d=c*10+b;               //两部相继一个循环中实施除法
          printf("%d",d/x);c=d%x;
       }
       printf("=");
       if(le>15)                       //位数较多时简约输出2部数积
       {  printf(" %d(%d)",a,la);
          if(lb>0) printf(",%d(%d)",b,lb);
       }
       else                            //位数不多时详细输出2部数积
       {  for(j=1;j<=la;j++)  printf("%d",a);
          for(j=1;j<=lb;j++)  printf("%d",b);
       }
    printf("\n"); return;
       }
     }
   le++;t=1;
   }
}
long br(long x,int a,int la,int b,int lb)     //定义余数统计函数
{  long r=0;int j;
   for(j=1;j<=la;j++) r=(10*r+a)%x;
   for(j=1;j<=lb;j++) r=(10*r+b)%x;
   return(r);
}
```

3. 程序运行示例与变通

```
请输入整数 x: 2019
2019×4952947=9999999993
请输入整数 x: 2010
2010×5527915975677716970702045328911=1(33),0(1)
```

原 ACM 竞赛题不要求输出另一个乘数,这里进行了适当扩展。

如果求得的最小 2 部数积是一个单码数,即为 2 部数的一个特例。

输出第 1 例因位数不超过 15 位,即照实输出最小 2 部数积。输出第 2 例运行输出结果多达 34 位,即以简约形式输出,该例实际上是 33 个 1 被 201 整除。

变通:以上程序输出一个解即"最小 2 部数积"后,用"return;"退出。

如果需探求并输出多个 2 部数积解,只需加设一个解的计数器即可。例如,设置变量 k 统计解的个数如下。

(1)循环前清零 k=0。

(2)把语句

```
printf("  %ld的最小 2 部数积为 n=",x);
```

修改为

```
printf("  %ld的第%d小 2 部数积为 n=",x,++k);
```

（3）在"return;"之前加上解的个数控制："if(k==5)return;"（输出 5 个解）。

6.7　连写数序列

由若干个连续正整数依次相连组成的数称为连写数,据连写数中连续正整数个数依次所成的连写数组成的序列称为连写数序列。

连写数序列是一个新颖有趣的序列。连写数中连续正整数的连写秩序有递增与递减之分,因而连写数分为递增连写数与递减连写数,相应的连写数序列也分为递增连写数序列与递减连写数序列两类。

6.7.1　递增连写数

首先探讨递增连写数序列。

【定义】　从正整数 x 开始,按正整数的递增顺序不间断连续写下去,按连续正整数的个数依次所成的连写数组成的序列称为递增连写数序列,记为 $z(x)$。

其中,由 x 递增至 $m(x \leqslant m)$ 组成的连写数称为递增连写数序列 $z(x)$ 的项,记为 $z(x,m)$。事实上,递增连写数 $z(x,m)$ 是 $z(x)$ 序列的第 $m-x+1$ 项。

例如,$z(1)$: $1,12,123,1234,12345,\cdots$ 其中,$z(1,13)=12345678910111213$ 为递增连写数序列 $z(1)$ 的第 13 项。

又如,$z(5)$: $5,56,567,5678,\cdots$ 其中,$z(5,12)=56789101112$ 为递增连写数序列 $z(5)$ 的第 $12-5+1=8$ 项。

【问题】　递增连写数序列 $z(1)$ 中的项 $z(1,2021)$ 中共有多少个数字？并写出该项从高位开始第 2022 个数字。

【探求】　拟从小到大按位数分类统计。

（1）为避免出现重复或遗漏,拟从小到大按位数为 1,2,3,4 分类统计。

$1 \sim 9$,共 9 个 1 位数,计 9 个数字。

$10 \sim 99$,共 90 个 2 位数,计 180 个数字。

$100 \sim 999$,共 900 个 3 位数,计 2700 个数字。

$1000 \sim 1999$,共 1000 个 4 位数,计 4000 个数字。

$2000 \sim 2021$,共 22 个 4 位数,计 88 个数字。

以上求和即得递增连写数 $z(1,2021)$ 中共有 $9+180+2700+4000+88=6977$ 个数字。

（2）为求取 $z(1,2021)$ 共 6977 个数字中从高位开始的第 2022 个数字,按从小到大按位数统计。

$1 \sim 99$,共 9 个 1 位数,90 个 2 位数,计 $9+2 \times 90=189$ 个数字。

$100 \sim 699$，共 600 个 3 位数，计 1800 个数字。

以上两项求和即为 1989 个数字，即在 699 之后还有 $2022-1989=33$ 个数字。

这 33 个数字刚好是从 700 开始的第 11 个 3 位数即 710 的第 3 个数字。

因而得 $z(1,2021)$ 中从高位开始第 2022 个数字为 0。

以上简单求解让我们初识递增连写数。探求指定连写数序列中能被指定整数整除的最小项，是一个有趣也有难度的问题。

【编程拓展】 寻求递增连写数能被指定整数整除。

给定正整数 $x,n(x \neq n)$，寻求一个最小的整数 $m(m > x)$，使得递增连写数序列 $z(x)$ 中的项 $z(x,m)$ 能被整数 n 整除。

例如，给定正整数 $x=11,n=21$，试寻求一个最小的整数 $m(m > 11)$，使得递增连写数序列 $z(11)$ 中的项 $z(11,m)$ 能被整数 21 整除。

1. 设计要点

对于输入的正整数 x,n，在递增连写数序列 $z(x)$ 中是否存在项 $z(x,m)$ 能被 n 整除，整数 m 上限为多大，理论上还未确定。

若输入的正整数 x,n，满足 $x\%n=0$，即整数 n 为 x 的因数，则输出"首项 x 即能被 n 整除"后退出。

（1）搜索上限。

如果对有些整数 x,n，在较大范围内未能探求出能被 n 整除的递增连写数 $z(x,m)$，为避免无限运行，拟加一个限制条件：约定搜索到 m 的上限为 $x+n^2$ 时尚未找到能被 n 整除的递增连写数 $z(x,m)$，则终止搜索，输出"能被 n 整除的递增连写数可能不存在！"而退出。

实际上，这个限制不一定合理。当出现这一情形时可适当加大搜索上限再试。

（2）模拟整数除法探索 $z(x,m)$。

应用"模拟整数除法"设计，设置 m 从 x 开始的递增循环，对每个 m，设被除数为 a，除数为 n，余数为 c（循环前 c 赋初值 0），则

```
a=c*t+m; c=a%n;
```

循环中对每个 m 计算中间量 t：

若 m 为 1 位数，$t=10$；

若 m 为 2 位数，$t=100$；

……

当 $c \neq 0$ 时继续试商，直至搜索到整数 m 时余数 $c=0$，即得 $z(x,m)$ 能被 n 整除。

（3）避免另一个乘数 b 出现高位 0。

另一个乘数 b 实际上是递增连写数 $z(x,m)$ 除以 n 的商。

为避免输出乘数 b 出现高位 0，分以下情形确定开始试商被除数的初值：

若 $x > n$，即由 x 这一整数组成被除数 a；

若 $x < n$，则由 $x,x+1$ 两个数连写组成被除数 a；

若此时 $a < n$，则继续由 $x,x+1,x+2$ 共 3 个数连写组成被除数 a；

......

这样，可确保 a/n 不出现高位 0。

（4）分解计算另一个乘数。

设被除数为 a，除数为 n，商为 b，余数为 c，则

a=c*10+d; b=a/n; c=a%n;

在求另一个乘数 b 的试商过程中，当 c≠0 且一般地 m 为一个 w 位数时，则分解 w 次（即循环 w 次）：把整数 m 从高位开始分离其每个数字 d，"a＝c＊10＋d;"作为被除数逐位试商。

直至 c＝0 时，另一个乘数计算结束并完成输出。

（5）整除的验证。

程序在先行通过逐个整数试商，求出能被给定整数 n 整除的连写数 z(x,m)；然后实施 z(x,m)逐位除以 n 求得另一个乘数，实际上是对 n 整除 z(x,m)的检验：试商最后余数 c＝0，验证 n 整除 z(x,m)成立。

2. 模拟除法程序设计

```c
//探求最小递增连写数 z(x,m)被指定整数 n 整除
#include<math.h>
#include<stdio.h>
void main()
{ int c,d,e,i,j,k,m,n,t,w,x,y; long a;
  printf("  请给出首项 x: "); scanf("%d",&x);
  printf("  请给出整数 n: "); scanf("%d",&n);
  if(x%n==0)
    { printf("  首项%d 即能被%d 整除。\n",x,n);return;}
  c=x;m=x;
  while(m<x+n*n)
    { m++;e=m/10;t=10;
      while(e> 0) { e=e/10;t=t*10; }        //对每个 m,计算 t
      a=c*t+m;c=a%n;
      if(c==0) break;                       //余数为 0,找到连写数项 z(x,m)
    }
  printf("  搜索到最小递增连写数项 z(%d,%d)能被%d 整除。\n",x,m,n);
  printf("  z(%d,%d)/%d=",x,m,n);
  a=y=x;                                    //连写数试商输出另一乘数
  while(a<n)
    { y++;e=y/10;t=10;
      while(e>0) { e=e/10;t=t*10; }         //计算 a≥n 的被除数 a
      a=a*t+y;x=y;
    }
  c=a%n;printf("%d",a/n);                   //确保 a/n 不存在高位 0
  for(j=x+1;j<=m;j++)
```

```
      { e=j/10;t=1;w=1;
        while(e>0)                          //对每个 j,计算 t 与 w
          { e=e/10;t=t*10;w=w+1; }
        e=j;
        for(k=1;k<=w;k++)                    //对每个 j,分位试商
          { d=e/t;e=e%t;t=t/10;
            a=c*10+d;c=a%n;
            printf("%d",a/n);                //输出另一个乘数的每位
          }
      }
  if(c==0)
    { printf("\n    经试商检验无误!\n",m); }
  if(m>=x+n*n)   printf("能被%d整除的递增连写数可能不存在!\n",n);
}
```

3. 程序运行示例与说明

```
请给出首项 x: 11
请给出整数 n: 2
搜索到最小递增连写数 z(11,31)能被 21 整除。
    z(11,31)/21=52958638817224675810534396392982255156811
经试商检验无误!
```

如果输入 $x=1, n=11$,在 $z(1)$ 序列中能被 11 整除的最小递增连写数为 $z(1,106)$;

如果输入 $x=100, n=2021$,在递增连写数序列 $z(100)$ 中能被 2021 整除的最小递增连写数为 $z(100,868)$。

这些数都是相当庞大的。

6.7.2 递减连写数

有递增就有递减,首先了解递减连写数序列的概念。

【定义】 从正整数 x 开始,按正整数的递减顺序不间断连续写下去,按连续正整数的个数依次所成的连写数组成的序列称为递减连写数序列,记为 $g(x)$。

其中,由 x 递减至 $m(x>m)$ 组成的连写数称为递减连写数序列 $g(x)$ 的项,记为 $g(x,m)$。事实上,递减连写数 $g(x,m)$ 是 $g(x)$ 序列的第 $x-m+1$ 项。

例如,$g(12)$:12,1211,121110,1211109,12111098,… 其中,$g(12,8)=12111098$ 为递减连写数序列 $g(12)$ 的第 $12-8+1=5$ 项。

【编程拓展】 在递减连写数序列 $g(x)$ 中是否存在项 $g(x,m)$ 能被指定整数 n 整除?

给定正整数 $x,n(x\neq n)$,寻求一个最大正整数 $m(m<x)$,使得最小递减连写数 $g(x,m)$ 能被整数 n 整除。

例如,给定正整数 $x=20, n=13$,试寻求一个最大的整数 $m(m<20)$,使得最小递减连写数 $g(20,m)$ 能被整数 $n=13$ 整除。

1. 设计要点

对于输入的正整数 x,n，是否存在递减连写数序列项 $g(x,m)$ 能被 n 整除，理论上同样尚未确定。

若输入的正整数 x,n，满足 $x\%n=0$，即整数 n 为 x 的因数，则输出"首项 x 即能被 n 整除"后退出。

（1）搜索下限。

显然，对 m 的搜索下限为 1。

如果 m 搜索到 1 时，余数 $c\neq0$，即还未能找到所要求的整数，则输出"所求递减连写数不存在！"，然后退出。

（2）模拟整数除法探索 $g(x,m)$。

应用"模拟整数除法"设计，设置 m 从 x 开始的递减循环，对每个 m，设被除数为 a，除数为 n，余数为 c（循环前 c 赋初值 0），则

```
a=c*t+m; c=a%n;
```

循环中对每个 m 计算中间量 t：

若 m 为 1 位数，$t=10$；

若 m 为 2 位数，$t=100$；

……

当 $c\neq0$ 继续试商，直至搜索到整数 m 时余数 $c=0$，即得 $g(x,m)$ 能被 n 整除。

（3）避免另一个乘数 b 出现高位 0。

另一个乘数 b 实际上是递减连写数 $g(x,m)$ 除以 n 的商。

为避免输出乘数 b 出现高位 0，分以下情形确定开始试商被除数 a 的初值：

若 $x>n$，即由 x 这一整数组成被除数 a；

若 $x<n$，则由 $x,x-1$ 两个数连写组成被除数 a；

若此时 $a<n$，则继续由 $x,x-1,x-2$ 共 3 个数连写组成被除数 a；

……

这样，可确保 a/n 不出现高位 0。

（4）分解计算另一个乘数。

设被除数为 a，除数为 n，商为 b，余数为 c，则

```
a=c*10+d; b=a/n; c=a%n;
```

在求另一个乘数 b 的试商过程中，当 $c\neq0$ 且一般地 m 若为一个 w 位数时，则分解 w 次（即循环 w 次）：把整数 m 从高位开始分离其每个数字 d，"a=c*10+d;"作为被除数逐位试商。

直至 $c=0$ 时，另一个乘数计算结束并完成输出。

（5）整除的验证。

程序在先行通过逐个整数试商，求出能被给定整数 n 整除的连写数 $g(x,m)$；然后实施 $g(x,m)$ 逐位除以 n 求得另一个乘数，实际上是对 n 整除 $g(x,m)$ 的检验：试商最后余

数 $c=0$，验证 n 整除 $g(x,m)$ 成立。

2. 模拟除法程序设计

```
// 探求最小递减连写数 g(x,m) 被指定整数 n 整除
#include<math.h>
#include<stdio.h>
void main()
{ int c,d,e,i,j,k,m,n,t,w,x,y; long a;
  printf("  请确定首项 x(x>1)： "); scanf("%d",&x);
  printf("  请确定整数 n： "); scanf("%d",&n);
  if(x%n==0)
    { printf("  首项%d 即能被%d 整除。\n",x,n);return;}
  c=x;m=x;
  while(m>1)
    { m--;e=m/10;t=10;
      while(e>0) { e=e/10;t=t*10; }         //对每个数 m,计算中间量 t
      a=c*t+m;c=a%n;
      if(c==0) break;                       //余数 c=0,找到递减连写数项 g(x,m)
    }
  if(m==1 && cP!=0)
    { printf("  所求递减连写数不存在！\n");return;}
  else
    { printf("  搜索到最小递减连写数 g(%d,%d)能被%d 整除。\n",x,m,n);
     printf("  g(%d,%d)/%d=",x,m,n);
     a=y=x;
     while(a<n)
       { y--;e=y/10;t=10;
         while(e>0) { e=e/10;t=t*10; }       //对每个 x,计算 t
         a=a*t+y;x=y;
       }
    c=a%n;printf("%d",a/n);
    for(j=x-1;j>=m;j--)                      //由连写数试商求另一个乘数
      { e=j/10;t=1;w=1;
        while(e>0)                           //对每个 j,计算 t 与 w
          { e=e/10;t=t*10;w=w+1; }
        e=j;
        for(k=1;k<=w;k++)                    //对每个 j,分位试商
          { d=e/t;e=e%t;t=t/10;
            a=c*10+d;c=a%n;
            printf("%d",a/n);               //输出另一个乘数的每位
          }
      }
    if(c==0)
        printf("\n  经试商检验无误！\n",m);
  }
}
```

3. 程序运行示例与引申

```
请确定首项 x(x>1)：20
请确定整数 n：13
搜索到最小递减连写数 g(20,11) 能被 13 整除。
      g(20,11)/13=1553216704731856247
经试商检验无误！

请确定首项 x：1000
请确定整数 n：2021
搜索到最小递减连写数 g(1000,319) 能被 2021 整除。
...
```

【波浪式整数】

由探索递增与递减连写数的程序设计,可以组合出某些有升有降的 V 形或 W 形波浪式整数被某一指定整数整除。

例如,上面搜索到首项为 20 的最小递减连写数 g(20,11) 能被 13 整除。

同时又搜索到首项为 12 的最小递增连写数项 z(12,19) 能被 13 整除。

于是可得能被 13 整除的先递减再递增的 V 形数:2019…12111213…19。

还可得能被 13 整除的波浪式 W 形数:2019…12111213…192019…12111213…19。

6.8 德布鲁金环

由 2^n 个 0 或 1 组成的环序列,沿环每相连的 n 个数字(0 或 1)组成的一个二进制数,在共 2^n 个二进制数中没有任何一个重复,即 2^n 个二进制数恰在环中各出现一次,这个环序列称为 n 阶德布鲁金(DeBrujin)环序列。

n 阶德布鲁金环序列实际上是一个环排列问题,其中必有相连的 n 个 0。为构造与输出方便,约定显示 n 阶德布鲁金环序列由 n 个 0 开头。

2 阶德布鲁金环序列非常简单,显然只有 0011 这一个解,由两个相连数字组成的二进制数依次为 00,01,11,10(因为是环,开头的 0 与结尾的 1 相连),共 4 个 2 位二进制数,每个数各出现一次。

随着阶数 n 的增加,求解 n 阶德布鲁金环序列的难度相应增大。

6.8.1 探求 3-4 阶环

下面先从简单的 3 阶开始,然后再行构建 4 阶德布鲁金环序列。

【问题 1】 试构建 3 阶德布鲁金环序列。

【思考】 从必有段的连接这一关键入手。

由 $2^3 = 8$ 个 0/1 组成环序列,即 4 个 0 与 4 个 1 构成。沿环每相连的 3 个数字(0 或 1)组成的一个二进制数,在共 8 个二进制数中没有任何一个重复,即 8 个二进制数恰好在环中各出现一次,这个环序列称为 3 阶德布鲁金环序列。

序列约定相连的 3 个 0 即 000 开头;同时,序列中必有相连的 3 个 1,否则 111 就无法生成。

下面从 000 与 111 连接入手,有以下两种连接方式。

(1) 两者相连。

当 000 与 111 相连,若随后带 10,则出现 1111 与 0000,显然不满足要求。

若随后带 01 即成为 00011101。

所得这一环序列是否满足要求,必须经过检验。

分解 00011101 中每 3 个相连数字组成的二进制数依次为

000,001,011,111,110,101,010,100(因为是环,尾部 0 即开头的 0)

共 8 个,每个各出现一次,满足序列要求。

(2) 两者相隔。

当 000 与 111 相隔,用一个 0 隔开会出现 0000;用一个 1 隔开会出现 1111;或用 01 隔开同样不行,唯有用 10 隔开,即成 00010111。

所得这一环序列是否满足要求,也必须经过检验。

分解 00010111 中每 3 个相连数字组成的二进制数依次为

000,001,010,101,011,111,110,100

共 8 个,每个各出现一次,同样满足序列要求。

因而得到 3 阶德布鲁金环序列的两个解:00011101,00010111。

分析这两个解,事实上是互为顺时针与逆时针方向的关系,其中一个解为顺时针方向,另一个解为其对应的逆时针方向。

【问题 2】 试构建 4 阶德布鲁金环序列。

【思考】 抓住必有段的连接这一关键展开构建。

由 $2^4 = 16$ 个 0/1 组成环序列,沿环每相连的 4 个数字(0 或 1)组成的一个二进制数,在共 16 个二进制数中没有任何一个重复,即 16 个二进制数恰好在环中各出现一次,这个环序列称为 4 阶德布鲁金环序列。

同样,序列约定相连的 4 个 0 即 0000 开头;同时,序列中必有相连的 4 个 1,否则 1111 这个二进制数就无法生成。

下面的问题是确定 0000 与 1111 连接,有以下两种连接方式。

(1) 两者相连。

当 0000 与 1111 相连,紧随后的 8 个数字串,开头为 0,尾必为 1。这个数字串在 0 与 1 之间还需填补 6 个数字,即已成 000011110(6)1,其中(6)示意该处需填补 6 个 0/1 数字。

需填补的 6 个数字串中须含有 00 与 11,否则所形成的 4 位二进制数中将缺少 00 与 11 的必要条件。因而 6 个数字串可试用 101100 或 110010。

当然,需填补的 6 个数字串也可与这 6 个数字的前一个 0 相配合形成 00,即可试用 010110 或 011010。

同样,需填补的 6 个数字串也可与尾部的 1 相配合形成 11,即可试用 100101 或 101001。

（2）两者相隔。

当 0000 与 1111 相隔,用一个 0 隔开会出现 00000,用一个 1 隔开会出现 11111;用 01 隔开同样不行,唯有用 10 或 100 或 110 这 3 个 0/1 串隔开。

① 用 10 分隔,形成 0000101111(5)1,需填补的 5 个数字串中须含有 00 与 11,可试 00110 或 01001(与尾 1 连成 11)。

② 用 100 分隔,形成 00001001111(4)1,需填补的 4 个数字串中须含有 11,可试 0110 或 0101(与尾 1 连成 11)。

③ 用 110 分隔,形成 00001101111(4)1,需填补的 4 个数字串中须含有 00,可试 0010 或 0100。

经检验,可得以下 8 个满足德布鲁金环序列要求的序列:

0000111100101101,0000111101001011

0000111101011001,0000111101100101

0000101111001101,0000101111010011

0000100111101011,0000110111100101

不妨分解第一个 0000111100101101,每 4 个相连数字组成 16 个二进制数,依次为 0000,0001,0011,0111,1111,1110,1100,1001,0010,0101,1011,0110,1101,1010, 0100,1000。

比较以上所分解的 16 个二进制数互不相同,满足序列要求。为清楚计,把它们转换为十进制数依次为 0,1,3,7,15,14,12,9,2,5,11,6,13,10,4,8。

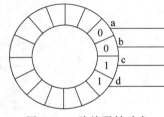

对于环序列,存在顺时针与逆时针的区别。如果把以上 8 个序列定义为顺时针,则可写出它们的逆时针解。

例如,第一个解 0000111100101101 的逆时针解为 0000101101001111。这些逆时针解当然同样满足德布鲁金环序列要求。

4 阶德布鲁金环序列的解以"编码转动盘"形式(见图 6-1)检验:一个编码盘分成 16 个相等的扇面,每个扇面上标注 0 或 1,每相邻的 4 个扇面组成 4 位二进制数,共

图 6-1　4 阶编码转动盘

16 个 4 位二进制输出没有重复。(3 阶编码转动盘类似)

6.8.2　构建 n 阶环

下面应用回溯设计探求 n 阶德布鲁金环序列。

1. 设计要点

对于 n 阶德布鲁金环序列,共有 $m = 2^n$ 个二进制数字。设置一维 a 数组,约定 $a(n) = 1, a(m-1) = 1$,其余数组元素清零。

（1）检测与回溯实施。

应用回溯法探求 $a(n+1) \sim a(m-2)$,这些元素取 0 或 1。问题的解空间是由数字 0 或 1 组成的 $m-n-2$ 位整数组,其约束条件是 0 的个数为 $m/2-n$ 个,且没有相同的由相连 n 个数字组成的二进制数。

当 $i \leqslant m-2$ 时，$a(i)$ 从 0 取值；

当 $i > n+1$ 且 $a(i)=1$ 时回溯；

当 $i=n+1$ 且 $a(i)=1$ 时退出；

当 $a(n+1) \sim a(m-2)$ 已取数字时，设置 h 统计其中 0 的个数。

若 $h \neq m/2-n$，则返回；

若 $h=m/2-n$，则进一步通过循环计算 m_1，m_2，判断是否有相同的由 n 个数字组成的二进制数；

若存在相同的由 n 个数字组成的二进制数，则标注 $t=1$；

若不存在相同的由 n 个数字组成的二进制数，则保持 $t=0$，进行打印输出。

(2) 参数设置。

按以上所描述的回溯的参数：n。

元素初值：$a[n]=1$，$a[m-1]=1$，其余数组元素初值取 0。

取值点：$a[n+1]=0$，各数组元素从 0 开始取值。

回溯点：$a[i]=1$，各数组元素取值至 1 时回溯。

条件 1：$i=m-2$ 和 $h=m/2-n$（其中 h 为 $a[i]$ 中 0 的个数）。

条件 2：$m_1 \neq m_2$，其中 m_1 与 m_2 分别为环序列中所有由相连的 n 个数字组成的前后的二进制数。

2. n 阶德布鲁金环序列程序设计

```c
//回溯探求 n 阶德布鲁金环序列
#include<stdio.h>
#include<math.h>
void main()
{   int d,i,h,k,j,m,m1,m2,n,s,t,x,a[200];
    printf("  请输入阶数 n:");scanf("%d",&n);
    m=1; s=0;
    for(k=1;k<=n;k++)   m=m*2;
    for(k=0;k<=m+n;k++) a[k]=0;
    a[n]=1;a[m-1]=1;i=n+1;
    while(1)
      {   if(i==m-2)
        {   for(h=0,j=n+1;j<=m-2;j++)
             if(a[j]==0) h++;
           if(h==m/2-n)                     //判别是否有 m/2-n 个 0
           {   for(t=0,k=0;k<=m-2;k++)
             for(j=k+1;j<=m-1;j++)          //检验 2ⁿ 个二进制数是否有相同的
              {   d=1;m1=0;m2=0;
                  for(x=n-1;x>=0;x--)
                   { m1=m1+a[k+x]*d; m2=m2+a[j+x]*d; d=d*2; }
                  if(m1==m2){t=1;break;}
              }
```

```
                    if(t==0)                          //若没有相同的,输出结果
                      {  s++;
                        if(n<=4 || (n>4 && s<=5))
                        {  printf("  NO(%d):",s);
                           for(j=0;j<=m-1;j++)
                             printf("%d",a[j]);
                           printf("\n");
                        }
                      }
                    }
                  if(i<m-2)
                    { i++;a[i]=0;continue; }
                  while(a[i]==1 && i>n+1) i--;          //向前回溯
                  if(a[i]==1 && i==n+1) break;
                  else a[i]=1;
              }
          }
```

3. 程序运行示例与说明

```
请输入阶数 n:5
NO(1):00000010001100101001101011011111
NO(2):00000010001100101001101101011111
NO(3):00000010001100101001111010110111
NO(4):00000010001100101001111011010111
NO(5):00000010001100101011010011011111
...
```

请具体选择其中某个解实施分解,检验环中 32 个相连 5 位 0/1 数字形成的 5 位数中是否存在重复。

当 $n>4$ 时,解的个数快速增长,因此设计中只输出其中 5 个解(必要时可修改增加)。

程序运行的时间随阶数 n 的增长迅速增加,解决 5 阶以上的德布鲁金环序列问题,还需要从算法上进行优化与改进。

6.9 高超挑剔数列

先看一个新颖有趣的"情侣拍照排队"案例。

编号分别为 $1,2,\cdots,n$ 的 $n(n\geq3)$ 对情侣参加聚会后拍照。主持人要求这 n 对情侣共 $2n$ 人排成一横排,别出心裁地规定每对情侣男左女右且不得相邻:编号为 1 的情侣之间有 1 个人,编号为 2 的情侣之间有 2 个人,……,编号为 n 的情侣之间有 n 个人。注意到排队的左端与右端不可能同号,约定排队左端编号小于右端编号。

以上"情侣拍照排队"所揭示出的高超而别致的数列称为挑剔数列。

当 $n=2$ 时,两个 2 之间的两个数只有两个 1,必造成两个 1 相邻,显然不符合挑剔数列要求,即当 $n=2$ 时不存在挑剔数列。

【问题 1】 试探索 $n=3$ 时的挑剔数列。

【思考】 从两个 3 中间的 3 个数入手构建。

当 $n=3$ 时,共 3 对 6 个数排队,两个 3 中间的 3 个数中必有两个 2 或两个 1。

(1) 两个 3 中间含两个 2 不行,显然两个 2 中间不足两个数。

(2) 两个 3 中间含两个 1 可行,两个 1 中间为 2,则另一个 2 在前,形成 231213(当数字不多时按紧凑格式书写,下同);另一个 2 在后,形成 312132。

所得排队 231213 从后面看即为 312132,因而这两个解实际上是一个排队。

按照排队"左端小于右端"的约定,当 $n=3$ 时,挑剔数列只有 231213 这唯一一个解。

【问题 2】 试探索 $n=4$ 时的挑剔数列。

【思考】 从两个 4 中间的 4 个数入手构建。

当 $n=4$ 时,共 4 对 8 个数排队,着眼寻求两个 4 中间的 4 个数(简称中 4 数)。

(1) 中 4 数中至少存在两个相同数(即一对数)。

(2) 中 4 数若含有一对 3,因两个 3 中间不足 3 个数,不符合要求;中 4 数若含有一对 2,导致两个 1 中间超过一个数,或两个 1 中间没有数,显然不可以。因此,中 4 数为一对 1,与一个 2、一个 3 组成。

(3) 若中 4 数的两个 1 中间为数字 2,则导致两个 3 中间超过 3 个数或不足 3 个数,不符合要求。因此,唯有两个 1 中间为数字 3,即可推得排队 23421314 与 41312432 两个解。

所得排队 23421314,从后面看即为 41312432,可见这两个解实际上是一个排队。

因此,按照排队"左端小于右端"的约定,当 $n=4$ 时,挑剔数列只有 23421314 这唯一一个解。

在以上 $n=3,n=4$ 的挑剔数列的基础上,能否构造出 $n=5$ 或 $n=6$ 的挑剔数列?回答是否定的。

【命题】 当 $\mathrm{mod}(n,4)=1,2$,即整数 n 除以 4 的余数为 1 或 2 时,不存在挑剔数列。

【证明】 以下给出颇为形象的简单证明。

将排队的 $2n$ 个位置按奇数位着白色,偶数位着黑色,显然黑白点各有 n 个。

对于 n 如果存在挑剔数列,则数列中的 $2n$ 个数所占白点与黑点应一样多。

按挑剔数列要求,由于一对偶数中间隔有偶数个数,显然这对偶数占据一个黑点和一个白点,因而无论偶数对为多少对,数列中所有偶数对所占白点数与黑点数相等。

而一对奇数中间隔有奇数个数,则一个奇数对要么都占两个黑点,要么都占两个白点。

当 $\mathrm{mod}(n,4)=1,2$ 时,即 $n=4k+1$ 或 $n=4k+2$(k 为正整数)时,数列中有 $2k+1$ 组奇数对,设有 $m(m<2k+1)$ 对奇数占有白点,则另外 $2k+1-m$ 对奇数占有黑点。

注意到 $m\neq2k+1-m$,因而 $2k+1$ 组奇数对所占黑点数与白点数不相等,与存在挑剔数列时所占黑点数与白点数相等矛盾。

因而,当 $\mathrm{mod}(n,4)=1,2$ 时,不存在挑剔数列。

例如,当 $n=5$ 或 6 时,有 3 组奇数对(一对 1,一对 3,一对 5)。如果其中一对占白点,则另两对占黑点;如果其中两对占白点,则另一对占黑点。无论怎样排,这 3 组奇数对所占黑点数与白点数不可能相等,因而不存在挑剔数列。

由以上证明可知,奇数对的对数必须是偶数,才有可能存在挑剔数列解。

当 $\bmod(n,4)=3,0$ 时,奇数对的对数是偶数,可能存在挑剔数列。此时仍须具体构造出挑剔数列,才能予以肯定的回答。

例如,当 $n=7$ 或 $n=8$ 时,奇数对的对数是 4(一对 1,一对 3,一对 5 与一对 7),只能说可能存在挑剔数列解,而没有证明此时必存在挑剔数列解。

此时如何具体构造出挑剔数列? 共有多少个数列的首尾分别为指定 $c,d(1\leqslant c<d\leqslant n)$ 的不同挑剔数列? 这些,靠人工探求就显得非常困难,有必要借助程序设计来实现。

【编程拓展】

对于指定的正整数 n,选择参数 $p=1$ 构建满足以上拍照排队要求的挑剔数列(约定数列左端编号小于右端编号);如果需要对挑剔数列的首尾项定位,选择参数 $p=2$ 并确定首为 c,尾为 $d(c<d)$。

通过程序设计判别、构建并统计满足要求的挑剔数列是可行的。

1. 程序设计要点

输入指定的 n 对,并选择参数 p。$p=0$,数列首尾项无须定位;$p=1$ 时,数列首尾项需要定位:分别输入首项 c 与尾项 $d(1\leqslant c<d\leqslant n)$。

(1)编号设置。

注意到男左女右,把每对情侣中女伴编号在男伴编号基础上加 n。例如,5 号男,其女伴的编号为 $n+5$。这样,n 对情侣的编号恰好是 $1,2,\cdots,2n$。

座位按 $1,2,\cdots,2n$ 编号。设置数组 a 表示每个人的座号。例如,第 i 号男子坐在第 j 号,则 $a[i]=j$,他的情侣应该坐在第 $j+i+1$ 号,即 $a[n+i]=j+i+1$。

设置数组 b 表示每个座位上所坐人的号码,第 i 对情侣的号码都用 i。例如,前面的坐法可写为 $b[j]=b[j+i+1]=i$。

(2)成对安排设置。

安排的初始值:$a[1]=1,a[n+1]=3$,即 $b[1]=b[3]=1$。

安排第 i 对情侣,男如果安排在第 j 位,即 $a[i]=j(1\leqslant j\leqslant 2n-i-1)$,则其女伴需要安排在第 $i+j+1$ 号,因而作赋值 $b[j]=b[i+j+1]=i$。

这样成对安排的前提是这两个位置是空的,即 $b[j]=b[i+j+1]=0$,则安排成功标记 $g=1$。

(3)实施回溯。

如果对所有的 j 第 i 对情侣安排不了,标记 $t=0,i--$,回溯到其前面一对调整。

如果安排第 i 对情侣成功,检测 $i=n$ 且 $b[1]<b[2n]$(为避免重复),则输出一个拍照排列,同时 $t=0$。

设置 $t=0$ 的调整回溯循环,把前面安排不成功位置清空,即 $b[a[i]]=b[a[i]+i+1]=0$(输出一个解后也需要把最后位置清空);然后探索从 j 位开始($a[i]+1\leqslant j\leqslant 2n-i-1$)进行新的成对安排。

（4）输出结果。

输出解的条件为

i==n && (p==0 && b[1]<b[m] || (p>=1 && b[1]==c && b[m]==d))

① i==n 是公共的，即回溯到最后第 n 对已排列。

② p==0 && b[1]<b[m]，即首尾项无须定位，只要保证"左端小于右端"的约定即可。

③ p>=1 && b[1]==c && b[m]==d，当首尾项需要定位时，要确保数列首项与尾项分别为指定的 c 与 d。

以上条件②、③用或(||)运算，只要其中之一成立，即输出挑剔数列解。

同时，当 n<10 时，因单个数字不致引起混乱，按紧凑格式输出，每行输出两个解。

当 n>10 时，由于数列项有单个数字也有两位整数，为避免混乱，每一数列项后带一空格分隔，且每行只输出一个解。

注意到 n>10 时，因挑剔数列的解太多，不搜索全部数列解并统计解的个数，约定只输出其前 5 个解后结束。

2. 回溯程序设计

```c
//成对安排回溯探求 n 对挑剔数列
#include <stdio.h>
#define N 200
void main()
{ int c,d,i,j,g,n,m,p,t,a[200],b[200]; long s;
  printf(" 请输入对数 n (2<n):"); scanf("%d",&n);
  if(n%4==1 || n%4==2)
    { printf(" %d 对无解!\n",n);return;}
  printf(" 请选择 p,首尾项无须定位选 0;首尾需要定位选 1:");
  scanf("%d",&p);
  if(p>=1)
    { printf(" 请选择首项 c 与尾项 d(c<d):");
      scanf("%d,%d",&c,&d);
    }
  m=2*n;t=1;s=0;
  for(j=0;j<=m;j++) b[j]=a[j]=0;
  i=1;a[1]=1;a[n+1]=3;b[1]=b[3]=1;
  while(i>0)
  { if(i==n && (p==0 && b[1]<b[m] || (p>=1 && b[1]==c && b[m]==d)))
    { printf(" %ld: ",++s);               //统计并输出挑剔数列的一个解
      for(j=1;j<=m;j++)
      { printf("%d",b[j]);
        if(n>10) printf(" ");             //当 n>10 时,每一数列项后空一格
      }
      if(n<10 && s%2==0 || n>10) printf("\n");
```

```
            if(n>10 && s==5) return;              //当 n>10 时,解太多,只输出 5 个解
            b[a[n]]=b[a[m]]=0; t=0; i--;
        }
        else if(t==1)
        {   i++; g=0;
            for(j=1;j<=m-i-1;j++)
              if(b[j]==0 && b[i+j+1]==0)
              {   a[i]=j; a[n+i]=j+i+1;
                  b[j]=b[i+j+1]=i; g=1; break;
              }
            if(g==0){ t=0; i--; }                  //没有新对定位则回溯
        }
        if(t==0)
        {   g=0; b[a[i]]=b[a[i]+i+1]=0;            //一对位清空
            for(j=a[i]+1;j<=m-i-1;j++)
              if(b[j]==0 && b[i+j+1]==0)            //从后一位开始搜索新的定位对
              {   a[i]=j; a[n+i]=j+i+1;
                  b[j]=b[i+j+1]=i; g=1; t=1; break;
              }
            if(g==0)i--;                           //没有新对定位则回溯
        }
    }
    if(s>0 && p>=1) printf("  n=%d,首项为%d且尾项为%d,共以上%ld个解。\n",n,c,d,s);
    else if(p==0) printf("  n=%d 时共以上%ld 个解。\n",n,s);
    else  printf("  无解。\n");
}
```

3. 程序运行示例与变通

```
请输入对数 n (2<n):7
请选择 p,首尾项无须定位选 0;首尾项需要定位选 1:0
  1: 17125623475364   2: 17126425374635
  ...
  25: 52642753461317   26: 34673245261715
  n=7 时共以上 26 个解。
请输入对数 n (2<n):8
请选择 p,首尾项无须定位选 0;首尾项需要定位选 1:1
请选择首项 c 与尾项 d(c<d):1,8
  1: 1316738524627548   2: 1317538642572468
  3: 1514678542362738   4: 1613758364257248
  5: 1517368534276248   6: 1713568347526428
  7: 1516738543627428   8: 1516478534623728
  n=8,首项为 1 且尾项为 8,共以上 8 个解。
```

以上输出说明了首尾项是否定位的选择。

当 n＝7 且无须定位时,输出并统计所有 26 个挑剔数列解;

当 n＝8 且需要定位(首项为 1,尾项为 8)时,输出并统计所有首项为 1,尾项为 8 的 8
个定位挑剔数列解。

```
请输入对数 n (2<n):12
请选择 p,首尾项无须定位选 0;首尾项需要定位选 1:1
请选择首项 c 与尾项 d(c<d):1,12
    1: 1 2 1 3 2 11 9 3 10 4 12 8 5 7 4 6 9 11 5 10 8 7 6 12
    2: 1 2 1 3 2 10 11 3 8 4 12 9 7 5 4 6 10 8 11 5 7 9 6 12
    3: 1 2 1 3 2 11 9 3 10 4 12 6 7 8 4 5 9 11 6 10 7 5 8 12
    4: 1 2 1 3 2 10 11 3 8 4 12 7 9 6 4 5 10 8 11 7 6 5 9 12
    5: 1 2 1 3 2 8 10 3 11 9 12 4 5 7 8 6 4 10 5 9 11 7 6 12
  ...
```

对于 n＝12 的输出,定位并只输出前 5 个定位挑剔数列解。

具体验证以上拍照排列是否满足排队位置要求。

当有些定位不存在相应的挑剔数列解时,程序给出"无解。"的提示。

当输入 n＝8,p＝0,以紧凑格式输出 1712862357436854 等共 150 个挑剔数列解;

当输入 n＝11,p＝0,输出 1 2 1 8 2 10 3 9 6 11 3 7 8 4 5 6 10 9 4 7 5 11 等共 17792 个
挑剔数列解;

当输入 n＝12,p＝0,输出 1 2 1 3 2 11 9 3 10 4 12 8 5 7 4 6 9 11 5 10 8 7 6 12 等共
108144 个挑剔数列解。

由以上挑剔数列的构建、统计与输出,可以从一个侧面看出程序设计功能强大而非
凡。这些单凭人工的聪明推算与机灵调试是难以完成的,这也说明在趣味数学的深化与
拓展进程中,程序设计不可或缺。

第 **7** 章

最优探索展示

　　最优设计、最优操作及最值探求等通常是实际案例的求解目标,是最精彩、最生动、最具挑战性与创新精神的课题。

　　本章汇聚插入符号之最、整数分解中的最值、条件最值与无理函数的最值、迷宫最短通道、序列子段与矩阵子形之最等最优探索经典。同时创新剪切构建最大容器、优化多杂质用水网设计、智能甲虫安全点与创新"铁人三项"等几何最优设计。重点拓展泊松分酒、杜登尼省刻度尺等形象生动的优化案例。这些优化案例,有数字的,也有几何的;有序列的,也有数阵的;有著名的国际经典,也有构思独到的新颖案例,颇具启发性与示范性。

　　让我们一道前行,在最优探索的丛林中漫步,在最优设计的高峰上攀登。

7.1　插入符号之最

　　在指定数字串中插入若干乘号求积的最大值,是一个颇具吸引力的最优化案例。

　　进一步,在指定数字串中插入若干加号(其他数字串中插入乘号),求其综合和的最小值,设计难度更大些。

7.1.1　最大 r 乘积

　　为清晰起见,先从一些简单实例谈起。

　　【问题1】　如何在各位数字相同的单数码整数中插入若干乘号,使得分割的两个整数的积最大?

　　【求解】　插入乘号使所分各个整数的位数相差不超过1。

　　(1)插入1个乘号。

　　因整数中各位数字相同,插入1个乘号的位置在数字正中或靠近中间,即插入乘号所分割的两个整数的位数相差不大于1,其积的值最大。

　　例如,$111111 \times 1 < 11111 \times 11 < 1111 \times 111$;$22222 \times 2 < 2222 \times 22 < 222 \times 222$。

　　(2)插入多个乘号。

　　因整数中各位数字相同,插入多个乘号,所分割的多个整数的位数相差最少时,即插入乘号所分割的多个整数的位数相差不大于1时,其积的值最大。

　　例如,在3333333中插入2个乘号,插入方法很多,

　　$33333 \times 3 \times 3 < 3333 \times 33 \times 3 < 333 \times 33 \times 33$

前一插入法,分割的 3 个整数的位数分别为 1 位、1 位与 5 位,位数相差最大;中间插入法,分割的 3 个整数的位数分别为 1 位、2 位与 4 位,位数相差比较大;后一插入法,分割的 3 个整数的位数分别为 2 位、2 位与 3 位,位数相差不大于 1。实施知后者的积大。

【问题 2】　如何在 7 位整数 3250729 中插入 1 个乘号,使得分割的两个整数的积最大?

【思考】　插入乘号使得后一个整数的首位数字最大。

选择插入乘号位置,使得插入后的后一个整数的首位数字最大,则积达到最大。

第 1 个整数的首位数字是数字 3,这是不容改变的。但第 2 个整数的首位数字可以随插入乘号的位置而改变。

乘号如果插入在数字 2 与 5 之间,第 2 个整数的首位数字是 5;

乘号如果插入在数字 0 与 7 之间,第 2 个整数的首位数字是 7;

乘号如果插入在数字 2 与 9 之间,第 2 个整数的首位数字是 9。

第 2 个整数的首位数字最大为 9,所得积最大。因而使积最大的插入方式为

$$325072 \times 9 = 2925648$$

为什么断言最大?

当且仅当第 2 个整数的首位数字分别为 5,7 与 9 时,积可达 7 位数。

第 1 个整数的首位数字是 3,第 2 个整数的首位数字为 5 时,其积的首位数字只能为 1;第 2 个整数的首位数字为 7 时,其积的首位数字可为 2,但其积的高 2 位不超过 25,显然低于高 2 位为 29 的积。

【问题 3】　如何在 8 位整数 24727158 中插入 $r = 2$ 个乘号,使积最大?

【思考】　应用贪心策略:每插入 1 个乘号,使得插入后的积达到最大。

对整数的组成数字实施降序排序 $8 > 7 = 7 > 5 > \cdots$

首先,在数字 8 前插入 1 个乘号,使 8 成为一个分割整数的高位数字(包括一个整数情形);其次,需在数字 7 前插入 1 个乘号,但整数中有 2 个 7,如何选择? 可对这两种情形实施比较:

$$24 \times 72715 \times 8 = 13961280$$
$$2472 \times 715 \times 8 = 14139840$$

比较得知后者乘积大,因而在 24727158 中插入 2 个乘号,使分割的 3 个整数的乘积最大的插入法为 $2472 \times 715 \times 8 = 14139840$。

【问题 4】　如何在给定的数字串 267315682902764 中插入 5 个乘号,使得分割的 6 个整数的乘积最大?

【求解】　对组成整数的 15 个数字从大到小排序:$9 > 8 > 7 = 7 > 6 = 6 = 6$(以下可省略)。

在数字串中的数字 9,8,7,7 前插入乘号后,还有个乘号要插入在 6 前,存在 3 种选择,可通过实施乘积比较。

$$2 \times 6 \times 73156 \times 82 \times 902 \times 764 = 49607226400512$$
$$26 \times 7315 \times 6 \times 82 \times 902 \times 764 = 64484105125440$$
$$26 \times 73156 \times 82 \times 902 \times 7 \times 64 = 63026284152832$$

因而,给定的数字串 267315682902764 中插入 5 个乘号,使得分割的 6 个整数的乘积最大的分割为 $26\times7315\times6\times82\times902\times764=64484105125440$。

【编程拓展】

在一个由 n 个数字组成的数字串中插入 r 个乘号($1\leqslant r<n\leqslant15$),将它分成 $r+1$ 个整数,试找一种乘号的插入方法,使得这 $r+1$ 个整数的乘积最大。

注意到插入 r 个乘号是一个多阶段决策问题,应用动态规划来求解是适宜的。

1. 设计要点

设置字符串 s 数组方便输入数字串;b 数组 $b(k)(k=0,1,\cdots,n-1)$ 存储字符串 s 的每个数字。

（1）建立递推关系。

设 $f(i,k)$ 表示在前 i 位数中插入 k 个乘号所得乘积的最大值,$a(i,j)$ 表示从第 i 个数字到第 j 个数字所组成的 $j-i+1(i\leqslant j)$ 位整数值。

为了寻求递推关系,先看一个实例:对给定的 9 个数的数字串 847313926,如何插入 5 个乘号,使其乘积最大?

目标是求取最优值 $f(9,5)$:

设前 8 个数字中已插入 4 个乘号,则最大乘积为 $f(8,4)\times6$;

设前 7 个数字中已插入 4 个乘号,则最大乘积为 $f(7,4)\times26$;

设前 6 个数字中已插入 4 个乘号,则最大乘积为 $f(6,4)\times926$;

设前 5 个数字中已插入 4 个乘号,则最大乘积为 $f(5,4)\times3926$。

比较以上 4 个数值的最大值即为 $f(9,5)$。

以此类推,为了求 $f(8,4)$:

设前 7 个数字中已插入 3 个乘号,则最大乘积为 $f(7,3)\times2$;

设前 6 个数字中已插入 3 个乘号,则最大乘积为 $f(6,3)\times92$;

设前 5 个数字中已插入 3 个乘号,则最大乘积为 $f(5,3)\times392$;

设前 4 个数字中已插入 3 个乘号,则最大乘积为 $f(4,3)\times1392$。

比较以上 4 个数值的最大值即为 $f(8,4)$。

一般地,为了求取 $f(i,k)$,考察数字串的前 i 个数字,设前 $j(k\leqslant j<i)$ 个数字中已插入 $k-1$ 个乘号的基础上,在第 j 个数字后插入第 k 个乘号,显然此时的最大乘积为 $f(j,k-1)a(j+1,i)$。

于是可以得递推关系式

$$f(i,k)=\max(f(j,k-1)a(j+1,i))\qquad(k\leqslant j<i)$$

前 j 个数字没有插入乘号时的值显然为前 j 个数字组成的整数,因而得边界值为

$$f(j,0)=a(1,j)\qquad(1\leqslant j\leqslant i)$$

（2）递推计算最优值。

为简单计,在设计中可省略 a 数组,用变量 d 替代。

```
for(d=0,j=1;j<=n;j++)
  {d=d*10+b[j-1]; f[j][0]=d; }
for(k=1;k<=r;k++)
```

```
for(i=k+1;i<=n;i++)
for(j=k;j<i;j++)
  { for(d=0,u=j+1;u<=i;u++)
      d=d*10+b[u-1];                        //计算 d 即为 a(j+1,i)
    if(f[i][k]<f[j][k-1]*d)
      f[i][k]=f[j][k-1]*d;
  }
printf(" 最优值为%.0f",f[n][r]);
```

（3）构造最优解。

为了能打印相应的插入乘号的乘积式，设置标注位置的数组 $t(k)$ 与 $c(i,k)$，其中 $c(i,k)$ 为相应的 $f(i,k)$ 的第 k 个乘号的位置，而 $t(k)$ 标明第 k 个乘号的位置，例如，$t(2)=3$，表明第 2 个乘号在第 3 个数字后面。

当给数组元素赋值 $f(i,k)=f(j,k-1)d$ 时，作相应赋值 $c(i,k)=j$，表明 $f(i,k)$ 的第 k 个乘号的位置是 j。在求得 $f(n,r)$ 的第 r 个乘号位置 $t(r)=c(n,r)=j$ 的基础上，其他 $t(k)(1\leqslant k\leqslant r-1)$ 可应用 $t(k)=c(t(k+1),k)$ 逆推产生。

根据 t 数组的值，可直接按字符形式打印出所求得的插入乘号的乘积式。

2. 动态规划程序设计

```
//探求最大 r 乘积
#include <stdio.h>
#include <string.h>
void main()
{ char s[16]; double f[17][17],d;
  int n,i,j,k,u,r,b[16],t[16],c[16][16];
  printf(" 请输入整数:"); gets(s);
  n=strlen(s);
  printf(" 请输入插入的乘号个数r:"); scanf("%d",&r);
  if(n<=r)
    { printf(" 输入的整数位数不够或 r 太大! "); return; }
  printf(" 在整数%s中插入%d个乘号,使乘积最大:\n ",s,r);
  for(d=0,j=0;j<=n-1;j++)
  b[j]=s[j]-48;                              //把输入的数串逐位转换到 b 数组
  for(d=0,j=1;j<=n-r;j++)
    { d=d*10+b[j-1]; f[j][0]=d; }            //f[j][0]赋初值
  for(k=1;k<=r;k++)
  for(i=k+1;i<=n-r+k;i++)
  for(j=k;j<i;j++)
    { for(d=0,u=j+1;u<=i;u++)
        d=d*10+b[u-1];
      if(f[i][k]<f[j][k-1]*d)                //递推求取 f[i][k]
        {f[i][k]=f[j][k-1]*d;c[i][k]=j;}
    }
```

```
    t[r]=c[n][r];
    for(k=r-1;k>=1;k--)
      t[k]=c[t[k+1]][k];                    //逆推出第 k 个乘号的位置 t[k]
    t[0]=0;t[r+1]=n;
    for(k=1;k<=r+1;k++)
      {  for(u=t[k-1]+1;u<=t[k];u++)
           printf("%c",s[u-1]);             //输出最优解
         if(k<r+1) printf("×");
      }
    printf("=%.0f\n",f[n][r]);              //输出最优值
}
```

3. 程序运行示例与说明

请输入整数:632701784659264
请输入插入的乘号个数 r:5
在整数 632701784659264 中插入 5 个乘号,使乘积最大:
632×701×7×84×65×9264=156864375682560

以上运行结果中分割的 6 个整数,有 1 位数、2 位数、3 位数,也有 4 位数,与前面实施贪心策略选择的结果相符。

7.1.2 最小 r 加综合和

在给定 n 个非零数字组成的数字串中,数字间有 $n-1$ 个位置可以插入运算符号。在这 $n-1$ 个位置中选择 r 个插入加号,其他 $n-1-r$ 个位置插入乘号,使得表达式的值最小。

例如,在 7924891278 这 10 个数字间插入 4 个加号后,在剩余的其他数字间插入乘号,使表达式的综合和值最小的插入方式为

$$7+9×2+4×8+9×1×2+7×8=131(最小值)$$

键盘输入正整数 $n,r(3\leqslant n<40,r<n-1)$,随机产生 n 个非零数字,在这 n 个数字之间选择插入 r 个加号,其他 $n-1-r$ 个位置插入乘号,使得插入符号后的表达式的值最小。

1. 设计要点

在 n 个数字之间插入 r 个加号,其余 $n-1-r$ 个位置插入乘号,共插入 $n-1$ 个符号。

根据先乘后加的规则,为叙述方便,把相邻两个加号之间称为一段,连同头、尾两段,整个表达式共 $r+1$ 段。

应用回溯设计确定 r 个加号的组合位置。

（1）数据结构设置。

数组 $a(k)(k=1,2,\cdots,n)$ 存储产生的 n 个数字,其中 $a(n)$ 是左边第 1 个数字;

数组 $t(k)(k=1,2,\cdots,r)$ 存储插入加号的组合位置;

数组 $p(k)(k=1,2,\cdots,r+1)$ 存储被插入加号分割的 $r+1$ 个整数;

数组 $b(k)(k=1,2,\cdots,r)$ 存储表达式最小时的 r 个加号位置。

（2）回溯探求插入加号位置。

为计算方便，约定 $t(0)=1;t(r+1)=n$。

设置计算 $r+1$ 个整数 $p(k)$ 的 $k(1\sim r+1)$ 循环；注意到 $p(k)$ 由 $t(k-1)+1\sim t(k)$ 的各数字之积组成，设置 $j(t(k-1)+1\sim t(k))$ 循环，$p(k)=p(k)a(j)$。

（3）计算乘积并求和的最大值。

在 $k(1\sim r+1)$ 循环中，通过 $s=s+p(k)$ 求取 $r+1$ 段整数之和。

通过 s 与存储最小值的变量 min 比较，若 $s<\text{min}$，则赋值 $\text{min}=s$，同时把此时的 r 个位置 $t(k)$ 记录于 $b(k)(k=0,1,2,\cdots,r+1)$。

（4）输出结果。

按 b 数组由 $b(r+1)\sim b(1)$ 输出，每输出一段 $p(k)(k=r,\cdots,2,1)$ 前打印一个加号，而段中各数字之间打印乘号。最后输出表达式最小值 min。

2. 程序设计

```
//回溯探求最小 r 加综合和
#include <stdio.h>
#include <stdlib.h>
#include <time.h>
void main()
{  double s,min,p[40]; int i,j,k,m,n,r,a[40],b[40],t[40];
   m=time(0)%1000;srand(m);                        //随机数发生器初始化
   printf("  请输入位数 n(3<=n<40):"); scanf("%d",&n);
   printf("  请确定 r 个加号(r<n-1):"); scanf("%d",&r);
   for(k=n;k>=1;k--)                               //随机产生并输出 n 个数字
     { a[k]=rand()%9+1; printf("  %d",a[k]); }
   printf("\n  在以上%d个数字间插入%d个+,",n,r);
   printf("其他数字间为×,其值最小的插入方式为 \n ");
   min=10000;i=1;t[1]=1;t[0]=0;t[r+1]=n;
   while(1)
     { if(i==r)
       { s=0;
         for(k=1;k<=r+1;k++) p[k]=1;
         for(k=1;k<=r+1;k++)
         { for(j=t[k-1]+1;j<=t[k];j++)
             p[k]*=a[j];                           //计算第 k 段各数字之积
           s=s+p[k];                               //计算各段数值之和
         }
         if(s<min)                                 //比较得最小值 min
           { min=s;
             for(k=0;k<=r+1;k++)
               b[k]=t[k];                          //b 数组记录最小时插入加号位置
           }
```

```
        }
        else { i++; t[i]=t[i-1]+1; continue;}        //产生一组 r 个分割位置
        while(t[i]==n-r+i-1) i--;                      //调整或回溯
        if(i>0) t[i]++;
        else break;
      }
    printf("\n  %d",a[n]);                             //输出最高段的积式
    for(j=b[r+1]-1;j>=b[r]+1;j--)
      printf("×%d",a[j]);
    for(k=r;k>=1;k--)                                  //输出随后段的积式
      { printf("+%d",a[b[k]]);                         //段与段之间输出+
        for(j=b[k]-1;j>=b[k-1]+1;j--)
          printf("×%d",a[j]);
      }
    printf("=%.0f(最小值)\n",min);                      //输出所求的最小值
}
```

3. 程序运行示例与说明

请输入位数 n(3<=n<40):20
请确定 r 个加号(r<n-1):6
  7 6 9 7 1 9 6 2 4 6 4 6 4 6 1 3 7 1 6 8
在以上 20 个数字间插入 6 个+,其他数字间为×,其值最小的插入方式为
7×6+9×7×1+9×6+2×4×6+4×6×4+6×1×3×7×1+6×8=477(最小值)

　　以上所得最小值 477 是唯一的,但 20 个数字之间插入 6 个加号 13 个乘号的方式可能存在多种,这里显示的仅是其中插入方式之一。

　　以上产生的 n 个数字都不为零,如果数字中出现零(例如,把表达式 rand()%9+1 改为 rand()%10),则通常式中所有乘号会出现在有零的段中,有损一般性。有兴趣的读者可修改程序并运行验证。

7.2　最值探求

　　最值探求是最优探索中的基本问题,案例形式多变,内容涉及数学的各个分支,以及程序设计应用的各个领域。

　　本节探讨对给定整数实施分解求积最大,探求条件最值以及一类有代表性的无理函数的最值,技巧性较强,很有启发性。

7.2.1　整数分解中积的最值

　　先求解一道整数分解求积最大的国际数学奥林匹克题。

　　【问题 1】　求和为 1976 的正整数之积的最大值(第 18 届国际数学奥林匹克题)。

　　【求解】　和为 1976 的若干正整数相当于把 1976 分解为若干整数,分解整数个数不

限,且各分解数允许相等。

事实上,为使积最大,分解数须满足以下条件。

(1) 分解数中不应有大于 3 的数。

若分解数中有数 $d \geqslant 4$,则把 d 分解为 2 与 $d-2$,和为 $2+(d-2)=d$ 未改变,但乘积为 $2(d-2)=2d-4 \geqslant d$,式中等号当且仅当 $d=4$ 时成立。

即当 $d=4$ 时,把 4 分解为 2,2,积不变;当 $d>4$ 时,把 d 分解为 2,$d-2$,积增加。

(2) 分解数中不应有数 1。

若分解数中有数 1,则把 1 与 3 转换为两个 2,和为 $1+3=2+2$ 未改变,由 $2 \times 2 > 3$ 知乘积增加。

(3) 分解数中的数 2 不多于两个。

若分解数中有 3 个 2 时,把 3 个 2 换成 2 个 3,显然和未变,由 $3 \times 3 > 2 \times 2 \times 2$,显然积增大。

由上述 3 点,据

$$1976 = 658 \times 3 + 2 \tag{7-2-1}$$

即把 1976 分解为 658 个 3 与一个 2,其积 $P = 2 \times 3^{658}$ 最大。这是实现积最大的唯一分解法。

题中没有限定正整数的个数,如果加上限定分解正整数个数的条件,则探求积的最大也应相应改变。

【问题 2】 求和为 2019 的 1000 个正整数之积的最大值。

【思考】 为叙述方便,把待分解的整数称为和数,分解所得的各整数称为零数。

问题可转换为把给定和数 2019 分解为 1000 个零数,如何实施分解,可使这 1000 个零数之积最大。

联想到应用"算术平均不小于几何平均"的基本不等式,即

$$\frac{\sum_{i=1}^{n} a_i}{n} \geqslant \sqrt[n]{\prod_{i=1}^{n} a_i} \quad (a_i > 0) \tag{7-2-2}$$

当且仅当 $a_1 = a_2 = \cdots = a_n$ 时式中等号成立。

若所给和数能被分解的个数整除时,应用式(7-2-2)是可行的。

若所给和数不能被分解的个数整除,不可直接应用式(7-2-2)。

因 2019 不能被 1000 整除,分解的 1000 个零数应在其平均数附近。鉴于 $2 < 2019/1000 < 3$,即分解的零数应取 2 或 3。

为使分解零数积最大,分解须满足以下条件。

(1) 分解数中不应有大于 3 的零数。

若分解数中有数 $d \geqslant 4$,则把 d 与 2 转换为 $d-1$ 与 3,整数个数未变,和为 $3+(d-1)=2+d$ 也未变,但乘积为 $3(d-1)=3d-3>2d$,可见,转换后积增加。若 $d-1$ 仍大于 3,再多次实施转换。

(2) 分解数中不应有零数 1。

若分解数中有数 1,则把 1 与 3 转换为 2 与 2,整数个数未变,和为 4 也未变,由乘积不等式 $2 \times 2 > 3$,可见转换后积增加。

由上述两点,可知要使乘积最大,分解零数只能是 2 与 3,而

$$2019 = 981 \times 2 + 19 \times 3 \tag{7-2-3}$$

即把 2019 分解为 981 个 2 与 19 个 3,可使积 $P = 2^{981} \times 3^{19}$ 最大。这是实现积最大的唯一分解法。

顺便指出,若要使 1000 个分解零数之积最小,分解为 999 个 1,另一个为 1020。

下面把这一趣题拓展到一般和数 n 与一般个数 m,或给分解零数以某些限制。

【编程拓展】 探求以下涉及整数两个特定要求分解中积的最大值。

(1) 求和为 n 的 $m(n > m)$ 个正整数之积的最大值。

(2) 求和为 n 的若干互不相同的正整数之积的最大值。

这里拓展两个问题:前者对一般和数 n 分解限定了零数个数 m 个;后者零数个数不限,但增加了各零数互不相等的限制。

1. 设计要点

(1) 把 n 分解为指定 m 个零数。

题目要求分解零数的个数为指定的 m 个,即 m 个零数之和为 n。目标是使所有零数之积最大。

① 分解的零数大小至多为两个。

设最小零数为 c,最大零数为 d。要使积最大,分解的零数大小至多为两个,即 $d = c + 1$ 或 $d = c$。

假若有 3 个或 3 个以上大小不同的零数,不妨设为 $c < e < d$,$e = c + 1$,$d = e + 1$,把零数 c, d 转换为两个 e,整数个数与和均未变,但由 $cd = (e-1)(e+1) = e^2 - 1 < e^2$,即通过转换乘积增加了。对于 3 个或 3 个以上大小不同零数的其他情形,可通过类似以上转换多次使积变大。

② 零数大小确定。

小零数 $c = [n/m]$(这时 $[x]$ 为 x 取整),大零数 $d = c + 1$。

大零数 d 的个数为 $b = n - cm$,相当于在 m 个为 c 的基础上,把多余部分 $n - cm$ 分到了其中 b 个,每个增加 1,$c + 1$ 即为 d。

显然 d 的个数为 $b = n - cm$,而小零数 c 的个数为 $a = m - b$。

特别地,若 $n \% m = 0$ 时,因 $n = cm$ 导致 $b = 0$,此时零数大小统一为 c。

(2) 把 n 分解为互不相同的正整数。

进行一般化处理,把指定正整数 n 分解为若干互不相同的正整数之和,使这些互不相同的正整数之积最大。

同样设使积最大的分解中,最小零数为 c,最大零数为 d。

① 最小零数 $c > 1$。若 $c = 1$,去掉零数 1,把 1 加至最大零数,显然积会增大。

② 零数按由小到大排列,从 $c \sim d$ 的零数序列中,中间的空数(不在零数序列中的数)不能多于一个。

设序列中有两个空数 x, y,满足 $a(i) < x < y < a(j)$,其中 $a(i), a(j)$ 为零数序列中的项($i < j$),$x = a(i) + 1$,$y = a(j) - 1$。因 $a(i) + a(j) = x + y$,而

$$a(j) > a(i) + 1 \Rightarrow x \times y = (a(i) + 1) \times (a(j) - 1) > a(i) \times a(j)$$

即把 $a(i),a(j)$ 两个零数分别换成 x,y 后,和不变而积增加,与所设积最大矛盾。

③ 最小零数 $c<4$,即 c 只能取 $2,3$。

若 $c=4$,此时若 5 在序列中,把 5 化为 $2+3$,积增加;若 5 不在序列中而 6 在序列中,把 $4,6$ 化为 $2,3,5$,显然和不变而积增加;若 $5,6$ 都不在序列中,则与上述②矛盾。

若 $c>4$,把 c 化为 2 与 $c-2$,显然 $2(c-2)>c$,积增加。

因此,把指定的 n 转化为以 2 或 3 开始的连续或至多一个空数的正整数序列,相应的积最大。

可以应用求和判断实现以上转化。

2. 整数分解综合程序设计

```
//积最大的整数两种分解程序设计
#include <stdio.h>
void main()
{ int a,b,c,d,h,k,m,n,p,s,z; double t;
  printf("  请选择项目 1,把 n 分解为 m 个;2,分解零数互不相等: ");
  scanf("%d",&p);
  printf("  请输入和数 n:");scanf("%d",&n);
  if(p==1)
  { printf("  请输入分解零数个数 m(m<n):");scanf("%d",&m);
    c=n/m;d=c+1;                           //计算分解零数 c,d
    b=n-c*m;a=m-b;                         //计算 d 的个数 b,c 的个数 a
    printf("  把%d 分解为%d 个%d,%d 个%d,",n,a,c,b,d);
    for(t=1,k=1;k<=a;k++) t=t*c;
    for(k=1;k<=b;k++) t=t*d;              //计算分解零数的乘积
  }
  else
  { s=0;h=0;a=1;
    while(s<n){a++;s=s+a;}                 //此时 s-n 可能为 1,2,…,a
    z=s-n;
    if(z==0) {c=2;d=a;}                    //n 分解为 2~a-1 的连续序列
    else if(z==2) {c=3;d=a;}              //n 分解为 3~a 的连续序列
    else if(z==1) {c=3;d=a+1;h=a;}       //n 分解为 3~a+1(不含 a)
    else {c=2;d=a;h=z;}                    //n 分解为 2~a(不含 s-n)
    printf(" 把%d 分解为%d~%d,",n,c,d);
    if(h>0)  printf("(不包括其中的数 %d)。",h);
    for(t=1,k=c;k<=d;k++)                  //c~d 求积(不含 h)
      if(k!=h) t=t*k;
  }
  if(t<1e15) printf("积最大为 t=%.0f。\n",t);
  else  printf("积最大为 t=%.6e。\n",t);   //输出最大积的值
}
```

3. 程序运行示例与说明

```
请选择项目 1,把 n 分解为 m 个;2,分解零数互不相等:1
请输入和数 n: 50
请输入分解零数个数 m(m<n):14
把 50 分解为 6 个 3,8 个 4,积最大为 t=47775744。
请选择项目 1,把 n 分解为 m 个;2,分解零数互不相等:2
请输入和数 n: 2019
把 2019 分解为 2~64,(不包括其中的数 60)。积最大为 t=2.114782e+087。
```

对于项目 1,如果输入 $n=50,m=10$,结果为把 50 分解为 10 个 5,积 $t=5^{10}$ 为最大。

通过项目选择把两个不同要求分开探求,最后统一输出结果。

在输出结果中,根据乘积 t 的大小分精确形式或指数形式输出。

7.2.2 条件最值探求

先求解一道涉及 x,y 的简单条件最值问题,然后加项加权拓展。

【问题 3】 若 $x^2+y^2=5$,试求函数 $z=x-3y$ 的最大值与最小值。

【求解】 问题的条件是二次式,而函数式是一次的,可通过消元后应用二次函数的判别式非负进行探求。

由 $z=x-3y$ 得

$$(z+3y)^2=x^2$$

代入条件式,展开得

$$z^2+6zy+9y^2+y^2=5$$

整理为关于 y 的二次式,有

$$10y^2+6zy+z^2-5=0 \tag{7-2-4}$$

上述关于 y 的二次式(7-2-4)有解,其判别式非负,即

$$(6z)^2-40(z^2-5)\geqslant 0$$

整理得

$$z^2\leqslant 50$$

解得

$$-5\sqrt{2}\leqslant z\leqslant 5\sqrt{2}$$

代入可得,当 $x=-\dfrac{\sqrt{2}}{2},y=\dfrac{3\sqrt{2}}{2}$ 时,$-5\sqrt{2}\leqslant z$ 等号成立,即得 z 有最小值 $-5\sqrt{2}$;当 $x=\dfrac{\sqrt{2}}{2},y=-\dfrac{3\sqrt{2}}{2}$ 时,$z\leqslant 5\sqrt{2}$ 等号成立,即得 z 有最大值 $5\sqrt{2}$。

【编程拓展】 在原问题基础上增加 xy 项,并增加参数 p,q。

若 $x^2+py^2=5$,试求函数

$$z=x+qxy-3y \tag{7-2-5}$$

的最大值与最小值(精确到小数点后 7 位)。其中正权系数 p,q 从键盘输入。

1. 编程设计要点

在原条件最值问题基础上,增加 xy 项,增添 p,q 两个参数,显然增加了求解难度,应用编程求解是适合的。

在定义域范围内设置 x,y 二重循环,在满足条件式前提下通过比较求最值当然可行,但不必要。

因为有条件要求,所有 x,y 必须满足指定条件,因而可只对一个变量循环枚举,另一个变量由条件式决定。

注意:因条件式是二次的,所以由 x 与条件式产生的 y 有正负两个。如果遗漏一个,将导致所求最值出错。

为了达到指定的精度要求,提高循环效益,设置 $k(1\sim7)$ 循环实施分级求精。

(1) 循环参数 x1,x3 取初值 $x1=-sqrt(5)+d$;$x3=sqrt(5)-d$;$d=0.01$。

(2) 随后每级 x 的循环的起点 x1 与终点 x3 定位在上一级的最小值点 x2 附近,即 $x1=x2-d$,$x3=x2+d$。

(3) 每级的循环步长 d 缩减为前一级的 $1/10$,即 $d=d/10$。

这样处理,可有效缩减循环次数,确保精度要求。

考虑到最大值和最小值在不同的点,因而对最大值与最小值必须分别求精。

2. 程序设计

```
//探求带参数的条件函数最值
#include <math.h>
#include <stdio.h>
void main()
{  int k;double d,p,q,x,x1,x2,x3,y,y2,z,max,min;
   printf("  请输入正参数 p,q:"); scanf("%lf,%lf",&p,&q);
   max=0; min=0;d=0.01;                        //第 1 级求精步长初定 0.01
   x3=pow(5.0,0.5); x1=-x3;
   for(k=1;k<=7;k++)                            //实施 7 级求精
   {  for(x=x1;x<x3;x=x+d)
      {  y=pow((5-x*x)/p,0.5);
         z=x+q*x*y-3*y;
         if(z<min) {min=z;x2=x;y2=y; }          //通过比较求取最小值 min
         y=-y;z=x+q*x*y-3*y;
         if(z<min) {min=z;x2=x;y2=y; }
      }
      x1=x2-d;x3=x2+d;d=d/10;                    //每级求精,步长 d 缩减至 1/10
   }
   printf("  当 x=%.7f,y=%.7f 时,z 有最小值:%.7f\n",x2,y2,min);
   x3=pow(5.0,0.5); x1=-x3; d=0.01;
   for(k=1;k<=7;k++)                            //实施 7 级求精
   {  for(x=x1;x<x3;x=x+d)
      {  y=pow((5-x*x)/p,0.5); z=x+q*x*y-3*y;
         if(z>max) {max=z;x2=x;y2=y; }          //通过比较求取最大值 max
```

```
        y=-y; z=x+q*x*y-3*y;
        if(z>max) {max=z; x2=x; y2=y; }
      }
      x1=x2-d; x3=x2+d; d=d/10;                    //每级求精，步长 d 缩减至 1/10
    }
    printf(" 当 x=%.7f,y=%.7f 时,z 有最大值:%.7f\n",x2,y2,max);
}
```

3. 程序运行示例与说明

> 请输入正参数 p,q: 4,7
> 当 x=-1.5487238,y=0.8064513 时,z 有最小值:-12.7108695
> 当 x=-1.3968654,y=-0.8730360 时,z 有最大值:9.7588384

显然，原条件最值问题是取 $p=1,q=0$ 的特例，即运行程序时输入 $p=1,q=0$ 即可得原问题以小数形式给出的最值解。

有意思的是，z 取最大值时，x,y 都为负数，是所加项 qxy 影响的结果。

7.2.3 无理函数的最值

下面先依据柯西不等式求解一例涉及两个根号特殊函数的最大值问题，再编程拓展到求解涉及 3 个根号并带加权的无理函数的最值。

【问题 4】 试求函数 $y=\sqrt{2019x-1}+\sqrt{2019-x}$ 的最大值。

【求解】 函数涉及两个根号，据柯西不等式

$$\left(\sum_{i=1}^{n} a_i b_i\right)^2 \leqslant \left(\sum_{i=1}^{n} a_i^2\right)\left(\sum_{i=1}^{n} b_i^2\right) \tag{7-2-6}$$

其中，a_i,b_i 为实数，当且仅当 $\dfrac{a_1}{b_1}=\dfrac{a_2}{b_2}=\cdots=\dfrac{a_n}{b_n}$ 时，式中等号成立。

据柯西不等式(7-2-6)构造

$$\left(1+\frac{1}{2019}\right)\left[(\sqrt{2019x-1})^2+2019(\sqrt{2019-x})^2\right]$$

$$\geqslant (\sqrt{2019x-1}+\sqrt{2019-x})^2 \tag{7-2-7}$$

即有

$$\left(1+\frac{1}{2019}\right)(2019^2-1)\geqslant y^2$$

化简得 $y^2\leqslant 2020^2\dfrac{2018}{2019}$，即有

$$y\leqslant 2010\sqrt{\frac{2018}{2019}} \tag{7-2-8}$$

当且仅当 $\dfrac{\sqrt{2019x-1}}{1}=\dfrac{\sqrt{2019}\times\sqrt{2019-x}}{\dfrac{1}{\sqrt{2019}}}$ 时，式(7-2-8)等号成立，即当 $x=2018+\dfrac{1}{2019}$

时,函数 y 有最大值 $2020 \times \sqrt{\dfrac{2018}{2019}}$。

以上求解中,应用柯西不等式消去变量 x 进行巧妙构造是探求的关键。

【编程拓展】　在上述问题基础上增加一个根号,并加权两个系数。

设 p,q 为正数,试求函数

$$y = \sqrt{2019x - 1} + p\sqrt{2019 + x} + q\sqrt{2019 - x} \qquad (7\text{-}2\text{-}9)$$

的最大值。

从键盘输入正数 p,q,计算并输出 y 的最大值(精确到小数点后 7 位)。

1. 分级求精设计要点

为开 p 次方方便,设置双精度型变量处理。

为了达到指定的精度要求,提高循环效益,设置 k(1～7)循环实施分级求精。

(1) 循环参数 x1,x3 取初值"x1=1/2019+d;x3=2019-d;d=0.01;"。

(2) 随后每级 x 的循环的起点 x1 与终点 x3 定位在上一级的最小值点 x2 附近,即 x1=x2-d,x3=x2+d。

(3) 每级的循环步长 d 缩减为前一级的 1/10,即 d=d/10。

这样处理,可有效缩减循环次数,确保精度要求。

2. 程序设计

```
//探求带参数的无理函数最大值
#include <math.h>
#include <stdio.h>
void main()
{  int k;double   c,d,p,q,x,x1,x2,x3,y,max;
   printf("  请输入正参数 p,q:"); scanf("%lf,%lf",&p,&q);
   max=0; d=0.01;                          //第 1 级求精步长初定 0.01
   x1=1/2019+d;x3=2019-d;
   for(k=1;k<=7;k++)                        //实施 7 级求精
     {  for(x=x1;x<x3;x=x+d)
          {  y=pow(2019*x-1,0.5)+p*pow(2019+x,0.5)+q*pow(2019-x,0.5);
             if(y>max)                      //通过比较求取最大值 max
                { max=y;x2=x; }
          }
        x1=x2-d;x3=x2+d;d=d/10;             //每级求精,步长 d 缩减至 d/10
     }
   printf("  当 x=%.7f 时,y 有最大值:%.7f\n",x2,max);
}
```

3. 程序运行示例与变通

```
请输入正参数 p,q: 20,19
当 x=1827.6453070 时, y 有最大值:3424.1966577
```

编程设计中的分级求精颇具特色,很有启发性。在运行程序时,输入在参数 p,q 可以带小数。

若输入 $p=0,q=1$ 时,即小数形式输出前面求解的结果。

变通:设 p,q,t 为正整数,试求函数

$$y = \sqrt[t]{2019x-1} + p\sqrt[t]{2019+x} + q\sqrt[t]{2019-x} \tag{7-2-10}$$

的最大值。

7.3 几何优化设计

本节推出"构建最大容器"与"优化供水网设计"两个具有代表性的几何案例,为几何优化设计抛砖引玉。

7.3.1 构建最大容器

先求解两个构建最大容器的简单趣味数学案例。

【问题1】 在正方形板材上剪切构建。

在一个边长为 a 的正方形板材的 4 个角剪去边长都为 x 的小正方形,然后折转四边,形成一个底面为正方形(边长为 $a-2x$)、高为 x 的柱体敞口容器。

如何剪切,可使得柱体敞口容器的容积最大?

【求解】 设柱体敞口容器的容积为 V,显然有

$$V = x(a-2x)^2$$

据平均值不等式有

$$\frac{4x+(a-2x)+(a-2x)}{3} \geqslant \sqrt[3]{4x(a-2x)^2} \tag{7-3-1}$$

则 $4V \leqslant (2a/3)^3$,$V \leqslant 2a^3/27$,当且仅当 $4x=a-2x$,即 $x=a/6$ 时等号成立。

结论:按 $x=a/6$ 剪切四角小正方形,折转所得柱体敞口容器的容积最大,容积最大值为 $2a^3/27$。

【问题2】 在矩形板材上剪切构建。

一块边长为 a,b 的矩形板材的 4 个角剪去边长都为 x 的小正方形,然后折转四边,形成一个底面为矩形(两边长分别为 $a-2x$ 与 $b-2x$)、高为 x 的柱体敞口容器。

如何剪切,可使得柱体敞口容器的容积最大?

【求解】 设柱体敞口容器的容积为 V,显然有

$$V = x(a-2x)(b-2x) = 4x^3 - 2(a+b)x^2 + abx$$

为了求 V 的最大值,让 V 对 x 的导数为 0,得

$$V' = 12x^2 - 4(a+b)x + ab = 0$$

解得(舍去另一个不符合实际的根)

$$x = \frac{a+b-\sqrt{a^2+b^2-ab}}{6} \tag{7-3-2}$$

式(7-3-2)给出了使容积最大的剪切方案,容积的最大值略。

显然,式(7-3-2)取 $a=b$,即得正方形时 $x=a/6$ 的剪切点。

【编程拓展】　在矩形板材上实施两种方案剪切。

用一块边长为 a,b 的矩形材料通过剪切折转制成容积尽可能大的敞口容器。

A,B 两同学的剪切制作方案如下。

A 方案：在矩形的 4 个角去边长都为 x 的正方形，然后折转四边，形成一个底面为 $(a-2x,b-2x)$ 的矩形、高为 x 的柱体敞口容器。

B 方案：在矩形的 4 个角按 x,y 画线剪去相同的小四边形，然后折转四边，形成一个底面为 $(a-2x,b-2x)$ 的矩形、敞口为 $(a-2x+2y,b-2x+2y)$ 的矩形的拟柱体敞口容器，如图 7-1 所示。

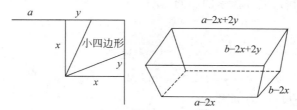

图 7-1　剪切构建拟柱体敞口容器示意图

对于指定的 a,b，试分别求 A 方案的容积 v_1 与 B 方案的容积 v_2 的最大值，并对两个方案所得容积最大值进行比较。

输入矩形边长 $a,b(10<a,b<50)$，输出使容积 v_1 最大的 x 与 v_1 最大值，输出使容积 v_2 最大的 x,y 与 v_2 最大值，并输出 v_2 最大值与 v_1 最大值的比值（精确到小数点后 3 位）。

1. 设计要点

（1）求 A 方案的 v_1 最大值。

A 方案形成一个底面为 $(a-2x,b-2x)$ 的矩形、高为 x 的柱体敞口容器，其容积为

$$v_1 = (a-2x)(b-2x)x$$

设置 $x(0.1\sim c/3)$ 单循环（这里 $c=\min(a,b)$），计算精确到小数点后 3 位，循环步长可取 0.0001。循环内计算 v_1 并与 max1 比较，求得当 $x=x_1$ 时 v_1 取最大值 max1。

为了相互验证，在打印 v_1 的最大值 max1 之前，加上与式（7-3-2）比较条件：

```
e=(a+b-sqrt(a*a+b*b-a*b))/6;
if(fabs(e-x1)<0.0001)
```

因为 e 与 x_1 都是双精度值，不直接用 e＝x_1 比较，须在一定精度内比较。

（2）求 B 方案的最大值。

B 方案形成一个底面为 $(a-2x,b-2x)$ 的矩形，敞口为 $(a-2x+2y,b-2x+2y)$ 的矩形的拟柱体敞口容器，其高 h 为

$$h = \sqrt{x^2 - y^2} \qquad (7\text{-}3\text{-}3)$$

则拟柱体敞口容器的容积 v_2 为

$$v_2 = h\big[(a-2x)(b-2x) + 4(a-2x+y)(b-2x+y) +$$
$$(a-2x+2y)(b-2x+2y)\big]/6 \qquad (7\text{-}3\text{-}4)$$

（3）通过循环分级求精。

设置 $x,y(0.1\sim c/3)$ 二重循环（步长取 0.0001），因无效循环太多致使时间太长，为此改进为分 3 级求精。

第 1 级求精时赋初值：

```
x0=y0=1;x3=y3=c/3;d=0.1;
```

设置 $x(x_0\sim x_3$，步长为 $d)$，$y(y_0\sim y_3$，步长为 $d)$ 二重循环，通过计算 h 与 v_2，并比较得当 $x=x_2$，$y=y_2$ 时，v_2 有最大值 max2。

进入下一级求精时，循环探索的起始点与终止点取在 x_2,y_2 附近，步长缩减为现有步长的 1/10，即赋值：

```
x0=x2-d;x3=x2+d;y0=y2-d;y3=y2+d;d=d/10;
```

通过 3 级求精后，输出 x,y 与 v_2 的最大值 max2。

最后输出 max2 与 max1 的比值。

2. 程序设计

```
//探求矩形两方案剪切构建敞口容器的最大值
#include <math.h>
#include <stdio.h>
void main()
{ int k;double  a,b,c,d,e,h,x,x0,x1,x2,x3,y,y0,y2,y3,v1,v2,max1,max2;
  printf("  输入矩形两边长 a,b:"); scanf("%lf,%lf",&a,&b);
  max1=max2=0;
  c=a>b? b:a;                              //c 为 a,b 的最小值
  for(x=0.1;x<c/3;x=x+0.0001)
    { h=x; v1=h*(a-2*x)*(b-2*x);
      if(v1>max1)                          //通过比较求取最大值 max1
        { max1=v1;x1=x; }
    }
  e=(a+b-sqrt(a*a+b*b-a*b))/6;             //公式计算值
  if(fabs(e-x1)<0.0001)
    printf("  当x=%.3f时,v1有最大值%.3f\n",x1,max1);
  d=0.1;                                   //第 1 级求精步长初定 0.1
  x0=y0=1;x3=y3=c/3;
  for(k=1;k<=3;k++)                        //实施 3 级求精
    { for(x=x0;x<x3;x=x+d)
      for(y=y0;y<y3;y=y+d)
      {  h=pow(x*x-y*y,0.5);
         v2=h/6*((a-2*x)*(b-2*x)+4*(a-2*x+y)*(b-2*x+y)+(a-2*x+2*
         y)*(b-2*x+2*y));
         if(v2>max2)                       //通过比较求取最大值 max2
           { max2=v2;x2=x;y2=y; }
      }
      x0=x2-d;x3=x2+d;y0=y2-d;y3=y2+d;
      d=d/10;                              //每级求精,步长 d 缩减至 1/10
```

```
    }
    printf("  当 x=%.3f,y=%.3f 时,v2 有最大值%.3f\n",x2,y2,max2);
    printf("  v2 最大值相当于 v1 最大值的%.3f 倍\n",max2/max1);
}
```

3. 程序运行示例

输入矩形两边长 a,b:30,40
当 x=5.657 时,v1 有最大值 3032.302
当 x=7.860,y=4.163 时,v2 有最大值 3535.856
v2 最大值相当于 v1 最大值的 1.166 倍

此数据的结果表明,方案 B 的最大容积超过了方案 A 的 16%。

7.3.2 优化供水网设计

本案例寻求构建供水管网络的最低费用,先求解简单的常规网设计,然后编程拓展到较为复杂的网格情形。

【问题 3】 在一河流的一侧有 A,B 两个村,A 距离河边 1000 米,B 距离河边 4000 米,A 与 B 相距 6000 米。

今要在河边修一抽水站 D,分别向 A,B 两村供水。

已知供水管道费用为 90 元/米,问抽水站建在何处,使建供水管网费用最低(精确到整数米与整数元)。

【思考】 应用对称简化求解。

为计算方便,建立直角坐标系如图 7-2 所示。设 A 到河岸的垂足为坐标原点 $O(0,0)$,沿河岸为 x 轴,O 到 A 为 y 轴,抽水站 $D(x,0)$,$A(0,1000)$,$B(x_b,4000)$。

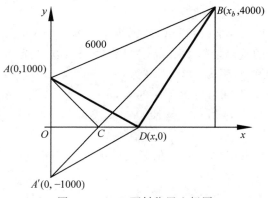

图 7-2　A,B 两村位置坐标图

供水管道单价已知,要使水管网费用最低,只要选择 x,使管道总长 $S=DA+DB$ 最小即可。

易知 $x_b=\sqrt{6000^2-(4000-1000)^2}=3000\sqrt{3}$

为此,找 A 关于 x 轴的对称点 $A'(0,-1000)$,连接 DA,连接 BA' 交 x 轴于 $C(x_b/5,0)$ 点。

注意到 $DA = DA'$，则

$$S = DA + DB = DA' + DB \geqslant BA' = \sqrt{(x_b)^2 + (4000+1000)^2} = 2000\sqrt{13}$$

因而把抽水站 D 设在 $C(x_b/5, 0)$ 点，即取 $x = x_b/5 = 600\sqrt{3} \approx 1039$ 时，管道总长约 $S = 7211$ 米，最少费用约 648999 元。

【编程拓展】 增加公共管道完善水网设计。

由于两村的人口不同，单独向 A 村的供水管道费用为 $a = 90$ 元/米，单独向人口较少的 B 村的供水管道费用可降到 $b = 70$ 元/米。而同时满足 A, B 两村用水的大管道费用 c 在 $100 \sim 120$ 元/米的范围内正与供货商协商。

试根据 c 的值设计抽水站的地址 D 与输水管网布局，达到供水网费用最省的目的。

输入 c，输出 D 的位置与安装输水管道的最小费用。

测试数据：$c = 100$；$c = 110$；$c = 120$。

1. 设计要点

同样建立直角坐标系，设 A 到河岸的垂足为坐标原点 $O(0,0)$，沿河岸为 x 轴，O 到 A 为 y 轴，河边抽水站 $D(x,0)$，管线分叉点 $C(x,y)$，如图 7-3 所示。

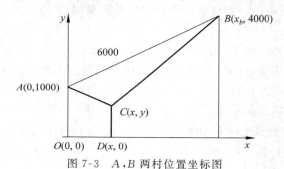

图 7-3 A, B 两村位置坐标图

已知 A 与 B 的距离 $le = 6000$，设 A, B 的纵坐标为 $y_a = 1000$，$y_b = 4000$。

计算 A, B 到河岸的垂足之间的距离 x_b 及管线分叉点 C 至 A, B 的距离 ca, cb，则包括 3 种不同价格供水网总费用为

$$f = c \times y + 90 \times ca + 70 \times cb \tag{7-3-5}$$

设置二重循环 $x(0 \sim x_b)$，$y(0 \sim 1000)$，按式（7-3-5）计算 f 并比较得 f 的最小值 min。

同时，根据输出最小费用时的 x, y 值确定最优设计方案。

2. 程序设计

```
//依据参数优化供水网设计
#include <stdio.h>
#include <math.h>
void main()
{   double  c,ca,cb,f,xb,le,x,y,ya,yb,x1,y1,min;
    printf("  请输入大管道费用 c:");scanf("%lf",&c);
    min=1000000;ya=1000;yb=4000;le=6000;
```

```
xb=sqrt(le*le-(yb-ya)*(yb-ya));
for(x=0;x<=xb;x=x+0.5)
for(y=0;y<=yb;y=y+0.5)
   {  ca=sqrt(x*x+(ya-y)*(ya-y));        //C点到A村的距离
      cb=sqrt((xb-x)*(xb-x)+(yb-y)*(yb-y));  //C点到B村的距离
      f=c*y+90*ca+70*cb;                //建水管总费用
      if(f<min) {min=f;x1=x;y1=y; }     //通过比较求取f最小值min
   }
printf("  河岸抽水站的地址D为%.0f \n",x1);
printf("  水管线分叉点地址C为%.0f,%.0f \n",x1,y1);
printf("  输水管道的最小费用为%.0f \n",min);
}
```

3. 程序运行3参数输出与说明

```
请输入大管道费用c: 100
   河岸抽水站的地址D为0
   水管线分叉点地址C为0,1000
   输水管道的最小费用为520000
请输入大管道费用c: 110
   河岸抽水站的地址D为353
   水管线分叉点地址C为353,571
   输水管道的最小费用为528201
请输入大管道费用c: 120
   河岸抽水站的地址D为713
   水管线分叉点地址C为713,0
   输水管道的最小费用为531109
```

由于公共大水管的单价不同，对应的输水管多的费用自然不同，且3种不同价格对应的最优设计也不同。3种不同的优化设计如图7-4所示。其中，图7-4(a)表示 $c=100$ ，D 在原点，C 在 A 村；图7-4(b)表示 $c=110$ ，有水管交汇 C 点；图7-4(c)表示 $c=120$ ，无水管交汇 C 点。

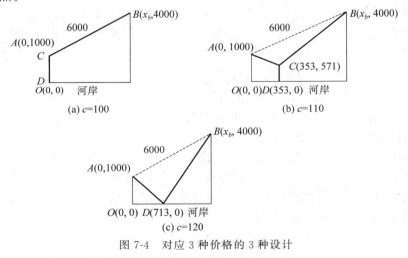

图7-4 对应3种价格的3种设计

当 $c=100$ 时，即大管价格较低，由输出 $x=0$ 确定抽水站 D 位置即在原点，由 $y=1000$ 确定交叉点 C 的位置设在 A 村，此时 CD 铺设大管，然后由 A 村用小水管直通 B 村。

当 $c=110$ 时，即大管价格适中，由输出 $x=353$ 确定抽水站 D 位置，由 $y=571$ 确定交叉点 C 的位置，最优设计3种水管都用上，为典型的 Y 形设计。

当 $c=120$ 时，即大管价格较高，由输出 $x=713$ 确定抽水站 D 位置，由 $y=0$ 确定省去交叉点 C，即无须大管铺设，由抽水站 D 用另两种水管分别直通 A 村与 B 村，为典型的 V 形设计。

由这一案例清楚看到，某一关键构件价格的差异不仅影响到建网费用，还直接影响到最优设计方案的不同。

7.4 智能几何

本节推出"智能甲虫安全点""创新铁人三项""过定点的最短桥梁"3个新颖案例，为几何最优化探索提供新的思路。

7.4.1 智能甲虫安全点

作为一道数学竞赛试题的引申与拓展，推介奇妙有趣的"智能甲虫安全点"问题。

先看20世纪50年代北京市的一道数学竞赛题。

【竞赛题】 试求从长 a、宽 b、高 $c(a \geqslant b \geqslant c)$ 的长方体 $ABCD-A1B1C1D1$ 的顶点 A 沿长方体表面到其对角顶点 $C1$ 的最短路程。

【思考】 这道涉及长方体的几何最值探索题，新颖在"沿长方体表面"。

设在长方体 $ABCD-A1B1C1D1$ 中，$AB=a$，$AD=b$，$AA1=c$（约定 $a \geqslant b \geqslant c$，见图7-5），探求从顶点 A 沿长方体表面到其对角顶点 $C1$ 的最短路程。

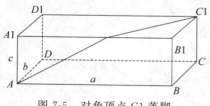

图7-5 对角顶点 $C1$ 落脚

（1）在展开面上列举3条不同路径。

为探求方便，拟把立体转化为平面。

试把面 $ABB1A1$ 与面 $A1B1C1D1$ 沿 $A1B1$ 在一个平面展开，从顶点 A 经 $A1B1$（或 DC）到对角顶点 $C1$ 的最短路径即展开平面图上的连线 $AC1$。根据勾股定理可知其最短路程的平方为 $a^2+(b+c)^2$。

同样，从 A 经 $BB1$（或 $DD1$）到 $C1$ 的最短路程的平方为 $c^2+(a+b)^2$。

从 A 经 BC（或 $A1D1$）到 $C1$ 的最短路程的平方为 $b^2+(a+c)^2$。

（2）通过比较求取最小值。

比较以上3个表达式，注意到 $a \geqslant b \geqslant c$，则 $ab \geqslant ac \geqslant bc$，显然
$$c^2+(a+b)^2 \geqslant b^2+(a+c)^2 \geqslant a^2+(b+c)^2$$
因而得从顶点 A 沿长方体表面到对角顶点 $C1$ 的最短路径为沿最长边 $A1B1$（或 DC）展开面上的 $AC1$ 连线，最短路程 L 为
$$L=\sqrt{a^2+(b+c)^2}$$

这就是以上数学竞赛题的结论。

【编程拓展】 探求智能甲虫的安全点。

在长 a、宽 b、高 c（约定 $a \geqslant b \geqslant c$）的长方体房间的地面墙角处有一蜘蛛，蜘蛛可沿房间各面爬行去捕捉附于房间表面的甲虫。

甲虫是智能的，它所停留的位置是长方体表面的安全点。之所以称为安全点，是在房间表面的所有点中，从该点沿房间表面到蜘蛛所在的墙角的最短路程为最大。

试根据已知 a,b,c 的值确定甲虫所停留在长方体表面的安全点位置，并求出蜘蛛从墙角沿房间表面到安全点的最短路程。

【探求】 安全点位置的确定令人深思，充满悬念。

安全点不就是对角顶点吗？不必急于下结论。

在某些情形下安全点确实位于长方体的对角顶点，但并不总是这样！

（1）首选对角顶点 $C1$。

以上竞赛题的求解得从顶点 A 沿长方体表面到对角顶点 $C1$ 的最短路程为（为了方便比较，这里舍用根号而用其平方式）

$$L_0 = a^2 + (b+c)^2 \qquad (7\text{-}4\text{-}1)$$

（2）试探对面小侧面上的点。

然后，甲虫试图运用自身的智能在顶点 A 的对角小侧面 $BCC1B1$ 上寻求比顶点 $C1$ 更为安全的点 P，因为其他 5 个面上的任何一点沿表面到 A 的最短路程要小于 L_0，这从以下展开图 7-6（该图为若干个展开图的综合）上容易得知。

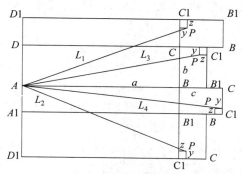

图 7-6 综合对角小侧面展开示意图

设在对角小侧面 $BCC1B1$ 上的 P 点距 $CC1$ 为 y，距 $B1C1$ 为 $z(0<y,z<c)$，由展开图 7-6 根据勾股定理可知从顶点 A 沿各表面到 P 点的最短路径有以下 4 条可选路线。

A 经 CD 与 $CC1$ 到 P 点的最短路程为

$$L_1 = (b+c-z)^2 + (a+y)^2 \qquad (7\text{-}4\text{-}2)$$

A 经 $A1B1$ 与 $B1C1$ 到 P 点的最短路程为

$$L_2 = (b+c-y)^2 + (a+z)^2 \qquad (7\text{-}4\text{-}3)$$

A 经 BC 到 P 点的最短路程为

$$L_3 = (a+c-z)^2 + (b-y)^2 \qquad (7\text{-}4\text{-}4)$$

A 经 $BB1$ 到 P 点的最短路程为

$$L_4 = (a + b - y)^2 + (c - z)^2 \tag{7-4-5}$$

如果求得 L_1, L_2, L_3, L_4 的最小值比 L_0 要大，则所得 P 点就比 $C1$ 点更为安全。

（3）以上 4 条路径的合并与淘汰。

注意到式（7-4-2）、式（7-4-3）是关于变量 y, z 的轮换，要使 L_1、L_2 的最小值达到最大，显然 $y = z$，即 P 点应在面 $BCC1B1$ 过 $C1$ 点的角平分线上。

试把式（7-4-2）、式（7-4-3）中的 y, z 改写为 x，即

$$L_1 = L_2 = (b + c - x)^2 + (a + x)^2 \tag{7-4-6}$$

同样把式（7-4-4）、式（7-4-5）中 y, z 改写为 x，展开比较，因 $ac \leqslant ab$，则 $L_3 \leqslant L_4$，即

$$L_4 \geqslant L_3 = (a + c - x)^2 + (b - x)^2 \tag{7-4-7}$$

（4）两式展开比较。

为便于比较，式（7-4-6）、式（7-4-7）分别展开

$$L_1 = L_2 = a^2 + b^2 + c^2 + 2bc + 2x^2 - 2(b + c - a)x \tag{7-4-8}$$
$$L_4 \geqslant L_3 = a^2 + b^2 + c^2 + 2ac + 2x^2 - 2(a + b + c)x \tag{7-4-9}$$

注意到 $x < c$，要使 L_1 与 L_3 的最小达到最大，则取 x 的值使 $L_1 = L_3$，即

$$2bc - 2(b + c - a)x = 2ac - 2(a + b + c)x$$

解得

$$x = (a - b)c/(2a) \tag{7-4-10}$$

以式（7-4-10）代入式（7-4-8），注意到 $L_0 = a^2 + (b + c)^2$，则有

$$L_4 \geqslant L_3 = L_2 = L_1 = L_0 + 2x(x + a - b - c) \tag{7-4-11}$$

据以式（7-4-10）与式（7-4-11）可知：$x > 0, a > b, L_4 \geqslant L_3 = L_2 = L_1 > L_0, x = (a - b)c/(2a) > 0$ 且 $x > b + c - a$。

（5）综合得出安全点结论。

① 当 $a = b$ 或 $(a - b)c/(2a) < b + c - a$ 时，对角顶点 $C1$ 为唯一安全点，最短路程为式（7-4-1）给出的 L_0。

② 当 $a > b$ 且 $(a - b)c/(2a) > b + c - a$ 时，得由 $x = (a - b)c/(2a)$ 给出的点 P 为唯一安全点，最短路程为式（7-4-11）给出的 L_1。

③ 当 $a > b$ 且 $(a - b)c/(2a) = b + c - a$ 时，得由 $x = (a - b)c/(2a)$ 给出的点 P 与对角顶点 $C1$ 同为安全点，最短路程为式（7-4-1）给出的 L_0。

【编程验证】

1. 编程设计要点

通过 y、z 循环对面 BCC1B1 进行扫描，确定每一扫描点的 L1、L2、L3、L4 中的最小值 min（精确到小数点后第 4 位）。

为了达到指定的精度，在程序设计中采用 k 循环 5 次递进求精，即在上一轮粗略扫描找出的点 (y1,z1) 的附近，重新确定 y、z 循环的起始点 yb、zb 与终止点 ye、ze，以更小的步长量 ys/10，zs/10，做下一轮更为细致的扫描求精。

如果所得 min > L0，可知所得点 P 要比长方体对角顶点 C1 更为安全，则 P 为安全点。

如果所得 min < L0，可知 P 点安全性不及长方体对角顶点 C1，则 C1 为安全点。

如果所得 $|min-L0|<0.0001$，即两者几乎相等（在指定精度范围内实施实型数据比较模式），可知该点 P 及长方体对角顶点 C1 同为安全点。

递进求精的实施是巧妙的，也是有效的。

应用平方式方便比较，在最后输出安全点的最短路程时，有必要实施开平方。

2. 程序设计

```c
// 探索长方体表面智能甲虫安全点
#include <math.h>
#include <stdio.h>
void main()
{ int k; float a,b,c,m,x,y,z,y1,z1,yb,ye,ys,zb,ze,zs;
  float L0,L1,L2,L3,L4,L,min;
  printf("   请输入三棱长 a,b,c(a≥b≥c):");
  scanf("%f,%f,%f",&a,&b,&c);
  L0=a*a+(b+c)*(b+c);
  x=(a-b)*c/(2*a);
  if(x<0) x=0;
  if(x>6*c/7) x=6*c/7;                       //确定扫描的初始范围与步长
  yb=zb=5*x/6;ye=ze=7*x/6;ys=zs=0.1;
  for(k=1;k<=5;k++)                          //设置 5 级精度扫描
  { for(y=yb;y<=ye;y=y+ys)
    for(z=zb;z<=ze;z=z+zs)                   //设置 y,z 双重循环扫描
    { L1=(b+c-z)*(b+c-z)+(a+y)*(a+y);
      L2=(b+c-y)*(b+c-y)+(a+z)*(a+z);
      L=(L1<L2)?L1:L2;
      L3=(a+c-z)*(a+c-z)+(b-y)*(b-y);
      if(L3<L) L=L3;
      L4=(a+b-y)*(a+b-y)+(c-z)*(c-z);
      if(L4<L) L=L4;                         //比较求 L1、L2、L3、L4 的最小值
      if(min<L) {min=L;y1=y;z1=z;}
    }
    yb=y1-ys;ye=y1+ys;                       //调整下级扫描的精准定位
    zb=z1-zs;ze=z1+zs;
    ys=ys/10;zs=zs/10;                       //逐步缩减步长量 ys,zs
  }
  if(min+0.0001<L0)                          //分别输出安全点及其最短路程
    { printf("   唯一安全点 P 在顶点 A 的对角顶点 C1.\n");
      printf("   最短路程为：%7.4f。\n",sqrt(L0));
      return;
    }
  else if(fabs(min-L0)<0.0001 && y1>0.01)
      printf("   安全点在顶点 A 的对角顶点 C1。\n");
  printf("   安全点 P 在对角侧面 BCC1B1 上。\n");
  printf("   距 CC1 为%5.4f,",y1);
  printf("   距 B1C1 为%5.4f。\n",z1);
  printf("   最短路程为%7.4f。\n",sqrt(min));
}
```

3. 运行示例与说明

```
请输入三棱长 a,b,c(a≥b≥c):10,5,3
  安全点 P 在对角侧面 BCC1B1 上。
  距 CC1 为 0.7500,距 B1C1 为 0.7500。
  最短路程为 12.9663。
```

容易计算点 A 到对角顶点 C1 的最短路程为 12.806,显然比上面计算的最短路程 12.9663 要小。也就是说,程序所得顶点 A 到对角侧面 BCC1B1 上点 P 的最短路程确实比到对角顶点 C1 的最短路程更大,即 P 点比 C1 点更为安全。

运行程序的另一测试:

```
请输入三棱长 a,b,c(a≥b≥c):10,6,5
  安全点在顶点 A 的对角顶点 C1。
  安全点 P 在对角侧面 BCC1B1 上。
  距 CC1 为 1.0000,距 B1C1 为 1.0000。
  最短路程为 14.8661。
```

可得对角侧面 BCC1B1 上距 CC1 与 B1C1 均为 x＝1 处的 P 点与对角顶点 C1 同为安全点,此时最短路程为 14.8661。

7.4.2 创新"铁人三项"

"铁人三项"是新兴的综合性运动竞赛项目,由天然水域游泳、公路自行车与公路长跑三个运动项目组成。

本节模拟"铁人三项"并增添"智能"选择,是一个新颖的贴近体育运动实际的几何智能案例。

作为先导,求解简单的只涉及两项运动的最值探求。

【问题】 探求涉及天然水域游泳与公路自行车两项运动的最短时间。

一条宽 a 米且平行的河两岸有 A、B 两个码头,过 A 码头在对岸的垂足 C 距 B 码头的距离为 b 米。

竞赛涉及天然水域游泳与公路自行车两项运动: 从码头 A 下河游泳至对岸某点 E（上岸 E 点由选手自行决定）;从 E 上岸后骑自行车至终点 B 码头（见图 7-7）。

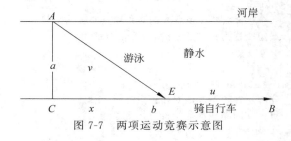

图 7-7 两项运动竞赛示意图

若某选手游泳速度为 v 米/秒,骑自行车速度为 u 米/秒（$u>v$）,试求该选手完成比赛的最短时间。

【**求解**】 设 $CE=x$ 米,则 $AE=\sqrt{x^2+a^2}$,这是游泳的距离。$EB=b-x$(设 $b>x$),这是骑自行车的距离。设两项运动所用时间之和为 t,则

$$t=\frac{\sqrt{x^2+a^2}}{v}+\frac{b-x}{u} \tag{7-4-12}$$

为求 t 的最小值,对变量 x 求导,由

$$t'=\frac{x}{v\sqrt{x^2+a^2}}-\frac{1}{u}=0 \tag{7-4-13}$$

解得

$$x=\frac{va}{\sqrt{u^2-v^2}} \tag{7-4-14}$$

有趣的是,所得以上极值点 $x=\dfrac{va}{\sqrt{u^2-v^2}}$ 取值与 b 无关。这里的 x 值即为使运动时间最少的最佳登陆点 E 的智能选择(当 $b>x$ 时)。

而当 $b\leqslant x$ 时(若速度 u 与 v 相差不大,则 x 可能很大,以至于超过 b),注意到函数变化的连续性,此时最佳登陆点 E 即终点 B,直接从 A 游泳到终点 B 即可。

式(7-4-14)代入时间表达式(7-4-12),可得运动的最短时间。

(1) 当 $b>\dfrac{va}{\sqrt{u^2-v^2}}$ 时,选择 $CE=\dfrac{va}{\sqrt{u^2-v^2}}$,沿 AE 游泳,EB 骑自行车,最短时间为

$$t_{\min}=\frac{a\sqrt{u^2-v^2}}{uv}+\frac{b}{u} \tag{7-4-15}$$

(2) 当 $b\leqslant\dfrac{va}{\sqrt{u^2-v^2}}$ 时,沿 AB 游泳,无须骑自行车,最短时间为

$$t_{\min}=\frac{\sqrt{a^2+b^2}}{v} \tag{7-4-16}$$

【**编程拓展**】 探求涉及公路长跑步、天然水域游泳与公路自行车三项运动的最短时间。

一条宽 200 米、两岸平行的河两岸有 A、B 两个码头,A 码头在对岸的垂足 C 距 B 码头的距离为 1000 米。

某学院计划利用该河段的静止水面与河的两岸进行一场包括公路长跑、天然水域游泳与公路自行车"铁人三项"的综合竞赛。

竞赛的起点 O 设在过 A 的河岸垂直线上,距离 A 为 100 米。规定参赛选手首先从 O 跑步至河岸某点 D;从 D 下河游泳至对岸某点 E;从 E 上岸后骑自行车至终点 B 码头。

同时明确岸上的 D、E 点由各选手根据自身三项运动特长自行选定,如图 7-8 所示。

某选手的跑步、游泳与骑自行车的速度分别为 v_1,v_2,v_3(单位为米/秒),试根据这 3 个速度求该选手完成三项竞赛所需的最短时间。

从键盘依次输入跑步速度 v_1,游泳速度 v_2,骑自行车速度 v_3(约定 $4<v_2<v_1<v_3$

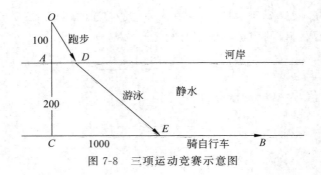

图 7-8 三项运动竞赛示意图

＜15），输出该运动员完成"铁人三项"的最短时间（四舍五入精确到小数点后 1 位）。

1. 编程设计要点

该三项竞赛之所以称为"智能"，是因为选手需要根据自身的三项运动速度来具体确定下河的 D 点与上岸的 E 点。有些选手可能在"能"即三项速度上占有优势，但在"智"即 D、E 点的选择上欠准确，可导致获得的成绩欠理想。

为使三项运动所需的时间最短，三项运动轨迹都应为直线。

设 $AD=x$，$EB=y$，有

$$OD=\sqrt{x^2+100^2}$$

$$DE=\sqrt{(1000-x-y)^2+200^2}$$

式中，OD 是跑步的距离，DE 是游泳的距离，y 是骑自行车的距离。

设置 x，y 循环：根据一般的速度差距，设置循环初值与终值 $x(0\sim150)$，$y(0\sim750)$，通过循环优选 D、E 两点。

根据输入的三项速度 v_1，v_2，v_3，容易通过以上三段距离计算这三项运动分别所需时间为 t_1，t_2，t_3，并通过三项的总时间 $t=t_1+t_2+t_3$ 与最小值变量 min 的比较，求得所需的最短时间 min（单位为秒）。

2. 程序设计

```
//创新带 3 参数的"铁人三项"
#include <stdio.h>
#include <math.h>
void main()
{ double d,v1,v2,v3,t,t1,t2,t3,x,y,x1,y1,min;
  printf("   请依次输入 3 个速度 v1,v2,v3: ");
  scanf("%lf,%lf,%lf",&v1,&v2,&v3);
  min=1000;
  for(x=0;x<=150;x=x+0.1)
  for(y=0;y<=850;y=y+0.1)
    { t1=sqrt(x*x+100*100)/v1;              //计算跑步时间
      d=(1000-x-y);
      t2=sqrt(d*d+200*200)/v2;              //计算游泳时间
      t3=y/v3;                              //计算骑自行车时间
```

```
        t=t1+t2+t3;
        if(t<min){ min=t;x1=x;y1=y; }        //记录最短时间与岸上两点
    }
    printf("  选择 AD=%.0f 米,EB=%.0f 米时,",x1,y1);   //输出下水与上岸点
    printf("最短时间为%.1f 秒\n",min);                    //输出最短时间
}
```

3. 程序运行示例与说明

请依次输入 3 个速度 v1,v2,v3：6.5,4.8,9
选择 AD=104 米,EB=770 米时,最短时间为 157.0 秒

设计 v1,v2,v3 为实型,因此输入的 3 个速度可带小数点。

本案例之所以说是创新"铁人三项",就新在每一选手可根据自身三项速度的差异,可在河的两岸选择合适的 D 与 E 两点,这是"智能"的体现。

如果河流为以一定速度流动的流水,且分从 A 到 B 的顺水与从 B 到 A 的逆水,请考虑"铁人三项"的流水最优化求解。

7.4.3　过定点的最短桥梁

在两岸成某一角度的江段上设计建一跨江大桥,江中有一块硬质岩石适宜建造桥墩。要求大桥须经过这一岩石点,问如何设计使过这定点的大桥长度最短。

这是一个看似比较简单而求解确有难度的几何优化设计问题。

不妨先求解角度为直角的简单特例。

【问题】　在直角坐标系中有点 $P(a,b)(a,b>0)$,过 P 点作直线分别 x、y 轴交于 M、N,如图 7-9 所示。

试求线段 MN 的最小值。

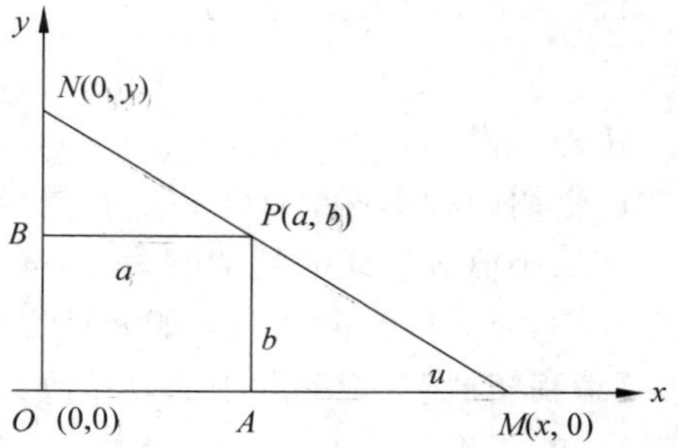

【解法 1】　设 $M(x,0)$,$N(0,y)$,注意到 M、P、N 在一条直线上,则有

$$x=\frac{ay}{y-b}\quad(y>b)\qquad(7\text{-}4\text{-}17)$$

据两点距离公式有

$$MN^2=x^2+y^2=\left(\frac{ay}{y-b}\right)^2+y^2$$

图 7-9　坐标系中过定点线段示意图

据权和不等式(或 Radon 不等式)有

$$\left(\frac{ay}{y-b}\right)^2+y^2=\frac{a^2}{\left(1-\frac{b}{y}\right)^2}+\frac{b^2}{\left(\frac{b}{y}\right)^2}=\frac{(a^{2/3})^3}{\left(1-\frac{b}{y}\right)^2}+\frac{(b^{2/3})^3}{\left(\frac{b}{y}\right)^2}$$

$$\geqslant\frac{(a^{2/3}+b^{2/3})^3}{\left(\left(1-\frac{b}{y}\right)+\frac{b}{y}\right)^2}=(a^{2/3}+b^{2/3})^3\qquad(7\text{-}4\text{-}18)$$

则

$$MN \geqslant (a^{2/3} + b^{2/3})^{3/2} \qquad (7\text{-}4\text{-}19)$$

当仅当

$$\frac{a^{2/3}}{1 - \dfrac{b}{y}} = \frac{b^{2/3}}{\dfrac{b}{y}} \Leftrightarrow y = b + \sqrt[3]{a^2 b} \qquad (7\text{-}4\text{-}20)$$

式(7-4-18)、式(7-4-19)等号成立。式(7-4-20)代入式(7-4-17)得

$$x = a + \sqrt[3]{ab^2} \qquad (7\text{-}4\text{-}21)$$

结论：当 M、N 两点按式(7-4-20)、式(7-4-21)取值时，线段 MN 长有最小值 $(a^{2/3} + b^{2/3})^{3/2}$。

【解法2】 设 $\angle OMN = u$，MN 的长记为 f，则
$MP = b/\sin(u)$，$PN = a/\cos(u)$，于是

$$f = \frac{b}{\sin(u)} + \frac{a}{\cos(u)} \qquad (7\text{-}4\text{-}22)$$

为求 f 的最小值，对变量 u 求导数，有

$$f = -\frac{b \cdot \cos(u)}{\sin^2(u)} + \frac{a \cdot \sin(u)}{\cos^2(u)} = 0$$

解得极值点

$$\tan(u) = \sqrt[3]{\frac{b}{a}} \qquad (7\text{-}4\text{-}23)$$

据式(7-4-23)不难解得

$$\sin(u) = \frac{b^{1/3}}{(a^{2/3} + b^{2/3})^{1/2}} \qquad \cos(u) = \frac{a^{1/3}}{(a^{2/3} + b^{2/3})^{1/2}}$$

代入即得 f 的最小值为

$$f_{\min} = (a^{2/3} + b^{2/3})^{3/2} \qquad (7\text{-}4\text{-}24)$$

代入解得当 $x = a + \sqrt[3]{ab^2}$，$y = b + \sqrt[3]{a^2 b}$ 时，线段 MN 长有最小值 $(a^{2/3} + b^{2/3})^{3/2}$。

以上用两种不同解法求得了直角坐标系中过定点线段的最小值。

从最小值表达式的复杂度看，求解方法不可能太简单。最小值表达式 $(a^{2/3} + b^{2/3})^{3/2}$ 优美对称，充分体现简洁对偶的和谐之美。

【编程拓展】 把问题中的直角改为 r 角，问题求解就复杂得多。

已知 $\angle AOB = r(0° \leqslant r \leqslant 90°)$，$\angle AOB$ 中有一定点 P，P 点到 OB，OA 的距离分别为 a，b，如图7-10所示。

过 P 点作直线与射线 OA，OB 分别交于 M，N，试求线段 MN 长度的最小值。

显然，前面所解问题是该题 $r = 90°$ 的特例。

对于一般的角度 r，求出 MN 的最小值关于3个参数 r，a，b 的表达式并不容易。

试设计程序，通过键盘输入 r，a，b 的值，求出 MN 的最小值，精确到小数点后第4位。

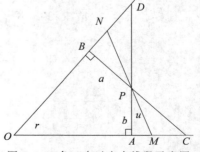

图7-10 角 r 中过定点线段示意图

1. 编程设计要点

过点 P 分别作 $\angle AOB$ 的两边 OA，OB 的垂线 AD 与 BC，其中 A，B 分别为垂足。

显然，$PB=a$，$PA=b$，$\angle APC=\angle BPD=r$

找线段 AC 上的一点 M，过 M，P 两点作直线交 BD 上的点 N。

要使 MN 长度最短，显然 M 点不可能选在线段 AC 之外。问题是如何确定 M 点的位置，才能使得线段 MN 的长度最小。

为此，设 $\angle APM=u$，则 $\angle BPN=r-u$。

当 M 点在 AC 上移动，则 $\angle APM=u$ 在 $(0,r)$ 区间内变化，$\angle BPN=r-u$ 也在 $(0,r)$ 区间内变化。

易知，$PM=b/\cos(u)$，$PN=a/\cos(r-u)$，因而有

$$MN=\frac{b}{\cos(u)}+\frac{a}{\cos(r-u)}\quad(0<u<r)\qquad(7\text{-}4\text{-}25)$$

对变量 u 设计 5 级精度循环比较，可得 MN 的最小值 min。

比较若得当 $u=u_2$ 时 MN 取得最小值 min，此时

$$AM=\frac{b\sin(u_2)}{\cos(u_2)}\qquad BN=\frac{a\sin(r-u_2)}{\cos(r-u_2)}\qquad(7\text{-}4\text{-}26)$$

最后，输出最优设计的 AM，BN 及过定点 P 的线段 MN 的最短长度 min。

2. 程序设计

```
//求过已知角 r 中定点的最短线段
#include "math.h"
#include <stdio.h>
void main()
{ intk; double  a,b,d,l,t1,t2,r,u,u1,u2,u3,u4,v,v4,min;
  printf("  请输入角度 r[0,90]:"); scanf("%lf",&r);
  printf("  请输入定点到 OB,OA 的距离 a,b:");
  scanf("%lf,%lf",&a,&b);
  if(r==0)
    { printf("  此时 MN 垂直河岸,有最小值:%.4f\n",a+b);
      return;
    }
  min=1e10; u1=0; u3=r; d=0.01;      //第 1 级求精步长初定 0.01
  for(k=1;k<=5;k++)                  //实施 5 级求精
    { for(u=u1;u<u3;u=u+d)
      {v=r-u;v4=v*3.1415926/180;u4=u*3.1415926/180;
        l=b/cos(u4)+a/cos(v4);
        if(l<min)                    //通过比较求取最小值 min
          { min=l;u2=u; }
      }
      u1=u2-d;u3=u2+d;d=d/10;        //每级求精,步长 d 缩减至 1/10
    }
```

```
t1=u2*3.1415926/180; t2=(r-u2)*3.1415926/180;
printf("  在 OA 延长线上取 AM=%.4f 时\n", b*sin(t1)/cos(t1));
printf("  在 OB 延长线上取 BN=%.4f 时\n", a*sin(t2)/cos(t2));
printf("  此时 MN 过定点 P,且有最小值:%.4f\n",min);
}
```

3. 程序运行示例与说明

```
请输入角度 r[0,90]:90
请输入定点到 OB,OA 的距离 a,b:8,1
在 OA 延长线上取 AM=2.0000 时
在 OB 延长线上取 BN=4.0000 时
此时 MN 过定点 P,且有最小值:11.1803
```

运行输入 r 为 90,其结果可以与前面问题的解相验证。

```
请输入角度 r[0,90]:25
请输入定点到 OB,OA 的距离 a,b:9.2,12.8
在 OA 延长线上取 AM=2.3964 时
在 OB 延长线上取 BN=2.3615 时
此时 MN 过定点 P,且有最小值:22.5206
```

若拓展至角 r>90°,请思考应如何处理?

7.5 杜登尼省刻度尺

英国数学游戏大师杜登尼(Dudeney)曾给出这样一个趣题:

一根 23 厘米长的尺子,要求能够用该尺一次性度量出 1~23 任何整数厘米长,至少要几条刻度?

他给出的答案:只需 6 条刻度(尺的头尾不用刻),这种尺被称为省刻度尺。

省刻度尺作为智力游戏,实际上是一个数学最优化设计问题。

本节探索省刻度尺的具体构建,并在引申出若干刻度分布线性模型基础上,拓展到若干刻度分布二次模型。

7.5.1 构建省刻度尺

当尺长为 s 单位长时,为一次性度量 1~s 任意整数单位长度(简称完全度量),通常在尺上均匀刻有 $s-1$ 条刻度。如果只从实现完全度量考虑,一般不需要 $s-1$ 条刻度,可以把刻度条数予以适当缩减。

对于给定的整数长 s,在实现完全度量前提下能缩减到多少条刻度? 这些刻度应如何分布? 这些都是最优设计所要面对的。

首先,求解一个较简单的省刻度尺构建问题。

【问题】 考古中的神奇古尺。

有一年代尚无考究的古尺长 17 寸(1 寸≈3.33 厘米),因磨损日久,尺上的刻度线只剩下 5 条,其余刻度线均已不复存在。神奇的是,使用该尺仍可一次性度量 1～17 的任意整数寸长度。

试确定古尺上 5 条刻度线的位置分布。

【探求】 本题就是探索构建尺长为 17 单位长的省刻度尺。

尺上 5 条刻度线把尺分为 6 段,设从左至右各段长记为 $a_1, a_2, \cdots, a_6$(称为段长序列)。

显然,有 $a_1 + a_2 + a_3 + a_4 + a_5 + a_6 = 17$。

为了实现度量 1～17 任意整数单位长度的完全度量,段长序列的部分和(各个相邻段的和)应完全覆盖区间 $[1, 17]$ 中的每个整数。

(1)确定 a_1, a_6。

为能度量 16,两端段 a_1, a_6 中必有一段的段长为 1(否则不能度量 16),不妨设 $a_1 = 1$。

为能度量 15,两段 a_2, a_6 中须有一段的段长为 1,或 $a_6 = 2$。不妨设 $a_6 = 2$。

(2)确定 a_2, a_5。

为能从两端度量 4,5,不妨把 a_2, a_5 的段长都初定为 3。

这样初步确定尺的首尾各 2 段即段长序列为 $(1, 3, a_3, a_4, 3, 2)$ 后,可度量的整数为 1,2,3,4,5,以及 $17-1, 17-2, 17-3, 17-4, 17-5$。

(3)最后调整确定 a_3, a_4。

注意到总长为 17,余下两段 $a_3 + a_4 = 8$。选择 a_3, a_4 可有以下 5 种。

段长序列为 1,3,4,4,3,2;检验发现不能度量 10。

段长序列为 1,3,3,5,3,2;检验发现不能度量 9。

段长序列为 1,3,5,3,3,2;检验发现不能度量 10。

段长序列为 1,3,2,6,3,2;检验发现不能度量 7。

段长序列为 1,3,6,2,3,2;通过完全度量检验,即该段长序列可实现对区间 $[1, 17]$ 的完全度量。

(4)构建成省刻度尺。

把这一段长序列"1,3,6,2,3,2"转换成省刻度尺,如图 7-11 所示。

图 7-11 17 寸长古尺的 5 条刻度线示意图

以下实施段长序列的部分和,证明该尺能实现完全度量:

$1, 2, 3, 1+3=4, 3+2=5, 6, 2+3+2=7, 6+2=8, 3+6=9, 1+3+6=10, 6+2+3=11, 1+3+6+2=12, 6+2+3+2=13, 3+6+2+3=14, 1+3+6+2+3=15, 3+6+2+3+2=16, 1+3+6+2+3+2=17$。

【编程拓展】 编程探索尺长为 s,刻度数为 n(s, n 均为正整数)的省刻度尺。

1. 构建设计要点

从键盘输入正整数 s, n,分以下 3 个步骤构建。

(1)标识 n 条刻度。

为了寻求实现尺长 s 完全度量的 n 条刻度的分布位置,设置标识刻度的 a 数组。

数组 a 的元素 $a(i)$ 为第 i 条刻度距离尺左端线的长度,约定 $a(0)=0$ 以及 $a(n+$

1)＝s 对应尺的左、右端线。

注意到尺的两端至少有一条刻度距端线为 1（否则长度 $s-1$ 不能度量），不妨设 $a(1)=$ 1。其余的 $a(i)(i=2,\cdots,n)$ 在 2～$s-1$ 中取数，即有

$$2\leqslant a(2)<a(3)<\cdots<a(n)\leqslant s-1$$

从 $a(2)$ 取 2 开始，以后 $a(i)$ 从 $a(i-1)+1$ 开始递增 1 取值，直至 $s-(n+1)+i$ 为止。

（2）完全度量检测。

当 $i=n$ 时，n 条刻度连同尺的两条端线共 $n+2$ 条，从 $n+2$ 取 2 的组合数为 $C(n+2,2)$，记为变量 m，显然有

$$m=C(n+2,2)=(n+1)(n+2)/2$$

试把 m 个长度赋给 b 数组元素 $b(1),b(2),\cdots,b(m)$。为判定某种刻度分布能否实现完全度量，设置特征量 u，对于 $1\leqslant d\leqslant s$ 的每个整数长度 d，如果在 $b(1)$～$b(m)$ 中存在某一元素等于 d，特征量 u 值增 1。

最后，若 $u=s$，说明从 1 至尺长 s 的每个整数 d 都有一个 $b(i)$ 相对应，即实现完全度量，于是输出带 n 条刻度分布的直尺示意图，并输出相应的段长序列。

（3）实施回溯。

若 $i<n$，i 增 1 后 a[i]＝a[i-1]+1 继续探索。

当 $i>1$ 时，$a(i)$ 增 1 继续，至 a[i]＝s-(n+1)+i 时回溯。

2. 程序设计

```
//探求构建尺长 s,n 条刻度省刻度尺
#include<stdio.h>
void main()
{ int d,i,j,k,t,u,s,m,n,a[30],b[300];
  printf("  尺长 s,寻求 n 条刻度分布,请确定 s,n: ");
  scanf("%d,%d",&s,&n);
  a[0]=0;a[1]=1;a[n+1]=s;
  m=(n+2)*(n+1)/2; i=2;a[i]=2;
  while(1)
    { if(i<n) {i++; a[i]=a[i-1]+1; continue;}
      else
    { for(t=0,k=0;k<=n;k++)
        for(j=k+1;j<=n+1;j++)
        { t++;b[t]=a[j]-a[k]; }              //序列部分和赋值给 b 数组
        for(u=0,d=1;d<=s;d++)
        for(k=1;k<=m;k++)
          if(b[k]==d) {u+=1;k=m;}            //检验 b 数组取 1～s 有多少
        if(u==s)                             //b 数组值含 1～s 的所有整数
        { if((a[n]!=s-1) || (a[n]==s-1) && (a[2]<=s-a[n-1]))
            { printf(" ┌");                  //输出尺的上边
```

```
        for(k=1;k<=s-1;k++) printf("—");
        printf("┐ \n");
        printf("│ ");
        for(k=1;k<=n+1;k++)                          //输出尺的数字标注
           { for(j=1;j<=a[k]-a[k-1]-1;j++) printf("  ");
             if(k<n+1) printf("%2d",a[k]);
             else printf("│ \n");
           }
        printf("└");                                 //输出尺的下边与刻度
        for(k=1;k<=n+1;k++)
           { for(j=1;j<=a[k]-a[k-1]-1;j++) printf("—");
             if(k<n+1) printf("┴");
             else printf("┘ \n");
           }
     printf("  直尺%d 段的段长序列为",n+1);           //输出段长序列
     for(k=1;k<=n;k++) printf("%2d,",a[k]-a[k-1]);
        printf("%2d \n",s-a[n]);
        }
     }
  while(a[i]==s-(n+1)+i && i>1) i--;                  //调整或回溯
  if(i>1) a[i]++;
  else break;
  }
}
```

3. 程序运行示例与说明

输入 $s=23, n=6$，程序输出如图 7-12 所示。

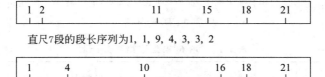

尺长 s，寻求 n 条刻度分布，请确定 s, n：23,6

| 1 2 | 11 | 15 | 18 | 21 |

直尺 7 段的段长序列为 1, 1, 9, 4, 3, 3, 2

| 1 | 4 | 10 | 16 | 18 | 21 |

直尺 7 段的段长序列为 1, 3, 6, 6, 2, 3, 2

图 7-12　23 长 6 刻度最省刻度尺图

以上运行输出图 7-12 即为杜登尼大师前面所提的省刻度尺的两个解。

运行程序，如果输入 $s=24, n=6$ 或输入 $s=23, n=5$ 都无解。这说明图 7-11 所示的省刻度尺是最优设计：对于 $s=23$，不可能削减刻度；对于 $n=6$，不可能增加长度。

运行程序，如果输入 $s=17, n=5$，则输出包括图 7-11 在内的多个解。

运行程序，如果输入 $s=29, n=7$，则输出段长序列为"1,2,3,7,7,4,4,1"等省刻

度尺。

运行程序,如果输入 $s=36,n=8$,则输出段长序列为"1,2,3,7,7,7,4,4,1"等省刻度尺。

程序设置应用表格元素具体输出所得到的省刻度尺图形,并输出该尺的段长序列,是以上程序设计的一个特色。

顺便指出,网上某些网站关于"Colomb 尺"上 7 刻度能完全度量 44 尺(1 尺＝33.33厘米)长,8 刻度能完全度量 55 尺长等结论显然并不成立。

7.5.2　刻度分布线性模型

当尺长 s 与刻度数 n 比较大时,运行构建省刻度尺程序的时间会相当长。

例如,如何构建刻度数为 20 或 40 时对应的省刻度尺?

根据已有较小数据的省刻度尺刻度分布规律,提升为一般的刻度分布模型,可简化对于较大数据的省刻度尺构建。

首先,概括以上构建的省刻度尺的刻度分布共同规律,推出"增 6"与"增 7"两个线性模型。

1. "增 6"模型

由图 7-11 省刻度尺的段长序列"1,3,6,2,3,2"及图 7-12 的第 2 个解省刻度尺的段长序列"1,3,6,6,2,3,2"可以归纳出规律:

两个解首端均为"1,3",尾部均为"2,3,2",首尾完全相同,只是中间相差一个 6 段。由此可以总结出以下一个刻度分布模型。

【模型 1】　对于 $n(n>4)$ 条刻度把直尺分割为如下分布的 $n+1$ 段,即"增 6"模型

$$1, 3, [6], 2, 3, 2$$

其中尺的中部有连续 $n-4$ 个 6 段,简记为[6],对应实现尺长为 $6n-13$,则该尺可实现完全度量。

【证明】　证"增 6"模型 1 实现尺的完全度量,即证模型 1 的 $n+1$ 段的部分和能覆盖尺长 $6n-13$ 以内的所有整数。

为简便,设[6]为 x 个 6 段$(x=1,2,\cdots,n-4)$,只证其中的递推部分,即证部分和能覆盖长度 $6x+r(r=1,2,\cdots,5)$,见表 7-1,其余从略。

表 7-1　"增 6"模型递推部分证明

连续段组合	覆 盖 长 度	连续段组合	覆 盖 长 度
[6]+2+3+2	$6x+1$	1+3+[6]	$6x+4$
[6]+2	$6x+2$	[6]+2+3	$6x+5$
3+[6]	$6x+3$		

顺便指出,简单的段长序列"1,1,1,1,1,[6]"或"1,1,1,1,[6],5"等"增 6"模式也可实现完全度量,但其实现尺长小于 $6n-13$。

2. "增 7"模型

由 7.5.1 节程序得到的 7 刻度分布的段长序列与 8 刻度分布的段长序列比较,两个解首端均为"1,2,3",尾部均为"4,4,1",首尾完全相同,只是中间相差一个 7 段。

由此可以总结出以下一个刻度分布模型。

【模型 2】 对于 $n(n>6)$ 条刻度把直尺分割为如下分布的 $n+1$ 段,有"增 7"模型

$$1, 2, 3, [7], 4, 4, 1$$

其中尺的中部有连续 $n-5$ 个 7 段,记为 $[7]$,对应尺长为 $7n-20$,可实现完全度量。

【证明】 证"增 7"模型 2 实现尺的完全度量,即证模型 2 的 $n+1$ 段的部分和能覆盖尺长 $7n-20$ 以内的所有整数。

设其中 $[7]$ 为 x 个 7 段($x=1,2,\cdots,n-5$),只证其中的递推部分,即证部分和能覆盖长度 $7x+r(r=1,2,\cdots,6)$,见表 7-2,其余从略。

表 7-2 "增 7"模型递推部分证明

连续段组合	覆盖长度	连续段组合	覆盖长度
$[7]+4+4$	$7x+1$	$[7]+4$	$7x+4$
$[7]+4+4+1$	$7x+2$	$2+3+[7]$	$7x+5$
$3+[7]$	$7x+3$	$1+2+3+[7]$	$7x+6$

3. 若干线性模型汇总

编者在 20 余年的不懈探索中,得到"增 6"至"增 16"共 11 个刻度线性模型,为简单计,现把具有尺长优势的 8 个线性模型公布于下(见表 7-3)。

表 7-3 刻度分布"增 t"线性模型表

t	增 t 线性模型	可实现尺长	n 优势区间
6	$1,3,[6],2,3,2$	$6n-13$	$[5,7]$
7	$1,2,3,[7],4,4,1$	$7n-20$	$[7,10]$
10	$1,1,6,7,1,[10],3,4,3,2$	$10n-52$	$[11,16]$
12	$1,3,1,5,1,4,[12],6,2,5,6,2$	$12n-84$	$[16,18]$
13	$1,1,1,6,1,7,7,[13],6,6,4,1,1$	$13n-101$	$[18,23]$
14	$1,1,1,2,1,6,11,1,[14],3,8,2,3,4$	$14n-124$	$[23,24]$
15	$1,1,1,1,1,3,1,4,8,[15],7,3,4,10,2$	$15n-148$	$[24,30]$
16	$1,1,1,1,1,1,1,3,1,[16],12,2,4,11,2,4$	$16n-178$	$[30,-]$

顺便指出,$t=8,9,11$ 时也有相应的线性模型,只是没有尺长优势,表 7-3 中省略。

这些"增 t"模型有一个共同特点,就是在连续 t 段的前后配置有 $t-1$ 个"完善段",它们与连续 t 段配合才能实现对尺长的完全覆盖。

这些"完善段"是通过程序设计探索归纳所得。可能存在其他不同的"完善段"配置,

表 7-3 中只是其中一种。

表 7-3 中的"n 优势区间"是指具有尺长优势的刻度区间,刻度数 n 在确保一定数量的 t 段前提下取该区间之外的值也是可以的,但不具有尺长优势。

例如,$t=13$ 时的"n 优势区间"为 $[18,23]$,取此区间内的 n 应用 $t=13$ 模型能实现的尺长比其他的线性模型要长。

若 $t=13$,n 取 28 是可以的,但实现的尺长小于"增 15"模型;n 取 15 也是可以的,但实现的尺长小于"增 10"与"增 12"模型。

【模型 3】 给定刻度数 $n=20$,选择线性模型构建省刻度尺。

根据表 7-3 的"n 优势区间",$n=20$ 位于 $t=13$,于是选择"增 13"线性模型,可实现尺长为 $13\times20-101=159$。

对于 $n=20$ 的"增 13"刻度分布模型,共 21 段的段长序列为

$$1,1,1,6,1,7,7,\underbrace{13,13,\cdots,13}_{9个13段},6,6,4,1,1$$

"增 13"模型(3)中有连续 9 个"13 段",前部有"1,1,1,6,1,7,7"共 7 段,后部有"6,6,4,1,1"共 5 段,这 12 个"完善段"与 9 个"13 段"配合能实现尺长 159,要大于其他线性模型实现的尺长。

例如,应用 $t=12$ 的"增 12"模型,$n=20$ 实现尺长为 156。应用 $t=15$ 的"增 15"模型,$n=20$ 实现尺长为 152。这些显然都小于"增 13"模型(3)所能实现的 $s=159$ 尺长。

下面简要证明段长序列"增 13"模型(3)能实现 $s=159$ 的完全覆盖。

【证明】 要证"增 13"模型(3)对尺长的完全度量,即证模型(3)的 21 段的部分和能覆盖尺长 159 以内的所有整数。

为简便,记 $[13]$ 为 x 个"13"段($x=1,2,\cdots,9$),只证其中的递推部分,见表 7-4。

表 7-4 "增 13"模型递推部分证明

连续段组合	覆盖长度	连续段组合	覆盖长度
$7+7+[13]$	$13x+1$	$7+[13]$	$13x+7$
$1+7+7+[13]$	$13x+2$	$6+1+7+7+[13]$	$13x+8$
$[13]+6+6+4$	$13x+3$	$1+6+1+7+7+[13]$	$13x+9$
$[13]+6+6+4+1$	$13x+4$	$1+1+6+1+7+7+[13]$	$13x+10$
$[13]+6+6+4+1+1$	$13x+5$	$1+1+1+6+1+7+7+[13]$	$13x+11$
$[13]+6$	$13x+6$	$[13]+6+6$	$13x+12$

省刻度尺刻度分布的线性模型当然还可以继续向更大的 $t>16$ 探索,使"增 t"线性模型以适应更大的刻度数 n。

但当刻度数 n 更大时,探索刻度分布的二次模型在尺长上比线性模型更有优势。也就是说,对于更大的刻度数 n,应用二次模型可以获得完全覆盖的更大尺长。

7.5.3 刻度分布二次模型

在以上线性模型基础上,下面给出省刻度尺 3 个刻度分布二次模型,并就这些刻度分

布二次模型所能实现的最大尺长做必要的比较。

【模型 4】 "连 m"型刻度分布二次模型。

"连 m"型刻度分布二次模型的特点是中间有多个连续 m 段，具体分布式为

$$\underbrace{1,1,\cdots,1}_{m-3个},m-1,\underbrace{m,m,\cdots,m}_{n-m个},m-2,m-1,m-2$$

其中尺的一端有相连的 $m-3$ 个 1 段，尺中分布有若干相连的 m 段。

注意到尺有 $n+1$ 段，因而"连 m"刻度分布中共有 $n-m$ 个 m 段，于是可得尺长

$$L=(n-m+5)m-9$$

当 n 为奇数，取 $m=(n+5)/2$ 时，可得最大尺长为

$$L_{\max}=(n^2+10n-11)/4 \tag{7-5-1}$$

当 n 为偶数，取 $m=(n+4)/2$ 或 $m=(n+6)/2$ 时，可得最大尺长为

$$L_{\max}=(n^2+10n-12)/4 \tag{7-5-2}$$

【模型 5】 "2 连"型刻度分布二次模型。

"2 连"型刻度分布二次模型的特点是尺端有多个连续 2 段，具体分布式为

$$\underbrace{2,2,\cdots,2}_{n-2m-2个},\underbrace{1,t,1,t,1,\cdots,t,1}_{m个t},t-3,1$$

其中有 m 个 t 段，每个 t 段的两边匹配有 1 段；尺一端有 $n-2m-2$ 个 2 段（总共 $n+1$ 段）。为确保完全度量，最大段 $t=2n-4m+1$，于是得

$$L=2(m+2)(n-2m+1)-8$$

当 $n=1(\bmod\,4)$，取 $m=(n-1)/4$ 或 $m=(n-5)/4$ 时，可得实现的最大尺长为

$$L_{\max}=(n^2+10n-11)/4 \tag{7-5-3}$$

当 $n=0,2(\bmod\,4)$，分别取 $m=(n-4)/4$ 与 $m=(n-2)/4$ 时，可得实现的最大尺长为

$$L_{\max}=(n^2+10n-8)/4 \tag{7-5-4}$$

当 $n=3(\bmod\,4)$，取 $m=(n-3)/4$ 时，可得实现的最大尺长为

$$L_{\max}=(n^2+10n-7)/4 \tag{7-5-5}$$

【模型 6】 "3 连"型刻度分布二次模型。

"3 连"型刻度分布二次模型的特点是尺端有多个连续 3 段，具体分布式为

$$\underbrace{3,3,\cdots,3}_{n-3m-4个},1,1,\underbrace{t,1,1,t,1,1,\cdots,t,1,1}_{m个t},t-5,1,1$$

其中有 m 个 t 段，每个 t 段的两边匹配有"1,1"段；尺一端有 $n-3m-4$ 个 3 段（共为 $n+1$ 段）。为确保完全度量，最大段取 $t=3n-9m-4$，于是得

$$L=-9(m+1)^2+(3n-2)(m+1)+3n-6$$

特别地，当 $n=0(\bmod\,6)$，取 $m=n/6-1$ 时，可得实现的最大尺长为

$$L_{\max}=n^2/4+8n/3-6 \tag{7-5-6}$$

当 $n=4(\bmod\,6)$，取 $m=(n-4)/6$ 时，可得实现的最大尺长为

$$L_{\max}=n^2/4+8n/3-23/3 \tag{7-5-7}$$

整数 n 的其他取值所能实现的最大尺长表达式这里从略。

由以上实现最大尺长公式可知，3 个刻度分布二次模型所能实现完全度量的尺长都

是刻度数 n 的二次函数。当刻度数 n 比较大时,刻度分布二次模型无疑要优于线性模型。

以上 3 个模型能实现尺长完全度量的证明这里从略,有兴趣的读者可自行完成。

由以上公式比较,"2 连"型刻度分布二次模型常数项略优于"连 m"型刻度分布二次模型;而"3 连"型刻度分布二次模型的一次项系数优于"2 连"型刻度分布二次模型。

【例题】 取刻度数 $n=40$,比较以上"增 13""增 16""连 m""2 连""3 连"5 种刻度分布模型所能实现的最大尺长。

(1) 当 $n=40$ 时,按"增 13"实现的最大尺长为 $13n-101=419$。

(2) 当 $n=40$ 时,按"增 16"实现的最大尺长为 $16n-178=462$。

(3) 当 $n=40$ 时,按"连 m"模型,取 $m=(n+4)/2=22$,刻度分布为

$$\underbrace{1,1,\cdots,1}_{19个1},\underbrace{21,22,22,\cdots,22}_{18个22},20,21,20$$

实现完全度量的最大尺长为 $L=(n^2+10n-12)/4=497$。

(4) 当 $n=40$ 时,按"2 连"模型,取 $m=(n-4)/4=9,t=2n-4m+1=45$,刻度分布为

$$\underbrace{2,2,\cdots,2}_{20个},1,\underbrace{45,1,45,1,\cdots,45,1}_{9个45},42,1$$

实现完全度量的最大尺长为 $L=(n^2+10n-8)/4=498$。

(5) 当 $n=40$ 时,按"3 连"模型,取 $m=(n-4)/6=6,t=3n-9m-4=62$,刻度分布为

$$\underbrace{3,3,\cdots,3}_{18个3},1,1,\underbrace{62,1,1,62,1,1,\cdots,62,1,1}_{6个62},57,1,1$$

实现完全度量的最大尺长为 $L=n^2/4+8n/3-23/3=499$。

由以上比较可知,当刻度数 n 比较大时,二次模型明显优于线性模型。

当 $n=40$ 时,3 个二次模式相差并不大;若 $n=100$ 或 $n=1000$,三者所能实现完全度量的尺长相差就比较大了。

顺便指出,当 n 更大时,可进一步拓展到"4 连"或"5 连"型刻度分布二次模型。作为思考,请有兴趣的读者自行完成"4 连"与"5 连"型刻度分布二次模型。

7.6 序列与环的最大子段

在一个由正负整数组成的序列中,寻求相连若干项的和最大的子段,是经典的序列最大子段和问题。

本节应用动态规划原理求解序列的最大子段,并在此基础上进一步拓展至探求环序列的最大子段和。

1. 序列最大子段和求解

给定由 n 个整数(存在负整数,但至少有一个正整数)组成的序列 $a(1),a(2),\cdots,a(n)$,试求该序列的子段和

$$s=\sum_{k=i}^{j}a(k)\quad(1\leqslant i\leqslant j\leqslant n)$$

的最大值,并具体确定最大子段在序列中的位置。

所求序列的最大子段可以是某一项,可以是相连的若干项,当然也可以是整个序列的所有 n 项。

每个子段之和有大有小,试枚举求序列中和最大的子段。

当 $i=1$ 时,求和得 n 个以 $a(1)$ 为首项的部分和: $a(1),a(1)+a(2),\cdots,a(1)+a(2)+\cdots+a(n)$;

当 $i=2$ 时,求和得 $n-1$ 个以 $a(2)$ 为首项的部分和: $a(2),a(2)+a(3),\cdots,a(2)+a(3)+\cdots+a(n)$;

……

当 $i=n-1$ 时,得两个以 $a(n-1)$ 为首项的部分和: $a(n-1),a(n-1)+a(n)$;

当 $i=n$ 时,最后 $a(n)$ 这一项为一部分和。

比较以上共 $m=1+2+3+\cdots+n=n(n+1)/2$ 个部分和,求得最大和。

具体实施这里从略。

2. 应用动态规划探求

应用动态规划设计求最大子段和,其效率高于以上的枚举法求解。

设 $q(j)$ 为序列前 j 项子段和的最大值,即

$$q(j)=\max\left(\sum_{k=i}^{j}a(k)\right) \quad (1\leqslant i\leqslant j\leqslant n)$$

(1) 确定 $q(j)$ 与 $q(j-1)$ 的递推关系。

由 $q(j)$ 的定义,得 $q(j)$ 与 $q(j-1)$ $(2\leqslant j\leqslant n)$ 的递推关系。

当 $q(j-1)\leqslant 0$ 时, $q(j)=a(j)$;

当 $q(j-1)>0$ 时, $q(j)=q(j-1)+a(j)$。

(2) 确定初始条件。

当 $a(1)\leqslant 0$ 时, $q(1)=0$;

当 $a(1)>0$ 时, $q(1)=a(1)$。

(3) 比较所有 $q(j)(j=1,2,\cdots,n)$ 得最大值 max,并记录其项号 j。

【问题】 已知 12 个整数组成序列: $11,-17,14,-10,23,-15,28,-13,-24,39,$ $-20,18$,试应用动态规划求该序列的最大子段。

【求解】 根据以上递推关系逐项操作。

(1) $a(1)=11>0,q(1)=11$。(根据初始条件)　　　　 max=11, $j=1$。

(2) $q(1)>0,q(2)=q(1)+a(2)=11-17=-6$。

(3) $q(2)<0,q(3)=a(3)=14$。　　　　 max=14, $j=3$。

(4) $q(3)>0,q(4)=q(3)+a(4)=14-10=4$。

(5) $q(4)>0,q(5)=q(4)+a(5)=4+23=27$。　　　　 max=27, $j=5$。

(6) $q(5)>0,q(6)=q(5)+a(6)=27-15=12$。

(7) $q(6)>0,q(7)=q(6)+a(7)=12+28=40$。　　　　 max=40, $j=7$。

(8) $q(7)>0,q(8)=q(7)+a(8)=40-13=27$。

（9）$q(8) > 0, q(9) = q(8) + a(9) = 27 - 24 = 3$。

（10）$q(9) > 0, q(10) = q(9) + a(10) = 3 + 39 = 42$。　　$\max = 42, j = 10$。

（11）$q(10) > 0, q(11) = q(10) + a(11) = 42 - 20 = 22$。

（12）$q(11) > 0, q(12) = q(11) + a(12) = 22 + 18 = 40$。

综上实施，得最大子段和为 $\max = 42$。

最大子段位置确定：最后一项 $j = 10$；从 $k = 3$ 开始 $q(k) > 0$，即开始项为 3。

结论：最大子段为第 3～10 项，最大子段和为 42。

3. 环序列最大子段设计

给定由 n 个整数（存在负整数，至少有一个正整数）组成的序列 a(1)，a(2)，…，a(n) 围成一个环，在环中首 a(1) 与尾 a(n) 相邻。

求该环序列若干相连项组成的子段和的最大值，并确定最大子段的位置（最大子段的位置标注，约定从大标号到小标号为跨环的首尾段）。

求环序列的最大子段和，同样有枚举逐项求和与应用动态规划求解两种方法。

下面试应用动态规划设计综合求解序列与环的最大子段和。

综合求解序列与环的最大子段和，设置项目选择变量 d：当 d = 1 时，求序列的最大子段和；当 d = 2 时，求环的最大子段和。

序列与环都是由 n 个整数组成，为方便输入，采用随机生成 n 个正负整数。当然，必要时可改为从键盘逐个输入数据。

设 p[j] 为序列前 j 项子段和的最小值，q[j] 为序列前 j 项子段和的最大值。

（1）确定 p[j] 与 q[j] 的递推关系与初始条件。

由 p[j]，q[j] 的定义，得 p[j]，q[j]（1≤j≤n）的递推关系。

当 p[j−1]≥0 时，p[j] = a[j]；

当 p[j−1]<0 时，p[j] = p[j−1] + a[j]；

当 q[j−1]≤0 时，q[j] = a[j]；

当 q[j−1]>0 时，q[j] = q[j−1] + a[j]。

初始条件：

p[0] = q[0] = 0（没有项时，其值自然为 0）。

（2）求取子段和最大值。

设环序列所有项之和为 s，最大子段和为 max；同时设连续段最大值为 s1 = q[j]，连续段最小值为 p[j]，则跨段和最大值为 s2 = s − p[j]。

要求取的子段和最大值 max，需在所有连续段的最大值 q[j] 及所有跨段的最大值 s − p[j] 中进行比较。

应用递推每得到一个 q[j]，连续段（t = 1）的和 s1 = q[j] 与 max 比较得最大和 max；同时，应用递推每得到一个 p[j]，跨段（t = 2）的和 s2 = s − p[j] 与 max 比较得最大和 max；经 j（1～n）循环，最后所得 max 即为环序列的最大子段和。

（3）最大子段的位置标注。

在求取 max 时用变量 k 记录最大子段的尾标号 j。同时从 a[k] 逆推求和至 a[i]：若 t = 1 时，其和为 s1，显然最大子段为 i～k 的连续段；（d = 1 时只此一种）若 t = 2 时，其和为 s－s2,显然最大子段为 k+1~i-1 的跨段。

特别地,若 t=2,i=1 时,其和为 s－min,显然最大子段为 k+1~n;

若 t=2,k=n 时,其和为 s－min,显然最大子段为 1~i-1。

4. 序列与环最大子段和综合程序设计

```
//序列与环最大子段动态规划设计
#include <stdio.h>
#include <stdlib.h>
#include <time.h>
void main()
{ int d,i,j,k,t,n,a[10000];long s,s1,s2,max,q[10000],p[10000];
  t=time(0)%1000;srand(t);                          //随机数发生器初始化
  printf(" 请选择项目,1为序列;2为环:");
  scanf("%d",&d);
  printf(" 共 n 个正负项,请确定 n:");
  scanf("%d",&n);
  printf(" 共%d个整数:\n",n);
  for(i=1;i<=n;i++)
  { t=rand()%50+10;                                 //随机产生 n 个整数
    if(t%2==1) a[i]=-1*(t-1)/2;                      //把奇数变为负数,大小减半
    else a[i]=t/2;                                   //为了平衡把偶数大小减半
  }
  for(s=0,i=1;i<=n;i++)
    { printf("%d,",a[i]);s=s+a[i]; }                 //求取序列所有项之和 s
  max=-100;q[0]=p[0]=0;
  for(j=1;j<=n;j++)
    { if(q[j-1]<=0) q[j]=a[j];
      else q[j]=q[j-1]+a[j];                         //求取前 j 项的最大值 q[j]
      if(d==2)
      { if(p[j-1]>=0) p[j]=a[j];
        else p[j]=p[j-1]+a[j];                       //求取前 j 项的最小值 p[j]
      }
      s1=q[j];s2=s-p[j];
      if(d==1) s2=0;
      if(s1>max) { t=1;max=s1;k=j; }                 //s1 比较得最大值
      if(s2>max) { t=2;max=s2;k=j; }                 //s2 比较得最大值
    }
  printf("\n 最大子段和:%ld  \n",max);
  if(t==1) s1=max;
  else s1=s-max;
  for(s=0,i=k;i>=1;i--)                              //逆推最大和子段的首标 i
    { s+=a[i];
      if(s==s1 && d==1)                              //d=1 连续段输出
        { printf(" 序列最大子段:%d ~%d  \n",i,k); return;}
```

```
if(s==s1 && d==2)
    { if(t==1) printf("  环最大子段：%d ~%d  \n",i,k);
      else if(i==1) printf("  环最大子段：%d ~%d  \n",k+1,n);
      else if(k==n) printf("  环最大子段：%d ~%d  \n",1,i-1);
      else printf("  环最大子段：%d ~%d  \n",k+1,i-1);
      return;
    }
  }
}
```

5. 程序运行示例与说明

```
请选择项目,1 为序列;2 为环: 1
共 n 个正负项,请确定 n:15
  共 15 个整数:
  13,-29,17,17,26,13,13,-8,-23,29,20,14,-17,20,-14
  最大子段和:121
  序列最大子段: 3 ~14
```

以上是求取序列的最大子段和;选择项目 2 可求取环序列的最大子段和。

```
请选择项目,1 为序列;2 为环: 2
共 n 个正负项,请确定 n:15
  共 15 个整数:
  13,5,6,16,-27,16,12,-27,-14,-20,24,-7,11,28,-15
  最大子段和:82
  环最大子段: 11 ~7
```

环最大子段为 11~7,根据约定从做大到小为跨首尾段,即在环中去除第 8~10 项后的其余项组成。

以上动态规划设计在单循环实现,算法复杂度为 $O(n)$。显然,动态规划设计复杂度要低于枚举的 $O(n^2)$。

变通：可以把程序中的随机产生序列改变为从键盘输入,运行时稍显费时。

7.7　矩阵子形之最

对给定的由正负数组成的矩阵,探求并输出其最大或最小子矩阵,是一个并不复杂的常规问题。

比探求子矩阵更具挑战性也更为新颖的是探求其子圈之最。

7.7.1　探求最小子阵

【定义】　在已知 n 行 m 列的矩阵($m,n \geqslant 3$,矩阵元素有正数也有负数)中,其中行、列数均不小于 2 的部分,称为该矩阵的子矩阵,子矩阵上所有元素之和称为该子矩阵的值。

试探求该矩阵中其元素之和最小的子矩阵,并输出最小子阵。

1. 设计要点

设置二维数组 $a(i,j)$ 存储矩阵的第 i 行第 j 列元素。

（1）设置枚举循环。

应用组合可知子阵个数为

$$w = C_n^2 C_m^2 = \frac{n(n-1)m(m-1)}{4} \tag{7-7-1}$$

注意到子矩阵行、列数均不小于 2，设子矩阵的两对角顶点为 (x_1, y_1)，(x_2, y_2)，设置四重循环枚举子矩阵：

x_1 循环：$1 \sim n-1$；

y_1 循环：$1 \sim m-1$；

x_2 循环：$x_1 + 1 \sim n$；

y_2 循环：$y_1 + 1 \sim m$。

程序应用变量 k 统计子阵个数。

经四重循环后，加上验证环节：如果 $k=w$，即程序统计子阵个数 k 等于式（7-7-1）给出的理论数值 w，再行打印输出。

（2）统计子阵值。

对每个子矩阵设置二重循环 x, y 枚举子矩阵的所有元素：

x 循环：$x_1 \sim x_2$；

y 循环：$y_1 \sim y_2$。

元素 $a(x, y)$ 位于子矩阵上，应用"s=s+a[x][y];"求和，所得和 s 即为该子阵值。

（3）比较求最小值。

子阵值 s 与最小值变量 min 比较，得子阵值的最小值 min，并应用变量 x_b, x_e, y_b, y_e 标记子阵的位置。

（4）输出最小子阵。

最后设置二重循环 x, y 枚举子阵元素：

x 循环：$x_b \sim x_e$；

y 循环：$y_b \sim y_e$。

循环输出元素 $a(x, y)$ 即为最小子阵。

2. 程序设计

```
//探求矩阵最小子阵
#include <stdio.h>
#include <stdlib.h>
#include <time.h>
void main()
{  int m,n,i,j,t, x1,x2,x,xb,xe,y1,y2,y,yb,ye,a[50][50];
   long k,s,w,min;
   t=time(0)%1000;srand(t);                    //随机数发生器初始化
   printf("  请输入矩阵的行数 n,列数 m:"); scanf("%d,%d",&n,&m);
```

```
w=n*(n-1)*m*(m-1)/4;
for(i=1;i<=n;i++)
for(j=1;j<=m;j++)
  { t=rand()%40+20;                    //矩阵元素随机产生
    if(t%2==1) a[i][j]=-1*(t-1)/2;     //把奇数变为负数,大小减半
    else a[i][j]=t/2;                  //把偶数大小减半
  }                                    //可把随机产生改为键盘输入
printf(" 给出%d行%d列的矩阵:\n",n,m);
for(i=1;i<=n;i++)
  { for(j=1;j<=m;j++)
      printf("%3d ",a[i][j]);          //输出已知矩阵
    printf("\n");
  }
min=1000;k=0;
for(x1=1;x1<=n-1;x1++)                  //枚举所有子矩阵
for(x2=x1+1;x2<=n;x2++)
for(y1=1;y1<=m-1;y1++)
for(y2=y1+1;y2<=m;y2++)
  { s=0;k++;
    for(x=x1;x<=x2;x++)
    for(y=y1;y<=y2;y++)
      s=s+a[x][y];                      //s统计(x1,y1)-(x2,y2)子阵值
    if(s<min)                           //比较得最小子阵并记录
      { min=s;xb=x1;xe=x2;yb=y1;ye=y2; }
  }
if(k==w)                                //检验子阵的个数后才输出
  { printf(" 其中最小子阵:\n");          //输出最小子阵
    for(x=xb;x<=xe;x++)
      { for(y=yb;y<=ye;y++)
          printf("%4d",a[x][y]);
        printf("\n");
      }
    printf(" 最小子阵值:%ld\n",min);
  }
else printf(" 统计子阵个数有误!\n");
}
```

3. 程序运行示例与说明

```
请输入矩阵的行数 n,列数 m:6,7
给出 6行 7列的矩阵:                          其中最小子阵:
 18   15  -17   26  -14   10   14        -20  -26   13  -28
 25  -20  -26   13  -28   25   27         14  -20  -18  -19
 13   14  -20  -18  -19   12  -25        -20  -10   24  -14
-15  -20  -10   24  -14   17   24         10  -10  -18   15
 11   10  -10  -18   15  -18   20       最小子阵值:-127
-25  -18   25   10   20  -22   17
```

如果要求最大子阵,把比较最小语句改为比较最大语句即可。

7.7.2　探索最大子圈

【定义】　当矩阵的子矩阵的行、列数均不小于 3 时,子矩阵上、下、左、右四周的元素构成该子矩阵的子圈,子圈上各个元素之和称为子圈值。

之所以定义子圈的行、列数均不小于 3,是考虑到子圈中有空,中间有空才成为圈。

在给定的 n 行 m 列的矩阵(矩阵元素可能有负数)中,探求子圈值的最大值,并输出最大子圈。

1. 设计要点

设置二维数组 $a(i,j)$ 存储矩阵的第 i 行第 j 列元素。

(1) 设置枚举循环。

应用组合可知子圈个数为

$$w = C_{n-1}^2 C_{m-1}^2 = \frac{(n-1)(n-2)(m-1)(m-2)}{4} \tag{7-7-2}$$

注意到子矩阵行、列数均不小于 3,设子矩阵的两对角顶点为 (x_1,y_1),(x_2,y_2),设置四重循环枚举子矩阵:

x_1 循环:$1 \sim n-2$;

y_1 循环:$1 \sim m-2$;

x_2 循环:$x_1+2 \sim n$;

y_2 循环:$y_1+2 \sim m$。

应用变量 k 统计子圈个数。

经四重循环后,加上验证环节:如果 $k=w$,即程序统计子阵个数 k 等于式(7-7-2)给出的理论数值 w,再行打印输出。

(2) 统计子圈值。

对每个子矩阵设置二重循环 x,y 枚举子矩阵四周:

x 循环:$x_1 \sim x_2$;

y 循环:$y_1 \sim y_2$。

当 x,y 满足条件 x==x1 || x==x2 || y==y1 || y==y2 时,元素 $a(x,y)$ 位于子矩阵的四周,即 $a(x,y)$ 位于该子圈上,应用"s=s+a[x][y];"求和,所得和 s 即为该子圈值。

(3) 比较求最大值。

子圈值 s 与最大值变量 max 比较,得子圈值的最大值 max,并应用变量 x_b,x_e,y_b,y_e 标记子圈的位置。

(4) 输出最大子圈。

最后设置二重循环 x,y 枚举子圈四周:

x 循环:$x_b \sim x_e$;

y 循环:$y_b \sim y_e$。

当 x,y 满足条件 x==xb || x==xe || y==yb || y==ye 时,元素 $a(x,y)$ 位于最大子圈上,即在当前位置输出 $a(x,y)$;否则,元素 $a(x,y)$ 不在最大子圈上,即在相应

位置输出等长空格。

2.程序设计

```c
//探求矩阵最大子圈
#include <stdio.h>
#include <stdlib.h>
#include <time.h>
void main()
{   int m,n,i,j,t, x1,x2,x,xb,xe,y1,y2,y,yb,ye,a[50][50];
    long k,s,w,max;
    t=time(0)%1000;srand(t);                         //随机数发生器初始化
    printf("   请输入矩阵的行数 n,列数 m:"); scanf("%d,%d",&n,&m);
    w=(m-1)*(m-2)*(n-1)*(n-2)/4;
    for(i=1;i<=n;i++)
    for(j=1;j<=m;j++)
      {   t=rand()%40+20;                            //矩阵元素随机产生
          if(t%2==1) a[i][j]=-1*(t-1)/2;             //把奇数变为负数,大小减半
          else a[i][j]=t/2;                          //把偶数大小减半
      }                                              //可把随机产生改为键盘输入
    printf("   给出%d行%d列的矩阵为\n",n,m);
    for(i=1;i<=n;i++)
      {   for(j=1;j<=m;j++)
            printf("%3d ",a[i][j]);                  //输出已知矩阵
          printf("\n");
      }
    max=-1000;k=0;
    for(x1=1;x1<=n-2;x1++)                           //枚举所有子矩阵
    for(x2=x1+2;x2<=n;x2++)
    for(y1=1;y1<=m-2;y1++)
    for(y2=y1+2;y2<=m;y2++)
      {   s=0;k++;
          for(x=x1;x<=x2;x++)
          for(y=y1;y<=y2;y++)
            if(x==x1 || x==x2 || y==y1 || y==y2)
              s=s+a[x][y];                           //s统计(x1,y1)-(x2,y2)子圈值
          if(s>max)                                  //比较得最大子圈并记录
            { max=s;xb=x1;xe=x2;yb=y1;ye=y2; }
      }
    if(k==w)                                         //检验子圈的个数后才输出
      {   printf("   其中最大子圈为\n");              //输出最大子圈
          for(x=xb;x<=xe;x++)
            {   for(y=yb;y<=ye;y++)
```

```
            if(x==xb || x==xe || y==yb || y==ye)
                printf("%4d",a[x][y]);
            else printf("    ");
            printf("\n");
        }
        printf("  最大子圈值为%ld\n",max);
    }
    else  printf("  统计子圈个数有误!\n");
}
```

3. 程序运行示例与说明

```
请输入矩阵的行数 n,列数 m:7,8
给出 7 行 8 列的矩阵为
 -20   -28   -24    29   -15    10    27   -15        其中最大子圈为
  17    27   -15   -16   -10   -26    15   -29        22    25    26
 -10   -28    22    25    26   -10   -29   -16        21          25
  23   -15    21   -15    25   -10   -18    27        18          24
  10    25    18    12    24   -16   -18   -26        18         -13
 -16    17    18    12   -13   -25    25   -25       -25    28    18
 -22   -16   -25    28    18   -27    10    25        最大子圈值为 187
```

最大子圈案例看似简单,设计时却容易出错,要注意枚举循环的设置,特别要注意子圈值的统计、最大子圈位置的标注以及最大子圈的输出。

如果求最小子圈,把比较最大语句改为比较最小语句即可。

7.8　迷宫扑朔迷离

迷宫是颇吸人眼球的字眼,探索迷宫通道是一款充满悬念的游戏,而探求迷宫最短通道则是一项充满智慧与策略的智能活动。

迷宫形态千差万别,有矩阵迷宫,也有三角迷宫等。本节应用分支限界原理探求这两类典型迷宫的最短通道。

7.8.1　矩阵迷宫最短通道

通常给定的 n 行 m 列的矩阵迷宫,就是一个 $n \times m$ 的 0-1 矩阵。矩阵中的每个元素(相当于迷宫中的一个房间)里标注有整数 1 或 0,其中 0 表示该格可通行(0 房间的上、下、左、右四面有门),1 表示该格为障碍(1 房间四面无门),不可通行。

在矩阵迷宫中,通行规则容许从任何的 0 格通向该格的上、下、左、右的 0 格,不能跳跃走,也不能往对角线方向斜着走,更不能走出矩阵迷宫的边界。

从迷宫中的指定起点格走到指定终点格的连贯路径称为迷宫的通道。各条迷宫通道的长度(即通道经过房间个数)可能有长有短,其中长度最短的通道称为最短通道。

【问题】　图 7-13 即为一个 13×13 的矩阵迷宫。

```
0 1 0 0 0 0 1 0 0 0 0 0 1
0 1 0 0 1 0 0 0 1 0 1 0 1
0 0 1 0 0 0 1 1 1 1 0 0 0
1 0 0 1 0 1 0 1 0 0 0 0 0
0 0 0 1 0 1 0 0 1 0 0 1 0
0 1 1 0 0 0 1 0 0 1 0 1 0
0 0 1 0 1 0 1 0 0 1 1 1 0
1 0 0 1 0 0 1 0 0 1 0 0 1
0 0 0 1 0 0 1 0 0 0 0 0 0
0 1 0 0 0 1 0 0 0 1 0 1 1
0 1 0 1 1 1 0 1 0 1 0 0 0
0 0 0 0 1 0 0 0 0 0 0 0 0
0 0 0 0 1 0 0 1 0 1 0 0 0
```

图 7-13　一个 13×13 的矩阵迷宫

在图 7-13 所示的矩阵迷宫中，试搜索并输出从第 11 行第 11 列(11,11)到矩阵中第 6 行第 11 列(6,11)的一条最短通道。

【探求】 试应用分支限界原理搜索。

（1）搜索标注通道。

首先，把所有不能通行的 1 格进行障碍标注（例如，标注符号●）。

从起点(11,11)开始，标注 1，意味着这是通道的第 1 步；

检查起点 1 格的上、下、左、右格，凡 0 格全部标注为 2；

检查所有 2 格的上、下、左、右格，凡 0 格全部标注为 3；

……

检查所有标注 k 格的上、下、左、右格，凡 0 格全标注 $k+1$；

直到搜索到指定终点格(6,11)，标注为 24，如图 7-14(a)所示的搜索标注过程。

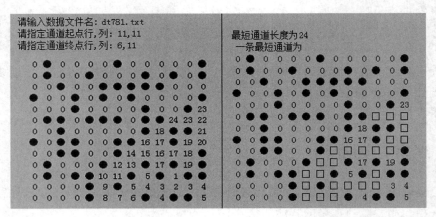

(a) 迷宫通道搜索标注　　　　　　(b) 迷宫最短通道标注

图 7-14　矩阵迷宫通道搜索与最短通道标注图

（2）确定最短通道长度。

终点(6,11)上标注为 24，即从起点(11,11)至终点(6,11)的最短通道长度为 24（包括通道的起点与终点在内）。

（3）确定一条最短通道。

首先在终点格 24 标注指定通道符□；

在终点格□的四周格中任找一个标注数字为 23 的格，标注通道符□；

在刚标注□的四周格中任找一个标注数字为 22 的格，标注通道符□；

……

以此递降类推，搜索并标注通道符□，直至标注到 1 的起点为止。

这样，确定了连接起点与终点的一条最短通道，如图 7-14(b)所示。

最短通道可能存在多条,这里标注的只是其中一条。

当矩阵迷宫较大,数据较多时,应用分支界限法设计程序,可快速搜索并输出矩阵迷宫的一条最短通道。

【编程拓展】 试编程搜索并标注给定矩阵迷宫的一条最短通道。

试在给定矩阵迷宫(如图 7-13 所示,13×13 的矩阵数据保存到 dt781.txt)中,搜索并标注从指定起点(n1,m1)格到指定终点(n2,m2)格的一条最短迷宫通道。

1. 分支限界设计要点

首先,把给定的矩阵迷宫数据复制到一个文本文件,程序可简便地读取该文件的 0-1 数据,比用其他方法输入要快得多。

1) 数据结构

设置二维数组 a[n][m]存储矩阵迷宫各格的 0-1 数据,这是给定迷宫的结构。

设置一维数组 p[d]存储拓展队列中第 d 结点的位置(设置为 4 位整数,高 2 位为行,低 2 位为列,必要时可增加),这是在分支限界算法中扩展子结点时扩展的依据。

2) 分轮循环扩展结点

(1) 从根结点起步。

根结点为通道的起点(n1,m1),即作为根结点赋初值:

```
p[1]=n1*100+m1;t=d=s=1;kb=ke=1;
```

其中 d 为扩展结点队列的序号,从 d=1 开始递增。

(2) 同步数 s 扩展结点。

数据 s 为通道步数,s 从 1 开始在循环中递增,依次扩展循环中的结点 k(kb~ke)。

每一结点(队列中第 k 结点)依次按上、下、左、右搜索,每满足相应条件则扩展一个子结点。

例如,向上扩展,条件为"i>1 && a[i−1][j]==0"。

其中边界条件 i>1 为行号须大于 1,第 1 行显然不能向上扩展;

可通行条件 a[i−1][j]==0,若其上格为 0,按规定可拓展。

每扩展一个子结点,队列中的结点数 d 增 1,同时进行记录:

```
d++;a[i−1][j]=s;p[d]=(i−1)*100+j;
```

(3) 分 s 轮扩展结点。

检验扩展的每一结点是否为终点,若为终点,则标注 t=0 后退出。

第 s 轮的所有 kb~ke 结点依次搜索并扩展完成后,需要决定下一轮(s++)的循环,扩展循环(kb~ke)变量更新:"kb=ke+1;ke=d;"。

一直扩展到指定目标格,完成搜索,并输出目标格的 s 值,即最短通道的长度。

3) 逆推最短通道

搜索完成,输出最短通道的长度 s,然后从终点逆推得一条最短通道。

逆推 s 递减,直至 s=1 的起点为止。

对于找到最短通道上的格的 a 数组元素赋标志值−1。以后在输出时,凡 a 数组元素值为-1均输出通道符号□。为对比,把所有障碍格均输出符号●。

非通道上且非障碍格,显示 a 数组的值即为从起点到该格的最短步数。

当然,如果指定的起点或终点为不可通行的 1 格,则指出"起点或终点不可通行。"后退出。

如果不存在通道,肯定出现 s＞m＊n,则以此条件输出"起点至终点无通道!"后退出。

2. 程序设计

```
//分支限界搜索矩阵迷宫最短通道
#include <stdio.h>
void main()
{ FILE * fp;char fname[30];
  int d,e,m,m1,m2,n,n1,n2,k,kb,ke,i,j,s,t;
  intp[10000],a[100][100];
  printf("  请输入数据文件名: ");gets(fname);          //输入数据文件名
  if((fp=fopen(fname,"r"))==NULL)
    { printf( "The file was not opened!" ); return;}
  n=m=13;
  printf("  请指定通道起点行,列:"); scanf("%d,%d",&n1,&m1);
  printf("  请指定通道终点行,列:"); scanf("%d,%d",&n2,&m2);
  for(i=1;i<=n;i++)
  for(j=1;j<=m;j++)
    fscanf(fp,"%d",&a[i][j]);                           //从文件读数据到 a 数组
  if(a[n1][m1]>0 || a[n2][m2]>0)
    { printf("  起点或终点不可通行。");return;}
  a[n1][m1]=1;p[1]=n1*100+m1;
  t=d=s=1;kb=ke=1;                                       //循环起始、终止量赋初值
  while(1)
  { s++;                                                 //统计实现目标的步数
    for(k=kb;k<=ke;k++)
    {i=p[k]/100;j=p[k]%100;                              //当前单元 i 行,j 列
     if(i>1 && a[i-1][j]==0)                             //向上搜索
       { d++;a[i-1][j]=s;p[d]=(i-1)*100+j;
         if(i-1==n2 && j==m2) {t=0;break;}               //已达到目标退出
       }
     if(i<n && a[i+1][j]==0)                             //向下搜索
       { d++; a[i+1][j]=s;p[d]=(i+1)*100+j;
         if(i+1==n2 && j==m2) {t=0;break;}               //已达到目标退出
       }
     if(j>1 && a[i][j-1]==0)                             //向左搜索
       { d++;a[i][j-1]=s;p[d]=i*100+j-1;
         if(i==n2 && j-1==m2){t=0;break;}                //已达到目标退出
       }
     if(j<m && a[i][j+1]==0)                             //向右搜索
```

```
          { d++;a[i][j+1]=s;p[d]=i*100+j+1;
              if(i==n2 && j+1==m2) {t=0;break;}        //已达到目标退出
          }
      }
    if(t==0) break;
    kb=ke+1;ke=d;                                      //下一步搜索循环参数
    if(s>m*n) {t=2; break;}
  }
  if(t>0) { printf("  起点至终点无通道！\n");return; }
  for(i=1;i<=n;i++)
    {for(j=1;j<=m;j++)
      printf("%3d",a[i][j]);
      printf("\n");
    }
  printf("  最短通道长度为%d\n",s);                      //输出最短通道长度
  printf("  一条最短通道为\n");                          //输出一条最短通道
  a[n1][m1]=a[n2][m2]=-1;i=n2;j=m2;
  while(s>2)                                           //逆推最短通道并标记
    {s=s-1;
    if(i>1 && a[i-1][j]==s)                            //向上逆推
      {a[i-1][j]=-1;i=i-1;continue;}
    else if(i<n && a[i+1][j]==s)                       //向下逆推
      {a[i+1][j]=-1;i=i+1;continue;}
    else if(j>1 && a[i][j-1]==s)                       //向左逆推
      {a[i][j-1]=-1;j=j-1;continue;}
    else if(j<m && a[i][j+1]==s)                       //向右逆推
      {a[i][j+1]=-1;j=j+1;}
    }
  for(i=1;i<=n;i++)
    { for(j=1;j<=m;j++)
      if(a[i][j]==-1) printf("□");                    //输出最短通道标记
      else if(a[i][j]==1) printf(" ●");
      else printf("%3d",a[i][j]);                      //输出非最短通道长
      printf("\n");
    }
}
```

3. 程序运行示例与说明

程序运行结果如图 7-15 所示。

运行所得迷宫(13×13)最短通道长为 79，具体通道由□标注。

从起点至终点的最短通道可能存在许多条，程序只显示其中一条。

若指定起点与终点交换，所得最短通道可能局部改变，但最短通道的长度不会改变。

最短通道曲折迂回，意在展示程序的搜索能力。我们观察迷宫时有如无人机在上空

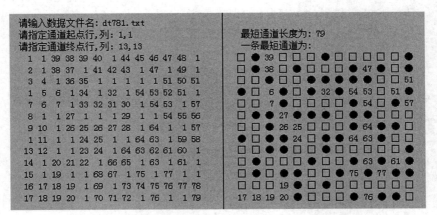

图 7-15　程序运行迷宫通道搜索与最短通道标注图

俯瞰迷宫一样一目了然，而当你亲身进入迷宫探索时，就可能迷茫而不知所措。这里推荐的分支限界算法是为你搜索通道指点迷津。

7.8.2　三角迷宫最短通道

三角迷宫实际上是一个三角形 0-1 数阵，第一行一格，第二行有两格，……，最后第 n 行有 n 个格，且每行的各格与上一行的格错开排放（见图 7-16）。

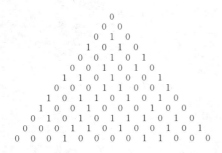

图 7-16　三角迷宫示意图

在一个 n 行的三角迷宫中，每个格（相当于迷宫中的六边形房间）里标注有整数 1 或 0，其中 1 表示该格为障碍，不可通行；0（相当于六边形房间 6 个方向有开门）表示该格可通行，能往左、右、左下、右下、左上、右上 6 个方向走到相邻的 0 格，不能跳跃走，也不能走出三角迷宫的边界。

三角迷宫的特征是迷宫内的 0 单元有 6 个方向通行，比矩阵迷宫的 4 个方向要多，因而通道也更为复杂。

例如，图 7-16 为一个三角迷宫（数据复制到文本文件 dt782.txt）。

试在给定的三角迷宫中，搜索并标注从任意指定起点（n1,m1）格到指定终点（n2,m2）格的一条最短通道。

例如，在图 7-16 所示的三角迷宫中，要求搜索并输出从第 13 行第 1 列（13,1）格到迷宫中的第 13 行第 13 列（13,13）格的一条最短通道。

1. 分支限界算法设计

1）数据结构

设置二维数组 a[n][m] 存储迷宫数阵各格的 0-1 数据，这是迷宫的具体结构。

设置一维数组 p[d] 存储拓展队列中第 d 结点的位置（设置为 4 位整数，高 2 位为行，低 2 位为列，必要时可增加），这是分支限界算法扩展子结点时扩展的依据。

2）算法设计

（1）从根结点起步。

根结点为通道的起点(n1,m1)，即作为根结点赋初值：

p[1]=n1*100+m1;t=d=s=1;kb=ke=1;

其中 d 为扩展结点队列的序号，从 d＝1 结点开始递增。

（2）同步数 s 扩展结点

数据 s 为通道步数，s 从 1 开始在循环中递增，依次扩展循环中各结点 k(kb～ke)。

每一结点（队列中第 k 结点）依次按左下、左上、右下、右上、左、右 6 个方向依次搜索，每一搜索满足相应条件则扩展一个结点。

例如，向左下扩展，条件为"i<n && a[i+1][j]==0"。

其中边界条件 i<n 为行号小于 n，第 n 行显然不能向左下扩展；

可通行条件 a[i+1][j]==0，若其左下格为 0，按规定可通行。

每向左下格扩展一个结点，队列中的结点数 d 增 1，同时进行赋值与记录：

d++;a[i+1][j]=s;p[d]=(i+1)*100+j;

再如，向右上扩展，条件为"i>1 && j<i && a[i-1][j]==0"。

其中边界条件 i>1 为行号大于 1，第 1 行显然不能往上扩展；

边界条件 j<i 为列号小于行号，第 i 行的第 i 列显然不能向右上扩展；

可通行条件 a[i-1][j]==0，若其右上格为 0，按规定可扩展。

每向右上扩展一个结点，队列中的结点数 d 增 1，同时进行赋值与记录：

d++;a[i-1][j]=s;p[d]=(i-1)*100+j;

（3）分 s 轮循环扩展。

检验扩展的每一结点是否为终点，若为终点，则标注 t=0 后退出。

第 s 轮的所有 kb～ke 结点依次搜索并扩展完成后，需决定下一轮(s++)的循环，进行拓展循环 k(kb～ke)变量更新"kb=ke+1;ke=d;"。

一直扩展到出现指定目标，完成搜索。

3）逆推最短通道

搜索完成，输出最短通道的长度 s，然后从终点逆推得一条最短通道（同上）。

为显示所寻求的最短通道，通道上的格输出符号◇；障碍格输出符号●。

非通道上且非障碍格，显示由起点到该格的最短步数。

当然，如果指定的起点(n1,m1)或终点(n2,m2)为不可通行的 1 格，则指出"起点或终点不可通行。"后退出。

如果不存在通道，肯定出现 s>n*n，则输出"起点至终点无通道！"后退出。

2. 分支限界程序设计

```
//分支限界搜索三角迷宫最短通道程序设计
#include <stdio.h>
void main()
```

```
{ FILE * fp;char fname[30];
  int d,e,m,m1,m2,n,n1,n2,k,kb,ke,i,j,s,t,p[10000],a[100][100];
  printf("  请输入数据文件名: "); gets(fname);        //输入数据文件名
  if((fp=fopen(fname,"r"))==NULL)
    { printf("The file was not opened!" ); return;}
  n=13;
  printf("  请输入通道起点行,列:"); scanf("%d,%d",&n1,&m1);
  printf("  请输入通道终点行,列:"); scanf("%d,%d",&n2,&m2);
  for(i=1;i<=n;i++)
  for(j=1;j<=i;j++)
      fscanf(fp,"%d",&a[i][j]);                    //从文件读数据到 a 数组
  if(a[n1][m1]>0 || a[n2][m2]>0)
    { printf("  起点或终点不可通行。");return;}
  p[1]=n1*100+m1;a[n1][m1]=1;t=d=s=1;kb=ke=1; //循环起始、终止量赋初值
  while(1)
  { s++;                                          //统计实现目标的步数
    for(k=kb;k<=ke;k++)
    { i=p[k]/100;j=p[k]%100;                       //当前单元 i 行 j 列(j≤i)
      if(i<n && a[i+1][j]==0)                      //向左下搜索
        { d++;a[i+1][j]=s;p[d]=(i+1)*100+j;
          if(i+1==n2 && j==m2) {t=0;break;}        //已达到目标退出
        }
      if(i>1 && j>1 && a[i-1][j-1]==0)             //向左上搜索
        { d++;a[i-1][j-1]=s;p[d]=(i-1)*100+j-1;
          if(i-1==n2 && j-1==m2) {t=0;break;}
        }
      if(i<n && a[i+1][j+1]==0)                    //向右下搜索
        { d++; a[i+1][j+1]=s;p[d]=(i+1)*100+j+1;
          if(i+1==n2 && j+1==m2) {t=0;break;}
        }
      if(i>1 && j<i && a[i-1][j]==0)               //向右上搜索
        { d++; a[i-1][j]=s;p[d]=(i-1)*100+j;
          if(i-1==n2 && j==m2) {t=0;break;}
        }
      if(j>1 && a[i][j-1]==0)                      //向左搜索
        { d++;a[i][j-1]=s;p[d]=i*100+j-1;
          if(i==n2 && j-1==m2) {t=0;break;}
        }
      if(j<i && a[i][j+1]==0)                      //向右搜索
        { d++;a[i][j+1]=s;p[d]=i*100+j+1;
          if(i==n2 && j+1==m2) {t=0;break;}
        }
    }
  if(t==0) break;
  kb=ke+1;ke=d;                                    //下一步搜索的循环参数
  if(s>n*n) break;
```

```
}
for(i=1;i<=n;i++)
  { for(j=1;j<=2*n+3-2*i;j++) printf(" ");        //输出三角形各行的前置空格
    for(j=1;j<=i;j++)
      printf("%4d",a[i][j]);                       //输出三角形各结点标注
    printf("\n");
  }
if(s>n*n) { printf("  起点至终点无通道!\n");return; }
printf("  最短通道长度为%d\n",s);                    //输出最短通道长度
printf("  一条最短通道为\n");                        //输出一条最短通道
a[n1][m1]=a[n2][m2]=-1;i=n2;j=m2;
while(s>2)                                           //逆推最短通道并标记
  {s--;
  if(i>1 && j>1 && a[i-1][j-1]==s)                   //向左上逆推
    {a[i-1][j-1]=-1;i=i-1;j=j-1;continue;}
  else if(i<n && a[i+1][j]==s)                       //向左下逆推
    {a[i+1][j]=-1;i=i+1; continue;}
  else if(i>1 && j<i && a[i-1][j]==s)                //向右上逆推
    {a[i-1][j]=-1;i=i-1;continue;}
  else if(i<n && a[i+1][j+1]==s)                     //向右下逆推
    {a[i+1][j+1]=-1;i=i+1;j=j+1;continue;}
  else if(j>1 && a[i][j-1]==s)                       //向左逆推
    {a[i][j-1]=-1;j=j-1;continue;}
  else if(j<i && a[i][j+1]==s)                       //向右逆推
    {a[i][j+1]=-1;j=j+1;}
  }
for(i=1;i<=n;i++)
  { for(j=1;j<=2*n+3-2*i;j++) printf(" ");
    for(j=1;j<=i;j++)
      if(a[i][j]==-1) printf(" ◇ ");                //输出最短通道上的标记
      else if(a[i][j]==1) printf(" ● ");
      else printf("%3d ",a[i][j]);                   //输出非最短通道上的值
    printf("\n");
  }
}
```

3. 程序运行示例与说明

输入的数据文件 dt82.txt 的具体数据如图 7-16 所示,程序运行结果如图 7-17 所示。输出的最短通道长为 39 步,标注符号◇共 39 个,包含起点与终点在内。

三角迷宫中的 1 为障碍格,输出标注符号●。其他整数为从起点至该格的最短步数。例如,输出结果中第 6 行第 1 列的数据为 12,就是标明从起点(13,1)到(6,1)通道的最短通道为 12 步。

若指定起点与终点交换,所得最短通道可能局部改变,但最短通道的长度不会改变。所有迷宫的 0-1 数据也可以随机产生。为避免随机产生的 0-1 数据造成迷宫无通道,

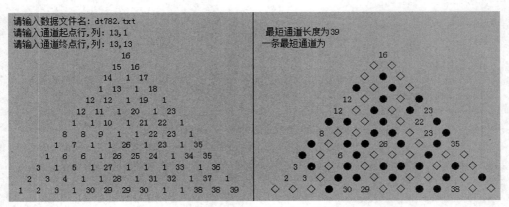

图 7-17　三角迷宫程序运行结果示意图

可适当加大数据中可通告的 0 的比例。

若迷宫较大,如行数达到 3 位数时,结点位置标注可设置为 6 位,其中高 3 位为行号,低 3 位为列号。更大的迷宫扩容以此类推。

7.9　泊松分酒

泊松分酒是一个著名的智能测试题,也是一个有难度的最优化过程模拟经典案例。

法国数学家泊松(Poisson)曾提出以下分酒趣题。

【问题】　某人有一瓶 12 品脱(容量单位主要于英国、美国使用)的酒,同时有容量为 5 品脱与 8 品脱的空杯各一个。借助这两个空杯,如何用最少的分倒次数将这瓶 12 品脱的酒平分?

【求解】　为叙述方便,以下省略容量单位品脱,只写出数字。

设在分倒过程中记瓶 A 中的酒量为 $a(0 \leqslant a \leqslant 12)$;杯 B(容量为 8)中的酒量为 $b(0 \leqslant b \leqslant 8)$;杯 C(容量为 5)中的酒量为 $c(0 \leqslant c \leqslant 5)$。

模拟下面两种方向的分倒操作。

(1) 按 A→B→C 顺序分倒操作。

① 当 B 杯空($b=0$)时,从 A 瓶倒满 B 杯。

② 从 B 杯分一次或多次倒满 C 杯。

当 $b > 5-c$ 时,倒满 C 杯,操作步骤③;

当 $b \leqslant 5-c$ 时,倒空 B 杯,操作步骤①。

③ 当 C 杯满($c=5$)时,从 C 杯倒回 A 瓶。

分倒操作中,用变量 n 统计分倒次数,每分倒一次,变量 n 增 1。

以上分倒操作能否实现平分,等价于不定方程 $8x-5y=6$ 是否存在正整数解。

若 $b=0$ 且 $a<8$ 时,步骤①无法实现(即 A 瓶的酒倒不满 B 杯)而中断,记 $n=-1$ 为中断标志。

分倒操作中若有 $a=6$ 或 $b=6$ 或 $c=6$ 时,显然已达到平分目的,分倒结束。否则,继续分倒操作。

注意到不定方程 $8x-5y=6$ 有正整数解$(2,2)$，即 $2\times8-2\times5=6$，按 A→B→C 顺序分倒操作 6 次可实现平分(见表 7-5)。

表 7-5　用 8→5 分倒平分 12

次　　数	初　　始	1	2	3	4	5	6
A(12)	12	4	4	9	9	1	1
B(8)	0	8	3	3	0	8	6
C(5)	0	0	5	0	3	3	5

（2）按 A→C→B 顺序分倒操作。

① 当 C 杯空($c=0$)时，从 A 瓶倒满 C 杯。

② 从 C 杯分一次或多次倒满 B 杯。

当 $c>8-b$ 时，倒满 B 杯，操作步骤③。

当 $c\leqslant8-b$ 时，倒空 C 杯，操作步骤①。

③ 当 B 杯满($b=8$)时，从 B 杯倒回 A 瓶。

分倒操作中，用变量 n 统计分倒次数，每分倒一次，变量 n 增 1。

以上分倒操作能否实现平分，等价于不定方程 $5x-8y=6$ 是否存在正整数解。

若 $c=0$ 且 $a<5$ 时，步骤①无法实现(即 A 瓶的酒倒不满 C 杯)而中断，记 $n=-1$ 为中断标志。

分倒操作中若有 $a=6$ 或 $b=6$ 或 $c=6$ 时，显然已达到平分目的，分倒结束。否则，继续分倒操作。

注意到不定方程 $5x-8y=6$ 有正整数解$(6,3)$，即 $6\times5-3\times8=6$，按 A→C→B 顺序分倒操作 17 次可实现平分(见表 7-6)。

表 7-6　用 5→8 分倒平分 12

次数	1	2	3	4	5	6	7	8	9	10	11	12	13	14	15	16	17
A(12)	7	7	2	2	10	10	5	5	0	0	8	8	3	3	11	11	6
C(5)	5	0	5	2	2	0	5	0	5	4	4	0	5	1	1	0	5
B(8)	0	5	5	8	0	2	2	7	7	8	0	4	4	8	0	1	1

（3）显然，按表 7-5 所示分倒操作，用容量为 5 与 8 的空杯经最少 6 次可实现将这瓶 12 的酒平分。

【编程拓展】

要解决一般的平分酒案例：借助容量分别为正整数 bv 与 cv 的两个空杯，用最少的分倒次数把总容量为偶数 a 的酒平分。

这里正整数 bv,cv 与偶数 a 均从键盘输入。

1. 模拟设计要点

求解一般的"泊松分酒"问题：借助容量分别为正整数 bv,cv 的两个空杯，用最少的分倒次数把总容量为偶数 a 的酒（并未要求满瓶）平分，采用直接模拟平分过程的分倒操作。

为了把键盘输入的偶数 a 通过分倒操作平分为两个 d，d＝a/2（d 为全局变量）。

若两空杯容量 bv＋cv＜d，无法存放平分量，显然无法平分。

由上面分酒求解可知，分倒操作能否实现平分，等价于不定方程 x×bv－y×cv＝±d 是否存在正整数解(x,y)。若 bv 与 cv 的公约数 k 不是目标量 d 的约数，显然该不定方程无正整数解，即提示"无法平分!"后退出。

设在分倒过程中，瓶 A 中的酒量为 a(0≤a≤2d)；杯 B（容量为 bv）中的酒量为 b(0≤b≤bv)；杯 C（容量为 cv）中的酒量为 c(0≤c≤cv)。

模拟下面两种方向的分倒操作。

(1) 按 A→B→C 顺序分倒操作。

① 当 B 杯空(b＝0)时，从 A 瓶倒满 B 杯。

② 从 B 杯分一次或多次倒满 C 杯。

当 b＞cv－c 时，倒满 C 杯，操作步骤③；

当 b≤cv－c 时，倒空 B 杯，操作步骤①。

③ 当 C 杯满(c＝cv)时，从 C 杯倒回 A 瓶。

分倒操作中，用变量 n 统计分倒次数，每分倒一次，n 增 1。

若 b＝0 且 a＜bv 时，步骤①无法实现（即 A 瓶的酒倒不满 B 杯）而中断，记 n＝－1 为中断标志。

分倒操作中若有 a＝d 或 b＝d 或 c＝d 时，显然已达到平分目的，分倒循环结束，用试验函数 probe(a,bv,cv)返回分倒次数 n 的值，并把该值存放在 m1。否则，继续循环操作。

模拟操作描述：

```
while (!(a==d || b==d || c==d))
{   if(!b) {a-=bv;b=bv;}                      //从 A 瓶倒满 B 杯
    else if(c==cv) {a+=cv;c=0;}               //从 C 杯倒回 A 瓶
    else if(b>cv-c) {b-=(cv-c);c=cv;}         //从 B 杯倒满 C 杯
    else {c+=b;b=0;}                          //从 B 杯倒 C 杯,倒空 B 杯
    printf("%6d%6d%6d\n",a,b,c);
}
```

(2) 按 A→C→B 顺序分倒操作。

这一循环操作与(1)实质上是 C 与 B 杯互换，相当于返回函数值 probe(a,cv,bv)，probe(a,cv,bv)返回分倒次数 n 的值，并把该值存放在 m2。

试验函数 probe()的引入是巧妙的，可综合模拟以上两种分倒操作避免了关于 cv 与 bv 大小关系的讨论。

同时，设计实施函数 practice(a,bv,cv)，与试验函数相比较，把 n 增 1 操作改变为输出中间过程量 a,b,c，以标明具体操作进程。

在主函数 main()中，分别输入 a,bv,cv 的值后，为寻求较少的分倒次数，调用试验函

数并比较 m1＝probe(a,bv,cv)与 m2＝probe(a,cv,bv)。

若 m1＜0 且 m2＜0,表明无法平分(均为中断标志)。

若 m2＜0,只能按上述(1)操作;若 0＜m1＜m2,按上述(1)操作分倒次数较少(即 m1)。此时调用实施函数 practice(a,bv,cv)。

若 m1＜0,只能按上述(2)操作;若 0＜m2＜m1,按上述(2)操作分倒次数较少(即 m2)。此时调用实施函数 practice(a,cv,bv)。

实施函数打印整个模拟分倒操作进程中的 a,b,c 的值,并用变量 m 统计分倒次数,每行打印第 m 次及 a,b,c 的值。

最后检验次数,如果 m＝n,即统计次数无误,打印出最少的分倒次数 n。

2. 泊松分酒的程序设计

```c
//最优泊松分酒模拟操作
#include <stdio.h>
void practice(int,int,int);                        //调用函数声明
int d,n,probe(int,int,int);
void main()
{  int a,k,bv,cv,m1,m2;
   printf(" 请输入酒总量(偶数):");   scanf("%d",&a);
   printf(" 两空杯容量 bv,cv:"); scanf("%d,%d",&bv,&cv);
   if(a%2>0) { printf(" 无法平分!\n");return; }
   d=a/2;
   if(bv+cv<d) { printf("空杯容量太小,无法平分!\n");  return; }
   for(k=bv;k>1;k--)
     if(bv%k==0 && cv%k==0 && d%k>0)
       { printf(" 无法平分!\n");return; }
   m1=probe(a,bv,cv); m2=probe(a,cv,bv);
   if(m1<0 && m2<0) { printf(" 无法平分!\n");return; }       //排除无解情形
   if(m1>0 && (m2<0 || m1<=m2)) { n=m1;practice(a,bv,cv); }
   else { n=m2;practice(a,cv,bv); }
}
void practice(int a,int bv,int cv)                   //模拟实施函数
{  int b=0,c=0,m=0;
   printf(" 平分酒的分倒操作:\n");
   printf("  次数   瓶%d  杯%d  杯%d\n",a,bv,cv);
   printf("  初始%6d%6d%6d\n",a,b,c);
   while(!(a==d || b==d || c==d))
   {  m++;
      if(!b) {a-=bv;b=bv;}
      else if(c==cv) {a+=cv;c=0;}
      else if(b>cv-c) {b-=(cv-c);c=cv;}
      else {c+=b;b=0;}
      printf("%6d %6d%6d%6d\n",m,a,b,c);
   }
   if(m==n)printf(" 至少分倒%d次实现平分。\n",n);
}
```

```
int probe(int a,int bv,int cv)                      //试验函数
{   int n=0,b=0,c=0;
    while(!(a==d || b==d || c==d))
    {   if(!b)
          if(a<bv) {n=-1;break;}
          else { a-=bv;b=bv;}
        else if(c==cv) {a+=cv;c=0;}
        else if(b>cv-c) {b-=(cv-c);c=cv;}
        else {c+=b;b=0;}
        n++;
    }
    return(n);
}
```

3. 程序运行示例与说明

请输入酒总量(偶数):16
两空杯容量 bv,cv:11,6
平分酒的分倒操作:

次数	瓶 16	杯 6	杯 11
初始	16	0	0
1	10	6	0
2	10	0	6
3	4	6	6
4	4	1	11
5	15	1	0
6	15	0	1
7	9	6	1
8	9	0	7
9	3	6	7
10	3	2	11
11	14	2	0
12	14	0	2
13	8	6	2

至少分倒 13 次实现平分。

以上分倒操作的理论依据是 $5 \times 6 - 2 \times 11 = 8$,需要 13 次实现平分;若依据 $4 \times 11 - 6 \times 6 = 8$ 实施分倒操作,则需要 18 次实现平分。显然,13 次是最少操作次数。

以上程序中,对 m1 和 m2 的全路径判断虽然可以获得分倒次数较少的方法,但这是建立在程序有解的前提之下,而程序有没有解并不能通过对 m1 和 m2 的全路径判断以完全确定。例如,当输入 $a=10$,$bv=4$,$cv=6$ 时,显然没有解,这时程序进入死循环。那么输入的数据在满足什么条件下才有解呢?

令 $k = \gcd(bv, cv)$ 表示 bv 与 cv 的最大公约数,且满足基本条件 $bv + cv \geqslant (a/2)$ 时,可以证明,当 $\mod(d, k) = 0$ 时,所输入的数据一定有解。

特别当 bv 与 cv 互质,且 $bv + cv \geqslant (a/2)$ 时,a 为任何偶数都有解。

第 8 章

数形结合出彩

数与形是数学主体,是数学殿堂中的两大支柱。

数在形中,数构成形,数形结合,是展现数学美的一个重要方面。

数是形的灵魂,形是数的载体,数形结合,给人以美的启迪与升华。

本章汇集在三角形、立方体等几何图形上智能填数趣题;探索构建和积三角形、素数和环与数码串珠等有代表性的数形结合案例。同时,通过"数形结合巧求最值"探讨数形结合在解题中的转换与简化效应。

数字在精巧构思下排列呈现出各种优美生动的数字金字塔、数码菱形、横竖折对称方阵、斜折对称方阵与旋转方阵等,最生动、最优雅地展现出数形结合之美。

8.1 三角形填数

图形中填数作为一种智力游戏,形式变化万千,内容广泛深入,深受广大读者喜爱。

本节在填数等边平方三角形和与填数等边积三角形基础上,应用程序设计,进一步构建和积三角形。

8.1.1 等边平方和

先探求一个简单的三角形填数题。

【问题 1】 填数等边平方和三角形。

请把给定的 6 个数字 1,4,7,8,11,13 不重复填入图 8-1 所示的 6 个圈中,使得三角形的 3 条边上 3 个数之平方和相等。

【思考】 配置两两平方和相等。

注意到共顶点的两条边平方和相等,则除顶点之外的另 4 个数中,其中两个数的平方和等于另两个数的平方和。

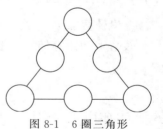

图 8-1 6 圈三角形

因此可在 1,4,7,8,11,13 这 6 个数中配置两两平方和相等:

$$1^2 + 13^2 = 7^2 + 11^2 \tag{8-1-1}$$

$$1^2 + 8^2 = 4^2 + 7^2 \tag{8-1-2}$$

$$4^2 + 13^2 = 8^2 + 11^2 \tag{8-1-3}$$

有趣的是,给出的 6 个数都在以上 3 个等式中出现两次。

注意到式(8-1-1)中缺数字 4 与 8,则可试探以 4 或 8 作为这两条边的公共顶点。

(1) 以数字 4 为公共顶点,以数字 8 为另一条边的中间数,并由式(8-1-2)、式(8-1-3)知另两个顶点为 1 与 11,则得每边平方和为 186 的等边平方和三角形,如图 8-2(a)所示。

(2) 以数字 8 为公共顶点,以数字 4 为另一条边的中间数,并由式(8-1-2)、式(8-1-3)知另两个顶点为 7 与 13,则得每边平方和为 234 的等边平方和三角形,如图 8-2(b)所示。

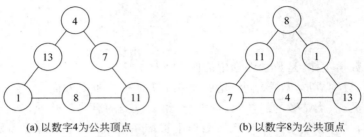

(a) 以数字4为公共顶点　　　　　　(b) 以数字8为公共顶点

图 8-2　等边平方和三角形的两个解

（3）注意到式(8-1-2)中缺数字 11 与 13,则可试探以 11 或 13 作为这两边的公共顶点,所得两个等边平方和三角形即为以上两个解。

（4）同样,式(8-1-3)中缺数字 1 与 7,则可试探以 1 或 7 作为这两边的公共顶点,所得两个等边平方和三角形也为以上两个解。

【编程拓展】　构建基于 n 的等边平方和三角形。

试把给定的正整数 n 分解为 6 个互不相等的正整数(即该 6 个互不相等的正整数之和等于给定整数 n),并填入三角形的 6 个圈中(见图 8-2(a))。

若填数后三角形 3 条边上的 3 个整数的平方和相等(s1),该三角形称为基于 n 的等边平方和三角形。

为避免重复,约定等边平方和三角形中"3 顶点数中,底边左最小,底边右最大"。

键盘输入整数 n(n≥21),探求所有基于 n 的等边平方和三角形。若不存在基于指定 n 的等边平方和三角形,请予以指出。

1. 设计要点

设置 b 数组存储三角形上的 6 个数,如图 8-3 所示。

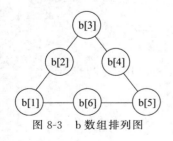

图 8-3　b 数组排列图

（1）建立循环。

建立循环枚举 3 顶点数 b[1],b[3],b[5](约定 b[1]<b[3]<b[5])。

b[1]:1~(n−6)/3,因为其他 3 个数至少为 6,而 b[1] 是 3 顶点数最小者;

b[3]:b[1]+1~(n−b[1]−6)/2,因为其他 3 个数至少为 6,而 b[3]<b[5];

b[5]:b[3]+1~n−b[1]−b[3]−6,因为其他 3 个数至少为 6。

同时设置两斜边中间点 b[2],b[4]循环。

b[2]：1～n−b[1]−b[3]−b[5]−3，因为其他 2 个数至少为 3；

b[4]：1～n−b[1]−b[3]−b[5]−b[2]−1（b[2]与 b[4]之间没有限定大小）。

最后，第 6 个数 b[6]显然为整数 n 减去循环所得的 5 个数。

（2）设置三道检验。

若 b[6]不是正整数，则返回；

若 3 边的平方和 s1,s2,s3 互不相等，则返回；

若分解的 6 个数 b[1]～b[6]中存在重复数，则返回。

凡通过以上三道检测，符合题意要求，则打印输出。

2. 程序设计

```c
//探求基于 n 的等边平方和三角形
#include <stdio.h>
void main()
{   int i,j,k,n,t,s1,s2,s3,b[7];
    printf("  请确定整数 n(n≥21):");scanf("%d",&n);
    k=0;
    for(b[1]=1;b[1]<(n-6)/3;b[1]++)              //设置枚举 3 个顶点数循环
    for(b[3]=b[1]+1;b[3]<=(n-b[1]-6)/2;b[3]++)
    for(b[5]=b[3]+1;b[5]<=n-b[1]-b[3]-6;b[5]++)
    for(b[2]=1;b[2]<=n-b[1]-b[3]-b[5]-3;b[2]++)
    for(b[4]=1;b[4]<=n-b[1]-b[3]-b[5]-b[2]-1;b[4]++)
    {   b[6]=n-b[1]-b[3]-b[5]-b[2]-b[4];
        if(b[6]<=0) continue;                    //检测分解的 6 个数是否为非正数
        s1=(b[1]*b[1]+b[2]*b[2]+b[3]*b[3]);
        s2=(b[1]*b[1]+b[6]*b[6]+b[5]*b[5]);
        s3=(b[3]*b[3]+b[4]*b[4]+b[5]*b[5]);
        if(s1!=s2 ||s1!=s3)   continue;          //检测 3 条边平方和是否相等
        for(t=0,i=1;i<=5;i++)
        for(j=i+1;j<=6;j++)
          if(b[i]==b[j]){t=1;i=5;break;}         //检测是否存在重复数字
        if(t==0)
          { printf(" %2d: %2d",++k,b[1]);
            for(i=2;i<=6;i++)                     //统计解的个数并输出解
              printf(", %2d",b[i]);
            printf("; 每条边平方和:%d\n",s1);
          }
    }
    if(k>0) printf(" 共以上%d 个解。\n",k);
    else  printf(" 无解。\n",k);
}
```

3. 程序运行示例与说明

请确定整数 n(n≥21):100
1: 1, 30, 10, 15, 26, 18;   每条边平方和:1001
2:15, 26, 18, 1, 30, 10;   每条边平方和:1225
共以上 2 个解。

顺便指出,运行程序输入 n=44,输出图 8-2 所示的两个解。而输入 n<44 时均无解。可见,存在基于 n 的等边平方和三角形的 n 最小值是 44。

有意思的是,无论是 n=100,还是 n=44,两个解是一个在三角形上旋转 3 个圈的关系:第一个解顺时针旋转 3 个圈得第二个解,第二个解顺时针旋转 3 个圈得第一个解。

这一解的旋转现象是有趣的,绝非偶然巧合,对任何两个配对解都适用。

不妨以第一个解(1,30,10,15,26,18)为例,简单推出第二个解。

因两条边公共 10,则有

$$1^2 + 30^2 = 26^2 + 15^2 \Rightarrow 18^2 + 1^2 + 30^2 = 15^2 + 26^2 + 18^2$$

因两条边公共 26,则有

$$18^2 + 1^2 = 15^2 + 10^2 \Rightarrow 18^2 + 1^2 + 30^2 = 30^2 + 10^2 + 15^2$$

因而得

$$15^2 + 26^2 + 18^2 = 18^2 + 1^2 + 30^2 = 30^2 + 10^2 + 15^2$$

因而第二个解(15,26,18,1,30,10)成立。

随着 n 的增加,等边平方和的解数大幅增加。例如,对于 n=200 有 22 个解;对于 n=300 有 76 个解。这些解中两两旋转配对。

8.1.2　等边和积三角形

先探求一个简单的填数等边积三角形,然后编程探求和积三角形。

【问题 2】 填数等边积三角形。

请把数字 1,2,3,4,6,8 不重复填入图 8-1 所示的 6 个圈中,使得三角形的 3 条边上 3 个数之积相等,即 b[1]×b[2]×b[3]=b[3]×b[4]×b[5]=b[5]×b[6]×b[1]。

共有多少种不同的填入法(把一填入图经旋转或镜面所成视为同一填入法)?

【思考】 为叙述方便,在 6 个填数位置设置变量如图 8-3 所示。

同时约定三角形的 3 个顶点数 b[1],b[3],b[5] 的大小:下左 b[1] 最小,上顶 b[3] 次之,下右 b[5] 最大,即 b[1]<b[3]<b[5]。

设等边积为 s,注意到 1×2×3×4×6×8=$2^7 \times 3^2$,在计算 3 个等边积时,3 个顶点数算了两次,因而有

$$2^7 \times 3^2 \times b[1] \times b[3] \times b[5] = s^3$$

令 b[1]×b[3]×b[5]=m,要使 m×$2^7 \times 3^2$ 为整数的立方,则 m 为 $2^2 \times 3$ 或 $2^5 \times 3$。

(1) 当 m=$2^2 \times 3$ 时。

取 b[1]=1,b[3]=2,b[5]=6,此时 s=24,推得 b[2]=12 不成立,无解。

取 b[1]=1,b[3]=3,b[5]=4,此时 s=24,得解 1,8,3,2,4,6。

（2）当 m＝$2^5 \times 3$ 时。

取 b[1]＝3，b[3]＝4，b[5]＝8，此时 s＝48，推得 b[2]＝4 与 b[3]重复，无解。

取 b[1]＝2，b[3]＝6，b[5]＝8，此时 s＝48，得解 2,4,6,1,8,3。

共得以下两个解。

1：1，8，3，2，4，6； 每边积：24。

2：2，4，6，1，8，3； 每边积：48。

共两个解，其中第一个解如图 8-4 所示。

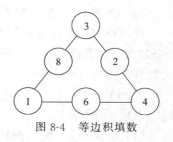

图 8-4 等边积填数

【编程拓展】 构建基于 n 的和积三角形。

在三角形的 3 条边带有 8 个圈，其中两条斜边上各有 4 个圈，底边上有 3 个圈，如图 8-5 所示。请把给定的正整数 n 分解为 8 个互不相等的正整数（即该 8 个互不相等的正整数之和等于给定整数 n），并填入三角形的 8 个圈中。

若填数后三角形 3 条边上的数和相等（s）且 3 条边上的数之积也相等（t），则该三角形称为基于 n 的和积三角形。

为避免重复，约定和积三角形中"底边左小右大，斜边两个中间数字下小上大"。

键盘输入整数 n（n≥36），探求所有基于 n 的和积三角形。若不存在基于指定 n 的和积三角形，请予以指出。

1. 设计要点

这是一个新颖而有难度的数形结合趣题，设计求解分以下几个阶段。

（1）确定数组元素分布。

把和为 n 的 8 个正整数存储于 b 数组 b[1]，b[2]，…，b[8]，分布如图 8-6 所示。为避免重复，根据约定的三角形中数字"底边左小右大，斜边两个中间数字下小上大"的规定，有 b[1]＜b[7]，b[2]＜b[3]，b[6]＜b[5]。

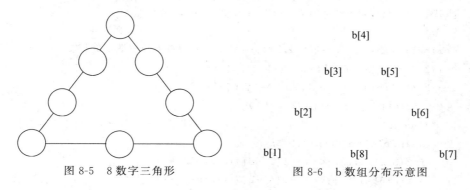

图 8-5 8 数字三角形　　　　　　　图 8-6 b 数组分布示意图

（2）设置枚举循环。

根据约定对 b[1]，b[7]，b[4]的值进行循环探索，设置 b[1]的取值范围为 1～(n－21)/2（因除 b[7]外其他 6 个数之和至少为 21）；b[7]的取值范围为 b[1]＋1～(n－b[1]－21)（因其他 6 个数之和至少为 21）；b[4]的取值范围为 1～(n－b[1]－b[7]－15)

（因其他 5 个数之和至少为 15）。

（3）检测 n+b[1]+b[7]+b[4]是否能被 3 整除。

设和积三角形每条边上的数字之和为 s1，注意到三角形的三个顶点上的元素在计算 3 条边时各计算了两次，即 n+b[1]+b[7]+b[4]=3s。对循环产生的 b[1]，b[4]，b[7]，设置其表达式 n+b[1]+b[7]+b[4]是否能被 3 整除的检测。

若(n+b[1]+b[7]+b[4])%3>0，则返回继续探索；否则，记各条边之和 s=(n+b[1]+b[7]+b[4])/3。

（4）设置 b[3]，b[5]循环。

注意到 b[2]<b[3]，则 b[2]的取值范围为 1～(s−b[1]−b[4])/2；同时，b[6]<b[5]，则 b[6]的取值范围为 1～(s−b[4]−b[7])/2。

同时根据各条边之和为 s，计算出 b[3]，b[5]和 b[8]：

b[3]=s−b[1]−b[4]−b[2]

b[5]=s−b[4]−b[6]−b[7]

b[8]=s−b[1]−b[7]

（5）检测是否存在相同元素。

设置双重循环，检测 b[1]～b[8]是否相同。如果存在相同元素，则返回。

（6）检测是否满足 3 条边之积相等。

如果 3 条边之积不相等，则返回。

通过以上阶段(5)和(6)的检测后，输出和积三角形。

2. 和积三角形程序设计

```
//探求基于 n 的和积三角形
#include <stdio.h>
void main()
{   int d,i,j,k,s,n,b[9]; long t;
    printf("  请确定整数 n(n≥36):");scanf("%d",&n);
    k=0;
    for(b[1]=1;b[1]<=(n-21)/2;b[1]++)          //设置循环枚举 3 角上数
    for(b[7]=b[1]+1;b[7]<=n-b[1]-21;b[7]++)
    for(b[4]=1;b[4]<=n-b[1]-b[7]-15;b[4]++)
      {  if((n+b[1]+b[4]+b[7])%3!=0)
           continue;                                 //检测 n+b[1]+b[7]+b[4] 能否被 3 整除
        s=(n+b[1]+b[4]+b[7])/3;
        for(b[2]=1;b[2]<=(s-b[1]-b[4])/2;b[2]++)
        for(b[6]=1;b[6]<=(s-b[4]-b[7])/2;b[6]++)
          {  b[3]=s-b[1]-b[4]-b[2];b[5]=s-b[4]-b[7]-b[6];
            b[8]=s-b[1]-b[7]; d=0;
            for(i=1;i<=7;i++)
            for(j=i+1;j<=8;j++)
              if(b[i]==b[j]) {d=1;i=7;break; }
```

```
            if(d==1)  continue;              //存在重复数字则返回
            t=b[1] * b[2] * b[3] * b[4];
            if(b[4] * b[5] * b[6] * b[7]!=t || b[1] * b[8] * b[7]!=t)
              continue;                      //3条边之积不相等则返回
            printf("  %d: %2d",++k,b[1]);  //统计解的个数并输出解
            for(i=2;i<=8;i++)
              printf(", %2d",b[i]);
            printf("  s=%d, t=%ld \n",s,t);
          }
        }
    if(k>0) printf("  共以上%d个解。\n",k);
    else  printf("  无解。\n",k);
}
```

3. 程序运行示例与变通

请确定整数 n(n≥36):45
1: 2, 8, 9, 1, 4, 3, 12, 6 s=20, t=144
共以上 1 个解。

此和积三角形如图 8-7 所示。

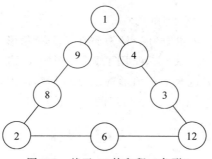

图 8-7　基于 45 的和积三角形

如果输入 n＝36~44,没有解输出。可见 n 至少为 45 时,才出现和积三角形。

请确定整数 n(n≥36):150
1: 12, 24, 28, 1, 18, 14, 32, 21 s=65, t=8064
2: 15, 7, 38, 2, 35, 6, 19, 28 s=62, t=7980
共以上 2 个解。

以上两个基于 150 的和积三角形中,把给出的 n＝150 分解为 8 个数,填入三角形的 8 个圈,构建的和积三角形的 3 条边上的数和相等,同时积也相等,从一个侧面展现了数形结合精巧之美。

8.2 爱因斯坦填数题

著名物理学家爱因斯坦有很多小故事,据称下面是爱因斯坦做过的一道颇为复杂有趣的填数题。

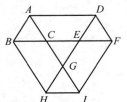

图 8-8 中共有 9 个交点 $A \sim I$,含 7 个不同的三角形: $\triangle ABC$, $\triangle DEF$, $\triangle CEG$, $\triangle GHI$, $\triangle ADG$, $\triangle BEH$ 与 $\triangle CFI$,请把数字 $1,2,\cdots,9$ 不重复填入图中的 9 个交点,使得图中 7 个三角形的 3 个顶点数字之和相等。

图 8-8 9 交点 7 三角形填数

1. 问题拓展

上题具体给出了填数的 9 个数字,为一般计,拓展为给定一个整数 n,把整数 n 分解为 9 个互不相同的整数。然后把分解的 9 个数字不重复填入图 8-8 中的 9 个交点,使得图 8-8 中 7 个三角形的 3 个顶点数字之和均相等。

输入整数 n,输出把 n 分解的 9 个整数填数的所有不同的填法。(为避免重复,约定中央 3 个交点 $C < E < G$)

2. 填数设计要点

为设计比较方便,把图 8-8 中的 9 个交点用 b 数组元素 $b[1] \sim b[9]$ 表示,如图 8-9 所示。

(1) 求出三角形 3 顶点数字之和。

设三角形 3 个顶点数字之和均为 s,注意到在 7 个三角形求和时,中央三角形的 3 个顶点 C,E,G 用了 3 次(例如 C 点是 $\triangle ABC$, $\triangle CEG$ 与 $\triangle CFI$ 这 3 个三角形的顶点),其他顶点用了两次,而 $b[4],b[5],b[7]$ 为一个三角形的 3 个顶点,即

$b[4]+b[5]+b[7]=s$

$7s=2n+s$

$s=n/3$

图 8-9 9 交点元素分布图

即得输入的整数 n 必须为 3 的倍数,否则没有填数解。

(2) 枚举初定中央三角形。

根据中央 3 个交点大小的约定: $b[4] < b[5] < b[7]$,枚举 $b[4],b[5]$,并据 s 表达式求出 $b[7]$。

(3) 枚举 $b[1]$,据 s 求出其他 5 个交点的值。

(4) 设置三道检测。

若数字超界,即 $b[j] < 1(j=1,2,\cdots,9)$,则返回;

若最底三角形之和 $b[7]+b[8]+b[9] \neq s$,则返回;(其他 6 个三角形之和均为 s)

若分解的 9 个整数之间出现相等,则返回。

(5) 通过以上三道检测即为一个填数字解,用 m 统计个数并输出。

3. 程序设计

```c
//拓展爱因斯坦的填数题
#include <stdio.h>
void main()
{   int k,j,t,m,n,s,b[10];
    printf("  请输入整数 n:");scanf("%d",&n);
    if(n%3>0) { printf("  无填数解。\n"); return;}
    m=0; s=n/3;
    for(b[4]=1;b[4]<=(s-3)/3;b[4]++)                        //设置循环枚举
    for(b[5]=b[4]+1;b[5]<=(s-b[4]-1)/2;b[5]++)
    {   b[7]=s-b[4]-b[5];
        if(b[7]<=b[5])  continue;
        for(b[1]=1;b[1]<=s-3;b[1]++)
        {   b[2]=s-b[1]-b[7]; b[6]=s-b[2]-b[5];
            b[3]=s-b[1]-b[4]; b[8]=s-b[3]-b[5];
            b[9]=s-b[6]-b[4];
            for(t=0,j=1;j<=9;j++)                           //数字超界返回
              if(b[j]<1) {t=1; break;}
            if(t==1 || b[7]+b[8]+b[9]!=s) continue;          //存在三角形和不等时返回
            for(t=0,k=1;k<=8;k++)
            for(j=k+1;j<=9;j++)                              //存在相同数字返回
              if(b[k]==b[j]) {t=1;k=8;break;}
            if(t==1)   continue;
            printf("  %d: %2d",++m,b[1]);                    //统计解的个数并输出解
            for(j=2;j<=9;j++)
              printf(", %2d",b[j]);
            printf("\n");
        }
    }
    printf("  共以上%d个填数解。\n",m);
}
```

4. 程序运行结果

```
请输入整数 n:45
   1:   4,   3,   9,   2,   5,   7,   8,   1,   6
   2:   6,   1,   7,   2,   5,   9,   8,   3,   4
   3:   2,   7,   9,   4,   5,   3,   6,   1,   8
   4:   8,   1,   3,   4,   5,   9,   6,   7,   2
共以上 4 个填数解。
```

把 45 分解为 9 个互不相等的正整数,这 9 个正整数即为 1,2,…,9,因而以上运行所得结果即为前面爱因斯坦填数题的 4 个解。其中第 1 个解的图形如图 8-10 所示。

所得 4 个解的第 5 个数字均为数字 5,这纯属巧合。

若输入 n=60,可得符合要求的 20 个填数解。

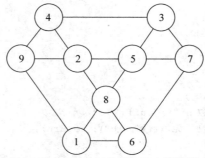

图 8-10　7 个三角形顶点等和填数图

8.3　立方体填数

前面的填数图形都是平面的，本节进一步探索在立体图形上填数。在三维立体上填数涉及相关的各面，因而要求更高，也更为有趣。

在最简单的立方体的 8 个顶角上填数：

使立方体的 6 个面上的 4 个角数字之和相等，称为面等和问题；

使立方体的 6 个面上的 4 个角数字之积相等，称为面等积问题。

如果要求在立方体的 8 个顶角上填素数，使立方体的 6 个面上的 4 个素数之和相等，称为素数面等和问题。

下面分别探讨这几个立方体填数问题。

8.3.1　基于拆分的面等和

首先看网上流行的一个填数问题的求解。

【问题 1】　试把数字 1，2，3，4，5，6，7，8 分别填在立方体的 8 个顶角上，使立方体的 6 个面上 4 个角的数字和都相等。

问共有多少个不同的填数解（一个满足要求填数解的各种翻转属于同一个解，下同）？

【探求】　注意到这 8 个数字之和为 36，每个数字属于不同的 3 个面，因而若 6 个面上 4 个角的数字之和都等于 s，则有

$$s = 3 \times 36/6 = 18$$

为避免解的重复与遗漏，考察与数字 1 通过 3 条棱相连的 3 个数字：不同的 3 个数字属于不同的解。一个填数解的各种翻转，与数字 1 相连的 3 个数字不会改变。

为书写方便，把与数字 1 及通过棱相连的 3 个数字按升序写为 4 位数。

如 4 位数 1278，代表一种填数解，表示与数字 1 通过棱相连的 3 个数字分别为 2，7，8。无论立方体怎样翻转，1278 不会改变。

下面试按以 1 开头的 4 位数升序穷举探求。

（1）若 4 位数以 12 开头。

如果与数字 1 相连的 3 个数字中存在两个数字之和小于 9，则这两个数字与 1 组成的面的数字和显然要小于 18，应予排除。

例如，4 位数为 1268，由数字 1，2，6 组成的面简记为 126，这 3 个数字之和为 9，因该

面另一个数字不超过 8,显然该面数字和小于 18,予以排除。

由此可见以 12 开头的 4 位数只有 1278。

注意到 1278 中的 2,7,8 不共面,其中数字 8 与 127 面所需要的数字 8 出现重复矛盾,予以排除。

(2) 若 4 位数以 13 开头。

对于 $135x$(x 为其他任一数字),显然 135 面的数字和小于 18,排除。

对于 1367 与 1378,其中数字 7 与 137 面所需要的数字 7 重复矛盾。

对于 1368,其中数字 8 与 136 面所需要的数字 8 重复矛盾。

(3) 若 4 位数以 14 开头。

对于 1456,其中数字 6 与 156 面所需要的数字 6 重复矛盾。

对于 1457,其中数字 5 与 157 面所需要的数字 5 重复矛盾。

对于 1458,其中数字 4 与 158 面所需要的数字 4 重复矛盾。

对于 1467,其中数字 4 与 167 面所需要的数字 4 重复矛盾。

对于 1468,在 146 面填 7;在 148 面填 5;在 168 面填 3;剩下一个顶点填 2。经检验满足立方体 6 面等和要求,填数解 1468 如图 8-11(a)所示。

对于 1478,在 147 面填 6;在 148 面填 5;在 178 面填 2;剩下一个顶点填 3。经检验满足立方体 6 面等和要求,填数解 1478 如图 8-11(b)所示。

(4) 若 4 位数以 15 开头。

对于 1567 与 1578,其中数字 5 与 157 面所需要的数字 5 重复矛盾。

对于 1568,其中数字 6 与 156 面所需要的数字 6 重复矛盾。

(5) 若 4 位数以 16 开头。

对于 1678,在 167 面填 4;在 168 面填 3;在 178 面填 2;剩下一个顶点填 5。经检验满足立方体 6 面等和要求,填数解 1678 如图 8-11(c)所示。

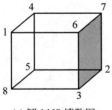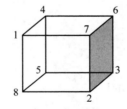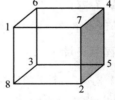

(a) 解 1468 填数图   (b) 解 1478 填数图   (c) 解 1678 填数图

图 8-11　立方体 8 角填数图

穷举完毕,问题共有以上 3 个不同的填数解:1468;1478;1678。

【拓展编程】 基于拆分的填数面等和。

给定一个整数 n,试把整数 n 拆分为 8 个互不相同的正整数(即 8 个互不相等的正整数之和为 n)。然后把拆分的 8 个正整数不重复填入立方体的 8 个顶角,使立方体的 6 个面上 4 个角的整数之和相等。

输入整数 $n(n \geqslant 36)$,输出基于整数 n 拆分的面等和立方体所有不同的填数解。

1. 填数设计要点

（1）求出立方体每个面整数之和。

因拆分所得 8 个整数之和为 n，每个整数为 3 个面公共，设 6 个面的面等和为 s，则

$$s＝3×n/6＝n/2$$

可知填数有解的必要条件为整数 n 是偶数。

（2）设置数组变量。

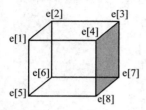

图 8-12　立方体 8 角数组定位

设置 e 数组，e[1]～e[8] 存储 8 个顶点的位置如图 8-12 所示。

约定 e[1] 是 8 个数中最小数，与最小数 e[1] 通过棱相连的 3 个数为 e[2]，e[4]，e[5]，且 e[2]＜e[4]＜e[5]。

（3）设置枚举循环。

设置四重循环枚举 e[1]，e[2]，e[4]，e[5]，满足 e[1]＜e[2]＜e[4]＜e[5]。

注意到 e[1] 最小，则 e[1] 循环起点为 1；e[1] 所在面另 3 个数之和至少为 9，则循环终点可设置为 n/2－9。

依次类推 e[2] 循环起点为 e[1]＋1，e[4] 循环起点为 e[2]＋1，e[5] 循环起点为 e[4]＋1，确定各循环的终点。

同时，根据 e[1]，e[2]，e[4]，e[5] 及面等和为 n/2，推出 e[3]，e[6]，e[7] 与 e[8]。

（4）设置三道检测。

若数字超界，即 e[j]＜＝e[1]（j＝3,6,7,8），则返回；

若含 e[7] 的另两个面之和不等于 n/2，则返回；

设置双循环比较 e[1]～e[8]，若出现任两数相等（记 g＝1），则返回。

（5）通过以上三道检测即为一个面等和填数解，依次输出填数解的 8 个整数，用 k 统计填数解个数。

最后，若 k＝0，输出"无填数解。"

2. 程序设计

```
//探求基于 n 拆分的填数面等和立方体
#include<stdio.h>
void main()
{ int g,i,j,k,n,s,e[10];
  printf("  请确定偶数n(n≥36):");scanf("%d",&n);
  k=0;
  for(e[1]=1;e[1]<=n/2-9;e[1]++)             //设置循环枚举最小数 e[1]
  for(e[2]=e[1]+1;e[2]<=n/2-7;e[2]++)        //设置循环枚举与 e[1] 相连的 3 个数
  for(e[4]=e[2]+1;e[4]<=n/2-5;e[4]++)
  for(e[5]=e[4]+1;e[5]<=n/2-9;e[5]++)
    { s=e[1]+e[2]+e[4]+e[5];
      e[3]=n/2-(e[1]+e[2]+e[4]);             //填 4 个数分别使 4 个面之和为 s/2
      e[6]=n/2-(e[1]+e[2]+e[5]);
```

```
e[8]=n/2-(e[1]+e[4]+e[5]);
e[7]=n/2-(e[5]+e[6]+e[8]);
if(e[3]<=e[1] || e[6]<=e[1] || e[7]<=e[1] || e[8]<=e[1]) continue;
if(e[3]+e[4]+e[7]+e[8]!=n/2) continue;          //设置四重检测判别
if(e[2]+e[3]+e[6]+e[7]!=n/2) continue;
if(s+e[3]+e[6]+e[7]+e[8]!=n) continue;
for(g=0,i=1;i<=7;i++)                            //检验是否存在相同数
  for(j=i+1;j<=8;j++)
    if(e[i]==e[j]) {g=1;i=8;break;}
if(g==0)
    { printf("  %d: %d",++k,e[1]);               //统计解的个数并输出解
      for(i=2;i<=8;i++)
        printf(", %d",e[i]);
      printf("\n");
    }
}
if(k>0) printf("  共以上%d个解。\n",k);
else  printf("  无填数解。\n");
}
```

3. 程序运行结果与说明

```
请确定偶数 n(n≥36):40
1: 1, 4, 9, 6, 10, 5, 2, 3
2: 1, 4, 8, 7, 9, 6, 2, 3
3: 1, 4, 8, 7, 10, 5, 3, 2
4: 1, 4, 7, 8, 9, 6, 3, 2
5: 1, 5, 8, 6, 11, 3, 4, 2
6: 1, 7, 4, 8, 9, 3, 6, 2
共以上 6 个解。
```

把 40 分解为 8 个互不相等的正整数,以上运行结果为满足面等和为 20 的共 6 个解。其中第 6 个解的图形如图 8-13 所示。

若输入 n=60,可得符合要求的 138 个填数解。

若输入 n=36,可得前面推算出的 3 个填数解。

若输入 n<36,输出"无填数解。"

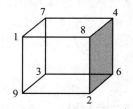

图 8-13 第 6 个解的填数图

8.3.2 素数面等和立方体

如果进一步要求在立方体的 8 个顶角填素数,存在素数面等和立方体吗?

【问题 2】 试寻求 8 个 100 以内的素数分别填在立方体的 8 个顶角上,使立方体的 6 个面上 4 个角的素数之和相等。

【探求】 分以下 4 个步骤探求。

（1）着眼搜寻两两之和相等的素数对。

注意到面等和填数解不共面的两条平行棱上的两个数之和相等，因而在 100 以内的素数中寻求 8 个素数，分成两组，每组两对素数之和相等。

例如：3,13；5,11（每对素数之和为 16）；17,31；19,29（每对素数之和为 48）。

（2）把素数对竖立为立方体两条竖棱。

把其中一组两对素数竖立为立方体的不共面的两条竖棱，例如（3,13）为一条竖棱，（5,11）为不共面的另一条竖棱。

把另一组两对素数做相同安排，（17,31）为一条竖棱，（19,29）为不共面的另一条竖棱。

这样竖立 4 条竖棱，显然立方体的前、后、左、右 4 个面上各数之和都为 16＋48＝64。

（3）调整 4 条竖棱上、下两端数使上、下两个面等和。

调整 4 条竖棱上、下两端数，使上、下两个面各数之和也相等（在同一条竖棱做上、下调整，不影响前、后、左、右 4 个面等和），注意到

$$3＋11＋19＋31＝64$$

则把 3,11,19,31 调整到 4 条竖棱的上端，使立方体的上、下两个面之和也等于 64。

（4）完成素数面等和立方体填数。

填数如图 8-14 所示，8 个 100 以内的素数分别填在立方体的 8 个顶角上，满足立方体 6 个面 4 个角数之和均为 64。

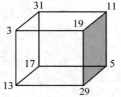

图 8-14　素数面等和立方体图

注意，若关键的步骤（3）中 4 条竖棱上、下两端调整不成功，不能满足上、下两个面等和，则需重新寻找两组两对等和素数对再试。

【编程拓展】　在指定区间内搜寻素数构建面等和立方体。

给定一个正整数区间[m,n]，并给定面等和的上限 h，在区间[m,n]内寻找 8 个互不相等的素数，然后把这 8 个素数不重复地填入立方体的 8 个顶角，使立方体 6 个面上 4 个角的素数之和都相等，且面等和不超过指定上限 h。

输入正整数区间 m,n 及面等和上限 h，输出该区间上素数构建面等和不超过指定上限 h 的素数面等和立方体。

1. 填数设计要点

注意到成等差数列的 8 个素数按图 8-14 所示顺序填入可构建素数面等和立方体。但成等差数列的 8 个素数通常都比较大，且往往不一定在指定区间。

如果存在 4 对素数，只要每对素数之差相同，就可以构建素数面等和立方体，这一思路为简化构建提供了新的切入点。

（1）数学建模。

注意到在区间[m,n]内，只要 m,n 相距较大，存在相差等距的 4 对素数会比较多。

设相差都为 d 的 4 对素数中的较小素数分别为 a,b,c,e（约定 a＜b＜c＜e），按图 8-15 填入立方体。

显然，立方体 6 个面的 4 个素数之和均为 a＋b＋c＋e＋2d。

（2）设置数组变量。

设置 e 数组，变量 e[1]～e[8] 存储 8 个顶点的数，e 数组的各个变量的位置如图 8-12 所示。图 8-15 与模型图 8-12 相对照，则

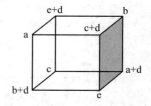

图 8-15 素数面等和填数模型

$$e[1]<-a, e[3]<-b, e[6]<-c, e[8]<-e$$

同对的另一个素数在该素数位置的立方体对角线另一端。

（3）搜寻并标注区间内的素数。

应用通常的试商检测法，把区间 [m,n]（约定 m 为奇数）内的素数存储到 p 数组。当整数 i 为素数时，标注"p[i]=1;"。

（4）枚举搜索相差为 d 的 4 对素数。

设每对素数相差为 d，设置 d 枚举循环（d=2,4,6,8…）。

设置 i 循环枚举相差都为 d 的素数对（i=m,m+2,m+4…）。

若 p[i]*p[i+d]=1，则找到较小素数为 i，相差为 d 的素数对（i,i+d）。

为确保不重复，找到素数对（i,i+d）之后，提升 i=i+d，继续循环往后寻找。

（5）给 e 数组赋值。

设置变量 k（初值 k=0），在每找到相差为 d 的素数对后，k++ 增 1，以识别第 k（1～4）对素数。

当 k%4=1 时，即为第 1 对相差为 d 的素数对，素数 i 即首项 a，按数模赋值：

e[1]=i; e[7]=i+d;

当 k%4=2 时，即为第 2 对相差为 d 的素数对，素数 i 即首项 b，按数模赋值：

e[3]=i; e[5]=i+d;

当 k%4=3 时，即为第 3 对相差为 d 的素数对，素数 i 即首项 c，按数模赋值：

e[6]=i; e[4]=i+d;

当 k%4=4 时，即为第 4 对相差为 d 的素数对，素数 i 即首项 e，按数模赋值：

e[8]=i; e[2]=i+d;

即打印输出一个填数解之后，赋值"k=3;"，这样可保留前 3 对素数，只要再找到一对相差为 d 的素数时，即充当第 4 对素数产生一个填数解。

（6）检测并输出。

为确保不出现相同素数，设置双重循环比较 e[1]～e[8]，若出现相同时（记 g=1），则返回。

若 e[1]～e[8] 不存在重复（保持 g=0），且面等和不超过上限（s/2<=h），即得到一个素数面等和填数解，依次输出填数解的 8 个整数，并用 f 统计填数解个数。

最后，若 f=0，（当区间距离 n-m 不够大时可能不能构建）则输出"无填数解。"

2. 程序设计

//区间 [m,n] 上的素数构建面等和立方体

```
#include <stdio.h>
#include <math.h>
void main()
  { int d,f,g,h,i,j,k,m,n,s,t,z,e[10],p[10000];
    printf("  请输入区间 m,n: "); scanf("%d,%d",&m,&n);
    printf("  请输入面等和上限: "); scanf("%d",&h);
    if(m%2==0) m++;                               }//确保 m 为奇数
    f=0;
    for(i=m;i<=n;i=i+2)
      { t=0;z=(int)sqrt(i);
        for(j=3;j<=z;j=j+2)                       //试商判别法检测素数
          if(i%j==0) {t=1;break;}
        if(t==0) p[i]=1;                          //i 为素数时标记 p[i]=1
      }
    for(d=2;d<=(n-m)/3;d=d+2)                      //双重 d,i 枚举
    { for(k=0,s=0,i=m;i<=n-12;i=i+2)
      if(p[i]*p[i+d]==1)                           //找到公差为 d 的两个素数
        { k++;
          if(k%4==1)
          { e[1]=i;e[7]=i+d;s=s+2*i+d;i=i+d; }     //第 1 对相差为 d 的素数对赋值
        else if(k%4==2)
          { e[3]=i;e[5]=i+d;s=s+2*i+d;i=i+d; }     //第 2 对相差为 d 的素数对赋值
        else if(k%4==3)
          { e[6]=i;e[4]=i+d;s=s+2*i+d;i=i+d; }     //第 3 对相差为 d 的素数对赋值
        else if(k%4==0)
          { e[8]=i;e[2]=i+d;                       //第 4 对相差为 d 的素数对赋值
          s=s+2*i+d;i=i+d; k=3;
          for(g=0,j=1;j<=7;j++)
          for(t=j+1;t<=8;t++)                      //比较是否存在重复项
            if(e[j]==e[t]){g=1;j=8;break;}
          if(g==0 && s/2<=h)
          { printf("  %d: %d",++f,e[1]);           //统计解的个数并输出解
            for(j=2;j<=8;j++)
              printf(", %d",e[j]);
            printf("\n    公差为%d,面等和为%d。\n",d,s/2);
          }
        }
      }
    }
    if(f>0) printf("  共构建以上%d个素数面等和立方体。\n",f);
    else  printf("  无填数解。\n");
}
```

3. 程序运行示例与说明

```
请输入区间 m,n: 3,100
请输入面等和上限:100
    1: 3, 31, 11, 19, 13, 17, 5, 29
        公差为 2,面等和为 64。
    2: 3, 41, 13, 23, 17, 19, 7, 37
        公差为 4,面等和为 80。
    3: 5, 37, 13, 29, 19, 23, 11, 31
        公差为 6,面等和为 84。
共构建以上 3 个素数面等和立方体。
```

本程序构建的素数面等和立方体是按数学模型图 8-15 构建的,并不包括应用其他方法或模型构建的素数面等和立方体。

其中第 1 个解的素数面等和立方体如图 8-14 所示,其面等和为 64。64 可能是面等和最小的素数面等和立方体。

当区间间距足够大时,同一个 d 值可构建多个素数面等和立方体。

当区间间距不够大时,可能无法构建($f=0$)素数面等和立方体。

8.3.3 面等积立方体

面等积立方体填数与面等和立方体的解息息相关。

事实上,以任意大于 1 的正整数作为底数,把面等和的解作为指数,所形成的幂填在指数相同的位置,即为一个相对应的面等积填数解。

道理很简单,若指数和相等,则同底幂之积相等。

这些借用面等和推得面等积的解,称为面等积的平凡解。面等积的平凡解形式较为单调,且面等积的数值非常庞大。

我们需要探求面等积立方体的非平凡填数解,先看一个简单实例。

【问题 3】 试把 90 拆分成 8 个互不相等的正整数(即 8 个互不相等的正整数之和为 90),把这 8 个数填在立方体的 8 个顶点上,使立方体 6 个面的 4 个角数之积相等。

【探求】 面等积问题有解,则拆分的 8 个数中的质因数(2,3,5,7 等)需要成对出现,即每一质因数的个数必须是偶数。

试想,若只有一个质因数 5,不管含 5 的整数填在哪个顶点,都只有 3 个面含 5 因子,另 3 个面不含 5 因子,面等积就不成立。

所分 8 个数从数 1 开始,考虑到相乘组合的多样性,尽可能分成 2 的幂 2,4,8,16,32 等。除初选 1,2,4,8,16,32 这 6 个数外,还需要两个数。

这两个数中若有一个数含 2 以外的一个因子 d,则另一个数也得含 d 因子。2 以外的因子 d 最小可取 3,不妨设第 7 个数为 3。

统计已选的 2,4,8,16,32 所含 2 因子的个数为 15,则含 3 因子的第 8 个数中需含奇数个 2 因子,即可取 6,24,96 等。

注意到取 24 时,8 个数的和恰为 $1+2+4+8+16+32+3+24=90$。

试把这8个数分布在立方体的8个顶角。

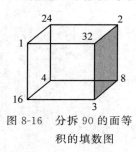

图 8-16　分拆 90 的面等积的填数图

（1）含 3 因子的 3 与 24 须填写在立方体的某一对角顶点。

（2）这 8 个数中 2 因子共 18 个，每个面需含 9 个 2 因子。按图 8-16 填数满足面等积（$3×2^9$）要求。

【编程拓展】　搜索和在给定区间的面等积填数解。

给定一个正整数区间 $[m,n]$，试找出 8 个互不相等的正整数，其和处于区间 $[m,n]$。然后把这 8 个正整数不重复地填入立方体的 8 个顶角，使立方体 6 个面上 4 个角的整数之积相等。

输入正整数 m,n，输出 8 个数之和处于 $[m,n]$ 的面等积立方体的所有不同填数解。

1. 填数设计要点

之所以未要求如面等和一样把 n 拆分，是考虑到通常整数 n 分解的 8 个数往往不满足面等积要求，因而条件放宽到"找出 8 个互不相等的正整数，其和处于区间 $[m,n]$"。

（1）数学建模。

为降低所填写数及面等积的数值，拟把 8 个数中的最小数定为 1。

① 建立 2 元模型。

试确定两个大于 1 的正整数 $a,b(a<b)$，按图 8-17(a)所示的关于 a,b 的 2 元模型，可确保面等积 $t=a^6b^2$，所填 8 个数之和为 $s=(1+b)(1+a+a^2+a^3)$。

② 建立 3 元模型。

试确定 3 个大于 1 的正整数 $a,b,c(a<b<c)$，按图 8-17(b)所示的关于 a,b,c 的 3 元模型，可确保面等积 $t=a^4bc$，所填 8 个数之和为 $s=(1+a)(1+b+c+a^2)$。

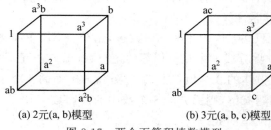

(a) 2 元(a, b)模型　　　　(b) 3 元(a, b, c)模型

图 8-17　两个面等积填数模型

若 $c<a^2b$，则 3 元模型面等积数值比 2 元模型要小，且其选取更为多样。下面按 3 元模型设计程序求解面等积填数问题。

（2）设置数组变量。

设置 e 数组，变量 $e[1]\sim e[8]$ 存储 8 个顶点的数，约定 $e[1]=1$，各个变量的位置同样如图 8-12 所示。

根据与模型图 8-17 对照，在 $a,b,c(1<a<b<c)$ 中，a 为 $e[7]$，b 为 $e[3]$，c 为 $e[8]$。

（3）设置枚举循环。

设置三重循环枚举，满足 $1<e[7]<e[3]<e[8]$。

注意到 a＝e[7]最小,设置 e[7]循环起点为 2,循环终点为 n/36;

设置 b＝e[3] 循环起点为 e[7]＋1,循环终点为(n/(1＋e[7])－(2＋e[7]＊e[7]))/2;

设置 c＝e[8] 循环起点为 e[3]＋1,循环终点为 n/(1＋e[7])－(1＋e[3]＋e[7]＊e[7])。

其他 4 个变量,根据模型 ac－＞e[2],a³－＞e[4],ab－＞e[5],a²－＞e[6],用以上循环产生的 a,b,c 这 3 个变量表达式进行相应赋值。

(4) 设置两道检测。

计算所产生的 8 个数之和 s＝(1＋a)(1＋b＋c＋a²)＝(1＋e[7])＊(1＋e[3]＋e[8]＋e[7]＊e[7]);

若 s＜m 或 s＞n,即数字和超界,则返回;

设置双循环比较 e[1]～e[8],若出现任意两数相等(记 g＝1),则返回。

(5) 通过以上两道检测即为一个面等积填数解,依次输出填数解的 8 个整数,并用变量 k 统计填数解个数。

最后,若 k＝0,输出"尚未找到填数解。"

2. 程序设计

```
//探求和处于指定区间的面等积立方体
#include<stdio.h>
#include<math.h>
void main()
  { int f,g,i,j,k,m,n,s,e[10];
   printf("  请确定区间 m,n(m≥36):");scanf("%d,%d",&m,&n);
   k=0;e[1]=1;
   for(e[7]=2;e[7]<=(int)sqrt(sqrt(n));e[7]++)          //循环枚举最小种子数 a(e[7])
   for(e[3]=e[7]+1;e[3]<=(n/(1+e[7])-(2+e[7]*e[7]))/2;e[3]++)
                                                        //循环枚举另一个种子数 b(e[3])
   for(e[8]=e[3]+1;e[8]<=n/(1+e[7])-(1+e[3]+e[7]*e[7]);e[8]++)
                                                        //循环枚举第三个种子数 c(e[8])
     { s=(1+e[7])*(1+e[3]+e[8]+e[7]*e[7]);
       if(s>=m && s<=n)                                 //判别 8 个数之和在[m,n]中
       { e[2]=e[7]*e[8]; e[4]=e[7]*e[7]*e[7];           //据模型给余下的 4 个数赋值
         e[5]=e[3]*e[7];e[6]=e[7]*e[7];
         for(g=0,i=1;i<=7;i++)                          //检验 8 个数中是否存在相同数
         for(j=i+1;j<=8;j++)
           if(e[i]==e[j]) {g=1;i=8;break;}
         if(g==0)
           { printf("  %d:8 个数之和为%d,",++k,s);
             printf("每面 4 个数之积都为%d。\n",e[6]*e[6]*e[3]*e[8]);
             printf("  所填 8 个数依次为%d",e[1]);
```

```
                for(i=2;i<=8;i++)                    //统计解的个数并输出解
                    printf(", %d",e[i]);
                printf("\n");
                }
            }
        }
        if(k>0) printf("  构建出以上%d个解。\n",k);
        else  printf("尚未找到填数解。\n");
}
```

3. 程序运行示例与说明

请确定区间 m,n(m≥36):36,50
1:8 个数之和为 39,每面 4 个数之积都为 240。
所填 8 个数依次为 1, 10, 3, 8, 6, 4, 2, 5
2:8 个数之和为 45,每面 4 个数之积都为 336。
所填 8 个数依次为 1, 14, 3, 8, 6, 4, 2, 7
3:8 个数之和为 48,每面 4 个数之积都为 480。
所填 8 个数依次为 1, 12, 5, 8, 10, 4, 2, 6
构建出以上 3 个解。

其中第 1 个解的面等积填数如图 8-18 所示。

（1）图 8-18 所示面等积立方体填数解,所填 8 个
数之和为 39,所得 6 个面的面等积为 240,是所有面等
积填数解中面等积最小解。

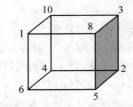

证明：图 8-18 所示面等积立方体填数解的 8 个
数为 1,2,3,4,5,6,8,10,在前 10 个正整数中缺少 7 与
9。如果存在更优的填数解,只有以下两个可能。

图 8-18　第 1 个解的面等积填数图

① 用数字 7 替换比它大的数 8 或 10。这一替换
后只有一个 7 因子,显然不可能满足面等积的要求。

② 用数字 9 替换比它大的数 10。这一替换后只剩下一个 5 因子,显然也不可能满足
面等积的要求。

所以,图 8-18 所示面等积立方体填数解是最优解(8 个数之和最小,且 8 个数之积最
小)。

（2）不存在立方体面等和同时又面等积的填数解。

证明：试任找两条既不共点又不共面的平等棱(如图 8-18 中的 6—5,10—3),设一条
棱的两端数为 p,q;另一条棱的两端数为 u,v。

为实现面等和,则有

$$p+q=u+v \tag{8-3-1}$$

为实现面等积,则有

$$pq=uv \tag{8-3-2}$$

由式(8-3-1),不妨设 $p>u>v>q,p=u+d(d>0)$,则有

$$q = v - d$$

因而得

$$pq = (u+d)(v-d) = uv - (u-v)d - d^2 < uv$$

与式(8-3-2)矛盾。

因而证得：不存在立方体面等和同时又面等积的填数解。

同理可证：不存在立方体面等和同时又面等平方和的填数解。即不存在立方体 6 个面上的 4 个数之和相等，同时 6 个面上的 4 个数之平方和也相等的立方体。

8.4 数形结合巧求最值

数形结合不仅可使图增色形添彩，有时还是一种简化问题求解的转换手段。

本节应用数形结合巧求一类涉及两个根号和与差函数的最值。

【问题】 已知关于实数 x 的函数为

$$y_1 = \sqrt{x^2 - 2x + 10} + \sqrt{x^2 + 4x + 5} \qquad (8\text{-}4\text{-}1)$$

$$y_2 = \sqrt{x^2 - 2x + 10} - \sqrt{x^2 + 4x + 5} \qquad (8\text{-}4\text{-}2)$$

试求 y_1 的最小值与 y_2 的最大值。

【思考】 把根号转换成线段，把式转换成形，是简化求解的关键。

根据这两个函数的结构特点，联想到两个根号相当于两条线段的长，可考虑应用数形结合简化最值的探求过程。

对函数式进行简单变形，有

$$y_1 = \sqrt{(x-1)^2 + 3^3} + \sqrt{(x+2)^2 + 1} \qquad (8\text{-}4\text{-}3)$$

$$y_2 = \sqrt{(x-1)^2 + 3^2} - \sqrt{(x+2)^2 + 1} \qquad (8\text{-}4\text{-}4)$$

在直角坐标系中，设 x 轴上动点 P 的坐标为 $P(x,0)$，另两个定点 $A(1,3)$，$B(-2,1)$，如图 8-19 所示。

显然

$$PA = \sqrt{(x-1)^2 + 3^2}$$

$$PB = \sqrt{(x+2)^2 + 1}$$

因而

$$y_1 = PA + PB$$

$$y_2 = PA - PB$$

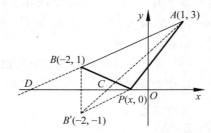

图 8-19 P 与 A, B 的坐标图

（1）求 y_1 的最小值。

在图 8-19 中找 $B(-2,1)$ 点关于 x 轴的对称点 $B'(-2,-1)$，连接 AB' 交 x 轴于 C 点，易知 $PB = PB'$，线段 $AB' = 5$，交点 $C(-5/4, 0)$。

由

$$y_1 = PA + PB = PA + PB' \geqslant AB' = 5 \qquad (8\text{-}4\text{-}5)$$

取动点 P 点于 C 点，式(8-4-5)等号成立。即当 $x = -5/4$ 时，y_1 有最小值 5。

(2) 求 y_2 的最大值。

连接 AB 延长交 x 轴于 D 点,易知线段 $AB = \sqrt{13}$,交点 $D(-7/2, 0)$。

据三角形两条边之差小于第 3 条边,得

$$y_2 = PA - PB \leqslant AB = \sqrt{13}$$

当且仅当 A, B, P 共线,即动点 P 位于 $D(-7/2, 0)$ 时等号成立。即当 $x = -7/2$ 时,y_2 有最大值 $\sqrt{13}$。

函数式(8-4-1)、式(8-4-2)是数式,通过数形结合转化为形,所有关系豁然开朗。

函数 y_1 的最小值就是两线段 PA, PB 之和的最小值,即线段 AB' 之长;

函数 y_2 的最大值就是两线段 PA, PB 之差的最大值,即线段 AB 之长。

【编程拓展】 把以上函数式(8-4-1)、式(8-4-2)拓展到 3 个根号,并实施加权。

已知参数 $q \geqslant 0$,关于实数 x 的函数

$$y_1 = \sqrt{x^2 - 2x + 10} + q\sqrt{x^2 + 2x + 5} + (1+q)\sqrt{x^2 + 4x + 5} \qquad (8\text{-}4\text{-}6)$$

$$y_2 = \sqrt{x^2 - 2x + 10} + q\sqrt{x^2 + 2x + 5} - (1+q)\sqrt{x^2 + 4x + 5} \qquad (8\text{-}4\text{-}7)$$

试求 y_1 的最小值与 y_2 的最大值(精确到小数点后第 7 位)。

1. 编程设计要点

函数式(8-4-6)、式(8-4-7)的几何意义是 1 个动点与 3 个定点组成 3 条线段的加权代数和,使得函数式(8-4-1)、式(8-4-2)是式(8-4-6)、式(8-4-7)取 $q=0$ 的特例。

尽管清楚函数式(8-4-6)、式(8-4-7)的几何意义,但简单应用数形结合求解受阻。拟实施编程,应用分级求精设计程序。

为开方方便,设置双精度型变量处理。

为了达到指定的精度要求,提高循环效益,设置 k(1~7)循环实施分级求精。

(1) 循环参数 x1, x3 取初值"x1=-10+d; x3=10-d; d=0.01"(必要时可调整)。

(2) 对于循环中的每个变量 x,分别按函数式计算 y1 与 y2。每个 y1 值与 min 比较确定最小值,每个 y2 值与 max 比较确定最大值。

(3) 每级 x 的循环起点 x1 与终点 x3 定位在上一级的最小值点 x2 附近,即 x1=x2-d, x3=x2+d。

(4) 每级的循环步长 d 缩减为前一级的 1/10,即 d=d/10。

这样处理,可有效缩减循环次数,确保精度要求。

2. 程序设计

```
//探求函数 y1 最小值与 y2 最大值
#include <math.h>
#include <stdio.h>
void main()
{   int k;double d,q,x,x1,x2,x3,y1,y2,max,min;
    printf("   请输入参数 q: "); scanf("%lf",&q);
    max=0;min=1000; d=0.01;                          //第 1 级求精步长初定 0.01
    x1=-10+d;x3=10-d;
```

```
for(k=1;k<=7;k++)                                        //实施 7 级求精
   {  for(x=x1;x<x3;x=x+d)
      {  y1=pow(x*x-2*x+10,0.5)+q*pow(x*x+2*x+5,0.5)+(1+q)*pow(x*x+
         4*x+5,0.5);
         if(y1<min)                                      //通过比较求取最小值 min
            { min=y1;x2=x; }
      }
      x1=x2-d;x3=x2+d;d=d/10;                             //每级求精,步长 d 缩减至 d/10
   }
   printf("  当 x=%.7f 时,y1 有最小值:%.7f\n",x2,min);
   x1=-10+d;x3=10-d;d=0.01;
   for(k=1;k<=7;k++)                                      //实施 7 级求精
   {  for(x=x1;x<x3;x=x+d)
      {  y2=pow(x*x-2*x+10,0.5)+q*pow(x*x+2*x+5,0.5)-(1+q)*pow(x*x+
         4*x+5,0.5);
         if(y2>max)                                       //通过比较求取最大值 max
            { max=y2;x2=x; }
      }
      x1=x2-d;x3=x2+d;d=d/10;                             //每级求精,步长 d 缩减至 1/10
   }
   printf("  当 x=%.7f 时,y2 有最大值:%.7f\n",x2,max);
}
```

3. 程序运行示例及说明

```
请输入参数 q:1
当 x=-1.5057304 时,y1 有最小值:8.2027121
当 x=-3.2596238 时,y2 有最大值:5.0110122
```

因为两个函数的最值点在不同位置,因而必须分别设置分级求精。

当输入参数 $q=0$ 时,输出即为上面数形结合求解的结果。

对于一个动点对应多个定点的线段长加权代数和最值问题,都可以参照以上程序设计分组求精。

变通:如果把函数式(8-4-6)、式(8-4-7)中 3 个根号的开平方全改为开 p(p 为指定正整数)次方,请修改以上程序,求改变后的函数的相应最值。

8.5　数码金字塔

构建图案是体现设计思维的手段,是程序设计颇具吸引力的课题之一。

这里所说的图案并不是应用计算机图形处理函数画出的图形,而是应用程序设计把一些数字(或字符)根据优美的排列规律拼凑出来的图案。

只要构思巧妙独到,通过程序设计拼凑出来的图案就会整齐美观,从另一侧面展现数学美。

8.5.1　圈码金字塔

圈码金字塔，表现为在金字塔图案中每一圈三角形都是同一个数码：最外圈三角形，数码为1；从外向内第2圈、第3圈以至第(n+1)/2圈的圈码分别为2,3,…,(n+1)/2。正中的第(n+1)/2圈退化为一个数(n+1)/2。

1. 设计要点

为美观计，采用"宽松型"（即每一个字符后带一空格）构建，因而后一行比前一行的前置空格数要少2个。

设置n循环控制金字塔行数，要求n为奇数，如果n为偶数时则n增1。

为取圈码方便，设置字符串s[]="1234567890"（可改为其他字符串）。

取m=(n+1)/2，设置i循环控制构造并输出每一行。

(1) 前m行构建。

当行数i(1~m)构造并输出前m行，每行分3部分（第1行只有前两部分）：图形为金字塔，第i行前打印40−2*i个空格；顺取并输出s字符串的前i个字符s(1~i)；逆限并输出s字符串的i−1个字符s(i−1~1)。

(2) 后m−1行构建。

当行数i(m+1~n)构造并输出后m−1行，每行分4部分，除以上行的3部分外，外加上"横向同数字横边"，即把数码s[2*m−i]重复输出4*(i−m)次，完成每个圈三角形下面的横向数字边。

2. 程序设计

```c
//构建n行圈码金字塔
#include <stdio.h>
void main()
{   int i,j,m,n,t;char s[]=" 1234567890";
    printf("    请输入塔的行(奇数<20):");   scanf("%d",&n);
    m=(n+1)/2;
    for(i=1;i<=m;i++)
    {   for(j=1;j<=40-2*i;j++) printf(" ");          //第i行前打印40-2*i个空格
        for(j=1;j<=i;j++)
          printf("%c ",s[j]);
        if(i>1)                                       //最前与最后行只一个数
          for(j=i-1;j>=1;j--)
            printf("%c ",s[j]);                       //反向打印字符确保左、右对称
        printf("\n");
    }
    for(i=m+1;i<=n;i++)
    {   for(j=1;j<=40-2*i;j++) printf(" ");
        for(j=1;j<=2*m-i;j++)
          printf("%c ",s[j]);
```

```
        for(j=1;j<=4*(i-m);j++)                     //完成横向同数字横边
          printf("%c ",s[2*m-i]);
        if(i<n)                                     //最前与最后行只一个数
          for(j=2*m-i-1;j>=1;j--)
            printf("%c ",s[j]);                     //反向打印字符确保左、右对称
        printf("\n");
      }
  }
```

3. 程序运行示例

运行程序，输入行 15，构建并输出的 15 行圈码金字塔如图 8-20 所示。

```
                            1
                          1 2 1
                        1 2 3 2 1
                      1 2 3 4 3 2 1
                    1 2 3 4 5 4 3 2 1
                  1 2 3 4 5 6 5 4 3 2 1
                1 2 3 4 5 6 7 6 5 4 3 2 1
              1 2 3 4 5 6 7 8 7 6 5 4 3 2 1
            1 2 3 4 5 6 7 7 7 7 7 6 5 4 3 2 1
          1 2 3 4 5 6 6 6 6 6 6 6 6 6 5 4 3 2 1
        1 2 3 4 5 5 5 5 5 5 5 5 5 5 5 5 5 4 3 2 1
      1 2 3 4 4 4 4 4 4 4 4 4 4 4 4 4 4 4 4 4 3 2 1
    1 2 3 3 3 3 3 3 3 3 3 3 3 3 3 3 3 3 3 3 3 3 3 2 1
  1 2 2 2 2 2 2 2 2 2 2 2 2 2 2 2 2 2 2 2 2 2 2 2 2 2 1
1 1 1 1 1 1 1 1 1 1 1 1 1 1 1 1 1 1 1 1 1 1 1 1 1 1 1 1 1
```

图 8-20　15 行圈码金字塔

我们看到，所构建的圈码金字塔对称齐整，端庄大方，从外到内每个三角形都是同一圈码数字。

8.5.2　套含空心圈码金字塔

有报道称埃及金字塔内部含有秘密空间，引发构建套含空心圈码金字塔的联想，表现为在金字塔图案下部套含一个倒立的空心金字塔。

为使塔比较紧凑，采用“紧密型”(即字符之间不带空格)构建，即每个数码后不加空格，因而每行比前一行的前置空格数要少一个。

1. 设计要点

设置 n 循环控制基本圈码金字塔行数，要求 n 为奇数，如果 n 为偶数时则 n 增 1。

(1) 塔上部为基本圈码金字塔。

前面的 n 行为基本圈码金字塔，设计同前上述设计。

(2) 塔下部含空心塔段。

这一段分 3 部分：前部分为第二行开始的基本圈码金字塔；中部分为倒立的空心金字塔(必要控制好每行的空格数)；后部分为第二行开始的基本圈码金字塔。

注意：最后一行必须消除有些重复造成的 1 边字符个数。

2. 程序设计

```c
//构建 n 行套含空心圈码金字塔
#include <stdio.h>
#include <string.h>
#include <math.h>
void main()
{   int i,j,m,n,t;char s[]=" 1234567890";
    printf("    请输入 n (奇数<20):");   scanf("%d",&n);
    if(n%2==0) n++;
    m=(n+1)/2;
    for(i=1;i<=m;i++)
    {   for(j=1;j<=40-i;j++) printf(" ");              //第 i 行前打印 40-2*i 个空格
        for(j=1;j<=i;j++) printf("%c",s[j]);
        if(i>1)                                        //最前与最后行只一个数
          for(j=i-1;j>=1;j--) printf("%c",s[j]);       //反向打印字符确保左、右对称
        printf("\n");
    }
    for(i=m+1;i<=n;i++)
    {   for(j=1;j<=40-i;j++) printf(" ");
        for(j=1;j<=2*m-i;j++) printf("%c",s[j]);
        for(j=1;j<=4*(i-m);j++) printf("%c",s[2*m-i]);
                                                       //横向同数字横边
        if(i<n)                                        //最前与最后行只一个数
          for(j=2*m-i-1;j>=1;j--) printf("%c",s[j]);   //反向打印字符确保左、右对称
        printf("\n");
    }
    for(i=2;i<=m;i++)                                  //下部含空心塔段开始
    {   for(j=1;j<=41-n-i;j++) printf(" ");            //第 i 行前打印 40-2*i 个空格
        for(j=1;j<=i;j++) printf("%c",s[j]);
        if(i>1)                                        //最前与最后行只一个数
          for(j=i-1;j>=1;j--) printf("%c",s[j]);       //反向打印字符确保左、右对称
        for(j=1;j<=2*n-2*i-1;j++) printf(" ");         //第 i 行前打印 40-2*i 个空格
        for(j=1;j<=i;j++) printf("%c",s[j]);
        if(i>1)                                        //最前与最后行只一个数
          for(j=i-1;j>=1;j--) printf("%c",s[j]);       //反向打印字符确保左、右对称
        printf("\n");
    }
    for(i=m+1;i<=n;i++)
    {   for(j=1;j<=41-n-i;j++) printf(" ");
        for(j=1;j<=2*m-i;j++) printf("%c",s[j]);
        for(j=1;j<=4*(i-m);j++) printf("%c",s[2*m-i]);
                                                       //横向同数字横边
        if(i<n)                                        //最前与最后行只一个数
```

```
        for(j=2*m-i-1;j>=1;j--) printf("%c",s[j]);
                                    //反向打印字符确保左、右对称
    for(j=1;j<=2*n-2*i-1;j++) printf(" ");
    for(j=1;j<=2*m-i;j++) printf("%c",s[j]);
    if(i<n)
      { for(j=1;j<=4*(i-m);j++) printf("%c",s[2*m-i]);
                                    //横向同数字横边
        for(j=2*m-i-1;j>=1;j--) printf("%c",s[j]);
                                    //反向打印字符确保左、右对称
      }
    else
      for(j=1;j<=4*(i-m)-1;j++)
        printf("%c",s[2*m-i]);      //横向同数字横边
    printf("\n");
  }
}
```

3. 程序运行示例与说明

运行程序,输入 n 为 11,构建并输出的 11 行套含空心圈码金字塔如图 8-21 所示。

```
                              1
                            121
                          12321
                        1234321
                      123454321
                    12345654321
                  1234555554321
                123444444444321
              123333333333333321
            122222222222222222221
          11111111111111111111111
          121                   121
        12321               12321
      1234321             1234321
    123454321           123454321
  12345654321         12345654321
123455554321         123455554321
123444444444321     123444444444321
123333333333333321  123333333333333321
122222222222222222221 122222222222222222221
11111111111111111111111111111111111111111111111
```

图 8-21 11 行套含空心圈码金字塔

观察套含空心圈码金字塔,实际上是由 3 个正立实金字塔与一个倒立虚金字塔(即中心空心)构成,正立实金字塔交叠部位有一个数码 1 公共。

套含空心圈码金字塔设计稍显复杂,但其构建并输出的图案整齐美观,还可控制金字塔的大小,是数形结合中数码图案的一个佳作。

如果输入 n 为 19,则输出的套含空心圈码金字塔显得齐整端庄、美观大气。因图形较大,这里就不再展示,建议有兴趣的读者上机试试。

8.6 数码菱形

上面的金字塔为左、右对称的三角形形状,而菱形图案不仅左、右对称,上、下对称,其设计构建也比上面的金字塔图案复杂。

本节在打印圈码菱阵图案基础上,构建相对复杂一些的数字中空菱形图案。

8.6.1 圈码菱阵

试构建 n 行上、下、左、右对称的圈码菱阵图案。

1. 设计要点

在一般菱阵设计基础上,设置多数字分层,可构建圈码菱阵图案。

分析圈码菱阵的构建规律,设置引起分层元素为各层的数字,如何打印分层数字是构造圈码菱阵的关键。

每行除前置空格外,第 $u(u=m-t,t=|i-m|,i=1,2,\cdots,n)$ 行为 $2u$ 个元素(算上一尾空)。注意到菱形上、下对称,应用绝对值函数来实现上、下对称。

(1) 所有偶数位元素为 3 空格。

(2) 各行的后半部,第 j 个元素为 $(2*u-j+1)/2$。

(3) 各行的前半部,第 j 个元素为 $(j+1)/2$。

按以上规律在 $j(1\sim2u)$ 循环中分别输出,构成多分层菱阵图案。

2. 程序设计

```
//构建 n 行圈码菱阵图案
#include <stdio.h>
#include <math.h>
void main()
{  int m,n,i,j,t,u;
   printf("  请输入整数 n (7<n<37):");  scanf("%d",&n);
   m=(n+1)/2;
   for(i=1;i<=n;i++)                               //输出菱阵的 n 行
   {  t=(int)fabs(i-m); printf("\n");
      for(j=1;j<=2*t+3;j++)
        printf(" ");                               //打印每一行前 2t+3 个空格
      u=m-t;
      for(j=1;j<=2*u;j++)                          //每行打印 2u 个字符
        if(j%2==0) printf("   ");                  //所有偶数位字符为 3 空格
        else if(j>u) printf("%1d",((2*u-j+1)/2)%10);//分两种情况打印分层数字
        else printf("%1d",((j+1)/2)%10);
   }
}
```

3. 程序运行示例与说明

运行程序,输入 n 为 29,构建并输出 29 行分层菱阵图案如图 8-22 所示,表现为上、下、左、右对称,颇具立体感。

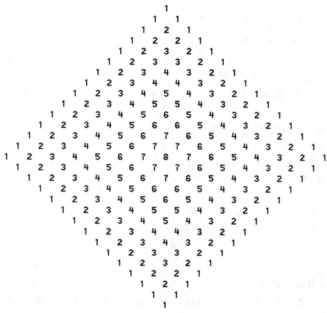

图 8-22　29 行分层菱阵图案

当输入的 n 为偶数时,输出图形中各层圈码是完整的;当输入的 n 为奇数时,如图 8-22 所示,正中间圈码退化为一个数字。

8.6.2　数码中空菱形

试构建中空的上、下、左、右对称的菱形图案,要求中空部分也为菱形形状,构建图案的元素为指定的字符串。

1. 设计要点

输入构建菱形的字符串 s,根据 s 的字符个数 strlen(s),程序自行确定菱形的行数(奇数)n＝2 * strlen(s)−1,菱形的中间行号为 m＝(n+1)/2。

设置 i 循环控制每行。上、下对称由绝对值函数实现,左、右对称由在对称字符串 st 中对称取字符实现。每行前的空格与中空空格由空格函数控制。

除第 1 行与最后一行外,都有中空部分的空格字符前、后都有对称的数字字符。

2. 程序设计

```
//根据输入字符串构建中空对称菱形
#include <stdio.h>
#include <string.h>
#include <math.h>
```

```
void main()
{  int i,j,m,n,t; char s[20];
   printf("  请输入字符串:"); gets(s);                      //输入构造菱形的字符串
   n=2*strlen(s)-1; m=(n+1)/2;
   for(i=1;i<=n;i++)
   {  t=abs(m-i);
      for(j=1;j<=5+2*t;j++)
         printf(" ");                                       //第 i 行前打印 5+2t 个空格
      for(j=0;j<=m-t-1;j++)
         printf("%c",s[j]);                                 //最前与最后行只一个字符
      if(t<m-1)
      {  for(j=1;j<=2*(m-t-1)-1;j++)
            printf(" ");                                     //打印中空空格
         for(j=m-t-1;j>=0;j--)
            printf("%c",s[j]);                               //反向打印字符确保左、右对称
      }
      printf("\n");
   }
}
```

3. 程序运行示例与说明

运行程序，输入数字串 01234567890，构建并输出的 19 行数字中空对称菱形图如图 8-23 所示。如果输入字母串 ABCDEFGHIJK，构建并输出的 19 行字母中空对称菱形图如图 8-24 所示。

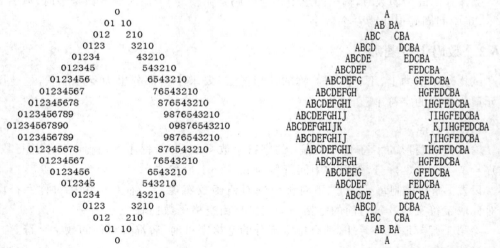

图 8-23　输入 01234567890 的数字中空对称菱形　图 8-24　输入 ABCDEFGHIJK 的字母中空对称菱形

本程序的特色是能根据输入字符串的长度（约定小于 20）自动确定菱形图案的行数，菱形的正中一行即为所输入的字符串及其对称逆串。

所构建的数字中空对称菱形的内、外都为菱形，呈现上、下、左、右对称，相当规整，体

现出数形结合精妙对称之美。

8.7 折对称方阵

应用程序设计构建上、下、左、右对称的由数字组成的数字方阵,是锻炼观察能力与归纳能力的好项目,也是提高程序设计能力与调试能力的好题材。

本节所述的折对称方阵,包括"横竖折"与"斜折"两款形态,每种形态又按四角的数字分为两种顺序构建,体现出方阵之美。

8.7.1 横竖折对称

试观察图 8-25 所示的"角大"与"角小"两款横竖折对称方阵的构造特点,总结归纳其构造规律,设计并输出这两款式 n(奇数)阶横竖折对称方阵。

```
6 5 4 3 2 1 0 1 2 3 4 5 6    0 1 2 3 4 5 6 5 4 3 2 1 0
5 5 4 3 2 1 0 1 2 3 4 5 5    1 1 2 3 4 5 6 5 4 3 2 1 1
4 4 4 3 2 1 0 1 2 3 4 4 4    2 2 2 3 4 5 6 5 4 3 2 2 2
3 3 3 3 2 1 0 1 2 3 3 3 3    3 3 3 3 4 5 6 5 4 3 3 3 3
2 2 2 2 2 1 0 1 2 2 2 2 2    4 4 4 4 4 5 6 5 4 4 4 4 4
1 1 1 1 1 1 0 1 1 1 1 1 1    5 5 5 5 5 5 6 5 5 5 5 5 5
0 0 0 0 0 0 0 0 0 0 0 0 0    6 6 6 6 6 6 6 6 6 6 6 6 6
1 1 1 1 1 1 0 1 1 1 1 1 1    5 5 5 5 5 5 6 5 5 5 5 5 5
2 2 2 2 2 1 0 1 2 2 2 2 2    4 4 4 4 4 5 6 5 4 4 4 4 4
3 3 3 3 2 1 0 1 2 3 3 3 3    3 3 3 3 4 5 6 5 4 3 3 3 3
4 4 4 3 2 1 0 1 2 3 4 4 4    2 2 2 3 4 5 6 5 4 3 2 2 2
5 5 4 3 2 1 0 1 2 3 4 5 5    1 1 2 3 4 5 6 5 4 3 2 1 1
6 5 4 3 2 1 0 1 2 3 4 5 6    0 1 2 3 4 5 6 5 4 3 2 1 0
```

(a)角大   (b)角小

图 8-25 13 阶角大与角小横竖折对称方阵

1. 归纳构造规律与赋值要点

构建横竖折对称方阵,关键在于归纳其构成规律实施精准赋值。

观察横竖折对称方阵的构造特点,在"角大"方阵中横向与纵向正中有一对称 0 轴。两对称轴所分 4 个小矩形区域表现为同一数字横竖折递增,至 4 个顶角元素为最大。

以下即按"角大"形态赋值,只是在输出方阵时按所选方向实施区分。

设阶数 n(奇数)从键盘输入,对称轴为 m=(n+1)/2。

设置二维 a 数组存储方阵中元素,行号为 i,列号为 j,a[i][j] 为第 i 行第 j 列元素。

可知主对角线(从左上至右下)有 i=j;次对角线(从右上至左下)有 i+j=n+1。按两条对角线把方阵分成上部、左部、右部与下部 4 个区,如图 8-26 所示。

对角线上元素可归纳到上、下部,即上、下部区域带等号

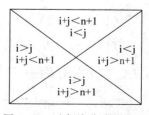

图 8-26 对角线分成 4 个区

即可。

上、下部按列号 j 的函数 m－abs(m－j)赋值：

```
if(i+j<=n+1 && i<=j || i+j>=n+1 && i>=j)
    a[i][j]=m-abs(m-j);
```

左、右部按行号 i 的函数 m－abs(m－i)赋值：

```
if(i+j<n+1 && i>j || i+j>n+1 && i<j)
    a[i][j]=m-abs(m-i);
```

最后输出元素为 m－a[i][j]，即为角大的中心对称轴为 0 轴的横竖折对称方阵。

若选择方向 p＝2，输出元素为 a[i][j]－1，即为角小的横竖折对称方阵。

2. 程序设计

```
//构建两种方向 n 阶横竖折对称方阵
#include <stdio.h>
#include <math.h>
void main()
{  int i,j,m,n,p,a[30][30];
   printf("  请确定方阵阶数(奇数)n(n<20)："); scanf("%d",&n);
   printf("  请选择方向,1为角大,2为角小:"); scanf("%d",&p);
   if(n%2==0) n++;
   m=(n+1)/2;
   for(i=1;i<=n;i++)                        //设置双重循环按"角大"赋值
   for(j=1;j<=n;j++)
     {  if(i+j<=n+1 && i<=j || i+j>=n+1 && i>=j)
           a[i][j]=m-abs(m-j);              //方阵上、下部元素赋值
        if(i+j<n+1 && i>j || i+j>n+1 && i<j)
           a[i][j]=m-abs(m-i);              //方阵左、右部元素赋值
     }
   printf("  %d阶对称方阵为\n",n);
   for(i=1;i<=n;i++)
     {  for(j=1;j<=n;j++)                   //按两种方向区分输出对称方阵
          if(p==1)  printf("%3d",m-a[i][j]);
          else  printf("%3d",a[i][j]-1);
        printf("\n");
     }
}
```

运行程序，输入 n 为 13，p 为 1，即输出如图 8-25(a)所示的角大横竖折对称方阵。若输入 n 为 13，p 为 2，即输出如图 8-25(b)所示的角小横竖折对称方阵。

8.7.2　斜折对称

图 8-27 是"角大"与"角小"两款 13 阶斜折对称方阵，试观察斜折对称方阵的构造特点，总结归纳其构造规律，设计并输出这两款 n(奇数)阶斜折对称方阵。

```
0 1 2 3 4 5 6 5 4 3 2 1 0        6 5 4 3 2 1 0 1 2 3 4 5 6
1 0 1 2 3 4 5 4 3 2 1 0 1        5 6 5 4 3 2 1 2 3 4 5 6 5
2 1 0 1 2 3 4 3 2 1 0 1 2        4 5 6 5 4 3 2 3 4 5 6 5 4
3 2 1 0 1 2 3 2 1 0 1 2 3        3 4 5 6 5 4 3 4 5 6 5 4 3
4 3 2 1 0 1 2 1 0 1 2 3 4        2 3 4 5 6 5 4 5 6 5 4 3 2
5 4 3 2 1 0 1 0 1 2 3 4 5        1 2 3 4 5 6 5 6 5 4 3 2 1
6 5 4 3 2 1 0 1 2 3 4 5 6        0 1 2 3 4 5 6 5 4 3 2 1 0
5 4 3 2 1 0 1 0 1 2 3 4 5        1 2 3 4 5 6 5 6 5 4 3 2 1
4 3 2 1 0 1 2 1 0 1 2 3 4        2 3 4 5 6 5 4 5 6 5 4 3 2
3 2 1 0 1 2 3 2 1 0 1 2 3        3 4 5 6 5 4 3 4 5 6 5 4 3
2 1 0 1 2 3 4 3 2 1 0 1 2        4 5 6 5 4 3 2 3 4 5 6 5 4
1 0 1 2 3 4 5 4 3 2 1 0 1        5 6 5 4 3 2 1 2 3 4 5 6 5
0 1 2 3 4 5 6 5 4 3 2 1 0        6 5 4 3 2 1 0 1 2 3 4 5 6
```

(a) 角小   (b) 角大

图 8-27   13 阶"角小"与"角大"斜折对称方阵

1. 归纳构造规律与赋值要点

对 n 阶方阵中的每个元素都必须赋值,但不可能逐行逐列地一个个赋值,有必要分析方阵的构造特点,分块或分片实施。

以下即按"角小"形态赋值,只是在输出方阵时按所选方向实施区分。

斜折对称方阵的构造特点:两对角线上均为 0,依两对角线把方阵分为 4 个区域,每一区域表现为同数字依附两对角线折叠对称,至上、下、左、右、正中元素为 n/2。

设置二维 a[n][n]数组存储方阵中元素,行号为 i,列号为 j,a[i][j]为第 i 行第 j 列元素。

令 m=(n+1)/2,按 m 把方阵分成 4 个小矩形区,如图 8-28 所示。注意到方阵的主对角线(从左上至右下)上元素为 i=j,则左上区与右下区依主对角线赋值"a[i][j]=abs(i-j);"。注意到方阵的次对角线(从右上至左下)上元素为 i+j=n+1,则右上区与左下区依次对角线赋值"a[i][j]=abs(i+j-n-1);"。

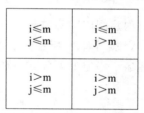

图 8-28   分成的 4 个小矩形

2. 程序设计

```c
//构建两种方向 n 阶斜折对称方阵
#include <math.h>
#include <stdio.h>
void main()
{   int i,j,m,n,p,a[30][30];
    printf("  请确定方阵阶数 n(n<20): ");  scanf("%d",&n);
    printf("  请选择方向,1 为角小,2 为角大:");  scanf("%d",&p);
    if(n%2==0) n++;
    m=(n+1)/2;
    for(i=1;i<=n;i++)                        //设置双重循环按"角小"赋值
    for(j=1;j<=n;j++)
```

```
      {   if(i<=m && j<=m || i>m && j>m)
            a[i][j]=abs(i-j);                          //方阵左上部与右下部元素赋值
          if(i<=m && j>m || i>m && j<=m)
            a[i][j]=abs(i+j-n-1);                      //方阵右上部与左下部元素赋值
      }
  printf("   %d阶对称方阵为\n",n);
  for(i=1;i<=n;i++)
    {   for(j=1;j<=n;j++)                              //区分两种形态输出对称方阵
          if(p==1) printf("%3d",a[i][j]);
          else   printf("%3d",m-a[i][j]-1);
        printf("\n");
    }
}
```

运行程序,输入 n 为 13,p 为 1,即输出如图 8-27(a)所示的 13 行"角小"斜折对称方阵。

若输入 n 为 13,p 为 2,即输出如图 8-27(b)所示的 13 行"角大"斜折对称方阵。

8.8 圈码与旋转方阵

圈码方阵是上、下、左、右对称的数阵,其设计技巧运用高于前面各节的数阵图案。

在圈码方阵基础上,设计构建双转向旋转方阵。旋转方阵在形态上显得动感轻盈,而且具备双转向,既可顺时针转,也可逆时针转,实现手段别具一格。

8.8.1 圈码方阵

构建圈码对称方阵。

观察图 8-29 所示的 9 阶"外大"与 10 阶"外小"两款与圈码对称方阵的构造特点,设计并输出指定的两款式 n 阶圈码对称方阵。

```
                    5 5 5 5 5 5 5 5 5          1 1 1 1 1 1 1 1 1 1
                    5 4 4 4 4 4 4 4 5          1 2 2 2 2 2 2 2 2 1
                    5 4 3 3 3 3 3 4 5          1 2 3 3 3 3 3 3 2 1
                    5 4 3 2 2 2 3 4 5          1 2 3 4 4 4 4 3 2 1
                    5 4 3 2 1 2 3 4 5          1 2 3 4 5 5 4 3 2 1
                    5 4 3 2 2 2 3 4 5          1 2 3 4 5 5 4 3 2 1
                    5 4 3 3 3 3 3 4 5          1 2 3 4 4 4 4 3 2 1
                    5 4 4 4 4 4 4 4 5          1 2 3 3 3 3 3 3 2 1
                    5 5 5 5 5 5 5 5 5          1 2 2 2 2 2 2 2 2 1
                                               1 1 1 1 1 1 1 1 1 1
                       (a) 外大                        (b) 外小
```

图 8-29　9 阶"外大"与 10 阶"外小"圈码对称方阵

1. 设计要点

(1) 观察构造特点,归纳赋值规律。

值得注意的是,这里的 n 阶,n 可为奇数,也可为偶数。一个一个元素通过枚举赋值是行不通的,必须根据其构造特点,把方阵分成若干区,在各区用统一表达式赋值。

以下即按"外大"形态赋值,只是在输出方阵时按所选方向实施区分。

设数组 a[i][j]存储方阵中元素,行号为 i,列号为 j。

可知主对角线 i＝j;次对角线 i＋j＝n+1。

按两条对角线把方阵分成上部、左部、右部与下部 4 个区,如图 8-26 所示。

上、下部可带等号,把对角线上的元素划归该区。

设 m＝(n+1)/2,上部按行号 i 的函数赋值,因为同行上的元素的值相同;注意到 n 可为奇数,也可为偶数,赋值函数取为 m−i+1;同理,下部按行号函数 i−n/2 赋值。

左部按列号 j 的函数赋值,因为同列上的元素的值相同;注意到 n 可为奇数,也可为偶数,赋值函数取为 m−j+1;同理,右部按列号函数 j−n/2 赋值。

(2)选择项目及输出。

以上元素赋值按"外大"即从中心 1 开始,往外递增至 m。因此,当选择"外大"方向 p＝1 时,即正常输出方阵元素 a[i][j]即可。

若选择"外小"方向 p＝2 时,即从外圈 1 开始,往内递增至中心 m,此时,输出方阵元素改为 m+1−a[i][j]。

2. 程序设计

```
//构建两种方向 n 阶圈码对称方阵
#include <stdio.h>
#include <math.h>
void main()
{  int i,j,m,n,p,a[20][20];
   printf("   请确定方阵阶数 n(n<20): "); scanf("%d",&n);
   printf("   请选择递增方向,1 为外大;2 为外小: "); scanf("%d",&p);
   m=(n+1)/2;
   for(i=1;i<=n;i++)
   for(j=1;j<=n;j++)
     {  if(i+j<=n+1 && i<=j) a[i][j]=m-i+1;       //方阵上部元素赋值
        if(i+j<n+1 && i>j)   a[i][j]=m-j+1;       //方阵左部元素赋值
        if(i+j>=n+1 && i>=j) a[i][j]=i-n/2;       //方阵下部元素赋值
        if(i+j>n+1 && i<j)   a[i][j]=j-n/2;       //方阵右部元素赋值
     }
   printf("   %d 阶圈码对称方阵为 \n",n);
   for(i=1;i<=n;i++)
     {  for(j=1;j<=n;j++)                          //区分输出圈码对称方阵
          if(p==1) printf("%3d",a[i][j]);
          else  printf("%3d",m+1-a[i][j]);
        printf("\n");
     }
}
```

以上规律是否适应各个奇数与偶数,需经上机实验,反复进行调整。

8.8.2　双转向旋转方阵

把前 n^2 个正整数 $1, 2, \cdots, n^2$ 从左上角开始，由外层至中心按顺时针方向螺旋排列所成的数字方阵称为 n 阶顺转方阵；按逆时针方向螺旋排列所成的方阵称为 n 阶逆转方阵。

```
 1   2   3   4   5        1  16  15  14  13
16  17  18  19   6        2  17  24  23  12
15  24  25  20   7        3  18  25  22  11
14  23  22  21   8        4  19  20  21  10
13  12  11  10   9        5   6   7   8   9
   (a) 顺转                   (b) 逆转
```
图 8-30　5 阶顺转与逆转方阵

图 8-30 所示即为 5 阶顺转方阵与 5 阶逆转方阵。

设计程序选择转向分别构造并输出这两种旋转方阵。

1. 设计要点

设置二维数组 a[h][v] 存放方阵中第 h 行第 v 列元素。

（1）递归设计。

设计按顺转实施赋值，只是在输出方阵时区分所选转向。

把 n 阶方阵从外到内分圈，外圈内是一个 n−2 阶顺转方阵，除起始数不同外，具有与原问题相同的特性属性。

因此，设置旋转方阵递归函数 t(b,s,d)，其中 b 为每个方阵的起始位置；d 为 a 数组赋值的整数；s 为方阵的阶数。

s>1 时，在函数 t(b,s,d) 中还需调用 t(b+1,s−2,d)。

b 赋初值 0，因方阵的起始位置为 (0,0)。每圈后进入下一内方阵，起始位置 b 需增 1。

d 从 1 开始递增 1 取值，分别赋值给数组的各元素，至 n^2 为止。

s 从方阵的阶数 n 开始，以后每圈后进入下一内方阵，s 减 2。

s=0 时返回，作为递归的出口。

若 n 为奇数，递减 2 至 s=1 时，此时方阵只有一个数，显然为 a[b][b]=d，返回。

（2）方阵元素赋值。

递归函数 t(b,s,d) 中对方阵的每圈各边中的各个元素赋值。

① 一圈的上行从左至右递增。

```
for(j=1;j<s;j++)
  { a[h][v]=d;v++;d++; }                    //行号 h 不变,列号 v 递增,数 d 递增
```

② 一圈的右列从上至下递增。

```
for(j=1;j<s;j++)
  { a[h][v]=d;h++;d++; }                    //列号 v 不变,行号 h 递增,数 d 递增
```

③ 一圈的下行从右至左递增。

```
for(j=1;j<s;j++)
  { a[h][v]=d;v--;d++; }                    //行号 h 不变,列号 v 递减,数 d 递增
```

④ 一圈的左行从下至上递增。

```
for(j=1;j<s;j++)
   { a[h][v]=d;h--;d++; }                        //列号 v 不变,行号 h 递减,数 d 递增
```

经以上 4 个步骤,完成一圈的赋值。

(3) 主程序设计。

主程序中,只要带实参调用递归函数 t(0,n,1)即可。

方阵按所选的转向以二维形式输出：p＝1 为顺转,输出 a[h][v];p＝2 为逆转,输出 a[v][h]。

2. 程序设计

```
//构建双转向 n 阶旋转方阵
#include <stdio.h>
int n,a[20][20]={0};
void main()
{   int h,v,b,p,s,d;
    printf("   请选择方阵阶数 n:");scanf("%d",&n);
    printf("   请选择转向,顺转 1,逆转 2:");scanf("%d",&p);
    b=1;s=n;d=1;
    void t(int b,int s,int d);                    //递归函数说明
    t(b,s,d);
    if(p==1)   printf("   %d 阶顺转方阵:\n",n);    //按要求输出旋转方阵
    else   printf("   %d 阶逆转方阵:\n",n);
    for(h=1;h<=n;h++)
       {  for(v=1;v<=n;v++)
          if(p==1) printf("%3d",a[h][v]);
          else printf("%3d",a[v][h]);
          printf("\n");
       }
return;
}
void t(int b,int s,int d)                          //定义递归函数
{   int j,h=b,v=b;
    if(s==0) return;                               //s=0,1 时为递归出口
    if(s==1) { a[b][b]=d;return; }
    for(j=1;j<s;j++)                               //一圈的上行从左至右递增
       { a[h][v]=d;v++;d++; }
    for(j=1;j<s;j++)                               //一圈的右列从上至下递增
       { a[h][v]=d;h++;d++; }
    for(j=1;j<s;j++)                               //一圈的下行从右至左递增
       { a[h][v]=d;v--;d++; }
    for(j=1;j<s;j++)                               //一圈的左行从下至上递增
       { a[h][v]=d;h--;d++; }
```

```
    t(b+1,s-2,d);                                    //调用内圈递归函数
}
```

3. 程序运行示例与变通

```
请选择方阵阶数 n:8
请选择转向,顺转 1,逆转 2:2
8阶逆转方阵:
    1  28  27  26  25  24  23  22
    2  29  48  47  46  45  44  21
    3  30  49  60  59  58  43  20
    4  31  50  61  64  57  42  19
    5  32  51  62  63  56  41  18
    6  33  52  53  54  55  40  17
    7  34  35  36  37  38  39  16
    8   9  10  11  12  13  14  15
```

程序变通：把方阵的输出元素进行以下修改,如 $a[h][v]$ 修改为 $n*n+1-a[h][v]$,
$a[v][h]$ 修改为 $n*n+1-a[v][h]$,输出从中心开始旋转往外递增的数字方阵。

8.9 数码趣环

作为数形结合压轴的"数码趣环",包括有"素数和环"与"数码串珠环"两个有趣的环
设计。

本节从构建 8 项素数和环入手,编程拓展到应用区间 $[c,d]$ 上的整数构建素数和环,
即环上每相邻两数之和为素数,非常精巧。

最后的数码串珠,则是一个环上整数的部分和完全覆盖问题,是另一类要求更高的整
数环排列设计问题。

8.9.1 素数和环

把前 n 个正整数填入圆环的 n 个圈中($n=8$ 时如图 8-31 所示),如果圆环中所有相
邻的两个数之和都是一个素数,该环称为一个 n 项素数
和环。

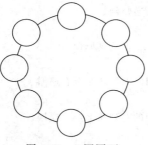

图 8-31 8 圈圆环

【问题】 试应用整数 1~8 构建 8 项素数和环。

【思考】 以某些确定段为基础向两边延伸。

对 1~8 这 8 个整数在环上进行排序,为表示方便,把环
排列表示成一排。注意到这是一个环,排列的第一个数与最
后一个数在环上相邻。

为了实现在环上所有相邻两数之和为素数,须遵循以下
5 点。

（1）所有奇数与偶数必须相间排列。

因为任意两偶数相邻,或任意两奇数相邻,其和必为大于 2 的偶数,肯定非素数。

（2）相邻两数和为3～15中的奇数，只有9与15非素数。因此，2不能与7相邻，4不能与5相邻，6不能与3相邻，8不能与1,7相邻。

显然，8只能与3,5相邻，即在排列中会出现3连段3,8,5或5,8,3。

（3）从3,8,5段向两端扩展。

数3的左边不能为6，只能是2或4；数5的右边不能为4，只能是6或2。因而形成了3个5连段：2,3,8,5,6；4,3,8,5,2；4,3,8,5,6。

以这3个5连段继续向两端扩展，注意到以上不能相邻的要求，各组只有唯一选项，即得以下3个解：1,2,3,8,5,6,7,4；7,4,3,8,5,2,1,6；7,4,3,8,5,6,1,2（因首尾不合舍去）。

（4）从5,8,3向两端扩展。

数5的左边不能为4，只能是2或6；数3的右边不能为6，只能是2或4。因而形成了3个5连段：2,5,8,3,4；6,5,8,3,2；6,5,8,3,4。

以这3个5连段继续向两端扩展，注意到以上不能相邻的要求，各组只有唯一选项，即得以下3个解：1,2,5,8,3,4,7,6；7,6,5,8,3,2,1,4；7,6,5,8,3,4,1,2（因首尾不合舍去）。

（5）综合得8项素数和环的4个解。

① 1,2,3,8,5,6,7,4；
② 7,4,3,8,5,2,1,6；
③ 1,2,5,8,3,4,7,6；
④ 7,6,5,8,3,2,1,4。

第①个解的素数和环如图8-32所示。

分析这4个解，其中第①个解与第④个解在环上是互为顺时针与逆时针关系；同样，第②个解与第③个解在环上是互为顺时针与逆时针关系。

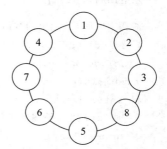

图8-32　8项素数和环

【编程拓展】　推广到指定区间内的整数构建。

试把指定区间[c,d]上的所有正整数围成一个环，如果环中所有相邻的两个数之和都是素数，则该环称为指定区间[c,d]上的素数和环。

输入正整数c,d（c＜d），构造并输出该区间上所有不同的素数和环。

1. 设计要点

若区间[c,d]上的整数个数n＝d−c+1为大于1的奇数，则环中总存在两个奇数相邻，其和为大于2的偶数，即不可能构成素数和环。只有当[c,d]上的整数个数n为偶数时才有可能构成素数和环。

（1）设置a数组a[i]＝1～n，其中n为区间[c,d]中整数的个数。

为避免重复输出，约定第1个数a[1]＝1。

a[1]对应区间上的c，a[n]对应d。一般地，a[i]对应区间上的整数c+a[i]−1。

设置b数组标记奇素数。对指定的正整数n，首先用试商判别法，把区间范围所涉及奇素数标记为1，例如，b[7]＝1表明7为素数。

在循环中，i从2开始至n递增，a[i]从2开始递增取值至n。

（2）元素a[i]的取值是否可行，赋值t＝1，然后进行判断。

若a[j]＝＝a[i]（j＝1,2,…,i−1），即a[i]与前面的a[j]相同，a[i]取值不行，标注

t＝0。

判断若 b[2＊c＋a[i]＋a[i−1]−2]!＝1,即所取 a[i]对应区间上的相邻项 a[i−1]之和不是素数,标注 t＝0。

若判断后保持 t＝1;说明 a[i]取值可行。

此时若 i 已取到 n,且 b[2＊c＋a[n]−1]＝＝1(即区间首尾项之和也是素数),则输出一个解。

若 i＜n,则"i＋＋;a[i]＝2;",即继续,下一元素从 2 开始取值。

(3) 若 a[i]已取到 n,再不可能往后取值,则 i−−,即行回溯。

回溯至前一个元素,a[i]＋＋继续增值。

最后回溯至 i＝1,完成所有探索,跳出循环结束。

(4) 输出解为 n 个整数 c＋a[j]−1(j＝1～n)。

考虑到当 n 较大时,n 项素数和环非常多,约定只输出 5 个解后提前结束。

2. 回溯程序设计

```
//探求区间[c,d]上的数组合素数和环
#include <stdio.h>
#include <math.h>
void main()
{  int c,d,e,t,i,j,n,k,a[1000],b[500];long s;
   printf("   请输入指定区间 c,d: "); scanf("%d,%d",&c,&d);
   n=d-c+1;
   if(n%2>0)                              //连续奇数个整数时无解
     { printf("区间数据个数不能组成素数和环!\n ");return;}
   e=2*c+1;
   for(k=e;k<=2*d;k++) b[k]=0;
   for(k=e;k<=2*d;k+=2)
     {  for(t=0,j=3;j<=sqrt(k);j+=2)
          if(k%j==0) {t=1;break;}
        if(t==0) b[k]=1;                   //奇数 k 为素数标记 1
     }
   a[1]=1;s=0;i=2;a[i]=2;
   while(1)
   {  t=1;
      for(j=1;j<i;j++)
        if(a[j]==a[i] || b[2*c+a[i]+a[i-1]-2]!=1)
          {t=0;break;}                     //出现相同元素或非素数时返回
      if(t && i==n && b[2*c+a[n]-1]==1)
      {  printf("  %ld: %d",++s,c);
         for(j=2;j<=n;j++) printf(",%d",c+a[j]-1);
         printf("\n");
         if(n>12 && s==5)                  //解太多,只显示前 5 个解
```

```
      { printf("   区间[%d,%d]组成多个素数和环,以上为其中 5 个。\n",c,d);
        return;
      }
    }
    if(t && i<n)
      {i++;a[i]=2;continue;}
    while(a[i]==n && i>1) i--;                    //实施回溯
    if(i>1) a[i]++;
    else break;
  }
  if(s==0) printf("   区间[%d,%d]中没有素数和环。\n",c,d);
  else
    printf("   区间[%d,%d]中共%d个整数组成以上%ld个素数和环。\n",c,d,d-c+1,s);
}
```

3. 程序运行示例与说明

```
请输入指定区间 c,d: 40,53
  1: 40,43,46,51,50,47,42,41,48,53,44,45,52,49
  2: 40,43,46,51,52,45,44,53,50,47,42,41,48,49
  3: 40,49,48,41,42,47,50,53,44,45,52,51,46,43
  4: 40,49,52,45,44,53,48,41,42,47,50,51,46,43
区间[40,53]中共 14 个整数组成以上 4 个素数和环。
```

不妨剖析第一个解 40,43,46,51,50,47,42,41,48,53,44,45,52,49,由区间[40,53] 中的 14 个整数组成,每相邻两个整数之和的 14 个素数分别为 83,89,97,101,97,89,83, 89,101,97,89,97,101,89(最后一个素数是首尾两个整数 40 与 49 之和)。

若输入区间为[1,8],即得上面求解所得的 4 个由 1～8 组成的 8 项素数和环。

注意到区间中的数值越大,其中的素数越稀少。因而在保持区间中整数个数 n 不变 的前提下,若区间起始数 c 越大,存在素数和环的个数就越少,以至可能没有。

当指定区间比较大时,例如确定区间为[1,200],要想全部搜索完所有素数和环可能 需要很长时间,则只搜索输出若干(约定 5 个)后强行退出。

当输入区间比较小或区间内的数比较大时,可能不存在素数和环,程序将提示"没有 素数和环。"

【变通】 应用指定区间上的整数构建合数和环。

如果把程序进行以下改动(两个 1 改为 0,把输出的"素数"改为"合数")。

"b[2*c+a[i]+a[i-1]-2]!=1"变为"b[2*c+a[i]+a[i-1]-2]! =0";

"b[2*c+a[n]-1]==1"变为"b[2*c+a[n]-1]==0"。

所得为合数和环,即环中各相邻两数之和均为合数。例如:

```
请输入指定区间 c,d: 40,53
   1: 40,41,43,42,44,46,45,47,48,50,49,51,53,52
   2: 40,41,43,42,44,46,45,47,48,50,52,53,49,51
   3: 40,41,43,42,44,46,45,47,48,51,49,50,52,53
   4: 40,41,43,42,44,46,45,47,48,51,49,53,52,50
   5: 40,41,43,42,44,46,45,47,48,51,53,49,50,52
区间[40,53]组成多个合数和环,以上为其中 5 个。
```

易验证知环中每相邻两数之和全为合数,即不含素数。合数和环的解可能相当多,这里只输出前面 5 个。

8.9.2　数码串珠

作为数形结合的一个经典范例,本节探讨环上整数的完全覆盖问题。

【问题】　考古发掘中的奇特数码串珠。

在某寺遗址考古发掘中意外发现一串奇特的数码串珠,串珠上共串缀有 4 颗宝珠,每颗宝珠上都刻有一个神秘的整数。长期以来,无人知晓这 4 颗宝珠究竟有什么作用。

专家考证,揭示这一数码串珠具有以下奇异特性。

(1) 这 4 颗宝珠上的整数互不相同,4 个整数之和为 13。

(2) 沿环相连的若干颗(1～4 颗)珠上整数之和为 $1,2,\cdots,13$ 不间断。这一连续不间断象征祥瑞的特性表现为完全覆盖,即可覆盖区间[1,13]中的所有整数。

请确定串珠 4 颗宝珠上的整数及其相串的顺序。

【思考】　从某些必取数开始实施扩展。

为叙述方便,称沿环若干相连整数之和为部分和,部分和为区间[1,13]中的所有整数不间断称为完全覆盖。

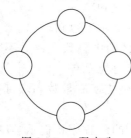

图 8-33　4 码串珠

问题是要在如图 8-33 所示环上的 4 个圈中各填入一个整数,这 4 个整数之和为 13,且沿环相连的若干(1～4 个)圈中整数之和覆盖区间[1,13]中的所有整数。

为了确定和为 13 的 4 个整数取值及检验这 4 个整数顺序是否能完全覆盖,设置 a 数组存储 4 个整数,4 个整数依次为 $a(1),a(2),a(3),a(4)$。因为是环,其中 $a(1)$ 与 $a(2)$ 相邻,$a(1)$ 也与 $a(4)$ 相邻。

注意到这 4 个整数中定有一个为 1,不妨设 $a(1)=1$。

为了能覆盖 2,必须有两个相连的数 1,或有一个数为 2。前者与"不同 4 数"相矛盾,因此,4 个整数中必有一个为整数 2。

为了实现完全覆盖,整数 2 的位置应如何安放呢?

(1) 设数 2 与 $a(1)$ 相邻。

不妨设 $a(2)=2$,其他两数之和为 10,则有以下情形。

① 环序列为 1,2,3,7;部分和没有 4,舍去。

② 环序列为 1,2,7,3;部分和没有 5,舍去。

③ 环序列为 1,2,4,6;部分和没有 5,舍去。

④ 环序列为 $1,2,6,4$;部分和可全覆盖区间 $[1,13]$,找到一组数码宝珠配置。

因 $a(4)$ 也与 $a(1)$ 相邻,如果设 $a(4)=2$,则得另一组数码宝珠配置:$1,4,6,2$。

(2) 设数 2 不与 $a(1)$ 相邻。

数 2 不与 $a(1)$ 相邻,即 $a(3)=2$,其他两数之和为 10,则有以下情形。

① 环序列为 $1,4,2,6$;部分和没有 3,舍去。

② 环序列为 $1,6,2,4$;部分和没有 3,舍去。

③ 环序列为 $1,3,2,7$;部分和可全覆盖区间 $[1,13]$。

④ 环序列为 $1,7,2,3$;部分和可全覆盖区间 $[1,13]$。

综上所得 4 组数码宝珠配置:$1,2,6,4$;$1,4,6,2$;$1,3,2,7$;$1,7,2,3$。

前两组互为顺时针与逆时针关系,实际上是一个数码串珠,如图 8-34(a) 所示。

后两组也互为顺时针与逆时针关系,实际上也是一个数码串珠,如图 8-34(b) 所示。

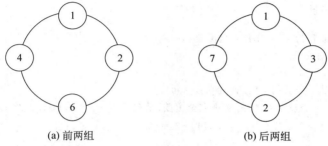

(a) 前两组　　　　　　　　　　(b) 后两组

图 8-34　4 数码串珠

完全覆盖验证:

图 8-34(a):$1,2,1+2,4,1+4,6,2+1+4,2+6,1+2+6,4+6,1+4+6,2+6+4$,$1+2+6+4$;

图 8-34(b):$1,2,3,1+3,2+3,1+3+2,7,1+7,2+7,1+7+2,3+1+7,3+2+7$,$1+3+2+7$。

【编程拓展】 探求 n 个整数的数码串珠。

一般地,求解圆环上的 n 个整数序列,其和为 s,沿环的部分和完全覆盖区间 $[1,s]$ 上的所有整数。

1. 回溯设计要点

拟采用回溯法设计探求。

(1) 数组设置。

设置 a 数组作标记,起点为 $a(0)=0$,约定 $a(1)-a(0)$ 为第 1 个数,$a(2)-a(1)$ 为第 2 个数,……,一般地 $a(i)-a(i-1)$ 为第 i 个数。

因共 n 个数,显然 $a(n)=s$,第 n 个数为 $a(n)-a(n-1)$。

因 n 个数中至少有一个数为 1(否则不能覆盖 1),不妨设第 1 个数为 1,即 $a(1)=1$。

圆环上的 n 个数的每个数都可以与(约定顺时针方向)相连的 $1,2,\cdots,n-1$ 个数组成部分和。

为构造部分和方便,定义 $a(n+1)$ 与 $a(1)$ 重合,即 $a(n+1)=s+a(1)$；$a(n+2)$ 与 $a(2)$ 重合,即 $a(n+2)=s+a(2)$；……；最后有 $a(2n-1)$ 与 $a(n-1)$ 重合,即 $a(2n-1)=s+a(n-1)$。

（2）判别完全覆盖。

设置 b 数组存储部分和,变量 u 统计 b 数组覆盖区间 $[1,s]$ 中数的个数。

若 $u=s-1$（s 本身显然覆盖,除去不计）,即完全覆盖,输出和为 s 时的序列解。

（3）取数与回溯。

若 $i<n-1$,i 增 1,即 $a(i)=a(i-1)+1$ 后继续探索。

当 $i>1$ 时,$a(i)$ 增 1 继续,至 $a(i)=s-n+i$ 时回溯。

变量 s 与 n 的值从键盘输入。运行程序时,选择 s 是从 $n(n-1)+1$ 开始,逐减取值输入,最先所得解为对应 n 的 s 最大值。然后再从这些解中选取没有相同整数的解。

2. 回溯程序设计

```
//环上 n 个整数和为 s,部分和完全覆盖[1~s]
#include <stdio.h>
void main()
{   int d,i,j,k,t,u,s,m,n,a[30],b[300];
    printf("  n 个整数和为 s,实现完全覆盖,请确定 s,n: "); scanf("%d,%d",&s,&n);
    a[0]=0;a[1]=1;a[n]=s;i=2;a[i]=2;m=0;
    while(1)
    {   if(i<n-1) {i++; a[i]=a[i-1]+1; continue;}
        else
        {   for(k=n+1;k<=2*n-1;k++)
              a[k]=s+a[k-n];
            for(t=0,k=0;k<=n-1;k++)
            for(j=k+1;j<=k+n-1;j++)
            { t++;b[t]=a[j]-a[k];}                    //序列部分和赋值给 b 数组
            for(u=0,d=1;d<=s-1;d++)
            for(k=1;k<=t;k++)
            if(b[k]==d) { u++;k=t;}                    //检验 b 数组取 1~s 的个数
            if(u==s-1)                                 //b 数组值包括 1~s 所有整数
            {   m++; printf("   %2d:1",m);             //输出串珠上的数码
                for(k=2;k<=n;k++)
                  printf(",%2d",a[k]-a[k-1]);
                if(m%2==0) printf("\n");
            }
        }
        while(a[i]==s-n+i && i>1) i--;                 //调整或回溯
        if(i>1) a[i]++;
        else break;
    }
    if(m>0) printf("\n   共以上%d 个解。\n",m);
```

```
    else  printf("\n  此问题无解。\n");
}
```

3. 程序运行示例与说明

```
n个整数和为s,实现完全覆盖,请确定s,n: 31,6
    1:1, 2, 5, 4, 6,13      2:1, 2, 7, 4,12, 5
    3:1, 3, 2, 7, 8,10      4:1, 3, 6, 2, 5,14
    5:1, 5,12, 4, 7, 2      6:1, 7, 3, 2, 4,14
    7:1,10, 8, 7, 2, 3      8:1,13, 6, 4, 5, 2
    9:1,14, 4, 2, 3, 7     10:1,14, 5, 2, 6, 3
共以上10个解。
```

所输出的解中没有出现重复整数,其和均为31,且满足完全覆盖的要求。

其中第3个解的6码串珠排列如图8-35所示。不妨以此图解展示其部分和完全覆盖的特性:

$1,2,3,1+3,3+2,1+3+2,7,8,2+7,10,10+1,3+2+7,1+3+2+7,10+1+3,7+8$。

$16\sim30$为以上部分和的"补部分和",31为序列所有整数之和。

注意到了环上6个数组成部分和的个数是31个,这31个部分和覆盖$1\sim31$,意味着所有部分和的数值没有重复。

同时观察到,这10个解两两配对,互为顺时针与逆时针关系。例如,其中第1个解与第8个解是一对等。

运行程序,对应s=31,若输入n=5;或对应n=6,若输入s=32,都为无解。这意味着整数31分解为6个整数在环上完全覆盖是最优结论。

运行程序,还可确定对应n=5,完全覆盖s=21;对应n=7,完全覆盖s=39;对应n=8,完全覆盖s=51。

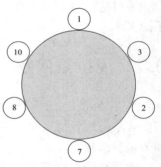

图 8-35 6码串珠排列

第**9**章

智能游戏探秘

  猜想探索与游戏揭秘都是深受人们喜爱的趣点,也是检测与提升探索技能的常见课题。

  本章汇聚库拉兹问题、多位黑洞探索与覆盖、等距平方数及数学家欧拉做过的涉及等距有理平方数的数学题,首次提出并探求单数码平方数及立方数问题。在约瑟夫转圈报数出圈游戏基础上,推出新颖的横排左、右报数出列游戏;在一维的硬币行倒面基础上,探索二维的硬币矩阵翻转等有智能、有深度的游戏。进一步探讨汉诺塔游戏、巴什游戏、威索夫游戏与移动 8 数码游戏等有难度的游戏经典。

  通过这些具有开创性与探索性的智能游戏,逐步提高与激励开启益智训练与数学娱乐的兴趣。

9.1   库拉兹问题

  早在 20 世纪 20 年代,汉堡大学库拉兹提出一个表述初等又颇有难度的问题,引起了不少数学爱好者的兴趣。库拉兹本人称其为 $3x+1$ 问题,有文献称为库拉兹问题,日本人称为角谷猜想。

  本节具体探讨库拉兹的 $3x+1$ 猜想,并引申到 $5x+1$ 猜想。

9.1.1 $3x+1$ 猜想

  库拉兹的 $3x+1$ 猜想涉及运算转换,曾以数学游戏的形式在美国流行,并逐步扩展到世界各国。

  【$3x+1$ 猜想】   从任意整数开始,反复进行以下运算:

(1) 若为奇数,则乘以 3 后加 1;

(2) 若为偶数,则除以 2。

最后总可以得到数 1。

  以上论断既不能证明是正确的,也不能举出反例说明是错误的。正因为如此,才更吸引广大数学爱好者的关注。

  【举例】   整数 9 的 $3x+1$ 转化过程为

$$9->28->14->7->22->11->34->17->52->26->13$$
$$->40->20->10->5->16->8->4->2->1$$

整数 9 共进行 19 步操作转化,最后得到 1。

【程序验证】　在指定区间上验证 $3x+1$ 猜想。

设计程序,对指定区间 $[b,c]$ 的所有整数,验证 $3x+1$ 猜想是否成立:输出该区间所有整数转化为 1 的转化操作次数的范围,同时具体输出区间最大整数 c 的 $3x+1$ 转化过程。

1. 设计要点

对于区间 $[b,c]$ 上的整数 d,赋给 m 后(不改变 d),设置条件循环实施转换操作:

若 m%2＝1,则 m＝3＊m+1;

若 m%2＝0,则 m＝m/2;

直至 m＝1 时结束,用变量 n 统计操作转换完成的次数。

通过比较确定指定区间 $[b,c]$ 内的整数完成 $3x+1$ 猜想的最多转换次数 max 与最少转换次数 min。如果 min＞1 且 max 为有限整数,即完成对区间 $[b,c]$ 所有整数 $3x+1$ 猜想的验证。

2. 程序设计

```
//验证[b,c]区间 3x+1 猜想,同时输出 c 的转化过程
#include <stdio.h>
void main()
{ long b,c,d,m,n,m1,m2,min,max;
  printf("验证区间[b,c],请输入整数 b,c: ");
  scanf("%ld,%ld",&b,&c);
  max=0;min=2000;
  for(d=b;d<=c;d++)
    { n=0;m=d;
      while(m!=1)
        { if(m%2==1){ m=3*m+1;n++; }        //m 为奇数时,m 乘以 3 后加 1
          else { m=m/2;n++; }               //m 为偶数时,m 除以 2
        }
      if(n>max){ max=n;m1=d; }              //求转化次数的最大值
      if(n<min){ min=n;m2=d; }              //求转化次数的最小值
      if(n>10000)
        { printf(" 整数%ld 已超过 10000 步尚未转换到 1。\n",d);
          printf("  找出整数%ld 值得进一步探讨!\n",d);
          return;
        }
    }
  printf("  区间中%ld 转化次数最多:%ld\n",m1,max);
  printf("  区间中%ld 转化次数最少:%ld\n",m2,min);
  n=0;m=c;
  printf("整数%ld 的 3x+1 转化过程:\n",m);
  printf("  %ld",m);
  while(m!=1)
```

```
        { n++;
          if(m%2==1)                              //m为奇数时,m乘以3后加1
            {m=3*m+1; printf("->%ld",m);}
          else                                    //m为偶数时,m除以2
            {m=m/2; printf("->%ld",m); }
          if(n%10==0)   printf("\n ");
        }
     printf("\n   共进行%ld次完成转换。\n",n);
}
```

3. 程序运行示例与说明

```
验证区间[b,c],请输入整数b,c:1000,2021
区间中1161转化次数最多:181
区间中1024转化次数最少:10
整数2021的3x+1转化过程:
2021->6064->3032->1516->758->379->1138->569->1708->854->427
->1282->641->1924->962->481->1444->722->361->1084->542
->271->814->407->1222->611->1834->917->2752->1376->688
->344->172->86->43->130->65->196->98->49->148
->74->37->112->56->28->14->7->22->11->34
->17->52->26->13->40->20->10->5->16->8
->4->2->1
共进行63次完成转换。
```

这一程序运行结果说明区间$[1000,2021]$的所有整数转化次数范围为$10\sim181$,即说明该区间所有整数都能经有限次转化到1,从而验证了区间$[1000,2021]$上的所有整数$3x+1$猜想成立。

资料称有学者对7000亿以内的所有整数进行验证,猜想成立。尽管7000亿的范围相当大,仍不能以此断言$3x+1$猜想成立。

4. 类似的运算转化

探索$3x-1$转化是否也能类似归结到1?

回答是否定的。

在实施$3x-1$的转化中,对某些数会出现一些循环圈,永远到不了1。

例如,存在$3x-1$的5步循环圈:$5->14->7->20->10->5$。

还有更长的$3x-1$的18步循环圈:

$$17->50->25->74->37->110->55->164->82->41->122$$
$$->61->182->91->272->136->68->34->17$$

由此可知,如果要推翻$3x+1$猜想,只要寻求转化过程中出现某一循环圈即可。遗憾的是,这样的$3x+1$循环圈还迟迟没有登场。

9.1.2 $5x+1$拓展

探索$5x+1$转化是否也能类似归结到1?

回答也是否定的。

在实施 $5x+1$ 的转化中,转化过程中会出现一些循环圈,永远到不了 1。

例如,存在 $5x+1$ 循环圈:

13—>66—>33—>166—>83—>416—>208—>104 —>52—>26—>13

存在这一循环圈,说明 $5x+1$ 的类似运算转化到 1 不能成立。

我国数学老师张承宇对 $5x+1$ 的运算进行了适当调整,提出以下 $5x+1$ 猜想。

【$5x+1$ 猜想】　从任意整数开始,反复进行以下运算:

(1) 若整数为偶数,则除以 2;

(2) 若整数为 3 的倍数,则除以 3;

(3) 若整数为非偶数也非 3 的倍数,则乘以 5 后加 1。

最后总可以得到数 1。

同样,以上论断既不能证明是正确的,也不能举出反例说明是错误的,因此,被称为 $5x+1$ 猜想。

【举例】　整数 10 的 $5x+1$ 转化过程为

10—>5—>26—>13—>66—>33—>11—>56—>28—>14—>7

　　—>36—>18—>9—>3—>1

共进行 15 次完成转换。

【程序验证】　在指定区间上验证 $5x+1$ 猜想。

试设计程序,对指定区间 $[b,c]$ 的所有整数,验证 $5x+1$ 猜想是否成立:输出该区间所有整数转化为 1 的转化操作次数的范围,同时具体输出区间最大整数 c 的 $5x+1$ 转化过程。

1. 设计要点

对于区间 $[b,c]$ 的整数 d,赋给 m 后(不改变 d),设置条件循环实施转换操作:

若 m%2=0,则 m=m/2;

若 m%3=0,则 m=m/3;

否则,则 m=5*m+1;

直至 m=1 时结束,用变量 n 统计该整数完成转换的次数。

通过比较确定指定区间 $[b,c]$ 的整数转换到整数 1 的最多次数 max 与最少次数 min。如果 min>1 且 max 为有限整数,即完成区间 $[b,c]$ 所有整数的 $5x+1$ 猜想验证。

2. 程序设计

```
//验证[b,c]区间 5x+1 猜想,同时输出 c 的转化过程
#include <stdio.h>
void main()
{ long  b,c,d,m,n,m1,m2,min,max;
  printf("  验证区间[b,c],请输入整数b,c: ");
  scanf("%ld,%ld",&b,&c);
  max=0;min=2000;
  for(d=b;d<=c;d++)
```

```
    { n=0;m=d;
      while(m!=1)
        { n++;
          if(m%2==0) m=m/2;              //m偶数时,m除以2
          else if(m%3==0) m=m/3;         //m为3的倍数时,m除以3
          else   m=5*m+1;                //其他情形,m乘以5后加1
        }
      if(n>max) { max=n;m1=d; }          //求转化次数的最大值
      if(n<min) { min=n;m2=d; }          //求转化次数的最小值
      if(n>10000)
        { printf(" 整数%ld已超过10000步尚未转换到1。\n",d);
          printf("  找出整数%ld值得进一步探讨!\n",d);
          return;
        }
    }
printf("  区间中%ld转化次数最多:%ld \n",m1,max);
printf("  区间中%ld转化次数最少:%ld \n",m2,min);
n=0; m=c;
printf("  整数%ld的5x+1转化过程:\n",m);
printf("  %ld",m);
while(m!=1)
  { n++;
    if(m%2==0)
      { m=m/2; printf("->%ld",m); }
    else if(m%3==0)
      { m=m/3; printf("->%ld",m); }
    else
      { m=m*5+1; printf("->%ld",m); }
    if(n%10==0)  printf("\n");
  }
printf("\n  共进行%ld次完成转换。\n",n);
}
```

3. 程序运行示例与说明

```
验证区间[b,c],请输入整数b,c: 100,2022
区间中1655转化次数最多:102
区间中108转化次数最少:5
整数2022的5x+1转化过程:
2022->1011->337->1686->843->281->1406->703->3516->1758->879
  ->293->1466->733->3666->1833->611->3056->1528->764->382
  ->191->956->478->239->1196->598->299->1496->748->374
  ->187->936->468->234->117->39->13->66->33->11
  ->56->28->14->7->36->18->9->3->1
共进行49次完成转换。
```

这一程序运行结果说明区间$[100,2022]$所有整数转化次数范围为 5～102,即说明该区间所有整数都能经有限次 $5x+1$ 操作转化到整数 1,从而验证指定区间$[100,2022]$上 $5x+1$ 猜想成立。

9.2 黑洞高深莫测

本节探讨另一个运算转换操作——重排求差,通过对整数反复重排求差操作将引导你进入奇妙的黑洞境界。

首先明确重排求差与黑洞的 3 个概念。

(1)重排求差。

重排求差就是对各位数字不全相同的一个整数的各个数字实施重排,从重排后的最大数减最小数所得的差。

例如,对 3375 的重排求差:所有 4 个数字重排为最大数 7533 与最小数 3357,然后求差得 $7533-3357=4176$。

而对 207 重排求差:$720-027=693$。

若整数的各位数字全相同,重排的最大数等于最小数,其重排求差的结果显然为 0,视为整数重排求差的平凡情形。

对各位数字不全相同的整数反复重排求差操作的结果将导致高深莫测的黑洞。为清楚起见,拟把黑洞分为黑洞数与黑洞圈两类。

(2)黑洞数。

如果各位数字不尽相同的一个整数 m 经一次重排求差操作的结果为该数 m 本身,则称整数 m 为黑洞数。

黑洞数也称陷阱数,又称 Kaprekar 问题,是具有这一奇特转换特性的整数。

在第 3 章推得唯一的 3 位变序数和式:$459+495=954$。试把该和式改写为
$$495=954-459$$

实际上对 3 位数 495 实施重排求差操作,即组成该数的数字重排的最大数 954 减最小数 459,所得差为 495 本身,可知 495 为一个 3 位黑洞数。

(3)黑洞圈。

如果各位数字不尽相同的一个整数 m 经 k 次($k>1$)重排求差操作后,其结果为该数 m,则称整数 m 及其相应各次重排求差操作所得数构成一个黑洞圈,如图 9-1 所示。

图 9-1 k 次重排求差所得 n 位黑洞圈示意图

整数 k($k>1$)表明组成黑洞圈的整数个数,称为黑洞圈的周长。黑洞圈为 k 个整数组成的序列圈,也称一个 k 数圈。

周长为 k 的黑洞圈可以用这 k 个整数序列 $(m_1, m_2, \cdots, m_k)$ 来表征，也可以用序列 $(m_2, \cdots, m_k, m_1)$ 或 $(m_3, \cdots, m_k, m_1, m_2)$ 等来表征。通常选用这 k 个整数的最小数开头，有时也用开头这个最小数来表征黑洞圈。

显然，黑洞圈是黑洞数的多元拓展，而黑洞数为黑洞圈的周长 k 为 1（即只一个数）的特例。

两个整数组成的黑洞圈是周长为 2 的黑洞圈：A 经重排求差得 B；B 经重排求差得 A。

例如，整数 53955 经重排求差操作：$95553 - 35559 = 59994$；

而整数 59994 经重排求差操作：$99954 - 45999 = 53955$。

可知整数 53955 经两次重排求差操作得到 53955 本身，或整数 59994 经两次重排求差操作得到 59994 本身，如图 9-2 所示。

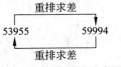

图 9-2　2 数黑洞圈示意图

因而这两个 5 位数组成一个黑洞圈，这个 2 数黑洞圈可写成 $(53955, 59994)$。

通常构成黑洞圈整数的个数多于两个。

上面提到 495 为一个 3 位黑洞数，$(53955, 59994)$ 为一个 5 位 2 数黑洞圈，是否存在 4 位、5 位黑洞数？是否存在 6 位、7 位黑洞圈？

9.2.1　探求神奇黑洞

先通过推理探求 4 位黑洞数。

【问题】　若一个 4 位整数 m 的 4 个数字互不相等，对整数 m 实施重排求差操作所得的结果仍为整数 m，这样的 4 位整数 m 就是 4 位黑洞数。

试推算探求整数 m。

【探求】　在归纳组成数字性质的基础上，采用逐个排除法探求。

不妨设组成 m 的 4 个数字为 a, b, c, d，且 $a < b < c < d$，据重排求差有

$$m = (1000d + 100c + 10b + a) - (1000a + 100b + 10c + d)$$
$$= 999d + 90c - 90b - 999a$$
$$= 9(111d + 10c - 10b - 111a)$$

显然整数 m 为 9 的倍数，因而其数字之和 $s = a + b + c + d$ 为 9 的倍数。

注意到 $1 + 2 + 3 + 4 > 9$，以及 $6 + 7 + 8 + 9 < 36$，因而只有 $s = 18$ 或 $s = 27$ 两种可能。

注意到最大数的千位数字 d 大于最小数的千位数字 a，最大数的百位数字 c 大于最小数的百位数字 b，因而整数 m 的千位数字 $e = d - a$ 定在 a, b, c, d 这 4 个数字之中。

(1) 若 $s = 27$。

数字 a, b, c, d 只能为 3，7，8，9；4，6，8，9；5，6，7，9 等 3 种情形。

容易看出，这 3 种情形的 $d - a$ 分别为 6，5，4，都不在其相应的 4 个数字中，全排除。

(2) 若 $s = 18$。

若 $a > 3$，由 $4 + 5 + 6 + 7 > 18$，因而最小数字 $a = 1, 2, 3$。

① 若 $a = 3$，数字 a, b, c, d 只能为 3，4，5，6，由 $6543 - 3456 = 3087$，后 3 个数字不符。

② 若 $a=2$,共有以下 4 种情形。

数字 a,b,c,d 为 2,3,4,9;2,3,5,8;2,3,6,7 这 3 种情形时,显然 $d-a$ 分别为 7,6,5,都不在其相应 4 个数字中。

数字 a,b,c,d 为 2,4,5,7 时,由 $7542-2457=5085$,后 3 个数字不符。

③ 若 $a=1$,共有以下 6 种情况。

数字 a,b,c,d 为 1,2,6,9;1,3,5,9;1,3,6,8;1,4,5,8 这 4 种情形时,显然 $d-a$ 分别为 8,8,7,7,都不在其相应 4 个数字中。

数字 a,b,c,d 为 1,2,7,8 时,由 $8721-1278=7443$,后 3 个数字不符。

数字 a,b,c,d 为 1,4,6,7 时,由 $7641-1467=6174$,符合要求。

结论:所求 4 位整数 $m=6174$,即得 6174 为一个 4 位黑洞数。

自然会问,除了 495 之外,还有其他 3 位黑洞数吗?除了 6174 之外,还有其他 4 位黑洞数吗?

进而会问,存在 3 位或 4 位黑洞圈吗?除了(53955,59994)之外,还有其他 5 位黑洞圈吗?

探求黑洞圈的难度更大,也更具挑战性,因为黑洞圈的周长,即组成黑洞圈的整数个数不确定。

【编程拓展】 试编程探索 2~9 位所有黑洞(包括黑洞数与黑洞圈,下同)。

1. 设计要点

(1) 建立双重循环枚举所有 n 位整数。

设计位数 n(2~9)循环,探索 n 位是否存在黑洞,有多少个是 n 位黑洞。

对 n 位,应用变量 m 循环枚举所有能被 9 整除的 n 位整数。

(2) 建立重排求差的子程序。

设计对 n 位整数实施重排求差的子程序 sub(long i):

首先分离 n 位整数 i 的 n 个数字并赋值给 a 数组;

应用逐个比较对 a 数组排序($a[1]\geqslant a[2]\geqslant\cdots\geqslant a[n]$);

在循环中求出这 n 个数字重排的最大数 c 与最小数 d;

其差 $c-d$ 即 n 位整数 i 的重排求差结果。

(3) 设置 q[u](q[0]=0)数组存储已找到的黑洞中的各个数,以便通过比较避免黑洞的重复。

(4) 对 n 位整数 m 判别是否为黑洞。

因为构成黑洞的整数个数不明确,即对每个整数需要实施重排求差的次数不确定。如果确定重排求差次数太多,无疑增添太多无效操作;如果确定重排求差次数太少,可能造成遗漏。设计中拟确定重排求差次数为 15 次(必要时可增加)。

应用 b 数组 b[i]存储第 i 次重排求差的结果(初始 b[0]=m),并通过比较进行排除:

如果 b[i]=m (i≥1),此时找到一个周长为 i 的黑洞,需通过与已有的 q 数组逐个比较,来判别是否为新的黑洞。

设置标志量 g=0,若 m=q[f](0≤f≤u,u 为已存储的黑洞数据的个数),即 m 与已找到的黑洞中某个数 q[f]相同,则标注 g=1 后退出,不输出,转测下一个整数 m。

如果比较后仍保持 g＝0,则 m 为新的黑洞中的最小数,输出该黑洞的 i 个数 b[0]—b[i-1],并用 v 统计 n 位黑洞的个数,同时输出该黑洞中整数的个数 i。

注意,每输出一个黑洞数据 b[f](0≤f≤u),及时赋值给 q 数组(q[u++]＝b[f];),为下一个黑洞的判定做准备。

(5) 输出 n 位黑洞的个数。

在 n 位整数 m 循环结束时,输出 n 位黑洞的个数 v。同时注明各黑洞为黑洞数(当 i＝1 时)或 i 数黑洞圈(当 i＞1 时)。

如果 v＝0,则输出"不存在 n 位黑洞"。

2. 程序设计

```
//综合探求 2~9 位黑洞
#include <stdio.h>
int n;
void main()
{ long sub(long i);
  int f,g,i,k,r,s,u,v;long m,t,b[30],q[50];
  for(n=2;n<=9;n++)
    { printf(" n=%d: \n",n);
      u=v=0;q[u]=0;
      for(t=1,k=1;k<=n-1;k++) t=t*10;            //t 为最小的 n 位数
      for(m=t+8;m<=10*t-1;m=m+9)                 //枚举能被 9 整除的 n 位数 m
        { b[0]=m;
          for(i=1;i<=15;i++)                     //约定重排操作 15 次
          { b[i]=sub(b[i-1]);                     //重排操作数赋值给 b[i]
            if(b[i]==m)
              { for(g=0,f=0;f<=u;f++)
                if(m==q[f]){g=1;break;}           //通过逐数比较排除重复黑洞圈
                if(g==0)
                { v++;printf("  %d: ",v);          //输出第 v 个黑洞圈的 i 个数
                for(f=0;f<=i-1;f++)
                  { printf(" %ld",b[f]);q[u++]=b[f];}   //黑洞圈各数赋值给 q 数组
                    if(i==1) printf("  黑洞数\n");
                    else printf("  %d 数黑洞圈\n",i);
                    i=16;
                }
              }
          }
        }
      if(v>0) printf("  共以上%d个%d位黑洞\n",v,n);
      else  printf("             不存在%d位黑洞\n",n);
    }
}
long sub(long i)                                  //把 n 位数 i 重排求差得 p
{ long p,c,d; int k,j,h,e,a[10]; e=0;
  while(e<n)
```

```
    {e++;a[e]=i%10;i=i/10;}                    //分离 i 的 n 个数字
  for(k=1;k<=n-1;k++)
  for(j=k+1;j<=n;j++)
    if(a[k]<a[j]){h=a[k];a[k]=a[j];a[j]=h;}              //n 个数字排序
  c=d=0;
  for(k=1;k<=n;k++)
    {c=c*10+a[k];d=d*10+a[n+1-k];}              //得最大数 c 与最小数 d
  p=c-d; return(p);                            //p 为 c 与 d 之差 c-d
}
```

3. 程序运行与说明

```
n=2:
   1:  27  45  9  81  63   5 数黑洞圈
  共以上 1 个 2 位黑洞
n=3:
   1:  495   黑洞数
  共以上 1 个 3 位黑洞
n=4:
   1:  6174   黑洞数
  共以上 1 个 4 位黑洞
n=5:
   1:  53955  59994    2 数黑洞圈
   2:  61974  82962  75933  63954    4 数黑洞圈
   3:  62964  71973  83952  74943    4 数黑洞圈
  共以上 3 个 5 位黑洞
n=6:
   1:  420876  851742  750843  840852  860832  862632  642654    7 数黑洞圈
   2:  549945   黑洞数
   3:  631764   黑洞数
  共以上 3 个 6 位黑洞
n=7:
   1:  7509843  9529641  8719722  8649432  7519743  8429652  7619733  8439552
8 数黑洞圈
  共以上 1 个 7 位黑洞
n=8:
   1:  43208766  85317642  75308643  84308652  86308632  86326632  64326654
7 数黑洞圈
   2:  63317664   黑洞数
   3:  64308654  83208762  86526432   3 数黑洞圈
   4:  97508421   黑洞数
  共以上 4 个 8 位黑洞
n=9:
   1:  554999445   黑洞数
   2:  753098643  954197541  883098612  976494321 874197522  865296432  763197633
      844296552  762098733  964395531  863098632  965296431  873197622
      865395432   14 数黑洞圈
   3:  864197532   黑洞数
  共以上 3 个 9 位黑洞
```

以上 2 位黑洞中的 9 实际上是 2 位 09，其重排求差为 90－09＝81。

由以上运行结果可知，只有 n＝5 位时存在一个 2 数黑洞圈。

9.2.2 探索黑洞覆盖

探索黑洞覆盖，就是探求在所有 n 位整数中，有多少个整数转化进入黑洞，存在多少个整数游离于黑洞之外。

当 n＝3 时，在所有 900 个 3 位数中有多少个数，经有限次重排求差能进入唯一的 3 位黑洞数 495？是否存在不进入黑洞的游离整数？

当 n＝7 时，在所有 9000000 个 7 位数中有多少个数，经有限次重排求差能进入唯一的黑洞圈？存在多少个游离于这个黑洞圈之外的整数？

编程探索 n(2～8)位整数经重排求差操作，能进入各个黑洞的整数各有多少？并检测是否存在游离于黑洞之外的整数。

1. 设计要点

（1）搜索 n 位黑洞存储到数组。

与前面程序基本相同，搜索 n 位的所有黑洞。注意到每个 n 位的黑洞多少不一，设置数组存储黑洞数据：

p[v]存储第 v 个黑洞数值（p[0]存储平凡情形的 0）；

w[v]存储第 v 个黑洞的周长（1 为黑洞数）。

h[v]统计进入第 v 个黑洞的整数个数。

（2）循环枚举所有 n 位整数，并建立重排求差的子程序（同前面程序设计）。

（3）设置重排求差次数上限。

如果对整数 m 的重排求差达到上限 50 次（必要时可增加）时，仍没进入 p 数组存储的黑洞（包括平凡情形的 0），则视为"未入黑洞"并应用变量 s[v＋1]统计个数。

（4）对 n 位整数 m 判别统计。

在整数 m 循环中，每个整数 m 赋值给 i，对 i 的重排求差操作不干扰 m 循环。

对 i 设置双重循环：操作次数 s(0≤s≤50)次循环；判别黑洞 f(1≤f≤v)循环。

在双重循环中实施以下 5 类分类统计：

若 i＝0，即平凡情形时，通过"w[0]＋＋;"统计整数个数；

若 i＝p[f](1≤f≤v)，通过"w[f]＋＋;"统计进入第 f 个黑洞的整数个数；

若重排求差操作次数 s≥50 时，即出现"未入黑洞"的整数，通过"w[v＋1]＋＋;"统计其个数。

（5）输出 n 位整数进入黑洞的个数。

当 m 循环结束，即完成分类统计，则分类输出统计次数。

设置验证：若 w[0]＋w[1]＋…＋w[v]＝＝9＊t，即所有 n 位整数全部进入 v 个黑洞，也就是说 w[v＋1]＝0，不存在"未入黑洞"，即不存在游离于黑洞之外的整数。

输出统计结果时，为清晰起见，在黑洞值后注明黑洞的周长。

2. 程序设计

```
//探索 n 位整数覆盖黑洞
#include <stdio.h>
int n;
void main()
{ long sub(long i);
  int f,g,i,k,r,s,u,v,max,h[20],w[20];long m,t,b[30],q[50],p[20];
  printf("  请确定位数 n: "); scanf("%d",&n);
    u=v=0;q[0]=p[0]=0;
      for(t=1,k=1;k<=n-1;k++) t=t*10;              //t 为最小的 n 位数
      for(m=t+8;m<=10*t-1;m=m+9)                   //枚举能被 9 整除的 n 位数 m
        { b[0]=m;
          for(i=1;i<=15;i++)                       //约定重排操作 15 次
          { b[i]=sub(b[i-1]);                      //重排操作数赋值给 b[i]
              if(b[i]==m)
            { for(g=0,f=0;f<=u;f++)
              if(m==q[f]){g=1;break;}              //通过逐数比较排除重复黑洞圈
              if(g==0)
                { v++;p[v]=m;w[v]=i;               //输出第 v 个黑洞圈的 i 个数
                  for(f=0;f<=i-1;f++)
                    q[u++]=b[f];                   //黑洞圈各数赋值给 q 数组
                  i=16;
                }
            }
          }
        }
  for(f=0;f<=v+1;f++) h[f]=0;
  for(max=0,m=t;m<=10*t-1;m++)
    { i=m;
      for(s=0;s<=50;s++)                           //s 统计 m 的操作次数
        {for(g=0,f=0;f<=v;f++)
        if(i==p[f])
        { h[f]++;g=1;                              //分别统计转换数的个数
          if(s>max) max=s;
        }
      if(g==1)break;
      else i=sub(i);
    }
  if(s>=50) h[v+1]++;
}
for(r=0,f=0;f<=v;f++)
  r=r+h[f];
if(r==9*t)
```

```
    { printf("  共%ld个%ld位数,其中",9*t,n);
      printf("   %ld个数转换为0(平凡情形)。\n",h[0]);
      for(f=1;f<=v;f++)
          printf("   %ld个进入黑洞%ld(%d)中。\n",h[f],p[f],w[f]);
    }
  if(h[v+1]==0) printf("  所有整数最多转换%ld次至黑洞。\n ",max);
  else printf("  可能存在%ld个整数未进黑洞。\n ",h[v+1]);
}
long sub(long i)                              //把n位数i重排求差得p
{ long p,c,d; int k,j,l,e,a[10]; e=0;
  while(e<n)
    {e++;a[e]=i%10;i=i/10;}                   //分离i的n个数字
  for(k=1;k<=n-1;k++)
  for(j=k+1;j<=n;j++)
    if(a[k]<a[j]){ l=a[k];a[k]=a[j];a[j]=l; } //n个数字排序a[1]>a[2]>…>a[n]
  c=d=0;
  for(k=1;k<=n;k++)
    {c=c*10+a[k];d=d*10+a[n+1-k];}            //得最大数c与最小数d
  p=c-d; return(p);                           //p为c与d之差c-d
}
```

3. 程序运行与说明

```
请确定位数n: 5
  共90000个5位数,其中9个数转换为0(平凡情形)。
  3002个进入黑洞53955(2)中。
  43770个进入黑洞61974(4)中。
  43219个进入黑洞62964(4)中。
  所有整数最多转换7次至黑洞。
请确定位数n: 7
  共9000000个7位数,其中9个数转换为0(平凡情形)。
  8999991个进入黑洞7509843(8)中。
  所有整数最多转换16次至黑洞。
```

在同位的多个黑洞中,以开头数升序排列。

当n＝7时,只有唯一8数黑洞圈,除平凡情形之外的所有8999991个7位整数全部进入这一8数黑洞圈,这一有趣特性多少有点出乎意料。

以上程序运行显示,所有n位整数(除平凡情形转化为"0"之外)全都进入黑洞。

【猜想】 所有整数经反复重排求差操作(除9个数字全相同的整数转化为0的平凡情形外)对黑洞全覆盖,即全部转化进入黑洞,无任何游离于黑洞外的整数。

9.2.3 拓展多位黑洞

以上编程得到2～9位的所有黑洞,把程序中的变量改为双精度实型还可探求更多位数的黑洞。

那么,存在 20 位、30 位的黑洞吗?

归纳已有黑洞的构成规律,实施多位拓展,往往是行之有效的探索途径。

1. 一般 $3n$ 位黑洞数

考察黑洞数 495,549945,554999445 的数字构成规律,可知这些黑洞数中的数字 9 的个数递增,数中的高位数字 5 的个数及低位前的数字 4 也相应递增,因而试推得一般 $3n$ 位黑洞数。

【拓展 1】　若正整数 $n \geqslant 1$,则 $3n$ 位正整数

$$\underbrace{55\cdots54}_{n-1个}\underbrace{99\cdots9}_{n个}\underbrace{44\cdots45}_{n-1个} \tag{9-2-1}$$

为 $3n$ 位黑洞数。

证明:当 $n=1$ 时,495 为 3 位黑洞数。

当 $n>1$ 时,在 $3n$ 位整数 $\underbrace{55\cdots54}_{n-1个}\underbrace{99\cdots9}_{n个}\underbrace{44\cdots45}_{n-1个}$ 中,有 n 个 9,n 个 5,n 个 4。要证该数为 $3n$ 位黑洞数,即该数等于其重排后的最大数减最小数的差,即有

$$\underbrace{55\cdots54}_{n-1个}\underbrace{99\cdots9}_{n个}\underbrace{44\cdots45}_{n-1个}=\underbrace{99\cdots9}_{n个}\underbrace{55\cdots5}_{n个}\underbrace{44\cdots4}_{n个}-\underbrace{44\cdots4}_{n个}\underbrace{55\cdots5}_{n个}\underbrace{99\cdots9}_{n个}$$

重排后的最大数中,n 个数字 9 在高位段;n 个数字 5 在正中;n 个数字 4 在低位段;而重排后最小数中,n 个数字 4 在高位段;n 个数字 5 在正中;n 个数字 9 在低位段。

(1) 注意到重排后 n 个数字 5 在最大数的正中,也在最小数的正中,求差时这 n 个数字 5 自然相消。

(2) 最大数高位的 n 个 9 减去最小数高位的 n 个 4,差为高位 n 个 5。

最大数低位的 n 个 4 减最小数低位的 n 个 9,差为低位 $-\underbrace{55\cdots5}_{n个}$。

(3) 在差为高位 n 个 5 的低位数字 5 中借 1,则高位 n 个数字变为 $\underbrace{55\cdots54}_{n-1个}$。

借 1 相消 $-\underbrace{55\cdots5}_{n个}$,则可得差的低 $2n$ 位为 $\underbrace{99\cdots9}_{n个}\underbrace{44\cdots45}_{n-1个}$。

(4) 因而重排的最大数减最小数,所得差即为式(9-2-1)的 $\underbrace{55\cdots54}_{n-1个}\underbrace{99\cdots9}_{n个}\underbrace{44\cdots45}_{n-1个}$,满足黑洞数重排求差的性质。

因而证得 $\underbrace{55\cdots54}_{n-1个}\underbrace{99\cdots9}_{n个}\underbrace{44\cdots45}_{n-1个}$ 为 $3n$ 位黑洞数。

2. 一般 $2n$ 位黑洞数

考察黑洞数 6174,631764,63317664 等的数字构成规律,正中的 17 不变,数的高位数字 6 与低位数字 4 不变,而首位后的数字 3 与尾位前的数字 6 的个数相应递增,因而试推得以下一般 $2n$ 位黑洞数。

【拓展 2】　若正整数 $n \geqslant 2$,则 $2n$ 位正整数

$$6\underbrace{33\cdots3}_{n-2个}17\underbrace{66\cdots6}_{n-2个}4 \tag{9-2-2}$$

为 $2n$ 位黑洞数。

证明:若 $n=2$,6174 为 4 位黑洞数。

当 $n>2$ 时,$2n$ 位整数 $6\underbrace{33\cdots3}_{n-2个}17\underbrace{66\cdots6}_{n-2个}4$ 中,有 $n-1$ 个 6,$n-2$ 个 3,还有数字 1,4,

7 各一个。

要证该数为 $2n$ 位黑洞数，即该数等于其重排后的最大数减最小数的差，即有

$$6\underbrace{33\cdots3}_{n-2\text{个}}17\underbrace{66\cdots6}_{n-2\text{个}}4 = 7\underbrace{66\cdots6}_{n-1\text{个}}4\underbrace{33\cdots3}_{n-2\text{个}}1 - 1\underbrace{33\cdots3}_{n-2\text{个}}4\underbrace{66\cdots6}_{n-1\text{个}}7$$

（1）重排后最大数的高 n 位为 $7\underbrace{66\cdots6}_{n-1\text{个}}$，最小数的高 n 位为 $1\underbrace{33\cdots3}_{n-2\text{个}}4$，最大数减去最小数的差，其高 n 位为 $6\underbrace{33\cdots3}_{n-2\text{个}}2$。

（2）于重排后最大数的低 n 位为 $4\underbrace{33\cdots3}_{n-2\text{个}}1$，最小数的低 n 位为 $\underbrace{66\cdots6}_{n-1\text{个}}7$，最大数减最小数的差，其低 n 位为 $-2\underbrace{33\cdots3}_{n-2\text{个}}6$。

（3）在差的高 n 位的低位数字 2 中借 1，则差的高 n 位变为 $6\underbrace{33\cdots3}_{n-2\text{个}}1$，借 1 相消 $-2\underbrace{33\cdots3}_{n-2\text{个}}6$，则可得差的低 n 位为 $7\underbrace{66\cdots6}_{n-2\text{个}}4$。

（4）重排后的最大数减最小数，所得差即为式（9-2-2）的 $6\underbrace{33\cdots3}_{n-2\text{个}}17\underbrace{66\cdots6}_{n-2\text{个}}4$，满足黑洞数重排求差的性质。

因而证得 $6\underbrace{33\cdots3}_{n-2\text{个}}17\underbrace{66\cdots6}_{n-2\text{个}}4$ 为 $2n$ 位黑洞数。

3. 一般 $2n$ 位黑洞圈

根据编程探索的结果，观察以下两个黑洞圈。

（1）7 数 6 位黑洞圈。

420876　　851742　　750843　　840852　　860832　　862632　　642654

（2）7 数 8 位黑洞圈。

43208766　85317642　75308643　84308652　86308632　86326632　64326654

对照以上两个黑洞圈的数字构成规律，拟把规律引申到 10 位：

4332087666 8533176642 7533086643 8433086652 8633086632 8633266632 6433266654

可能为 10 位黑洞圈。经实施重排求差验证，全部满足重排求差要求。

【拓展3】　设整数 $n \geqslant 3$，以下 7 个 $2n$ 位数序列构成一个 $2n$ 位黑洞圈。

$$43\boxed{3\_3}20876\boxed{6\_6}, 853\boxed{3\_3}176\boxed{6\_6}42, 753\boxed{3\_3}086\boxed{6\_6}43, 843\boxed{3\_3}086\boxed{6\_6}52, 863\boxed{3\_3}086\boxed{6\_6}32, 863\boxed{3\_3}266\boxed{6\_6}32, 643\boxed{3\_3}266\boxed{6\_6}54$$

$$(9\text{-}2\text{-}3)$$

序列各数中 3_3 表示连续 $n-3$ 个 3，简称 3 连数；6_6 表示连续 $n-3$ 个 6，简称 6 连数。

证明：要证每个数经重排求差得到后一个数，最后一个数重排求差得最前一个数。

事实上，这一 7 数黑洞圈的 7 次重排求差，依次对应的 7 个求差竖式如图 9-3 所示。

因而证得 7 个 $2n(n>3)$ 位数组成的 7 数黑洞圈成立。

应用竖式减法展示重排求差，差式中 $\boxed{3\_3}$ 与 $\boxed{6\_6}$ 均保连不变。

特别指出，黑洞圈开头数（序列中的最小数）中 3 连数之前为一个数字，6 连数之后也为一个数字；而黑洞圈中其他各数中 3 连数之前为两个数字，6 连数之后也为两个数字。

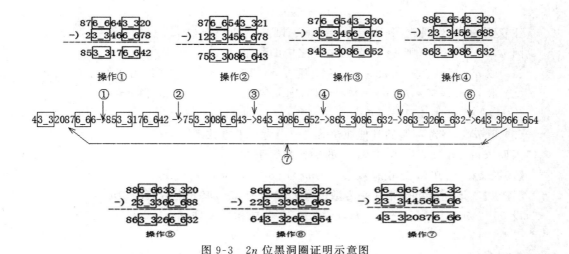

图 9-3　$2n$ 位黑洞圈证明示意图

可见,存在 20 位黑洞数 6 $\underbrace{33\cdots31}_{8个}7$ $\underbrace{66\cdots64}_{8个}$;同时还存在 20 位 7 数黑洞圈。(拓展 3 中 3 连数为 7 个数字 3,6 连数为 7 个数字 6)

而 30 位黑洞数至少有 6 $\underbrace{33\cdots31}_{13个}7$ $\underbrace{66\cdots64}_{13个}$ 与 $\underbrace{55\cdots54}_{9个}$ $\underbrace{99\cdots94}_{10个}4\underbrace{\cdots45}_{9个}$ 这两个;同时还存在 30 位 7 数黑洞圈。(拓展 3 中 3 连数为 12 个数字 3,6 连数为 12 个数字 6)

9.3　平方数等距趣谈

本节在探求等距整数平方数基础上,通过欧拉做过的题进一步探讨有理平方数等距问题。

9.3.1　等距整数平方数

等距整数平方数是 3 个不同正整数 $x<y<z$ 的平方数相差等距:$y^2-x^2=z^2-y^2$。

在一位数中,显然有 1,5,7,其平方数相差等距:$7^2-5^2=5^2-1^2=24$。这里 1,25,49 也是最小的等距 3 平方数。

下面先探求以下两个涉及 3 平方数的简单问题。

【问题 1】　已知 n 是正整数,n^2+6000 与 n^2-6000 都是平方数,试求 n 的值。

【探求】　该题给定等距为 6000,探求等距 3 平方数。

考虑到二次不定方程 $x^2+y^2=z^2$ 的正整数解可表示为

$$\begin{cases} x=u^2-v^2 \\ y=2uv \\ z=u^2+v^2 \end{cases} \qquad (9\text{-}3\text{-}1)$$

其中,正整数 u,v 为一奇一偶。

设 $n^2-6000=a^2$,$n^2+6000=c^2$,两式相乘整理得

$$(n^2)^2 = (ac)^2 + 6000^2 \qquad (9\text{-}3\text{-}2)$$

注意到 6000 为偶数，令 $y = 2uv = 6000$，则 $uv = 3000 = 3 \times 2^3 \times 5^3$。

因 u, v 一奇一偶，则 2^3 只能是 u, v 之中的某个。

（1）取 $u = 5^3 = 125, v = 3 \times 2^3 = 24$，则 $n^2 = 125^2 + 24^2 = 16\,201$，为非平方数，舍去。

（2）取 $u = 3 \times 5^2 = 75, v = 5 \times 2^3 = 40$，则 $n^2 = 75^2 + 40^2 = 7225$，得 $n = 85$。

代入 $n^2 - 6000 = a^2, n^2 + 6000 = c^2$，得 $a = 35, c = 115$。

（3）取 u, v 一奇一偶的其他取法，$u^2 \pm v^2$ 为非平方数。

因而求得 $n = 85$，即 $35, 85, 115$ 的平方数等距 6000。

【问题 2】 已知 m 是正整数，$65^2 + m$ 与 $65^2 - m$ 都是平方数，试求 m 的值。

【探求】 该题给出等距 3 平方数的等差中项为 65^2，求等距（即公差）m。

设 $65^2 - m = a^2, 65^2 + m = c^2$，显然 $a < c$，两式相乘整理得

$$(65^2)^2 = (ac)^2 + m^2 \qquad (9\text{-}3\text{-}3)$$

根据式（9-3-1），同时 $65 = 5 \times 13, 65^2 = 5^2 \times 13^2$，则有以下情形。

（1）注意到 $5^2 = 4^2 + 3^2$，则 $65^2 = 52^2 + 39^2$，即 $u = 52, v = 39$，于是
$ac = u^2 - v^2 = 52^2 - 39^2 = 13 \times 91, m = 2uv = 2 \times 52 \times 39 = 4056$。

因而得 $a = 13, c = 91, m = 4056$。

（2）注意到 $13^2 = 12^2 + 5^2$，则 $65^2 = 60^2 + 25^2$，即 $u = 60, v = 25$，于是
$ac = u^2 - v^2 = 60^2 - 25^2 = 35 \times 85, m = 2uv = 2 \times 60 \times 25 = 3000$。

因而得 $a = 35, c = 85, m = 3000$。

（3）注意到 $65 + 63 = 128 = 2^7, 65 - 63 = 2$，相乘有 $65^2 - 63^2 = 2^8$，即 $65^2 = 63^2 + 16^2$，于是
$ac = u^2 - v^2 = 63^2 - 16^2 = 47 \times 79, m = 2uv = 2 \times 63 \times 16 = 2016$。

因而得 $a = 47, c = 79, m = 2016$。

（4）注意到 $65 + 56 = 121 = 11^2, 65 - 56 = 9 = 3^2$，相乘有 $65^2 - 56^2 = 33^2$，即 $65^2 = 56^2 + 33^2$，于是
$ac = u^2 - v^2 = 56^2 - 33^2 = 23 \times 89, m = 2uv = 2 \times 56 \times 33 = 3696$。

因而得 $a = 23, c = 89, m = 3696$。

综上可得，若等距 3 平方数的等差中项为 65^2，则等距 m 至少有 $4056, 3000, 2016, 3696$ 等 4 个值，使得 $65^2 + m$ 与 $65^2 - m$ 都是平方数。

【编程拓展】 试在指定区间 $[x, y]$ 的整数中，探求所有的三元组 $a, b, c (a < b < c)$，其平方数等距，即满足

$$c^2 - b^2 = b^2 - a^2 \qquad (9\text{-}3\text{-}4)$$

输入区间 x, y，输出区间 $[x, y]$ 上所有满足平方数等距式（9-3-4）的三元组 $a, b, c (a < b < c)$，并输出其平方数的等距数。

（1）枚举设计要点。

设置 $a(x \sim y - 2), b(a + 1, y - 1)$ 二重循环枚举三元组 $a, b, c (a < b < c)$ 中的 a, b。

根据 a, b，计算其平方差 m = b*b − a*a，同时计算与平方数 b^2 相差 m 的整数 t = b*b+m。

对整数 t 是否为平方数及其是否越界实施判别：如果 t 不是平方数，或 $t > y$，则返回试下一组 a,b；如果 t 是平方数 $t==c*c$，且 $t \leq y$，即 t 在区间内，则输出一组解，并用 k 统计。

最后，循环结束时若 $k=0$，说明指定区间内无解，输出"没有找到等距 3 平方数！"。

（2）程序设计。

```
//探求指定区间内等距平方数
#include <math.h>
#include <stdio.h>
void main()
{  long m,t; int a,b,c,k,x,y;
   printf("  请输入区间 x,y:"); scanf("%d,%d",&x,&y);
   k=0;
   for(a=x;a<=y-2;a++)                      //设置二重循环枚举 a,b
   for(b=a+1;b<=y-1;b++)
   {  m=b*b-a*a;t=b*b+m;                     //计算可能的等距 m 及 c
      c=(int)sqrt(t);
      if(c*c==t && c<=y)                     //若 t 为平方数则输出一组解
      {  k++;
         printf("  %3d:%d,%d,%d ",k,a,b,c);
         printf(",其平方数相差等距:%ld\n",m);
      }
   }
   if(k>0) printf("  区间[%d,%d]中共以上%d组解。\n",x,y,k);
   else  printf("  没有找到等距 3 平方数!\n");
}
```

（3）程序运行示例与说明。

```
请输入区间 x,y:200,300
  1:213,255,291,其平方数相差等距:19656
  2:223,257,287,其平方数相差等距:16320
  3:241,265,287,其平方数相差等距:12144
区间[200,300]中共以上 3 组解。
```

运行程序，输入区间[1,200]，可具体验证上面两个问题求解结论。

变通：请修改程序，验证上面所解两个问题解答是否正确。

9.3.2 欧拉做过的题

据称数学大师欧拉晚年双目失明后，一个朋友造访，向欧拉提出以下数学题。

【问题 3】 一个有理数 q，使得 q^2-5 与 q^2+5 都是有理数的平方，试求 q。

欧拉略加思索就说出了问题的答案。你知道他说的答案吗？

【分析】 这是一个有理数平方等距问题，事实上与上面的整数等距平方密切相关。

设整数 $a,b,c(a<b<c)$，其平方数等距 m，即满足

$$c^2-b^2=b^2-a^2=m$$

若 $m=5d^2$（这里 d 为整数），则 3 个有理数 $a/d,b/d,c/d$ 的平方相差等距 5。

由以上程序探索可知 3 整数 31,41,49，其平方相差等距 $m=720=5\times12^2$，则得 3 个有理数 31/12,41/12,49/12 的平方相差等距 5，即欧拉所做题的答案为 $q=41/12$。

【编程拓展】 以上问题中的等距整数 5 改为 6，或改为 8 时，是否存在解？

试把以上问题中的等距整数 5 一般化为指定区间 $[x,y]$ 中的整数 n，试求存在 3 个有理数，其平方等距为 n。

(1) 设计要点。

设置等距整数 $n(x\sim y)$ 枚举循环，要确定其中哪些 n 能成为 3 有理数平方相差的等距。

同时设置 $a(1\sim10y)$ 与 $b(a+1\sim10a)$ 枚举循环（其循环上限可据情况修改）。

对每组 a,b，计算整数平方等距 $m=b*b-a*a$，若差距 m 不含 n 因数，则返回。

若整数平方等距 $m=b*b-a*a$ 含的 n 因数，则计算 $t=b*b+m$；同时计算 $e=m/n$。

检验：若 $c*c==t$ && $d*d==e$（即 $m=n*d*d$，这里 c,d 均为整数），即找到其平方相差等距为 n 的 3 个有理数 $a/d,b/d,c/d$，进行打印输出。

(2) 程序设计。

```
//探求 3 有理数平方相差等距
#include <math.h>
#include <stdio.h>
void main()
{  int a,b,c,d,e,k,n,x,y; long m,t;
   printf("  请确定等距范围 x,y(<100):");
   scanf("%d,%d",&x,&y);
   k=0;
   for(n=x;n<=y;n++)
   {  for(a=1;a<=y*10;a++)                      //设置二重循环枚举 a,b
      {  b=a+1;
         while(b<=a*10)
         {  b++; m=b*b-a*a;
            if(m%n>0) continue;
            t=b*b+m; e=m/n;                      //计算可能的等距 m 及 e
            c=sqrt(t); d=sqrt(e);
            if(c*c==t && d*d==e)                 //若 t,d 为平方数则输出一组解
               {  printf("  3个有理数平方相差等距%2d:",n);
                  printf("%d/%d,%d/%d,%d/%d \n",a,d,b,d,c,d);
                  k++;a=y*10;
               }
            if(a==y*10)  break;                  //输出一个解后即退出探求下一个 n
```

```
          }
        }
      }
    if(k==0)
      printf("   在指定等距范围内[%d,%d]没找到 3 平方有理数。\n",x,y);
  }
```

（3）程序运行示例与说明。

```
请确定等距范围 x,y(<100):1,20
3 个有理数平方相差等距 5: 31/12,41/12,49/12
3 个有理数平方相差等距 6: 1/2,5/2,7/2
3 个有理数平方相差等距 7: 113/120,337/120,463/120
3 个有理数平方相差等距 14: 47/12,65/12,79/12
3 个有理数平方相差等距 15: 7/4,17/4,23/4
3 个有理数平方相差等距 20: 31/6,41/6,49/6
```

上面欧拉所做题的答案即程序输出的第 1 个解，3 个有理数 $31/12,41/12,49/12$ 的平方相差为整数 5。

把等距整数 5 改为 6 时，即程序输出的第 2 个解，3 个有理数 $1/2,5/2,7/2$ 的平方相差为整数 5。

把等距整数 5 改为 8～13 时，程序没有搜索出相应的解。这并不能说等距为 8～13 时都不存在相应的解，可能由于其解的数值较大而暂未搜索到。

9.4　单数码方幂数

本节首次提出并求解新颖的"单数码方幂数"问题，以问答形式引导单数码平方数与单数码立方数的问世。

数学爱好者请教老师一个单数码方幂数问题：是否存在一个多位平方数，它的各位数字相同？是否存在一个整数的 3 次幂，它的各位数字相同？

"问题非常新颖，也很有趣"，老师做出了回答："你们所提出的是一个单数码方幂问题，如果在十进制中不太可能成立，但并不意味在其他进制中也不可能成立。"

9.4.1　单数码平方数

本节求解一个简单的 2 位单数码平方数问题，再通过编程拓展到多位单数码平方数。

【问题 1】　整数 33 是一个平方数吗？

老师接着提出了问题：你们说 33 这个 2 位整数是否是一个平方数？在哪些进制中是一个平方数（约定在不超过 100 进制考虑）？

【求解】　设在 p（4～100）进制中 33 是一个平方数，显然在 p 进制中

$$33 = 3p + 3 = 3(p+1)$$

在 p 进制中 33 为平方数，当且仅当 $p+1 = 3x^2$，这里 x 为一个大于 1 的整数。

注意到 $3 < p < 100$，可试取 $x = 2,3,4,5$ 这 4 种情形。而当 $x \geqslant 6$ 时，导致 $p > 100$，显

然不符合约定。

具体取数实验如下。

取 $x=2$，得 $p=11$，即在 11 进制中：$33=3\times11+3=36=6^2$。

取 $x=3$，得 $p=26$，即在 26 进制中：$33=3\times26+3=81=9^2$。

取 $x=4$，得 $p=47$，即在 47 进制中：$33=3\times47+3=144=12^2$。

取 $x=5$，得 $p=74$，即在 74 进制中：$33=3\times74+3=225=15^2$。

【编程拓展】 进一步探求 $m(m>2)$ 位单数码平方数。

根据从键盘输入的位数 m 及进制的上限 q，设计程序探求在 $2\sim q$ 进制中的所有 m 位数字相同的平方数。

1. 设计要点

（1）设置枚举循环。

设置 $p(2\sim q)$ 进制循环，根据指定的位数 m，计算出在 p 进制中最小的 m 位整数 k；然后计算 $b=\sqrt{k}$ 与 $c=\sqrt{pk-1}$，建立 $j(b\sim c)$ 枚举循环，显然 $s=j\times j$ 即为 p 进制中的 m 位平方数。

（2）检测 m 位数字。

通过整除运算与取余运算得到平方数 s 的 m 位数字（记为 e）：如果这 m 个数字中存在不同，即退出检测，试验 j 循环的下一个数；如果 s 的 m 个数字全相等，则找到 p 进制中 m 位数字相同的平方数 s。

（3）打印输出。

在 p 进制中 m 位数字相同的平方数 s 的数字 e 须分两种情形输出。

当 $e<10$ 时直接输出即可；

否则，例如 $e=13$，须加中括号[13]标注为一个数字。

在输出 s 的 m 位数字 e 之前，还须输出 j^2=s 中的 j^2。

注意到 j 是一个 10 进制数，同样须通过"除 p 取余"把 j 转换为 p 进制数。考虑到"除 p 取余"最先得到的是个位数字，如果直接输出只能把个位数字最先输出。

因此，为了实现从高位到低位输出，引入 a 数组。在实施"除 p 取余"时把 j 的各位数字存储在 $a[1]\sim a[f]$，输出时按 $a[f]\sim a[1]$，即从高位到低位输出。

同时，输出 $a[f]\sim a[1]$ 时也得区分 $a[i]$ 是否小于 10。若 $a[i]\geq10$，同样需要加方括号标注。

2. 单数码平方数程序设计

```
//搜索 m 位单数码平方数
#include <stdio.h>
#include <math.h>
void main()
{ int b,c,d,e,f,g,i,j,t,m,n,p,q,a[100]; long k,s;
    printf("  请输入平方数位数 m(1<m<6):"); scanf("%d",&m);
    printf("  请输入 p 进制的上限 q:"); scanf("%d",&q);
```

```
            n=0;
            for(p=2;p<=q;p++)                            //在 2~q 进制以内搜索
            {   for(k=1,j=1;j<=m-1;j++) k=k*p;           //k 为 p 进制最小 m 位数
                b=int(sqrt(k));c=int(sqrt(p*k-1));
                if(b<2) b=2;
                for(j=b;j<=c;j++)
                {   s=j*j;d=s;e=d%p;d=d/p;t=0;            //s 为 m 位 p 进制平方数
                    for(i=2;i<=m;i++)
                    {   g=d%p;d=d/p;
                        if(g!=e){ t=1;break;}             //平方 s 有数字不同,t=1
                    }
                    if(t==0)                              //满足条件,输出解
                    {   n++;printf("   在%d进制中:",p);
                        d=j;f=0;
                        while(d>0)
                          { f++;a[f]=d%p;d=d/p;}          //输出 f 位 p 进制数 q
                        for(i=f;i>=1;i--)
                          if(a[i]<10) printf("%d",a[i]);
                          else printf("[%d]",a[i]);
                        printf("^2=");
                        for(i=1;i<=m;i++)                 //输出 m 位单码平方数
                          if(e<10) printf("%d",e);
                          else printf("[%d]",e);
                        printf("\n");
                    }
                }
            }
            if(n>0) printf("   探索到以上%d个%d位单数码平方数!\n",n,m);
            else printf("   未探索到%d位单数码平方数!\n",m);
}
```

3. 程序运行结果与说明

```
请输入平方数位数 m(1<m<6): 4
请输入 p 进制的上限 q:100
   在 7 进制中:26^2=1111
   在 7 进制中:55^2=4444
   在 41 进制中:[29][29]^2=[21][21][21][21]
   在 99 进制中:[76][16]^2=[58][58][58][58]
探索到以上 4 个 4 位单数码平方数!
```

式左边为 2 位数,式右边为 4 位平方数。其中若某位数字大于 10,用方括号括起来。
有趣的是,以上 4 个解中的中间两个解,左、右两边都是单数码。

在 7 进制中： $55^2 = 4444$；

在 41 进制中：$[29][29]^2 = [21][21][21][21]$。

这一两边都是单数码的平方数式是非常奇特的。

以上输出的 4 个 4 位单数码平方数，其个数与 p 进制的范围相关。

若输入 $q = 50$，限定进制 p 的范围为 2～50，则最后一个解就没有。若限定 p 的范围为 2～10，则只有前 2 个解。

不妨剖析以上输出的第 4 个解：在 99 进制中 $[76][16]^2 = [58][58][58][58]$，转换为十进制剖析如下：

左边为 $[76][16] = 76 \times 99 + 16 = 7540$，$7540^2 = 56851600$；

右边为 $[58][58][58][58] = 58 \times 99^3 + 58 \times 99^2 + 58 \times 99 + 58 = 56851600$。

显然，在 99 进制中 4 位单数码平方数 $[58][58][58][58]$ 成立。

顺便指出，5 位单数码平方数只有一个：在 3 进制中，$102^2 = 11111$。

同时，尚未发现 6 位及以上的单数码平方数。

9.4.2　单数码立方数

首先求解一个简单的 2 位单数码立方数问题，再探讨 3 位单数码立方数。

【问题 2】　整数 88，99 是立方数（一个整数的 3 次幂）吗？

若整数 88 与 99 是 p 进制中的立方数，分别求出 p 的最小值。

【求解】　设 2 位整数 mm($1 \leqslant m \leqslant 9$)是 p 进制中的立方数，则

$$mm = mp + m = m(p+1) \quad (m < p)$$

(1) 当 $m = 8$ 时，$8(p+1)$ 为 3 次幂，其中 8 是 2 的 3 次幂，则 $p+1$ 须为 3 次幂。

若取 $p = 7$，$p+1 = 2^3$，但在 7 进制中没有数字 8，即不符合 $m < p$。

若取 $p = 26$，$p+1 = 26+1 = 3^3$，则 $8(p+1) = 6^3$。

因而得至少在 26 进制中 $88 = 8 \times 26 + 8 = 6^3$，88 为立方数。

(2) 当 $m = 9$ 时，$9(p+1)$ 为 3 次幂，其中因数 9 是 3 的 2 次幂，则 $p+1 = 3x^3$。

若取 $x = 1$，则 $p = 2$，不符合 $m < p$。

若取 $x = 2$，则 $p = 23$，$9(p+1) = 9(23+1) = 6^3$。

因而得至少在 23 进制中 $99 = 9 \times 23 + 9 = 6^3$，99 为立方数。

【编程拓展】　探求 3 位以上单数码立方数。

变通以上搜索 m 位单数码平方数程序，把平方修改为立方(程序清单略)，可得如下运行结果。

```
请输入立方数位数 m(1<m<6)：3
   在 18 进制中：7^3=111
   在 18 进制中：[14]^3=888
探索到以上 2 个 3 位单数码立方数！
```

在 18 进制中，验证如下：

$111 = 18^2 + 18 + 1 = 343 = 7^3$

$888 = 8 \times 18^2 + 8 \times 18 + 8 = 2744 = 14^3$

可见以上 2 个在 18 进制中的 3 位单数码立方数成立。

尚未发现 4 位及以上的单数码立方数。

9.5 汉诺塔游戏

汉诺塔(Hanoi)问题又称河内塔问题,是印度的一个古老传说。

开天辟地的神勃拉玛在一个庙里留下了三根金刚石棒,第一根上面套着 64 个圆形的金片,最大的一个金片在底下,其余一个比一个小,依次叠上去。庙里的众僧不倦地把它们一个个地从这根棒搬到另一根棒上,规定可利用中间的一根棒作为中转停放,但每次只能搬一个,而且大片不能放在小片上面。

后来,这个传说就演变为流传的汉诺塔游戏。

(1) 有三根桩子 A,B,C。A 桩上有 n 个圆盘,最大的一个在底下,其余一个比一个小,依次叠上去。

(2) 每次移动一块圆盘,始终遵守小盘只能叠在大盘上面的规定。

(3) 把所有圆盘从 A 桩全部移到 C 桩上,如图 9-4 所示。

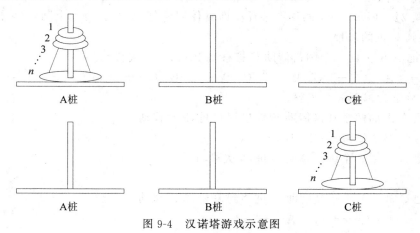

图 9-4 汉诺塔游戏示意图

试求解 n 个圆盘从 A 桩全部移到 C 桩上的移动次数,并展示 n 个圆盘的移动过程。

【问题 1】 试推导 n 个圆盘从 A 桩全部移到 C 桩上的移动次数公式。

(1) 建立递推关系。

当 $n=1$ 时,只一个圆盘,移动一次即完成。

当 $n=2$ 时,由于条件是一次只能移动一个圆盘,且不允许大盘放在小盘上面,首先把小盘从 A 桩移到 B 桩;然后把大盘从 A 桩移到 C 桩;最后把小盘从 B 桩移到 C 桩,移动 3 次完成。

设移动 n 个圆盘的汉诺塔需 $g(n)$ 次完成。分以下 3 个步骤。

① 将 n 个圆盘上面的 $n-1$ 个圆盘借助 C 桩从 A 桩移到 B 桩上,需 $g(n-1)$ 次。

② 将 A 桩上第 n 个圆盘(即最大的圆盘)移到 C 桩上,需 1 次。

③ 将 B 桩上的 $n-1$ 个圆盘借助 A 桩移到 C 桩上,需 $g(n-1)$ 次。

因而有递推关系

$$g(n)=2g(n-1)+1 \qquad (9\text{-}5\text{-}1)$$

初始条件

$$g(1)=1$$

（2）转化为等比数列求和。

递推式(9-5-1)变形为

$$g(n)+1=2[g(n-1)+1] \qquad (9\text{-}5\text{-}2)$$

令 $G(n)=g(n)+1$，则有

$$G(n)=2G(n-1), G(1)=2$$

可见 $G(n)$ 是一个公比为 2、初始项为 2 的等比数列，因而有

$$G(n)=2^n$$

则

$$g(n)=2^n-1 \qquad (9\text{-}5\text{-}3)$$

这样，得到 n 个圆盘从 A 桩全部移到 C 桩上的移动次数为 2^n-1 次。

原汉诺塔问题 $n=64$，移动次数为 $2^{64}-1$，这是一个相当庞大的数字。

【问题 2】 展示 $n=4$ 的移动过程。即具体展示把 A 桩上的 4 个圆盘经 $2^4-1=15$ 次移动移到 C 桩的过程。

（1）把 A 桩上面 3 个圆盘借助 C 桩移到 B 桩，共 7 次移动。

A——>B　A——>C　B——>C　A——>B　C——>A　C——>B　A——>B

具体分解为以下 3 个步骤。

① 把 A 上面两个圆盘借助 B 桩移到 C 桩，3 次移动。

A——>B　A——>C　B——>C

② 把 A 上第 3 个圆盘移到 B 桩，1 次移动。

A——>B

③ 把 C 桩上两个圆盘借助 A 桩移到 B 桩，3 次移动。

C——>A　C——>B　A——>B

（2）把 A 桩第 4 个圆盘（即最大盘）移到 C 桩，1 次移动。

A——>C

（3）把 B 桩上 3 个圆盘借助 A 移到 C 桩，共 7 次移动。

B——>C　B——>A　C——>A　B——>C　A——>B　A——>C　B——>C

具体分解为以下 3 个步骤。

① 把 B 桩上面两个圆盘借助 C 桩移到 A 桩，3 次移动。

B——>C　B——>A　C——>A

② 把 B 桩上第 3 个圆盘移到 C 桩，1 次移动。

B——>C

③ 把 A 桩两个圆盘借助 B 桩移到 C 桩，3 次移动。

A——>B　A——>C　B——>C

经以上 3 个步骤共 $2^4-1=15$ 次移动，完成 A 桩上的 4 个圆盘移到 C 桩。

【**编程拓展**】　编程统计 n 个圆盘从 A 桩全部移到 C 桩上的移动次数并展示移动过程。

试应用递归设计编程探求。

（1）递归设计要点。

设递归函数 hn(n,a,b,c) 展示把 n 个圆盘从 A 桩借助 B 桩移到 C 桩的过程，函数 mv(a,c) 输出从 A 桩到 C 桩的过程：A－－＞C。

完成 hn(n,a,b,c)，当 $n=1$ 时，即 mv(a,c)。

当 $n>1$ 时，分以下 3 个步骤。

① 将 A 桩上面的 $n-1$ 个圆盘借助 C 桩移到 B 桩上，即 hn$(n-1,a,c,b)$。

② 将 A 桩上第 n 个圆盘移到 C 桩上，即 mv(a,c)。

③ 将 B 桩上的 $n-1$ 个圆盘借助 A 桩移到 C 桩上，即 hn$(n-1,b,a,c)$。

在主程序中，用 hn$(m,1,2,3)$ 带实参 $m,1,2,3$ 调用 hn(n,a,b,c)，这里 m 为具体移动圆盘的个数。同时设置变量 k 统计移动的次数。

（2）展示移动过程程序设计。

函数 mv(x,y) 输出从 x 桩到 y 桩的过程，这里 x,y 分别为不同为情况取 A 或 B 或 C，主函数调用 hn$(n,'A','B','C')$。

```
//展示 n 个圆盘汉诺塔游戏的移动过程
#include <stdio.h>
int k=0;
void mv(char x,char y)                    //输出函数
{  printf(" %c-->%c  ",x,y);
   if(++k%6==0) printf("\n");             //累加移动次数
}
void hn(int m,char a,char b,char c)       //定义递归函数
{  if(m==1) mv(a,c);
   else
     {  hn(m-1,a,c,b);                    //实施 3 个步骤的调用
        mv(a,c);
        hn(m-1,b,a,c);
     }
}
void main()                              //调用递归函数的主函数
{  int n;
   printf("  请输入盘的个数 n: "); scanf("%d",&n);
   hn(n,'A','B','C');
   if(k==2^n-1)
     printf("\n  经以上%d 次移动完成。\n",k);    //检验后输出移动次数
}
```

（3）程序运行示例与说明。

```
请输入盘的个数 n: 5
   A-->C   A-->B   C-->B   A-->C   B-->A   B-->C
   A-->C   A-->B   C-->B   C-->A   B-->A   C-->B
   A-->C   A-->B   C-->B   A-->C   B-->A   B-->C
   A-->C   B-->A   C-->B   C-->A   B-->A   B-->C
   A-->C   A-->B   C-->B   A-->C   B-->A   B-->C
   A-->C
经以上 31 次移动完成。
```

程序对移动次数设置了检验功能：实际累加移动次数 k 与理论次数 2^n-1 相等时，才输出移动次数。

这里的 31 次移动具体分解为以下 3 个步骤。

① 前 15 次移动把 A 桩上面的 4 个圆盘借助 C 桩移到 B 桩。

② 第 16 次移动 A－－＞C 把 A 桩第 5 个圆盘（即最大的圆盘）移到 C 桩。

③ 后 15 次移动把 B 桩上的 4 个圆盘借助 A 桩移到 C 桩。

从以上的结果分析可进一步帮助对递归的理解。

9.6 报数淘汰游戏

约瑟夫（Joseph）出圈游戏是通过围圈排队循环报数决定出圈淘汰的一款有趣的智力游戏，占据有利位置是确保最后留在圈内的关键。

而横排左、右报数出列是另一形态下的报数淘汰智能游戏。

9.6.1 约瑟夫报数出圈

有 n 个游戏者按编号顺序 $1,2,\cdots,n$ 顺时针方向围成一圈。指定一个报数整数 m，从 1 号开始按顺时针方向 $1,2,\cdots,m$ 报数，凡报数 m 者出圈（显然第 m 号游戏者第一个出圈），依次循环报数直至最后剩下指定 p 个游戏者为止。

试求最后剩下 p 个未出圈者的编号。

整数 n,m 由计算机随机产生，输入整数 $p(1 \leqslant p < n)$，输出最后 p 个未出圈者的编号。

1. 设计要点

设置 a 数组，$a(i)$ 为圆圈的第 i 个位置，每一数组元素 $a(i)$ 赋初值 1。

（1）每报数一人 a[i]＝1，通过"s＝s＋a[i];"和变量 s 增 1。

（2）当加 $a(i)$ 后和变量 s 的值为 m 时进行以下操作。

① $a(i)＝0$，标志编号为 i 者出圈。

② 设置 y 统计出圈人数。

③ 通过 $s＝0$ 重新顺时针方向报数累加。

（3）当出圈人数 $y < p$ 时，循环报数持续。

当出圈人数为 $y=n-p$ 时,脱离循环,打印最后剩下的 p 个游戏者的编号,即 $a(i)>0$ 的编号 i。

2. 围圈循环报数程序设计

```
//约瑟夫围圈报数出圈
#include <stdlib.h>
#include <time.h>
#include <stdio.h>
void main()
{   int i,m,n,p,s,t,x,y,a[121];
    t=time(0)%1000;srand(t);                 //随机数发生器初始化
    n=rand()61+60;                           //随机产生列队人数n[60,120]
    m=rand()6+rand()%6+2;                     //随机产生两投点数m[2,12]
    printf("  游戏圈共%d人,按1至%d报数。\n",n,m);
    printf("  请确定最后所剩人数p: ",n); scanf("%d",&p);
    for(i=1;i<=n;i++) a[i]=1;
    s=0;y=0;i=0;
    while(y<n-p)
    {   i++; if(i>n) i=1;                     //一圈报完接着下一圈
        s=s+a[i];                            //按顺时针顺序报数
        if(s==m){a[i]=0;s=0;y++;}            //报到m者出圈赋0,出圈人数y增1
    }
    printf("  最后%d个未出圈者编号依次为:",p);
    for(i=1;i<=n;i++)
      if(a[i]>0) printf("%d  ",i);           //打印剩下p人未出圈者编号
    printf("\n ");
}
```

3. 程序运行示例与变通

游戏圈共102人,按1至7报数。
请确定最后所剩人数p: 5
最后5个未出圈者编号依次为:34 40 53 64 78

变通:如果要求围圈人数 n 与报数 m 由主持人指定,只需删除随机产生语句,改为键盘输入语句即可。

如果要求指定第 q 个出圈者的编号,程序应如何修改?

9.6.2 横排左、右报数出列

参加游戏的 n 位游戏者从左至右排成一横排,游戏主持通过摇双骰子(一个骰子有6个面,面上分别标刻有 $1\sim6$ 点。两个骰子点数之和 m 为区间 $[2,12]$ 中的某个正整数)决定报数整数 $m(2\leqslant m\leqslant12)$。

游戏开始,从横排左端开始 $1,2,\cdots,m$ 报数,报到 m 者出列;接着再从 $1\sim m$ 报数出

列,直至报数到排尾。此后,仍在队列的游戏者从横排右端开始反向 $1,2,\cdots,m$ 报数,凡报数到 m 者同样出列。以此继续往返报数出列。

这样反复报数淘汰出列,直至最后剩下 $m-1$ 个幸运的游戏者为止。

【问题】 对于 $n=9,m=3$,试求左、右报数游戏两个未出列的编号。

【探求】 按游戏规则,游戏进程如表 9-1 所示。

表 9-1　9 人排除 1～3 报数出列(数字加框者为出列)

左、右队列位置编号	1	2	3	4	5	6	7	8	9
从左至右第 1 轮	1	2	③	4	5	⑥	7	8	⑨
从右至左第 1 轮	①	2		4	⑤		7	8	
从左至右第 2 轮		2		4			⑦	8	
从右至左第 2 轮		②		4				8	

左、右报数最后剩下两个幸运游戏者排队位置为 4 与 8 位。

【编程拓展】 随机产生游戏对数 n,m。

计算机随机产生整数 n,m,同时从键盘输入你所关注的游戏者的排队号 x。往返左、右报数出列至最后剩下 $m-1$ 个游戏者,输出未出列的 $m-1$ 个幸运游戏者的排队位置,同时输出排队号 x 的游戏者的去处。

1. 设计要点

设置数组 $a(n)$,每一数组元素赋初值 1。

每报数一人,和变量 s 增 1。当加 $a(i)$ 后和变量 s 的值为 m 时进行以下操作。

(1) $a(i)=0$,标志第 i 个位置的游戏者出列。

(2) 设置 $y++$ 统计出列人数。

(3) 若出列者号 $i=x$ 时,通过 $j=y$ 记录该出列者的出列序号。

(4) 同时,$s=0$ 后重新向后继续报数累加。

至队尾后,和变量 $s=0$,逆向报数同样处理。

当出列人数 y 达 $n-m+1$ 时,即未出列者只有 $m-1$ 人,终止报数。此时,未出列者所在位置的 a 数组元素 a[i]!=0,则依次打印这 $m-1$ 个位置 i。

同时,根据记录变量 j 的值说明排队号 x 的游戏者的去处:若 $j=0$,则在最后所剩 $m-1$ 个未出列者中;若 $j>0$,则已在前第 j 个出列。

2. 程序设计

```
//排横排左、右报数出列
#include <stdlib.h>
#include <time.h>
#include <stdio.h>
void main()
{   int i,j,m,n,s,t,x,y,a[10000];
    t=time(0)%1000;srand(t);                        //随机数发生器初始化
```

```
n=rand()%61+60;                                    //随机产生列队人数 n[60,120]
m=rand()%6+rand()%6+2;                              //随机产生报数 m[2,12]
printf("  排队共%d人,按 1~%d报数,凡报%d者出列。\n",n,m,m);
printf("  请确定关注排队号 x(n>x>1):",n); scanf("%d",&x);
for(i=1;i<=n;i++) a[i]=1;
t=y=j=0;
while(1)
{  for(s=0,i=1;i<=n;i++)                            //从左至右顺报数
   {  s=s+a[i];
      if(s==m)
      {  a[i]=0;s=0;y++;                            //报到指定的 m者出列赋 0
         if(i==x) j=y;
      }
      if(y==n-m+1) {t=1;break;}                     //y为出列人数,剩下 m-1人时中止
   }
   for(s=0,i=n;i>=1;i--)                            //从右至左逆报数
   {  s=s+a[i];
      if(s==m)
      {  a[i]=0;s=0;y++;
         if(i==x) j=y;                              //记录 x的出列序号
      }
      if(y==n-m+1){t=1;break;}                      //y为出列人数,剩下 m-1人时中止
   }
   if(t==1) break;
}
if(j>0) printf("  排队号%d已在第%d个出列。\n",x,j);
else  printf("  排队号%d在剩下%d个人中。\n",x,m-1);
printf("  最后剩下%d个幸运号码依次为",m-1);
for(i=1;i<=n;i++)
   if(a[i]!=0) printf("%d  ",i);                    //依次打印剩下 m-1个未出列者
printf("\n ");
}
```

3. 程序运行示例与说明

排队共 69人,按 1~5报数,凡报 5者出列。
请确定关注排队号 x(n>x>1):20
排队号 20已在第 4个出列。
最后剩下 4个幸运号码,依次为 1 18 44 66

  本游戏约定人数在区间[60,120],报数数在区间[2,12],这两个数均随机产生。若认为不合适,可修改程序任意增大或缩减。

  因排队总人数 n 与报数号 m 是随机产生的,所以在排队时不可能作假,游戏较为公正公平。

9.7 硬币翻转游戏

本节在一维的硬币行翻转游戏基础上，拓展到二维的硬币矩阵翻转游戏，既有游戏的娱乐性，也有最优化的智能考量。

其中硬币矩阵整行或整列翻转的最优化游戏，具有国际程序设计竞赛培训背景，难度比较大。

9.7.1 硬币行正、反倒面

有 n 枚硬币，正面朝上排成一行。每次将其中 d 枚硬币（不必相连）翻过来放在原位置，直到所有硬币翻成反面朝上为止。

设 $n \geq 2d$，编程寻求次数最少的翻法，并打印输出翻币过程（用●表示正面，○表示反面）与所需要的最少翻币次数。

1. 设计要点

（1）排除平凡情形。

对于 n 枚硬币每次翻 d 枚，若 n 是 d 的整数倍，按顺序翻 n/d 次即可。

若 n 是奇数而 d 是偶数，无法完成翻转。

（2）确定翻转次数 m 与重复枚数 k。

设需 m 次翻转，n 枚中有 k 枚硬币需要 3 次（反—正—反）翻转。

凡 n 不是 d 的整数倍，则存在重复翻转，因而 $m \geq 3$（显然两次无法重复）。

翻转次数为 m，总翻转硬币次数为 md 次，显然 $md \geq n$。

注意到重复翻转 k 枚，每一枚翻转 3 次（反—正—反），其中一次计算在 n 之内，另两次为多余翻转，应在 n 之外。k 枚的所有多余次数为 $md-n$，即有

$$md - n = 2k$$
$$k = (md - n)/2$$

（3）循环确定翻转次数。

可知 $md-n$ 应为偶数。同时因 $m \geq 3$，为此，设置条件循环确定翻转次数 m：

```
m=3;
while(m*d<n ||(m*d-n)%2>0) m++;
```

2. 一行翻币程序设计

```
//一行 n 枚硬币每次翻 d 枚全倒面
#include<stdio.h>
int a[100];
void main()
{   void pr(int n);
    int d,i,j,n,m,k,t;
    printf("  一行 n 枚硬币,请输入 n:");scanf("%d",&n);
```

```
    printf("  一次翻转 d 枚,请输入 d(d<n/2):");scanf("%d",&d);
    t=n%d;
    if(n%2>0 && d%2==0)                      //n 为奇数而 d 为偶数,无法完成
      { printf("  无法完成!"); return; }
    if(n%d==0)
      { printf("  按顺序翻%d次即可!",n/d); return; }
    m=3;
    while(m*d<n ||(m*d-n)%2>0) m++;          //需要进行 m 次翻币才能完成
    k=(m*d-n)/2;                             //k 枚需重复翻转
    printf("  需%d次翻转,有%d枚需重复翻转。\n",m,k);
    for(i=1;i<=n;i++) a[i]=1;                //1 表朝上,2 表朝下
    printf("\n      "); pr(n);              //显示 n 枚硬币朝上起始状态
    for(i=1;i<=d;i++) a[i]=2;                //翻转前 d 枚
    printf("\n  %2d:",1); pr(n);
    for(i=1;i<=k;i++) a[i]=1;                //前 k 枚重复,从 d 枚后翻转 d-k 枚
    for(i=d+1;i<=2*d-k;i++) a[i]=2;
    printf("\n  %2d:",2); pr(n);
    for(i=1;i<=k;i++) a[i]=2;                //前 k 枚再翻,从上接着翻转 d-k 枚
    for(i=2*d-k+1;i<=3*d-2*k;i++) a[i]=2;
    printf("\n  %2d:",3); pr(n);
    for(i=4;i<=m;i++)                        //其余依次翻转 m-3 次完成
      { for(j=(i-1)*d-2*k+1;j<=i*d-2*k;j++) a[j]=2;
          printf("\n  %2d:",i); pr(n);
      }
}
void pr(int n)                              //输出一行棋子符号函数
{ int k;
    for(k=1;k<=n;k++)
      if(a[k]==1) printf("● ");
      else printf("○ ");
}
```

3. 程序运行示例与说明

```
一行 n 枚硬币,请输入 n:17
一次翻转 d 枚,请输入 d(d<n/2):5
需 5 次翻转,有 4 枚需重复翻转。
      ● ● ● ● ● ● ● ● ● ● ● ● ● ● ● ● ●
  1:○ ○ ○ ○ ○ ● ● ● ● ● ● ● ● ● ● ● ●
  2:● ● ● ● ○ ○ ○ ○ ○ ● ● ● ● ● ● ● ●
  3:○ ○ ○ ○ ● ● ● ● ● ○ ○ ○ ○ ○ ● ● ●
  4:○ ○ ○ ○ ○ ○ ○ ○ ○ ○ ○ ○ ○ ● ● ● ●
  5:○ ○ ○ ○ ○ ○ ○ ○ ○ ○ ○ ○ ○ ○ ○ ○ ○
```

以上翻转输出可见,实际上是通过 3 次翻转 7 枚(凡与上一行不同者即为翻转币),而

剩下 10 枚通过 2 次翻转完成。

注意：当 $n < 2d$ 时，翻币讨论比较复杂，有兴趣的读者可进一步研究。

9.7.2　硬币矩阵整行列翻转

探讨一个翻转硬币矩阵游戏。

有 $m(m < 10000)$ 行硬币，每行有 9 个硬币，排成一个 $m \times 9$ 的矩阵，有的硬币正面朝上，有的硬币反面朝上。

每次可以把矩阵中一整行或者一整列的所有硬币翻过来，如何翻转使正面朝上的硬币数最多？

翻转硬币探优是一个很有深度的矩阵优化案例。

上述探优趣题固定为 9 列，而行的数量较大，需通过程序设计实现优化操作。

为了更清楚说明问题的关键，先探求一个只有 3 列的简单案例。

【问题】　简单硬币矩阵最优翻转展示。

已知硬币矩阵有 6 行，每行有 3 个硬币，排成一个 6×3 的硬币矩阵，如图 9-5(a)所示，矩阵中 9 个硬币正面标为 ●，另 9 个硬币反面为 ○。

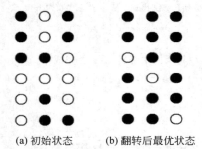

(a) 初始状态　　(b) 翻转后最优状态

图 9-5　简单 6×3 的硬币矩阵

规定每次操作可以把矩阵中一整行或者一整列的所有硬币翻过来，需至少多少次翻转操作，能使得正面朝上的硬币数最多？

【思考】　初始状态共有 9 个正面，经翻转操作后能使正面朝上最多为多少枚？

作为游戏，把初始硬币矩阵图交给游戏者，谁通过最少翻转次数（每次翻转操作实施一整行或者一整列翻转）所得正面朝上最多，谁就是优胜者。

问题所给出的硬币矩阵尽管行、列数量不大，硬币也只有 18 个，如果没有整体思考，东一行、西一列地胡乱翻转，可能难以得到最大值。

（1）翻转次数。

注意到对某列翻转任何奇数次的效果等同于对该列翻转 1 次，翻转任何偶数次的效果等同于对该列不翻转（即 0 次），行翻转操作类似。因此，只考虑对矩阵的任意行或列翻转 1 次或不翻转。

（2）列操作的 8 种状态。

考察对矩阵的 3 列翻币操作，每列有两个选择：翻与不翻。3 列共有 $2^3 = 8$ 种情形。

分析翻币后所得正面朝上的硬币最多的局面（简称最优局面），最优局面对列的翻币操作肯定为所有 8 种列操作情形之一，而此时 6 行的每行的正面数均大于 1，即正面数大于反面数（否则，翻转该行，正面数会增加，与最优局面正面数最多矛盾）。

因此，比较这 8 种状态即可获得最优局面，即得正面的最大值。

为此，把对列翻转记为 1，不翻转记为 0。例如，列翻转为 011，即右边开始的第 1，2 列翻转，而第 3 列（即左边一列）不翻转。

（3）列表 8 种列翻转状态。

在每种列翻转状态中，通过对行翻转使每行正面最多，统计该列状态下的正面总数 s。最后，对 8 个列翻转状态的 s 比较，即可得正面最大值及其对应翻转操作。

为清楚计，8 种列翻转状态如表 9-2 所示。

表 9-2 8 种列翻转状态

列 状 态	列 翻 转	翻 转 行	正面总数 s
000	3 列不翻转	翻转 4,5 行	13
001	翻转第 1 列	翻转 1,2,4,6 行	13
010	翻转第 2 列	翻转 3,4,5,6 行	15（最优值）
011	翻转第 1,2 列	翻转 5,6 行	13
100	翻转第 3 列	翻转 1,2,3,4 行	13
101	翻转第 1,3 列	翻转 1,2 行	15（最优值）
110	翻转第 2,3 列	翻转 3,5 行	13
111	翻转第 1,2,3 列	翻转 1,2,3,6 行	13

（4）列表说明。

在表 9-2 中，第 1 列是所有 $2^3 = 8$ 种列翻转状态的标记；第 2 列则是对第 1 列状态的执行；第 3 列是在该列状态下翻转行能使正面达到最多；第 4 列是该列状态下能达到的最多正面数。

例如，表 9-2 的第 1 行，000 表示矩阵的 3 列都不翻转。此时由初始状态可见第 4,5 行正面未达到最多，则翻转这两行，使得其正面数增加 4 枚，为 9＋4＝13 枚。

又如，表 9-2 的第 6 行，101 表示由初始状态翻转矩阵的第 1,3 列。此时正面数仍为 9，但第 1,2 行全变为反面，则翻转这两行，使得其正面数增加 6 枚，为 9＋6＝15 枚。在以后的比较中可知这就是最优局面。

（5）最优结果。

翻转第 1 列与第 3 列，然后翻转第 1 行与第 2 行，经翻转后，硬币正面最多为 15 枚。正面最多的最优硬币矩阵如图 9-2（b）所示。

（6）互补操作过程。

如果把某一操作过程的列翻转与行翻转中的 0,1 全部取反，即 0 变为 1，而 1 变为 0，所得到的过程与原过程互补。

例如表 9-2 中，第 3 行的列操作为 010，行操作为 001111；第 6 行的列操作为 101，行操作为 110000。这两行的操作是互补操作。这两行操作所得到的硬币矩阵相同，都得到最优局面，所得正面个数都是最大值。

所有互补过程有以下一个有趣的性质：对任一硬币矩阵，两个互补操作翻转所得到的矩阵相同。

事实上，考察矩阵中的任一元素 a[i][j]。

"第 i 行与第 j 列都翻"与"第 i 行与第 j 列都不翻"互补，此时 a[i][j] 保持不变，效果相同。

"第 i 行翻同时第 j 列不翻"与"第 i 行不翻同时第 j 列翻"互补；"第 i 行不翻同时第 j 列翻"与"第 i 行翻同时第 j 列不翻"互补,此时 a[i][j]改变。

因而可知,两个互补过程翻转所得到的矩阵相同,且任何两个互补过程的行列翻转次数之和为矩阵的行与列之和,即为 m+n。

根据互补操作的特性,得到最优局面可以减少一半操作,操作效率加速一倍。

例如上例,若固定第 1 列不翻转,表 9-2 中前 4 行即可得最大 15；若固定第 1 列翻转,表 9-2 中后 4 行即可得最大 15。

同时,根据互补操作的特性,若某一最优操作的翻转总次数大于 m+n,则可取其互补操作,其次数小于 m+n,同样可得最优。

例如上例,表 9-2 中第 3 行经 5 次翻转得最优；可取其互补操作即表中的第 6 行,只经 4 次翻转即可得最优。

结论：如果不要求翻转次数,则按第 3 行与第 6 行,都可得最多 15 枚正面。

如果要求翻转次数最少,则按第 6 行最少翻转 4 次,可得最多 15 枚正面。

【编程拓展】

对于一般 m 行 n 列的 m×n 硬币矩阵,如何实施整行或整列翻转,使得矩阵正面朝上的硬币最多？

键盘输入整数 m,n(约定 n<16),随机产生 m×n 硬币矩阵。寻求实施整行或整列翻转,使得矩阵正面朝上的硬币最多。(显然拓展了原程序设计竞赛试题)

1. 编程设计要点

(1) 产生原始矩阵。

为简化原始硬币矩阵的构造与输入,每次游戏时随机产生 0-1 矩阵(先行初始化随机数发生器)。

设置二维数组 a[i][j]存储硬币矩阵第 i 行第 j 列的 0-1 元素,其中 1 表示正面,0 表示反面。

(2) 产生列状态。

考察对矩阵的 n 列翻硬币操作,每列有两个选择：翻与不翻,n 列共有 2^n 种情形。

根据互补操作的特性,只需比较 n−1 列共有 2^{n-1} 种情形即可。通过循环得 $f=2^{n-1}$,然后通过除 2 取余把整数 $0\sim f-1$ 这 f 个整数 c 分别转换为 n−1 位二进制数(不足 n 位高位补 0),代表 2^{n-1} 种列状态。

n 位二进制数中默认 tc[n]=0,其他每个二进制数码赋值给代表列操作的数组元素 tc[k](k：$1\sim n-1$)。

(3) 硬币矩阵与翻转标志。

行翻转和列翻转只从理论上用数组元素标记,并没有真正实行各个币的翻转操作,即并不改变 a[i][j]的值,只是最后打印输出才改变：a[i][j]=1−a[i][j]。

最后所得最优硬币矩阵根据最优标记输出。标记数组如下。

设置数组 tr[i]为第 i 行翻转标志,tc[j]为第 j 列翻转标志,数字 1 表示翻转,0 表示不翻转。

设置数组 sr[i]为最优状态的第 i 行翻转标志,sc[j]为最优状态的第 j 列翻转标志。

对某枚硬币 a[i][j](1≤i≤m,1≤j≤n):

若 tr[i]=0 且 tc[j]=0,表明该币 a[i][j]未作任何翻转;

若 tr[i]=1 且 tc[j]=0,表明该币 a[i][j]作行翻转;

若 tr[i]=0 且 tc[j]=1,表明该币 a[i][j]作列翻转;

若 tr[i]=1 且 tc[j]=1,表明该币 a[i][j]作行与列翻转,维持不变。

(4)设置枚举循环。

tc[k]=1 为翻转第 k 列,tc[k]=0 为第 k 列不翻转。

对每种列操作,设置循环枚举 m 行翻币,应用变量 r 统计该行正面数。若 $2*r < n$,即该行正面小于反面,则整行翻转。

(5)比较求取最大。

分别统计 2^{n-1} 种列操作情形的各行正面数最多的矩阵正面数之和 s,2^{n-1} 个 s 分别与 max 比较,以求得矩阵正面数的最大值 max,并用 sr[t]与 sc[t]数组更新最优记录翻转标志。

2. 翻转 m 行 n 列矩阵程序设计

```c
//翻转 m 行 n 列硬币矩阵设计
#include <stdio.h>
#include <stdlib.h>
#include <time.h>
void main()
{  long s,max;int c,d,f,i,j,h,t,m,n,k,r;
   int a[100][100];                    //硬币矩阵
   int tr[100],tc[100];                //行列翻转标志数组
   int sr[100],sc[100];                //最优状态标志数组
   max=0;s=0; t=time(0)%1000;srand(t); //随机数发生器初始化
   printf("  请输入矩阵行、列数:"); scanf("%d,%d",&m,&n);
   for(i=1;i<=m;i++)
   for(j=1;j<=n;j++)                    //随机产生硬币矩阵数据
     { t=rand()%50+10; t=t%2>0?t=1:t=0;
       a[i][j]=t;s+=a[i][j];
     }
   for(i=1;i<=m;i++)                    //输出硬币矩阵图
     { for(j=1;j<=n;j++)
       if(a[i][j]==1) printf(" ●");     //1 为正面●,0 为反面○
       else  printf(" ○");
       printf("\n");
     }
   printf("  初始状态共有%5d 个正面● \n",s);
   for(f=1,k=1;k<=n-1;k++) f=f*2;       //f 已优化为 2^(n-1)列状态种数
   for(c=0;c<=f-1;c++)
   {  for(k=1;k<=n;k++) tc[k]=0;
      d=c;k=0;
      while(d>0)
```

```
        { k++;tc[k]=d%2;d=d/2; }            //通过除 2 取余法,产生列状态
    s=0;
    for(k=1;k<=m;k++)                        //固定列状态下的正面数 s
    {   r=0;
        for(h=1;h<=n;h++)
        {   if(tc[h]) r+=1-a[k][h];          //第 h 列翻转,r 统计第 k 列状态下正面数
            else   r+=a[k][h];               //第 h 列不翻转
        }
        if(2*r<n) { tr[k]=1; s+=n-r; }       //第 k 行翻转,s 统计第 k 列翻转行后正数
        else {tr[k]=0; s+=r; }               //第 k 行不翻转
    }
    if(s>max)                                //比较求正面最大值 max
      {   max=s;
          for(t=1;t<=m;t++) sr[t]=tr[t];     //更新最优记录翻转的标志
          for(t=1;t<=n;t++) sc[t]=tc[t];
      }
    }
    printf("  翻转下列列:");                   //输出最优翻转记录
    for(j=1;j<=n;j++)  if(sc[j]) printf("%d  ",j);
    printf("\n  翻转下列行:");
    for(i=1;i<=m;i++)  if(sr[i]) printf("%d  ",i);
    printf("\n  最优硬币矩阵:\n");              //输出最优硬币矩阵
    for(i=1;i<=m;i++)
    {   for(j=1;j<=n;j++)
        {   if(sr[i]!=sc[j]) a[i][j]=1-a[i][j];   //行或列只翻 1 次时
            if(a[i][j]==1) printf(" ●");
            else  printf(" ○");
        }
        printf("\n");
    }
    printf("  翻转后硬币正面最多为%ld\n",max);
}
```

3. 程序运行示例与说明

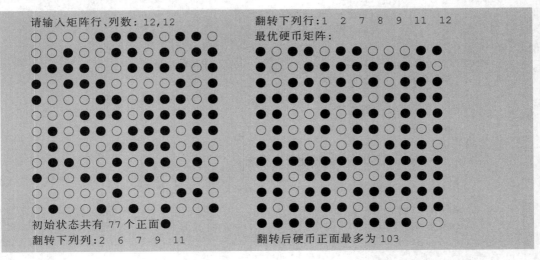

请输入矩阵行、列数:12,12

初始状态共有 77 个正面●
翻转下列列:2 6 7 9 11

翻转下列行:1 2 7 8 9 11 12
最优硬币矩阵:

翻转后硬币正面最多为 103

程序约定 n<16,是考虑到列状态为 2n(若优化也有 2n−1),每增加一列,操作增加一倍,为指数数量级。列数 n 太大,程序运行时间呈指数增长。

翻转达到最优状态的最少翻转次数应小于或等于(m+n)/2。以上输出中 m+n=24,翻转 5 列 7 行,刚好为 m+n 的一半。如果实现最优状态的行、列翻转次数之和大于(m+n)/2 时,可取同样实现最优状态的互补状态,此时翻转次数最少。

限定列数 n,此时行数 m 可以比较大。当然,若行数 m 比较小而列数 n 比较大,可修改程序,把列状态改为行状态实施比较。

9.8　取石子游戏

本节安排有两个取石子游戏:巴什游戏只涉及一堆石子,较为简单;而威索夫游戏涉及两堆石子,要相对复杂一些。

这两款游戏都是由双方参与:计算机为一方,游戏者为另一方。游戏的猜先都通过随机数的奇偶性决定。

取石子的两款游戏都有制胜的秘诀,即都有智力决策的实施。

9.8.1　巴什游戏

巴什(Bash)游戏是一个在一堆石子取子的游戏。

一堆石子有 n 个,计算机与游戏者(计算机也可改为主持人)轮流从这堆石子中取石子,规定每次至少取一个,最多取 m 个(正整数 m,n 可随机产生)。最后取完石子者得胜。

试模拟计算机与游戏者进行巴什游戏,随机决定先取者。

1. 游戏设计要点

如果 n=m+1,由于规定一次至少取一个,最多能取 m 个,所以,无论先取者拿走多少个,后取者都能够一次拿走剩余的石子而取胜。

(1) 制胜局面。

给对手留下 t(m+1)个(t 为正整数),即留下 m+1 的整数倍给对手。

对手取 k(1≤k≤m)个,则取 m+1−k 个,给对手留下(t−1)(m+1)个。

以此类推,最后留给对手 m+1 个,无论对手取多少,都可取一次而致胜。

(2) 游戏决策。

如果开始时 n=t(m+1)+r(t 为任意自然数,r≤m):

① 若 r=0,即开始时就是 t(m+1)局面,先取必破坏这一局面,后取者能获胜;

② 若 r>0,则先取 r 个,留给对手 t(m+1)局面,先取者能获胜。

因而,始终给对手留下 m+1 整数倍数,即游戏获胜的秘诀。

为书写简便,记游戏开始时一堆石子数 n 用{}括起来,计算机取码后石子数用[]括起来,游戏者取游戏开始时一堆后石子数用()括起来。

2. 巴什游戏 C 程序设计

//巴什游戏

```c
#include <stdlib.h>
#include <time.h>
#include <math.h>
#include <stdio.h>
void main()
{  int m,n,n1,n2,r,s,i,zs,t;
   t=time(0)%1000;srand(t);              //随机数发生器初始化
   m=rand()%9+4;n=3*m+rand()%41+40;      //随机产生整数 n,m
   printf(" 石子堆的石子数：%d \n",n);
   printf(" 规则：双方轮流取，每次至少取 1 个，至多取%d个。\n",m);
   printf(" 游戏猜先：");
   if(t%2==0) {zs=1;printf(" 计算机猜得先取,计算机取后标[]。\n");}
   else {zs=0;printf(" 游戏者猜得先取,游戏者取后标()。\n");}
   printf("初始{%d}",n);
   i=1;
   while(n>0)
   {  if(zs==0 || i>1)
      {  printf(" 游戏者取：");
         scanf("%d",&n1);                //游戏者取 n1 个
         if(n1==0) {printf(" 必须取石子!");continue;}
         if(n1>n)  {printf(" 石子不够,重取!");continue;}
         if(n1>m)  {printf(" 违规,重取!");continue;}
         n=n-n1;
         printf("->(%d)\n",n);
         if(n==0)
            { printf(" 全取完,游戏者胜!祝贺您!\n");break;}
      }
      printf(" 计算机取石子!");           //计算机猜得先取
      r=n%(m+1);
      if(r==0) n2=m-1-rand()%(m-1);       //计算机随机取作应付
      else  n2=r;                         //计算机取石子秘诀:留下 m+1 整数倍
      printf(" 计算机取:%d ",n2);
      n=n-n2; printf("->[%d]",n);
      if(n==0) { printf(" 全取完,计算机胜!");break;}
      i=i+1;
   }
   printf(" 再见!欢迎下次再玩。\n");
}
```

3. 程序运行示例与说明

石子堆的石子数：96
规则：双方轮流取，每次至少取 1 个，至多取 6 个。
游戏猜先：计算机猜得先取，计算机取后标[]。
初始{96}->[91]->(85)->[84]->(81)->[77]->(75)->[70]->(66)
  ->[63]->(58)->[56]->(53)->[49]->(43)->[42]->(38)->[35]
  ->(33)->(28)->[21]->(15)->(14)->(8)->[7]->(3)->[0]
全取完,计算机胜! 再见!欢迎下次再玩。

以上显示了计算机取胜的诀窍：计算机每次取石子后使得剩下的石子数为 $m+1=7$ 的倍数。最后一轮为剩下 $m+1=7$ 时，无论游戏者取多少，计算机可一次取完制胜。

如果游戏者也知晓这一秘诀且先手留给计算机 $m+1$ 的倍数，则计算机只能随机取以作应付，并等待游戏者出错。

9.8.2 威索夫游戏

数学家威索夫(Wythoff)于 1907 年发明两堆石子取子游戏。

参与游戏的 A,B 二人交替地从已有的两堆石子中按下面的规则取石子。

可以从某堆取出若干石子，数量不限；也可以同时从两堆取石子，要求两堆取出的石子数相等。每次不能不取，取最后一个石子者为胜。

设计程序，计算机为一方，游戏者为另一方，模拟这一取石子游戏。

1. 游戏设计要点

两堆石子增添了游戏的难度。怎样才能在游戏中取得胜利？

(1) 胜势组(Wythoff 数对)。

对于任何一方，只要在他取完之后出现下面的局势(不妨称为胜势组，括号中的两个数字分别为两堆石子数)，可导致胜利：

$(1,2),(3,5),(4,7),(6,10),(8,13)\cdots$

"胜势组"即著名的 Wythoff 对，其构成规律如下。

第 1 胜势组为 $(1,2)$；第 $i(i>1)$ 胜势组中的较小数 $c(i)$ 为与前 $i-1$ 个胜势组中所有已有数不同的最小正整数，第 i 胜势组中的较大数 $d(i)=c(i)+i$(即第 i 胜势组的两堆石子数之差为 i)。

(2) 当 A 方取石子之后出现胜势组 $(1,2)$，无论 B 方如何取石子，A 可胜。

① 若 B 取完某堆，则 A 取完另一堆胜。

② 若 B 在两堆中取 1，剩下 $(1,1)$，A 可取完胜。

③ 若 B 在两堆各取 1，只剩下一堆，A 取完胜。

(3) 一般地，当 A 方取石子之后出现第 i 胜势组 $(c(i),d(i))(i>1,d(i)=c(i)+i)$，无论 B 如何取石子，A 可胜或下调为一个较小的胜势组而导致胜利。

① 若 B 取完某堆，则 A 取完另一堆胜。

② 若 B 在 $c(i)$ 堆取石子，或在两堆 $c(i),d(i)$ 取石子，则 $c(i)$ 堆所剩下的石子数为 $m<c(i)$，注意到 $c(i)$ 为与前 $i-1$ 胜势组中所有已有数不同的最小正整数，即 m 为前 $i-1$ 个胜势组(不妨称为第 t 个胜势组，$t<i$)中的一个数，则 A 取另一堆变为第 t 个胜势组的另一个数，即 A 可由第 i 胜势组下调为一个较小的第 t 胜势组。

③ 若 B 在 $d(i)$ 堆取石子，设 $d(i)$ 堆所剩下的石子数为 m。

* 若 $m<c(i)$，则由以上②知可下调为一个较小的胜势组。

* 若 $m=c(i)$，则可同时取完两堆胜。

* 若 $m>c(i)$，设 $m-c(i)=t$，显然有 $0<t<i$，则两堆同时取石子，可下调为一个较小的第 t 胜势组。

(4) 若 A 取石子之后出现非胜势组，则 B 取石子可变为胜势组而导致胜利。

不妨设 A 取完之后出现非胜势组 (m,n)，令 $i=n-m$。

① 若 $m>c(i)$，则 B 两堆同取石子变为第 i 胜势组 $(c(i),d(i))$。

② 若 $m<c(i)$，即 m 为前 $i-1$ 个胜势组（不妨称为第 t 个胜势组，$t<i$）中的一个数，则 B 取另一堆变为第 t 个胜势组的另一个数，即 B 取石子可变为第 t 胜势组。

（5）计算机的游戏操作要领。

若计算机取石子时遇上胜势组，无论如何取都将变为非胜势组而留给对方机会。因此可采取随意取石子应付（例如，一堆取一个石子另一堆不取），等待游戏者出错；若计算机取石子时遇上非胜势组，则按照上述策略取石子变为胜势组，并一步步导致最后胜利。

（6）游戏取石子表示。

首先，随机确定两堆石子数 $m,n(m<n)$。

其次，应用随机数奇偶性决定先取者。

进入游戏，参加游戏的游戏者与计算机先后轮番取石子。

因石子数 m,n 是随机产生的，产生的 (m,n) 是一胜势组的概率比较小，因此先取者获胜的概率比较大。

为书写简便，记游戏开始时两堆石子数 m,n 用{}括起来，计算机取石子后两堆石子数用[]括起来，游戏者取石子后两堆石子数用()括起来。

2. 威索夫游戏程序设计

```
//威索夫游戏
#include <stdio.h>
#include <stdlib.h>
#include <time.h>
#include <math.h>
void main()
{  int m,n,m1,n1,m2,n2,i,j,k,e,zs,t,c[300],d[300];
   t=time(0)%1000;srand(t);                         //随机数发生器初始化
   m=rand()%70+30;n=m+rand()%10+10;                 //随机产生两堆石子数
   printf("第一堆石子数:%d      第二堆石子数:%d \n",m,n);
   c[1]=1; d[1]=2;
   printf(" 胜势组备用:%d,%d;",c[1],d[1]);
   for(i=2;i<=m;i++)                                //计算超 m 的胜势组待用
   {  for(k=c[i-1]+1;k<=1000;k++)
      {  for(t=0,j=1;j<=i-1;j++)
           if(k==d[j]) {t=1;j=i;}
         if(t==0) {c[i]=k;d[i]=k+i;k=1000;}
      }
      if(c[i]<=m) printf("%d,%d;",c[i],d[i]);
      else {printf("\n"); break;}
   }
   if((m+n)%2==0) {zs=1;printf( "计算机猜得先取,计算机取后标[]。\n");}
   else {zs=0;printf "游戏者猜得先取,游戏者取后标()。\n");}
   printf(" 初始{%d,%d}",m,n);
```

```
   i=1;
while(m>0 || n>0)
{   if(zs==0 || i>1)
    {   printf("游戏者在第一堆取:");scanf("%d",&m1);
        printf("游戏者在第二堆取:");scanf("%d",&n1);
        if(m1==0 && n1==0) {printf("必须取石子!");continue;}
        if(m1>m || n1>n) {printf("石子不够,重取!");continue;}
        if(m1>0 && n1>0 && m1!=n1) {printf("违规,重取!");continue;}
        m=m-m1;n=n-n1; printf("->(%d,%d)\n",m,n);
        if(m==0 && n==0) {printf("全取完,游戏者胜!祝贺您!");break;}
    }
    printf("计算机取石子!");e=abs(m-n);              //计算机猜得先取开始处
    if(m==0 && n>0) {m2=0;n2=n;}
    else if(n==0 && m>0){n2=0;m2=m;}
    else if(m==n){m2=m;n2=n;}
    else if(m==c[e] && n==d[e] || n==c[e] && m==d[e])
      { m2=1;n2=0;}                                //遇上胜势组时随意取石子应付
    else if(m>c[e] && n>c[e]){m2=(m+n-c[e]-d[e])/2;n2=m2;}
    else
    {   k=1;
        while(k<=e)
        {   if(m==c[k] && n>d[k]){ m2=0;n2=n-d[k];break;}
            if(n==c[k] && m>d[k]){ n2=0;m2=m-d[k];break;}
            if(m==d[k] && n>c[k]){ m2=0;n2=n-c[k];break;}
            if(n==d[k] && m>c[k]){ n2=0;m2=m-c[k];break;}
            k=k+1;
        }
    }
    printf("计算机在第一堆取:%d ",m2);
    printf("计算机在第二堆取:%d \n",n2);
    m=m-m2;n=n-n2; printf("->[%d,%d]\n",m,n);
    if(m==0 && n==0) {printf("全取完,计算机胜!");break;}
    i=i+1;
}
printf("再见!欢迎下次再玩。\n");
}
```

3. 程序运行示例与说明

```
第一堆石子数:80    第二堆石子数:95
胜势组备用:
1,2;3,5;4,7;6,10;8,13;9,15;11,18;12,20;14,23;16,26;
17,28;19,31;21,34;22,36;24,39;25,41;
游戏者猜得先取,游戏者取后标()。
初始{80,95}->(24,39)->[23,39]->(23,14)->[22,14]->(20,12)->[19,12]
        ->(18,11)->[17,11]->(15,9)->[14,9]->(13,8)->[12,8]->(10,6)
        ->[9,6]->(7,4)->[6,4]->(5,3)->[4,3]->(2,1)->[1,1]->(0,0)
全取完,游戏者胜!祝贺您!再见!欢迎下次再玩。
```

由以上输出可知，随机产生的两堆石子数{80,95}非胜势组，游戏者先取并懂得制胜玄机，每次取石子都把非胜势组转变为胜势组(24,39),(23,14),(20,12),(18,11),(15,9),(13,8),(10,6),(7,4),(5,3),(2,1),最后取得游戏的胜利。注意,(23,14)与(14,23)是等价的，尽管在 Wythoff 对中定义把小数放在前面，但在游戏中的第一堆与第二堆不分哪堆多哪堆少，只要取数符合规定都是允许的。

计算机无可奈何，每次在一组取 1 消极应对，等待游戏者出错。在游戏者不出错的情况下，只能认输。

9.9 移动 8 数码游戏

二维的 8 数码游戏是一个有趣的也有难度的移码游戏，有些资料称为 8 数码难题。

1. 游戏简介

在一个 3×3 方格的方阵中安放有 8 张编有数码 1~8 的滑牌，同时方阵中还有一个是空方格(用数字 0 表示)，各数码能上、下或左、右滑向与它相邻(即有公共边)的空格。

游戏首先指定的 8 数码的初始状态与目标状态，要求游戏者用最少的滑动次数完成从初始状态滑到目标状态，并给出游戏滑动中空位(即 0)滑动示意轨迹。

例如，图 9-6 所示的初始状态与目标状态，最少需多少次滑动才能完成转换？

2	6	4
1	3	7
0	5	8

(a) 初始状态

8	1	5
7	3	6
4	0	2

(b) 目标状态

图 9-6 8 数码游戏的初始与目标状态

问题涉及二维的 9 方格与 8 数码，由于指定的初始状态与目标状态之间的关系不明确，第一步如何滑？接着第二步又如何滑？怎样才能达到目标状态？

可见通过最少的滑动次数由初始状态达到目标状态的难度是比较大的。

试用分支限界法设计求解。

2. 游戏是否存在解的探讨

对指定的初始状态是否存在滑动序列达到指定的目标状态，即所给出的 8 数码游戏问题是否有解？

【定义】 对每一个状态定义状态量

$$s = \sum_{k=1}^{8} N(k)$$

为了说明 $N(k)$，试把二维状态按从左到右、从上往下的排列次序转化为一维状态(即一个 9 位整数)，例如，以上的初始状态可转化为整数 264137058。

数字 k 的标志量 $N(k)$ 为数字 $k(1 \leq k \leq 8)$ 在该 9 位整数中其左边(高位)比 k 大的数字的个数。例如，数字 3 的前面比 3 大的数字有 2 个(数字 6,4)，即 $N(3)=2$。

状态量 s 为 8 个数字的 $N(k)(1 \leq k \leq 8)$ 之和。状态量 s 若为奇数，则该状态为奇状态；状态量 s 若为偶数，则该状态为偶状态。

【命题】 若初始状态与目标状态同为奇状态或同为偶状态，问题有解。

否则，若初始状态与目标状态为一奇一偶，问题无解。

【证明】 首先,在矩阵的一行内某一数码和空格左、右互换不改变状态的奇偶性,因为各个数码的 $N(k)$ 没有改变。

在矩阵的一列内一个数码和空格上、下互换也不改变状态的奇偶性。

不妨假设空格在下面,上、下互换要改变3个数的次序及它们的 $N(k)$ 值。

假设这3个数字在整数中的排列依次是 abc,变换后次序变为 bca(即数字 a 下移到空格),在这3个数字中数字 a 由串头变为了串尾,$N(k)$ 值也相应发生了变化,具体分以下3种情形。

(1) 如果 a 小于 b,c,变换后 $N(a)$ 增2,其他未改变,显然不改变状态量的奇偶性。

(2) 如果 a 大于 b,c,变换后 $N(b),N(c)$ 均减少1,其他未改变,也不改变状态的奇偶性。

(3) 如果 a 介于 b,c 之间:若 $b<a<c$,变换后 $N(b)$ 减少1,$N(a)$ 增加1,$N(c)$ 未改变,不改变状态的奇偶性;若 $c<a<b$,变换后 $N(c)$ 减少1,$N(a)$ 增加1,$N(b)$ 未改变,不改变状态的奇偶性。也就是说,各数码按规则的任何滑动,都不改变状态的奇偶性。

若两状态的奇偶性不同,无论按规则怎么滑动,无论滑动多少次,因为按规则滑动不改变状态的奇偶性,因而都不能由其中一个状态变为奇偶性不同的另一个状态。

设计将根据初始状态与目标状态的奇偶性来判别问题是否有解。

【举例】 以上所列的初始状态的状态量 sa 如下。

```
2 6 4                sa = N(2)+ N(6)+ N(4)+ N(1)+ N(3)+ N(7)+ N(5)+ N(8)
1 3 7  —>264137058 —>   =  0  +  0  +  1  +  3  +  2  +  0  +  2  +  0
0 5 8                   = 8
```

同样计算得以上目标状态的状态量 sb 如下。

```
8 1 5                sb = N(8)+ N(1)+ N(5)+ N(7)+ N(3)+ N(6)+ N(4)+ N(2)
7 3 6  —>815736402 —>   =  0  +  1  +  1  +  1  +  3  +  2  +  4  +  6
4 0 2                   = 18
```

可见初始状态与目标状态同为偶状态,问题有解。

若把目标状态变更为如下。

```
1 8 5                sb = N(1)+ N(8)+ N(5)+ N(7)+ N(3)+ N(6)+ N(4)+ N(2)
7 3 6  —>185736402 —>   =  0  +  0  +  1  +  1  +  3  +  2  +  4  +  6
4 0 2                   = 17
```

初始状态与改变后的目标状态为一偶一奇,问题无解,即无论如何滑动,从初始状态均无法达到目标状态。

3. 分支限界设计要点

问题求最少的滑动次数,试应用分支限界法设计搜索求解。

(1) 算法设计概述。

从初始状态开始,在所有滑动方向滑动一次得到若干1次子状态,这些子状态分别与目标状态比较,是否达到目标;若没有达到目标,则从每个1次子状态在所有滑动方向分别滑动一次,得到若干2次子状态,这些子状态分别与目标状态比较,是否达到目标;以此类推,滑动 s 次得到所有的 s 次子状态,这些子状态分别与目标状态比较,是否达到目标,直至达到目标结束。

这样，从滑动一步开始，每滑动一步得到若干子状态都与目标状态比较。最先得到目标状态无疑是所求的最少的滑动次数。

对于某状态，空位 0 的位置有以下 3 种情形。

① 如果空位 0 位于 4 角，则存在 2 个滑动方向，即可产生 2 个子状态；

② 如果空位 0 位于 4 边，则存在 3 个滑动方向，即可产生 3 个子状态；

③ 如果空位 0 位于矩阵中间，则存在 4 个滑动方向，则可产生 4 个子状态。

如果次数 s 比较大，则 s 次子状态的数量非常大，占用的内存必然非常大。因此有必要实施截枝，以减少子状态的数量。

截枝的依据是不走回头路，即不能回到母状态。例如，空格从上往下滑动到中央，不走回头路就是此时空格不能立即从下往上滑动。

通过截枝，对于过程中某状态，空位 0 的位置有以下 3 种情形。

① 如果空位 0 位于 4 角，则只存在 1 个滑动方向，即只产生 1 个子状态；

② 如果空位 0 位于 4 边，则只存在 2 个滑动方向，即只产生 2 个子状态；

③ 如果空位 0 位于矩阵中间，则只存在 3 个滑动方向，则只产生 3 个子状态。

(2) 四向移动操作。

把二维状态按从左到右、从上往下的排列次序精简为一维状态，即一个 9 位整数。例如，以上的初始状态转化为整数 264137058。

设置一维数组 long a[40000]，目标为 long b，其中，a[0] 为初始状态数，a[m] 为中间第 m 个结点的状态数。此时是否达到目标状态，只需进行 a[m] 与 b 比较即可。

设 a[m] 的父结点为 a[k]，分析 a[k]—>a[m]，其中 a[k] 的 0 位于 (i,j) 位。

这里的关键在于由 a[k] 分 4 种滑动方向计算 a[m]，这是关键，也是难点。

令 $v=10^{(i*3+j)}$，$u=10^{(8-(i*3+j))}$。

① 0 上移。

矩阵位于 (i,j) 位的 0 上移到 (i−1,j)，相当于 a[k] 位于 (i−1,j) 位的数字 h 下移到 (i,j)，即数字 h 在数 a[k] 中后移 3 位。因而 h=(a[k]/u/1000)%10；操作：h=u*1000，h=(a[k]/h)%10。

h 在数 a[k] 中后移 3 位，即 a[k] 减少 h*(999*u)，a[m]=a[k]−h*(999*u)。

例如，由 268734510 的 0 上移得到 268730514，需减少 4*(999*1)。注意，此时 h 是与 0 交换的数字 4，u 是 1。

② 0 下移。

a[k] 位于 (i,j) 位的 0 下移到 (i+1,j)，相当于 a[k] 位于 (i+1,j) 位的数字 h 上移到 (i,j)，即数字 h 在数 a[k] 中前移 3 位。因而 h=(a[k]/u*1000)%10，操作：c=u/1000，h=(a[k]/c)%10。

h 在数 a[k] 中前移 3 位，即 a[k] 增加 h*(999*u/1000)，a[m]=a[k]+h*(999*c)。

例如，280163754 的 0 下移得到 283160754，需增加 3*(999*10^6/1000)。注意，此时 h 是与 0 交换的数字 3，u 是 10^6。

③ 0 右移。

a[k] 位于 (i,j) 位的 0 右移到 (i,j+1)，相当于 a[k] 位于 (i,j+1) 位的数字 h 左移一位

到(i,j),即数字 h 在数 a[k]中前移 1 位。因而 h=(a[k]/u*10)%10,操作:c=u/10,h=(a[k]/c)%10。

数字 h 在数 a[k]中前移 1 位,即 a[k]增加 h*(9*u/10),a[m]=a[k]+h*(9*c)。

例如,268734501 的 0 右移得到 268734510,需增加 1*(9*10/10)。注意,此时 h 是与 0 交换的数字 1,u 是 10。

④ 0 左移。

a[k]位于(i,j)位的 0 左移到$(i,j-1)$,相当于 a[k]位于$(i,j-1)$位的数字 h 右移一位到(i,j),即数字 h 在数 a[k]中后移 1 位。因而 h=(a[k]/u/10)%10,操作:h=u*10,h=(a[k]/h)%10。

h 在数 a[k]中后移 1 位,即 a[k]减少 h*(9*u),a[m]=a[k]-h*(9*u)。

例如,268730514 的 0 左移得到 268703514,需减少 3*(9*10^3)。注意,此时 h 是与 0 交换的数字 3,u 是 10^3。

当得到一个中间状态 a[m]时,通过"q[m]=k;"记录 a[m]的父状态的下标 k。同时通过"p[m]=(i-1)*3+j;"记录该状态 0 的位置。

(3) 截枝实现。

字符 ↑,↓,→,← 的 ASCII 码分别是 24,25,26,27,为打印方便,用数组 r[m]表示空格 0 的移动。r[m]=1 表示向上↑,r[m]=2 表示向下↓,r[m]=3 表示向右→,r[m]=4 表示向左←。

为避免走回头路(例如,父状态 0 为下移,此时又上移,回到原状态),对 0 的移动设置截枝条件。

例如,对 0 上移设置截枝条件:i>=1 && r[k]-2,其中 i>=1 表明要上移,0 的行号 i 需大于或等于 1,如果 i=0,即在矩阵的最前面一行无法上移。

而 r[k]-2 为避免走回头路的截枝:其父状态若为下移(r[k]=2),则 r[k]-2=0,即此时的上移无法实现;其父状态若为下移(r[k]≠2),则 r[k]-2≠0,即此时不影响上移实现。

(4) 双向广度优先搜索的实施。

8 数码问题具有可逆性,即如果可以从一个状态 A 移动生成状态 B,那么同样可以从状态 B 移动生成状态 A,这种问题既可以从初始状态出发,搜索目标状态;也可以从目标状态出发,搜索初始状态。

很自然的思路就是双向搜索,以缩减所占用的空间。

双向广度优先搜索法是从初始状态采用广度优先搜索的策略实施搜索,经 sa(可约定<=15)步顺向搜索,若得到目标状态,即退出搜索输出 0 的移动标志结束;若顺向搜索到 15 步还没有达到目标,则把该步的所有中间状态 m:kkb~kke 的数据作为比较目标保存下来。然后从目标状态开始采用广度优先搜索的策略实施逆向搜索,每搜索得到一个 b[n]与所有保存的中间状态 a[m]逐个比较;若在第 sb 步的中间状态 b[n],出现 b[n]=a[m],两个方向搜索对接成功,停止搜索,作协调输出。

(5) 协调输出。

为使输出标明空格(即 0)的 sa+sb 步移动标志简洁明了,定义协调输出的 e 数组记录最短路径中数，r 数组记录最短路径中数的 0 所在位置：e[k]（k：1～sa＋sb）为移动路径中的第 k 步所得的数；r[k] 为移动路径中的第 k 步所得的数的 0 所在位置（0～8，最高位为 0，个位为 8）。因此必须进行以下赋值：a[m]−>e[sa]；a[qa[m]]−>e[sa−1]；……；直至 e[1]。与此同时，ra[m]−>r[sa]；ra[qa[m]]−>r[sa−1]；……；直至 r[1]。b[qb[n]]−>e[sa＋1]；b[qb[qb[n]]]−>e[sa＋2]；……；直至 e[sa＋sb]。与此同时，rb[qb[n]]−>r[sa＋1]；rb[qb[qb[n]]]−>r[sa＋2]；……；直至 r[sa＋sb]。

设置输出循环 k（1～sa＋sb），除输出步序号 k 与第 k 步所得之数 e[k] 外，根据相邻两项 0 的位置差 r[k−1]−r[k] 输出相应的移动标志。

因此，采用双向广度优先搜索法，将大大节省中间比较状态所占的内存空间，或者说在相同的内存空间限制下可求解步数较大的 8 数码问题。

4. 双向广度优先搜索程序设计

```
//8 数码问题双向广度优先搜索
#include <stdio.h>
#define N 20000
long m,kkb,kke,a[N],b[N];
void main()
{   int d,i,j,x,g,sa,sb,as,bs,pa[N],pb[N],ra[N],rb[N],r[100];
    long c,h,k,kb,ke,n,u,v,y,qa[N],qb[N],e[100];
    int or[9]={2,6,4,1,3,7,0,5,8};              //初始状态数据
    int ta[9]={8,1,5,7,3,6,4,0,2};              //目标状态数据
    int wy(long n);
    d=as=bs=0;                                   //检验初始与目标状态的奇偶性
    for(i=0;i<=7;i++)
    for(j=i+1;j<=8;j++)
    {   if(or[i]>or[j] && or[j]>0) as++;
        if(ta[i]>ta[j] && ta[j]>0) bs++;
    }
    if((as+bs)%2>0)   return;                     //初始与目标状态不同奇偶，无解！
    a[0]=b[0]=0;
    for(i=0;i<=2;i++)
    for(j=0;j<=2;j++)
    {   a[0]=a[0]*10+or[i*3+j];                   //计算初始状态的长数 a[0]
        b[0]=b[0]*10+ta[i*3+j];                   //计算目标状态的长数 b[0]
    }
    printf("  给出的初始状态：%ld \n",a[0]);
    for(i=0;i<=2;i++)
    {   for(j=0;j<=2;j++)
        {   d=i*3+j;printf("  %d",or[d]);
            if(or[d]==0) pa[0]=d;                 //记录初始状态数字 0 所在位置
        }
        printf("\n");
    }
```

```
printf("   需达到的目标状态:%ld \n",b[0]);
for(i=0;i<=2;i++)
{  for(j=0;j<=2;j++)
    {  d=i*3+j;printf("  %d",ta[d]);
        if(ta[d]==0) pb[0]=d;                       //记录目标状态数字0所在位置
    }
    printf("\n");
}
kb=ke=m=n=sa=sb=ra[0]=d=0;                           //循环起始终止量赋初值
while(sa<15)
{  sa++;                                             //统计顺搜段的步数,最多限15步
    for(k=kb;k<=ke;k++)
    {  i=pa[k]/3;j=pa[k]%3;
        for(v=1,g=1;g<=i*3+j;g++)
          v=v*10;                                    //v=10^(i*3+j)
        u=100000000/v;
        if(i>=1 && ra[k]-2)                          //0向上移
        {  m++; h=u*1000;h=(a[k]/h)%10;
            a[m]=a[k]-h*(999*u); qa[m]=k;            //数值减少 h*(999*u)
            pa[m]=(i-1)*3+j; ra[m]=1;
            if(a[m]==b[0] || m>=N) break;            //已达到目标,输出结束
        }
        if(i<=1 && ra[k]-1)                          //0向下移
        {  m++; c=u/1000;h=(a[k]/c)%10;
            a[m]=a[k]+h*(999*c); qa[m]=k;            //数值增加 h*(999*c)
            pa[m]=(i+1)*3+j; ra[m]=2;
            if(a[m]==b[0] || m>=N) break;            //已达到目标,输出结束
        }
        if(j<=1 && ra[k]-4)                          //0向右移
        {  m++;c=u/10;h=(a[k]/c)%10;
            a[m]=a[k]+h*(9*c); qa[m]=k;              //数值增加 h*(9*c)
            pa[m]=i*3+j+1; ra[m]=3;
            if(a[m]==b[0] || m>=N) break;            //已达到目标,输出结束
        }
        if(j>=1 && ra[k]-3)                          //0可向左移
        {  m++;h=u*10;h=(a[k]/h)%10;
            a[m]=a[k]-h*(9*u); qa[m]=k;              //数值减少 h*(9*u)
            pa[m]=i*3+j-1; ra[m]=4;
            if(a[m]==b[0] || m>=N) break;            //已达到目标,输出结束
        }
    }
    if(a[m]==b[0]) {d=1;break;}
    if(m>=N) return;
    kb=ke+1;ke=m;
```

```
      }
      if(sa==15 && d==0)
      { kkb=kb;kke=ke;kb=ke=0;                     //循环起始终止量赋初值
         while(1)
         {  sb++;                                   //统计逆搜段的步数
            for(k=kb;k<=ke;k++)
            {  i=pb[k]/3;j=pb[k]%3;
               for(v=1,g=1;g<=i*3+j;g++)
                 v=v*10;                            //v=10^(i*3+j)
               u=100000000/v;
               if(i>=1 && rb[k]-1)                  //0向上移
               {  n++; h=u*1000;h=(b[k]/h)%10;
                  b[n]=b[k]-h*(999*u); qb[n]=k;     //数值减少h*(999*u)
                  pb[n]=(i-1)*3+j; rb[n]=2;
                  if(wy(n)||m>=N) break;            //已达到目标,输出结束
               }
               if(i<=1 && rb[k]-2)                  //0向下移
               {  n++; c=u/1000;h=(b[k]/c)%10;
                  b[n]=b[k]+h*(999*c); qb[n]=k;     //数值增加h*(999*c)
                  pb[n]=(i+1)*3+j; rb[n]=1;
                  if(wy(n)||m>=N) break;            //已达到目标,输出结束
               }
               if(j<=1 && rb[k]-3)                  //0向右移
               {  n++;c=u/10;h=(b[k]/c)%10;
                  b[n]=b[k]+h*(9*c); qb[n]=k;       //数值增加h*(9*c)
                  pb[n]=i*3+j+1; rb[n]=4;
                  if(wy(n)||m>=N) break;            //已达到目标,输出结束
               }
               if(j>=1 && rb[k]-4)                  //0可向左移
               {  n++;h=u*10;h=(b[k]/h)%10;
                  b[n]=b[k]-h*(9*u); qb[n]=k;       //数值减少h*(9*u)
                  pb[n]=i*3+j-1; rb[n]=3;
                  if(wy(n)||m>=N) break;            //已达到目标,跳出循环
               }
            }
            if(wy(n)) {d=1;break;}
            if(m>=N) return;
            kb=ke+1;ke=n;
         }
      }
      printf("  从初始状态经最少%d次移动达到目标状态。\n  ",sa+sb);
      e[sa]=a[m];r[sa]=pa[m];y=qa[m];r[0]=pa[0];
      for(k=1;k<=sa-1;k++)                          //根据qa数组值逆推最短路径中的顺搜段
        { e[sa-k]=a[y];r[sa-k]=pa[y];y=qa[y]; }
```

```
    if(sb>0)
    {  y=qb[n];e[sa+1]=b[y];r[sa+1]=pb[y];
       for(k=1;k<=sb-1;k++)                    //根据 qb 数组值顺推最短路径中的逆搜段
       { y=qb[y]; e[sa+k+1]=b[y];r[sa+k+1]=pb[y];}
    }
    for(k=1;k<=sa+sb;k++)
    {  x=(r[k-1]-r[k]+3)/2+25;                  //根据 0 的变化输出 0 的滑动标志
       if(x==28) x=24;
       printf("%c  ",x);
       if(k%10==0)  printf("\n  ");
    }
    printf("\n");
}
int wy(long n)                                  //定义比较函数
{  int j,w=0;
   for(j=kkb;j<=kke;j++)
     if(b[n]==a[j]) {w=1;m=j;break;}
   return w;
}
```

5. 程序运行结果与说明

程序运行结果如图 9-7 所示。

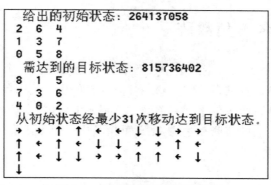

图 9-7　8 数码游戏移动示意图

这里,sa=15,sb=16,共经 31 步双向对接成功。

试把初始与目标状态交换,运行程序同样需要 31 步完成。

当然,对于需要更多滑动步才能实现的 8 数码问题,双向搜索可能无能为力,需在算法上另作改进与优化。

第 **10** 章

数阵天地大观

数列（序列）形态是一维的，而数阵形态是二维的，数阵是对数列的扩展。

数阵包括矩阵、方阵以及三角阵等，形式变换万千，内容博大精深。

本章首先探讨杨辉三角与莱布尼茨三角这两个中外著名三角数阵，并建立这两者之间的内在联系。常见的各类棋盘是二维数阵的一个形象而生动的平台，本章探索在矩阵棋盘上影响深远的高斯皇后问题、皇后全控棋盘问题、马步遍历、最长马步路径与马步型哈密顿圈等数阵经典，再现棋盘上的风云故事及其恢宏演绎。幻方是数阵中的一个历史悠久、雅俗共赏的亮点，深受中外广大数学爱好者的喜爱与追捧。本章从千古洛书探讨 n 阶幻方，进一步探索积幻方、素数幻方的构建，并首次把对角正交拉丁方纳入幻方范畴，展示它在构建素数幻方与积幻方上的不可或缺。

数阵的天空，广阔深邃，繁星璀璨，蔚为壮观。

10.1 中外著名三角数阵

杨辉三角与莱布尼茨三角是两个中外著名的三角数阵。一个出于古代中国，一个出于近代德国；一个是整数数阵，一个是分数数阵；两者的生成规则各不相同，表现形式各具特色，这两个三角数阵看起来似乎并无关联。但事实上，这两个著名三角数阵是紧密关联的，本节将具体给出它们的关联表达式，据此可由其中一个推出另外一个。

10.1.1 杨辉三角

我国北宋数学家贾宪首先使用贾宪三角进行高次开方运算，南宋数学家杨辉在名著《详解九章算法》中记载并保存了贾宪三角，故称杨辉三角（见图 10-1）。

图 10-1　杨辉三角示意图

元朝数学家朱世杰在《四元玉鉴》中扩充了贾宪三角。在欧洲直到 1654 年法国数学家帕斯卡才发现了与杨辉三角类似的帕斯卡三角，比贾宪三角迟了约 600 年。

杨辉三角揭示了 $(a+b)^n$ 展开式的系数规律。

例如，在杨辉三角中，第 3 行的 3 个数 $(1,2,1)$ 对应着两数和的平方的展开式 $(a+b)^2=a^2+2ab+b^2$ 的三项系数。

第 4 行的 4 个数 $(1,3,3,1)$ 依次对应两数和的立方的展开式

$$(a+b)^3 = a^3 + 3a^2b + 3ab^2 + b^3$$

中的四项系数。

一般地,设从 n 取 k 的组合数记为 $C(n,k)$,则二项展开式

$$(a+b)^n = \sum_{k=0}^{n} C(n,k)a^{n-k}b^k \tag{10-1-1}$$

设杨辉三角的第 $n+1$ 行第 $k+1$ 项为 $y(n+1,k+1)$,由式(10-1-1)有

$$y(n+1,k+1) = C(n,k) \quad (k=0,1,\cdots,n) \tag{10-1-2}$$

同时,由组合数 $C(n,k) = \dfrac{n!}{k!\,(n-k)!}$,可推出

$$C(n-1,k-1) + C(n-1,k) = C(n,k) \tag{10-1-3}$$

组合式(10-1-3)就是构建杨辉三角时所遵循的"各项为它的上一行两肩数之和"的理论依据。

1. 构建杨辉三角

设计程序,构造并输出杨辉三角的前 n 行(n 从键盘输入)。

(1) 递推设计要点。

考察杨辉三角的构建规律:三角形共 n 行,第 i 行有 i 个数,其中第 1 个数与第 i 个数都是 1,其余各项为它的两肩上数之和(即上一行中相应项及其前一项之和)。

设置二维 y 数组,数组元素 $y(i,j)$ 表示杨辉三角的第 i 行第 j 个元素。

递推关系:$y(i,j) = y(i-1,j-1) + y(i-1,j)$ $(i=3,4,\cdots,n; j=2,3,\cdots,i-1)$。

初始值:$y(i,1) = y(i,i) = 1$ $(i=1,2,\cdots,n)$。

为了输出左、右对称的等腰数字三角形,设置二重循环。

设置 i 循环控制打印 $1\sim n$ 行,第 i 行开始打印 $40-3i$ 个前导空格;

设置 j 循环控制打印第 i 行的 i 个元素 $y(i,j)$ $(j=1\sim i)$。

(2) 杨辉三角递推程序设计。

```c
//递推探索杨辉三角
#include <stdio.h>
void main()
{  int n,i,j,k,y[20][20];
   printf("  请输入行数 n: "); scanf("%d",&n);
   for(i=1;i<=n;i++)
     { y[i][1]=1;y[i][i]=1; }              //确定初始条件
   for(i=3;i<=n;i++)
   for(j=2;j<=i-1;j++)                      //递推实施
     y[i][j]=y[i-1][j-1]+y[i-1][j];
   for(i=1;i<=n;i++)                        //控制输出 n 行
   {  for(k=1;k<=40-3*i;k++)
        printf(" ");                        //控制输出第 i 行的前导空格
      for(j=1;j<=i;j++)
        printf("%6d",y[i][j]);              //控制输出第 i 行的 i 个元素
```

```
        printf("\n");
    }
}
```

（3）程序运行示例与说明。

运行程序，输入行数 n 为 10，构建并输出 10 行杨辉三角如图 10-2 所示。

```
                          1
                       1     1
                    1     2     1
                 1     3     3     1
              1     4     6     4     1
           1     5    10    10     5     1
        1     6    15    20    15     6     1
     1     7    21    35    35    21     7     1
  1     8    28    56    70    56    28     8     1
1     9    36    84   126   126    84    36     9     1
```

图 10-2　10 行杨辉三角

容易验证，每行中间各项均为上一行两肩项之和。

2. 杨辉三角应用

（1）计算组合和。

例如，对应杨辉三角的第 10 行，即可写出

$$(1+x)^9 = 1 + 9x + 36x^2 + 84x^3 + 126x^4 + 126x^5 + 84x^6 + 36x^7 + 9x^8 + x^9$$

$$(10\text{-}1\text{-}4)$$

式中十项的系数即对应杨辉三角的第 10 行的各项。

式（10-1-4）中令 $x=1$，即得杨辉三角第 10 行各项之和为 $2^9 = 512$。

一般地，由杨辉三角的第 n 行的各项之和推得组合和

$$\sum_{k=0}^{n} C(n,k) = 2^n \qquad (10\text{-}1\text{-}5)$$

（2）r 阶等差数列的和。

如果一个数列的 r 阶差数列是一个非零的常数列，那么这个数列就称为 r 阶等差数列。

如图 10-3 所示，第 1 个左斜行为常数数列；第 2 个左斜行为 1 阶等差数列（即通常的等差数列）；第 3 个左斜行为 2 阶等差数列；第 4 个左斜行为 3 阶等差数列；第 5 个左斜行为 4 阶等差数列；以此类推。

事实上，杨辉三角给出了多阶等差数列的和。

例如，1 阶等差数列 $1+2+3+4+5+6$ 的和为图 10-3 中 6 的右下格 21，即和为 21；

2 阶等差数列 $1+3+6+10+15+21+28$ 的和为图 10-3 中 28 的右下格 84，即和为 84；

3 阶等差数列 $1+4+10+20+35$ 的和为图 10-3 中 35 的右下格 70，即和为 70；以此类推。

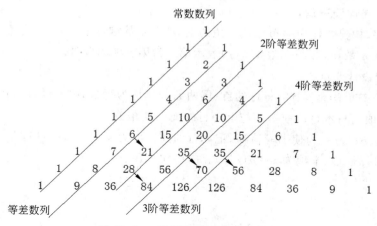

图 10-3 r 阶等差数列求和示意图

（3）正方网格的不同走法。

一城市街道为方格网格布局（见图 10-4）。某人从 A 到 B（只能由北向南，由西向东走），有多少种不同的走法？

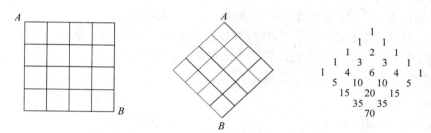

图 10-4 从 A 到 B 的不同走法数示意图

从杨辉三角取 9 行的中央部分即为到对应各点的不同走法。可见，从 A 到 B 共有 70 种不同走法。

10.1.2 莱布尼茨三角

世界上著名的莱布尼茨三角如图 10-5 所示，有些资料又称为莱布尼茨调和三角形，是由德国数学家莱布尼茨（Leibniz）给出的一个分数三角数阵。

这个三角数阵的规律：每行第一个数的分母就是这行的行数；下一行的第 1 个数和第 2 个数相加就等于上一行的第 1 个数；下一行的第 2 个数和第 3 个数相加就等于上一行的第 2 个数，以此类推（图形可成等腰三角分布）。

$$\frac{1}{1}$$
$$\frac{1}{2} \quad \frac{1}{2}$$
$$\frac{1}{3} \quad \frac{1}{6} \quad \frac{1}{3}$$
$$\frac{1}{4} \quad \frac{1}{12} \quad \frac{1}{12} \quad \frac{1}{4}$$
$$\frac{1}{5} \quad \frac{1}{20} \quad \frac{1}{30} \quad \frac{1}{20} \quad \frac{1}{5}$$
$$\frac{1}{6} \quad \frac{1}{30} \quad \frac{1}{60} \quad \frac{1}{60} \quad \frac{1}{30} \quad \frac{1}{6}$$
$$\frac{1}{7} \quad \frac{1}{42} \quad \frac{1}{105} \quad \frac{1}{140} \quad \frac{1}{105} \quad \frac{1}{42} \quad \frac{1}{7}$$

图 10-5 7 行莱布尼茨三角

1. 构建莱布尼茨三角

设计程序,构建并输出莱布尼茨三角的前 n 行(n 从键盘输入)。

设置二维 a 数组,数组元素 $a(i,j)$ 表示第 i 行第 j 项的分母。

(1) 递推设计要点。

莱布尼茨三角构建规律:每行的首、尾两数分母均为行数;第 i 行共 i 个数,除首尾两数外,其余各项均与本行的前一项与上一行的前一项相关。

为了确定 $b(i,j)$,为使书写清晰,记本行的前一项为 $y=b(i,j-1)$,上一行的前一项为 $x=b(i-1,j-1)$,本项为 $z=b(i,j)$。由构建规律有

$$\frac{1}{z}=\frac{1}{x}-\frac{1}{y}=\frac{y-x}{xy}$$

$$z=\frac{xy}{y-x}$$

因而有递推关系

$$b(i,j)=xy/(y-x) \ (x=b(i-1,j-1),$$
$$y=b(i,j-1),i=3,4,\cdots,n;j=2,3,\cdots,i-1)$$

初始值:$b(i,1)=b(i,i)=i \ (i=1,2,\cdots,n)$。

为了输出左、右对称的等腰数字三角形,设置二重循环。

设置 i 循环控制打印 $1\sim n$ 行,每行开始打印 $40-3i$ 个前导空格;

设置 j 循环控制打印第 i 行的第 j 个元素 $b(i,j)(j=1\sim i)$。

(2) 构建莱布尼茨三角程序设计。

```
//递推探索莱布尼茨三角
#include <stdio.h>
void main()
{  int n,i,j,k,x,y,b[20][20];
   printf("  请输入行数 n: "); scanf("%d",&n);
   for(i=1;i<=n;i++)
     { b[i][1]=b[i][i]=i;}                    //确定初始条件
   for(i=3;i<=n;i++)
   for(j=2;j<=(i+1)/2;j++)                    //递推实施
   {   x=b[i-1][j-1];y=b[i][j-1];
       b[i][1+i-j]=b[i][j]=x*y/(y-x);
   }
   for(i=1;i<=n;i++)                          //控制输出 n 行
   {  for(k=1;k<=40-3*i;k++)
       printf(" ");                           //控制输出第 i 行的前导空格
      for(j=1;j<=i;j++)
       printf(" 1/%d  ",b[i][j]);             //控制输出第 i 行的 i 个元素
      printf("\n");
   }
}
```

（3）程序运行示例与说明。

运行程序，输入 n 为 8，构建并输出 8 行的莱布尼茨三角如图 10-6 所示。

$$1/1$$
$$1/2 \quad 1/2$$
$$1/3 \quad 1/6 \quad 1/3$$
$$1/4 \quad 1/12 \quad 1/12 \quad 1/4$$
$$1/5 \quad 1/20 \quad 1/30 \quad 1/20 \quad 1/5$$
$$1/6 \quad 1/30 \quad 1/60 \quad 1/60 \quad 1/30 \quad 1/6$$
$$1/7 \quad 1/42 \quad 1/105 \quad 1/140 \quad 1/105 \quad 1/42 \quad 1/7$$
$$1/8 \quad 1/56 \quad 1/168 \quad 1/280 \quad 1/280 \quad 1/168 \quad 1/56 \quad 1/8$$

图 10-6　输出 8 行莱布尼茨三角

程序输出分数只能以 a/b 的形式出现，这样为控制分数式的宽度带来困难，可能使输出的等腰三角形不一定规范。

容易验证，每行各项均为下一行两脚项之和。例如，$1/3=1/4+1/12$，$1/12=1/20+1/30$，等等。

2. 莱布尼茨三角与杨辉三角的关联

归纳莱布尼茨三角各项分母构成规律，可推得各项分母的通项公式。

【命题 1】　设莱布尼茨三角第 n 行第 k 列项的分母为 $b(n,k)(k=1,2,\cdots,n)$，则有

$$b(n,k)=k \cdot C(n,k) \tag{10-1-6}$$

【证明】　当 $k=1$ 与 $k=n$ 时，$b(n,k)=n$，即第 n 行的首项与尾项的分母均为 n。

要证明式（10-1-6），只要证明式（10-1-6）能满足莱布尼茨三角的递推规律即可，即要证

$$\frac{1}{b(n-1,k-1)}-\frac{1}{b(n,k-1)}=\frac{1}{b(n,k)} \tag{10-1-7}$$

只要证

$$\frac{1}{(k-1)\cdot C(n-1,k-1)}-\frac{1}{(k-1)\cdot C(n,k-1)}=\frac{1}{k\cdot C(n,k)} \tag{10-1-8}$$

以组合公式代入即

$$\frac{(k-1)!\ (n-k)!}{(k-1)\cdot (n-1)!}-\frac{(k-1)!\ (n-k+1)!}{(k-1)\cdot n!}=\frac{k!\ (n-k)!}{k\cdot n!} \tag{10-1-9}$$

式（10-1-9）左边化简有

$$\frac{(k-1)!\ (n-k)!}{(k-1)\cdot (n-1)!}-\frac{(k-1)!\ (n-k+1)!}{(k-1)\cdot n!}=\frac{(k-2)!\ (n-k)!}{n!}[n-(n-k+1)]$$

$$=\frac{(k-1)!\ (n-k)!}{n!}$$

显然式（10-1-9）成立。因而式（10-1-6）得证。

例如，取 $n=8,k=5$，由通项式（10-1-6）得

$$b(8,5)=5\times C(8,5)=280 \tag{10-1-10}$$

【命题 2】　设莱布尼茨三角项分母为 $b(n,k)$，杨辉三角项为 $y(n,k)$，则有

$$b(n,k)=k \cdot y(n+1,k+1) \tag{10-1-11}$$

关联式（10-1-11）表述为：莱布尼茨三角第 n 行第 k 项的分母 $b(n,k)$ 等于杨辉三角第 $n+1$ 行第 $k+1$ 项 $y(n+1,k+1)$ 的 k 倍。

【证明】 由杨辉三角的通项式(10-1-2),以及莱布尼茨三角的分母通项式(10-1-6),即得这两个三角数阵的关联式(10-1-11)成立。

根据关联式(10-1-11),容易由莱布尼茨三角推出杨辉三角,也容易由杨辉三角推出莱布尼茨三角。

【验证】 试从3方面验证关联式。

(1) 单项验证。

取 $n=9,k=4$,莱布尼茨三角的第9行第4项的分母为504;杨辉三角的第10行第5项为 126,$126 \times 4 = 504$,式(10-1-9)成立。

(2) 单行验证。

取 $n=8$,杨辉三角的第 $n+1=9$ 行第2项开始到第9项为

8　28　56　70　56　28　8　1

上行实施第 k 项乘 k,即第1项乘1,第2项乘2,……,第8项乘8,得到

8　56　168　280　280　168　56　8

这就是莱布尼茨三角的第8行各项的分母。

(3) 数阵整体验证。

为便于比较,省略构建莱布尼茨三角程序输出格式中的"1/",即省略分子,只输出各项的分母,共10行的莱布尼茨三角数阵各项的分母如图10-7所示。

```
                        1
                      2   2
                    3   6   3
                  4   12  12   4
                5   20  30  20   5
              6   30  60  60  30   6
            7   42  105 140 105  42   7
          8   56  168 280 280 168  56   8
        9   72  252 504 630 504 252  72   9
     10   90  360 840 1260 1260 840 360  90  10
```

图 10-7　10 行莱布尼茨三角分母

同时,在输出语句中把分母项 b[i][j]除以列号 j(即每行第2项分母除以2,每行第3项分母除以3,等等),即变为 b[i][j]/j。

运行程序,输入 n 为10,得10行输出如图10-8所示。

```
                      1
                    2   1
                  3   3   1
                4   6   4   1
              5   10  10   5   1
            6   15  20  15   6   1
          7   21  35  35  21   7   1
        8   28  56  70  56  28   8   1
      9   36  84  126 126  84  36   9   1
    10  45  120 210 252 210 120  45  10   1
```

图 10-8　各项除左斜线序号

比较图 10-8 与图 10-2,容易发现把杨辉三角图 10-2 去掉每行第一项 1 后,即与图 10-8 完全相同。

这样,式(10-1-11)完整地揭示了这两个中外著名三角数阵的关联。

同时,图 10-8 清晰地显示出 r 阶等差数列及其和的构成,容易求取 r 阶等差数列的和,这也是莱布尼茨三角的应用之一。

10.2 棋盘上的智慧

古今中外各式各样的棋盘都是二维数阵的载体与平台,这一平台上演义的种种风云故事都是数阵的精彩与辉煌。

舍罕王失算涉及等比数列求和,计算比较简单,其结果却往往出乎意料。

高斯皇后问题是从国际象棋棋盘上抽象出来的一种有趣的特殊排列,属于组合设计的范畴。而皇后全控棋盘则是高斯皇后问题的一个推广,是另一种要求更高的排列。

本节所论涉及的棋盘案例都有很高的知名度,充满智慧,精彩横溢。

10.2.1 舍罕王失算

相传现在流行的国际象棋是古印度舍罕王(Shirham)的宰相达依尔(Dahir)发明的。

舍罕王十分喜爱象棋,决定让宰相自己要求得到什么赏赐。

这位聪明的宰相指着 8×8 共 64 格的象棋盘说:陛下,请您赏给我一些麦子吧,就在棋盘的第 1 个格放 1 粒,第 2 格放 2 粒,第 3 格放 4 粒,以后每格都比前一格增加一倍,以此放完棋盘上 64 格,我就感恩不尽了。

舍罕王让人扛来一袋麦子,他要兑现他的许诺。

请问,国王能兑现他的许诺吗?摆放完棋盘上 64 格共要多少麦子赏赐他的宰相?这些小麦合多少吨(1t=1000kg,1kg 小麦约 2.4e4 粒,1t 小麦约 2.4e7 粒)?这些小麦相当于世界粮食年总产量(以前些年世界年度数据为 2.5e9t 计)的多少倍?

1. 设计求解要点

这是一个典型的等比数列求和问题。

第 1 格 1 粒,第 2 格 2 粒,第 3 格 $4=2^2$ 粒,……,第 i 格为 2^{i-1} 粒。

为一般计,设共有 n 个格,总粒数为

$$s(n)=1+2+2^2+\cdots+2^{n-1}=2^n-1$$

设置求和 $i(2\sim n)$ 循环,在循环中通过"t=t*2;"计算第 i 格的麦粒数,体现每格为其前一格的 2 倍,再通过"s=s+t;"把每格的麦粒数累加到和变量 s,即可实现该等比数列各项的求和。

同时,在循环累加中,当所放质量超 1kg 与超 1t 时分别给出提示。

求出的总粒数为 s,通过 $v=s/2.4e7$,把 s 粒小麦的质量折合为 v 吨。

$$p=v/2.5e9$$

所得 p 即为相当于世界粮食年总产量的倍数。

2. 程序设计

```
//舍罕王失算,麦粒放至第 n 格
#include <stdio.h>
```

```
#include <math.h>
void main()
{   double  t,s,v,p; int i,k,n;
    printf("  请输入格数 n: "); scanf("%d",&n);
    t=1;s=1;k=1;
    for(i=2;i<=n;i++)
    {   t=t*2; s=s+t;                        //t 为第 i 格的麦粒数
        if(s>2.4e4  && k==1)                 //第 1 次小麦重超 1kg 提示
           printf("  提示%d:放至第%d格,重超 1kg。\n",k++,i);
        if(s>2.4e7 && k==2)                  //第 2 次小麦重超 1t 提示
           printf("  提示%d:放至第%d格,重超 1t。\n",k++,i);
    }
    v=s/2.4e7; p=v/2.5e9;                     //世界粮食年总产量约为 2.5e9t
    if(n<=40) printf("  总麦粒数为%.0f\n",s);
    else printf("  总麦粒数约为%.3e\n",s);
    printf("  小麦质量约为%.0ft\n",v);
    printf("  约相当于世界粮食年总产量的%.0f 倍。\n",p);
}
```

3. 程序运行结果与说明

请输入格数 n: 64
提示 1:放至第 15 格,重超 1kg。
提示 2:放至第 25 格,重超 1t。
总麦粒数约为 1.845e+019
小麦质量约为 768614336405t
约相当于世界粮食年总产量的 307 倍。

这是一个庞大的数值,相当于世界粮食年总产量的 300 多倍。看来舍罕王失算了,他无法兑现他的诺言。

程序设置随运行数据给出两个提示是新颖的。由运行程序的提示可知:放到第 15 格时小麦总重超 1kg,放到第 25 格时小麦总重超 1t。

如果把国际象棋棋盘改变为围棋棋盘,围棋棋盘纵横各 19 线分割成 $18 \times 18 = 324$ 个方格,如果同样按 1,2,4,8…等比数列递增放置,其数量有多大,其质量相当于地球的多少倍? 请你不妨具体让程序来算算。

10.2.2   高斯皇后问题

在国际象棋中,皇后可以吃掉同行、同列或同一与棋盘边框成 45°斜线方格上的任何棋子,其攻击力是最强的。

数学大师高斯于 1850 年借助国际象棋抽象出著名的八皇后问题:在国际象棋的 8×8 方格棋盘上如何放置八个皇后,使得这八个皇后不相互攻击,即没有任意两个皇后处在同一横行,同一纵列,或同一与棋盘边框成 45°斜线的方格上。

高斯当时认为八皇后问题有 76 个解,至 1854 年在柏林的《象棋》杂志上不同的作者共发表了 40 个不同解。

高斯八皇后问题到底有多少个不同的解？本节在探求高斯八皇后问题的基础上，拓展至一般 n 皇后问题。

图 10-9 就是高斯八皇后问题的一个解。图 10-9 中的八个皇后互不同行，不同列，也没有同处一斜线上，即任意两个皇后都不相互攻击。

这个解如何简单地表示？

试用一个 8 位整数表示高斯八皇后问题的一个解：8 位数中的第 k 个数字为 j，表示棋盘上的第 k 行第 j 列方格放置一个皇后。因而图 10-9 所示的解可表示为整数 27581463。

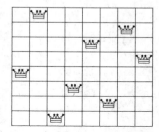

这一解是如何求得的？高斯八皇后问题共有多少个不同的解？

图 10-9 高斯八皇后问题的一个解

【编程拓展】 试探求 n 皇后问题。

要求在广义的 $n \times n$ 方格棋盘上放置 n 个皇后，使它们互不攻击，共有多少种不同的放置方式？试分别探求并输出所有解。

1. 递归设计要点

（1）数组设置与取值。

设置数组 $a(n)$，数组元素 $a(i)$ 表示第 i 行的皇后位于第 $a(i)$ 列。

递归函数 put(k) 的设计是针对 n 皇后问题解的 n 个数中的第 k 个数 $a(k)$ 展开的。

设 $a(k)$ 取值为 $i(1,2,\cdots,n)$，$a(k)$ 逐一与已取值的 $a(j)(j=1,2,\cdots,k-1)$ 比较。

① 若满足 $a(k)=a(j)$ 或 $|a(k)-a(j)|=k-j$，即第 k 行的皇后与第 j 行的皇后同在一列，或同在一对角斜线上，显然不符合题意要求，记 $u=1$，即所取 $a(k)$ 不妥，表示该行该列已放不下皇后，于是 $a(k)$ 继续下一个 i 取值。

② 否则，符合题意要求，保持 $u=0$，即所取 $a(k)$ 妥当。此时检测所完成的行数：若 $k=n$ 成立，完成了 n 行，按格式输出一个数字解，并用 s 统计解的个数；若 $k=n$ 不成立，即未完成 n 行，继续调用 put($k+1$)，探讨下一行取值。

（2）实施回溯。

若 $a(k)$ 取值到 n 仍不妥，则回溯到调用 put(k) 的 put($k-1$) 环境下，继续 $a(k-1)$ 的下一个取值。

若 $a(1)$ 取值到 n 仍不妥，则返回到调用 put(1) 的主程序，输出解的个数 s 或"无解"，程序结束。

2. 递归程序设计

```
//拓展 n 皇后问题求解
#include <stdio.h>
int n,a[30]; long s=0;
void main()
{   int put(int k);
    printf("  棋盘 n×n 方格,请确定 n: ");scanf("%d",&n);
```

```
    put(1);                                              //从第1行开始放皇后
    if(s>0) printf("\n %d 皇后问题共有以上%ld个解。\n",n,s);
    else   printf(" %d 皇后问题无解。\n",n);
}
//n 皇后问题递归函数
#include <math.h>
int put(int k)
{ int i,j,u;
   if(k<=n)
   { for(i=1;i<=n;i++)                                   //探索第k行从第1格开始放皇后
     { a[k]=i;
       for(u=0,j=1;j<=k-1;j++)
         if(a[k]==a[j] || abs(a[k]-a[j])==k-j) u=1;
       if(u==0)                                          //若第k行第i格可放,则检测是否满n行
       { if(k==n)                                        //若已放满到n行时,则打印出一个解
         { s++; printf(" ");
           for(j=1;j<=n;j++)  printf("%d",a[j]);
           if(s%5==0) printf("\n");
         }
         else  put(k+1);                                 //若没放满n行,则放下一行put(k+1)
       }
     }
   }
   return s;
}
```

3. 程序运行示例与说明

```
棋盘 n×n 方格,请确定 n: 8
   15863724 16837425 17468253 17582463 24683175
   25713864 25741863 26174835 26831475 27368514
   ...
   74258136 74286135 75316824 82417536 82531746
   83162574 84136275
8 皇后问题共有以上 92 个解。
```

递归设计在适用范围上可以超过 9。

当 $n>9$ 时,解的数量急剧增长(例如,14 皇后问题共有 365596 个解;15 皇后问题共有2279184 个解),其搜索求解自然也变得慢,且须在输出各个解时注意数字之间的分隔。

10.2.3　皇后全控棋盘

皇后全控棋盘是棋盘上另一个智能设计问题,实际上是高斯皇后问题的一个推广。

在 $n×n$ 广义棋盘上放置 n 个皇后当然可以全控棋盘的每格,能否用小于 n 的 m 个皇后来全控 $n×n$ 棋盘呢? 能全控 $n×n$ 棋盘的 m 个皇后,m 至少为多大? 这 m 个皇后

为实现全控棋盘应如何就位安放？

本节具体探讨皇后全控棋盘问题。

1. 问题提出

在 8×8 的国际象棋棋盘上，如何放置五个皇后，可以控制棋盘的每个方格而皇后之间不能相互攻击呢？

图 10-10 是五皇后控制 8×8 棋盘的一个解。

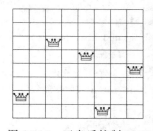

图 10-10　五皇后控制 8×8 棋盘的一个解

我们看到，图 10-10 中的五个皇后互不攻击，且能控制棋盘所有 64 格中的每个格，是符合题意要求的解。

那么，五皇后控制 8×8 棋盘共有多少个解？四皇后能全控 8×8 棋盘吗？

一般地，如何求解 m 个皇后全控 $n \times n$ 广义棋盘？

2. 控制棋盘解的表示

首先，如何简单地表示图 10-10 所示皇后控制棋盘解？

试用一个 8 位数字串表示五皇后控制 8×8 棋盘的一个解：

若 8 位数字串的第 k 个数字为 $j > 0$，表示棋盘上的第 k 行的第 j 格放置一个皇后。

若 8 位数字串的第 k 个数字为 0，表示棋盘上的第 k 行没放置皇后。

显然，图 10-10 所示的解可表示为 00358016。

因而 m 个皇后全控 $n \times n$ 棋盘的解用 n 个数字组成的数字串表示，其中有 $n - m$ 个 0。

3. 回溯设计要点

皇后控制棋盘问题比 n 皇后问题求解难度更大些。

(1) 设置数组与实施回溯。

采用回溯法探求，设置数组 $a(n)$，数组元素 $a(i)$ 表示第 i 行的皇后位于第 $a(i)$ 列，当 $a(i) = 0$ 时表示该行没有皇后。

求 m 个皇后控制 $n \times n$ 棋盘的一个解，即寻求 a 数组的一组取值，该组取值中 $n - m$ 个元素值为 0，m 个元素的值大于 0 且互不相同（即没有任两个皇后在同一列），第 i 个元素与第 k 个元素相差不为 abs$(i - k)$（即任两个皇后不在同一 $45°$ 的斜线上），且这 m 个元素可控制整个棋盘。

程序的回溯进程同 n 皇后问题设计，所不同的是所有元素从 0 开始取值，且 n 个元素中要确保 $n - m$ 个取 0。

(2) 皇后控制范围。

为了检验是否控制整个棋盘，设置二维数组 $b(n, n)$ 表示棋的每格，数组的每个元素置 0。对一个皇后放置 $a(c)$，其控制范围内的每个格置 1。

所有 m 个皇后控制完成后，检验 b 数组是否全为 1：只要有一个不为 1，即不是全控；若所有元素都为 1，则棋盘全控，打印输出数字解，并用变量 s 统计解的个数。

4. 回溯程序设计

```c
//探讨 m 皇后全控 n×n 棋盘问题
#include <math.h>
#include <stdio.h>
void main()
{   int i,g,h,k,c,d,e,f,j,m,n,t,s,x,a[20],b[20][20];
    printf("  m 个皇后全控 n×n 棋盘,请输入 m,n: "); scanf("%d,%d",&m,&n);
    i=1;s=0;a[1]=0;
    while(1)
    {   for(g=1,k=i-1;k>=1;k--)
        {   x=a[i]-a[k];
            if(a[k]!=0 && x==0 || a[i]*a[k]>0 && fabs(x)==i-k) g=0;
        }                                    //非零元素不能相同,不同对角线
        if(i==n && g==1)
        {   for(h=0,j=1;j<=n;j++)
            if(a[j]==0) h++;
            if(h==n-m)                       //判别是否有 n-m 个零
            {   for(c=1;c<=n;c++)
                for(j=1;j<=n;j++)
                b[c][j]=0;
                for(f=1;f<=n;f++)
                {   if(a[f]!=0)
                    for(c=1;c<=n;c++)
                    for(j=1;j<=n;j++)
                    {   if(c==f) b[c][j]=1;         //控制同行
                        if(j==a[f]) b[c][j]=1;      //控制同列
                        if(fabs(c-f)==fabs(j-a[f])) b[c][j]=1;
                    }                               //控制四方向对角线
                }
                for(t=0,c=1;c<=n;c++)
                for(j=1;j<=n;j++)
                    if(b[c][j]==0) t=1;             //棋盘中有一格不能控制,t=1
                if(t==0)                            //棋盘中所有格都能控制,输出数字解
                {   for(j=1;j<=n;j++)
                        printf("%d",a[j]);
                    printf("  ");
                    if(++s%5==0) printf("\n");      //控制每一行输出 5 个解
                }
            }
        }
        if(i<n && g==1)
            {i++;a[i]=0;continue;}
        while(a[i]==n && i>1)  i--;                 //向前回溯
```

```
      if(a[i]==n && i==1) break;
      else a[i]=a[i]+1;
   }
   if(s>0)
      printf("\n  %d个皇后全控%d×%d棋盘,共以上%ld个解。\n",m,n,n,s);
   else  printf("  %d个皇后不能全控%d×%d棋盘。\n",m,n,n);
}
```

5. 程序运行示例与说明

```
m个皇后全控n×n棋盘,请输入m,n: 5,8
 00035241   00042531   00046857   00047586   00052413
 ...
 86001047   86001407   86010730   86020730   86107003
 86170002   86200730   86475000
5个皇后全控8×8棋盘,共以上728个解。
```

运行程序,输入 m 为 4,n 为 8,没有解输出,说明 4 个皇后不能全控 8×8 棋盘,可见全控 8×8 棋盘至少要 5 个皇后。

输入 m 为 6,n 为 8,输出"6 个皇后全控 8×8 棋盘共 6912 个解。"

6. 列表讨论

输入 n 为 8,m 为 8,用 8 皇后控制 8×8 棋盘(显然是全控),实际上即高斯 8 皇后问题。可见,m 个皇后控制 $n×n$ 棋盘实际上是 n 皇后问题的推广。

综合 m 个皇后控制 $n×n$ 棋盘($3<m\leqslant n\leqslant10$)的解统计如表 10-1 所示。

表 10-1　m 皇后控制 $n×n$ 棋盘($3<m\leqslant n\leqslant10$)的解统计

皇后数 m	4×4	5×5	6×6	7×7	8×8	9×9	10×10
3	16	16	0	0			
4	**2**	32	120	8	0	0	0
5		**10**	224	1262	728	92	8
6			**4**	552	6912	7744	844
7				**40**	2456	38 732	83 544
8					**92**	10 680	241 980
9						**352**	49 592
10							**724**

从表 10-1 各列上端的非零项可知,全控 8×8,9×9 或 10×10 棋盘至少要 5 个皇后,全控 6×6 或 7×7 棋盘至少要 4 个皇后。

同时,表 10-1 中 8×8 列的下端即说明高斯 8 皇后问题有 92 个解。

从表 10-1 中其他各列的下端(数据粗体)知 6 皇后问题有 4 个解,7 皇后问题有 40 个解,10 皇后问题有 724 个解,等等。

当输入 $m=n$ 时，即输出 n 皇后问题的解。这就是说，以上求解的 m 个皇后控制 $n\times n$ 棋盘问题引申与推广了 n 皇后问题。

最后指出，若 $n\geqslant10$，为避免解的混淆，输出解时须在两个 a 数组元素之间加空格。

10.3 马步路径与哈密顿圈

马步遍历即骑士巡游问题，从 18 世纪初开始，就一直吸引着大批的数学家和数学爱好者，并且成为数学史上一个经典名题。

马步遍历是一个有深度也有难度的图论趣题，与马步遍历相关的最长马步路径则是马步遍历的一个拓展，或者说最长马步路径包含了作为特例的马步遍历。而马步型哈密顿圈则是马步遍历首尾相接的一个特例与亮点。

10.3.1 最长马步路径

在给定矩阵棋盘中，马从棋盘的某个起点格出发，按"马走日"的行走规则（即横向相差 1 格纵向相差 2 格，或横向相差 2 格纵向相差 1 格）经过棋盘中的每个方格恰一次，该问题称为马步遍历问题，经过棋盘的每个方格恰一次的线路称为马步遍历路径。

例如，图 10-11 即为 4 行 5 列棋盘中，马从棋盘左上角 $(1,1)$ 出发至棋盘右下角点 $(4,5)$ 止步的马步遍历。

1	18	7	14	3
6	13	2	19	10
17	8	11	4	15
12	5	16	9	20

图 10-11 4 行 5 列棋盘中的马步遍历路径

对于指定的矩阵棋盘与起始位置，可能不存在马步遍历，但存在各种长度（步数）不一的马步路径，其中步数最大的马步路径称为最长马步路径。

马步行走作为一个游戏也很有吸引力，给出一个具体的棋盘与起始位置，让参与游戏者各自在棋盘上走马，谁走得最远，即走出的马步路径最长，谁就优胜。

【游戏】 试在给定的 3 行 4 列方格棋盘上，马从棋盘左上角 $(1,1)$ 出发，尽可能走出较长的马步路径。

【示例】 以下列举 3 个游戏者走马路径。

参与游戏的走马策略不同，走出的马步路径的长度也就存在差异。

如果走马能占领整个棋盘，则就是马步遍历。即使不能占领整个棋盘，也应尽可能走出步数最多的马步路径。

图 10-12 记录了 3 个游戏者的不同马步行走：前者走到 10；中间者走到 11；后者走到 12。显然，后者长度最长，棋盘各格全走遍，为优胜者。

1	4	9	6
10	7	2	
3		5	8

1	4	9	6
	7	2	11
3	10	5	8

1	4	7	10
8	11	2	5
3	6	9	12

图 10-12　3 个游戏者在 3 行 4 列棋盘中的不同马步行走

后者走出 12 步即为马步遍历。其走马策略为尽可能走出 3 步一组的嵌套与对称：1,2,3 与 4,5,6 这两个 3 步组嵌套；7,8,9 与 10,11,12 这两个 3 步组嵌套；1,2,3 与 4,5,6 这两个 3 步组和 7,8,9 与 10,11,12 这两个 3 步组对称。

顺便指出，3×4 格是最小的马步遍历。

【问题】　试探求 3 行 12 列棋盘上从左上角 $(1,1)$ 出发的马步遍历。

【思考】　从以上 3×4 格马步遍历横向类推完成。

从以上后者走出的 3×4 格马步遍历看到：最后一步 12 处于 $(3,4)$，而 $(3,4)$ 与 $(1,5)$ 成为马步相连，因而 12 的下一步 13 可走到 $(1,5)$，成为第 2 个 3×4 格马步遍历的起步。以此类推到第 3 个 3×4 格马步遍历。

这样，形成 3×12 格马步遍历如图 10-13 所示。

1	4	7	10	13	16	19	22	25	28	31	34
8	11	2	5	20	23	14	17	32	35	26	29
3	6	9	12	15	18	21	24	27	30	33	36

图 10-13　3×12 格马步遍历

进一步，可把 3 行 4k 列棋盘分成 k 个 3×4 格子盘，每两个相连子盘的首尾相连，于是形成 3×4k 格马步遍历。这里的 k 为任意正整数，意味着马步遍历可以任意延伸。

【编程拓展】　探求在指定广义 n 行 m 列棋盘上，指定入口为 (u,v) 的所有最长马步路径。

从键盘输入指定棋盘参数 (n,m) 与入口参数 (u,v)，探求并输出所有不同的最长马步路径。

显然，对于 $n×m$ 棋盘，其最长马步路径的长度 max $\leqslant mn$。

若其最长马步路径的长度 max $=mn$，则该最长马步路径即为该棋盘起始位置为 (u,v) 的马步遍历。

因此，可以说最长马步路径包含了马步遍历在内，或者说马步遍历是最长马步路径的长度 max $=mn$ 的特例。

下面应用回溯设计探求最长马步路径。

1. 回溯探求最长马步路径要点

（1）数据结构。

设置数组 $x(i),y(i)$ 记录马步行走中第 i 步的行列位置；设置二维数组 $d(u,v)$ 记录棋盘中位置 (u,v) 即第 u 行第 v 列所在格的整数值，该整数值即为马步行走路径上的步数；同时设置数组 $a(k),b(k)$ 配对马步可跳的 8 个位置；设置数组 $t(i)$ 记录第 i 步到第 $i+1$ 步原已选取的方向数，便于回溯。

例如，图 10-11 所示遍历，第 8 步走在 $(3,2)$，则 $x(8)=3,y(8)=2;d(3,2)=8$。

若 $d(i,j)=0$，表示 (i,j) 位置为空，可供走位。

（2）马的走位。

注意到马走"日"形，对于有些马位，马最多可走 8 个方向。图 10-14 为当马位于 (x,y) 时可选的 8 个位置。

	−2,−1		−2,+1	
−1,−2				−1,+2
		(x,y)		
+1,−2				+1,+2
	+2,−1		+2,+1	

图 10-14　当马位于 (x,y) 时可选的 8 个位置

设置控制马步规则的数组 $a(k)$、$b(k)$，若马当前位置为 (x,y)，马步可选的 8 个位置分别为 $(x+a(k),y+b(k))$，其中

$a(k)=\{\ 2,1,-1,-2,-2,-1,1,2\ \}$

$b(k)=\{\ 1,2,2,1,-1,-2,-2,-1\ \}(k=1,2,\cdots,8)$

在回溯过程中，须知第 i 步到第 $i+1$ 步原已选取到了哪个方向，设置 $t(i)$ 记录第 i 步到第 $i+1$ 步原已选取的方向数，回溯时只要从 $t(i)+1\sim8$ 选取方向即可。

（3）实施回溯。

设马步行走起点为 (u,v)，即位置 (u,v) 点为 1。显然 $x(1)=u,v(1)=v,d(u,v)=1$。

回溯从 $i=1$ 开始进入条件循环，条件循环的条件为 $i>0$。即当 $i>0$ 时还未回溯完成，继续试探走马。

设置 $k(t(i)+1\sim8)$ 循环依次选取方向，当 $t(i)=0$ 时，即从 $1\sim8$ 选取方向，并求出此方向的走马位置：$u=x(i)+a(k)$，$v=y(i)+b(k)$。

判断：若 $1\leqslant u\leqslant n$，$1\leqslant v\leqslant m$，$d(u,v)=0$，即所选位置在棋盘中且该位为空，可走马步 $d(u,v)=i+1$；同时记录下此时的方向 $t(i)=k,q=1$ 标志此步走马成功，退出选方向循环。

（4）判断马步遍历与最长马步路径。

在以上回溯探求马步行走程序中，若条件 i==m*n−1 成立，找到马步遍历，即行输出马步遍历，并统计马步遍历个数。

若马步行走程序中，若条件 i==m*n−1 不成立，即不是马步遍历，此时需求出马步

路径最大长度 max，探索并输出所有长度为 max 的最长马步路径。

在实施回溯进程中，对所有 q==1 限制下的步数 i 与 max 进行比较，求出整个回溯过程中的步数最大值 max。

然后重新启动回溯，凡满足条件 q==1 && i==max 即打印输出长度为最大值 max 的马步路径。

可见，在不存在马步遍历情形下求出所有最长马步路径，需重复实施回溯。

2. 回溯探求最长马步路径程序设计

```
//探求 n×m 棋盘从 (u,v) 格开始的最长马步路径
#include <stdio.h>
void main()
{  int i,j,k,m,n,q,u,v,u0,v0,z,max;
   int d[20][20]={0},x[400]={0},y[400]={0},t[400]={0};
   int a[9]={0,2,1,-1,-2,-2,-1,1,2};
   int b[9]={0,1,2,2,1,-1,-2,-2,-1};          //按可能 8 位给 a,b 赋初值
   printf("  棋盘为 n 行 m 列,请输入 n,m: "); scanf("%d,%d",&n,&m);
   printf("  起点为 u 行 v 列,请输入 u,v: "); scanf("%d,%d",&u,&v);
   u0=u;v0=v; z=0; max=0;
   i=1;x[i]=u;y[i]=v;d[u][v]=1;                //起始位置赋初值
   while(i>0)
   {  q=0;                                     //尚未找到第 i+1 步方向
      for(k=t[i]+1;k<=8;k++)
      {  u=x[i]+a[k];v=y[i]+b[k];              //探索第 k 个可能位置
         if(u>0 && u<=n && v>0 && v<=m && d[u][v]==0)
         {  x[i+1]=u;y[i+1]=v;d[u][v]=i+1;     //所选位走第 i+1 步
            t[i]=k; q=1;break;                 //记录第 i+1 步方向
         }
      }
      if(q==1 && i>max) max=i;                 //比较求最大步长 max
      if(q==1 && i==m*n-1)                      //存在马步遍历则统计并输出
      {  printf("  第%d个马步遍历: \n",++z);
         for(j=1;j<=n;j++)                     //以二维形式输出遍历解
         {  for(k=1;k<=m;k++)
              printf("%4d",d[j][k]);
            printf("\n");
         }
         t[i]=d[x[i]][y[i]]=d[x[i+1]][y[i+1]]=0;
         i--;                                  //清零后实施回溯
      }
      else if(q==1) i++;                        //继续探索
      else {t[i]=d[x[i]][y[i]]=0; i--; }        //实施回溯
   }
   if(z>0)                                      //存在并输出马步遍历个数
   { printf("  共有以上%d个马步遍历。\n",z); return;}
   else
```

```
    {  i=1;z=0;x[i]=u0;y[i]=v0;
       d[u0][v0]=1;                                    //起始位置赋初值
       while(i>0)
       {  q=0;                                         //尚未找到第 i+1 步方向
          for(k=t[i]+1;k<=8;k++)
          {  u=x[i]+a[k];v=y[i]+b[k];                  //探索第 k 个可能位置
             if(u>0 && u<=n && v>0 && v<=m && d[u][v]==0)
             {  x[i+1]=u;y[i+1]=v;d[u][v]=i;           //所选位走第 i+1 步
                t[i]=k; q=1;break;                      //记录第 i+1 步方向
             }
          }
          if(q==1 && i==max)                           //统计与输出最长马步路径
          {  printf("   第%d 个最大步长%d 的马步路径：\n",++z,max+1);
             for(j=1;j<=n;j++)                          //以二维形式输出最长马步路径
             {  for(k=1;k<=m;k++)
                   if(d[j][k]>0) printf("%4d",d[j][k]);
                   else printf("  --");
                printf("\n");
             }
             t[i]=d[x[i]][y[i]]=d[x[i+1]][y[i+1]]=0; i--;//实施回溯
          }
          else if(q==1) i++;                           //继续探索
          else {t[i]=d[x[i]][y[i]]=0; i--; }           //实施回溯
       }
       printf("   共有以上%d 个最长马步路径。\n",z);
    }
}
```

3. 程序运行示例与说明

```
棋盘为 n 行 m 列,请输入 n,m: 4,4        棋盘为 n 行 m 列,请输入 n,m: 4,5
起点为 u 行 v 列,请输入 u,v: 1,1        起点为 u 行 v 列,请输入 u,v: 1,1
第 1 个最大步长 15 的马步路径：           第 1 个马步遍历：
    1    8   13   10                      1   14    5   18    7
   14   11    4    7                     10   19    8   13    4
    5    2    9   12                     15    2   11    6   17
   --   15    6    3                     20    9   16    3   12
   ...                                   ...
第 48 个最大步长 15 的马步路径：          第 32 个马步遍历：
    1   10    5   --                      1   18    7   14    3
    4    7    2   13                      6   13    2   19   10
   11   14    9    6                     17    8   11    4   15
    8    3   12   15                     12    5   16    9   20
共有以上 48 个最长马步路径。              共有以上 32 个马步遍历。
```

从以上运行示例可以看到,在 4×4 棋盘中不存在起点为(1,1)的马步遍历,存在 48
个起点为(1,1)的最大步长为 15 的马步路径;而在 4×5 棋盘中存在起点为(1,1)的 32 个不同的马步遍历。

在 n 行 m 列的棋盘中,如果最长马步路径的长为 $m \times n$ 即为马步遍历,因而最长马步路径包含马步遍历。

也就是说,以上程序可以探求指定棋盘与起点的所有马步遍历;当马步遍历不存在时,可以探求指定棋盘与起点的所有最长的马步路径。

10.3.2　马步型哈密顿圈

马步遍历中若终点能与起点相衔接,即遍历路径的终点与起点也形成一个"日"形关系,则该遍历路径为一马步型封闭圈,称为马步型哈密顿圈,简称哈密顿圈。

如图 10-15 所示即为 6 行 5 列哈密顿圈,首先它是一个马步遍历,其中起点 1 与终点 30 构成"日"形关系。

1	4	11	20	29
10	21	30	3	12
5	2	9	28	19
22	17	24	13	8
25	6	15	18	27
16	23	26	7	14

图 10-15　6 行 5 列哈密顿圈

在着手构建哈密顿圈前,有必要明确以下命题。

【命题 1】　对于 $n \times m$ 棋盘,若 m, n 都为奇数,则 $n \times m$ 棋盘不存在哈密顿圈。

【证明】　把棋盘按黑白相间着色。注意到哈密顿圈的奇数步与偶数步为不同颜色,如果存在哈密顿圈,则黑白两色格数应当相等,从而总方格数 $n \times m$ 应为偶数,即 m, n 中至少有一个偶数,矛盾。

【命题 2】　在 $4 \times m$ 或 $n \times 4$ 棋盘中不存在哈密顿圈。

【证明】　按图 10-16 将棋盘涂灰白两色,使相邻方格颜色不同。若存在哈密顿圈,则在圈上两种颜色交错出现,即马的每步从一种颜色跳到另一种颜色。不妨设奇数步全是灰色,偶数步全是白色。

再考虑另一种涂色方法,将第 1,4 行涂白色,第 2,3 行涂黑色,如图 10-17 所示。这里,如果马在白色格,下一步必跳至黑色格。因此,在圈上每一白色格后必跟一黑色格。不妨设奇数步全是白色,偶数步全是黑色。

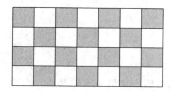

图 10-16　4 行棋盘的相间着色

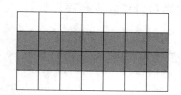

图 10-17　4 行棋盘中间 2 行着色

显然，图 10-16 的白色格与图 10-17 的黑色格显然是不同的集合，导致矛盾。因而在 $4 \times m$ 或 $n \times 4$ 棋盘中不存在哈密顿圈。

如果在 $n \times m$ 棋盘中，m，n 都不是 4，是否存在哈密顿圈必须通过实践来检验。

如何求 $n \times m$ 棋盘中的哈密顿圈？试应用递归结合分支限界法设计探求。

1. 递归结合分支限界设计要点

如果把分支限界与递归结合起来使用，可望实现既高效又能够保证每一个有解的棋盘都能找到相应的哈密顿圈。

为了加快搜索速度，每走一步，计算下一步的所有子位的出口数作为函数值（限界），并根据出口函数值从当前活结点中选择一个最小的结点作为扩展结点，即从当前活结点表中优先选择一个优先级最高（即孙子函数最小）的活结点作为扩展结点，使搜索朝着解空间树上有最优解的分支推进，以便尽快找出一个哈密顿圈。

这种策略是启发性调整应用，是为了加速搜索速度而采用启发信息剪枝的"限界"策略。

实践证明探求最长马步路径时在运用这一策略之后，搜索速率有非常明显的提高，以至对某些较大的棋盘不用回溯就可以得到一个哈密顿圈解。

具体来说，当从第 $g-1$ 步走向第 g 步时，总是按照数组 a 和 b 预先设定的固定顺序进行探测，这样很容易产生大量的出口少的结点。如果在此能够结合分支限界，不仅能够加快获得解的速度，而且能够解决有解的棋盘找不到解的问题。

（1）对于马步 g，在选择走步方向之初，即在所递归调用的子函数 t 的开始处，用数组 s 统计出口，数组 f 记录子位的方向下标。按照方向数组 a 和 b 的顺序循环，t[j] 表示走第 g 步的 8 个子位中第 j 个子位的出口数，同时 f[j] 表示走第 g 步的 8 个子位中第 j 个子位所选取的方向，初始时 f[j] 的方向顺序与数组 a 和 b 一致。

（2）当走第 g 步的 8 个子位的出口统计完成后，以数组 f 的元素为下标，按照出口大小对 s 的元素进行升序排序，排序中只需交换数组 f 的相应元素。

排序后的结果：t[f[1]]≤t[f[2]]≤…≤t[f[8]]。

同时设置 k(1~8)循环，直到 t[f[k]]>0 止，此时 f[k] 为走第 g 步的首选方向。由于 f[k] 为出口最少的可行子位，则 f[k~8] 一定是可行子位，因此无须进行检测。

（3）走第 g 步时，从首选方向开始，按照出口从少到多的顺序进行走步探索，即按照 f[k]，f[k+1]，…，f[8] 的顺序进行走步探索。

递归回溯过程与前面采用递归方法求解的程序基本相同，不同的是从首方向 f[k] 开始无须对 f[k~8] 进行可行性检查，因为它们均为可行马步方向。

2. 递归结合分支限界程序设计

```
//递归结合分支限界探索哈密顿圈
#include <stdio.h>
int n,m,z,d[20][20]={0},t[9];
int a[9]={0,2,1,-1,-2,-2,-1,1,2};      //按可能 8 位给 a,b 赋初值
int b[9]={0,1,2,2,1,-1,-2,-2,-1};
void main()
```

```
{  int g,x,y;
   void  p(int g,int x,int y);
   printf(" 棋盘为 n 行 m 列,请输入 n,m:");scanf("%d,%d",&n,&m);
   if(n==4 || m==4 || (m*n)%2>0)
     { printf("  不可能存在马步哈密顿圈!\n");return;}
   x=1;y=1;g=2;z=0;d[x][y]=1;              //起始位置赋初值
   p(g,x,y);                               //调用 p(g,x,y)
   if(z==0) printf("  未找到马步哈密顿圈!\n");
   else printf("  共有%d个马步哈密顿圈。\n",z);
}
//马步哈密顿圈递归函数
void  p(int g,int x,int y)
{  int i,j,l,u,v,u1,v1,k,k1=0,f[9];
   for(j=1;j<=8;j++)
   {  f[j]=j;
      u=x+a[j];v=y+b[j];                   //探索第 j 个可能位置
      if(u>0 && u<=n && v>0 && v<=m && d[u][v]==0)
        { if(g==m*n) {k=j;break;}          //此时无须检测孙位,用 k 标记最后一步的方向
          else if(!(u==2 && v==3))
          {  t[j]=0;
             for(l=1;l<=8;l++)
             {  u1=u+a[l];v1=v+b[l];
                if(u1>0 && u1<=n && v1>0 && v1<=m && d[u1][v1]==0 && !(u1==x && v1
                ==y))
                   t[j]++;                 //统计第 j 个子位可走孙位个数
             }
             if(t[j]==0) k1++;
          }
          else {t[j]=0;k1++;continue;}
        }
      else {t[j]=0;k1++;continue;}         //此时无须检测孙位
   }
   if(k1==8) return;                       //第 g 步走不了,实施回溯
   if(g<m*n)
   {  for(j=1;j<=7;j++)                     //对 8 个子位可走孙位个数进行升序排序
      for(l=j+1;l<=8;l++)
        if(t[f[j]]>t[f[l]])
          { k1=f[j];f[j]=f[l];f[l]=k1; }
      for(k=1;t[f[k]]<=0;k++);             //操作后,k 记录第 g 步的首选方向
   }
   while(k<=8)
   {  u=x+a[f[k]];v=y+b[f[k]];
      d[u][v]=g;                           //选取第 k 个可能位置走第 g 步
      if(g==m*n)
```

```
{ printf("    第%d个马步哈密顿圈:\n",++z);
  for(i=1;i<=n;i++)                       //以二维形式输出马步哈密顿圈
  { for(j=1;j<=m;j++)
      printf("%4d",d[i][j]);
    printf("\n");
  }
  if(z==1) return;                        //只输出1个解
  d[u][v]=0;break;                        //实施回溯,寻求新的解
}
else  p(g+1,u,v);                         //递归进行下一步探索
d[u][v]=0; k=k+1;                         //清零为后面的马步探索留出空位
}
}
```

3. 程序运行示例与说明

```
棋盘为 n 行 m 列,请输入 n,m:10,9
第 1 个马步哈密顿圈:
    1  40   3  44  47  50  17  20  23
    4  43  90  51  18  45  22  49  16
   39   2  41  46  89  48  19  24  21
   42   5  88  83  52  61  78  15  54
   87  38  71  64  79  84  53  60  25
    6  65  82  85  72  77  62  55  14
   37  86  35  70  63  80  73  26  59
   34   7  66  81  76  29  58  13  56
   67  36   9  32  69  74  11  30  27
    8  33  68  75  10  31  28  57  12
...
```

运行程序所得 10 行 9 列的哈密顿圈数量非常多,程序限制仅显示一个。

中国象棋盘上的点相当于 10 行 9 列的矩形,以上结果说明在中国象棋盘上马从棋盘上的任意位置出发可遍行棋盘上的每个点而不重复,最后回到出发点。

参数 m,n 达到或超过 10 时,构造的哈密顿圈的规模比较大,若按单纯的回溯或递归设计求解,时间可能会相当长。以上把递归算法与分支限界有机地结合起来,可有效提高这些较大规模哈密顿圈的搜索效率。

注意：若输入参数 m,n 都为奇数,或 m,n 中有一个是 4 时,没有哈密顿圈输出。

10.4   洛书与幻方

幻方(Magic Square)是一种将指定数字安排在方阵中的各个格子中,使每行、每列和两对角线上的数之和都相等的精深设计,是深受中外数学爱好者喜爱的一个古老而又神奇的数学奇葩。

著名数学家费马、欧拉与物理学家富兰克林等都对幻方很感兴趣,如今幻方仍然是组

合数学的研究课题之一。

经过一代代数学家与数学爱好者的共同努力,幻方与它的变体所蕴含的各种神奇的科学性质正逐步得到揭示。幻方已在组合分析、实验设计、图论、数论、群、对策论、工艺美术、人工智能等领域得到广泛应用。

1977 年,4 阶幻方(见图 10-18)还作为人类的特殊语言被美国旅行者飞船携入太空,向广袤的宇宙中可能存在的外星人传达人类的文明信息。

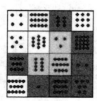

4	15	6	9
5	10	3	16
11	8	13	2
14	1	12	7

图 10-18　太空飞船所带 4 阶幻方图

不管外星人的智力如何,对阿拉伯数字也不一定了解,但数点数应该会,简单相加不成问题,这就够了,就可以读懂上述的 4 阶点阵幻方图。

10.4.1　千古洛书

幻方在我国古代被宋代数学家杨辉称为"纵横图"。

发源于中国古代的洛书——九宫图,是科学的结晶与吉祥的象征,也是幻方的始祖。

相传,名列"三皇五帝"之首的伏羲曾见龙马负图出河,称其为河图;夏禹治水时,洛河水中浮出了神龟,背负文字,有数至九,大禹用它做成九畴,称其为洛书。后来,人们就以"河出图""洛出书"表示太平时代的祥瑞。

洛书的图案,古代有一首歌来叙述它:"戴九履一,左三右七,二四为肩,六八为足。"头上是九,下面是一,左边是三,右边是七,这些都是阳数,以白点占据四方;上面右角两点、左角四点,如同肩膀,下面右角六点,左角八点,像两只足,为阴数,以黑点镇守四角;中心数五则居正中。洛书图及其数字表示如图 10-19 所示。

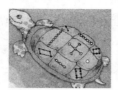

4	9	2
3	5	7
8	1	6

图 10-19　洛书图及其数字表示

上述洛书图是如何得到的呢?

【问题】　着手具体构建洛书。

试把 1,2,3,4,5,6,7,8,9 这 9 个数字不重复地填入 3×3 方阵的方格中,使每行、每列、每对角线上的 3 个数之和相等。

【探求】　设方阵正中数为 d,注意到每行、每列与每对角线之和 $s=(1+2+\cdots+9)/3=15$,则

$$（中间一行）+（中间一列）+（两对角线）=60$$

即 $$（方阵所有 9 个数之和）+3d=60$$

注意到方阵所有 9 个数之和为 45,则有

$$3d=15 \rightarrow d=5$$

这意味着方阵的正中方格为 5,凡含 5 的行、列或对角线的 3 个数中,除正中数 5 之外的另两个数与 5 相差等距,即为以下 4 组与 5 等距的数对:1,9;2,8;3,7;4,6。

把这 4 组数对按"两对角线两端大数在下,底行两端大数在左"的约定,选择两组填入方阵的 4 角,另两组按等和要求填入其余空格。

经调试即得图 10-19 所示的洛书,即 3 阶幻方。

在满足"两对角线两端大数在下,底行两端大数在左"的约定下,所构建的 3 阶幻方是唯一的。

【特性】 洛书除了 3 行、3 列与两对角线上 3 个数之和相等,还有以下特性。

(1) 洛书 3 行顺读的 3 位数与 3 行逆读的 3 位数平方和相等。

由图 10-19 可知,3 行顺读的 3 位数分别为 492,357,816;3 行逆读的 3 位数分别为 294,753,618。这两组 3 位数的平方和相等,即有

$$492^2+357^2+816^2=294^2+753^2+618^2$$

(2) 洛书正反泛对角线和相等。

由图 10-19,正泛对角线(泛对角线由与两对角线平行的对应两段组合而成)两个 3 位数为 312,879,反泛对角线两个 3 位数为 978,213。这两组 3 位数的和相等,即有

$$312+879=978+213$$

10.4.2　构建 n 阶幻方

n 阶幻方是由数 $1,2,\cdots,n^2$ 排列而成的 $n \times n$ 方阵,方阵的每行、每列与两条对角线上的 n 个数之和均相等,其值为 $n(n^2+1)/2$,称为幻和(Magic Sum)。

由此可知,幻方实际上是一种构造优美的特殊方阵。

1. 设计思路与要点

设计构建并输出 n 阶幻方,设置二维数组 $a(n+1,n+1)$ 存储方阵的元素。

以下分 3 种情形实施赋值与构造。

(1) 当 $n\%2>0(2m+1$ 型)时构造。

采用连续斜行赋值法,分以下 4 步。

① 把数 1 定在正中的下一格。

② 数 2 定在 1 的斜行右下格,以此类推,即一般数 i 定在数 $i-1$ 的斜行右下格(行数 x、列数 y 均增 1)。

③ 直至当数 $i-1$ 为 n 的倍数时,数 i 定在 $i-1$ 格正下方的第 2 格(行数 x 增 2,列数 y 不变)。

④ 按上述赋值,格的位置 (x,y) 若超出 n 行 n 列的范围,按模 n 定位,即若出现 $x>n$,则定在第 $x-n$ 行;出现 $y>n$,则定在第 $y-n$ 列。

(2) 当 $n\%4=0(4m$ 型)时构造。

试采用德国数学家丢勒给出的对称元素交换法构建 n 为 4 的倍数时的幻方,具体分以下两步。

① 把整数 $1\sim n^2$ 的升序排列按照行从上至下,列从左至右的顺序分别填入 $n\times n$ 方阵各格,即 $a(i,j)=(i-1)n+j$。

② 把方阵的所有 4×4 子方阵中的两对角线位置上的数关于方阵中心对称交换,其他非对角线上的数固定不动。

方阵中所有 4×4 子方阵中的两对角线位置 (i,j) 满足条件

```
(i-j)%4==0 || (i+j-1)%4==0
```

注意到方阵中位置 (i,j) 与位置 $(n+1-i,n+1-j)$ 关于方阵中心对称,这两位置的元素交换:$a(i,j)=n(n-i)+n+1-j$(当 (i-j)%4==0 || (i+j-1)%4==0 时)。

(3) 当 $n\%4=2$(即 $4m+2$ 型)时构造。

① 首先把大方阵分解为 4 个奇数($2m+1$ 阶)子方阵。仿上述奇数阶幻方给分解的 4 个子方阵对应赋值,上左子方最小(i),下右子方次小($i+v$),下左子方最大($i+3v$),上右子方次大($i+2v$),即 4 个子方阵对应元素相差 v,其中 $v=n\times n/4$。

② 进行相应的元素交换:$a(i,j)$ 与 $a(i+u,j)$ 在同一列进行对应交换($j<t$ 或 $j>n-t+2$);$a(t,1)$ 与 $a(t+u,1)$,$a(t,t)$ 与 $a(t+u,t)$ 两对元素交换。其中 $u=n/2,t=(n+2)/4$。

上述交换以使每行、每列与两对角线上元素之和相等。

(4) 检验并输出。

设置 i,j 二重循环,统计并检测各行的和 x 与各列的和 y 是否等于幻和 s;同时应用变量 z,t 统计并检测两对角线上的和是否等于幻和 s。

若这 $2n+2$ 个和中的某个和不等于 s,则以上赋值不能成为幻方,退出。

若这 $2n+2$ 个和全都等于 s,则以二维方阵的形式输出该幻方。

2. 构建 n 阶幻方程序设计

```c
//构建一个 n 阶幻方(带 2n+2 个和相等的检验)
#include <stdio.h>
void main()
{   int i,j,n,s,t,u,v,x,y,z,a[31][31];
    printf("  请输入阶数 n(2<n<30):"); scanf("%d",&n);
    s=n*(n*n+1)/2;                    //s 为幻和
    if(n%2!=0)                        //n 为奇数时元素赋值
    {   y=(n+1)/2;x=y+1;
        for(i=1;i<=n*n;i++)
        {   a[x][y]=i;
            if(i%n==0) x+=2;
            else {x+=1;y+=1;}
            if(x>n) x-=n;
            if(y>n) y-=n;
        }
```

```
      }
      else if(n%4==0)                     //n 为 4 的倍数时元素赋值
      {  for(i=1;i<=n;i++)
         for(j=1;j<=n;j++)
         {  a[i][j]=n*(i-1)+j;
            if((i-j)%4==0 || (i+j-1)%4==0)
              a[i][j]=n*(n-i)+n+1-j;       //4 倍子阵对角线进行中心对称交换
         }
      }
      else                                //n 为非 4 倍偶数时元素赋值
      {  u=n/2;v=u*u;y=(u+1)/2;x=y+1;t=y;
         for(i=1;i<=v;i++)                 //4 个子方阵赋值
         {  a[x][y]=i;a[x][y+u]=i+2*v;
            a[x+u][y]=i+3*v;a[x+u][y+u]=i+v;
            if(i%u==0) x+=2;
            else {x+=1;y+=1;}
            if(x>u) x-=u;
            if(y>u) y-=u;
         }
         for(i=1;i<=u;i++)                 //4 个子方阵部分元素交换
         {  for(j=1;j<=n;j++)
            if(j<=t-1 || j>=n-t+3)
              { x=a[i][j];a[i][j]=a[i+u][j];a[i+u][j]=x; }
         }
         x=a[t][1];a[t][1]=a[t+u][1];a[t+u][1]=x;
         x=a[t][t];a[t][t]=a[t+u][t];a[t+u][t]=x;
      }
      z=0;t=0;                             //检验:z,t 为对角线和
      for(i=1;i<=n;i++)
      {  for(x=0,y=0,j=1;j<=n;j++)         //x 为横行和,y 为纵列和
         {   x+=a[i][j];y+=a[j][i];
             if(i==j) z+=a[i][j];
             if(i+j==n+1) t+=a[i][j];
         }
         if(x!=s || y!=s) return;
      }
      if(z==s && t==s)                     //检验成功则输出幻方,否则不输出
      {  printf("  %d 阶幻方:\n",n);
         for(i=1;i<=n;i++)
         {  for(j=1;j<=n;j++) printf("%5d",a[i][j]);
            printf("\n");
         }
         printf("  幻和 sum=%d\n",s);
      }
```

}

3. 程序运行示例与说明

```
输入阶数 n(2<n<30)：6
6 阶幻方：
31   9   2  22  27  20
 3  32   7  21  23  25
35   1   6  26  19  24
 4  36  29  13  18  11
30   5  34  12  14  16
 8  28  33  17  10  15
幻和 sum=111
```

运行程序，输入 $n=3$，得 3 阶幻方如图 10-19 所示。

以上程序不仅可构建各个 n 阶幻方，且带有检验功能，可确保输出的 n 行 n 列与两对角线上 n 个数之和均为幻和。当不满足要求时，不打印输出。

4. 丢勒的"忧郁图版"

以上程序输入 $n=4$，即得左边 4 阶幻方。

交换左边 4 阶幻方的中间 2 列，即得德国数学家丢勒于 1514 年构作的"忧郁版图"。

```
4 阶幻方：              忧郁图版：
16   2   3  13        16   3   2  13
 5  11  10   8         5  10  11   8
 9   7   6  12         9   6   7  12
 4  14  15   1         4  15  14   1
幻和 sum=34          (左幻方交换中间 2 列所得)
```

作为 4 阶幻方的"忧郁版图"，之所以交换中间两列，是为了达到幻方中隐含其构作年号 1514 的目的。

以上 4 阶幻方及"忧郁版图"，具有以下诸多有趣的性质。

(1) 第 1,2 行与第 3,4 行，各数的平方和相等(748)。

(2) 第 1,3 行与第 2,4 行，各数的平方和相等(748)。

(3) 对角线上各数之和等于不在对角线的各数之和(68)。

(4) 对角线上各数的平方和等于不在对角线的各数的平方和(748)。

(5) 对角线上各数的立方和等于不在对角线的各数的立方和(9248)。

至于"忧郁版图"的来历，据说是因为丢勒为构建满足以上性质(1)～(5)的 4×4 幻方时，因不能很快得到解决而忧郁，这一说法多少有些牵强。

10.5 对角正交拉丁方

拉丁方与正交拉丁方是常用的数阵，其应用相当广泛。

本节论述的对角正交拉丁方是正交拉丁方中对两对角线有特殊要求的一个子集，实际上一种特殊的幻方，或者说是一类幻方的特殊表现形式。

由对角正交拉丁方通过一定的规则可转换为一般幻方。同时，对角正交拉丁方还是构建积幻方与素数幻方的重要依据。

1. 关于 36 个军官问题

1782 年，欧拉提出一个非常有趣的排列问题：从 6 支部队各选出 6 个不同级别的军官，把这 36 个军官排列成 6 行 6 列的方阵，使得每行和每列都有来自不同部队且级别不同的军官。

欧拉经反复的研究，猜想这是不可能做到的事。他想证明这个猜想，可是久久找不到证明的方法。真想不到，这区区 36 个军官的排队问题，竟会使赫赫有名的大数学家束手无策！

不妨看看比较小的情形，如 9 个军官问题。

从 3 支部队各选出 3 个不同级别的军官，把这 9 个军官排列成 3 行 3 列的方阵，使得每行和每列都有来自不同部队且级别不同的军官。

图 10-20 为 9 个军官问题排列的解：A 为部队编号，B 为军官级别编号，AB 则为 3×3＝9 个军官排列结果，其中前一个数字为部队编号，后一个数字为军官级别编号。

A				B				AB		
1	2	3		1	2	3		11	22	33
2	3	1		3	1	2		23	31	12
3	1	2		2	3	1		32	13	21

图 10-20　9 个军官问题排列的解

不妨再看 16 个军官问题。

从 4 支部队各选出 4 个不同级别的军官，把这 16 个军官排列成 4 行 4 列的方阵，使得每行和每列都有来自不同部队且级别不同的军官。

图 10-21 为 4×4＝16 个军官问题排列的解：C 为部队编号，D 为军官级别编号，CD 则为 16 个军官排列结果，其中前一个数字为部队编号，后一个数字为军官级别编号。

C				D				CD			
2	4	3	1	2	3	4	1	22	43	34	11
3	1	2	4	1	4	3	2	31	14	23	42
1	3	4	2	3	2	1	4	13	32	41	24
4	2	1	3	4	1	2	3	44	21	12	33

图 10-21　16 个军官问题排列的解

还可举例出 5×5＝25 以及 7×7＝49，8×8＝64 等军官问题的有效排列解，为什么 6×6＝36 军官问题就排列不出来呢？

这一问题直到 1900 年,才由数学家塔里(Tarry)用系统枚举法证明欧拉猜想是正确的。

36 个军官问题的实质涉及正交拉丁方,欧拉猜想就是不存在 6 阶正交拉丁方。

2. 对角正交拉丁方定义

首先明确拉丁方、正交拉丁方与对角正交拉丁方的定义及其区别。

拉丁方:在 $n \times n$ 方阵中,若方阵的每行、每列都恰为 $(1,2,\cdots,n)$ 的一个置换,则称该方阵是一个 n 阶拉丁方。

正交拉丁方:设 $N = \{1,2,\cdots,n\}$。若 $A = (a\_{i,j})$,$B = (b\_{i,j})$ 都是 n 阶拉丁方,且满足

$$\{(a\_{i,j}, b\_{i,j}): \quad i = 1,2,\cdots,n; j = 1,\cdots,n\} = N^2$$

则称 A,B 是正交拉丁方。

即两个 n 阶拉丁方在同一位置上的数依次配置成对时,如果这两个有序数对恰好各不相同,则称这两个拉丁方为正交拉丁方。

对角正交拉丁方:两个正交拉丁方在两对角线上的数依次配置成对时,如果这两个有序数对恰好各不相同,则称这两个拉丁方为对角正交拉丁方。

以图 10-20 中的表 A,B 为两个 3 阶拉丁方,其关系是正交的,由组合为 AB 后可以看出,AB 每行、每列的两位数中,前数字有 1,2,3;后数字也都有 1,2,3。但 A,B 不是对角正交拉丁方,由 AB 可知一条对角线上个位数字都是 1,另一条对角线上十位数字都是 3。

事实上,不存在 3 阶对角正交拉丁方。

以图 10-21 中的表 C,D 为两个对角正交拉丁方,组合为 CD 后,每行、每列的两位数中,前数字都有 1,2,3,4;后数字也都有 1,2,3,4;且 CD 两对角线上前数字都有 1,2,3,4;后数字也都有 1,2,3,4。即 C,D 为对角正交拉丁方。

既然不存在 6 阶正交拉丁方,当然更谈不上存在 6 阶对角正交拉丁方。

3. 对角正交拉丁方的特性

对于对角正交拉丁方,可以归纳以下两点特性。

(1) 对角正交拉丁方是一种特殊的幻方。

n 阶对角正交拉丁方每格的元素由前、后两部分(简称前数与后数)构成,前数与后数都由 $1,2,\cdots,n$ 这 n 个数字构成。当 $n < 10$ 时,前数与后数都由一个数字,前数为十位数字,后数为个位数字;当 $n \geq 10$ 时,前数与后数都由两个数字组成。

整个方阵的 $n \times n$ 个元素互异,即没有任何两格元素重复。

因而,对角正交拉丁方的 n 行、n 列与两对角线上元素之和均相等,满足和幻方的 $2n+2$ 个和相等的要求。

(2) n 阶对角正交拉丁方可转化为 n 阶幻方。

① 把对角正交拉丁方每格的前数、后数均减 1,即从 1 开始变为从 0 开始。

② 把表中的数按 n 进制转化为十进制数(如按 $n=4$ 进制把 12 转化为十进制数 6 等)。

③ 把表中各数全部加 1。

通过以上 3 个步骤即把一个 n 阶对角正交拉丁方转化为 n 阶幻方。

图 10-22 所示的 4 阶对角正交拉丁方转化为 4 阶幻方的转化过程如图 10-22 所示。

11	32	23	00
20	03	12	31
02	21	30	13
33	10	01	22

5	14	11	0
8	3	6	13
2	9	12	7
15	4	1	10

6	15	12	1
9	4	7	14
3	10	13	8
16	5	2	11

图 10-22　4 阶对角正交拉丁方转化为 4 阶幻方

注意：反过来转化并不可行。例如，不可以把一个 6 阶幻方转化为一个 6 阶对角正交拉丁方，因为 6 阶正交拉丁方并不存在。

4. 构建一组对角正交拉丁方设计要点

试构建一组 n（非 3 倍数的奇数）阶对角正交拉丁方，并转换为幻方。

（1）n 阶对角正交拉丁方构造规律。

设置二维数组存储 n 阶对角正交拉丁方，b[i][j]为方阵第 i 行第 j 列元素。

为区分前数、后数方便，根据 n 的大小设置参量 t：当 n<10 时，t=10；当 n≥10 时，t=100。

归纳 n 阶对角正交拉丁方的构造规律，组建分以下 5 个步骤。

① 方阵第 1 列：前数与后数均为行号，即分别为 i＊t＋i（i=1,2,…,n），这是其他列递推的基础。

② 从第 j=2 列开始，前数不变，即为 i＊t；后数 v 增 j-1。

③ 行号 h 在原 i 的基础上增(n+1)/2＊(j-1)，即 h=i+(n+1)/2＊(j-1)。

④ 行号 h 求余处理：h>n 时，h=h%n；取余后若 h=0，则取 h=n。

⑤ 后数 v 求余处理：v>n 时，v=v%n；取余后若 v=0，则取 v=n。

例如，当 n=5 时，方阵第 1 列分别为 11,22,…,55。

当 i=1,j=2 时，前数为 1；后数 v 在 i 基础上增 1，即为 2；行号 h 在 i 基础上增 3，即为 4；因而数 12 在方阵的第 h=4 行第 j=2 列。

当 i=3,j=4 时，前数为 3；后数 v 在 i 基础上增 3，即为 6；行号 h 在 i 基础上增 9，即为 12；通过求余处理后得：数 31 在方阵的第 h=2 行第 j=4 列。

（2）对角正交拉丁方转换为幻方。

按以上步骤把构建的 n（非 3 倍数的奇数）阶对角正交拉丁方转换为幻方。

事实上，设 n 阶对角正交拉丁方的元素为 b[i][j]，则对应幻方第 i 行第 j 列元素为

(b[i][j]/t-1)＊n+b[i][j]%t

这里的参数 t=10（当 n<10 时）或 t=100（当 n>10 时）。

5. 构建一组对角正交拉丁方程序设计

```
//构建 n(n%3>0 的奇数) 阶对角正交拉丁方
#include <stdio.h>
void main()
{   int i,j,h,n,r,t,v,b[50][50];
    printf("   请输入阶数 n:"); scanf("%d",&n);
    if(n%2==0 || n%3==0) return;
    t=10; r=0;
    if(n>10) t=100;
    for(i=1;i<=n;i++)
       b[i][1]=i*t+i;                        //第 1 列元素赋值,i*t 为前数,i 为后数
    for(i=1;i<=n;i++)
    for(j=2;j<=n;j++)                         //根据第 1 列元素按规律赋值第 2~n 列
    {   h=i+(n+1)/2*(j-1); v=i+j-1;
        if(h>n) h=h%n;
        if(h==0) h=n;
        if(v>n) v=v%n;
        if(v==0) v=n;
        b[h][j]=i*t+v;
    }
    printf("    A:      B:\n");
    for(i=1;i<=n;i++)                          //输出 A,B 两个对角正交拉丁方
    {   for(j=1;j<=n;j++) printf("%2d",b[i][j]/t);
        printf("  ");
        for(j=1;j<=n;j++) printf("%2d",b[i][j]%t);
        printf("\n");
    }
    printf("   AB:  \n");                      //输出对角正交拉丁方 AB
    for(i=1;i<=n;i++)
    {   for(j=1;j<=n;j++) printf("%4d",b[i][j]);
        printf("\n");
    }
    printf("   转换为%d 阶幻方:  \n",n);          //转换为 n 阶幻方输出
    for(i=1;i<=n;i++)
    {   for(j=1;j<=n;j++)
          printf("%4d",(b[i][j]/t-1)*n+b[i][j]%t);
        printf("\n");
    }
}
```

6. 程序运行示例与说明

```
请输入阶数 n:5
   A:                        B:
1  3  5  2  4           1  4  2  5  3
2  4  1  3  5           2  5  3  1  4
3  5  2  4  1           3  1  4  2  5
4  1  3  5  2           4  2  5  3  1
5  2  4  1  3           5  3  1  4  2
   AB:                   转换为 5 阶幻方:
11  34  52  25  43       1  14  22  10  18
22  45  13  31  54       7  20   3  11  24
33  51  24  42  15      13  21   9  17   5
44  12  35  53  21      19   2  15  23   6
55  23  41  14  32      25   8  16   4  12
```

其中，A 为前数拉丁方，B 为后数拉丁方，A 与 B 互为正交拉丁方；由 AB 可以看出 5 行 5 列及两对角线上前数与后数都为 1～5 不重复，即为对角正交拉丁方。

不仅如此，A,B 与 AB 的所有"泛对角线"上的数都为 1～5 不重复，即所构建的 n（非 3 倍数的奇数）阶对角正交拉丁方为泛对角线幻方，自然所转换的幻方也是比一般幻方要求更严格的泛对角线幻方。

例如，容易验证，以上程序运行所得 AB 转换为 5 阶幻方也为泛对角线幻方：方阵中的 5 行、5 列，2 条对角线与 8 条泛对角线（例如，13+2+16+24+10；22+20+13+4+6 等）上的 5 个数之和均为幻和 65。

10.6   素数幻方

通常的 n 阶幻方由整数 $1,2,\cdots,n^2$ 填入 $n \times n$ 方格，构成 n 行、n 列、两对角线之和（称为幻和）均相等的方阵。

如果要求方阵中的 n^2 个整数全是素数，是否也存在方阵中的 n 行、n 列、两对角线之和均相等？尝试这一构想是有趣的。

【定义】   全是由素数构成的各行、各列、两对角线各数之和均相等的方阵。

为避免重复，仿照经典 3 阶幻方，约定素数幻方的两对角线两端大数在下，小数在上；幻方底边两端，大数在左，小数在右。

10.6.1   3 阶素数幻方

如何构建一个 3 阶素数幻方？

最简单的方法是寻找 9 个素数组成的等差数列，按大小对应填入洛书即可。

例如，前面求素数等差数列时知道最小的 9 个素数组成的等差数列为

199   409   619   829   1039   1249   1459   1669   1879

把这 9 个素数列按顺序填入图 10-23 所示洛书即得 3 阶素数幻方。

4	9	2
3	5	7
8	1	6

829	1879	409
619	1039	1459
1669	199	1249

图 10-23　等差素数列按顺序填入洛书的 3 阶素数幻方

这一素数幻方的幻和为 3117,感觉比较大。能否构建一个幻和比较小的 3 阶素数幻方?

【问题】 3 阶素数幻方的幻和最小值为多大?

试构建幻和为最小的 3 阶素数幻方。

【思考】 设方阵正中数为 d,幻和为 s,则

$$（中间一行）+（中间一列）+（两对角线）=4s$$

即

$$（方阵所有 9 个数之和）+3d=4s$$

注意到方阵所有 9 个数之和为 $3s$,则有

$$3d=s \rightarrow d=s/3 \tag{10-6-1}$$

这意味着 3 阶方阵中凡含 d 的行、列或对角线的 3 个数中,除正中数 d 之外的另两个数与 d 相差等距,这一性质称为等距特性。

为此,根据等距特性设方阵为

$$
\begin{array}{ccc}
d-x & d+w & d-y \\
d-z & d & d+z \\
d+y & d-w & d+x
\end{array}
$$

其中,x,y,z,w 为小于 d 且互不相同的正整数。

为避免解的重复,仿照经典 3 阶幻方约定,两对角线两端大数在下,即 $x,y>0$,下底行两端大数在左,即 $y>x$。

显见,上述 $3×3$ 方阵的中间一行、中间一列与两对角线上 3 数之和均为 $3d$。要使左右两列、上下两行的 3 数之和也为 d,当且仅当

$$
\begin{cases}
y=x+z \\
w=x+y
\end{cases} \tag{10-6-2}
$$

为了建幻和为最小的 3 阶素数幻方,需从小到大寻找素数 d,同时找以 d 为中心的 4 个素数对:$d-w,d+w;d-y,d+y;d-z,d+z;d-x,d+x$。其中 x,y,z,w 必须满足式(10-6-2)。

为寻找方便,不妨把前 30 个奇素数从小到大排列如下:

3　5　7　11　13　17　19　23　29　31　37　41　43　47　53

59　61　67　71　73　79　83　89　97　101　103　107　109　113　127

(1) 选 $d=13,17,19,23,29,31$,以 d 为中心的配对素数不足 4 对。

(2) 选 $d=37,41,43,47$,以 d 为中心的配对素数有 4 对,但不满足式(10-6-2)要求。

(3) 选 $d=53$,以 d 为中心的配对素数有 5 对,但没有 4 对满足式(10-6-2)要求。

(4) 选 $d=59$,以 d 为中心的配对素数有 5 对,其中满足式(10-6-2)要求的 4 对为

(47,71),(29,89),(17,101),(5,113)。

把满足式(10-6-2)即能构成幻方的这 4 对依次填入方阵,即得如图 10-24 所示最小的 3 阶素数幻方。

47	113	17
29	59	89
101	5	71

图 10-24　最小的 3 阶
素数幻方

不难验证,图 10-24 方阵中的 9 个数都是素数,且 3 行之和、3 列之和与两对角线之和均为 177。

因为在构建过程中选择 d 是从小往大逐个试验,因而所得的 3 阶素数幻方是最小(即幻和最小)的 3 阶素数幻方。

【编程拓展】　试在指定区间[m,n]寻找 9 个素数,构建 3 阶素数幻方:该方阵中 3 行、3 列、两对角线上的各数之和均相等。

输入区间 m,n,输出基于该区间素数构建的所有 3 阶素数幻方。

1. 设计要点

按以上建模与思路设计程序求解指定区间[m,n]内素数构建的所有 3 阶素数幻方。

(1) 应用试商判别法检测素数。

为方便检测,设置 a 数组存储区间[m,n]中的整数,二维 b 数组存储 3 阶方阵元素。

首先枚举区间[m,n]中的奇数 k,判别一个大于 1 的奇数 k 是否为素数。

若应用试商判别法找出素数 k,则赋值 a[k]=1。

(2) 设置 d 枚举循环。

建立方阵正中数 d 循环,枚举[m,n]中的奇数,若 d 非素数(a[d]=0),则返回。

(3) 设置 x,y 枚举循环。

对于每个素数 d,枚举 x,y,并按上述两式计算得 z,w。

若出现 y=2x,将导致 z=y−x=x,方阵中出现两对相同的数,显然应予排除。

显然 d−w 是 9 个数中最小的,d+w 是 9 个数中最大的。若 d−w<m 或 d+w>n,已超出所指定区间[m,n]界限,应予以排除。

(4) 素数检测。

检测方阵中其他 8 个数 d−x,d+w,d−y,d+z,d−z,d+y,d−w,d+x 是否同时为素数,引用变量 t1,t2,t1 * t2 为 8 个数的 a 标记之积。若 t1 * t2=1,即 8 个数全部为素数,说明已找到一个 3 阶素数幻方解,按方阵格式赋值给二维 b 数组后,输出该 3 阶素数幻方并用变量 c 统计解的个数。

这样处理,能较快地找出所有解,既无重复,也无遗漏。

2. 构建 3 阶素数幻方程序设计

```
//指定区间素数构建 3 阶素数幻方
#include <stdio.h>
#include <math.h>
void main()
{   int c,d,j,k,m,n,t,t1,t2,w,x,y,z;
    int a[3000],b[4][4];
    c=0;
```

```
      printf("  请确定区间 m,n: "); scanf("%d,%d",&m,&n);
   if(m%2==0) m++;
   if(m<3) m=3;
   for(k=m;k<=n;k++) a[k]=0;
   for(k=m;k<=n;k+=2)
   {  for(t=0,j=3;j<=sqrt(k);j+=2)
        if(k%j==0) {t=1;break;}
      if(t==0) a[k]=1;                       //若 k 为素数,标注 a[k]=1
   }
   for(d=m;d<=n-8;d=d+2)
   {  if(a[d]==0) continue;                   //排除正中数 d 为非素数
      for(x=2;x<=d-3;x+=2)
      for(y=x+2;y<=d-1;y+=2)
      {  z=y-x;w=x+y;
         if(y==2*x || d-w<m || d+w>n) continue;  //控制幻方的素数范围
         b[1][1]=d-x;b[1][2]=d+w;b[1][3]=d-y;
         b[2][1]=d-z;b[2][2]=d;b[2][3]=d+z;
         b[3][1]=d+y;b[3][2]=d-w;b[3][3]=d+x;
         t1=a[d-w]*a[d+w]*a[d-z]*a[d+z];
         t2=a[d-x]*a[d+x]*a[d-y]*a[d+y];
         if(t1*t2==1)                          //检测其余 8 个均为素数
         {  printf("  NO %d:\n",++c);          //统计并输出 3 阶素数幻方
            printf(" ┌──┬──┬──┐ \n");
            for(k=1;k<=3;k++)                  //控制输出幻方 3 行
            {  for(j=1;j<=3;j++)               //输出每行的 3 个元素
                  printf("│ %3d ",b[k][j]);
               printf("│ \n");
               if(k<=2) printf("├──┼──┼──┤ \n");
            }
            printf(" └──┴──┴──┘ \n");
            if(m<=5 && c==1) printf("  素数幻方幻和最小为%d\n",3*d);
            else printf("  素数幻方幻和为%d\n",3*d);
         }
      }
   }
   printf("  共可建 %d 个素数幻方。\n",c);
}
```

3. 程序运行示例与说明

请确定区间 m,n: 3,120
NO 1:

47	113	17
29	59	89
101	5	71

素数幻方幻和最小为 177

NO 2:

59	113	41
53	71	89
101	29	83

素数幻方幻和为 213
共可建 2 个素数幻方。

运行程序,可得指定区间内素数所能构建的所有素数幻方解。以上示例的第一个幻方的幻和为 177,是幻和最小的 3 阶素数幻方。

运行程序,输入 100,1000,可用区间[100,1000]中的素数快捷构建 58 个 3 阶素数幻方。

以上程序应用表格线输出了幻方的方格,使得幻方更为清晰。为简便考虑,以下构建幻方时将省略输出方格。

指定区间的上限为 n,程序设置关于 n 的三重循环,算法的时间复杂度为 $O(n^3)$。

对于 $n<3000$,程序运行还是快捷的。

变通:请修改程序,构建指定幻和的 3 阶素数幻方。

【连续素数幻方】 能否用 9 个连续素数(即这 9 个素数中没有其他素数)构建幻方? 这是一个有难度也极具挑战性的课题。

世界数学科普大师马丁·伽德纳曾悬赏第一个用连续素数构造 3 阶幻方的作者。

一个叫哈里·纳尔逊的通过程序设计一举解决了这一难题,他提供的 22 个解答中,其中一个如图 10-25 所示。

1480028201	1480028129	1480028183
1480028153	1480028171	1480028189
1480028159	1480028213	1480028141

图 10-25 连续素数构造 3 阶幻方

可以验证,这 9 个素数之间确实没有其他素数。同时,容易验证该方阵中的 3 行、3 列与两对角线之和(只需用这 9 个数的后 3 位运算即可)都等于 4440084513。有兴趣的读者不妨自己设计程序一试。

10.6.2　4 阶素数幻方

试在指定区间[m,n]中寻找 16 个素数,构建一个 4 阶素数幻方:该方阵中 4 行、4 列、两对角线上的 4 个数之和(幻和)均相等。

输入区间 m,n,构建基于该区间素数构建的 4 阶素数幻方。

1. 构建设计要点

构建 4 阶素数幻方,建模不可能如 3 阶那样简单,因为 4 阶没有 3 阶所特有的等距特性,必须另辟蹊径。

下面依据 4 阶对角正交拉丁方同时应用素 4 段构建 4 阶素数幻方。

设置 p 数组存储区间[m,n]中的奇数,a 数组存储素 4 段的首数,二维 b 数组存储 4 阶方阵元素。

(1) 选择一个 4 阶对角正交拉丁方(如图 10-26(a)所示),作为构建 4 阶素数幻方的依据。

(2) 设置素数检测数组。

为方便素数检测,设置数组 p[i],对[m,n]中的奇数 i 应用试商判别法给 p[i]赋值:

若 i 为素数,p[i]=1;否则 p[i]=0。

（3）素 4 段。

【定义】 如果在指定区间[m,n]存在成等差数列的 4 个素数,则把这 4 个素数称为该区间的一个等差素数 4 项,简称素 4 段。

例如,5,11,17,23 是公差为 6 的等差素数,就是区间[3,30]中的一个素 4 段。素 4 段中首先可以排除唯一偶素数 2,只需考察 [m,n]中的所有奇素数。

（4）枚举循环设计要点。

设 i 为素 4 段的首项,d 为素 4 段的公差,注意到 4≤d≤(n−m)/3,m≤i≤n−12,则设置 d,i 双重枚举循环,确保[m,n]中每不同的 4 个奇数一组选择,既无遗漏,也无重复。这一点很重要,如果枚举循环设置不精准,出现遗漏或重复,将直接导致结果错误。

在双重枚举循环中对首项为 i 公差为 d 的 4 个奇数进行素数检测,若

$$p[i] * p[i+d] * p[i+2*d] * p[i+3*d]=1 \text{ and } i+3*d <= n$$

说明在区间内 4 个奇数 i,i+d,i+2d,i+3d 均为素数,即为一个素 4 段,并把该素 4 段的首项 i 赋值给 a 数组元素 a[c],这里,c 为素 4 段的序号。

（5）控制素 4 段不能重复。

要特别注意构建 4 阶素数幻方的 4 个素 4 段中不能出现重复项。

例如,(5,11,17,23)与(11,17,23,29)都是公差为 6 的素 4 段,但在这两个素 4 段中出现了重复项,如果填入方阵则会导致方阵中有相同素数,这是不允许的。

为了避免产生的素 4 段出现重复项,每得到一个公差为 d、首项为 i 的 4 个素数时,要与前面所得到的所有 k 个素 4 段的各项逐个进行比较,若有重复项则放弃;若没有重复项,说明首项为 i、公差为 d 的 4 个素数是一个新的素 4 段,i 赋值给 a 数组。

（6）把 4 个素 4 段填入选择的对角正交拉丁方。

构建 4 阶素数幻方需要同为公差 d 且互相之间没有任何相同项的 4 个不同的素 4 段:a(1),a(2),a(3),a(4)。

设选择的 4 阶对角正交拉丁方的十位数字为 i,个位数字为 j,在该单元格填入 4 个不同的素 4 段项 a(i)+(j−1)d(1≤i,j≤4),得 4 阶方阵,如图 10-26(b)所示。

22	43	34	11
31	14	23	42
13	32	41	24
44	21	12	33

a(2)+d	a(4)+2d	a(3)+3d	a(1)
a(3)	a(1)+3d	a(2)+2d	a(4)+d
a(1)+2d	a(3)+d	a(4)	a(2)+3d
a(4)+3d	a(2)	a(1)+d	a(3)+2d

（a）4 阶对角正交拉丁方　　　　　　（b）素 4 段填入表

图 10-26　4 阶对角正交拉丁方及素 4 段填入表

易知方阵中每行、每列、两对角线之和均为 a(1)+a(2)+a(3)+a(4)+6d,满足 4 行、4 列、两对角线上的 4 个数之和均相等的要求。

为避免重复,约定 a(1)<a(2)<a(3)<a(4),满足幻方的两对角线大数在下、小数在上,下底边大数在左、小数在右的约定。

（7）控制同公差的数量。

当区间[m,n]太小时，公差同为 d 的素 4 段可能没有 4 个，则无法构建。

当区间[m,n]很大时，公差同为 d 的素 4 段的个数 c 可能多于 4 个，则在 c 个中任取 4 个都可以构建，因而导致产生的 4 阶素数幻方数量比较多。

为简单计，当公差同为 d 的素 4 段的个数 c 达到 4 个时，即构建并输出一个 4 阶素数幻方，然后进入下一个公差 d 的素 4 段搜索。

（8）比较幻和的最小值。

每个公差 d 最多输出一个幻方，比较幻方的幻和，可得所构建的素数幻方的幻和的最小值。

2. 构建 4 阶素数幻方程序设计

```
//应用区间[m,n]上的素数构建 4 阶素数幻方
#include <stdio.h>
#include <math.h>
void main()
{ int i,j,c,d,k,m,n,s,t,z,min,a[5],b[5][5],p[10000];
  printf("  请输入区间 m,n: "); scanf("%d,%d",&m,&n);
  if(m%2==0) m++;
  for(i=m;i<=n;i=i+2)
  { t=1;z=(int)sqrt(i);
    for(j=3;j<=z;j=j+2)                      //试商判别法检测素数
      if(i%j==0) {t=0;break;}
    if(t==1) p[i]=1;                         //若[m,n]中奇数 i 为素数时标记 p[i]=1
  }
  min=10000;
  for(d=4;d<=(n-m)/3;d=d+2)                   //双重 d,i 枚举
  { t=1;c=0;
    for(i=m;i<=n-12;i=i+2)
    if(p[i]*p[i+d]*p[i+2*d]*p[i+3*d]==1)      //找到公差为 d 的 4 个素数
    { for(t=1,k=1;k<=c;k++)
      for(j=0;j<=3;j++)
        if(i-(a[k]+j*d)==0) t=0;              //有重复项的素 4 段不考虑
      if(t==1) {c++;a[c]=i;}                  //出现新素 4 段,给 a 数组赋值
      if(c==4)                                //达到 4 个素 4 段即构建
      { s=a[1]+a[2]+a[3]+a[4]+6*d;
        b[1][1]=a[2]+d;b[1][2]=a[4]+2*d;b[1][3]=a[3]+3*d;b[1][4]=a[1];
        b[2][1]=a[3];b[2][2]=a[1]+3*d;b[2][3]=a[2]+2*d;b[2][4]=a[4]+d;
        b[3][1]=a[1]+2*d;b[3][2]=a[3]+d;b[3][3]=a[4];b[3][4]=a[2]+3*d;
        b[4][1]=a[4]+3*d;b[4][2]=a[2];b[4][3]=a[1]+d;b[4][4]=a[3]+2*d;
        for(i=1;i<=4;i++)                     //控制输出幻方 4 行
        { for(j=1;j<=4;j++)                   //输出每行的 4 元素
            printf("  %3d ",b[i][j]);
          printf("\n");
```

```
        }
        printf("　　幻和为%d (d=%d)：\n",s,d);
        if(s<min) min=s;
        i=n;break;                          //输出一个解后跳出,试下一个 d
      }
    }
  }
  printf("　　以上幻方幻和最小为:%d\n",min);
}
```

3. 程序运行示例与说明

请输入区间 m,n: 3,200								41	83	103	7
19	151	83	5	61	149	107	5	13	97	71	53
47	41	31	139	53	59	79	131	67	43	23	101
29	59	127	43	41	71	113	97	113	11	37	73
163	7	17	71	167	43	23	89	幻和为 234 (d=30)：			
幻和为 258 (d=12)：				幻和为 322 (d=18)：				以上幻方幻和最小为 234			

前面构建 3 阶素数幻方的 9 个素数中,最大素数为 113。以上运行输出的第 3 个 4 阶素数幻方可知,用 113 以内的素数也可以构建 4 阶素数幻方,出乎意料。该幻方的幻和为234,很可能是幻和最小的 4 阶素数幻方。

程序应用区间 [3,200] 上的素数构建了 3 个 4 阶素数幻方,但不能确定这就是该区间上的素数所能构建的所有 4 阶素数幻方。也就是说,应用区间 [3,200] 上的素数还可能构建以上 3 个之外其他不同的 4 阶素数幻方。

应用以上类似方法,即根据 5 阶对角正交拉丁方及素 5 段,也可构建 5 阶素数幻方。

10.7　积幻方

通常所说的 n 阶幻方是由 $1\sim n^2$ 这些连续自然数构成的和幻方。本节探讨的积幻方不可能由连续自然数构造,均属广义幻方。

【定义】　如果 $n\times n$ 方阵的各行、各列、两对角线上各数的积都相等,该方阵称为 n 阶积幻方,相等的乘积称为该积幻方的幻积。

事实上,把任意等比数列的连续 n^2 项按 n 阶幻方各元素的大小顺序填入即可得到一个 n 阶积幻方。

例如,把首项为 1 公比为 2 的等比数列前 9 项 $1,2,4,\cdots,256$ 对应填入 3 阶幻方即可得到一个 3 阶积幻方如图 10-27 所示。

图 10-27　把首项为 1 公比为 2 的等比数列前 9 项填入 3 阶积幻方

该 3 阶积幻方的幻积为 $2^{12}=4096$。如果用公比为 3 的等比数列构建积幻方,其幻积会更大。

构建较小幻积的积幻方,必须创新构建算法。

10.7.1　3-4 阶积幻方

如何依据正交拉丁方构建幻积比较小的积幻方?

【问题 1】　构建幻积较小的 3 阶积幻方。

在 3×3 方阵的 9 个方格中填入 9 个互不相等的整数,要求方阵的 3 行、3 列及两对角线上 3 个数之积相等,且其幻积小于 $2^{12}=4096$。

【思考】　借助 3 阶正交拉丁方。

依据 3 阶正交拉丁方,选择等比数列构建,这是构建 3 阶积幻方的基本思路。

选择以下 3 阶正交拉丁方,如图 10-28 所示,取十位数字 $(1,2,3)$ 对应一个奇数 a 的幂 $(1,a,a^2)$;取个位数字 $(1,2,3)$ 对应一个偶数 b 的幂 $(1,b,b^2)$,得

21	33	12
13	22	31
32	11	23

$\rightarrow$

$a\times1$	$a^2\times b^2$	$1\times b$
$1\times b^2$	$a\times b$	$a^2\times1$
$a^2\times b$	1×1	$a\times b^2$

图 10-28　3 阶正交拉丁方

可知该方阵的 9 个元素互不相等,且每行、每列、两对角线上的 3 个数之积均等于 $a^3\times b^3$,即为一个 3 阶积幻方。

3	36	2
4	6	9
18	1	12

图 10-29　3 阶积幻方

为了使幻积尽可能小,应选择 a,b 尽可能小。例如,选择 $a=3,b=2$,可得 3 阶积幻方如图 10-29 所示。可知该积幻方的每行、每列、两对角线上的 3 个数之积均等于 $2^3\times3^3=216$,显然幻积 $216<4096$。

以上所得幻积为 216 的 3 阶积幻方很可能是幻积最小的积幻方。

若输入的 a,b 为 5,2 或 3,4 等级,构建的积幻方的幻积会大一些。

【问题 2】　构建 4 阶积幻方。

在 4×4 方阵的 16 个方格中填入 16 个互不相等的整数,要求方阵的 4 行、4 列及两对角线上 4 个数之积相等。

【思考】　试依据 4 阶对角正交拉丁方选择适当数据构建。

选择图 10-30 左边所示对角正交拉丁方为构建依据,同时确定 p 数组 $(1,2,3,4)$ 对应十位数字,即前数 $1,2,3,4$;确定 q 数组 $(1,5,6,7)$ 对应个位数字,即后数 $1,2,3,4$。

得乘积方阵如图 10-30 所示。

22	43	34	11
31	14	23	42
13	32	41	24
44	21	12	33

$\rightarrow$

2×5	4×6	3×7	1×1
3×1	1×7	2×6	4×5
1×6	3×5	4×1	2×7
4×7	2×1	1×5	3×6

图 10-30　乘积方阵

完成乘积即得幻积为 $7!=5040$ 的 4 阶积幻方如图 10-31 所示。可知方阵的 16 个元素互不相等，且每行、每列与两对角线上的 4 个数之积均等于 $7!=5040$。

以上确定的 p 数组为 $1,2,3,4$；q 数组为 $1,5,6,7$，这样既可确保积幻方中无重复数，也使得幻积比较小。

这里的幻积为 $7!=5040$，是否是 4 阶积幻方中最小的幻积，尚无法确认。很有可能存在幻积小于 5040 的 4 阶积幻方。

10	24	21	1
3	7	12	20
6	15	4	14
28	2	5	18

图 10-31　幻积为 7! 的
4 阶积幻方

10.7.2　一类奇数阶积幻方

在构建 3,4 阶积幻方基础上，本节应用对角正交拉丁方构建非 3 倍数的奇数阶积幻方。

1. 设计要点

首先依据 10.6 节构建的 n（$n\%3>0$ 的奇数）阶对角正交拉丁方。然后确立对应"积"的两个数组 p：$1,2,\cdots,n$；q：$1,n+1,\cdots,2n-1$ 提供的数据，构建 n 阶积幻方。b,c 两个数组的数据选择直接关系到幻积的大小，要注意避免重复。

显然，所构建 n 阶积幻方的幻积为"$(2n-1)!$"。

2. 程序设计

```
//构建 n(n%3>0 的奇数) 阶积幻方
#include <stdio.h>
void main()
{   int i,j,n,h,v,t,b[50][50],p[50],q[50];
    printf("    请输入阶数 n:"); scanf("%d",&n);
    if(n%2==0 || n%3==0) return;
    p[1]=q[1]=1;
    for(i=2;i<=n;i++)
      { p[i]=i;q[i]=i+n-1; }                      //p,q 数组赋值
    t=10;
    if(n>10) t=100;                               //构建 n 阶对角正交拉丁方
    for(i=1;i<=n;i++) b[i][1]=i*t+i;
    for(i=1;i<=n;i++)
    for(j=2;j<=n;j++)
    {   h=i+(n+1)/2*(j-1); v=i+j-1;
        if(h>n) h=h%n;
        if(h==0) h=n;
        if(v>n) v=v%n;
        if(v==0) v=n;
        b[h][j]=i*t+v;
    }
    printf("  %d 阶积幻方:  \n",n);
    for(i=1;i<=n;i++)                             //输出 n 阶积幻方
```

```
  {  for(j=1;j<=n;j++)
       printf("%5d",p[b[i][j]/t] * q[b[i][j]%t]);
     printf("\n");
  }
  printf("  幻积为:%d!  \n",2 * n-1);
}
```

3. 程序运行示例与说明

```
请输入阶数 n:5
5 阶积幻方:
      1  24  30  18  28
     12  36   7   3  40
     21   5  16  24   9
     32   6  27  35   2
     45  14   4   8  18
幻积为:9!
```

当输入 $n=5$ 时,即生成并输出一个 5 阶积幻方。以上 5 阶积幻方很可能是幻积最小的 5 阶积幻方。

当输入 $n=7$ 或 11 时,即生成并输出一个 7 阶或 11 阶积幻方。

10.8　反幻方

本节介绍的反幻方,是幻方天地中的一个有趣的点缀。

3 阶幻方是最简单的幻方,如果把经过旋转和反射以后产生的幻方看作相同的幻方,那么 3 阶幻方只有一种展现方法。

图 10-32　反幻方

美国著名幻方大师马丁·加德纳发现:将 $1,2,3,\cdots,9$ 这 9 个数随意填入 3 阶方阵中的 9 个格子里,一般都会出现一些行或列或对角线上数字之和相等,于是他提出疑问:是否存在一个方阵,它的任一行、任一列或对角线上的数字之和都互不相等呢?

这就是反幻方问题,经过研究他终于找到了这种反幻方,有趣的是该反幻方中的 9 个数竟形成了按顺序咬接的"一条龙",如图 10-32 所示。定义 n 阶反幻方:把 $1,2,\cdots,n^2$ 填入 $n\times n$ 方阵,使得 n 行之和、n 列之和与两对角线之和共 $2n+2$ 个和互不相等。

10.8.1　3 阶反幻方

3 阶反幻方是把 $1,2,\cdots,9$ 填入 3×3 方阵,使得 3 行之和、3 列之和与两对角线之和共 8 个和互不相等。

为了方便统计不同 3 阶反幻方的个数,同 3 阶幻方的约定:方阵两对角线两端,大数在下;底行两端,大数在左。

试探求并统计不同的 3 阶反幻方共有多少个。统计并输出其中方阵正中数为指定数字的 3 阶反幻方。

1. 设计要点

设置 3 个一维数组：f[x]为统计数字 x 的个数；g[k]为 9 位数的第 k 位的数字；h[k]为方阵中 8 个和中的第 k 个和。

注意到整数 $1,2,\cdots,9$ 在 3×3 方阵中各出现一次，其和必为 9 的倍数，因而应用枚举设计，循环变量 a 从最小的 123456789 至最大的 987654321 取值，步长可取为 9。

对每个 9 位数 a 应用逐步整除与取余分离其 9 个数字 x，并用"f[x]++;"统计数字 x 的个数，用"g[k]=x;"标注 a 的从高位开始的第 k 位数字为 x。

整数 a 的高 3 位 g[1]～g[3]填入方阵的上行，中 3 位 g[4]～g[6]填入方阵的中行，低 3 位 g[7]～g[9]填入方阵的下行。

然后实施三重检测。

(1) 若 f[i]!=1(i=1,2,…,9)，说明数字 i 重复或没有，则返回。

(2) 若 g[1]>g[9] || g[3]>g[7] || g[9]>g[7]，不满足约定，则返回。

(3) 计算 3 行、3 列与两对角线之和 h[1]～h[8]，比较这 8 个和，若出现相等，则与反幻方的定义不符，返回。

通过以上三重检测，所得反幻方用 m 统计其个数。

同时，用 n 统计并输出方阵正中为指定数字 d 的 3 阶反幻方。

2. 构建 3 阶反幻方程序设计

```
//构建正中格为指定数字的 3 阶反幻方
#include <stdio.h>
#include <math.h>
void main()
{   int a,d,i,j,k,m,n,t,x,y,f[10],g[10],h[10];
    m=n=0;
    printf("  请指定反幻方正中数字:");scanf("%d",&d);
    for(a=123456789;a<=987654321;a=a+9)        //步长为 9 枚举 9 位数
    {   y=a;
        for(i=1;i<=9;i++) f[i]=0;
        for(k=9;k>=1;k--)
        {   x=y%10;f[x]++;
            g[k]=x;y=y/10;                      //分离 a 各个数字并用 f,g 数组统计
        }
        for(t=0,i=1;i<=9;i++)
          if(f[i]!=1) {t=1;break;}              //数字 1~9 出现不为 1 次,返回
        if(t==1 || g[1]>g[9] || g[3]>g[7] || g[9]>g[7]) continue;
        h[1]=g[1]+g[2]+g[3];h[2]=g[4]+g[5]+g[6];h[3]=g[7]+g[8]+g[9];
        h[4]=g[1]+g[4]+g[7];h[5]=g[2]+g[5]+g[8];h[6]=g[3]+g[6]+g[9];
        h[7]=g[1]+g[5]+g[9];h[8]=g[3]+g[5]+g[7];t=0;
        for(k=1;k<=7;k++)
```

```
  for(j=k+1;j<=8;j++)
    if(h[j]==h[k]) {t=1;k=7;break;}        //8个和中出现相同,返回
  if(t==0)
  { m++;                                   //统计3阶反幻方个数
    if(g[5]==d)
    { printf(" %d",a);                     //统计并输出中央为指定数的反幻方
      if(++n%5==0) printf("\n");
    }
  }
}
printf("\n  3阶反幻方共有%d个解。\n",m);
printf("  其中方阵正中为%d的共有以上%d个。\n",d,n);
}
```

3. 程序运行结果与变通

```
请指定反幻方正中数字:5
123657984  123658947  123658974  123856947  123856974
...
674152938  714653928  721653948  732654918  734651928
742351968  743251968  763251948
3阶反幻方共有 3120 个解。
其中方阵正中为 5 的共有以上 328 个。
```

上述程序输出了所有方阵正中格为指定数字 5 的 328 个反幻方,还统计了所有不同的 3 阶反幻方共有 3120 个。

其中解 123894765 即为幻方大师马丁·加德纳发现的咬接成"一条龙"的 3 阶反幻方。

变通:试求 3 阶反幻方的 8 个和之和的最大值与最小值。

在所有的 3 阶反幻方中,与 3 阶幻方比较,最多有多少个数字所在位置相同?

10.8.2 n 阶反幻方

对于指定的正整数 n,构建一个 n 阶反幻方。为了方便比较各个和,要求在方阵右端标明每行的和,在方阵下端标明每列的和,在方阵下端左右处标明两对角线之和。

构建 n 阶反幻方,关键要分析归纳出反幻方的构造特点。

前面按顺序咬接的"一条龙"的规律并不可推广到一般的 n 阶。例如,按顺序顺时针旋转规律构建的 4 阶方阵就出现多个和相等的行或列,并不构成反幻方。

1. 设计要点

设置二维 a 数组存储方阵元素;一维 x,y 数组分别存储方阵的横行和与纵列和。

按 n 分为奇数与偶数两类,按不同规律分别构建。

(1)当 n 为奇数时。

第 1 行依次为前 n 个奇数;第 2 行依次为前 n 个偶数;第 3 行依次为第 2 组 n 个奇数;第 4 行依次为第 2 组 n 个偶数;以此类推至第 $n-1$ 行。最后一行依次为最后 n 个整数。

这样配置,可在确保 n 行与 n 列的和互不相等的同时,成功实现两对角线的和与这 $2n$ 个行、列和互不相等。

(2) 当 n 为偶数时。

前 $n-1$ 行按行的顺序从小到大配置,剩下的第 n 行为最后 n 个整数。显然,n 行的和互不相等。

最后调整最后一行中的 n 个整数的顺序:把 $n/2$ 个奇数按逆序依次安排在前 $n/2$ 列;然后把 $n/2$ 个偶数按逆序依次安排在后 $n/2$ 列。这样调整,可实现 n 列与两对角线之和互不相等,以构成反幻方。

(3) 验证 $2n+2$ 个和是否存在相等。

为了实现反幻方的要求,程序应用 x 数组统计各行的和,y 数组统计各列的和,另应用 t,z 统计方阵的两对角线之和。

为方便比较,把这 $2n+2$ 个和中 y 数组之外的 $n+2$ 个和赋值至 y 数组。若未出现相等,说明这 $2n+2$ 个和互不相等,满足反幻方的要求,则输出该反幻方。

(4) 为更明了,在 n 阶反幻方的右端增加一列,打印相应行的和。

在 n 阶反幻方的下端增加一行,打印相应列的和。该行的首尾两数为方阵两对角线之和。

2. 构建 n 阶反幻方程序设计

```
//构建指定的 n 阶反幻方
#include <stdio.h>
void main()
{   int i,j,n,t,x[100],y[100],z,b[31][31];
    printf("  请输入阶数 n(2<n<30):"); scanf("%d",&n);
    if(n%2==0)                              //构造偶数阶反幻方
    {   for(i=1;i<=n-1;i++)
        for(j=1;j<=n;j++)
          b[i][j]=(i-1)*n+j;
        for(j=1;j<=n/2;j++) b[n][j]=n*n-2*j+1;
        for(j=1;j<=n/2;j++) b[n][j+n/2]=n*n-2*(j-1);
    }
    else                                    //构造奇数阶反幻方
    {   for(i=1;i<=n-1;i++)
        for(j=1;j<=n;j++)
          if(i%2>0) b[i][j]=(i-1)*n+2*j-1;
          else   b[i][j]=(i-2)*n+2*j;
        for(j=1;j<=n;j++) b[n][j]=(n-1)*n+j;
    }
    for(i=1;i<=n;i++)   {x[i]=y[i]=0;}
    for(z=0,t=0,i=1;i<=n;i++)               //检验是否为反幻方
```

```
for(j=1;j<=n;j++)
{  x[i]+=b[i][j];y[i]+=b[j][i];          //x为横行和,y为纵列和
   if(i==j) z+=b[i][j];
   if(i+j==n+1) t+=b[i][j];              //z,t为对角线和
}
y[0]=t;y[n+1]=z;                         //对角和分别置于纵列和两端
for(i=n+2;i<=2*n+1;i++) y[i]=x[i-n-1];
for(t=0,i=0;i<=2*n;i++)                  //比较2n+2个和是否存在等和
for(j=i+1;j<=2*n+1;j++)
  if(y[i]==y[j]) {t=1;break;}
if(t==0)                                 //无任何等和,则输出反幻方
{  printf("  %d阶反幻方:\n",n);
   for(i=1;i<=n;i++)
   {  printf("   ");
      for(j=1;j<=n;j++)  printf("%4d",b[i][j]);
      printf(" |%4d\n",x[i]);            //每行右端数为行和
   }
   for(j=0;j<=n+2;j++)  printf("----");
   printf("\n");
   for(j=0;j<=n;j++) printf("%4d",y[j]); //末行数为列和及对角线和
   printf("  %4d\n",y[n+1]);
}
}
```

3. 程序运行示例与说明

```
请输入阶数 n(2<n<30):6                      请输入阶数 n(2<n<30):5
  6阶反幻方:                                 5阶反幻方:
    1    2    3    4    5    6  |   21         1    3    5    7    9  |   25
    7    8    9   10   11   12  |   57         2    4    6    8   10  |   30
   13   14   15   16   17   18  |   93        11   13   15   17   19  |   75
   19   20   21   22   23   24  |  129        12   14   16   18   20  |   80
   25   26   27   28   29   30  |  165        21   22   23   24   25  |  115
   35   33   31   36   34   32  |  201
  ----------------------------------         ----------------------------
 115  100  103  106  116  119  122   107      67   47   56   65   74   83   63
```

对于指定的 n，存在很多的 n 阶反幻方，以上程序仅构建其中的一个。

程序带有验证功能，各行各列与两对角线共 $2n+2$ 个和不存在相等，才能输出。

10.9 偶遇天然准幻方

以上构建了 n 阶幻方、积幻方与素数幻方等。事实上，幻方也存在天然生成的，只是平时不容易被发现。

本节介绍天然准幻方，作为幻方天地中的偶遇趣点。

1. 探索思路

在第 1 章探求"六六大顺数"中，我们看到一个有趣的意外：$1/7\sim6/7$ 的第一个循环

节刚好对应六六大顺数及其 2～6 倍的变序数。

顺着这一思路,对于正整数 $n(3\sim199)$,计算分数 $1/(n+1)\sim n/(n+1)$ 的小数部分的前 n 位,形成一个 n 阶方阵。

检验这一天然形成的方阵,若其 n 行、n 列与两对角线上的 n 个数字之和相等,该方阵岂不就是一个天然幻方!

2. 程序设计

```
//搜索 n 阶天然幻方
#include <stdio.h>
void main()
{  int a,c,i,j,m,n,r,s,s1,s2,s3,s4,d[200][200];
   printf("  请输入 m(3<=m<=199): "); scanf("%d",&m);
   for(n=3;n<=m;n++)
   {  for(i=1;i<=n;i++)
      for(a=i*10,j=1;j<=n;j++)                       //计算 1~n/(n+1) 产生方阵
        {d[i][j]=a/(n+1);c=a%(n+1);a=c*10;}
      for(s=0,j=1;j<=n;j++)
        s+=d[1][j];
      r=0;s1=0;s2=0;                                 //检验:s1,s2 为方阵对角线和
      for(i=1;i<=n;i++)
      {  s3=0;s4=0;                                  //s3 为横行和,s4 为纵列和
         for(j=1;j<=n;j++)
         {  s3+=d[i][j];s4+=d[j][i];
            if(i==j) s1+=d[i][j];
            if(i+j==n+1) s2+=d[i][j];
         }
         if(s3!=s || s4!=s) {r=1;break;}
      }
      if(s1!=s || s2!=s) r=1;                        //检验 n 行、n 列与两对角线和是否相等
      if(r==0)
      {  printf("  搜寻得%2d 阶天然幻方:\n",n);
         for(i=1;i<=n;i++)                           //输出 n 阶天然形成幻方
         {  printf("%5d/%2d=0.|",i,n+1);
            for(j=1;j<=n;j++)
              printf("%2d",d[i][j]);
            printf(" |\n");
         }
         printf("  幻和为%d\n",s);
      }
   }
}
```

3. 程序运行示例与说明

```
请输入 m(3<=m<=199)：100
搜寻得 18 阶天然幻方：
 1/19=0.│0 5 2 6 3 1 5 7 8 9 4 7 3 6 8 4 2 1│
 2/19=0.│1 0 5 2 6 3 1 5 7 8 9 4 7 3 6 8 4 2│
 3/19=0.│1 5 7 8 9 4 7 3 6 8 4 2 1 0 5 2 6 3│
 4/19=0.│2 1 0 5 2 6 3 1 5 7 8 9 4 7 3 6 8 4│
 5/19=0.│2 6 3 1 5 7 8 9 4 7 3 6 8 4 2 1 0 5│
 6/19=0.│3 1 5 7 8 9 4 7 3 6 8 4 2 1 0 5 2 6│
 7/19=0.│3 6 8 4 2 1 0 5 2 6 3 1 5 7 8 9 4 7│
 8/19=0.│4 2 1 0 5 2 6 3 1 5 7 8 9 4 7 3 6 8│
 9/19=0.│4 7 3 6 8 4 2 1 0 5 2 6 3 1 5 7 8 9│
10/19=0.│5 2 6 3 1 5 7 8 9 4 7 3 6 8 4 2 1 0│
11/19=0.│5 7 8 9 4 7 3 6 8 4 2 1 0 5 2 6 3 1│
12/19=0.│6 3 1 5 7 8 9 4 7 3 6 8 4 2 1 0 5 2│
13/19=0.│6 8 4 2 1 0 5 2 6 3 1 5 7 8 9 4 7 3│
14/19=0.│7 3 6 8 4 2 1 0 5 2 6 3 1 5 7 8 9 4│
15/19=0.│7 8 9 4 7 3 6 8 4 2 1 0 5 2 6 3 1 5│
16/19=0.│8 4 2 1 0 5 2 6 3 1 5 7 8 9 4 7 3 6│
17/19=0.│8 9 4 7 3 6 8 4 2 1 0 5 2 6 3 1 5 7│
18/19=0.│9 4 7 3 6 8 4 2 1 0 5 2 6 3 1 5 7 8│
幻和为 81
```

在更大的范围内探索，暂时只发现这一个天然幻方。

但这足以让我们心满意足：居然存在 18 阶天然幻方。

也让我们由衷感叹：自然界还有哪些秘密没有被发掘呢？

当然，这不是严格意义上的幻方，因为存在重复数字，只能称为准幻方。之所以称为准幻方，是因为忽略了数字重复的约束，实现了方阵的 18 行、18 列与两对角线上的 18 个数字之和相等（程序中带有验证功能）的幻方特征。

参考文献

[1] 余胜威. 我和数学有约：趣味数学及算法解析[M]. 北京：清华大学出版社，2015.

[2] 谭浩强. C 程序设计[M]. 4 版. 北京：清华大学出版社，2010.

[3] 张润青. 趣味数学游戏[M]. 北京：科学普及出版社，1979.

[4] 洪斯贝格尔. 数学瑰宝[M]. 江嘉禾，译. 成都：四川教育出版社，1985.

[5] 斯坦因豪斯. 又一百个数学问题[M]. 庄亚栋，译. 上海：上海教育出版社，1980.

[6] 单墫，程龙. 棋盘中的数学[M]. 上海：上海教育出版社，1987.

[7] TOMESCU I. 组合学引论[M]. 清华大学应用数学系离散数学教研组，译. 北京：高等教育出版社，1985.

[8] 玛丽·别龙多. 有趣的数学题[M]. 孙光成，译. 重庆：科学技术文献出版社重庆分社，1989.

[9] KLARNER A D. 数学加德纳[M]. 谈祥柏，唐方，译. 上海：上海教育出版社，1992.

[10] 高源. 奇妙的幻方[M]. 西安：陕西师范大学出版社，1995.

[11] 周持中，袁平之，肖果能. Fibonacci-Lucas 序列及其应用[M]. 哈尔滨：哈尔滨工业大学出版社，2016.

[12] 甘志国. 初等数学研究（Ⅰ）[M]. 哈尔滨：哈尔滨工业大学出版社，2008.

[13] 甘志国. 初等数学研究（Ⅱ）（上）[M]. 哈尔滨：哈尔滨工业大学出版社，2009.

[14] 杨克昌. 数学奥林匹克的理论方法技巧（不等式）[M]. 长沙：湖南教育出版社，1999.

[15] 王树和. 数学演义[M]. 北京：科学出版社，2008.

[16] 王树和. 数学聊斋[M]. 北京：科学出版社，2008.

[17] 易南轩. 数学美拾趣[M]. 北京：科学出版社，2008.

[18] 郁祖权. 中国古算解趣[M]. 北京：科学出版社，2008.

[19] 李友耕. 进位制与数学游戏[M]. 北京：科学出版社，2008.

[20] 王树和. 数学志异[M]. 北京：科学出版社，2008.

[21] 吴鹤龄. 幻方与素数：娱乐数学两大经典名题[M]. 北京：科学出版社，2008.

[22] 孙荣恒. 好玩的数学[M]. 北京：科学出版社，2004.

[23] 谈祥柏. 乐在其中的数学[M]. 北京：科学出版社，2017.

[24] 杨克昌. 计算机常用算法与程序设计教程[M]. 2 版. 北京：人民邮电出版社，2017.

[25] 吕国英. 算法设计与分析[M]. 北京：清华大学出版社，2006.

[26] 杨克昌. 计算机常用算法与程序设计案例教程[M]. 2 版. 北京：清华大学出版社，2015.

[27] 杨克昌. 计算机程序设计经典题解[M]. 北京：清华大学出版社，2007.

[28] 王建德，吴永辉. 新编实用算法分析与程序设计[M]. 北京：人民邮电出版社，2008.

[29] 杨克昌，严权峰. 算法设计与分析实用教程[M]. 北京：中国水利水电出版社，2013.

[30] 杨克昌，刘志辉. 趣味 C 程序设计集锦[M]. 北京：中国水利水电出版社，2010.

[31] 刘汝佳，黄亮. 算法艺术与信息学竞赛[M]. 北京：清华大学出版社，2010.

[32] 杨克昌. 至美 C 程序设计[M]. 北京：中国水利水电出版社，2016.

[33] 王岳斌，等. C 程序设计案例教程[M]. 北京：清华大学出版社，2006.

[34] 杨克昌. 计算机程序设计典型例题精解[M]. 2 版. 长沙：国防科技大学出版社，2003.

[35] 王红梅. 算法设计与分析[M]. 北京：清华大学出版社，2006.

[36] 王晓东. 算法设计与分析[M]. 北京：清华大学出版社，2006.

[37] 杨克昌. C 语言程序设计[M]. 武汉：武汉大学出版社，2007.

[38] 陈朔鹰,陈英. C 语言趣味程序百例精解[M]. 北京：北京理工大学出版社,1994.

[39] KERNIGHAN B W,PLAUGER P J. 程序设计技巧[M]. 晏晓焰,编译. 北京：清华大学出版社,1985.

[40] ZEITZ P. 怎样解题——数学竞赛攻关宝典[M]. 李胜宏,译. 2 版. 北京：人民邮电出版社,2010.

[41] 冯俊. 算法与程序设计基础教程[M]. 北京：清华大学出版社,2010.

[42] 纪有奎,王建新. 趣味程序设计 100 例[M]. 北京：煤炭工业出版社,1982.

[43] 陈景润. 组合数学简介[M]. 天津：天津科学技术出版社,1988.

[44] 杨世明. 中国初等数学研究文集[M]. 郑州：河南教育出版社,1992.

[45] 杨之. 初等数学研究的问题与课题[M]. 长沙：湖南教育出版社,1996.

[46] 汉斯·拉德梅彻,奥托·托普得茨. 数学欣赏[M]. 左平,译. 北京：北京出版社,1981.

[47] 梁之舜,吴伟贤. 数学古今纵横谈[M]. 广州：科学普及出版社广州分社,1982.

[48] 肖铿,严启平. 中外数学名题荟萃[M]. 武汉：湖北人民出版社,1994.

[49] 海因里希·德里. 100 个著名初等数学问题：历史和解[M]. 上海：上海科学技术出版社,1982.

[50] 何似龙,刘蕴华. 趣味数学 400 题[M]. 南京：江苏人民出版社,1980.

[51] 单墫,余红兵. 不定方程[M]. 上海：上海教育出版社,1991.

[52] 顾可敬. 1979—1980 中学国际数学竞赛题解[M]. 长沙：湖南科技出版社,1981.